493
1

FLEUVES ET RIVIÈRES

H

BIBLIOTHÈQUE DU CONDUCTEUR DE TRAVAUX PUBLICS

FLEUVES
ET RIVIÈRES

PAR

CUÉNOT

INGÉNIEUR EN CHEF DES PONTS ET CHAUSSÉES
EN RETRAITE

PARIS

DUNOD, Éditeur

Successeur de H. DUNOD et Æ. PINAT

47 ET 49, QUAI DES GRANDS-AUGUSTINS (VIe)

1921

FLAMANT   Inspecteur général des Ponts et Ch. en retraite.

Dr GAUTHIER (de l'Aude)   Ancien Ministre des Travaux publics, Sénateur.

GRILLOT   Président honoraire de l'Association générale des Sous-Ingénieurs, Conducteurs et Contrôleurs des Ponts et Chaussées et des Mines.

GUILLAIN   Ancien Ministre des Colonies, Membre de la Chambre des députés.

HATON DE LA GOUPILLIÈRE   Membre de l'Institut, Inspecteur général des Mines en retraite.

M^e LE BERQUIER   Avocat à la Cour d'Appel de Paris.

LOUIS MARTIN   Avocat, Professeur libre de droit, Sénateur.

PHILIPPE   Ancien directeur de l'Hydraulique agricole au Ministère de l'Agriculture.

PONTICH (de)   Ancien Directeur des Travaux de Paris.

Le **Président** de l'Association philotechnique.

Le **Président** de l'Association polytechnique.

Le **Président** de la Société des Anciens Elèves des Ecoles d'Arts et Métiers.

Le **Président** de l'Association générale des Sous-Ingénieurs, Conducteurs, Contrôleurs des Ponts et Chaussées et des Mines.

Le **Président** de la Société des Ingénieurs civils de France.

Le **Président** de la Société française des Ingénieurs coloniaux.

Le **Président** de la Société de Topographie de France.

Le **Président** de la Société de Topographie parcellaire de France.

QUENNEC   Directeur de l'Octroi de Paris.

RÉSAL   Inspecteur général des Ponts et Chaussées, Professeur à l'Ecole des Ponts et Chaussées.

TISSERAND   Conseiller-maître honoraire à la Cour des Comptes.

BIBLIOTHÈQUE DU CONDUCTEUR DE TRAVAUX PUBLICS

Pierre JOLIBOIS, FONDATEUR

Ancien Directeur et Président du Comité de Rédaction, ancien Conseiller municipa
de Paris, ancien Conseiller général de la Seine
ancien Président de l'Association des Personnels de travaux publics

Comité de rédaction

Bureau :

PRÉSIDENT :

BONNAL
Directeur de la Compagnie des Tramways à vapeur du
département de l'Aude, ancien Professeur à l'Association
philotechnique.

VICE-PRÉSIDENTS :

DACREMONT
Ingénieur des Ponts et Chaussées.

FALCOU
Inspecteur en chef du service des Beaux-Arts de la ville de
Paris et du département de la Seine.

LANAVE
Ancien ingénieur en chef des chemins de fer éthiopiens.

VIDAL
Inspecteur principal de l'exploitation commerciale des Chemins de fer.

SECRÉTAIRES

BONDU
Commissaire du contrôle de l'État sur les Chemins de
fer.

DIÉBOLD
Sous-Inspecteur de l'Assainissement de Paris.

DUFOUR (Ph.)
Adjoint technique principal des Ponts et Chaussées, Lauréa
de l'Académie française.

LEMARCHAND
Conseiller municipal de Paris, conseiller général de la
Seine.

Membres du Comité

ARANA — Sous-Ingénieur ppal des Ponts et Chaussées, Secrétaire de *La Revue Municipale*.

AUCAMUS — Ingénieur des Arts et Manufactures, sous-ingénieur aux chemins de fer du Nord.

CANAL — Sous-Ingénieur ppal des Ponts et Chaussées.

CHABAGNY — Ingénieur des Ponts et Chaussées.

COLAS — Directeur de la Comptabilité et des Services financiers des Chemins de fer de l'État.

GRIMAUD — Ingénieur des Ponts et Chaussées.

HALLOUIN — Contrôleur général de l'Exploitation commerciale des Chemins de fer.

LÉVY-SALVADOR — Ingénieur du Service technique de l'Hydraulique agricole au Ministère de l'Agriculture.

MALETTE (G.) — Sous-ingénieur ppal des Ponts et Chaussées.

MUNSCH — Rédacteur principal à la Préfecture de la Seine.

PRADÈS — Chef de bureau du cabinet du Ministère de l'Agriculture, Membre du Conseil d'administration de l'Association philotechnique.

PRÉVOT — Ingénieur des Ponts et Chaussées (Nivellement général la la France).

REBOUL — Sous-ingénieur ppal des Mines.

ROUSSEAU (Ph.) — Secrétaire général de la Société française des Ingénieurs coloniaux.

ROUX (O.) — Ingénieur des Ponts et Chaussées.

SAINT-PAUL — Sous-Ingénieur municipal, chef de section aux aqueducs et dérivations de la Ville de Paris.

SIMONET — Sous-ingénieur des Ponts et Chaussées.

PRÉFACE

Au terme de cette étude, nous sommes encore obligé de conclure, comme nous l'avons déjà fait : *Navigare necesse*.

Nous avons montré qu'en Allemagne on avait tiré le meilleur parti possible des rivières navigables, par des travaux d'amélioration, sans appliquer cependant la meilleure méthode. C'est en France, en effet, qu'un ingénieur du plus haut mérite, M. Girardon, a indiqué les règles à suivre pour une régularisation rationnelle basée sur le régime des basses eaux. Son œuvre lui a survécu et l'a classé parmi les plus grands ingénieurs du dernier siècle.

Néanmoins, en Allemagne, malgré l'imperfection de la méthode suivie, on est arrivé à des résultats économiques surprenants. De 4.800.000.000 de tonnes kilométriques en 1885, le trafic fluvial est monté en 1912 à 19.000.000.000 de tonnes kilométriques! Quel beau résultat obtenu avec des moyens restreints, avec l'accord le plus parfait réalisé avec les chemins de fer, qui, en 1912, transportaient 60.000.000.000 de tonnes kilométriques.

Il semble qu'un pareil résultat devrait désarmer les adversaires irréductibles et de parti pris des voies navigables ; nous craignons qu'il n'en soit pas ainsi, et qu'on ressuscite toujours une thèse bien contestable. La vérité est que les deux modes de transport se complètent l'un l'autre et se servent de régulateurs l'un à l'autre : là où la voie navigable manque, les tarifs sont plus élevés ; ils s'abaissent au contraire quand la voie navigable est doublée par le chemin de fer.

Il ne faut pas voir l'intérêt de tel ou de tel mode de transport, mais celui du Pays, qui doit être envisagé avant toute chose.

Quel qu'il soit, le mode de transport est indifférent ; le commerçant ou l'industriel doit choisir celui qu'il considère comme le meilleur pour ses intérêts, sans savoir s'il favorise les ferristes ou les navigabilistes.

L'État n'est pas comme un négociant, qui fait une opération à court terme, et qui escompte le bénéfice qui en ressort. Il dépense souvent en apparence d'une façon infructueuse, mais il dépense aussi en vue d'assurer l'avenir, dont il a la sauvegarde.

Il doit évidemment être ménager des deniers publics, et ne les dépenser qu'à bon escient. Mais il doit favoriser toute entreprise, qui a pour but l'accroissement de la richesse publique. C'est pourquoi on ne doit engager que des travaux tout à fait utiles et justifiés par l'intérêt général. C'est la seule règle qui puisse être admise.

Faut-il, dans cet ordre d'idées, préférer en tout état de cause un canal à une rivière régularisée, comme le Rhône ou la Loire ? Nous ne le pensons pas, et la démonstration en est faite par les résultats obtenus en Allemagne. Utiliser un cours d'eau, après l'avoir régularisé et amélioré, si cela est possible, tel doit être le but auquel on doit tendre. Créer des ports, les desser-

vir par des moyens perfectionnés, et surtout construire
un matériel en rapport avec le mouillage dont on dispose, c'est cela dont on doit se préoccuper. Les questions de transbordement sont absolument accessoires
et se résolvent sans grands frais et sans difficultés.

Qu'on n'oublie pas qu'un kilomètre de rivière régularisée ne revient pas à plus de 150.000 francs et qu'un
kilomètre de canal s'élève à 500 ou 600.000 francs. Les
frais d'entretien sont sensiblement les mêmes ; les chômages nécessaires pour l'entretien ou obligés par suite
de gel mettent les canaux en état d'infériorité sur les
rivières régularisées ; le seul inconvénient que l'on
puisse imputer à celles-ci est que la charge des bateaux
doit être réduite dans une certaine mesure au moment de l'étiage.

Qu'on se rappelle aussi qu'un canal constitue un ouvrage d'art qui est immuable dans ses dimensions, dans
son gabarit, et qui ne peut être modifié que par des
transformations coûteuses en rapport avec les progrès
de la batellerie [1]. Il est plus facile de modifier le matériel de la navigation et de l'adapter au cours d'eau que
de construire des canaux en rapport avec le matériel
existant. En d'autres termes le matériel doit être approprié à la voie, et la voie ne doit pas être construite à la
demande du matériel. C'est malheureusement ce qu'on
a presque toujours oublié en France.

Mais, quelle que soit la solution que l'on adopte, on
doit se garder d'adopter, dans le choix de telle ou telle
solution, canal ou rivière régularisée, des formules

[1] Le canal de la Martinière sur la Loire maritime, en aval de
Nantes, établi avec un mouillage de $4^m,50$ et une dépense de
24.000.000, a dû être abandonné au bout de quelques années pour
recourir à la Loire et obtenir le mouillage de $8^m,50$ au moyen
d'ouvrages spéciaux et de dragages.

quelconques[1]. Toutes sont incapables de résoudre la question. En cette matière, comme en beaucoup d'autres, le dogmatisme n'est pas de mise.

M. l'ingénieur en chef Girardon, chargé au Congrès de Navigation intérieure de la Haye en 1894 de la question de l'amélioration des rivières, n'a-t-il pas conclu de la manière suivante :

« Tout d'abord, il semble que la confiance dans les formules de l'hydraulique est singulièrement ébranlée. Sans nier la valeur que peuvent avoir ces formules comme résultat d'expériences souvent très considérables et très précises, la plupart des ingénieurs ont eu à constater les graves mécomptes qui résultaient de leur extension et de leur emploi dans des circonstances trop différentes de celles dans lesquelles elles avaient été établies. Elles donnent des résultats plus ou moins exacts, mais certainement suffisants pour la pratique quand il s'agit exclusivement de l'eau seule ; mais nos rivières ne sont pas seulement des cours d'eau, comme on les appelle ordinairement ; elles débitent à la fois de l'eau et des matériaux solides ; c'est précisément *le mouvement des matériaux solides* qui cause toutes les difficultés, contre lesquelles nous avons à lutter et c'est mal prendre le problème que de chercher à le résoudre, en réglant l'écoulement de l'eau, sans chercher à régler aussi celui des matériaux. Et c'est le prendre d'autant plus mal que ces deux mouvements réagissent l'un sur l'autre et que très fréquemment les effets qui se produisent sur une rivière à fond mobile sont non seulement différents, mais encore contraires à ceux qu'on avait prévus et qui se seraient réalisés si l'on

---

[1] A défaut d'expériences directes, quelquefois coûteuses, on peut se servir de modèles comme nous l'avons montré.

n'avait eu à tenir compte que de l'écoulement de l'eau sur un fond solide. La conséquence de cette circonstance est *qu'il n'y a qu'un guide sûr, l'observation directe des faits* qui se produisent dans des conditions analogues, celles dans lesquelles on doit agir, non pas sur des canaux artificiels qui ne roulent que de l'eau, mais sur les rivières mêmes où se réalisent les phénomènes avec lesquels on a à compter. Ces phénomènes sont assurément très complexes et nous les connaissons mal ; c'est en réunissant beaucoup d'observations et en tâchant de les rendre comparables que nous les connaîtrons mieux ; nous pouvons cependant dès maintenant en relever un certain nombre dont la répétition et la généralité impliquent la nécessité ; et d'autres au contraire qui sont exceptionnels et ne semblent dus qu'à des causes accidentelles. On peut éviter ces derniers. Quant aux autres, il est inutile de lutter contre eux ; il faut les subir ; il faut faire mieux encore, il faut en tirer parti. En résumé, *il importe de multiplier les observations.* »

Donc pas de formules, mais des observations multipliées et méthodiques. C'est ainsi qu'on a opéré pour la Loire navigable et on s'en est bien trouvé, puisque la méthode suivie a donné des résultats supérieurs à ceux qui avaient été prévus. Les résultats économiques ont suivi les progrès réalisés par l'amélioration du fleuve, puisque le tonnage kilométrique est passé de 1912 à 1913 de 2.144.688 tonnes kilométriques à 8.044.980 tonnes kilométriques, et que le tonnage ramené à la distance entière a été de 25.532 tonnes en 1912 et s'est élevé à 95.773 tonnes en 1913 [1].

1. Il s'agit de la section de la Loire comprise entre l'embouchure de la Maine et Nantes (84 kilomètres).

Dans un autre ordre d'idées, nous citerons les expériences qui ont été faites sur le Rhône par une nouvelle Compagnie de navigation, et qui ont démontré que dans la région des rapides (0^m,70 de pente par kilomètre, vitesse du courant en eaux moyennes 3^m,50 à la seconde) un remorqueur pouvait remonter 1.420 tonnes, tandis qu'avec le touage organisé depuis de longues années on arrivait avec peine à remonter 450 tonnes. Le premier voyage s'est effectué de Beaucaire à Lyon en 49 heures de marche effective. A la descente 12 heures ont suffi de Lyon à Arles. Il fallait le démontrer, la preuve en est faite actuellement.

Quelques esprits mal avertis ont reproché à l'Administration des Ponts et Chaussées de rester routinière et enfermée dans des principes surannés[1]. Le reproche ne nous semble pas absolument fondé ; cette Administration est le plus souvent arrêtée par une législation arriérée et compliquée et encore plus par les mœurs parlementaires qui finissent par tout envahir, et dont l'infiltration a pour conséquence de substituer fréquemment l'intérêt local ou particulier à l'intérêt général, et de sacrifier quelquefois l'intérêt local luimême aux caprices d'hommes influents, qui, au terme de leur carrière, voudraient mourir au milieu des reliques de leur passé. L'Administration est incapable de venir à bout de ces velléités puissantes ; elle se contente généralement, contrainte, d'enregistrer la volonté de ses maîtres.

Souhaitons que les événements malheureux qui viennent de se dérouler mettent un terme à cette situation lamentable. Constatons avec tristesse qu'en matière

1. *Revue de la batellerie*, du 1er avril 1913.

de navigation, comme en beaucoup d'autres, nous nous sommes laissés dépasser. Reprenons le rang qui nous est dû. Organisons-nous pour l'après guerre, qui aura une importance économique considérable, et dont dépendra certainement l'avenir de notre Pays. Faisons des œuvres utiles, régularisons nos fleuves lorsque cela est possible, ouvrons des canaux justifiés par un intérêt supérieur, comme celui du Nord-Est mettant en communication les bassins houillers du Nord avec le bassin métallurgique de l'Est, créons des gares d'eau en communication avec les chemins de fer et outillons-les d'une façon convenable.

Efforçons-nous de justifier les paroles que prononçait en 1909 M. Linyer, l'éminent président du Congrès national de Navigation de Nancy, devant la Chambre de Commerce de Strasbourg : Messieurs, nous avons été vos élèves, mais nous ne désespérons pas de devenir vos maîtres.

On ne peut pas mieux conclure qu'en exprimant le vœu qu'on se mette à l'œuvre le plus tôt possible pour être prêt à soutenir la lutte qui va s'ouvrir plus âpre et plus difficile que jamais. *Nunc laboremus!*

G. CUÉNOT.

FLEUVES ET RIVIÈRES

CHAPITRE I

DES VOIES NAVIGABLES EN GÉNÉRAL

Deux grandes classes de voies navigables. — Les voies navigables se divisent en deux grandes classes : les voies navigables naturelles (fleuves, rivières, lacs et étangs) modifiées ou non par la main de l'homme, et les voies navigables artificielles ou canaux, qui ont été créées de toutes pièces.

Chenal, mouillage, tirant d'eau. — Au point de vue de la circulation des bateaux sur une voie navigable, il est nécessaire de déterminer et de connaître avec précision : le *chenal*, ou partie de la voie habituellement suivie par les bateaux, et le *mouillage*, ou distance existant entre le plan d'eau et le fond du chenal.

Dans un canal, le chenal est le canal lui-même. Dans une rivière, le chenal ne règne en général que sur une partie de la largeur du cours d'eau ; on entretient dans cette partie seulement un mouillage suffisant.

Le *tirant d'eau* ne doit pas être confondu avec le mouillage ; car le tirant d'eau est la distance maximum qui doit exister entre le plan d'eau et le fond d'un bateau, pour que celui-ci puisse circuler sans danger sur la voie considérée. Le tirant d'eau doit toujours être inférieur au mouillage, car il doit toujours exister un certain intervalle entre le fond du bateau et celui du chenal, intervalle qui n'est pas inférieur à 0^m.20.

Voies navigables naturelles. — L'inconvénient principal d'une rivière à l'état naturel est que le mouillage y est très variable avec les saisons, en même temps que le débit.

On peut y remédier le plus souvent en divisant la rivière en un certain nombre de biefs, séparés par des barrages construits en travers du lit, de manière à relever le niveau supérieur à l'amont, et à offrir à la batellerie un tirant d'eau suffisant.

Ces barrages sont généralement *mobiles*, c'est-à-dire qu'ils peuvent s'effacer, lorsqu'il est besoin de restituer à la rivière tout son lit, par exemple en cas de crue ; ils sont dits *fixes* dans le cas contraire.

La communication entre deux biefs consécutifs est alors établie soit au moyen d'une *passe* ou *pertuis*, qu'on peut ouvrir ou fermer à volonté, soit au moyen d'une écluse constituée par un bassin ou *sas* muni de portes à ses deux extrémités, de façon à pouvoir le relier tantôt avec l'amont, tantôt avec l'aval.

Lorsqu'une rivière est ainsi divisée au moyen de barrages, on dit qu'elle est *canalisée;* dans le cas contraire, elle est à *courant libre.*

Il y a donc deux catégories de voies navigables naturelles :

1° Les rivières à courant libre ;

2° Les rivières canalisées.

On a étudié dans le premier volume les rivières canalisées et les voies navigables artificielles, qui comprennent les canaux latéraux et les canaux à point de partage.

On ne s'occupera donc dans le présent ouvrage que des rivières à courant libre.

Développement actuel du réseau des voies navigables en France. — D'après les documents statistiques publiés annuellement par le ministère des Travaux publics la longueur totale des voies navigables effectivement fréquentées en France en 1910 a été de 12.259 kilomètres. Dans ce total les fleuves et rivières, lacs et étangs comptent pour 7.408 kilomètres, et les canaux pour 4.851. Si parmi les voies navigables naturelles on fait la distinction entre celles qui sont canalisées et celles qui ne le sont pas, on trouve que ces dernières doivent figurer pour une longueur de 4.109 kilomètres et les premières pour 3.299. La longueur totale des voies navigables du réseau français se décompose ainsi :

Fleuves et rivières à courant libre.. 4.109^{km}, soit 0,33
Fleuves et rivières canalisés........ 3.299 — 0,27
Canaux........................... 4.851 — 0,40
                                   ____
                                   12.259^{km} soit 1,00

Budget de la navigation intérieure en France. — Les voies navigables en France appartiennent au Domaine public national, inaliénable et imprescriptible, et sont administrées sous l'autorité du ministre des Travaux publics par les ingénieurs et le personnel des Ponts et Chaussées.

L'exploitation de ces voies est faite par l'industrie privée sous le contrôle de l'État.

Les dépenses nécessaires; tant pour le premier établissement que pour la conservation et le fonctionnement des voies navigables, sont portées au budget général de l'État.

Le budget de 1910 s'élevait à 11.855.198 francs, savoir :

Pour les rivières.......... 5.927.872 francs.
Pour les canaux.......... 5.927.326 —
                          ____
                          11.855.198 francs.

La moyenne des dépenses faites effectivement sur les fonds du Trésor pendant la période décennale 1901-1910, s'élève à 12.240.702 francs par an, dont :

Pour les rivières.......... 6.092.568 francs.
Pour les canaux.......... 6.148.134 —
                          ____
                          12.240.702 francs.

De 1814 à 1900, ces dépenses se sont élevées à 759.601.830 francs se décomposant ainsi :

Rivières................. 451.344.494 francs.
Canaux .... 308.257.336 —
                         ____
                         759.601.830 francs.

soit 8.832.579 francs par an.

On remarque que ces dépenses sont presque constantes d'une année à l'autre; il n'en est pas de même en ce qui concerne les sommes affectées aux travaux neufs, qui varient dans une assez large mesure, suivant que l'outillage national a plus ou moins besoin d'être complété, et que la situation financière est plus ou moins prospère.

Le total des dépenses, faites en travaux extraordinaires de navigation intérieure de 1814 à 1897 inclusivement, s'élève en chiffre rond à 1.200 millions de francs.

Le montant des travaux exécutés en vertu des lois des 28 juillet et 5 août 1879, constituant le programme Freycinet, s'est élevé à fin de 1903 au total de 688.652.492 francs [1], se décomposant ainsi :

Rivières...............	289.400.173 francs.
Canaux	399.252.319 —
TOTAL ÉGAL...	688.652.492 francs.

Le programme Baudin, sanctionné par la loi du 22 décembre 1903, et qui est en voie d'exécution, s'élève à la somme de 206.070.000 francs, se décomposant ainsi :

Amélioration des voies navigables existantes.....................	29.170.000 fr.
Construction de voies nouvelles...	176.900.000 —
TOTAL ÉGAL...	206.070.000 —

Les dépenses correspondant à la période 1904-1910 (achèvement du programme Freycinet et exécution du programme Baudin) se sont élevées à 103.860.404 francs, savoir:

Rivières...............	20.729.736 francs.
Canaux...............	83.130.668 —
TOTAL ÉGAL...	103.860.404 francs.

1. Actes législatifs et dépenses concernant les travaux de navigation intérieure et maritime (Imprimerie nationale, 1912).

Développement actuel du réseau des voies fluviales en France. — Le réseau fluvial présente des longueurs, qui varient suivant le point de vue particulier auquel on l'envisage.

Ainsi le développement total des cours d'eau classés, atteint le chiffre de.......................... 16.726 kilomètres.

Tandis que celui du réseau fréquenté en 1909, s'élève seulement à........ 12.259   —

La différence................ 4.467 kilomètres.

se composant de rivières et canaux, qui ont un trafic exclusivement maritime et de rivières ou parties de rivières, où la navigation est purement nominale.

Le tableau ci-après résume les différents états du réseau fluvial en 1909 :

	LONGUEURS CLASSÉES			LONGUEURS FRÉQUENTÉES EN 1909		
	comme flottables	comme navigables	ENSEMBLE			
	kilom.	kilom.	kilom.	km.	kilom.	kilom.
Fleuves, rivières, et étangs......	2.934	8.826	11.757	354	7.023	7.377
Canaux	»	4.969	4.969	»	4.882	4.882
Total....	2.934	13.795	16.726	354	11.905	12.259

La loi de classement du 5 août 1879 a divisé le réseau de navigation intérieure en lignes principales et lignes secondaires.

Les voies constituant les lignes principales doivent, aux termes de ladite loi, avoir au minimum un mouillage de 2 mètres, des écluses de 38^m,50 de longueur, et 5^m,20 de largeur ; les ponts fixes doivent laisser 3^m,70 de hauteur libre au-dessus du plan d'eau réglementaire.

Les voies remplissant ces conditions offrent un développement de 4.833 kilomètres, savoir :

Fleuves et rivières y compris les
parties maritimes .... 2.106 kilomètres.
Canaux .... 2.727 —

TOTAL ÉGAL... 4.833 kilomètres.

L'impulsion donnée aux travaux de navigation par les programmes de 1879 et de 1903 est résumée dans le tableau suivant[1] :

	LONGUEUR TOTALE DES VOIES NAVIGABLES ayant au minimum 2 mètres de mouillage et des écluses de 38m,50 de longueur utile et 5 mètres de largeur.		
	FLEUVES ET RIVIÈRES	CANAUX	ENSEMBLE
	kilomètres	kilom.	kilom.
Situation en 1878............	996	463	1.459
Situation actuelle............	2.106	2.727	4.833
Différence en faveur de 1909.	1.110	2.264	3.374

Les fleuves et rivières à fond libre, qui desservent un courant commercial d'une certaine importance, sont en France à l'état d'exception. On peut citer parmi les plus intéressants, l'Adour, le Rhône et la Loire, qui présentent un développement de 969 kilomètres.

Importance du mouvement commercial sur les voies de navigation intérieure en France. — Pour apprécier l'importance du mouvement des marchandises transportées sur une voie de communication, on peut considérer :

1° Le tonnage effectif exprimant le poids des marchandises transportées, c'est-à-dire le nombre des tonnes effec-

1. Tous ces renseignements sont pris sur la statistique de navigation intérieure rédigée par l'Administration des Travaux publics (Imprimerie nationale, 1910).

tives, qui ont parcouru telle ou telle voie à une distance quelconque ;

2° Le tonnage ramené au parcours de 1 kilomètre, qui s'obtient en multipliant les tonnes effectives par la longueur du trajet, qu'elles ont respectivement effectué sur la voie considérée ;

3° Le tonnage ramené à la distance entière ou tonnage moyen, c'est-à-dire le tonnage obtenu en divisant par la longueur de la voie la somme des tonnes kilométriques.

Voici les chiffres relatifs à ces diverses espèces de tonnages pour l'ensemble du réseau des voies navigables de la France en 1909 :

Tonnage effectif (embarquement)............. 37.624.223 tonnes.
Tonnage kilométrique... 5.471.497.529 —
Tonnage moyen........ 436.325 —

La part respective des fleuves, rivières et des canaux est résumée dans le tableau suivant :

TONNAGE	FLEUVES ET RIVIÈRES A COURANT LIBRE		FLEUVES ET RIVIÈRES CANALISÉS		CANAUX	
	tonnes	0/0	tonnes	0/0	tonnes	0/0
Effectif.......	4.520.006	12	12.762.062	33	18.342.155	55
Kilométrique.	195.803.678	4	2.259.318.795	42	3.016.375.056	54
Moyen	83.539	»	543.889	»	617.856	»
Longueur....	2.363 km.		4.154 km.		4.882 km.	

Le parcours moyen d'une tonne a été en 1909 de 154 kilomètres.

L'augmentation du trafic transporté par les voies navigables s'est manifestée d'année en année depuis le commencement d'exécution du programme Freycinet (1879).

Si on se reporte notamment à l'année 1881 [1], on trouve les chiffres suivants :

1. *Relevé général du tonnage des marchandises transportées sur*

Tonnage effectif..............	19.740.239 tonnes.
Tonnage kilométrique.......	2.174.351.000 —
Tonnage moyen	181.707 --
Parcours moyen d'une tonne.	111 kilom.

La longueur du réseau était à l'époque de 11.968 kilomètres, savoir :

Fleuves et rivières........	7.348 kilomètres.
Canaux.................	4.658 —
TOTAL ÉGAL...	11.968 kilomètres.

Trafic correspondant des chemins de fer. — Le développement si remarquable de la navigation intérieure n'a pas nui à l'essor économique du réseau de chemins de fer. Si on se reporte, en effet, à la statistique des chemins de fer au 31 décembre 1909, publiée par le ministère des Travaux publics, on trouve les renseignements suivants :

Longueur du réseau	40.285 kilom.
Tonnage kilométrique total.	24.331.252.324 tonnes.
Tonnage moyen	529.508 —

En 1881, les chiffres correspondants étaient les suivants :

Longueur du réseau	24.249 kilomètres.
Tonnage kilométrique total.	10.752.834.568 tonnes.
Tonnage moyen..........	443.434 —

Comparaison entre le trafic des voies navigables et des chemins de fer en France.

En 1909, le développement des voies navigables était de............................	12.259 kilomètres.
Il était en 1881 de	11.968 —
L'augmentation est donc de........	291 —

les *fleuves, rivières et canaux pendant l'année 1881* (Paris, Imprimerie nationale, 1883). — C'est le premier document publié par le ministre des Travaux publics après la suppression des droits de navigation perçus par l'Administration des contributions indirectes.

Pendant cette même période le tonnage moyen est passé de 181.704 tonnes à 446.325 tonnes, augmentant de près de 150 0/0.

Le réseau des voies ferrées passait dans le même laps de temps de 24.249 à 40.186 kilomètres, avec un accroissement de 15.887 kilomètres.

Le tonnage moyen qui était de 443.104 tonnes s'est élevé à 530.813 tonnes, subissant une augmentation d'environ 20 0/0.

On pourrait déduire de ces résultats que les transports par eau se sont développés au détriment des voies ferrées. Il n'en est rien, si l'on veut observer que les lignes de chemins de fer incorporées depuis 1881 sont des lignes secondaires d'un faible rendement, desservant des régions peu industrielles et commerçantes. On peut les assimiler aux lignes d'intérêt local, sur lesquelles le trafic voyageurs est prédominant (75 0/0 voyageurs, 25 0/0 marchandises). Les artères importantes, comme celles qui desservent la région du Nord, luttaient à armes égales et concurrençaient efficacement les voies navigables. Il en est ainsi notamment des lignes, qui traversent les départements du Nord et du Pas-de-Calais, et qui transportent, au détriment des canaux du Nord, les combustibles sur le marché de Paris. Il faut retenir aussi qu'en 1881 les voies navigables venaient de bénéficier de l'exonération des droits de navigation, et que leur développement ne pouvait se produire que progressivement pendant les quelques années succédant à la nouvelle situation. Pendant ce temps les nouvelles lignes de chemin de fer étaient livrées à l'exploitation; elles pesaient d'un poids assez lourd sur les résultats de l'exploitation, jusqu'à ce que les habitudes fussent prises et que les populations eussent appris à se servir du nouvel instrument mis à leur disposition. C'est ainsi qu'à la fin de l'année 1896, le réseau des voies ferrées comprenait 36.472 kilomètres, c'est-à-dire 12.000 kilomètres environ de plus qu'en 1881, ce qui représentait un accroissement de 50 0/0. Néanmoins le tonnage kilométrique était seulement de 13.217.395.129 tonnes, en augmentation de 2.500.000 tonnes sur le même chiffre en 1881, soit de 20 0/0 seulement.

Le tonnage moyen, qui était de 443.434 tonnes en 1881, était tombé en 1896 à 362.398 tonnes, ce qui démontre bien que les nouvelles lignes n'avaient pas encore apporté leur part à l'ensemble de l'exploitation. A ce moment là le tonnage moyen des voies navigables, qui avait crû dans des proportions considérables de 100 0/0 environ, était tout à fait comparable à celui des voies ferrées, puisqu'il atteignait 94 0/0 de ce dernier.

Actuellement la situation est la suivante :

> Le tonnage moyen des chemins
> de fer est de .... 529.508 tonnes.
> Celui des voies navigables est
> de..................... 446.325   —

Le rapport de ce dernier tonnage à celui des voies ferrées est de 84 0/0 environ, ce qui indique que malgré le prodigieux essor de la navigation pendant ces dernières années, les chemins de fer ont eu leur large part du trafic total, et même qu'ils ont regagné ce qu'ils semblaient avoir perdu en 1896.

Voies navigables dans l'Ouest de l'Europe. — Le réseau navigable français, qui est surtout très développé au Nord et au Nord-Est, se trouve en communication avec les canaux et les rivières de la Belgique, de la Hollande et de la portion de l'Allemagne située sur la rive gauche du Rhin. La navigation y est très active, et les transports internationaux ont une sérieuse importance.

En Belgique la longueur totale du réseau, comprenant surtout des canaux, des fleuves et rivières canalisés est actuellement de 2.175 kilomètres se décomposant ainsi :

	Kilomètres	Proportion 0/0
Fleuves et rivières à courant libre.	661	31
Fleuves et rivières canalisés.......	549	25
Canaux..........................	965	44
Total égal..	2.175	

En 1881, la longueur du réseau était de 2.026 kilomètres.

Le tonnage kilom. total
   était à cette époque de.   702.854.107 tonnes.
En 1909, il s'est élevé à..   1.200.003.622   —
Le tonnage moyen était
   en 1881 de..........   346.945   —
Il est devenu en 1909 de.   554.726   —

Le tonnage moyen, qui caractérise l'importance du réseau navigable, est supérieur à celui des voies françaises (446.325 tonnes), et montre l'intensité du trafic empruntant ce réseau.

Ce développement considérable n'a pas nui aux chemins de fer pendant cette même période. On trouve, en effet, les renseignements suivants :

Longueur du réseau :

En 1881................... 2.869 kilomètres.
En 1909................... 4.319   —

Tonnage transporté :

En 1881............... 19.862.762 tonnes.
En 1909............... 54.025.008   —

Tonnage kilométrique :

En 1881 (1)...........   tonnes.
En 1909........... 4.097.861.187   —

Tonnage moyen :

En 1881...............   tonnes.
En 1900............... 949.030   —

Tout commentaire est superflu : le trafic marchandises en

1. Ce résultat n'a pas pu être fourni.

Belgique a au moins triplé sur le réseau ferré, pendant qu'il doublait à peu près sur les voies navigables.

En Hollande, on constate les mêmes résultats :

Longueur du réseau :

En 1881...................... $4.423^{km},410$

En 1909...................... 4.634 300

Se décomposant ainsi :

En 1881 Rivières navigables.... $1.088^{km},5$

— Canaux 3.335 9

En 1909 Rivières navigables.... 1.113 5

— Canaux 3.517 8

Les statistiques du trafic des voies navigables ne donnent pas le tonnage kilométrique qui est presque impossible à constater à cause de la grande complexité du réseau et de la grande diversité des voyages. Ceux-ci ont, en effet, presque tous un caractère mixte, s'effectuant sur des parties de canal, de rivière navigable, même des bras de mer. Aussi se contente-t-on de noter aux points les plus importants du réseau le nombre et le tonnage des bateaux.

Les résultats obtenus en 1881 et 1909 sur les principales voies d'eau sont résumés dans le tableau suivant :

1. Tous ces renseignements, ainsi que ceux qui précèdent, sont dus à l'obligeance de M. De King-Dura, ancien ingénieur en chef du Water staat de la province d'Over-Yssel.

NOM DE LA VOIE NAVIGABLE	POINT D'OBSERVATION	1881		1902	
		NOMBRE DES BATEAUX	TONNAGE	NOMBRE DES BATEAUX	TONNAGE
1° RIVIÈRES NAVIGABLES					
Rhin..........	Lobith	27.158	4.888.577	77.909	40.959.193
—	Arnhem	18.844	1.296.215	20.831	2.596.558
Lek..........	Vreeswijk	2.985	»	43.460	5.639.165
Rotterdamsche Waterwey........	Hoek van Holland	7.006	8.350.777	18.839	57.833.340
2° CANAUX					
Canal d'Amsterdam à Ymuiden ...	Ymuiden	4.603	4.590.321	29.984	23.077.375
Canal de Walcheren...........	Flessingue	3.040	607.614	9.643	2.127.155
Canal de Zuid-Beveland.........	Hansweert	22.210	2.000.752	54.045	11.738.348
Canal de Terneuzen à Gand.......	Sas van Gent	6.646	1.470.309	13.924	10.731.871

Par contre le réseau ferré a pris le développement suivant[1].

	1881	1909
Longueur des voies ferrées	1.964 km.	3.070 km.
Tonnage kilométrique	407.834.000 t.	1.353.655.000 t.
Tonnage à distance entière	213.000 t.	381.000 t.
Parcours moyen d'une tonne	70 km.	87^{km},4
Longueur des voies similaires (tramways)	447 km.	2.338 km.
Nombre total de tonnes transportées	70.465 t.	1.336.926 t.
Tonnage par kilomètre exploité	455^t,2	571^t,8

On peut remarquer combien s'est développé le trafic sur les voies de transport, aussi bien sur le réseau navigable que sur les chemins de fer dans la période envisagée, au profit de la richesse publique.

Réseau navigable de l'Europe centrale. — Le réseau navigable de l'Europe centrale, qui comprend les rivières et canaux de l'Allemagne, est un des plus importants et des plus intéressants à étudier. Son développement s'est manifesté depuis 1870, avec une intensité exceptionnelle. Une ère nouvelle de prospérité s'ouvrait pour l'Allemagne. Il lui fallait des victoires économiques pour compléter ses victoires militaires[1]. Elle les prépara en améliorant et en multipliant les moyens de communication spécialement les voies navigables. L'exemple de la France, qui s'efforçait de réparer ses désastres par la construction d'un vaste réseau de canaux, la stimula, et pour mieux assurer l'avenir, elle se remémora le passé.

1. Louis Laffitte, *Étude sur la Navigation intérieure en Allemagne* (1899).

Les tableaux statistiques allemands donnent l'état détaillé des fleuves. De 1879 à 1882 les ministres des Travaux publics et des Finances présentèrent à la Chambre des députés de Prusse une série de mémoires, où tout en faisant le compte des sommes et des efforts dépensés par la Prusse au xixᵉ siècle pour l'amélioration des fleuves et la construction des canaux, ils exposaient l'état et le caractère des principales voies navigables de ce pays, les méthodes de correction qu'il convenait d'expliquer ainsi que les dépenses à effectuer.

Les travaux commencèrent aussitôt et comprirent, en dehors de la régularisation et de l'amélioration de la navigation sur certains cours d'eau, la canalisation de quelques rivières ou de quelques tronçons de cours d'eau. Ils eurent pour but non pas tant d'augmenter la longueur kilométrique navigable, que d'améliorer les profondeurs. Il y a eu cependant un certain accroissement dans la longueur utilisable, mais l'éminent ingénieur allemand M. Sympher à qui l'on doit les tableaux statistiques qui suivront, le néglige, parce qu'il est compensé par l'abandon de petits cours d'eau d'une navigation difficile avec le nouveau matériel, et que la batellerie exploitait autrefois. En dehors de ces travaux très importants, comme on le verra plus loin, les Allemands ont adapté le matériel de la batellerie aux voies fluviales, malgré tout très imparfaites afin d'en tirer le meilleur parti possible. Ils ont pensé avec M. Bellingrath que « c'est une erreur de croire qu'un fleuve pauvre en eau doive être utilisé par de petits bateaux ». Ils font donc construire des chalands larges et longs de fort tonnage mais de peu d'enfoncement, et des remorqueurs de faible tirant d'eau et d'une très grande force, afin de remédier à l'insuffisance générale des mouillages. De cette façon la batellerie adaptée aux milieux divers, que lui créent d'incessantes variations du plan d'eau, pouvait être rémunératrice en tout temps.

Les travaux d'amélioration et de régularisation ont porté sur les principales rivières, qui sont en allant de l'Est à l'Ouest :

La Memel ;

Le Pregel, la Deime et l'Alle ;

La Vistule ;

L'Oder ;

L'Elbe et les cours d'eau de la Marche du Brandebourg ;

La Weser ;

L'Ems ;

Le Rhin ;

La Moselle ;

Le Danube.

En même temps on poursuivait l'exécution d'un certain nombre de canaux, où la canalisation de quelques rivières, parmi lesquelles le Main en aval de Francfort. Le plus important et le plus intéressant de ces canaux est sans contredit le canal du Rhin à la Weser et à l'Elbe allant de Rhuhrort à Magdebourg par Münden et Hanovre, et connu sous le nom de « Mitelland Kanal ». Il se rattache d'ailleurs au canal de Dortmund à l'Ems, et à celui du Rhin à Lherne, point initial du canal de Dortmund aux ports de l'Ems. La carte qui suit fait connaître la position et l'importance des principales voies de l'Allemagne.

On n'a pas cru devoir établir le canal du Rhin jusqu'à l'Elbe, et on l'a arrêté à Hanovre, ce qui a modifié d'une manière très sensible les projets prévus pour l'amélioration de la Weser, projets que l'on fera connaître ultérieurement.

Quoi qu'il en soit on peut dire qu'en Allemagne les travaux de régularisation des rivières et des fleuves ont pris une importance exceptionnelle, et ont eu une influence très favorable sur le développement du trafic, pendant les trente dernières années, qui correspondent avec l'exécution de ces travaux. Les résultats obtenus ressortent également de l'augmentation du tonnage des bateaux. On citera à titre d'exemple les renseignements relatifs à trois fleuves, le Rhin, la Weser et l'Elbe, qui ont été améliorés par voie de régularisation. On s'est préoccupé spécialement du régime des eaux moyennes, en cherchant d'une part à assurer de la manière la plus favorable l'écoulement de ces eaux, et d'autre part à rendre le chenal praticable pour la navigation pendant cette période.

La flotte allemande de navigation intérieure a pris le développement suivant de 1877 à 1907 sur les trois cours d'eau cités plus haut et sur leurs affluents :

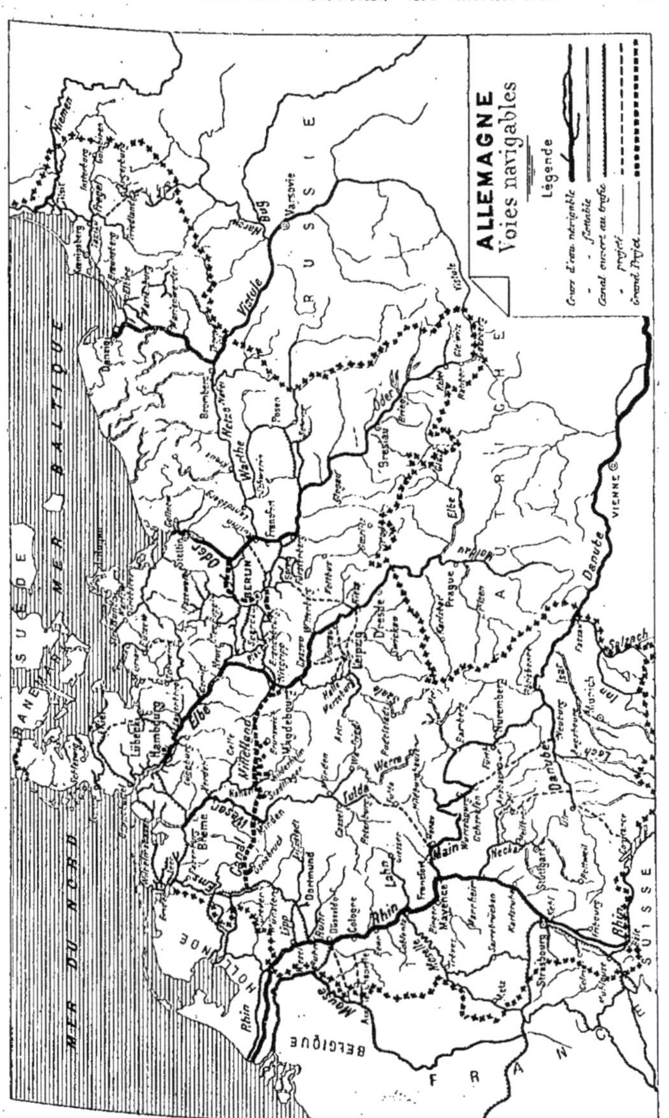
ALLEMAGNE
Voies navigables
Légende
Cours d'eau navigable
Flottable
Canal ouvert au trafic
projet
Grand Projet
MER DU NORD
MER BALTIQUE
SUÈDE
DANEMARK
HOLLANDE
BELGIQUE
SUISSE
FRANCE
RUSSIE
AUTRICHE
Niemen
Varsovie
Bug
Narew
Vistule
Oder
Warthe
Netze
Posen
Bromberg
Stettin
Berlin
Breslau
Elbe
Prague
Dresde
Leipzig
Magdebourg
Halle
Hambourg
Lübeck
Kiel
Brême
Weser
Elbe
Mittelland
Canal
Dortmund
Cologne
Düsseldorf
Rhin
Lippe
Ruhr
Moselle
Mayence
Francfort
Main
Lahn
Neckar
Stuttgart
Strasbourg
Metz
Meuse
Ill
Bâle
Neckar
Werra
Fulda
Nuremberg
Danube
Ulm
Munich
Isar
Inn
Lech
Salzach
Danube
VIENNE

ANNÉE 1877

BASSINS des COURS D'EAU	NOMBRE DES VOILIERS ET CHALANDS			
	De faible tonnage jusqu'à 250 tonnes	D'un tonnage moyen de 250 à 600 tonnes	De fort tonnage de 600 à 800 tonnes	Nombre des vapeurs
Le Rhin et le lac de Constance..	2.445	381	20	204
L'Elbe	8.347	212	»	221
La Weser..........	386	30	»	18

ANNÉE 1907

BASSINS des COURS D'EAU	NOMBRE DES VOILIERS ET CHALANDS				
	De faible tonnage jusqu'à 250 tonnes	D'un tonnage moyen de 250 à 600 tonnes	De fort tonnage de 600 à 1.000 t.	De très grand tonnage de 1.000 à 3.000 t.	Nombre des vapeurs
Le Rhin et le lac de Constance .	1.352	929	534	677	613
L'Elbe	9.232	2.097	615	48	1.771
La Weser.......	192	207	70	2	92

Pendant ces années qui correspondent avec l'exécution de
ces travaux, la composition de la flotte allemande de navigation intérieure est passée de 17.653 voiliers, chalands et
vapeurs d'un tonnage total d'environ 1.400.000 tonnes en
1877, à 26.235 voiliers, chalands et vapeurs d'un tonnage
total d'environ 5.900.000 tonnes en 1907.

De 1875 à 1905, le trafic des marchandises est devenu huit
fois plus important sur les trois cours d'eau considérés,
ainsi qu'il ressort du tableau suivant[1] :

1. Ces renseignements sont extraits du rapport de M. Sympher.

DÉSIGNATION des COURS D'EAU	LONGUEUR du parcours considéré	1875		1905	
		Tonnes kilométriques nettes enregistrées pour le transport des marchandises	Trafic kilométrique en tonnes de 1.000 kg	Tonnes kilométriques nettes enregistrées pour le transport des marchandises	Trafic kilométrique en tonnes de 1000 kilos
L'Elbe de la frontière autrichienne à Hambourg....	621	435 000 000	720 000	3 584 000 000	5 800 000
La Weser de Münden jusqu'à Brême....	366	29 000 000	80 000	176 000 000	480 000
Le Rhin de Kehl à la frontière des Pays-Bas......	570	882 000 000	1 560 000	6 493 000 000	11 400 000
Pour toute l'Allemagne.......	10 000	2 800 000 000	280 000	15 000 000 000	1 500 000

Ces résultats obtenus pour la plupart par des travaux de régularisation sont tout à fait remarquables, surtout si on les rapproche de ceux qui ont été obtenus en France pendant la même période. Le Rhin à lui seul a un tonnage kilométrique supérieur à celui des voies navigables françaises (5.474.497.529 tonnes en 1909). Le tonnage moyen des voies navigables allemandes, qui ont un développement sensiblement égal à celui du réseau français, est trois fois plus considérable.

Ces grands succès économiques se sont manifestés d'une manière éclatante à Francfort sur le Main et à Kosel sur l'Oder. En 1875 le tonnage du port de Francfort n'était que de 382.000 tonnes; en 1905, il atteignait 2.576.000 tonnes. A

Geheimer-Oberbaurat à Berlin, au Congrès de Navigation de Philadelphie en 1912.

Kosel, on constate une progression plus étonnante encore : de 11.000 tonnes en 1875, le tonnage s'est élevé à 2.800.000 tonnes en 1910.

Les chemins de fer n'ont rien perdu de leur prospérité ; ils se sont même développés d'une façon remarquable pendant cette période. La part relative qu'ils prennent dans le mouvement total des marchandises dépasse 75 0/0.

Il n'a pas été possible de se procurer des renseignements statistiques au delà de l'année 1895. Mais si l'on s'arrête à cette année, qui coïncide avec la mise en exploitation des voies navigables et des voies ferrées, qui passaient de 26.500 kilomètres en 1875, à 44.800 kilomètres en 1895, on constate que le tonnage de la navigation intérieure a augmenté, pendant ces vingt ans, de 159 0/0 et en France de 88 0/0 seulement. Le tonnage des chemins de fer s'est accru de 44 0/0 en Allemagne, en regard d'une diminution de 4 0/0 en France pendant cette même période ; cependant le réseau allemand n'augmentait que de 70 0/0, pendant que le réseau français s'accroissait de 90 0/0 [1].

On ne peut pas oublier, en s'occupant des grands fleuves de l'Europe Centrale, le plus grand d'entre eux, le Danube, qui ne mesure pas moins de 2.860 kilomètres entre sa source et la mer Noire. L'amélioration des Portes de Fer, les travaux de régularisation dans la Basse-Autriche, les projets de jonction de ce fleuve avec l'Elbe et l'Oder, méritent d'être étudiés : les résultats obtenus font comprendre tout l'intérêt, qui s'attache à cette grande voie internationale.

Plus au sud, le Pô et ses affluents et ses canaux historiques, comprenant près de 3.000 kilomètres de développement doivent retenir l'attention. On fera connaître ultérieurement les projets conçus en vue d'utiliser ce fleuve et de relier l'Italie centrale à la mer.

Voies navigables dans l'Empire russe. — En 1900, la Russie

---

1. Ces renseignements sont extraits de l'ouvrage si intéressant de M. Laffitte, *Étude sur la navigation intérieure en Allemagne* (1899).

d'Europe était dotée de 52.782 verstes[1] de voies navigables desservies par une flotte de 26.454 bateaux, d'un tonnage total de 11.130.562 tonnes[2].

Le gigantesque développement de la navigation intérieure en Russie est d'autant plus frappant que les conditions naturelles des rivières russes, qui sont couvertes d'une épaisse couche de glace pendant une moitié de l'année, sont des plus défavorables. Les rivières, qui traversent la Russie, ont en raison du faible relief de cet immense pays, des courants et des pentes très faibles. Presque toutes prennent naissance à peu de distance les unes des autres, sur des plateaux peu élevés parsemés de lacs et de marécages. Cette situation a permis de les mettre presque toutes en communication les unes avec les autres, en réunissant quelques-uns de leurs affluents sur les plateaux par de très courts canaux artificiels. C'est ce qu'on appelle des *systèmes* de navigation.

Le plus important de ces systèmes est le système Marie, qui met en communication la Néva et le Volga, établissent ainsi entre la mer Baltique et la mer Caspienne, de Saint-Pétersbourg à Astrakan, une ligne de navigation intérieure, qui ne mesure pas moins de 3.950 kilomètres de longueur. Le trafic du système, qui était de 1.100.000 tonnes en 1890, atteint actuellement, après l'exécution de travaux importants, près de 2 millions de tonnes.

On peut citer aussi dans le même ordre d'idées un canal de jonction entre l'Obi et l'Iénisséi en Sibérie, sur 8 kilomètres de longueur. Cette jonction assure la continuité de la navigation entre Tiumène, au pied du versant oriental de l'Oural, Irkoutsk sur l'Angara et même la frontière de Chine, auprès de Kiachta. De Tiumène à Irkoutsk, la distance est de 5.400 kilomètres environ; jusqu'à la frontière de Chine, elle est de près de 6.000 kilomètres.

Quoi qu'il en soit, ce n'est guère qu'à partir de l'année 1897, qu'on a commencé à faire de sérieux efforts pour le développement de la navigation. Le budget des voies na-

1. La verste vaut 1.067 mètres.
2. Renseignements puisés dans le rapport de M. Maximoff au Congrès de Navigation de Milan (1905).

vigables, qui était seulement de 4.801.166 roubles[1] en 1886, est monté progressivement à 12.975.000 roubles en 1903.

Les travaux entrepris, et qui comprennent notamment sur le Volga (2.660 kilomètres) et sur le Dniéper des dragages et l'établissement d'ouvrages de régularisation ont donné des résultats satisfaisants. Ces travaux ont un caractère tout à fait particulier; car ils doivent remédier aux conditions naturelles de ces fleuves qui sont soumis, par suite de la fonte des neiges de l'hiver, à des crues très fortes au printemps, et qui, en été et en automne ont un débit très faible. Il en résulte que les bancs de sable font leur apparition, que le transbordement des marchandises devient nécessaire, et que la navigation doit être complètement interrompue.

En raison de leur faible pente, les cours d'eau ont une vitesse très réduite, ce qui est favorable et commode pour le remorquage des marchandises, et ce qui explique que la majeure partie du trafic du Volga se fait à la remonte.

Mais comme le temps mis par un train de bateaux pour être remorqué d'Astrakan à Nijni-Novogorod dépasse un mois, le niveau de l'eau baisse dans d'assez fortes proportions pendant ce laps de temps, pour que l'on soit obligé d'alléger les bateaux, et de ne pas utiliser leur tirant d'eau maximum. Les dragages exécutés sur le Volga, les travaux de régularisation et de dragages sur le Dniéper ont permis de mieux utiliser ces fleuves et de tirer un meilleur parti du matériel.

Le tonnage effectif s'est élevé, en 1902, à 65.608.000 tonnes ; le parcours moyen d'une tonne était de 1.009 kilomètres.

Le trafic des marchandises par voies ferrées, dont la longueur était, en 1902, de 46.642 kilomètres, avait également une grande importance, puisque le tonnage moyen s'élevait à 780.800 tonnes par verste, et que le parcours moyen d'une tonne était de 659 kilomètres.

En raison des grands parcours à réaliser, on a recours à des transports mixtes (voies ferrées et voies navigables); cela est d'autant plus facile que le nombre des points où les

1. Le rouble vaut 2 fr. 70.
2. Extrait du mémoire de M. Maximoff, au Congrès de Milan (1905).

échanges peuvent avoir lieu sur les fleuves russes, est de
2.993. Environ 10 0/0 du trafic total donne lieu à des transports mixtes par chemin de fer et par voie navigable.

Voies navigables de l'Amérique du Nord. — Les voies navigables des États-Unis ont un développement considérable.
Elles comprennent : une ligne de navigation intérieure
formée par les Grands Lacs et le Saint-Laurent; des rivières
navigables, parmi lesquelles le Mississipi, l'Ohio, le Missouri,
l'Arkansas, le Tennessee ; enfin des canaux destinés notamment à joindre les Grands Lacs aux très grandes rivières ;
l'Hudson, l'Ohio et le Mississipi, et à relier l'Ohio à l'Atlantique.

Les Grands Lacs couvrent environ 95.655 milles carrés,
une superficie à peu près égale à celle de l'Italie[1], et
drainent un bassin hydrographique de 175.340 milles carrés,
soit environ les 5/6 de l'Allemagne. Le développement de
leurs côtes est de plus de 4.300 milles.

Les lacs sont pris par les glaces depuis le commencement
de décembre jusqu'à la fin d'avril; la navigation ne peut
donc s'exercer que pendant sept mois. Ils ont, dès le début
de la colonisation constitué la seule route sûre à travers les
immenses territoires inexplorés, et sont encore maintenant
une importante voie de transport.

Des obstacles limitaient cependant leur usage en quatre
endroits. Le Niagara forme une barrière infranchissable
entre les lacs Ontario et Érié, où sur une faible distance la
différence du niveau atteint 100 mètres, y compris la cataracte du Niagara et les rapides en amont et en aval de cette
dernière. Entre les lacs Érié et Huron, se trouvent les
rivières de Détroit et de Saint-Clair. Le lit du Detroit River,
présentant un mouillage de 4m,50 au maximum, était rocheux et encombré de larges bancs argilo-graveleux et de
récifs sur une longueur de plus de quinze kilomètres. Le
Saint-Clair River présentait un chenal étroit et tortueux
d'une profondeur maximum de 3m,30. Les lacs Huron et
Michigan étaient séparés du lac Supérieur par la Saint-

1. Le mille vaut 1.609 mètres.

Mary's River, une rivière étroite et torrentielle comprenant les Saint-Mary's Rapids (rapides de Sainte-Marie), qui présentent une chute de 6 mètres environ sur une distance de 2.800 mètres.

Parmi ces obstacles, le Niagara et le Saint-Mary's River interrompent complètement la navigation, tandis que les rivières de Détroit et de Saint-Clair limitent le tirant d'eau des navires et rendent la navigation extrêmement dangereuse.

Différents travaux ont été exécutés pour remédier à ces inconvénients.

Le lac Supérieur a été réuni aux autres lacs par un canal avec trois écluses : la première dénommée écluse Weitzel à sas unique de 154^m,50 de longueur et 24 mètres de largeur, avec une chute de 5^m,40 et un mouillage de 5^m,10 sur les buscs ; l'écluse Poë ayant un sas de 240 mètres de longueur et 30 mètres de largeur avec une chute de 6^m,30 et un mouillage égal sur les buscs ; une troisième écluse en construction ayant un sas de 405 mètres de longueur, 25 mètres de largeur, une chute de 6^m,30, et présentant un mouillage de 7^m,35 sur les buscs aux plus basses eaux. Indépendamment de ces écluses américaines, existe aussi une écluse canadienne achevée en 1894 avec sas de 270 mètres de longueur et 18 mètres de largeur, rachetant une chute de 5^m,40 et présentant un mouillage de 6^m,30 sur les buscs. La construction rapide de ces écluses donne une idée de l'accroissement de trafic venant du lac Supérieur, qui se chiffrait en 1909 par 57.895.149 tonnés, soit 96 fois celui de 1870, 39 fois celui de 1880 et plus de 8 fois celui de 1900.

Toutes les autres améliorations sur les Grands Lacs se sont pratiquement réduites aux améliorations effectuées à Saint-Mary's Falls, et à l'approfondissement du chenal de Saint-Mary's River et du lac George.

La passe étroite et tortueuse à travers les hauts fonds de Saint-Clair a été remplacée par deux chenaux rectilignes ayant chacun environ 90 mètres de largeur et 6 mètres de profondeur. Dans le Detroit River on a élargi la passe jusqu'à lui donner 180 mètres de largeur et 6^m,30 de profondeur. Enfin, si l'on n'a rien fait sur la rive américaine pour réunir les lacs Erié et Ontario dans le voisinage immédiat de la Cataracte du Niagara, on a construit sur la rive canadienne le canal Welland donnant passage aux navires ayant 4^m,20 de tirant d'eau. L'embranchement d'Oswago du canal Erié réunit les deux lacs, mais par une route beaucoup plus longue.

Les approfondissements successifs des points critiques du chenal principal des Grands Lacs, d'abord à 3^m,60, puis à à 5^{m}10 et enfin à 6^m,30 ont nécessité des travaux importants en dehors des points qui ont été cités.

Des ports nombreux ont été aménagés sur les Grands Lacs avec des profondeurs de 6^m,30 au moins; ils desservent un trafic considérable, qui ne fait qu'augmenter d'une année à l'autre. Certains d'entre eux, comme celui d'Agate Bay, Duluth Supérieur, de Cleveland, de Buffalo ont un tonnage supérieur à 10 millions de tonnes; celui de Duluth Supérieur dessert plus de 32 millions de tonnes.

Des canaux ont été construits sur les lacs, ou ont été mis en communication avec ces lacs pour remplir les trois buts suivants:

1° Franchir les obstacles dans les chenaux comme à Saint-Mary's et aux cataractes du Niagara;

2° Raccourcir la distance entre ports comme le canal Keweenaw sur le lac Supérieur et le canal du lac Michigan à Shorgeon Bay;

3° Pour réunir les lacs avec d'autres voies de navigation intérieure de la région: comme le Portage Canal, l'Illinois and Mississipi Canal, le Chicago Sanitary and Ship Canal, et l'Illimi and Michigan Canal, qui réunissent les lacs au Mississipi; comme l'Ohio and Erie Canal et le Miami and Erie Canal qui font communiquer les lacs avec l'Ohio, comme le canal d'Erié, qui réunit les lacs à l'Hudson.

On a fait connaître sommairement les améliorations apportées à Saint-Mary's et au Niagara. Le Kewenaw Canal ayant 40 kilomètres de longueur traverse la partie inférieure du cap de Kewenaw dans le lac Supérieur. Sa profondeur est 6 mètres aux basses eaux moyennes, et sa largeur de 36 mètres.

Le trafic de ce canal en 1910 a été d'environ 2.500.000 tonnes.

Le Sturgeon Bay Canal est un canal qui réunit l'extrémité inférieure du Green Bay au lac Michigan. Sa largeur varie de 48 à 75 mètres, et sa profondeur est de 63^m,30.

Les améliorations apportées aux conditions de navigabilité des Grands Lacs et des canaux, qui en sont l'accessoire, ont eu pour conséquence l'augmentation du tirant d'eau et des formes des navires fréquentant ces voies navigables. En 1870, un des plus grands navires avait 64^m,50 de longueur et jaugeait 2.625 tonnes; actuellement on en rencontre ayant 183 mètres de longueur, et une capacité de 12.000 tonnes avec un tirant d'eau de 5^m,70.

C'est dire que l'on a toujours mis à profit la profondeur maximum disponible, et que l'on augmentait le tirant d'eau des bateaux, en même temps que l'on approfondissait les chenaux et les ports.

On affirme que l'économie du fret, réalisée en une année sur le lac Supérieur et due uniquement aux améliorations qu'on y a apportées, représente plus que la dépense entière affectée à ces améliorations pendant une période de près de quarante ans.

Les rivières des États-Unis sont divisées géographiquement en quatre grands groupes débouchant dans l'océan Atlantique, le golfe de Mexico, l'océan Pacifique et les Grands Lacs. A côté de ces quatre grands bassins, on rencontre deux bassins plus petits, dont les eaux s'écoulent vers le Canada.

Les montagnes Apalachiques, les montagnes Rocheuses et le bas plateau au sud des Grands Lacs forment les crêtes de partage de ces bassins.

Le tableau qui suit fait connaître la superficie de ces bassins en milles carrés, le nombre des rivières navigables et leur longueur en milles.

BASSIN HYDROGRAPHIQUE	SUPERFICIE en MILLES CARRÉS	NOMBRE de RIVIÈRES	LONGUEUR DES RIVIÈRES en milles [1]
Atlantique...............	304.538	148	5.365
Golfes, Mississipi et ses affluents...............	1.205.545	54	13.912
Les autres...............	425.758	53	5.212
Pacifique...............	854.314	38	1.606
Canada (y compris les Grands Lacs).........	184.339	2	315
Totaux.........	3.026.494	295	26.410

1. Le mille vaut 1.609 mètres.

Le mouillage de ces 26.400 milles de rivières est : de 6 mètres sur 400 milles ; de 3^m,60 à 6 mètres sur 600 milles ; de 1^m,20 à 1^m,80 sur 3.000 milles ; et 1^m,20 au minimum sur 18.200 milles.

Le tableau qui suit permet de se rendre compte de l'importance de ce réseau, comparé avec celui de divers pays.

DÉSIGNATION DES PAYS	SUPERFICIE en milles carrés	POPULATION	POPULATION par mille carré	MILLES de rivières	POPULATION par mille de rivière
États-Unis..	2.970.230	75.994.575	26	26.400	2.875
Allemagne..	208.780	60.641.278	290	5.864	10.341
France.....	207.054	38.961.945	188	5.470	7.104
Belgique...	11.373	6.693.584	589	382	17.522

Il y a à peine cinquante ans les rivières étaient obstruées par des « snags » (troncs d'arbres), et les rives étaient recouvertes de végétations importantes, qui s'avançaient jusque dans le chenal. La navigation était sans cesse interrompue par des récifs, des rapides et des cataractes. Les travaux d'amélioration, qui ont été exécutés avec succès, ont été d'autant plus faciles que la pente des rivières est relativement faible, 0^m,60 par mille au maximum, et ne dépasse pas 0^m,30 par mille sur la plupart d'entre elles.

L'enlèvement des « snags », qui ont fréquemment un diamètre de 1 mètre, le dérochage des passes encombrées de récifs rocheux, la construction de barrages éclusés ou de canaux latéraux au droit des rapides, ont précédé les travaux proprement dits d'amélioration consistant en la normalisation ou la canalisation.

La normalisation (ou régularisation) consiste à limiter et à diriger le courant, de façon à obtenir un chenal praticable pendant la période des basses eaux, et dans le cas où la rivière charrie des alluvions, à l'obliger à faire elle-même une partie considérable du travail.

Avec la canalisation on forme une série de biefs au moyen de barrages, ces biefs étant réunis par des écluses.

23.300 milles des rivières navigables des États-Unis ont été améliorés par normalisation; 3.100 milles ont été canalisés.

Les règles admises en Europe pour l'amélioration des rivières sont généralement applicables aux États-Unis, bien que les bassins hydrographiques des rivières de ce pays soient beaucoup plus grands et que la variation de niveau entre les hautes et les basses eaux soient bien plus considérables.

Voici les caractéristiques des rivières les plus importantes des États-Unis.

DÉSIGNATION des RIVIÈRES	LONGUEUR navigable en milles	POINTS D'OBSERVATION	DÉBIT en pied-cube [1] par seconde		DIFFÉRENCE du niveau en pieds entre les HE et les BE	SUPERFICIE du bassin hydrographique en milles carrés
			Maxim	Min.		
Mississipi..	2429	Rock Island Ill	251	28	20,2	»
—	»	Saint-Louis (Missouri)	1146	24	43,92	»
—	»	Columbia (Kentucky)	1603	71	45,5	»
—	»	Vicksburg (Missouri)	1777	233	58,98	»
Ohio.......	967	Cincinnati (Ohio)	»	»	69,14	207111
—	»	Cairo Ill	1233	12	53,57	
Missouri ...	2284	Kansas City (Missouri)	370	19	35,1	527690
Arkansas...	463	Saint-Charles	291	24	36,04	184742
—	»	Little Rock Ark	440	12	29,8	
Tennessee..	652	Chattanooga	119	6	58,6	39000

1. Le pied-cube vaut $0^{mc},028314$.

Le réseau des voies navigables naturelles aux États-Unis a dû nécessairement être complété par des canaux reliant ces voies aux centres de production ou de consommation. C'est ainsi qu'un réseau a été construit pour réunir les houillères aux rivières et fournir au charbon des moyens de transport économiques. Un autre réseau a été établi pour faire communiquer : d'une part les Grands Lacs avec les très grandes rivières, l'Hudson, l'Ohio et le Mississipi, d'autre part, l'Ohio à l'Atlantique. Les canaux construits en dehors de ce double réseau sont petits et de peu d'importance.

Le réseau des voies artificielles a été établi : soit par des entreprises privées, soit par les États, soit par le Gouvernement fédéral.

Des compagnies avaient été formées pour construire et exploiter des canaux avec l'intention de percevoir des péages sur le fret, qui les traverserait. Ces voies navigables sont encore fréquentées pour la plupart, mais leur importance a beaucoup diminué, et n'est plus suffisante pour rémunérer le capital de premier établissement de la plupart d'entre elles. Les plus importantes ont été achetées par les compagnies de chemins de fer concurrentes, qui les exploitent nominalement et paient l'intérêt des capitaux engagés, bien que souvent les bénéfices du canal ne permettent pas ce paiement.

Le tableau qui suit fait connaître l'importance relative des diverses catégories de canaux, leur longueur et les sommes qui ont été affectées à leur construction :

CANAUX CONSTRUITS PAR	LONGUEUR en milles	NOMBRE des écluses	LONGUEUR moyenne en pieds	PROFOND moyenne en pieds	COUT DE LA CONSTRUCTION en dollars
Les entreprises privées........	632,12	298	200	8	50.573.160
Les États........	1.358,98	511	110	6	156.983.538
Le Gouvernement fédéral..	215,88	55	500	13	32.631.495

Le Gouvernement fédéral a généreusement contribué à

l'amélioration des rivières navigables ; par contre il ne s'est jamais intéressé d'une manière importante à la construction des canaux. Le plus important qu'il ait établi (96 milles environ) est l'Illinois and Mississipi Canal appelé souvent le Ibennepin Canal.

Par contre les États ont largement subventionné les travaux de construction des canaux. L'État de New-York exécute en ce moment le canal Érié, faisant communiquer le lac Érié avec l'Atlantique et affecte à ce travail une somme de 101 millions de dollars[1]. Le canal doit livrer passage aux bateaux de 2.000 tonnes avec propulsion par hélice. Les écluses auront 108 mètres de longueur, $13^m,50$ de largeur et une profondeur de $3^m,60$ sur leurs buses.

Il y a une ombre au tableau que l'on vient d'esquisser.

La longueur des canaux actuellement abandonnés est de 2.444 milles ; les frais de premier établissement s'étaient élevés à 81.171.374 dollars.

Ce fait est dû, d'après le United States Bureau of Corporation, à différentes causes ; certains canaux se trouvaient placés dans une région, qui n'avait pas eu le développement espéré ; mais surtout leur mauvaise administration, les difficultés de raccordement avec les voies de transport nouvelles, l'impossibilité de s'adapter aux exigences du trafic moderne par suite de la faiblesse du gabarit initial et de la limitation de l'emprise primitive, tout cela devait tôt ou tard amener l'état d'abandon, qui est peut-être unique dans l'histoire de la navigation.

La véritable raison de cette situation exceptionnelle, c'est que les canaux primitifs établis avec un faible gabarit n'ont pas pu soutenir la concurrence des voies ferrées, qui ont toujours progressé et qui, au point de vue de l'exploitation, se sont développées d'une façon merveilleuse. C'est en résumé la faillite bien nette des canaux de dimensions réduites,

1. Le canal connu sous le nom de Barge Canal a pour but de constituer une voie de communication pour les bateaux circulant sur les lacs et destinés au transport économique du grain à travers l'État de New-York entre Buffalo, à l'extrémité orientale du lac Érié, et l'Hudson River près de Trey, où il rejoindra le chenal en rivière libre de l'Hudson aboutissant à New-York.

incapables de livrer passage aux bateaux d'un tonnage important ; c'est aussi celle des rivières canalisées ou simplement améliorées, sur lesquelles le matériel de la batellerie n'a subi aucune transformation. La navigation s'est, au contraire, développée partout où ce matériel s'est perfectionné et où sa capacité de transport a augmenté[1].

C'est ce que prouve l'analyse de la situation actuelle. Le commerce total par eau du port de New-York en 1906 s'est élevé à 143.969.355 tonnes, dont plus de 55 millions de tonnes provenaient du réseau fluvial entourant New-York, dont l'Hudson, ayant une longueur de 150 milles (241 kilomètres) et en communication avec les Grands Lacs, constitue la principale unité.

Le tonnage correspondant de Saint-Louis avec un réseau fluvial de 3.700 milles (5.953 kilomètres), comprenant le Missouri, le Mississipi, l'Ohio, etc., et traversant les grands districts producteurs de grains et de charbon et les districts industriels du centre du continent a atteint en 1910 le chiffre de 191.905 tonnes, alors qu'il s'élevait à 2.120.825 tonnes en 1880.

La majeure partie de ce trafic, ayant été absorbée par les chemins de fer, on a cherché à découvrir les causes de ce changement.

Le chemin de fer n'est plus pour les cours d'eau le faible concurrent des premiers temps. Les voies ferrées peuvent, en effet, grâce à la réduction des déclivités, à la suppression des courbes, à l'amélioration de l'infrastructure, recevoir des trains beaucoup plus lourds qu'anciennement. Le coût de la main-d'œuvre par tonne utile transportée est ainsi réduit. Mais, en outre, l'emploi des locomotives de 100 tonnes et des wagons de 50 tonnes de capacité entraîne de grandes économies par rapport à celui de locomotives moins puissantes et de wagons de 10 et de 20 tonnes. Il y a une grande réduction de la puissance nécessaire au transport d'une même charge.

Il résulte d'expériences nombreuses et faites avec un très

1. Renseignements puisés dans le rapport de M. Townsend, colonel Corps of Engineers, Detroit (Michigan), au Congrès de Philadelphie (1912).

grand soin que la force de traction nécessaire pour remarquer un tonnage donné par voie ferrée est inversement proportionnelle aux dimensions du matériel, et, qu'en faisant usage de wagons pesant en pleine charge 75 tonnes une locomotive peut remorquer à la vitesse de 5 milles (8 kilomètres) à l'heure une charge de 200 tonnes avec une dépense d'énergie ne dépassant pas celle qui est nécessaire pour remorquer la même charge à 2 milles (3^{km},2) à l'heure dans un bateau de canal [1].

La consommation de charbon par tonne-mille varie pour diverses lignes de chemin de fer entre 0^{kg},03 et 0^{kg},0328 à une vitesse d'environ 29 kilomètres à l'heure; elle est en moyenne de 0^{kg},05 à la vitesse de 58 kilomètres à l'heure.

En pays montagneux la consommation moyenne atteignait 0^{kg},052 pour une vitesse de 8 kilomètres à l'heure seulement.

De ces chiffres, on conclut que pour transporter des marchandises sur une rivière longée par un chemin de fer, le bateau ou le chaland remorqué doit être équipé pour pouvoir rivaliser avec un train consommant 0^{kg},042 par tonne kilométrique. Le coût du matériel de batellerie sera environ de 40 dollars (208 francs) par tonne de capacité pour un chaland remorqué de 2.000 tonnes, tandis que le matériel de la voie ferrée (wagons et locomotive) ne revient qu'à 30 dollars (156 francs). Le personnel d'un train capable de transporter 2.000 tonnes se compose de cinq hommes, ce qui pour le parcours journalier imposé par les syndicats du travail représente deux jours et demi pour 100.000 tonnes-mille transportées. Mais les chemins de fer sont assujettis à de lourdes charges, celles que ne connaissent pas les voies navigables, par suite de la suppression des péages: l'intérêt et l'amortissement du capital de premier établissement, évalué aux États-Unis à 187.445 francs par kilomètre, et les frais d'entretien annuel environ 4.000 francs par kilomètre. Ce qui n'empêche pas que, sur quelques lignes de chemin de fer, le charbon n'ait été transporté à raison de 0 fr. 0074 par

1. Les expériences ont été faites sur une section de 107 milles (172 kilomètres) ne présentant ni déclivités importantes ni courbes. La charge remorquée dépassait 3.000 tonnes.

tonne kilométrique, ce qui était le fret moyen sur les Grands Lacs en 1887.

Leur trafic s'est élevé en 1910 à 34.628.657 tonnes, et montre comment on peut utiliser les voies navigables pour le transport des marchandises pondéreuses. En 1888 le bateau le plus puissant pouvait transporter 2.000 tonnes; actuellement le *Perkins*, qui vient d'être construit, a une cargaison de plus de 10.000 tonnes. Ses caractéristiques sont : longueur, 165 mètres ; largeur, 15 mètres ; tirant d'eau, 5^m,70.

Le bateau consomme à peu près deux tiers de charbon en moins, et demande environ deux tiers de main-d'œuvre en moins par tonne transportée et par mille que le type de 1888 capable de transporter 2.000 tonnes.

La Monongahela River, qui se réunit à Pittsbourg à l'Alleghany pour passer l'Ohio, et dont le principal trafic est celui de la houille, a pu lutter également avec succès avec les chemins de fer grâce au matériel de batellerie qui y est affecté. En 1890, le tonnage total transporté était de 4.755.790 [1], il s'est élevé, en 1909, à 11.486.278 tonnes. Le charbon est généralement transporté à la descente dans des barges de 500 tonnes de capacité et de 1^m,65 de mouillage à raison de cinq barges par train.

Par contre, le trafic du Mississipi est allé en diminuant chaque année : les arrivages et les expéditions à Saint-Louis, qui se trouve à 16 milles en aval du confluent avec le Missouri, étaient de 1.281.000 tonnes en 1890; ils sont descendus à 191.965 tonnes en 1910. En 1893 les marchandises arrivées à St-Louis et expédiées de cette ville tant par voie ferrée que par le fleuve représentaient un tonnage de 16.998.937 tonnes; celui-ci atteignait 51.918.100 tonnes en 1910, c'est-à-dire que la presque totalité des transports se fait par les lignes de chemin de fer.

Sur l'Ohio et le Mississipi, le *Sprague* a remorqué 48.000 tonnes de charbon de Louisville à New-Orléans et a ramené les bateaux vides moyennant une dépense en charbon de 0^{kg},018 par tonne kilométrique de combustible trans-

---

1. Rapport de mission de M. l'ingénieur en chef Vétillart.

porté. Le capital immobilisé pour effectuer des transports de cette importance est relativement peu considérable, puisqu'il s'élève seulement à 1.524.000 francs, ce qui représente seulement 31 fr. 75 par tonne de capacité et 0 fr. 315 par jour et par tonne-mille remorquée. On voit par ces chiffres combien peu l'amortissement et l'intérêt du matériel grèvent le prix du fret.

Mais d'une manière générale les conditions imposées à la navigation sont défectueuses : en raison de la grande variation du mouillage, les bateaux sont incomplètement chargés et occupent un personnel très nombreux et très variable suivant l'importance et la nature de la cargaison, abstraction faite des garçons de cabines, cuisiniers affectés aux passagers. Ce sont des bateaux porteurs mus par des roues placées à l'arrière, pouvant porter de 300 à 700 tonnes avec un tirant d'eau de 0^m,90 à 2^m,70. Le parcours moyen est de 510 milles (816 kilomètres), avec une cargaison de 400 tonnes ; la quantité de charbon dépensée par tonne-mille est de 0^{kg},511, et la moyenne des journées de travail par 100.000 tonnes-mille de 65,64. Pour certains parcours la consommation de combustible par tonne-mille transportée a dépassé 1^{kg},812, et les journées de travail par 100.000 tonnes-mille 300. Ces chiffres montrent qu'un paquebot ordinaire de rivière dépense de 7,5 à 30 fois autant de charbon et emploie de 20 à 170 fois autant de main-d'œuvre par tonne-mille transportée que les grandes lignes de chemin de fer Pennsylvania ou New-York Central. Toutefois le coût du charbon et du personnel du train ne constitue qu'une faible partie des dépenses courantes d'un chemin de fer. Il faut compter aussi, les dépenses pour la direction générale, les installations, les employés de station, l'entretien de la voie et du matériel, l'intérêt du capital immobilisé et les taxes, qui sont en grande partie indépendante du tonnage transporté. La navigation au contraire est généralement exempte de péage.

Si l'on tient simplement compte du capital immobilisé pour l'acquisition de l'engin de transport, on doit compter dans les conditions les plus favorables : 1 franc environ par tonne kilométrique et par jour sur les chemins de fer (Pennsylvania Railroad entre Pittsbourg et Ashtabula), et

14 fr. 22 sur un bateau. C'est-à-dire que l'intérêt et l'amortissement du matériel de navigation sont quinze fois plus élevés que pour celui qui circule sur les voies ferrées et grève d'autant le prix unitaire du fret.

En dehors de ces charges, qui dépendent de l'importance du matériel employé, les tarifs doivent comprendre une part de la somme représentant : l'intérêt et l'amortissement du capital de premier établissement de la ligne, environ 5 0/0 ; l'entretien de la voie 2 0/0 de ce capital, et les frais généraux variables d'une entreprise à une autre.

En tenant compte des données qui précèdent de la consommation en charbon, on trouve qu'aux État-Unis, en supposant qu'un train de marchandises circule journellement dans chaque sens, le tarif applicable, abstraction faite des frais généraux et d'administration, est d'environ 0 fr. 008 par tonne kilométrique.

Les transports par voie d'eau sont grevés, comme frais fixes, de 21 0/0 du prix d'acquisition du matériel[1], ce qui correspond à un tarif de 0 fr. 010.

Les tarifs comparés montrent pourquoi les transports par voie d'eau ont décru chaque année sur le Mississipi et en particulier à Saint-Louis. La concurrence ne pourrait être exercée utilement qu'autant que les bateaux transporteraient un nombre de voyageurs suffisant pour payer la majeure partie des charges fixes, le combustible et la main-d'œuvre.

Autrefois, d'ailleurs, les paquebots, qui sillonnaient le Mississipi, étaient surtout destinés aux voyageurs et accessoirement aux marchandises.

Malgré l'agrément du voyage, les chemins de fer évalués à 5 0/0 du prix d'acquisition de ce matériel, à 1 0/0 de ce prix pour les frais d'entretien et à 3 0/0 pour l'assurance, grâce à la vitesse plus grande de leurs trains, ont absorbé la plus grande partie du trafic voyageurs. Au début, la concurrence pouvait encore s'exercer ; mais elle a cessé par suite de la réduction de prix de 50 0/0 des frais d'exploitation des

---

1. En supposant un matériel comme celui de la Monongahela susceptible de remorquer 2.500 tonnes.

voies ferrées, et de l'augmentation presque égale de ceux de la batellerie.

Mais les conclusions à tirer de cette étude ne sauraient être généralisées. Les voies ferrées capables de livrer passage à des trains de 2.000 tonnes sont encore à l'état d'exception même aux États-Unis; elles desservent des centres importants et anciens comme ceux que l'on rencontre sur la vallée du Mississipi. Ailleurs les chemins de fer ont une allure plus modeste, puisque le tonnage moyen par train mille était en 1909 de 362^t,57 (rapport de la Interstate Commerce Commission). Dans ces conditions ordinaires, la navigation devient l'auxiliaire de la voie ferrée, en transportant les matières pondéreuses.

Ce fait n'est cependant pas général : aux États-Unis plus qu'ailleurs, *time is money*, et les considérations, qui, dans d'autres pays influent sur le choix du mode de transport, telles que les différences entre les tarifs par eau et par rail, n'ont pas la même valeur. Ici interviennent, les tempéraments et les habitudes commerciales du peuple. Le peuple américain est de tempérament sanguin et impulsif, et cette disposition le rend énergique, entreprenant et impatient en matière commerciale. Les Américains désirent non seulement faire une chose, mais s'en acquitter au plus vite. Il est possible que l'on accorde ainsi une valeur exagérée à l'élément temps. Si déraisonnable et illogique qu'une telle disposition puisse paraître, elle n'en existe pas moins et exerce une influence importante dans le choix du mode et de l'agence de transports. Les trains de voyageurs les plus rapides sont les plus recherchés parmi les commerçants. Deux trains peuvent être également commodes sous tous les autres rapports, et chacun d'eux peut arriver à la destination commune en temps opportun pour traiter l'affaire que l'on a en vue ; mais si l'un d'eux doit arriver une heure plus tôt que l'autre, il sera préféré, même au prix d'une taxe supplémentaire[1]. Si de deux lignes de marchandises, également avantageuses à tous égards, l'une délivre les marchan-

1. Rapport de Whiverg, ingénieur civil, au Congrès de navigation de Milan (1905).

dises un jour plus tôt que l'autre, elle aura la préférence, quand bien même cette livraison plus prompte n'offrirait aucun avantage commercial apparent. Cet élément, la prédisposition du peuple américain en faveur de la rapidité dans les transactions commerciales, a beau être en dehors de la sphère des théories économiques admises, elle existe et doit être notée pour expliquer la décadence de la navigation aux États-Unis.

Mais cette préférence nationale pour les transports rapides ne repose pas seulement sur le tempérament. Avec le régime à haute pression admis pour le traitement des affaires, la rapidité a ses avantages matériels. Sur un marché, sujet à fluctuations, le fermier, le négociant, le manufacturier, après avoir décidé d'envoyer leurs produits sur le marché, désirent naturellement effectuer la transaction avant que les prix puissent baisser, et ainsi, il peut y avoir un avantage important d'arriver sur le marché avant ses compétiteurs. Le fait que le marché peut être conclu avant l'expédition ne change en rien la situation. Si ce n'est pas le vendeur, c'est l'acheteur qui court le risque de voir les prix baisser, pendant que la marchandise est en route. La valeur marchande d'un train chargé par exemple de 50.000 bushels [1] de froment (environ 1.300 tonnes) peut baisser de plusieurs milliers de dollars en un seul jour, et il peut dépendre de cette circonstance que la transaction aboutisse à un profit ou à une perte. Si l'on objecte que les prix sont sujets aussi bien à la hausse qu'à la baisse, on peut répondre que le vendeur dispose habituellement de ses produits quand il trouve que les prix sont élevés, et qu'en conséquence, il doit craindre la baisse, tandis que l'acheteur, s'il croit que les prix tendent à s'élever, est anxieux d'avoir ses marchandises en mains, de façon à profiter de l'avantage, quand il se présentera. Sans doute la perte ou le gain résultant des fluctuations du marché retombe sur quelqu'un, mais chacun cherche à rejeter sur un autre la possibilité de la perte. Les intérêts du capital représenté par la marchandise pendant le transport, bien qu'il s'agisse de sommes relativement

1. Le bushel vaut 36',347664.

faibles, ont aussi quelque importance. A raison de 90 cents par bushel (4 fr. 50 environ), une cargaison de 50.000 bushels vaut 45.000 dollars, dont l'intérêt à 6 0/0 par an est de 7 dollars et demi par jour. Cette somme ne peut pas être négligée dans certaines transactions conclues, car la différence de temps entre les transports par rail et par eau peut atteindre plusieurs jours et même une semaine.

La considération du temps n'est pas toujours prédominante ; le mode de transport est alors choisi d'après la valeur relative du tarif. Il en est ainsi pour les énormes quantités de charbon provenant de la région de Pittsburg et écoulées tout le long du cours de l'Ohio et du Mississipi jusqu'à la Nouvelle-Orléans, et qui n'ont besoin de parvenir à destination qu'à l'entrée de l'hiver. Le transport le moins cher est, à tous les points de vue, le plus avantageux.

Il en est de même du charbon et du minerai, qui font l'objet de transaction sur la région des Grands Lacs ; ces marchandises sont transportées par voie d'eau, tandis que le froment et la farine sont acheminés pour la plus grande partie à New-York par chemin de fer malgré l'élévation du prix de transport. C'est ainsi que sur le chiffre total des arrivages de grains et de ses dérivés à New-York, en 1904, 10 1/2 seulement ont été transportés par le canal Érié.

On ne doit pas non plus mettre uniquement en balance les différences de tarif entre les transports par eau et ceux qui s'effectuent par rail ; on doit aussi tenir compte de la distance entre le lieu de production et le point où l'expédition est faite, que ce soit une gare de chemin de fer ou bien un port fluvial. Le coût total de l'expédition comprend l'ensemble des frais totaux occasionnés par le transport du grain depuis la grange jusqu'au port de New-York. Si la ferme est rapprochée de l'un des ports des Grands Lacs, les frais pour amener le grain à bord du navire peuvent être minimes ; mais une petite partie seulement de la région productrice du blé est voisine des lacs, et la grande masse des grains doit être charriée à de longues distances pour atteindre un point d'embarquement.

Les communications avec les voies ferrées sont assurées d'une façon plus intime ; il n'est pas de petit village qui n'ait

TERRE NEUVE
Nouvelle Écosse
Halifax
OCÉAN ATLANTIQUE
Québec
Montréal
OTTAWA
Kingston
Niagara
Toronto
NEW YORK
Washington
Richmond
Columbia
Charleston
Atlanta
Montgomery
FLORIDE
Îles Lucayes ou Bahama
CUBA
HAÏTI
CANADA
St Paul
Madison
Milwaukee
Chicago
Indianapolis
ILLINOIS
St Louis
OHIO
Columbus
Nashville
Mississippi
Missouri
Minnesota
Jackson
Natchez
NLLE ORLEANS
LOUISIANE
GOLFE DU MEXIQUE
Embouchures du Mississippi
ÉTATS UNIS
R. Platte
Omaha
Missouri
R. Republicaine
Kansas
Jefferson
Arkansas
R. Rouge
Rio Brazos
Rio Colorado
Rio Grande del Norte
Austin
M'ts APACHES
M'ts ROCHEUSES
M'ts
MEXIQUE
G. de lac Salé
Colorado
Plat. du Colorado
G. de Californie
VIEILLE CALIFORNIE
SIERRA NEVADA
CALIFORNIE
SAN FRANCISCO
CHAÎNE DE LA CÔTE
M'ts CASCADES
M. Rainier
Olympe
OCÉAN PACIFIQUE

son railway, et qui ne soit raccordé par rail avec les voies principales d'Est, et le grain peut, après un court trajet sur route, être chargé sur wagons et arriver ainsi, sans être transbordé, jusqu'à New-York. Il en résulte que le coût du transport par eau peut être théoriquement plus avantageux, et que cependant le coût total pour amener le produit sur le marché est moindre par rail que par eau.

D'ailleurs les dépenses relatives au fret sont rarement un critérium exact du coût réel du transport. Les tarifs sont sujets à fluctuation, souvent déterminés par les effets de la concurrence, et par d'autres circonstances temporaires; ils ne représentent pas toujours le coût intrinsèque du service rendu. Ils doivent comprendre, indépendamment du prix du transport, le péage, c'est-à-dire l'intérêt et l'amortissement du capital engagé dans l'entreprise. Il se peut que, pour des raisons spéciales de concurrence, on abandonne tout ou partie du péage, sauf à majorer plus tard le tarif primitif lorsque l'entreprise est maîtresse du marché. C'est ce qui se produit pour la navigation qui est libre; les canaux sont creusés ou les rivières canalisées par le Gouvernement national ou par les États. Aucun péage, aucune rémunération ne sont perçus pour couvrir les intérêts du capital engagé. Ces circonstances sont de nature à modifier les conditions d'exploitation des différentes voies concurrentes et à détourner, au détriment de la richesse publique, le trafic de sa route naturelle.

Situation de la navigation et des chemins de fer. — Leur rôle respectif. — On a vu dans l'étude qui précède le rôle important que joue la navigation en Europe; elle est vraiment, pour le développement de la richesse publique l'auxiliaire des chemins de fer. Il semble, qu'à l'inverse de ce qui se produit aux États-Unis, toute concurrence soit écartée, et que l'on cherche uniquement à travailler pour la prospérité générale.

Les principes, qui régissent presque toutes les affaires dans le nouveau monde, et qui s'expriment en ces termes lapidaires : *time is money; struggle for life*, ne sont pas encore tout à fait en honneur dans notre vieille civilisation. Ne le regrettons pas, car la concurrence à outrance, si elle peut avoir certains avantages passagers, conduit nécessairement à une diminution de la prospérité générale. La marche est instable : des à-coups se produisent, qui troublent souvent pendant longtemps la marche des affaires. C'est le régime des trusts, qui n'est profitable qu'à ceux qui les exploitent, et qui en tirent un profit plus ou moins licite. Cette exploitation des petits par les grands, des faibles par les puissants a malheureusement fonctionné, mais à petite dose et de façon intermittente, dans la vieille Europe ; elle n'a jamais produit que ruine et désastre : c'est le krach du cuivre, le krach des sucres, le krach des métaux.

Il est sans doute nécessaire de rappeler ces principes pour expliquer les différences notables qui existent en Europe et en Amérique en fait d'exploitation des artères commerciales. En Europe les entreprises privées sont à l'état d'exception ; en Amérique elles seules existent : la plus faible doit céder la place à la plus forte, c'est un fait naturel sans conséquences importantes. La ruine des uns est compensée par la prospérité des autres.

Cette manière de voir très réaliste et très brutale n'est pas acceptée ouvertement du moins dans l'ancien monde. Les trusts n'ont pas une place quasi légale et officielle sur le marché des affaires : les accaparements sont pratiqués exceptionnellement et donnent lieu à des poursuites, quand la preuve en est faite.

L'exemple donné plus haut du développement extraordinaire des voies ferrées en Amérique et du rôle tout à fait secondaire, de la décadence de la navigation, est suffisamment expliqué par ce qui précède, sans qu'il soit besoin d'insister. On peut dire que l'exception confirme la règle générale, et que l'harmonie entre les artères commerciales, le partage rationnel du trafic entre elles doivent constituer cette règle générale.

On ne saurait citer à ce sujet d'exemple plus frappant que celui qui est cité par l'éminent ingénieur M. Sympher dans un rapport de service des plus intéressants. Il s'agit de l'ouverture du canal de l'Oder à la Sprée, et des modifications apportées par cette ouverture dans la répartition du trafic entre les voies navigables et les chemins de fer.

Il existait cependant avant cet établissement des relations par voie d'eau entre la Silésie d'une part, et Berlin, Brandebourg et Hambourg d'autre part, au moyen de l'Oder, le canal Frédéric-Guillaume, et la Sprée. Le trafic par cette voie était peu important et oscillait entre 200 et 300.000 tonnes ; celui que transportaient les chemins de fer mettant en communication la Haute-Silésie avec Berlin, la province de Brandebourg, et les ports de l'Elbe, s'élevait en 1883 à 1.200.000 tonnes et atteignait en 1890 le chiffre de 1.800.000 tonnes.

L'ouverture du canal de l'Oder à la Sprée en 1891, l'achèvement des travaux de canalisation de l'Oder supérieur en 1895, la création d'une voie de grande navigation à partir de Breslau en 1897 ont modifié les relations par voie d'eau entre la Haute-Silésie et Berlin. Les chalands d'une capacité de 125 tonnes ont été remplacés par des bateaux pouvant porter 400 tonnes.

Le tableau de la page suivante montre les changements, qui en sont résultés.

Dans le trafic par voie navigable, le canal de l'Oder à la Sprée a la plus grosse part : en 1891, année de son ouverture, le tonnage transporté a été de 446.000 tonnes, et en 1902 de 1.819.000 tonnes.

Il a donc plus que quadruplé, et se développe chaque année davantage. En même temps le trafic des chemins de fer a subi des fluctuations qu'il est important d'analyser.

C'est ainsi qu'en 1890, un an avant l'ouverture du canal de l'Oder à la Sprée, il s'est élevé à 1.849.000 tonnes, comprenant 1.647.000 tonnes de houille ; il s'est abaissé en 1896 à 1.382.000 tonnes, dont 1.178.000 tonnes de houille ; enfin il s'est relevé en 1901 à 2.071.000 tonnes, dont 1.828.000 tonnes de houille, pour descendre en 1902 à 1.812.000 tonnes, dont 1.552.000 tonnes de houille. Il résulte de ces chiffres que la diminution du trafic par chemins de fer est due uniquement au transport de la houille, qui s'est effectué de préférence par voie d'eau ; c'était à prévoir. En même temps la richesse publique s'est développée d'une manière remarquable, puisque le trafic total, qui était de 2.092.000 tonnes en 1890, s'est élevé en 1902 à 3.707.000 tonnes. L'accroissement moyen

TRAFIC DES CHEMINS DE FER ET DES VOIES NAVIGABLES ENTRE LA HAUTE-SILÉSIE D'UNE PART ET
BERLIN, LA PROVINCE DE BRANDEBOURG ET HAMBOURG (PORTS DE L'ELBE) D'AUTRE PART

ANNÉE	TRAFIC TOTAL			HOUILLE			AUTRES MARCHANDISES		
	CHEMINS DE FER	VOIES NAVIGABLES	TOTAL	CHEMINS DE FER	VOIES NAVIGABLES	TOTAL	CHEMINS DE FER	VOIES NAVIGABLES	TOTAL
	Tonnes	Tonnes	Tonnes	Tonnes	Tonnes	Tonnes	Tonnes	Tonnes	Tonnes
1883.....	1.186.000	235.000	1.421.000	1.073.000	37.000	1.110.000	113.000	198.000	311.000
1890.....	1.849.000	243.000	2.092.000	1.647.000	105.000	1.752.000	202.000	138.000	340.000
1891.....	1.791.000	871.000	2.662.000	1.563.000	463.000	2.026.000	228.000	408.000	636.000
1892.....	1.641.000	973.000	2.614.000	1.425.000	533.000	1.958.000	216.000	440.000	656.000
1893.....	1.697.000	1.018.000	2.715.000	1.447.000	561.000	2.028.000	230.000	457.000	687.000
1894.....	1.415.000	1.145.000	2.560.000	1.212.000	629.000	1.841.000	203.000	516.000	719.000
1895.....	1.415.000	1.047.000	2.462.000	1.222.000	576.000	1.798.000	193.000	471.000	664.000
1896.....	1.382.000	1.256.000	2.638.000	1.178.000	725.000	1.903.000	204.000	531.000	735.000
1897.....	1.470.000	1.477.000	2.947.000	1.263.000	835.000	2.098.000	207.000	642.000	849.000
1898.....	1.653.000	1.577.000	3.230.000	1.405.000	838.000	2.243.000	243.000	739.000	987.000
1899.....	1.746.000	1.798.000	3.544.000	1.482.000	984.000	2.466.000	264.000	814.000	1.078.000
1900.....	2.032.000	1.713.000	3.745.000	1.769.000	875.000	2.664.000	263.000	838.000	1.101.000
1901.....	2.071.000	1.726.000	3.797.000	1.828.000	946.000	2.774.000	243.000	780.000	1.023.000
1902.....	1.812.000	1.895.000	3.707.000	1.552.000	1.097.000	2.649.000	260.000	798.000	1.058.000

annuel du tonnage, qui était de 96.000 tonnes avant l'ouverture du canal, est monté à 135.000 tonnes après cette ouverture.

Mais cette circonstance n'est pas la seule qui ait influé sur la richesse publique dans cette région, puisque le trafic total des chemins de fer desservant Berlin et la province de Brandebourg a passé de 1883 à 1902 de 5.072.000 tonnes à 15.997.000 tonnes.

M. Sympher conclut en conséquence que :

1° Le trafic du canal s'est développé graduellement et doit avoir d'année en année une importance plus considérable ;

2° La diminution du trafic sur les voies ferrées susceptibles d'être influencées s'est atténuée petit à petit, et n'est plus sensible au bout de quelques années par suite de l'accroissement de la richesse publique ;

3° Les chemins de fer ne perdent que les marchandises pondéreuses, en particulier les houilles ;

4° Le canal a pour effet d'augmenter la richesse publique et par suite les échanges entre les régions desservies ;

5° Les chemins de fer sont moins influencés par la *soustraction* du trafic, qui peut leur être faite, que par le *développement de la prospérité publique*, conséquence de l'ouverture de la nouvelle voie navigable.

M. l'ingénieur Sympher a encore développé ces conclusions si intéressantes et si complètes dans un article publié dans la *Revue de la Navigation intérieure*[1] sous le titre : « Le développement de la navigation intérieure en Allemagne de 1875 à 1910. »

Le trafic sur toutes les voies d'eau allemandes est monté de 10.400.000 tonnes en 1875 à 64.750.000 tonnes en 1910 ; en même temps le tonnage kilométrique s'est élevé : de 2.900 millions en 1875 à 19 milliards en 1910.

Le trafic a donc augmenté pendant cette période de six fois et demie.

En même temps le tonnage kilométrique sur les sept grands fleuves (Memel, Vistule, Oder, Elbe, Weser, Rhin, Danube) a

---

1. *Zeitschrift für binnen Schiffarfrt*, Berlin, 80, Fernsprecher Strasse.

passé : de 1.763 millions de tonnes en 1875 à 15.641 millions de tonnes en 1910, c'est-à-dire qu'il est devenu neuf fois plus élevé.

Le fait est surtout remarquable sur l'Oder, l'Elbe, la Weser et le Rhin, où les travaux de régularisation ont été importants.

Le tonnage à distance entière a subi le même accroissement ; sur toute les voies navigables allemandes (10.000 kimètres [1] ; il était de 290.000 tonnes en 1875, il a atteint 1.900.000 tonnes en 1910.

Sur les grands fleuves, il est passé de 590.000 tonnes à plus de 5 millions de tonnes.

Si l'on précise, et cette précision a sa valeur, on constate, en ce qui concerne le tonnage kilométrique, les résultats suivants :

1° Sur le Rhin :

En 1875...   882.000.000 de tonnes kilométriques
En 1910...   8.669.000.000   —   —

2° Sur l'Elbe :

En 1875...   435.000.000 de tonnes kilométriques
En 1910...   4.026.000.000   —   —

3° Sur l'Oder :

En 1875...   154.000.000   —   —
En 1910...   2.190.000.000   —   —

4° Sur la Weser :

En 1875...   29.000.000   —   —
En 1910...   249.000.000   —   —

Pour le tonnage à distance entière, on fait les mêmes constatations :

1° Sur le Rhin :

En 1875...   1.560.000 tonnes.
En 1910...   15.600.000 tonnes, soit dix fois plus.

1. La longueur des voies navigables n'a pas varié pendant la période considérée.

2° Sur l'Elbe :

En 1875...   729.000 tonnes.
En 1910...   6.500.000 tonnes, soit neuf fois plus.

3° Sur l'Oder :

En 1875...   240.000 tonnes.
En 1910...   3.400.000 tonnes, soit quatorze fois plus.

4° Sur la Weser :

En 1875...   80.000 tonnes.
En 1910...   680.000 tonnes, soit huit fois plus.

De ces faits incontestables, on peut déduire que le trafic sur les rivières régularisées a augmenté plus rapidement que sur les canaux ou les rivières canalisées. On en étudiera ultérieurement les raisons, qu'il suffise de dire pour le moment que l'élasticité, la souplesse, que l'on peut obtenir sur les unes au moyen de travaux appropriés, manquent absolument sur les autres. Ici le matériel peut suivre les progrès que l'on obtient ; là la fixité des dimensions, des formes, condamne à une immobilité contraire à toute espèce de progrès.

Les résultats obtenus en Allemagne pendant la période envisagée sont donc dus pour la plus grande partie à l'amélioration des grands fleuves ; on peut en juger, en rapprochant les chiffres du tonnage kilométrique de cinq ans en cinq ans depuis l'année 1875 :

1875.......	2.900.000.000	tonnes kilométriques.	
1880.......	3.600.000.000	—	—
1885.......	4.800.000.000	—	—
1890.......	6.600.000.000	—	—
1895.......	7.500.000.000	—	—
1900.	11.500.000.000	—	—
1905......	15.000.000.000	—	—
1910.......	19.000.000.000	—	—

Le trafic des chemins de fer n'a pas souffert, loin de là, de cet accroissement du tonnage transporté par voies d'eau. La richesse publique, que celles-ci contribuaient à augmenter, devenait telle que les chemins de fer profitaient aussi largement de la situation nouvelle.

En 1875, 26.500 kilomètres de chemins de fer transportaient 10.900 millions de tonnes kilométriques, en regard de 2.900 millions de tonnes kilométriques sur les voies navigables, soit 21 0/0 sur ces dernières contre 79 0/0 sur les voies ferrées.

Le tonnage à distance entière était sur les voies navigables de 290.000 tonnes, sur les chemins de fer de 440.000 tonnes.

En 1910, l'Allemagne possédait 58.600 kilomètres de chemins de fer; tandis que le réseau navigable comprenait toujours à peu près 10.000 kilomètres.

Le tonnage kilométrique sur les chemins de fer s'est élevé à 56.300 millions de tonnes, et celui des voies navigables à 19 milliards de tonnes.

Le tonnage à distance entière sur ces voies a atteint le chiffre de 1.900.000 tonnes, tandis que sur les chemins de fer il était seulement de 960.000 tonnes, c'est-à-dire moitié de celui constaté sur le réseau navigable.

On remarque aussi qu'en 1910, malgré le gros accroissement du trafic sur les chemins de fer, la part prise par les voies navigables s'est élevée par rapport à ce qu'elle était en 1875. Elle était, en effet, de 21 0/0, et est montée à 25 0/0, et pendant que le tonnage à distance entière augmentait de 134 0/0 sur les chemins de fer, il devenait six fois et demie plus considérable sur les voies de navigation. Cela tient à ce que, d'une part les nouvelles lignes de chemin de fer, constituant en partie un réseau secondaire, ont relativement un trafic de peu d'importance, et influent, en le retardant, sur le développement normal du trafic général, tandis que d'autre part la plus grande partie de 10.000 kilomètres de voie navigable peut encore être considérée comme une récente voie de communication, et prend régulièrement, à mesure que les conditions d'exploitation s'améliorent, le tonnage qui lui est destiné par la nature des choses.

Qu'on n'oublie pas que l'augmentation absolue du trafic a été bien plus considérable sur le réseau ferré que sur le réseau navigable, dont la longueur est 5 fois 3/4 moins élevée.

D'un côté élle a été de 45,4 milliards de tonnes kilométriques, supérieure à tout développement analogue en Europe, de l'autre elle a atteint 16,1 milliards de tonnes. On
peut en conclure que les voies navigables n'ont aucunement
entravé le puissant essor du trafic par voie ferrée, ils l'ont
au contraire aidé en accroissant la richesse publique et en
provoquant des échanges, qui n'auraient pas eu lieu ; elles
ont amené sur certains points des fléchissements, mais ce
sont là des exceptions qu'il ne faut pas retenir.

Parmi tous les pays de la terre, l'Allemagne n'est dépassée,
en ce qui concerne la navigation intérieure, que par la Russie,
les États-Unis d'Amérique et la Chine. Il est difficile de se
rendre compte de la grande supériorité, qu'elle a pu acquérir dans ces pays parce que la statistique est de date récente et ne renseigne pas encore d'une manière complète.
La comparaison est plus facile à établir avec la France, le
pays classique de la navigation intérieure depuis des siècles.
En 1875, la situation était la suivante :

Réseau français :

10.800 kilomètres, 2 milliards de tonnes kilométriques
182.000 tonnes à distance entière.

Réseau allemand :

10.000 kilomètres, 2.900 millions de tonnes kilométriques
290.000 tonnes à distance entière.

En 1910 elle est devenue :

Réseau français :

11.400 kilomètres, 5.200 millions de tonnes kilométriques
456.000 tonnes à distance entière.

Réseau allemand :

10.000 kilomètres, 19 milliards de tonnes kilométriques
1.900.000 tonnes à distance entière.

Cette grande prospérité du réseau allemand tient, pour la
plus grande partie, à l'exploitation de prodigieux gisements

de houilles et de minerais de fer, qui a eu pour conséquence l'établissement d'industries nouvelles, et contribué à un développement extraordinaire de la richesse publique. Cette circonstance favorable ne s'est pas produite en France.

Le développement des chemins de fer en Allemagne a suivi une marche parallèle, et a devancé celle des chemins de fer français pour des raisons analogues.

La situation comparative des deux réseaux allemand et français peut être résumée de la manière suivante :

ANNÉES	LONGUEUR du réseau		TONNAGE kilométrique		TONNAGE à distance entière	
	Allemand	Français	Allemand	Français	Allemand	Français
	Km.	Km.	Tonnes kilom.	Tonnes kilom.	Tonnes	Tonnes
1875.....	26 500	19 780	10 400 000 000	8 100 000 000	420 000	410 000
1910.....	58 600	40 546	56 300 000 000	22 000 000 000	960 000	543 000

Les graphiques qui suivent font connaître, par période de cinq ans, le trafic comparatif des chemins de fer français et allemands, et des voies navigables françaises et allemandes :

Il résulte à première vue de ces graphiques que le développement des chemins de fer français a été plus rapide pendant la dernière période quinquennale que celui des voies navigables françaises ; par contre les voies navigables allemandes ont suivi à peu près la même marche que les chemins de fer allemands, ce qui implique, non pas une concurrence, que rien ne saurait justifier, mais une aide, une assistance qui devrait être la règle générale. Les uns et les autres vivent de façon intense, desservant suivant les moyens qui leur sont propres la région où ils se trouvent placés au mieux des intérêts généraux.

M. Sympher conclut ainsi dans l'article magistral, qui vient d'être analysé :

« Si on avait pu se rendre compte plus tôt que la navigation intérieure allemande aurait eu un développement aussi considérable, nous nous serions épargnés probablement beaucoup de polémiques regrettables. Du côté des adver-

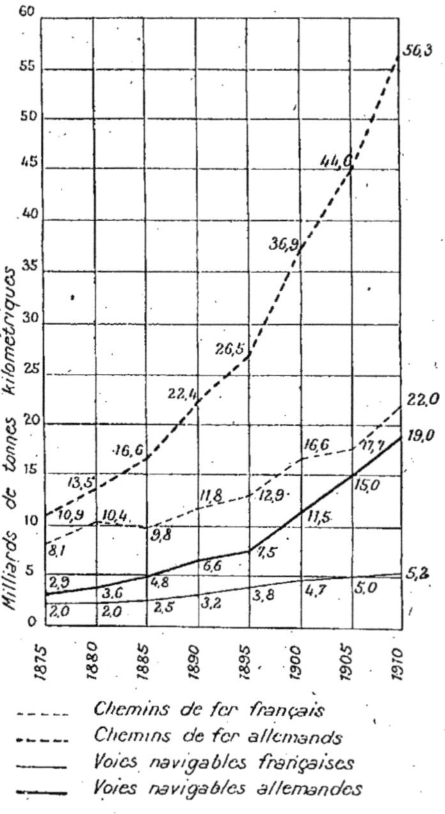

Développement du trafic allemand et français sur les chemins de fer et les voies navigables de 1875 à 1910. Tonnage kilométrique.

saires des voies navigables on serait déjà arrivé à cette conviction, que les voies navigables possèdent encore à cette époque une grande valeur pour le commerce, valeur qui n'est aucunement nuisible pour les chemins de fer ; du côté des partisans des voies navigables, on aurait pu concéder qu'une navigation intérieure pratique et susceptible de développement, doit être en situation de contribuer au moyen de taxes de péage aux dépenses, qui sont exposées en sa faveur par la collectivité. »

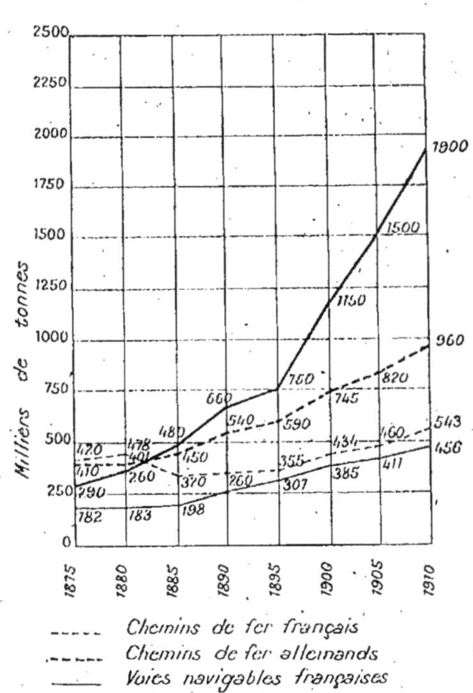

Développement du trafic allemand et français sur les chemins de fer et les voies navigables de 1875 à 1910. Tonnage à distance entière.

C'est là la conclusion dernière de cet éminent ingénieur, qui pense que la navigation n'a rien à craindre de la nouvelle législation (24 décembre 1911), qui prévoit l'établissement de taxes de navigation. Il ne s'agit pas de surcharger ou d'opprimer la navigation au profit des chemins de fer,

mais de répartir plus judicieusement les dépenses occasionnées par l'établissement ou l'amélioration des voies navigables, et par ce moyen d'obtenir un réseau navigable mieux ordonné et agencé. Il est certain que dans ces conditions le trafic de la navigation ne fera que s'accroître, et donnera des résultats supérieurs à ceux que l'on a constatés dans la dernière période quinquennale.

Ces résultats si merveilleux sont résumés sur les cartes ci-jointes.

Ils sont particulièrement encourageants et montrent ce que l'on est en droit d'attendre pour la prospérité d'un pays de l'utilisation bien ordonnée des voies de transport que l'on y rencontre. Les chemins de fer remplissent leur rôle, prépondérant dans la plupart des cas, mais ce rôle doit être complété par le réseau navigable, qui exerce une action modératrice des plus importantes.

L'éminent ingénieur Paul Mallet, membre de la chambre de commerce de Paris a étudié dans un rapport présenté au 1er Congrès national de Travaux publics la concurrence des chemins de fer et des voies navigables. Les conclusions qui s'en dégagent méritent d'être retenues spécialement en ce qui concerne le réseau français.

L'auteur de ce mémoire a traité les quatre questions suivantes; sur lesquelles on fera connaître en passant l'avis qui semble le meilleur :

1° La concurrence des voies d'eau et des voies ferrées est-elle profitable à l'industrie et au commerce ?

2° Est-il de l'intérêt général de la développer ?

3° Quels sacrifices l'État doit-il faire pour favoriser ce développement?

4° Est-il possible de trouver un terrain, sur lequel les deux modes de transports concourraient simultanément à l'amélioration commune?

1° LA CONCURRENCE DES VOIES D'EAU ET DES VOIES FERRÉES EST-ELLE PROFITABLE A L'INDUSTRIE ET AU COMMERCE ? — Les avantages que la voie d'eau offre ou est susceptible d'offrir à l'industrie sont les suivantes :

Commodités d'accès ;

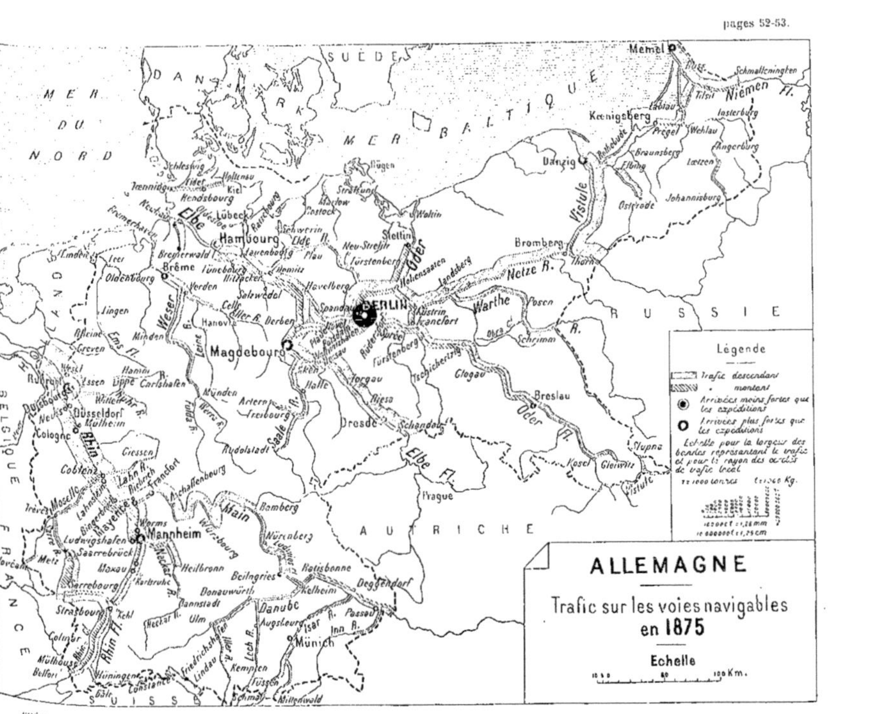
MER DU NORD
DANEMARK
SUÈDE
MER BALTIQUE
Memel
Schmalleningken
Tilsit
Niemen Fl.
Insterburg
Labiau
Pregel
Wehlau
Angerburg
Kœnigsberg
Pillau
Braunsberg
Lœtzen
Danzig
Elbing
Ostrode
Johannisburg
Schleswig
Holstein
Flist
Kiel
Rendsbourg
Rügen
Stralsund
Rostock
Wollin
Neustadt
Lübeck
Elbe
Hambourg
Elde Fl.
Schwerin
Neu-Strelitz
Stettin
Visule
Bromberg
Thorn
Brême
Bremervald
Lavenbourg
Plau
Fürstenberg
Oder
Netze Fl.
Bremerhaven
Linden
Iser
Lüneburg
Chemnitz
Hildesheim
Landsberg
Posen
RUSSIE
Oldenbourg
Verden
Salzwedel
Havelberg
Spandau
BERLIN
Küstrin
Francfort
Warthe Fl.
Lingen
Celle
Oller Fl.
Derben
Küstrin
Francfort
Schrimm
Rhein
Minden
Hanov.
Magdebourg
Brandebourg
Potsdam
Obra
Greven
Hameln
Arten
Halle
Torgau
Tschicherzig
Glogau
Breslau
Ruhrort
Essen
Lippe
Carlshafen
Münden
Riesa
Oder
Duisbourg
Witten
Weser Fl.
Freibourg
Dresde
Schandau
Stupna
BELGIQUE
Neuss
Düsseldorf
Mülheim
Rudolstadt
Kosel
Gleiwitz
Cologne
Rhin
Giessen
Prague
Visule
Coblentz
Lahn Fl.
AUTRICHE
Trèves
Moselle
Bingen
Richirch
Francfort
Main
Bamberg
Nürenberg
FRANCE
Mayence
Aschaffenburg
Sarreb.
Worms
Ludwigshafen
Mannheim
Nürenberg
Metz
Saarrebrück
Heilbronn
Beilngries
Ratisbonne
Deggendorf
Sarrebourg
Karlsruhe
Maxau
Donauwörth
Kelheim
Novéant
Strasbourg
Kehl
Neckar Fl.
Ulm
Danube
Augsbourg
Isar Fl.
Passau
Inn Fl.
Colmar
Rhin Fl.
Münich
Mülhous.
Friedrichshafen
Lech Fl.
SUISSE
Belfort
Hüningen
Constance
Lindau
Kempten
Füssen
Bâle
Schmal
Mittenwald
Légende
Trafic descendant
montant
Arrivées moins fortes que
les expéditions
Arrivées plus fortes que
les expéditions
Echelle pour la largeur des
bandes représentant le trafic
et pour le rayon des cercles
de trafic local
ALLEMAGNE
Trafic sur les voies navigables
en 1875
Echelle
100 Km.

Suppléance à la voie ferrée là où elle est insuffisante;
Concurrence des tarifs.

Commodités d'accès. — Les usines établies le long des voies
existantes naturelles ou artificielles reçoivent leurs appro-
visionnements par voie d'eau, qui sont par suite dégrévés
du camionnage à la gare voisine. Le transbordement du
bateau au magasin revient de 0 fr. 20 à 0 fr. 60 par tonne,
tandis que le déchargement en gare et le transport
de la gare à domicile atteignent facilement 2 fr. 50 et dépassent souvent ce prix. Il faut aussi tenir compte de la
facilité, avec laquelle le bateau de rivière se transforme en
magasin, moyennant des ententes usitées depuis longtemps.
C'est ainsi que dans quelques grandes villes, les négociants
en combustibles immobilisent quelquefois pendant longtemps les bateaux de charbon soit pour éviter les frais et le
bris d'un transbordement, soit pour se créer une réserve
qu'ils ne peuvent plus loger chez eux.

D'ailleurs le raccordement d'une usine avec la voie ferrée
n'est pas toujours possible et comporte assez fréquemment
des ouvrages coûteux, dont les frais ne sont pas à la portée
de tous.

Les commodités d'accès sont aussi très sensibles dans les
ports maritimes. Lorsqu'ils sont accessibles aux bateaux de
rivières, de grands avantages peuvent être réalisés. Le
bateau de mer peut décharger à la fois à bâbord et à tribord,
lorsque le bateau de rivière peut l'accoster, tandis qu'il
ne peut débarquer que d'un seul côté lorsqu'il ne décharge
qu'en wagons. Les évolutions des bateaux de rivière sont
beaucoup plus simples, beaucoup plus rapides que celles des
wagons; elles exigent beaucoup moins de place. Enfin, quand
il s'agit d'un port à estuaire, les facilités sont remarquables,
car toutes les opérations de déchargement peuvent s'effectuer en rade, sans l'intervention des quais.

Suppléance à la voie ferrée. — On a constaté depuis une
vingtaine d'années des insuffisances graves dans le service
des voies ferrées. Périodiquement, dans une mesure plus ou
moins forte, les gares ont été encombrées et les expéditions
différées.

En 1906 la crise des transports a été particulièrement

aiguë : les compagnies de chemins de fer ne disposaient pas du matériel suffisant pour faire face à une augmentation de trafic anormale, et ne disposeront certainement jamais du matériel nécessaire à ces augmentations anormales du trafic.

C'est alors que la batellerie doit entrer en jeu, non seulement quand le matériel des voies ferrées est insuffisant, mais encore quand la voie est encombrée. C'est en quelque sorte un régulateur, qui justifie sa raison d'être, et légitime son existence. Il est illusoire de penser que les chemins de fer doivent transporter, en raison de leurs contrats, tout le trafic qui leur est confié. Il faut compter sur les événements fortuits ou de force majeure, qui mettent les compagnies dans l'impossibilité d'effectuer le transport. C'est alors qu'il conviendra de faire appel à la batellerie, et pour que cet appel soit entendu, il faut qu'on lui donne le moyen de subsister et de rendre normalement les services, qui lui incombent.

Concurrence des tarifs. — La voie d'eau est en état d'infériorité constitutionnelle par rapport à la voie ferrée. Tandis qu'elle est localisée dans une région déterminée, la voie ferrée pénètre partout et vient desservir, au moyen d'un embranchement, les usines qui en sont le plus éloignées. Les transports sur les rivières se font lentement, sur les canaux très lentement; sur les chemins de fer, au contraire, ils sont relativement très rapides, et tendent à s'accélérer. C'est ainsi que, dans une nuit, la Compagnie des chemins de fer du Nord transporte les houilles du Pas-de-Calais à Paris, par lots de 10, 20, 40 tonnes, chargés en vrac, que la navigation ne saurait accepter à moins d'un chargement complet.

Celle-ci est aussi victime du moindre incident atmosphérique; la gelée la paralyse, une sécheresse prolongée produit le même effet.

La batellerie est donc obligée pour subsister, pour racheter cette infériorité constitutionnelle, d'avoir recours à des tarifs généralement inférieurs à ceux des chemins de fer, qui doivent être abaissés dans la suite non seulement dans la région influencée, mais encore sur toute une portion du réseau.

MER DU NORD
MER BALTIQUE
DANEMARK
SUÈDE
RUSSIE
BELGIQUE
FRANCE
SUISSE
AUTRICHE
Memel
Schmalleningken
Niemen Fl.
Tilsit
Insterburg
Königsberg
Labiau
Wehlau
Friedland
Braunsberg
Elbing
Angerburg
Danzig
Osterode
D'Eylau
Stettin
Bromberg
Thorn
Netze Fl.
Vistule Fl.
Warthe
Posen
Glogau
Lübeck
Schwerin
HAMBOURG
Elde
BERLIN
Oder
Francfort
Küstrin
Hohensaaten
Magdebourg
Schönebeck
Wittenberge
Halle
Dresde
Breslau
Cosel
Gleiwitz
Brise
Emden
Oldenbourg
Brème
Lüneburg
Verden
Celle
Hanovre
Minden
Hameln
Münster
Lippe Fl.
Ruhr
Dortmund
Düsseldorf
Neuss
Cologne
Cassel
Coblence
Lahnstein
Francfort
Main Fl.
Bamberg
Mayence
Worms
MANNHEIM
Nuremberg
Ludwigshafen
Spire
Heilbronn
Sarrebruck
Metz
Karlsruhe
Donauwörth
Ratisbonne
Kelheim
Danube
Kehl
Cannstadt
Ulm
Strasbourg
Colmar
Munich
Passau
Mulhouse
Belfort
Nuningen
Constance
Friedrichshafen
Lindau
Bâle
Légende
Trafic descendant
»   montant
Arrivées moins fortes
que les expéditions
Arrivées plus fortes que
les expéditions
Echelle pour la largeur des
bandes représentant le trafic
et pour le rayon des cercles de
trafic local
1 : 1500 tonnes   1 : 1000 Kg.
100 000 t : 1.25 mm
10 000 000 t : 1.25 cm
ALLEMAGNE
Trafic sur les voies navigables
en 1910
Echelle
100 Km.

La concurrence, qui s'établit de la sorte, à tort sans doute, est-elle justifiée? Quelques-uns pensent qu'elle est presque partout factice, et que si la navigation pratique des tarifs inférieurs à ceux de son concurrent, c'est qu'elle ne supporte ni la charge de premier établissement, ni celle de l'entretien, ni celle de l'exploitation de la voie. Les chemins de fer, au contraire, auraient à faire face aux frais de premier établissement, d'entretien et de surveillance de la voie.

Cette manière de voir ne semble pas tout à fait justifiée, et l'étude qui précède en donne la preuve. Tout dépend, en effet de l'état de navigabilité des voies considérées, et de la façon dont elles sont exploitées.

M. Laffitte, dans son ouvrage si intéressant, si documenté sur les voies navigables allemandes, a montré que la batellerie allemande, qui naguère était dans un état lamentable et impuissant, s'est complètement transformée dans son matériel, dans ses procédés d'exploitation, dans ses pratiques commerciales. Il y a quelque vingt ans, elle semblait abandonner la lutte et prête à disparaître ; elle est maintenant puissante, souvent même prospère. Et, fait aussi instructif qu'inattendu, ce ne sont pas seulement les grandes sociétés qui ont réalisé ces transformations, mais la petite batellerie, au prix d'efforts que l'on peut qualifier d'héroïques et d'un esprit de discipline qui mérite l'admiration.

Malheureusement les mêmes progrès n'ont pas été réalisés en France. On s'en est tenu jusqu'à présent du moins à la péniche de 300 tonnes, on a cherché à généraliser son emploi, et on a regretté, quand les circonstances ne s'y sont pas prêtées, que cet emploi ne pût pas se faire sur les fleuves importants susceptibles d'une meilleure utilisation. De même les opérations de chargement et de déchargement sont demeurées presque partout excessivement lentes; les engins qui y concourent sont primitifs ou inexistants. Sauf sur quelques points, les moyens de traction sont toujours primitifs; sur certains fleuves, comme la Loire, on utilise encore la navigation à la voile, qui permet aux mariniers de se reposer et de pêcher à la ligne faute de mieux, quand le vent ne souffle pas dans la bonne direction. Ce sont là des habitudes impos-

sibles à déraciner, et auxquelles tiennent tellement ceux qui
en profitent, qu'ils préfèrent généralement la cessation de
toute navigation à toute amélioration ou à toute modification dans l'état de choses existant. C'est un fief, auquel personne ne doit toucher. La difficulté ne consisterait pas seulement à changer le matériel et le mode de propulsion, mais
encore, ce qui est bien plus difficile à modifier entièrement
l'esprit de ceux qui devraient profiter du nouvel état de
choses.

Sur la Seine on trouve des conditions d'exploitation tout
aussi fâcheuses. On sait que ce fleuve a été transformé
jusqu'à Paris en une voie artificielle admirable. Les écluses
ont des dimensions gigantesques et sont doublées. Son
mouillage est de 3^{m},20.

La Seine ne manque presque jamais d'eau; les glaces y
sont moins fréquentes que sur les grands fleuves de l'Allemagne. Elle est peu sujette aux crues; la vitesse de son courant est très modérée, ses biefs sont très longs. Cependant
on n'y voit pas encore circuler les bateaux de 2.000 tonnes
comme sur le Rhin, où les manœuvres sont plus difficiles[1].

La voie de Paris aux houillères du Pas-de-Calais et du
Nord offre de même un exemple de mauvaise exploitation,
qui justifie les critiques des adversaires de la navigation.
Cette voie se compose de l'Oise, du canal latéral à l'Oise,
du canal de Saint-Quentin et de la ramification de canaux,
qui s'étend au Nord de Cambrai. L'Oise, sauf le mouillage et
la largeur, est comparable à la basse Seine. Le canal latéral à
l'Oise et le canal de Saint-Quentin ont été transformés;
depuis quelques années, ils sont munis d'écluses doubles,
les passages difficiles y ont été élargis; les chômages y ont
été supprimés. L'exploitation de cette voie consacrée pour la
plus grande part aux charbons est cependant demeurée bien
arriérée. Les péniches, qui s'adonnent à ce transport, exécutent moins de quatre voyages par an, de sorte qu'en ga-
gnant bien péniblement leur existence, ils pratiquent des frets
beaucoup trop élevés. S'ils faisaient le double de voyages

1. Ces bateaux sont desservis par un équipage réduit à trois
hommes et un mousse.

la situation serait tout autre ; ils pourraient, tout en se contentant de frets plus bas, et en payant des taxes de péage modérées, réaliser des profits plus satisfaisants. La faute en est à tout le monde : aux expéditeurs, aux mariniers pour la plus grande part, enfin aux destinataires, qui gardent le matériel ou l'immobilisent au delà de toute limite. Ce sont là des errements qui doivent disparaître, si l'on veut simplement conserver à la navigation la place qu'elle doit légitimement tenir.

On peut citer en dernier lieu le Rhône, et montrer sans difficulté que, s'il ne rend pas les services que l'on devait escompter, c'est que l'on n'a jamais tiré parti de la situation qu'il occupe, et surtout des améliorations si importantes apportées depuis plus de vingt années à son cours naturel. On a rapproché à tort les dépenses effectuées (environ 45 millions de francs), du tonnage kilométrique (100 millions de tonnes), et on en a déduit que ces dépenses qui représentent une charge annuelle de 1.300.000 francs étaient hors de proportion avec le résultat obtenu. Si l'on s'en tient à cette simple comparaison, on a tout à fait raison, mais ce point de vue est tout à fait superficiel, et ne répond pas à la réalité des choses. Il suffit d'avoir vu comment est exploité ce fleuve magnifique qu'est le Rhône pour être persuadé que la faute n'en est ni au Rhône, ni aux procédés d'amélioration, mais aux conditions exceptionnelles de cette exploitation. Une seule société a en fait le monopole de cette exploitation et décourage par sa puissance toute initiative, qui pourrait se produire en dehors d'elle [1] ; elle fait concurrence à la Compagnie des chemins de fer Paris-Lyon-Méditerranée, principalement en ce qui concerne les messageries. Elle néglige pour des raisons, qu'il est difficile de connaître, ce qui devrait être son trafic prédestiné, les matières pondéreuses. Il semble, pour un témoin même peu avisé, qu'elle cherche à faire une concurrence où elle a peu de chance de réussir, et surtout à écarter ceux qui pourraient tirer du fleuve un profit utile à une région riche, et qui pourrait le devenir encore davantage.

1. C'était aussi l'avis de M. l'Ingénieur en chef Girardon.

Ces exemples multipliés montrent que les méthodes d'exploitation des voies navigables françaises sont défectueuses, et que la batellerie a des progrès considérables à faire. Il faut aussi que la voie lui fournisse les moyens, dont elle a besoin pour rendre tous les services qu'elle est en droit d'espérer.

Depuis une huitaine d'années, on s'est principalement attaché à permettre à la péniche type de circuler sur la plus grande partie possible du réseau français, et à augmenter par conséquent de beaucoup les dimensions de certains canaux devenus presque inutilisables par leur exiguïté. Mais outre que l'opération n'est pas terminée, elle se révèle comme insuffisante dans bien des cas. Les dimensions de bateaux qui pouvaient être considérées, il y a trente ans, avec raison sans doute comme propres à permettre une exploitation intensive, ne peuvent plus être appréciées de même. Mais l'augmentation nécessaire de ces dimensions suppose un aménagement très bien compris des voies d'eau. Cette nécessité suppose que l'effort à accomplir s'exercera seulement sur les principales, et que celles-ci seront munies d'un outillage perfectionné.

Il ne s'agit pas, comme on l'a trop souvent écrit de part et d'autre, de concurrence, mais de collaboration entre les voies navigables et les voies ferrées. En dehors de cette conception, il ne peut rien y avoir qu'une lutte désastreuse pour le développement de la richesse publique, et la prospérité du pays.

C'est ce qu'a très bien exprimé M. l'inspecteur général Renaud dans une brochure récente, dans laquelle il s'est attaché à réfuter la thèse de MM. Colson et Marlio, au sujet de l'avantage que présente l'établissement d'un chemin de fer tant au point de vue des dépenses de construction que des frais d'exploitation.

Cette thèse, qui peut être exacte dans certains cas particuliers, n'a pas été acceptée sans réserves par le Congrès international des Chemins de fer.

M. l'inspecteur général Renaud a rappelé avec infiniment de justesse que pareille thèse avait été soutenue en 1844 par les partisans des chemins de fer, et qu'on avait proposé de renoncer à la construction du canal de la Marne au Rhin, et d'utiliser les terrassements déjà faits pour ce canal, comme assiette de la voie ferrée destinée à relier Paris à Strasbourg.

L'éminent ingénieur M. Alfred Picard a proclamé dans son *Traité des chemins de fer* ce principe, qui doit dominer toute la question [1] :

« Par les facilités, qu'ils offrent au transport des marchandises, les canaux contribuent puissamment à développer le mouvement industriel et la richesse du pays. Les exemples de leur influence abondent; l'un des plus frappants est celui du canal de la Marne au Rhin. Cette belle voie de navigation, juxtaposée sur une grande partie de sa longueur au chemin de fer de Paris à Strasbourg, a donné un essor vraiment prodigieux à l'industrie minérale, salicole et sidérurgique dans notre beau pays de Lorraine. Les minerais qui dormaient sous terre depuis des siècles, ont été arrachés à leur sommeil séculaire, les usines sont comme sorties de terre, s'amoncelant les unes contre les autres, entre le canal qui apporte les matières premières et le chemin de fer qui emporte leurs produits. Ce ne sont que mines, hauts fourneaux, salines et carrières, se succédant presque sans interruption dans la banlieue de Nancy ; *à elle seule la voie ferrée eût difficilement engendré cette situation merveilleuse.*

« Il y a eu là comme il y a eu sur d'autres points du territoire une transformation radicale de la face du pays, un développement d'activité et par suite de la richesse, dont la France profite largement, dont le Trésor recueille lui-même le bénéfice sous mille formes diverses, et qui doit former une ample compensation des charges de premier établissement et d'entretien.

« Les mêmes faits et les mêmes résultats doivent se produire ailleurs. »

C'est ce que l'on doit espérer, et les nouvelles voies améliorées ou projetées, notamment le canal du Nord-Est destiné à mettre en valeur les richesses territoriales de la Lorraine doivent contribuer avec les chemins de fer à l'ac-

1. T. Ier, p. 350 et 351.

croissement de la richesse publique. Il ne s'agit pas de lutte ni de concurrence entre les deux modes de transport; chacun d'eux doit prendre ce qui lui est propre et laisser à l'autre ce qui lui appartient.

C'est-à-dire que les chemins de fer, comme les voies navigables, doivent rémunérer leur capital de premier établissement et couvrir leurs frais d'exploitation et d'entretien.

En est-il autrement actuellement ? Les détracteurs des voies navigables en sont persuadés, parce qu'ils ne vont pas au fond des choses, et qu'ils jugent la situation d'après ce qui est généralement connu et admis. Ils oublient que l'État s'est imposé de très gros sacrifices pour la construction des chemins de fer, et que sans son intervention, maintes fois répétée, la plupart des chemins de fer existants serait encore à l'état de devenir [1]. Le second et le troisième réseau n'ont pris naissance que dans ces conditions, aucune société ne se chargeant de l'opération aléatoire que représentait leur établissement. M. l'inspecteur général Charguéraud a fait ressortir dans une étude très intéressante [2] que, si l'on envisage les dépenses faites de 1848 à 1902, les charges des contribuables ressortent sur les canaux à 0 fr. 0144 et sur les chemins de fer à 0 fr. 0142 par tonne kilométrique transportée à cette époque.

Il y a donc égalité de charges, et ce qu'il faut chercher, c'est que cette égalité subsiste, qu'on ne crée pas une voie navigable simplement avec l'idée de vouloir concurrence une voie ferrée, ou réciproquement, en avantageant nettement l'une au détriment de l'autre. On l'a déjà dit, et on le répétera, c'est là une question d'espèce, dominée par une question économique.

Les tarifs des chemins de fer sont arrêtés dans les limites

---

1. *Revue politique et parlementaire* du 10 juin 1902 : *Canaux et chemins de fer de l'État de New-York.*

2. La part contributive de l'État dans l'établissement du réseau général était au 31 décembre 1907 de 4.741.247.307 francs ; les communes avaient versé 222 millions de francs. Les sommes inscrites au budget de 1910 pour les chemins de fer sont de 212.830.719 francs; le crédit affecté à la navigation intérieure n'est que de 25.833.500 francs,

du cahier des charges par le ministre des Travaux publics; ils sont extrêmement variables suivant les marchandises, et ne correspondent nullement au paiement du prix de revient correspondant. Ils sont déterminés d'après la somme qu'il paraît possible et équitable de demander à chaque nature de marchandise comme part contributive dans l'ensemble des frais que la compagnie concessionnaire du chemin de fer a à couvrir: Il y a donc des tarifs très bas, au-dessous du prix de revient, et appliqués uniquement dans le but de retenir sur les rails une marchandise que la concurrence, le plus souvent celle des voies d'eau aurait pu leur enlever. C'est là une conception fâcheuse ; car les compagnies sont obligées d'établir des tarifs plus élevés et de reporter sur l'ensemble des autres usagers du chemin de fer la part des charges générales, qui aurait incombé à des transports spéciaux.

Sur les voies d'eau, la détermination des prix de transport n'est subordonnée à aucune règle ; le prix arrêté pour chaque expédition résulte d'un accord intervenu entre le transporteur et son client d'après la loi de l'offre et de la demande. Le fret s'abaisse souvent aux environs du prix de revient sous la pression de la concurrence; d'autre part, il ne peut dépasser, pour une marchandise donnée, une limite supérieure dépendant des tarifs fixes des chemins de fer applicables à cette marchandise ; car l'industriel s'adresse à ces derniers dès que les demandes de la batellerie ne lui laissent pas une marge suffisante pour compenser les charges accessoires que l'usage du bateau peut lui causer [1].

On a à tort rapproché les prix bas des chemins de fer des prix qui s'établissent pour les frets dans les conditions ci-dessus. Mais ces prix de fret sont gravement alourdis par des errements commerciaux déplorables et par l'insuffisance de l'organisation de l'exploitation sur les canaux. Il faut s'appliquer à remédier à cette situation, qui fausse tous les résultats actuels et ne permet pas de tirer du réseau navigable tout le parti qu'on est en droit d'en attendre.

1. Soit par suite de l'allongement du délai de transport ou de frais accessoires pour la livraison à pied d'œuvre, ou d'un déchet supplémentaire de route, dans le cas des combustibles.

La Société demanderesse en concession du canal du Nord-Est a fait une intéressante étude sur les tarifs possibles, étude de laquelle il ressort que le coût des transports sur canaux peut être abaissé dans une large mesure par une meilleure organisation des services. Les chiffres établis par la Société font ressortir, entre les tarifs bas des chemins de fer du Nord et de l'Est, et le prix des transports par le canal du Nord-Est, des écarts importants largement suffisants pour permettre la perception de taxes au profit de la Société, tout en laissant un bénéfice marqué aux industriels.

L'intervention d'une société concessionnaire maîtresse de l'exploitation, et intéressée directement au développement du trafic, donne la garantie, que les mesures nécessaires seront prises en l'espèce.

C'est là une excellente solution, imitée de celle qui prévaut en matière de chemins de fer. Une société chargée de l'établissement d'une voie navigable, avec subvention ou garantie d'intérêts de l'État ou des départements intéressés, se trouvera dans la même situation que toutes les compagnies de chemins de fer, se développera et sera sûrement appelée à prendre une grande place dans le pays. L'intérêt est le meilleur et le plus grand ressort qui existe pour la prospérité d'une entreprise, quelle qu'elle soit.

Lorsqu'il n'existe pas, ou qu'il n'est pas suffisamment stimulé, il y a mauvaise organisation, malaise, et finalement faillite de l'entreprise. C'est ce que M. Grüner a constaté dans son travail sur les voies navigables du Nord de la France[1]. Il a montré ce que M. l'ingénieur en chef Larivière avait déjà prévu que le manque d'organisation, cet état d'anarchie, avaient conduit à une situation intolérable, et que quelques améliorations dans les errements actuels permettraient une économie de 25 0/0 sur les frais de transport entre les houillères du Nord et Paris; c'est-à-dire qu'au prix d'une réforme d'errements surannés, les usagers de cette voie de navigation pourraient fournir à l'État sous forme de péage et sans augmentation de leurs charges totales, une source

1. *Les voies navigables du Nord de la France vers Paris*, étude publiée par le Comité central des Houillères de France.

correspondant au quart de leurs dépenses en transports.

Il y a donc beaucoup à faire d'après le témoignage de ceux qui ont pu constater les défectuosités de l'exploitation, et qui en ont supporté les inconvénients. Il faut revenir à une méthode rationnelle, constituer des sociétés sérieuses, susceptibles d'exploiter le réseau navigable qui existe en France. On sera peut-être obligé d'abandonner certaines parties de ce réseau par trop improductives ; elles continueront de végéter, mais n'empêcheront pas le développement de celles qui sont des artères importantes, et qui concourent avec les chemins de fer à l'accroissement de la prospérité publique.

2° Est-il de l'intérêt général de développer la concurrence entre les voies d'eau et les voies ferrées. — Il faut protester autant qu'on le peut contre ce préjugé qui fait considérer les voies d'eau comme les antagonistes des voies ferrées ; elles en sont les auxiliaires nécessaires.

L'observation des faits démontre le rôle de l'une et de l'autre des voies dans l'accroissement de la richesse publique. Les voies d'eau ont eu une influence considérable dans le développement de l'industrie ; les richesses qu'elles ont engendrées ont profité aux chemins de fer. Dans des circonstances encore récentes, elles ont évité l'arrêt dans la vie industrielle, que devait amener la grève des chemins de fer.

Le conseil d'administration de la Compagnie hollandaise des chemins de fer rhénans, consulté sur le projet d'amélioration du canal d'Amsterdam au Wahal, parallèle à une de ses lignes, a émis un avis favorable à l'exécution des travaux ; il a considéré que l'amélioration du canal devait développer largement la prospérité d'Amsterdam, et que le trafic devenant considérable, il y en aurait pour tout le monde, pour la voie ferrée comme pour la voie d'eau.

Il était dans le vrai. L'exemple relevé plus haut du canal de la Marne au Rhin en fournit une démonstration, de même que l'exemple de la ville de Francfort. Le Main rendu navigable a transformé cette ville, et le trafic du chemin de fer a plus que doublé en sept ans [1].

1. *Étude sur la navigation intérieure en Allemagne*, par M. Louis Laffitte.

Une autre démonstration de l'utilité de combiner les voies d'eau et les voies ferrées ressort des efforts faits dans les pays voisins de notre frontière de l'Est et du Nord-Est en vue de l'amélioration et du développement du réseau navigable, dans les régions déjà pourvues d'un réseau ferré bien organisé. En Belgique comme en Hollande, comme en Allemagne, le commerce et l'industrie réclament la mise au point du réseau navigable. Cette simultanéité est la preuve du prix qu'ils attachent à la présence du réseau navigable à côté du réseau ferré.

La collaboration des voies navigables et des chemins de fer s'est affirmée grandement en Allemagne. Elle s'est réalisée d'une part par l'installation de ports de transbordement, et d'autre part par l'institution de tarifs spéciaux en faveur des marchandises venues ou réexpédiées par la voie d'eau. Sur 66 millions de tonnes ayant circulé en 1905 sur les voies navigables allemandes, 25 à 26 millions ont usé du chemin de fer, et subi quelquefois deux transbordements.

Malheureusement cette collaboration ne s'est pas produite en France, et on a parlé à tort de concurrence. Il est vrai que les chemins de fer ont toujours ignoré les voies d'eau, si ce n'est pour instituer contre elles des tarifs de concurrence. Le contact ne s'est établi pour ainsi dire nulle part, et là où il existait, à Lyon et à Givors entre le Rhône et la voie ferrée de Paris à Marseille, on s'est efforcé de le rendre illusoire en fermant pour ainsi dire les gares d'eau existantes. On ne peut que souhaiter voir s'établir ces relations, fécondes pour l'intérêt général.

On dira donc pour conclure sur ce point que la concurrence entre les voies d'eau et les voies ferrées n'est pas profitable à l'industrie et au commerce ; qu'elle peut produire certains abaissements de tarifs, susceptibles de favoriser quelques industries dans une région déterminée ; mais qu'en définitive elle a une répercussion fâcheuse sur l'accroissement de la richesse publique en obligeant l'État à intervenir pour combler le déficit, et en faisant contribuer le pays tout entier à une mesure qui n'intéresse que quelques-uns.

La collaboration seule est féconde et permet de tirer du réseau des voies de communication tout le parti que l'on est en droit d'escompter eu égard aux énormes sacrifices consentis par la collectivité.

3° QUELS SACRIFICES L'ÉTAT DOIT-IL FAIRE POUR FAVORISER LA CONCURRENCE DES DEUX VOIES? — L'État n'a aucune raison pour favoriser l'une des deux voies au détriment de l'autre. D'un côté on lui reproche les sacrifices qu'il a fait au profit des voies navigables en assumant la charge des travaux neufs, l'entretien et la surveillance de ces voies. De l'autre, avec autant de justice, on lui reproche les dépenses effectuées, les garanties d'intérêts accordées, les subventions consenties, au profit de lignes de chemins de fer qui sont encore improductives. C'est peut-être un placement de père de famille, mais c'est un placement qui ne prend sa valeur qu'au bout d'une ou deux générations. Le mieux est donc de passer condamnation sur ce qui a été fait jusqu'à présent et à chercher une règle qui, se plaçant au-dessus de tous les intérêts en jeu, permette d'effectuer de nouvelles voies de communication en vue de l'accroissement de la prospérité publique.

Le programme Freycinet n'a certainement pas tenu les promesses qu'il portait en lui-même. Trop vaste, embrassant l'ensemble du territoire sans distinguer ce qui était utile de ce qui n'était qu'une utopie chimérique, il a préparé un état d'esprit, qui a tout demandé à l'intervention du budget national sans aucun sacrifice de l'intérêt particulier ou régional.

Pendant vingt ans, difficilement, on s'est débattu comme on l'a pu dans cette course au budget; un ministre du plus grand mérite et du plus grand courage, M. Pierre Baudin, a mis un terme à cette course, et a posé cette règle éminemment sage que l'État n'entreprendrait plus aucun travail qu'avec le concours des principaux intéressés, chacun y participant pour la moitié de la dépense.

De cette façon on a obtenu un double résultat, celui de ménager les finances de l'État et d'établir une sélection automatique. Si les intéressés prennent charge du concours exigé, il y a des chances en effet pour qu'il soit réellement utile et inversement.

Mais quelque louable que soit la règle Baudin, il ne faut pas se dissimuler qu'étant nouvelle, elle réclame quelques retouches, et aussi que son application doit être entourée de quelques précautions. Si l'on veut que les concours exigés soient sérieux, il faut qu'ils émanent de personnalités solvables; or les chambres de commerce terrestres, que l'on considère comme aptes à s'engager, n'ont, sauf quelques-unes, que des ressources insuffisantes. A moins qu'elles n'aient, comme celles de Douai, la bonne fortune d'être cautionnée par les houillères les plus prospères de France, elles sont surtout isolées, hors d'état de parer à des insuffisances d'exploitation. Dans une telle éventualité qu'il est sage de prévoir, comment se tirerait-t-on d'affaire ? La même objection se présente lorsqu'il s'agit d'une collectivité, d'une société par exemple demandant la concession d'une voie navigable, comme il est arrivé pour le canal du Nord-Est.

Cette nouvelle politique en matière de travaux publics, qui exige des concours financiers, a pour conséquence la rémunération des capitaux engagés, qui ne sauraient être abandonnés à titre gracieux par leurs souscripteurs. On a donc été conduit à rétablir les péages. Ce retour à un passé impopulaire a soulevé bien des appréhensions. On s'y est fait peu à peu cependant, et on a reconnu que non seulement la mesure est juste dans son principe, mais que seule elle peut permettre, dans l'état de nos finances, l'exécution des travaux indispensables, qui sans cela seraient indéfiniment différés. Cette manière de faire n'est-elle pas la règle absolue en ce qui concerne les travaux des ports maritimes ?

Malgré tout, on a été obligé de s'y rallier faute de mieux, et on a acquis la certitude par l'expérience que cette mesure était la seule capable de mener à bien un travail utile. Le rapport si intéressant, si humoristique de M. l'ingénieur en chef Jacquinot au Congrès de Navigation intérieure de Lyon en donne la preuve. Il s'agit du canal de la Marne à la Saône, qui constitue une grande voie de navigation entre le Nord de la France et Lyon. La principale raison de cette grande ligne, c'est le transport des charbons du Nord sur Lyon, la vallée de la Suisse, Dijon et Besançon[1].

1. Le tonnage des houilles ayant traversé le canal a été en 1897 (année d'ouverture), de 49.806 tonnes; en 1908, de 86.007 tonnes, en 1909, de 138.979 tonnes; en 1910 de 171.754 tonnes.

Ce canal a une longueur de 224 kilomètres ; il part de Vitry-le-François à la jonction du canal latéral à la Marne et du canal de la Marne au Rhin et aboutit à la Saône près de Heuilley-sur-Saône, à 250 kilomètres à l'amont de Lyon et à 20 kilomètre à l'aval de Gray.

Une section de 73 kilomètres existait de Vitry à Rouvroy sous le nom du canal de la Haute-Marne. Son prolongement de Rouvroy à la Saône sur 151 kilomètres a été compris dans le programme Freycinet et « immédiatement doté de crédits tellement énormes, qu'on commençait les travaux avant d'avoir terminé les projets, méthode infaillible en matière de navigation pour augmenter considérablement les dépenses et compromettre gravement le succès de l'entreprise. Les travaux étaient commencés de tous les côtés à la fois, ce qui était prudent ; car vers 1887 le Parlement a fait demander si on ne pouvait pas arrêter définitivement les chantiers, utiliser le canal sans l'achever. C'était réellement impossible : le bief de partage avec son énorme souterrain (4.820 mètres), était achevé sans aucune liaison ni au nord ni au sud. On s'est résigné à continuer avec des crédits de quelques centaines de mille francs par an, sans toutefois jamais arrêter les travaux. On est arrivé ainsi en 1900. Il restait alors à construire 40 kilomètres, deux grands réservoirs d'alimentation, au total 24 millions à dépenser ».

Le président de la chambre de commerce de Saint-Dizier, sans doute un homme d'une haute valeur, est arrivé à trouver une combinaison assurant l'achèvement en six ans. La chambre de commerce avançait 5 millions, et l'Etat s'engageait à achever pour le 1er janvier 1907. Ce programme a été réalisé de point en point.

Des péages ont été établis pour couvrir l'intérêt et l'amortissement de la somme avancée par la chambre de commerce. Ils doivent durer cinquante ans au maximum. Ils sont fixés à 0 fr. 006 par tonne kilométrique, soit 0 fr. 91 par tonne pour toute la traversée du canal. Les bateaux vides paient 0,20 ou 0,10 par kilomètre, suivant qu'ils jaugent plus ou moins de 100 tonnes ; toutefois, qu'ils jaugent plus ou moins de 100 tonnes, ils sont dispensés de ce péage, au retour, s'ils ont transité à charge dans les trois mois précédents.

Dans les premiers mois les mariniers ont fait grève contre ces péages ; mais peu à peu tout est rentré dans l'ordre, et les mariniers, qui avaient boudé contre leur ventre, ont pris le chemin, qu'ils devaient suivre naturellement.

Le tableau ci-après donne pour les quatre premières années les recettes de péages prévues et réalisées ainsi que les tonnages de grand transit :

ANNÉES	RECETTES		TONNAGE DE GRAND TRANSIT	
	PRÉVUES	RÉALISÉES	PRÉVU	RÉALISÉ
1907...........	70.000	57.000	70.000	62.000
1908...........	123.000	98.000	119.000	100.000
1909...........	163.000	147.000	158.000	158.000
1910...........	197.000	197.000	191.000	206.000

Il montre qu'au bout de quatre années, malgré les taxes de péage le trafic s'est développé comme on l'avait prévu.

M. l'ingénieur en chef Jacquinot estime que les péages ont une raison d'être et une utilité incontestable. Leur suppression enlèverait le moyen de demander des subventions aux intéressés et de mettre ceux-ci à même de prouver l'utilité d'un travail qu'ils demandent. On reviendrait ainsi à l'ère des travaux souvent inutiles et ruineux.

Le système des péages a encore le grand avantage d'intéresser vivement les chambres de commerce et l'État au développement du trafic. Sans les péages on se croise les bras en attendant les bateaux ; avec les péages on recherche les causes d'un arrêt de trafic ; parfois on les trouve et on lutte contre elles en faisant les améliorations nécessaires.

Si une partie des péages actuellement perçus sur le canal de la Marne à la Saône devenait disponible, il serait possible d'installer la voie navigable, d'organiser le halage dans des conditions satisfaisantes.

Cette conception des péages nécessaires pour gager toute ou partie de la dépense se fait jour partout ; en Allemagne elle a pris jour par la loi du 24 décembre 1911. M. le conseiller d'État Sympher, qui a sur ces questions une expérience et une autorité si grandes, conclut dans l'article que l'on a analysé plus haut de la manière suivante[1] : « La Prusse et les autres États confédérés montrèrent en fait qu'ils n'ont pas l'intention, par l'établissement des taxes de péage, de favoriser les chemins de fer d'État en surchargeant les voies navigables, mais qu'ils cherchent à répartir plus judicieusement les crédits affectés à la navigation et par suite à renouveler et à améliorer le réseau allemand existant actuellement. Autrement il en serait fait du développement projeté de la navigation sur le Rhin et l'Elbe, et le projet que l'on a conçu de la navigation sur le Rhin de Rotterdam à Strasbourg et Bâle jusqu'au lac de Constance serait un simple rêve. »

On affirmera donc hardiment après les exemples cités plus haut que le rétablissement des péages est nécessaire et est seul susceptible de vivifier le réseau navigable français, et d'écarter définitivement les œuvres « inutiles et dangereuses ».

Toute région demande son canal, comme elle a demandé son chemin de fer ; celui-ci étant fait et étant généralement peu productif, doit être doublé par une voie de navigation, telle par exemple le canal de la Loire à la Garonne[2].

Au point de vue technique, il est vraiment intéressant de s'occuper d'un ouvrage de cette importance ; au point de vue économique il est certainement fâcheux que l'on n'ait pas écarté une fois pour toute pareille utopie. Pourquoi vouloir faire communiquer le bassin de la Loire avec celui de la Garonne ? Quels échanges peuvent-ils faire entre eux ? L'un n'a-t-il pas tous les produits, que l'autre pourrait lui envoyer ? Heureusement, les générations se succèdent, et la même question, ou les mêmes questions se retrouvent à l'ordre du jour ! Chacune y apporte une conception nouvelle, l'utopie subsiste avec une assise nouvelle, que reprendra la suivante !

1. *Revue de la Navigation intérieure : Le développement de la navigation intérieure de 1875 à 1910.*

2. En fait de travaux de cette espèce, on peut citer Paris port de mer, le canal des Deux Mers, le port en eau profonde de Boulogne, véritable travail de Pénélope.

Combien d'activité et d'énergie utiles ont été ainsi perdues ? mais aussi, ce qui est consolant, le bon sens a toujours repris ses droits ! C'est pourquoi on doit se dégager de ces rêves creux et envisager la réalité.

L'État doit agir pour les voies de navigation comme pour les chemins de fer sans favoriser les uns plus que les autres Comment a-t-il traité les chemins de fer pendant ces trente dernières années ?

Les conventions de 1883 nous renseignent à cet égard : L'État paye la construction des nouvelles lignes, sauf une subvention de 25.000 francs par kilomètre, mise à la charge des compagnies, qui ont en outre celle du mobilier des gares et du matériel roulant. Ces conventions ont porté sur environ 15.000 kilomètres de lignes d'intérêt général. Des sacrifices ont été également faits en faveur des chemins de fer d'intérêt local et des tramways (environ 13.000 kilomètres), sous forme de garanties d'intérêt (15 millions de francs inscrits au budget de 1910).

Les mêmes sacrifices doivent être effectués au profit des voies navigables; l'État doit consentir un sacrifice égal au moins à la moitié des frais de premier établissement, à condition que les intéressés, chambres de commerce, collectivités contribuent à une dépense équivalente. Mais ce fonds de concours doit être rémunéré par des taxes de péage, et garanti comme en matière de chemins de fer, jusqu'à ce que le produit des péages atteigne le montant de l'intérêt et de l'amortissement. C'est là une règle de grande sagesse, et qui doit être suivie, si l'on veut améliorer les voies construites et en créer de nouvelles, capables non pas de concurrencer les voies ferrées, mais de servir les intérêts généraux du pays.

Comme on l'a vu, cette mesure, que l'on a timidement appliquée en France, a soulevé un concert de protestations et d'hostilités, mais la batellerie a fini par s'y résoudre, préférant payer des péages modiques et jouir d'une voie avantageuse, plutôt que de naviguer sans taxes sur une voie médiocre ou insuffisante.

C'est ce qui se produit pour les ports maritimes, où les taxes de tonnage, d'outillage, de pilotage jouent un si grand rôle, et permettent d'effectuer les grands travaux indispensables à la navigation maritime. Les marins préfèrent payer des taxes plus élevées, mais être assurés d'un chenal parfait, d'un bassin à flot offrant toute sécurité, mais surtout des moyens les plus perfectionnés de chárgement et de déchargement. *Time is money*, et il vaut mieux dépenser un peu plus, mais gagner du temps, ce qui diminuera les frais généraux, et permettra d'entreprendre un plus grand nombre de voyages.

L'État doit donc consentir des sacrifices analogues à ceux qu'il fait pour les chemins de fer, mais il doit laisser le soin d'organiser l'exploitation de la voie améliorée ou créée à la chambre de commerce ou à la collectivité qui aura entrepris le travail, et qui aura trouvé les capitaux nécessaires pour parfaire les frais de premier établissement. Les taxes de péage seront perçues par ces collectivités, et serviront tout d'abord à couvrir les charges de construction, puis à doter, s'il est possible, la voie navigable de tous les appareils, de tous les moyens d'action les plus perfectionnés. Tout au plus l'État devra-t-il intervenir pour assurer l'entretien et la surveillance de la nouvelle voie.

En un mot, il faut stimuler l'initiative privée, et simplement faciliter par des subventions largement consenties l'exécution des travaux reconnus les plus utiles par ceux-là même, qui assument les charges et les risques de l'opération.

C'est dans cette mesure que l'on doit entendre les sacrifices que l'État doit faire pour assurer la collaboration intime des voie ferrées et des voies d'eau.

4° EST-IL POSSIBLE DE TROUVER UN TERRAIN D'ENTENTE ENTRE LES DEUX MODES DE TRANSPORT ? — Dans les conditions, qui viennent d'être énumérées, il est certainement facile de trouver un terrain d'entente entre les voies de transport, chemins de fer et voies navigables. Car tout d'abord on n'entreprendra aussi bien d'un côté que de l'autre que celles qui présenteront un intérêt certain, et on choisira toujours celle qui, à prix égal, rendra le plus de service.

Si l'on considère les voies existantes, il ne semble pas non plus que rien ne s'oppose à une collaboration intime et fructueuse : l'une, la voie d'eau, se cantonnant dans les transports pondéreux ; l'autre, le chemin de fer, se réservant les marchandises de valeur, qui exigent de la vitesse et peuvent la payer.

On a plus souvent réclamé que la voie ferrée et la navigation collaborassent à l'œuvre des transports à bon marché par des transbordements bien organisés. On a été aussi jusqu'à demander l'établissement de tarifs communs. Ces vœux paraissent susceptibles d'être exaucés.

Il faudrait d'abord établir une liaison intime entre la voie ferrée et la voie d'eau. Jusqu'ici les efforts tentés dans ce sens sont restés presque complètement infructueux, et, il faut bien le dire, cette situation résulte uniquement de la force d'inertie opposée par les compagnies de chemins de fer pour la création de ports de transbordement et de l'obstruction faite par elles dans l'exploitation des raccordements existant entre les deux voies.

On a pensé vaincre ces difficultés en édictant la loi du 3 décembre 1908, aux termes de laquelle « est étendu aux propriétaires ou concessionnaires de magasins généraux, ainsi qu'aux concessionnaires d'un outillage public et aux propriétaires d'un outillage privé dûment autorisé, sur les ports maritimes ou de navigation intérieure, le droit d'embranchement reconnu aux propriétaires de mines ou d'usines dans les conditions stipulées par l'article 62 du cahier des charges des concessions de chemins de fer d'intérêt général ».

Malheureusement, jusqu'à ce jour, cette loi n'a reçu qu'une application très restreinte et pour ainsi dire nulle. Malgré l'intention évidente du législateur de créer ces raccordements dans des conditions rendant possible leur exploitation normale, les compagnies de chemin de fer sont parvenues, dans plusieurs cas, sous des motifs spécieux, à paralyser les effets de la loi de 1908. Il suffira de citer les exemples des ports de Pont-à-Mousson et de Givet, pour lesquels des taxes de transbordement prohibitives mettent la Compagnie de l'Est à l'abri d'une concurrence qu'elle estime dangereuse.

Cette lutte sourde du chemin de fer contre la voie navigable ne revêt pas seulement la forme d'une obstruction dans l'exploitation des ports de raccordement ; elle se révèle aussi par le jeu des tarifs sur les voies ferrées, qui crée une concurrence abusive à la voie d'eau. Les exemples de tarifs de chemins de fer abusifs à l'égard de la navigation sont nombreux et bien connus des intéressés. On peut citer notamment les barèmes applicables de gare à gare, et qui sont admis par le Comité consultatif des chemins de fer. C'est ainsi que certains produits métallurgiques bénéficient d'un tarif très réduit applicable de toute gare à toute gare des réseaux de l'Est et du P.-L.-M., pour les expéditions atteignant 240 tonnes, c'est-à-dire pour un tonnage usité sur les voies navigables. Or, bien que ce tarif s'applique de toute gare à toute gare, il est évident qu'il ne joue qu'au départ des centres métallurgiques et à destination d'autres centres métallurgiques entre des points bien déterminés.

Il est certain que ces prix ne seront jamais appliqués aux régions agricoles desservies par les deux réseaux, et que, sous le couvert d'un principe général, les compagnies n'ont eu en vue que de concurrencer la navigation même en sacrifiant leur propre intérêt.

C'est cet esprit de concurrence qu'il faut supprimer, si l'on veut qu'il y ait réellement un accroissement de la richesse publique, et que le pays profite des subventions et des fonds de concours qu'il a toujours largement distribués aux entreprises de transport, quelles qu'elles soient.

Les compagnies de chemins de fer françaises ont déjà donné une preuve de leur sagesse, en établissant des tarifs communs sur les compagnies de navigation maritime. Pourquoi n'en serait-il pas ainsi avec la batellerie? Mais l'établissement de tarifs communs ne peut avoir de valeur pratique que si le service commun est régulièrement assuré sur la voie fluviale à peu près comme sur la voie ferrée. Il faut donc que l'entreprise batelière soit dotée d'une organisation très sérieuse pour répondre à cette nécessité. On en revient donc au principe posé plus haut que l'exploitation des voies navigables doit être effectuée par un organisme assez puissant pour pouvoir assurer un service régulier, et négocier avec les compagnies de chemins de fer. Certaines individualités pourront souffrir, du moins temporairement, du nouvel état de choses; mais en définitive le mal ne sera que passager et tout finira par aller mieux.

Par le même moyen, on arrivera à l'établissement de tarifs mixtes, qui seront la conséquence de nombreux points de soudure entre les voies ferrées et les voix de navigation.

Résumé et conclusion. — On a vu l'importance des voies navigables dans l'accroissement de la prospérité publique d'un pays ; on a constaté dans tous les pays du Centre, en Allemagne notamment, comment cet accroissement s'était manifesté d'une façon extraordinaire, grâce à la collaboration intime et constante des différentes voies de communication. Dans ces pays on n'a jamais parlé de concurrence, ou de rivalité ; voies ferrées ou voies navigables ont pris ce qui leur était propre, ce qui devait leur appartenir par leur situation. De cette entente est résulté un développement remarquable de la richesse publique.

On a vu également, en étudiant les voies navigables allemandes, quelle avait été la grande part des fleuves améliorés ou régularisés, dans le trafic total et ce que l'on peut attendre des voies naturelles exploitées d'une manière rationnelle. Sur celles-ci la capacité de transport est pour ainsi dire indéfinie, il suffit, en effet, de modifier le matériel de la batellerie, pour obtenir un accroissement de cette capacité en rapport avec les services que l'on a en vue ; sur les canaux, la capacité de transport est limitée par le gabarit que l'on a adopté pour la voie considérée ; il faut absolument, pour augmenter cette capacité, modifier ce gabarit et recommencer le travail, que l'on a effectué une première fois très péniblement. C'est l'histoire du canal du Berry qui, exécuté avec un gabarit réduit (30 mètres de longueur utile des sas, 1^m,50 de mouillage), doit actuellement être mis au gabarit prévu par la loi de 1879 (38^m,50 de longueur utile, 2 mètres de mouillage).

La France possède un réseau de voies navigables magnifique ; mais elle ne sait pas en tirer le parti qu'il convient, comme tous ses voisins, la Belgique, la Hollande, l'Allemagne. C'est en vain qu'on parle de concurrence entre les voies ferrées et les voies navigables ; l'expérience a démontré qu'il n'en était rien, et qu'il ne devait rien en être. La navigation doit être l'auxiliaire de la voie ferrée, la suppléer là où ses ressources sont insuffisantes et limitées.

Voilà quel doit être le programme de l'avenir et qui se résume d'autre part de la façon suivante : *n'exécuter que les œuvres réellement utiles, celles qui sont reconnues telles par des collectivités ou des sociétés, et qui offrent non seulement leur patronage moral, mais des subventions au moins égales à la moitié des dépenses de premier établissement ; charger ces collectivités de l'exploitation de ces voies nouvellement créées, moyennant le prélèvement de taxes de péage qui amortissent le capital de premier établissement et permettant les améliorations nécessaires, l'État étant tout au plus chargé de l'entretien et du contrôle dans des limites très restreintes et garantissant au moins pendant les premières années l'intérêt et l'amortissement des sommes engagées ; tirer le meilleur parti possible des voies navigables existantes, au moyen de l'initiative privée, en la chargeant de l'exploitation, et de la mise en œuvre des moyens actuels, notamment de la batellerie, dont les efforts doivent tendre vers un seul but, celui de desservir dans les meilleures conditions possibles la région intéressée.*

En un mot, il ne suffit pas d'ouvrir une voie nouvelle, que ce soit canal ou chemin de fer, il faut l'exploiter ; et sans cette exploitation, qui met en œuvre les moyens de transport et les richesses de la région, l'œuvre est stérile et ne mérite pas d'avoir vu le jour. Cette politique a toujours été suivie en matière de chemins de fer ; et quand l'État a construit de 1877 à 1883 un très grand nombre de lignes, sans soudure entre elles, il s'est empressé en 1883 de conclure des conventions avec les compagnies de chemins de fer existantes en vue de leur exploitation.

En résumé, il faut coordonner tous les efforts, n'entreprendre que les œuvres viables, susceptibles d'augmenter la richesse publique, et en confier l'exploitation aux intéressés seuls bien placés pour en tirer le meilleur parti possible.

CHAPITRE II

ÉTAT NATUREL DES COURS D'EAU.

Considérations générales. — On a vu dans le chapitre précédent le rôle important que les fleuves et rivières jouent dans le développement économique d'un pays; pour comprendre comment on peut les améliorer, en vue de leur utilisation, il convient de montrer comment ils sont formés, quelle est la constitution de leur lit, et quelle en est la forme.

Origine des eaux fluviales. — On sait, que l'air chargé d'humidité au contact des mers se condense : de cette condensation il résulte la pluie, qui se partage en trois parties variables avec l'état du sol sur lequel elle tombe; la première qui s'infiltre dans les terrains, la seconde qui ruisselle à la surface, la troisième qui s'évapore ou qui est absorbée par la végétation.

De cette dernière partie, il n'y a rien à dire ; les deux premières donnent naissance aux eaux pluviales.

Les eaux d'infiltration se répandent dans le sol par des conduits le plus souvent capillaires, par lesquels elles se répandent dans la masse et l'imbibent. Elles émergent, sous l'influence de la gravité et de la capillarité, qui agit en sens inverse, aux points de plus facile émergence et constituent les sources.

Les sources sont plus ou moins durables, suivant que les terrains perméables, dans lesquels les eaux sont emmagasinées, véritable éponge qui se vide peu à peu, présentent une masse plus considérable. Elles sont permanentes, quand chaque année le retour des pluies renouvelle la réserve accumulée pendant l'année précédente, autrement dit quand l'éponge a un volume suffisant; en cas contraire, elles sont éphémères.

La réunion des sources à la partie inférieure de chaque vallée constitue un cours d'eau, dont l'écoulement peut se faire dans des conditions bien différentes suivant la nature des terrains qu'il traverse. Dans le cas le plus général, le cours d'eau, qui a son lit dans des terrains imperméables, est apparent; mais il arrive quelquefois qu'il disparaît entièrement: tel le Rhône à Bellegarde, la Meuse en amont de Neufchâteau.

En dehors des eaux d'infiltration, les cours d'eau sont aussi alimentés par les eaux de surface ou eaux sauvages, qui descendent le long des versants et se réunissent au fond de la vallée en une onde ou crue qui s'écoule par le thalweg. La proportion de ces eaux varie avec le plus ou moins de perméabilité du sol, qui varie suivant les saisons. Il en résulte que les crues d'un cours d'eau sont d'autant plus hautes et rapides, que le bassin qui l'alimente est constitué par un sous-sol plus imperméable.

Certaines circonstances peuvent modifier l'afflux des eaux de surface, en le modérant ou en le retardant. Telle est l'influence qu'exercent les lacs sur les cours d'eau torrentiels, à la façon des terrains perméables. Le lac de Genève pour le Rhône, le lac de Constance pour le Rhin, les lacs de la Haute-Italie pour le Pô, et surtout les lacs de l'Amérique du Nord pour le Saint-Laurent, sont des modérateurs, qui diminuent l'importance du flot produit par l'écoulement rapide des eaux dans les affluents supérieurs. Ils constituent comme des sortes de réservoirs d'arrêt, dont l'effet est des plus efficaces pour l'emmagasinement des crues.

Régime des cours d'eau. — Étiage. — Niveau des plus hautes eaux. — Le régime d'un cours d'eau est l'ensemble des phénomènes qui se produisent dans ses états successifs; *l'étiage* et le *niveau des plus hautes eaux* sont parmi les éléments du régime particulièrement intéressants à connaître.

L'étiage, en chaque point d'un cours d'eau, est le niveau

des basses eaux normales, de celles qui se produisent généralement chaque année. Ce niveau ne correspond pas au minimum connu du débit, mais au débit moyen qui est constaté pendant un certain nombre d'années, au moment des plus basses eaux.

Le niveau de l'étiage est relativement fixe sur les cours d'eau, qui ont surtout un débit liquide.

Il n'en est pas de même pour les cours d'eau qui écoulent en même temps des matières solides (galets, graviers, sables).

Il est donc nécessaire de temps à autre de reviser le niveau de l'étiage, qui est défini par un débit déterminé du cours d'eau considéré. C'est ainsi que sur le Rhône ce niveau correspond, en aval du confluent de la Saône, à l'écoulement de 150 mètres cubes; et que sur la Loire en aval du confluent de la Maine, on envisage le débit de 100 mètres cubes. Il monte ou s'abaisse, suivant que les matériaux entraînés par le fleuve ont augmenté ou diminué d'importance en un point donné. Ce point, par rapport auquel est rapporté l'étiage sur toute une partie du cours d'eau considéré (Givors sur le Rhône en aval de Lyon, Montjean sur la Loire en aval de la Maine), a une altitude variable; et le profil en long instantané, déterminé au moment où on fixe ce point, constitue la ligne d'étiage, correspondant à l'époque où l'observation est faite. La fixation de ce point suppose plusieurs jaugeages préalables, et une interpolation entre les points que l'on a mesurés le long d'une échelle.

La détermination de l'étiage, c'est-à-dire du niveau moyen, auquel s'abaissent les basses eaux, a une grande importance au point de vue de l'importance des phénomènes qu'il y a lieu de noter sur un cours d'eau, notamment du mouillage qu'il présente à chaque époque de l'année. C'est par rapport à ce niveau que le mouillage est repéré, et que l'on se rend compte des progrès réalisés par l'établissement des ouvrages de régularisation.

L'étiage ainsi défini porte le nom d'*étiage conventionnel*; il diffère nécessairement du plus bas étiage qui correspond aux plus basses eaux observées.

Le *niveau des plus hautes eaux* est le plus élevé de ceux

qui se sont produits lors des grandes crues, qui sortent du lit et inondent toute la vallée. En France, la surélévation due aux crues dépasse rarement 6 à 8 mètres au-dessus de l'étiage. Sur le Pô, en Italie, elle atteint 10 mètres, et sur le Mississipi à Cairo, au confluent de l'Ohio, près de 16 mètres.

Il est nécessaire d'être renseigné sur les plus hautes eaux connues en chaque point afin de déterminer la hauteur des ouvrages qui doivent être insubmersibles.

Le niveau des *plus hautes eaux de navigation* est celui à partir duquel toute navigation cesse. Il est généralement déterminé, en dehors des difficultés et dangers résultant de la vitesse du courant, par la hauteur dont dispose la batellerie sous les ponts.

Les *eaux moyennes* sont, d'une façon générale, celles qui se produisent pendant une partie notable de l'année, assurent à la navigation un mouillage convenable, sans que leur vitesse soit assez grande pour devenir gênante.

Variabilité du régime des cours d'eau. — Ces divers états d'un cours d'eau ne se reproduisent pas toujours identiquement sous l'influence des mêmes circonstances atmosphériques.

L'étiage s'appauvrit de plus en plus. Plusieurs causes peuvent expliquer cet appauvrissement : la destruction des forêts qui facilitaient l'imbibition du sol, et comme conséquence l'emmagasinement des eaux sur les sommets ; le dessèchement général des étangs qui diminue aussi cet emmagasinement, le développement des irrigations dans la partie supérieure des vallées.

Les crues, par contre, augmentent d'intensité. Cela tient sans doute aux endiguements, qui soustraient une partie de la vallée à l'emmagasinement des eaux de débordement, et aussi aux curages, qui suppriment les obstacles, retardant l'arrivée de l'eau, et ont pour effet de jeter en aval une grande masse susceptible de produire les plus graves désastres. La crue était de longue durée, et s'écoulait lentement ; elle a tendance à devenir courte et à balayer sur son passage ce qui gêne sa propagation.

Les constructions faites sur les terrains susceptibles, les

plantations ont un effet semblable, réduisent le champ d'inondation et augmentent la violence de la crue.

Époques d'étiage et de grandes eaux. — Les époques d'étiage et de grandes eaux varient avec les régions où naissent les cours d'eau. Ceux dont la vallée est commandée par des massifs montagneux d'une grande hauteur, et où la précipitation de la vapeur d'eau se fait sous forme de neige, ont un étiage d'hiver et un étiage d'été.

Pendant l'hiver, la neige s'accumule, et le débit diminue à mesure que le froid se fait sentir ; le Rhône a ainsi son plus bas étiage au mois de février. Au commencement de l'été, sous l'action du soleil, les neiges fondent et alimentent souvent surabondamment le fleuve, occasionnant des crues importantes. Lorsqu'elles se sont écoulées, il arrive fréquemment que le débit fléchit, et qu'au commencement de l'automne on constate un nouvel étiage. Cette situation peut changer en raison des affluents, dont le débit vient s'ajouter à celui du fleuve, et dont le régime est tout à fait différent. C'est ainsi qu'on a constaté dans le cours du XIX° siècle que, sur 28 crues du Rhône, 7 ont eu lieu en mai et juin et 13 en octobre, novembre et décembre. Sur 19 crues de la Garonne, 10 se sont produites en mai et juin, 6 en janvier et février.

Sur les autres cours d'eau, l'étiage a lieu pendant la période de sécheresse, et les crues se produisent exclusivement en automne et en hiver. Sur 22 crues de la Loire, 18 ont eu lieu pendant les mois d'octobre, novembre, décembre et janvier. Sur 11 crues de la Seine, 10 se sont produites en décembre, janvier, février et mars [1].

On peut dire d'une manière générale que l'intensité et la durée des pluies, surtout leur simultanéité dans toutes les parties d'un bassin, sont le principal facteur des crues, et que celles-ci coïncident avec la prédominance des vents venant de la mer.

Débits de quelques cours d'eau. — Le débit d'un cours d'eau en un point déterminé est le nombre de mètres cubes qui

1. Ces renseignements sont empruntés à *l'Hydraulique fluviale* de M. l'inspecteur général Léchalas.

DÉSIGNATION des cours d'eau et des lieux d'observation	DÉBIT PAR SECONDE à l'étiage	dans les plus hautes eaux	RAPPORT DES DÉBITS de hautes eaux et d'étiage	OBSERVATIONS
Loire, à Briare......	35	9.118	261	Étiage conventionnel : crue de septembre 1846.
Loire, à Tours......	37	5.949	161	
Loire, à Montjean..	100	6.000	60	
Garonne, à Toulouse	36	6.000	167	
Garonne, à Langon .	91	13.000	143	
Moselle, à Liverdun.	8	1.100	138	Le débit en hautes eaux est peut-être un peu exagéré. Hautes eaux de 1840.
Saône, à Chálon....	40	3.000	75	
Meuse, à Sedan......	13	700	54	Étiage de 1893, le plus bas connu. Crue de 1846, la plus haute du siècle.
Rhône, en av. du confluent de la Saône..	150	7.000	47	Débits minima observés en 1884, maxima en 1856.
Rhône, en av. du confluent de la Durance	370	13.900	38	
Seine, à Paris......	48	1.652	34	Débit d'étiage mesuré le 12 août 1858 ; l'échelle du Pont-Royal marquait 0. Hautes eaux du 17 mars 1876.
Somme, à Abbeville.	27	60	2,2	Étiage le plus bas, du 12 oct. 1874 ; grande crue du 25 mars 1873.
Elbe, de la Moldau à Eger.............	38	4.300	113	
Elbe, de la frontière de Saxe à Torgau..	64	3.410	53	
Elbe, à Magdebourg.	160	3.050	19	
Elbe, à Wittemberg	170	5.130	30	
Oder, à Elbstorf....	247	3.360	14	
Oder, à la Katzbüch.	30	2.300	70	
Oder, à Francfort...	97	2.093	21	
Oder, à Neu Glietzen	170	2.500	15	
Vistule, à la frontière russe.............	550	8.250	15	
Vistule, à Rothebude	430	5.000	12	
Danube, à Vienne...	2.000	15.000	7	
Volga, entre Rybinsk et Astrakan : I...	238	14.157	59	La distance entre Rybinsk et Astrakan est de 2.600 kilomètres.
— II...	742	22.824	30	
— III...	2.752	40.398	15	
Mississipi, à son embouchure.........	7.500	35.000	5	
Missouri...........	»	»	»	

passent dans l'unité de temps (la seconde) de l'amont en aval d'un profil transversal levé en ce point.

Il est intéressant de rapprocher le débit de quelques fleuves et rivières à l'étiage de celui qui se produit par les plus hautes eaux. Mais il ne faut pas oublier d'une part que le débit apparent, le seul qu'il soit possible de constater, peut être très différent du débit réel par suite de la nature des terrains dans lesquels le lit des cours d'eau est ouvert; il faut aussi se rendre compte que le débit des hautes eaux est extrêmement difficile à observer, en raison de la forme irrégulière de la section mouillée, de l'inégale distribution des courants, et des dangers mêmes de l'opération.

Les renseignements qui suivent, et qui sont consignés dans le tableau de la page précédente, sont donc assez incertains.

On remarquera que le rapport entre le débit d'étiage et celui des plus hautes eaux varie dans des limites assez grandes 261 sur la haute Loire, 2 sur la Somme. Une valeur élevée de ce rapport est caractéristique d'un régime torrentiel. Le rapport relativement faible entre les deux débits sur le Rhône tient sans doute au rôle modérateur du lac de Genève.

Le *module* d'un cours d'eau est son débit moyen par seconde calculé sur l'année entière. Sur le Rhône, il serait de 865 mètres cubes à Lyon et de 1.900 mètres cubes à Beaucaire ; sur la Garonne à Langon, il atteindrait 687 mètres cubes.

Constitution du lit des cours d'eau. — Le *lit mineur* est le sillon dans lequel se maintiennent habituellement les eaux; le *lit majeur* est constitué par la partie de la vallée recouverte par les plus hautes eaux. Le rapport entre la largeur de l'un et la largeur de l'autre varie entre des limites très étendues.

Le Pô, suivant le point de son cours où on le considère, a un lit mineur large de 1 à 2 kilomètres, et un lit majeur dont la largeur varie de 50 à 60 kilomètres.

La Loire a un lit mineur variant de 300 à 1.000 mètres; son lit majeur atteint sur la plus grande partie de sa longueur

2 kilomètres, et se réduit parfois à 500 et même à 400 mètres.

Le Nil, dont le cours régulier offre un lit mineur de 600 à 700 mètres, se répand sur 16 kilomètres de largeur dans sa basse vallée.

Le Mississipi, vers Cairo, au confluent de l'Ohio, s'étend en hautes eaux sur une largeur de 130 kilomètres; son lit mineur, assez régulier, n'a que 900 mètres entre les deux rives jusqu'aux environs de la Nouvelle-Orléans.

Les *berges* bordent le lit mineur, ayant un relief variable, non seulement d'un cours d'eau à l'autre, mais encore d'une section à l'autre d'un même cours d'eau.

Mobilité du lit. — Les fleuves et rivières coulent le plus souvent dans des vallées, dont le sol est constitué par des alluvions anciennes, d'épaisseur généralement considérable.

Parfois les montagnes, qui limitent la vallée, se resserrent ne laissant aux cours d'eau qu'une issue par une étroite gorge rocheuse. Le banc de rochers émerge souvent à travers le lit, et donne naissance à des rapides.

Mais, d'une façon générale, le lit mineur est ouvert dans des couches alternées de gravier et de sable plus ou moins vaseux, et le lit majeur est constitué par ces mêmes dépôts surmontés de terre végétale.

Il en résulte que les eaux en contact avec un sol qu'elles peuvent corroder affouillent ce sol, dès que leur puissance d'entraînement est suffisante; les matériaux qui le constituent se mettent en mouvement pour s'arrêter et se déposer aussitôt que, par des causes quelconques, la puissance d'entraînement a perdu de son efficacité. Ainsi le déplacement des matériaux se fait par étapes; les dépôts qui se sont effectués à un moment donné sont repris, puis transportés plus loin.

C'est que la puissance d'entraînement augmente avec la masse des eaux en mouvement et la pente. Une crue est capable de déplacer certains matériaux; dès qu'elle diminue d'intensité, ces matériaux se déposent, jusqu'au moment de l'arrivée d'une nouvelle crue, qui les transportera plus loin. La résistance du sol varie surtout avec la grosseur et le poids spécifique des matériaux qui le composent. La forme et la position de ces matériaux ont aussi une grande influence. Un caillou rond est plus facile à déplacer qu'un caillou plat, et celui-ci présentera plus ou moins de résistance, suivant qu'il est posé à plat ou de champ.

Dans tous les cas, le déplacement des matériaux, sous l'eau courante, peut avoir lieu de deux manières différentes ; soit par *entraînement* en roulant sur le lit, soit par *suspension* dans la masse liquide malgré leur poids spécifique supérieur.

Entraînement. — L'entraînement se constate aisément par l'observation directe. On perçoit nettement, lors d'une crue, sur le bord d'un cours d'eau torrentiel, le bruissement des cailloux, qui roulent les uns sur les autres. De même on constate le déplacement du sable dans des eaux claires, comme celles de la Loire.

Du Buat a donné les chiffres suivants donnant les vitesses au-dessous desquelles les matières cessent d'être entraînées :

	Vitesse en mètres à la seconde
Argile brune propre à la poterie	0,089
Sable déposé par cette argile	0,162
Gros sable jaune anguleux	0,216
Graviers de la Seine { Gros comme un grain d'anis	0,108
Gros comme un pois	0,189
Gros comme une petite fève de marais	0,325
Galets de mer arrondis d'un pouce au plus	0,650
Pierres à fusil anguleuses du volume d'un œuf de poule	0,975

Suspension. — Tout le monde sait que quand un cours d'eau entre en crue, les eaux deviennent louches, puis troubles, puis boueuses. Quand on prélève de l'eau pendant une crue, à diverses profondeurs, et quand on la laisse reposer, on trouve au fond du vase, au-dessous de l'eau devenue limpide, une certaine quantité de matières, qui étaient incontestablement en suspension.

On rencontre souvent, après une crue de la Loire ou du Rhône, des dépôts de sable ou de galets en dehors du lit sur des parties de la vallée recouvertes d'herbe. Ces matériaux étaient évidemment en suspension.

Ainsi, lorsque la force du courant devient suffisante, les matières les plus ténues, qui constituent le lit des cours d'eau, subissent un déplacement soit par entraînement, soit par suspension ; puis les matériaux les plus gros, les plus lourds sont entraînés à leur tour.

En sens inverse, quand la crue diminue d'intensité, ce sont ces matériaux, qui se déposent les premiers; les plus légers suivront ensuite.

Travail des torrents et autres phénomènes de destruction. — Le transport des matériaux constituant le lit des cours d'eau, de l'amont à l'aval, est un fait général que l'on trouve partout, et qui se manifeste avec une singulière intensité dans la région des torrents. *Les torrents*, d'après l'illustre ingénieur Surell, *coulent dans des vallées très courtes, parfois même dans de simples dépressions ; leur pente excède 6 centimètres par mètre sur la plus grande longueur de leur cours; elle varie très vite et ne s'abaisse pas au-dessous de 2 centimètres par mètre ; ils ont une propriété tout à fait spécifique ; ils affouillent dans la montagne, ils déposent dans la vallée, et divaguent ensuite par suite de ces dépôts.*

Dans un torrent tel qu'il a été défini, il y a lieu de distinguer : 1° le *bassin de réception* ; 2° le *canal d'écoulement*, appelé aussi gorge ; 3° le *lit* ou *cône de déjection*.

Le bassin de réception, situé dans la partie supérieure du torrent, reçoit les eaux et les matériaux qu'il charrie. Il a la forme d'un cône dont le sommet est orienté vers le bas. Il est creusé au fur et à mesure que se produisent les apports d'eau; et les matériaux qui sont ainsi enlevés viennent, après avoir glissé dans la gorge, se déposer, avec ceux qui ont été entraînés à la partie supérieure du torrent, sur le cône de déjection, dont le sommet est tourné vers le haut.

Le cône s'avance de plus en plus dans la vallée, et rencontre la rivière qui y coule. Il y a pour ainsi dire lutte entre l'énergie du courant et la puissance de l'obstacle qui lui est opposé. Celui-ci finit toujours par céder, les matériaux accumulés finissent par être entraînés pour parcourir le cycle qui a été décrit.

C'est donc la montagne qui fournit ou qui a fourni à certaines époques les matériaux qui, d'affluent en affluent, et finalement dans le cours d'eau principal, sont alternativement soulevés, transportés et déposés au gré des crues successives. Mais ces matériaux se transforment au cours de ce cheminement; les blocs, en se brisant, en s'arrondissant, deviennent des galets ; ces galets, sous l'action prolongée des chocs et des frottements, se changent en graviers, ces graviers en sables, et finalement donnent naissance à la vase, que roulent beaucoup de cours d'eau en tombant dans la mer.

Le phénomène si complexe de la mobilité des lits des cours d'eau a donc son origine dans la montagne, qui constitue le bassin fluvial. Il est d'autant plus important et s'exerce avec une énergie d'autant plus grande que la montagne est moins protégée, et qu'on a laissé s'accomplir le déboisement des surfaces dominant la vallée. On s'est efforcé depuis quelques années de remédier à cet inconvénient, et on a poursuivi avec un entier succès d'importants travaux pour la restauration des montagnes.

Débit solide des cours d'eau. — Ces travaux auront sans doute pour effet de diminuer la quantité de matériaux solides que charrient les rivières, et qui ont une grosse influence sur la navigabilité et l'amélioration de cette navigabilité.

La considération du *débit solide* des cours d'eau est d'un intérêt capital, et c'est faute de l'avoir observée que l'on a éprouvé de nombreux mécomptes dans la réalisation des projets d'amélioration des cours d'eau.

Les règles qui président à l'écoulement de ce débit solide ont été résumées de la manière suivante par M. l'inspecteur général Girardon au VIe Congrès international de navigation intérieure tenu à la Haye en 1894 :

« Les cours d'eau naturels entraînent avec leurs eaux des matériaux solides. La quantité de ces matériaux dépend de la résistance des terrains du bassin et du lit ; elle augmente, toutes choses égales d'ailleurs, avec la masse des eaux et avec leur pente.

« Le mouvement des eaux est périodique; elles passent d'un débit faible à un débit fort et inversement; mais, une fois lancées, elles continuent leur mouvement jusqu'à la mer. Le mouvement des matériaux suit les périodes du mouvement des eaux; mais, au lieu d'être continu, il est intermittent; leur cheminement vers la mer s'effectue par étapes. »

On trouve donc, dans la partie supérieure des cours d'eau, des matériaux de grosses dimensions, qui ne sont soulevés qu'à des intervalles plus ou moins longs et pendant des périodes assez courtes ; dans la partie moyenne, des matériaux plus réduits, qui proviennent de la trituration des galets déposés en amont; enfin, dans la partie inférieure, des matériaux ténus, des sables fins, de la vase, produit de la décomposition lente, de la désagrégation des blocs, des galets, des graviers, qui tapissent le lit du cours d'eau en amont. Cette transformation des matériaux, en passant de l'amont à l'aval, qui est une des conséquences du débit solide, est un fait général, que l'observation a permis de constater sur tous les cours d'eau. Sur le haut Rhône, entre Genève et Lyon, on trouve des blocs erratiques, que les crues importantes, aidées par la pente importante du fleuve, transportent à de faibles distances, usent et modifient petit à petit; de Lyon à Arles, on rencontre les galets qui sont un produit de ce premier travail, et qu'on entend cheminer au moment où l'abondance des eaux sous l'influence du courant permet un transport; enfin plus loin entre Arles et la mer, ce sont des sables fins, qui coulent lentement et constituent le dernier terme de cette transformation. Le débit liquide est permanent, le débit solide est intermittent. Cette différence d'écoulement constitue une des grosses difficultés de l'aménagement des rivières à fond mobile. Comme on le constatera plus loin, ces difficultés ne sont pas insurmontables ; car quels que soient les apports à un moment donné, ils se produisent en des points bien déterminés, et viennent pour ainsi dire remplacer les matériaux entraînés auparavant.

Le débit solide d'un cours d'eau est donc limité, et fixe

dans un même laps de temps. D'après M. l'inspecteur général Léchalas, le cube de sable et de gravier débité annuellement par la Loire ne dépasserait pas 1 million de mètres cubes, dont 600.000 seraient extraits par les riverains du lit du fleuve, et 400.000 parviendraient à la mer.

On a calculé que chaque année il sortait de la Garonne 3 millions et demi de mètres cubes de limon ; du Rhône, 24 millions ; du Var, qui n'est qu'un torrent, 11 millions ; du Pô, 40 millions ; du Danube, 60 millions ; du Mississipi, 170 millions.

Ces dépôts d'alluvions très importants forment, à l'embouchure des fleuves, et sous l'action de la marée et des courants, des promontoires habituellement humides, marécageux, le plus souvent sillonnés de bras nombreux, qu'on appelle des deltas. Ces deltas sont en quelque sorte comme les cônes de déjection du fleuve, dont toute la vallée serait le bassin de réception.

Les deltas atteignent d'ailleurs souvent des proportions considérables. Le delta du Rhône (l'île de la Camargue) a 650 kilomètres carrés ; celui du Nil, 23.000 ; celui du Gange, 48.000 ; celui du fleuve Jaune, 250.000 ; la Cochinchine française n'est autre chose que le delta du Mé-Kong.

Forme du lit des cours d'eau. — Un cours d'eau ne coule pas entre deux rives parallèles ; il corrode nécessairement l'une ou l'autre d'entre elles, et détruit le parallélisme, que la nature avait primitivement réalisé.

Le débit, et par suite la profondeur et la force d'entraînement augmentant, les parties les moins résistantes du lit sont attaquées, les matériaux qui les constituent sont entraînés et viennent se déposer en des points déterminés suivant des lois, qui sont actuellement connues.

Le profil primitif, qui pouvait être rectangulaire, se déforme ainsi rapidement : d'un côté, il se corrode, de l'autre, il s'engraisse. Puis, quand l'effet de corrosion s'est exercé suffisamment sur l'une des rives, augmentant la profondeur et par suite la force d'entraînement, réalisant un thalweg, une ligne des plus grandes profondeurs, et un profil en travers affectant une forme nouvelle où il y ait équilibre du travail, le courant cesse de suivre sa direction primitive parallèle aux deux rives, et est lancé sur l'une d'elles. Là le même travail se produira, la rive ainsi frappée se corrodera, jusqu'à ce qu'une résistance suffisante oblige le courant à se réfléchir.

On conçoit qu'une première réflexion en amènera une deuxième, celle-ci une troisième et ainsi de suite, si bien que, quelle que soit la nature des rives, le courant suivra une ligne sinueuse et passera continuellement d'une rive à l'autre. Si les rives sont attaquables, ce qui est le cas normal, elles prendront une forme sinueuse en rapport avec les directions successives du courant (*fig. 1*) :

Fig. 1.

Ce phénomène, qui porte le nom de serpentement, n'apparaît pas sous cette forme sensible sur les cours d'eau où le lit majeur est distinct du lit mineur. Il semble alors, et c'est ce que l'on aperçoit sur la Loire, que le lit mineur ne présente pas le caractère sinueux, qui est cependant un fait nécessaire, inéluctable. C'est là une apparence ; un examen approfondi des plans de sondage permet de constater même sur cette rivière les caractères généraux que l'on trouve partout. Les travaux d'amélioration que l'on entreprend ont pour but de consolider les berges et de donner au lit du fleuve une fixité qui assure aux mêmes points le maintien des formes existantes.

Ce manque de fixité, outre qu'il rend la navigation incertaine, et oblige de baliser fréquemment le chenal navigable, est souvent la cause de désordres importants dans une vallée. Le cours d'eau change de lit, laissant un bras mort, que l'on désigne sur la Loire sous le nom de boire, sur le Rhône de lône. Ces modifications incessantes se produisent souvent en sens inverse, et le cours d'eau, à la suite d'une crue importante, rejoint son ancien lit,

Formes des profils en travers. — Modes de cette formation.
— Le profil en travers d'un cours d'eau, qui pouvait être
primitivement rectangulaire, et dont le fond était horizontal,
se modifie rapidement sous l'action du courant, qui attaque
les points de moindre résistance. En ces points la profondeur augmente, et par conséquent la force d'entraînement,
d'une manière variable, sur toute la largeur du profil. Mais
le courant, ainsi qu'on l'a vu plus haut, est spécialement
lancé contre l'une des rives; et par l'effet de la force centrifuge le niveau se relève le long de cette rive. La surface des
eaux n'est donc plus horizontale, et présente un dévers assez
sensible pour apparaître aux yeux. Ce dévers, qui augmente
la profondeur et par suite la force d'entraînement, est dû à
un courant transversal, qui est dirigé à la surface vers la rive
heurtée, qui descend ensuite le long de cette rive, puis se
porte sur la rive opposée le long de laquelle il remonte. Les
eaux emportées dans le mouvement général de translation
de la masse et animées en même temps d'un mouvement
pour ainsi dire circulaire dans le profil transversal suivent
en définitive une sorte de mouvement helicoïdal.

Dans ce mouvement, les matériaux arrachés à la rive sur
laquelle se produit le dévers sont portés à la rive opposée;
comme la puissance d'entraînement y est moins grande, ils
s'y déposent, et cet effet ira en s'accentuant au fur et à
mesure que la différence de profondeur augmentera, jusqu'à
ce que le talus, du côté où les matériaux se déposeront,
ait une déclivité suffisante pour que la gravité s'oppose
à leur transport. La rive qui se corrode est la rive concave,
et celle qui s'engraisse est la rive convexe. Le profil en
travers d'un cours d'eau est généralement le suivant (*fig.* 2) :

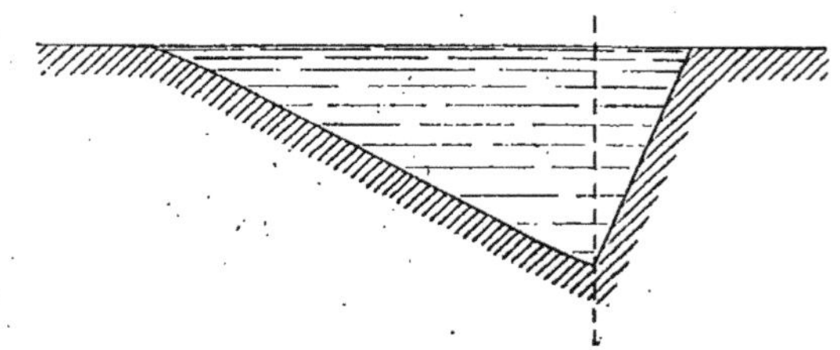

Fig. 2.

Mais il peut se faire, si le lit est très large, que la puissance de transport du courant provenant du fond ne soit pas suffisante pour faire effectuer aux matériaux le trajet complet d'une rive à l'autre ; le dépôt s'opérera entre les deux et il se formera deux thalwegs séparés par une barre orientée à peu près suivant la direction des rives.

Plus la courbure de la rive concave est prononcée, plus le courant transversal sera énergique, et plus les effets analysés seront importants. Le lit se creusera profondément tout près de la rive concave, dont le talus sera presque vertical ; les dépôts sous la rive convexe deviendront considérables et avanceront dans le lit jusqu'à réduire le thalweg à de faibles dimensions. Il y aura de grandes profondeurs, mais réparties sur une petite largeur ; cette situation, qui n'est pas sans présenter de graves inconvénients, est la caractéristique des courbes trop raides.

Tout obstacle, à talus raide ou à pic, toute saillie brusque, un mur de quai vertical, une digue déterminent des effets semblables : approfondissement du lit, formation de dépôts sur la rive opposée, réduction de la largeur du chenal. Enfin si l'obstacle est élevé, les mêmes effets se produiront par tout état des eaux, et atteindront leur maximum d'intensité.

Division des rivières en biefs. — Le serpentement des cours d'eau, d'une part, la forme de leur profil en travers, d'autre part, déterminent le profil en long qu'ils affectent suivant le thalweg, c'est-à-dire suivant la ligne des plus grandes profondeurs.

Toutes les rivières à fond mobile comprennent, en effet, une série de biefs, constitués à partir d'un seuil par des parties profondes ou *mouilles*, et qui se trouvent alternativement sur une rive et sur l'autre (*fig.* 3).

Le chenal se développe ainsi, suivant une sinusoïde, et le seuil, qui se trouve sur le prolongement de la grève, est placé précisément au point de passage d'une rive à l'autre, c'est-à-dire au point d'inflexion. Les *mouilles* sont généralement situées contre la rive concave du lit majeur, qui est attaqué par le courant. Mais cette situation n'est pas nécessaire ; quelquefois, c'est notamment le cas de la Loire, on

ne trouve aucune relation entre la courbure apparente et la
position des profondeurs. Plus la rivière est sauvage, plus le
lit mineur diffère du lit majeur, plus la position des *mouilles*
est irrégulière et semble s'écarter des concavités apparentes

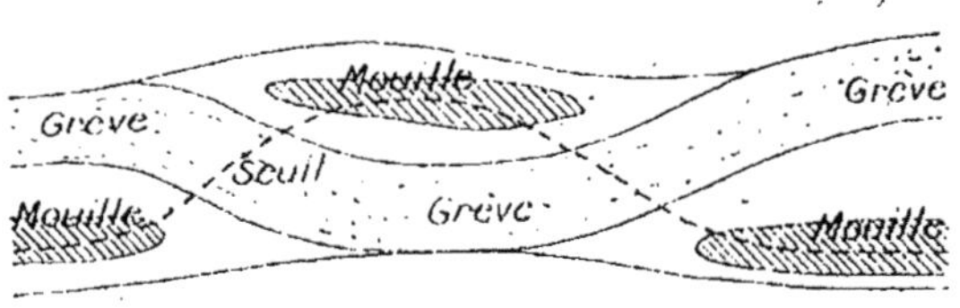

Fig. 3. — Forme générale du lit d'un cours d'eau.

Partout, au contraire, où le tracé du chenal en hautes et en
basses eaux se rapproche, soit qu'il soit ainsi naturellement,
soit qu'il ait été aménagé rationnellement, les profondeurs
sont placées dans les concavités. C'est le cas du Rhône, de
la Garonne, du Danube, où des travaux de rectification ont
été effectués ; ces travaux n'avaient pas toujours pour but
l'aménagement du fleuve, mais étaient entrepris en vue de
défendre la vallée contre les inondations. N'importe, leur
action régulatrice s'est fait sentir ; un certain nombre de
mouilles s'est trouvé fixé le long de la digue de protection, et
quand plus tard on s'est préoccupé d'améliorer la situation
au point de vue de la navigation, une partie du travail était
déjà effectuée. Il suffisait de le compléter, c'est ce qui a été
fait sur le Rhône, et ce qui se poursuit actuellement sur le
Danube.

La division des cours d'eau en biefs, qui est une conséquence du serpentement et de la forme du profil en travers,
est un fait général ; mais cette division est variable suivant
le régime, la pente du fleuve, et la constitution du fond de
son lit. Sur le Rhône, la longueur des biefs comptée entre
deux seuils consécutifs est de 1.600 mètres ; sur le Danube,
elle est un peu plus grande, 1.700 mètres environ ; sur la
Loire, elle est moindre, et descend entre la Maine et Nantes
à 650 mètres environ. Elle caractérise pour ainsi dire la
rivière, avec cette réserve que la longueur des biefs va en
augmentant de l'amont vers l'aval,

Forme du profil en long. — La division d'une rivière en biefs conduit à des conséquences importantes. Un bief s'étend, suivant le parcours sinusoïdal, entre deux seuils consécutifs; un seuil agit comme un barrage noyé, qui retient l'eau et forme la retenue, dans la mouille. La pente totale entre deux seuils n'est pas uniforme: sur le seuil il y a chute et par conséquent une pente très concentrée sur une faible longueur; sur la mouille au contraire, l'eau s'étale et la pente est réduite. C'est la situation qui se réalise au moment des basses eaux : le profil en long se présente sous la forme d'un escalier dont les paliers correspondraient aux fosses ou mouilles et les marches aux seuils. L'expression *profil en long en escalier* doit être admise comme classique (*fig. 4*).

Fig. 4.

Inversion des pentes. — Cette forme du profil en long se maintient au moment des hautes eaux, mais les pentes sont inversées, ainsi que l'a constaté M. l'ingénieur en chef Girardon (*fig. 5*).

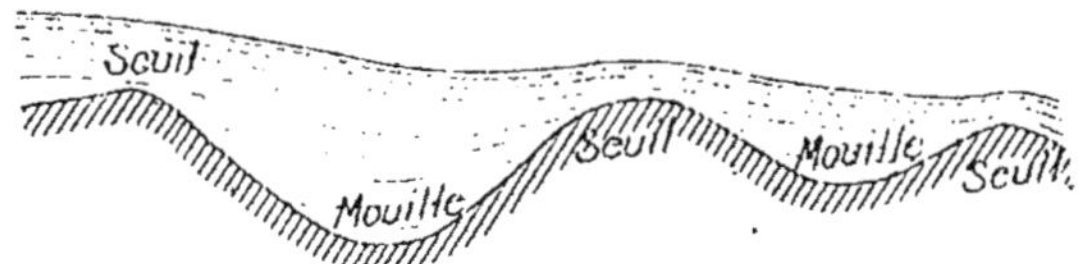

Fig. 5. — Profil accentué au droit des mouilles, réduit sur les seuils.

L'explication de cette inversion est la suivante. La mouille se trouve généralement le long d'une rive élevée accore ; le seuil, au contraire, est placé sur un point où la rive est plate. Lorsqu'une crue se produit, l'eau monte le long de la rive où se trouve la mouille, et se répand sur la rive plate au droit du seuil, sans élévation sensible du plan d'eau.

En outre, le seuil devenant de plus en plus noyé, au point

que son influence n'est plus sensible, la chute initiale s'efface, et la pente sur ce point diminue. Sur la mouille l'accroissement de section est plus faible, puisque l'eau monte entre les parois verticales du profil sans s'épancher latéralement; la vitesse d'écoulement doit donc augmenter, et la pente doit être plus élevée.

En basses eaux, la section mouillée est plus grande sur la mouille que sur le seuil; en hautes eaux, la situation change, la section mouillée devient plus grande sur le seuil. Les pentes ont changé de sens, et ce changement explique le mécanisme de formation du lit.

Mécanisme de la formation du lit. — Pendant les basses eaux, la pente étant très accentuée sur le seuil et très faible sur la mouille, le creusement se produit sur le haut fond; les matériaux qui le constituent sont transportés dans la fosse d'aval.

Pendant les hautes eaux, la pente devenant plus forte sur la mouille, et la profondeur de l'eau étant plus considérable que sur le haut fond, la puissance d'entraînement y est maximum. Les matériaux tombés au fond de la fosse sont repris par la crue suivante, et viennent se déposer sur le haut fond d'aval. Les matériaux subissent ainsi d'une période de basses eaux à la crue suivante deux étapes : la première du seuil à la fosse suivante, et la seconde, au moment de la crue, de cette fosse au seuil d'aval; ils ne cheminent pas d'une manière continue. Le schéma qui suit fait connaître le travail qui se produit (*fig.* 6 et 7).

Le relief du lit n'est pas produit par les basses eaux ou les eaux moyennes; ce sont les hautes eaux qui le forment. Les basses eaux agissent lentement et faiblement pendant un temps long en entraînant les matériaux d'une manière continue. Les hautes eaux, par leur masse et leur violence, défont en quelques jours le travail exécuté petit à petit par les basses eaux; elles reforment les profondeurs en partie comblées, et relèvent les hauts fonds abaissés par le creusement de la nappe de faible épaisseur.

Cette formation des biefs est l'œuvre des hautes eaux, et il faut s'efforcer, quel que soit le système d'amélioration

adopté, de respecter ce que la nature a fait, c'est-à-dire de
ne pas exécuter d'ouvrages susceptibles de modifier la section
mouillée respective des profils successifs, et de troubler les
conditions d'écoulement du débit liquide et du débit solide.
Il faut fixer les mouilles où elles se trouvent, c'est-à-dire
alternativement sur une rive et sur l'autre, laisser subsister
les seuils qui sont une nécessité, en les orientant de façon
que l'écoulement des basses eaux produise le maximum
d'effet.

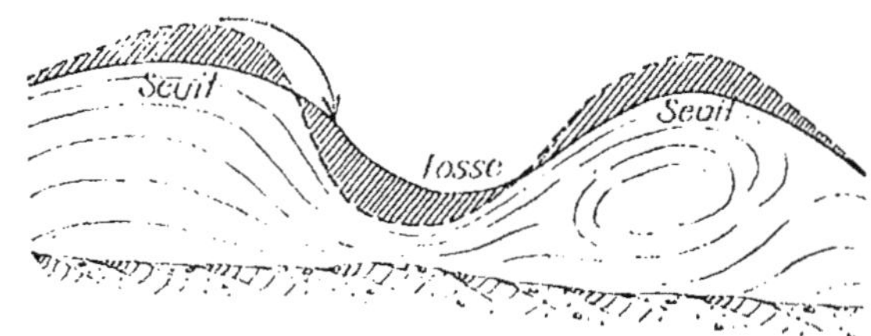

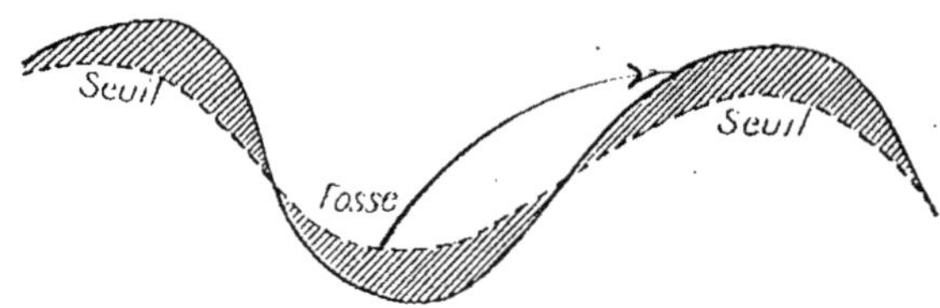

Fig. 6 et 7.

Phénomènes de translation des formes. — Dans une
rivière sauvage, où aucun travail d'amélioration n'a été
entrepris, ces phénomènes sont moins sensibles. La mouille
comme le seuil semblent se déplacer tantôt vers l'amont,
tantôt vers l'aval; et, si l'on borne les observations à un
petit nombre de plans de sondages, on constate simplement

un déplacement dans un sens, qui semble indiquer une sorte de translation des formes. On arrive aussi, en examinant isolément des plans de sondages levés postérieurement, à constater l'existence de la mouille à l'amont de sa position primitive, et on en conclut sans doute un peu rapidement, que la mouille d'amont est venue prendre la place de celle que l'on avait repérée auparavant.

Cette translation des formes vers l'aval, qui consiste dans le déplacement incessant du lit, une mouille venant à la place d'un maigre et réciproquement, ne semble pas être confirmée par l'expérience même sur les rivières à l'état sauvage, quoi qu'on en ait pu penser. Sur le Rhône notamment, où les plans de sondage et les observations ont été faits d'une manière suivie et méthodique, M. l'ingénieur en chef Girardon n'a rien constaté de semblable. Cet éminent ingénieur qui a étudié le régime de différents fleuves, l'Elbe, la Vistule, le Rhin, la Garonne, le Danube, a montré, dans un rapport très intéressant sur les essais de régularisation de la Loire, que le phénomène de translation signalé par quelques ingénieurs n'existait pas.

« Sur le Rhône, les mouilles et les seuils persistent dans la même position, ou du moins les mouvements des seuils n'y sont que des oscillations peu étendues autour d'une position moyenne, entre deux mouilles également stables. Des changements considérables se sont cependant produits dans l'état du fleuve, mais ils n'ont porté que sur la profondeur, la largeur et la longueur des mouilles, sur la raideur des sinuosités et des inflexions, l'orientation et le relief des seuils.

« Cette fixité de position est établie par des observations portant sur près de deux cents seuils, pendant près de trente ans. Elle remonte sans aucun doute beaucoup plus loin, car tous les anciens documents du service, qui mentionnent des passages difficiles, les désignent par les noms des localités où les seuils se retrouvent encore aujourd'hui [1]. »

1. Rapport de M. Girardon sur un essai de régularisation de la Loire.

Fixité des formes. — Effets concordants des hautes et basses eaux. — Cette fixité des formes est donc un fait général, que seule l'absence d'observations prolongées a pu mettre en discussion. Sur la Loire notamment jusqu'en 1904, c'était un dogme admis que le lit glissait entre ses rives. On évaluait la vitesse de translation des grèves, en marquant leurs crêtes avec des jalons et en mesurant la distance de deux traces successives à un intervalle de temps connu. Les mesures étaient certainement exactes, mais la détermination de la cote des grèves devait être des plus incertaines. Les plans de sondage levés depuis ont montré combien leurs formes sont confuses et peu nettes, et quelles erreurs considérables on devait faire dans la détermination de leurs formes sans plan de sondages et sous l'eau.

On avait aussi et pendant longtemps attribué les rapides et considérables déplacements du chenal à l'extrême mobilité du lit. On a constaté que ces déplacements n'avaient généralement pour cause que des modifications très faibles des seuils. L'observation du déplacement du chenal était exacte, mais son interprétation ne l'était pas. On confondait un mouvement apparent avec un mouvement absolu. Dans la translation supposée des grèves et des mouilles, il y a eu la même erreur d'interprétation ; la variation de hauteur des sommets était du même ordre que de leurs dépressions et de leurs cols. Car il ne faut pas prendre les phénomènes observés dans un sens absolu, et supposer que la fixité du chenal est complète. Suivant l'état des eaux, le thalweg se déplace le long d'un seuil ; la dépression, qui permettait dans les meilleures conditions le passage d'une mouille à l'autre, se trouve remblayée pour des causes étrangères au régime du fleuve, comme par exemple la rencontre d'un corps étranger, l'existence d'une couche plus dure, qui ne se laisse pas entamer ; elle est remplacée, quelquefois à une distance assez grande, par une autre dépression qui est la cause d'un déplacement très sensible du chenal. Il ne faut pas d'ailleurs penser qu'un seuil est à peu près horizontal ; il présente plusieurs cols sur sa longueur, et celui qui est suivi par la navigation n'est pas nécessairement celui qui est le plus bas. C'est celui qui présente le passage le plus facile, eu égard à la direction du vent dominant, d'une mouille à la suivante. Quand les formes d'une rivière sont fixées, comme sur le Rhône, ces déplacements sont moins fréquents.

Sur la Loire à l'état sauvage, ils sont de règle et le balisage du chenal, qui est pour ainsi dire quotidien, explique pourquoi on n'avait pas pu, faute de plans de sondages, dégager des phénomènes observés les lois générales, qui président à la formation du lit des rivières à fond mobile.

Depuis 1898 cette lacune avait été comblée ; des plans de sondage avaient été levés périodiquement. Il a donc été possible de constater en 1904 que la Loire obéissait comme les autres rivières aux règles générales énoncées plus haut, et qui ont pour conséquence la fixité des formes de son lit. On peut se demander à juste raison pourquoi il en aurait été autrement, et pourquoi certaines rivières capricieuses à plaisir auraient divagué en dehors de toute loi.

On avait oublié de distinguer dans une rivière les états successifs par lesquels elle passe, et qui correspondent aux hautes eaux, aux basses eaux et aux eaux moyennes. Les hautes et les basses eaux sont bien caractérisées, aussi s'écoulent-elles dans des lits bien définis, le lit majeur d'une part et le lit mineur d'autre part. Le lit majeur, dans les rivières sujettes à débordement, présente généralement peu de sinuosités ; on n'y rencontre pas, apparents du moins, les fosses et les seuils, qu'on a signalés plus haut. Le lit mineur présente au contraire un profil heurté ; le thalweg suit une direction sinueuse, d'une rive à l'autre, avec le passage forcé sur un seuil, qui coupe la rivière plus ou moins obliquement. Dans la situation intermédiaire, qui correspond aux eaux moyennes, les formes du lit sont indécises ; les mouvements que prennent les matériaux, se font successivement dans un sens ou dans l'autre. On voit avancer, puis reculer la grève, les observations, que l'on fait dans cette situation des eaux et qui sont les seules possibles, sont tout à fait incertaines. Si le niveau des eaux s'abaisse, la grève avance rapidement ; c'est le mouvement de translation indiqué par de nombreux ingénieurs ; si au contraire le niveau s'élève, un mouvement de recul se dessine, la grève marche en sens inverse de son sens primitif. Ce que l'on observe, c'est la résultante de ces deux mouvements, et c'est ce qui explique que la grève, comme la mouille, semble s'avancer dans une direction, ou au contraire rétrograder dans la direction contraire.

D'ailleurs l'action des hautes eaux est prédominante; elle transforme en quelques jours les formes qui avaient été modelées par l'effet des eaux moyennes pendant un très long temps. La masse des eaux, la vitesse du courant qui en est le résultat, agissent avec une violence énorme, qui modifie de fond en comble le travail lent des eaux moyennes et des basses eaux. Si donc pendant une longue période les crues ont de l'importance, les modifications apportées aux formes du lit se produisent toujours dans le même sens, vers l'aval [1]; les grèves semblent se déplacer en suivant le courant; si, au contraire, on se trouve dans une période de basses eaux ou d'eaux moyennes, le seuil se creuse vers l'aval et s'engraisse du côté de l'amont. De là ces oscillations constatées dans la position des grèves, et qui peuvent faire supposer à un moment donné qu'il se produit une véritable translation des formes.

M. l'ingénieur en chef Girardon, à la suite d'observations répétées pendant de longues périodes, a constaté [2] sur le Rhône que beaucoup de seuils sont restés absolument fixes; que quelques-uns se sont déplacés vers l'amont, d'autres vers l'aval. Cela tient à ce qu'ils sont influencés par des crues locales de la Saône, de l'Isère, de l'Ardèche ou de la Durance. Cela confirme la règle énoncée plus haut : *une longue période de hautes eaux déplace les grèves vers l'aval; une longue période de basses eaux ou d'eaux moyennes produit l'effet contraire.*

On comprend aussi combien il est difficile de comparer entre eux des plans de sondage. On sait que sur un plan de sondage on rapporte les profondeurs observées à l'étiage, c'est-à-dire que la cote indiquée est celle qui a été lue sur la sonde, après que l'on a déduit la cote de l'étiage. Ainsi on lit sur la sonde la cote 2^m,50; les eaux du jour sont à 1 mètre au-dessus de l'étiage, on inscrit sur le plan la cote 1^m,50.

1. Les eaux montantes déposent les matériaux sur le seuil; les eaux descendantes produisent un effet contraire.

2. Rapport sur un essai de régularisation de la Loire.

On ne saurait en déduire un résultat positif, et en conclure que sur le seuil le mouillage ne dépassera pas la cote 1^m,50 au moment des basses eaux ou de l'étiage. Il est vraisemblable qu'à ce moment le seuil se sera creusé et présentera un mouillage supérieur de 0^m,20 ou 0^m,30. Les plans de sondage donnent donc une indication, mais ne fixent pas le maximum, dont on pourra disposer au moment critique. C'est pourquoi il n'est peut-être pas nécessaire d'en dresser un très grand nombre ; les seuls intéressants, définissant la situation, doivent être levés dans un état des eaux, qui corresponde au minimum et au maximum du mouillage disponible.

Entre temps, et si on le juge utile, des sondages volants le long de la ligne du thalweg semblent suffisants.

Il se dégage de tout ce qui précède un fait, qui est vraiment merveilleux, et qui constitue pour ainsi dire la philosophie des cours d'eau ; c'est la fixité des formes par un même état des eaux. Mais cette fixité est relative, c'est-à-dire qu'elle dépend des périodes plus ou moins longues de hautes et de basses eaux, qui ont précédé l'état observé.

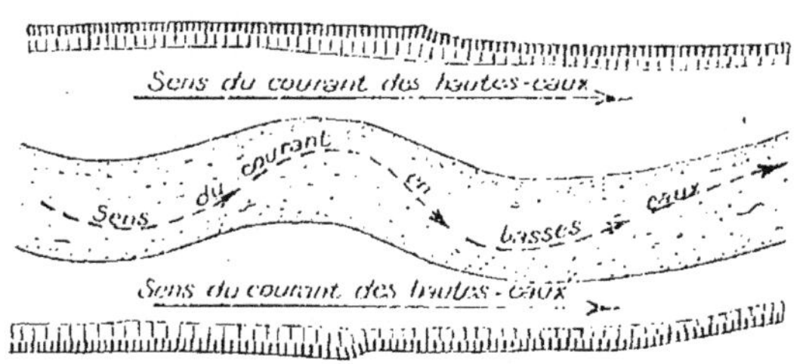

Fig. 8.

Il semble, et c'est là une loi qu'on n'a pas encore pu dégager, que les eaux agissent toujours dans le même sens, quel que soit leur état. Il est certain que, dans le lit majeur, le lit mineur conserve son individualité avec ses sinuosités, ses mouilles et ses seuils, au moment des plus hautes eaux. Si l'effet des hautes eaux et des basses eaux n'était pas concordant, il est vraisemblable que le courant des hautes eaux déferait violemment la forme du lit mineur et transformerait d'une manière quelconque ce qui existait auparavant.

Il est naturel de penser que le courant, qui superficiellement a une direction parallèle aux rives du lit majeur, ne conserve pas cette direction sur toute la profondeur où s'exerce son action, qu'il s'infléchit peu à peu et qu'il suit, parce qu'il est guidé, les sinuosités du lit mineur. Ainsi les formes primitives de ce lit seraient maintenues, et les phénomènes décrits plus haut conserveraient leur entière amplitude. Le courant agirait en tout état des eaux, guidé par la forme du lit, comme le couteau de la charrue, qui découpe les terres suivant une direction hélicoïdale. C'est peut-être une image, mais la réalité rend bien ce que donne cette image (*fig.* 8).

Cette action incessante, l'avancement continu des matériaux d'une fosse dans l'autre, entraînent la fixité du profil en long. La quantité de matériaux, qui, pendant une certaine période, descend d'étape en étape jusqu'à la mer, est limitée. M. Léchalas, dans son *Traité d'Hydraulique fluviale* (p. 71), évalue à 1 million de mètres cubes la quantité de sables que charrie chaque année la Loire. 600.000 mètres cubes sont enlevés par les riverains ; 400.000 mètres cubes franchissent les ponts de Nantes et comprennent les sables, qui suffisamment usés par les frottements dans leur long voyage, sont entraînés en suspension, agrégés aux vases flottantes. M. Partiot, dans son *Mémoire sur les sables de la Loire*, fait remarquer, en effet, que les sables s'usent par le frottement pendant leur marche au fond de l'eau. « Lorsqu'ils arrivent à un degré de ténuité extrême, ils se mettent en suspension dans l'eau avec la plus grande facilité ; ils s'y mêlent à l'argile et forment de la vase. »

M. Comoy, un des ingénieurs les plus expérimentés et des plus éminents qu'ait comptés le corps des Ponts et Chaussées, a conclu ainsi, ce qui confirme la permanence des formes sur le profil en long :

« Ce n'est donc plus par centaines d'années, comme dans la marche continue des grèves de sable fin, mais par milliers qu'il faut sans doute compter pour apprécier le temps qu'un gravier emploie à parcourir toute la longueur de la Loire, quand les circonstances l'ont mis en position d'effectuer ce voyage. »

Un fait important montre aussi l'exactitude de cette conception : il n'y a nulle part amoncellement de sable sur la Loire, quoi qu'en ait pensé l'inspecteur général des travées et levées (rapport de 1790), car les bois des fondations des ponts du moyen âge sont bien en rapport avec l'étiage actuel.

Pente moyenne des cours d'eau. — On a vu que la pente d'un cours d'eau est variable d'un point à un autre : qu'au moment des basses eaux, la pente est faible sur les mouilles, et qu'au contraire elle devient forte sur les seuils, qui divisent la rivière en biefs; et qu'en hautes eaux le phénomène contraire se produit.

Quoi qu'il en soit, entre deux points déterminés, on observe au moment des basses eaux une pente moyenne bien définie, qui varie seulement à la rencontre des affluents et du cours d'eau principal. À l'amont, chacun d'eux a une puissance d'entraînement, qui dépend de sa pente et de son débit liquide, et un débit solide qui est en rapport avec la consistance de son lit. Une fois la réunion opérée, la puissance d'entraînement du cours d'eau principal est celle qui correspond à sa pente et à la somme des débits liquides, et cette puissance, qui est maximum au moment des crues, peut être au-dessous ou au-dessus de ce qui est nécessaire pour charrier la somme des débits solides.

Dans le premier cas, le cours d'eau principal est plus que saturé, il y a dépôt de matières; le lit s'exhausse; le confluent est suivi de pentes plus fortes que celles qui précèdent.

Dans le second cas, le cours d'eau principal n'est pas saturé : il emprunte un supplément de débit solide à son lit qui se creuse; le confluent est suivi de pentes moins fortes que celles qui le précèdent.

Le Rhône offre une remarquable confirmation de ces vues théoriques dans la partie de son cours, où il reçoit l'Ain, la Saône et l'Isère, trois affluents, qui, sans être aussi considérables que lui, sont cependant de grands cours d'eau.

L'Ain est plus torrentiel que le Rhône et charrie une masse de matériaux. La pente moyenne du fleuve, qui est de $0^m,30$ par kilomètre sur environ 30 kilomètres à l'amont du confluent (depuis les chutes du Sault), monte à l'aval à 0^m,84 par kilomètre sur 34 kilomètres, soit jusqu'au confluent de la Saône.

Cette dernière est au contraire un cours d'eau tranquille ; son débit solide est très faible par rapport à son débit liquide. La pente moyenne du fleuve, de 0^m,84 par kilomètre à l'amont du confluent, tombe à 0^m,50 entre ce dernier et celui de l'Isère, sur 104 kilomètres de longueur.

L'Isère comme l'Ain a un régime plus torrentiel que le Rhône, l'effet produit doit être le même. La pente moyenne du fleuve, qui est de 0^m,50 par kilomètre à l'amont du confluent, s'élève à l'aval à 0^m,775 par kilomètre sur 47 kilomètres de longueur.

On ne peut donc pas fixer en principe général que la pente moyenne des cours d'eau va en décroissant d'une manière continue de la source à l'embouchure.

Ce fait se vérifia cependant sur quelques cours d'eau. Ainsi la pente moyenne de la Loire décroît régulièrement de 0^m,70 par kilomètre vers Roanne, à 0^m,16 entre Saumur et Nantes ; celle de la Garonne, de 1^m,20 au confluent de l'Ariège près de Toulouse à 0^m,04 entre Langoiran et Bordeaux ; celle du Pô, de 0^m,40 vers Pavie à 0^m,06 au-dessous de Ferrare ; celle de la Seine, de 0^m,23 entre Marcilly et Montereau à 0^m,19 de Montereau à Paris et à 0^m,10 entre Paris et Rouen.

Mais le fait contraire est également fréquent. L'exemple du Rhône est frappant et n'est pas isolé. La Marne, dont la pente moyenne est de 0^m,16 par kilomètre à l'aval d'Épernay, va en croissant d'une manière continue jusqu'au confluent avec la Seine à Charenton, où elle atteint 0^m,55 ; la Saône, dont la pente moyenne est presque nulle (0^m,04 par kilomètre) entre Verdun et Saint-Bernard sur 132 kilomètres de longueur, dépasse 0^m,20 par kilomètre entre Saint-Bernard et l'entrée de Lyon.

Il est inutile de multiplier les exemples ; il est plus intéressant d'indiquer pour un certain nombre de cours d'eau la distance comprise entre leur embouchure et le point où ils parviennent à l'altitude de 100 mètres. C'est là une donnée caractéristique ; si on la rapproche du débit en basses eaux, on peut avoir une prévision très nette des conditions, dans lesquelles la navigation est praticable sur les uns ou les autres.

L'altitude de 100 mètres est atteinte par :

Le Rhône à Valence à................ 245 km. de la mer
La Garonne à l'aval de Toulouse à..... 360 —
La Loire à 2 kilomètres en amont d'Or-
léans à........................... 398 —
La Weser à 8 kilomètres en amont de
Karlshafen à...................... 399 —
L'Oder à 43 kilomètres en aval de Bres-
lau à............................. 524 —
La Seine en amont de Marcilly à...... 556 —
Le Rhin vis-à-vis de Carlsruhe à....... 624 —
L'Elbe à 25 kilomètres en aval de Dresde
à................................. 662 —
Le Volga au delà de Nijni-Novgorod à
plus de........................... 2000 —

Synthèse des lois régissant le régime des cours d'eau. — Expériences de M. Fargue. — M. l'ingénieur en chef Girardon a résumé de la manière suivante les lois qui régissent le régime des cours d'eau dans un mémoire présenté au VIe Congrès international de navigation intérieure tenu à la Haye en 1894. Ce résumé semble si intéressant qu'il convient de le donner dans son texte complet.

La forme de tous les cours d'eau est sinueuse en plan, elle est constituée par une série de courbes et de contre-courbes, qui se succèdent en sens inverse, réunies par des raccordements plus ou moins brusques.

La profondeur est inégalement répartie dans le profil en travers, elle est plus grande dans les parties du lit, qui présentent le moins de résistance à l'entraînement. Les obstacles résistants, saillants, raides ou élevés et les courbes concaves appellent et retiennent les profondeurs.

Le profil en long du thalweg ne présente ni une pente uniforme ni une pente continue, mais un certain nombre de pentes principales, dont les brisures et l'inclinaison sont déterminées par les seuils de rochers ou les grands affluents. Dans l'intervalle de ces points de passage, il est composé d'une suite de pentes et de contre-pentes formant une ligne sinueuse qui oscille, en s'en rapprochant plus ou moins, autour de la pente moyenne de la région.

Les reliefs et les creux de cette ligne sinueuse sont déterminés par les affluents secondaires et par la distribution des résistances dans l'étendue du lit.

Le lit est constitué par une série de fosses (ou mouilles) séparées par des seuils (hauts fonds ou maigres), et le profil en long de la surface des eaux affecte la forme d'un escalier, dont les paliers correspondent aux fosses, et dont les marches correspondent aux seuils. Cette forme est d'autant plus accentuée que la pente générale du cours d'eau est plus forte ; elle est surtout sensible quand les eaux sont très basses ; elle s'atténue, et la pente superficielle tend vers la régularité, à mesure que le débit augmente.

Chaque crue renouvelle les matériaux qui tapissent le lit et modifie sa forme. La nouvelle forme se rapproche de l'ancienne par ses dispositions générales, sinuosités des rives et du profil du thalweg ; elle en diffère plus ou moins, suivant les circonstances, par le tracé des sinuosités, la position des profondeurs, la situation, l'orientation et le relief des seuils.

Mais quand, sur un cours d'eau, les rives sont solidement fixées, les crues ordinaires ne modifient plus que dans des proportions très restreintes la forme du plan et, après leur passage, les profondeurs se reproduisent aux mêmes points, les seuils se reforment aux mêmes places et ne diffèrent plus que par le relief et l'orientation.

M. l'inspecteur général Fargue qui a étudié de son côté sur la Garonne les lois s'appliquant aux rivières à fond mobile[1], est arrivé à des conclusions semblables, et en a déduit des règles qui, vérifiées par l'expérience, sont devenues classiques. Elles sont ainsi formulées dans le mémoire inséré dans les *Annales des Ponts et Chaussées* en 1894 (p. 426).

---

1. Mémoires publiés dans les *Annales des Ponts et Chaussées* en 1868, 1882, 1884 et 1894.

Le chenal ou thalweg suit la rive concave, les grèves ou bancs se déposent le long de la rive convexe.

Le chenal est d'autant plus profond et la grève est d'autant plus saillante que la courbure concave ou convexe est plus accentuée. Au maximum et au minimum de la courbure correspondent le maximum et le minimum de la profondeur.

Cette correspondance n'a pas lieu dans le même profil transversal. La mouille est en aval du sommet concave ; la plus grande saillie du banc est en aval du sommet convexe. Le maigre est en aval du point, où la concavité se change en convexité.

Le chenal présente de la régularité dans son profil en long, quand la courbure de l'axe varie d'une manière graduelle et continue, et tout changement brusque de courbure est accompagné d'un changement brusque de profondeur.

Ces relations existent seulement dans les portions de la rivière, où le développement des sinuosités, c'est-à-dire la distance entre deux points d'inflexion consécutifs, diffère peu d'une certaine valeur moyenne.

Il en résulte les règles suivantes pour le tracé des rives d'une rivière à fond mobile :

Pour que le chenal soit stable et permanent, il faut que chaque rive présente une succession d'arcs curvilignes alternativement concaves et convexes, et raccordant des alignements droits formés par la direction prolongée des parties de rives où la courbure change de sens.

Pour que le chenal soit profond, il faut que le réseau polygonal formé par l'ensemble de ces alignements droits ait des angles et des côtés qui ne soient ni trop grands ni trop petits.

Pour que le chenal soit régulier, il faut que l'arc curviligne ait des courbures graduées, c'est-à-dire appartienne à une courbe, dont la courbure, nulle à l'inflexion croît peu à peu et d'une manière continue jusqu'à un certain maximum, et décroît ensuite de même pour redevenir nulle à l'inflexion suivante.

L'écartement des rives croît en général de l'amont vers l'aval. Mais cet accroissement ne doit pas être uniforme ;

il a lieu suivant une loi périodique, de manière que le lit se trouve élargi vers les sommets des courbes, et rétréci dans la région où la courbure change de sens.

Dans cette même région, les points d'inflexion des deux rives ne doivent pas se trouver dans le même profil transversal. Celui où la concavité se change en convexité doit être en amont de celui où se fait le changement inverse, à une distance qui ne paraît dépendre que de la largeur au point d'inflexion, et qui sur la Garonne a été trouvée égale à deux fois environ cette largeur.

Les règles observées et définies plus haut par M. Fargue ont pris les noms suivants, qui sont devenus classiques :

1° *Loi de l'écart.* — La mouille et le maigre ne se trouvent pas exactement au droit du sommet de la courbe et du point d'inflexion; ils sont reportés à quelque distance en aval.

2° *Loi de la mouille.* — La courbure du sommet détermine la profondeur de la mouille ; mais, dans l'intérêt de la profondeur, tant maxima que moyenne, la courbe ne doit être ni trop courte, ni trop développée.

3° *Loi de l'angle.* — L'angle extérieur des tangentes extrêmes de la courbe, divisé par la longueur, détermine la profondeur moyenne du bief.

4° *Loi de la continuité.* — Le profil en long du thalweg ne présente de régularité qu'autant que la courbure varie d'une manière graduelle et successive. Tout changement brusque de courbure occasionne une diminution brusque de profondeur.

5° *Loi de la pente du fond.* — Si la courbure varie d'une manière continue, l'inclinaison de la tangente à la courbe des courbures détermine la pente du fond du thalweg.

M. l'inspecteur général Fargue conclut ainsi :

« L'expression numérique ou graphique que je donne à chacune de ces lois ne s'applique qu'au cas particulier que j'ai considéré. Mais il est extrêmement probable que ces mêmes lois existent d'une manière générale pour toutes les rivières à fond mobile. Seulement les coefficients numériques des formules sont probablement différents suivant la pente, la largeur, le débit et la nature du fond. »

Les réciproques des lois de la mouille, de l'angle et de la pente du fond sont évidemment vraies.

On aperçoit de suite que ces relations font connaître le profil du thalweg, quand on connaît le tracé du lit, ou réciproquement le tracé quand on connaît le profil du thalweg.

Les résultats obtenus par M. Fargue, dans la partie où il a modifié le tracé des rives, permettent de dire que ses lois ont reçu la dernière consécration nécessaire, réserve faite des changements dans la pente superficielle des eaux et des conséquences qui en peuvent découler.

Il y a peu d'exemples, comme ceux-là, d'un succès à la fois théorique et pratique, aussi remarquable que celui de M. Fargue.

CHAPITRE III

OPÉRATIONS ET OBSERVATIONS POUR L'ÉTUDE DES COURS D'EAU ET DE LEUR RÉGIME.

L'établissement des lois que l'on vient de faire connaître exige un très grand nombre d'observations, qu'il convient de coordonner et de réunir d'une manière rationnelle. Ces observations ne peuvent être faites qu'à la suite d'opérations longues et minutieuses sur le terrain, qui comportent essentiellement des nivellements et des sondages.

Nivellements. — Le nivellement, qui est l'opération la plus importante en raison de l'influence prédominante de la pente sur le régime des cours d'eau, doit être rattaché à une base d'opération sûre et durable, à laquelle on puisse se rapporter au besoin. A cet effet, on trace dans la vallée, sur la rive la plus accessible, la plus découverte, en suivant le mieux possible les sinuosités des cours d'eau, une ligne de base, que jalonnent des points fixes aisés à voir et à reconnaître.

Dans le voisinage de cette base, on cherche une succession de repères solides, inébranlables si faire se peut, et on y rattache les points saillants de la ligne d'opération par des nivellements vérifiés avec soin. Quand les repères existants n'inspirent pas une sécurité absolue, il faut en créer de nouveaux, qui se composent généralement d'un massif en maçonnerie surmonté d'une pierre de taille dans laquelle est scellé le repère.

De distance en distance, sur la base d'opération, on jette des profils en travers, autant que possible perpendiculaires au cours de la rivière, et on les prolonge, si faire se peut, au delà de la limite des submersions. Un nouveau nivellement permet de rapporter au niveau de la mer tous les points marquants du terrain qui sont rencontrés, et on a ainsi une coupe de la vallée, le cours d'eau lui-même excepté.

Sondages. — Le profil en travers du lit s'obtient par des sondages, qui donnent les ordonnées, entre le niveau de l'eau et le fond, tandis que les abscisses sont fournies par un cordeau gradué, que l'on tend d'une rive à l'autre, quand le courant n'est pas trop fort, la largeur trop grande, la navigation trop active.

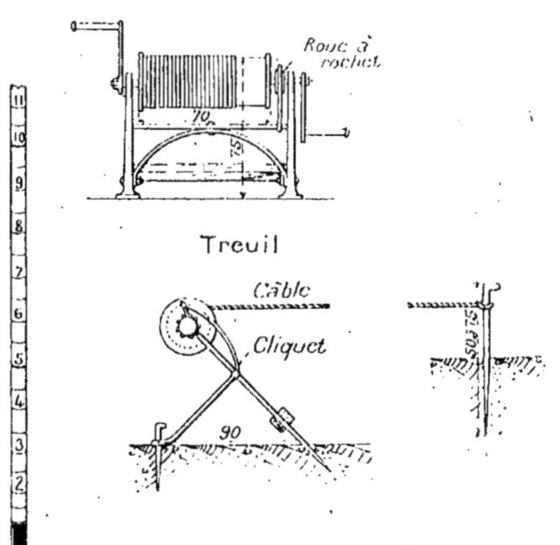

Fig. 9. — Matériel de sondage.

Le matériel de sondage le plus fréquemment employé comprend :

1° Un câble métallique gradué de mètre en mètre ou de 5 mètres en 5 mètres, suivant l'importance du cours d'eau ou la précision que l'on désire obtenir ; la graduation est généralement constituée par des anneaux de fer ou de cuivre fixés au câble ;

2° Un treuil muni d'une roue à rochet, sur lequel s'enroule le câble ;

3° Une sonde en bois gradué de 5 en 5 centimètres, et lestée à son extrémité inférieure d'une masse de fonte ou de fer forgé destinée à éviter l'usure de l'extrémité et surtout à empêcher la sonde de remonter à la surface (*fig.* 9).

On opère de la manière suivante : On fixe le treuil sur l'une des rives au moyen de piquets en fer engagés dans l'œil des pieds du treuil et enfoncés solidement à la masse ; on déroule le câble, et on va placer la boucle, qui termine le brin libre, dans un fort piquet en fer enfoncé dans le sol. On tend le câble au moyen du treuil, et on conserve cette tension en rabattant le cliquet de la roue à rochet.

On procède ensuite à l'opération proprement dite du sondage. Trois hommes sont nécessaires : le premier pour conduire le bateau, le second pour manœuvrer la sonde, le troisième pour inscrire les résultats trouvés. On détermine ainsi la distance verticale existant entre le niveau de l'eau et chacun des points observés.

On peut prendre comme point de repère des largeurs la laisse de l'eau, c'est-à-dire la trace sur la berge du niveau supérieur de l'eau ; ce point est, en effet, toujours facile à rattacher aux autres points du profil placés à terre. On évaluera sur le câble la distance existant entre le point A placé verticalement au-dessus de la laisse et le point gradué le plus voisin.

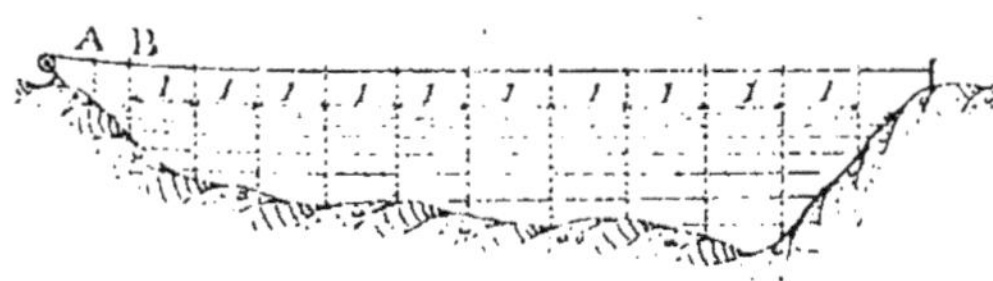

Fig. 10. — Sondage d'un cours d'eau.

Il convient d'ailleurs de remarquer que, dans les opérations de sondage, il est sans intérêt de rechercher une précision rigoureuse. En effet, la surface du lit entre deux profils consécutifs est loin d'être uniforme ; le profil levé suivant une section quelconque du cours d'eau n'est donc qu'une coupe approximative du lit aux environs de cette section ; d'un autre côté, à cause du clapotis, du mouvement de la barque, les lectures à la sonde ne sont guère approchées qu'à 2 ou 3 centimètres.

Quand le courant est trop fort, la largeur trop grande, la navigation trop active, il n'est plus possible de tendre un cordeau à travers la rivière. Dans ce cas, les deux extrémités du profil ayant été repérées sur les berges, il faut que le bateau, qui porte les observateurs suive exactement la ligne droite jalonnée par ces deux points en marchant avec une vitesse aussi uniforme que possible. On admet alors que les sondages faits à intervalles de temps égaux divisent en parties égales la longueur de cette ligne droite. Le profil ainsi obtenu peut n'être pas perpendiculaire au cours de la rivière il servira néanmoins à définir le lit.

On peut aussi utiliser, avec moins de précision, bien entendu, un télémètre ou tachymètre emporté sur le bateau de sondage. Dans les importants travaux de sondages et de jaugeages exécutés en ces dernières années sur les rivières de Hongrie, c'est à ce dernier procédé qu'on avait recours.

Plan et profil en long. — En rapportant la série des profils en travers sur le plan de la ligne de base, on obtient le plan de la rivière. On y fait figurer les berges, les accidents du sol, les cotes de nivellement et les cotes de sondage à l'aide desquelles on détermine le *chenal*. Celui-ci n'est pas le thalweg ; c'est une zone plus ou moins large, dans toute l'étendue de laquelle les bateaux doivent toujours trouver au moins la profondeur d'eau qui leur est nécessaire. Lorsque les cotes de sondages sont assez multipliées, on peut tracer dans tout l'espace occupé par le cours d'eau des courbes de niveau, dont l'examen rend facile la détermination du chenal.

Généralement, pour rendre comparables entre eux les différents plans de sondage, levés à des époques éloignées, avec un état des eaux qui change à chaque opération, on rapporte les plans de sondage au niveau de l'étiage conventionnel. Cela revient à retrancher des cotes observées la cote de l'étiage, qui est déterminée à une série d'échelles étagées le long du cours d'eau.

Les renseignements donnés par les plans de sondage au

sujet des profondeurs atteintes sur les seuils n'ont pas une valeur absolue.

On sait, en effet, que les seuils s'éliment pendant la période des basses eaux, et s'engraissent au contraire, au moment des hautes eaux. On peut donc tabler, lorsque les sondages sont effectués à ce moment, sur un mouillage supérieur à celui qui est observé (de 0^m,20 à 0^m,30).

Le plan coté relevé dans les conditions indiquées ci-dessus permet de tracer le profil en long du cours d'eau, sur lequel on peut faire ressortir en lignes de couleurs différentes :

Le thalweg, avec, autant que de besoin, des indications sur la consistance du chenal, tel qu'il est défini ci-dessus ;

Les berges, sur l'une et l'autre rive, avec indication de l'embouchure des affluents, des ponts, aqueducs, égouts et autres ouvrages.

Enfin les niveaux de l'étiage et des plus grandes crues, les hautes eaux de navigation, etc.

Appareil sondeur automatique. — Le service de la Loire (4e section), a eu à se préoccuper, au moment où l'on exécutait les expériences sur l'amélioration possible du régime de ce fleuve, de recourir à des sondages automatiques, ne pouvant pas être discutés par les détracteurs de l'œuvre nouvelle.

Il s'agissait surtout d'effectuer dans un espace de temps restreint un profil en long instantané du cours d'eau, suivant la direction supposée du chenal. Cet appareil a rendu de grands services, et est susceptible d'être utilisé pour obtenir des renseignements certains et rapides[1].

Il comprend essentiellement un boulet-sonde contenant une poche d'hydromètre, communiquant avec un manomètre enregistreur par un tube filiforme armé et traîné par une chaîne le reliant au bateau qui porte l'enregistreur.

Cet appareil est en résumé un dynamomètre enregistreur des pressions d'eau exercées sur une poire en caoutchouc préalablement remplie d'air.

1. Cet appareil a été construit par M. Jules Richard, à Paris.

La poire de caoutchouc, reliée au moyen d'un tube de même nature au dynamomètre, est contenue dans un boulet creux assez pesant, qui traîne au fond du lit de la rivière à sonder (*fig.* 11).

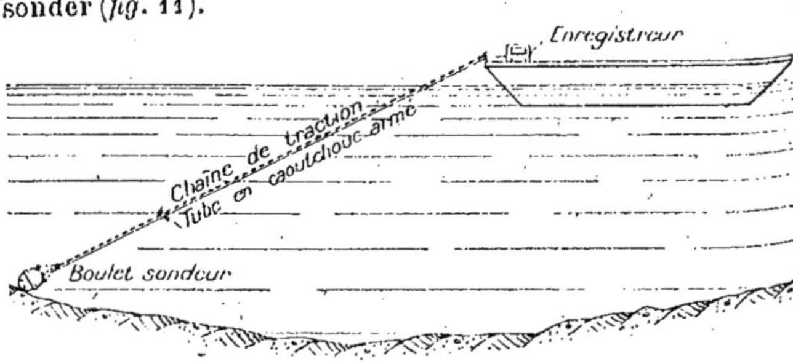

Fig. 11, — Schéma d'installation d'un boulet sondeur pour l'enregistrement du profil du fond d'un cours d'eau. (M. Cuénot, Angers).

Ce boulet est composé de deux parties rentrant l'une dans l'autre, vissées sur le tour en V. La partie supérieure est percée d'un trou, par lequel passe le joint J en cuivre s'adaptant au tuyau de caoutchouc; elle est munie d'oreillettes O, auxquelles est rattachée la chaîne remorquant le boulet; la partie inférieure est renforcée, de façon qu'il se tienne le plus possible sur sa base.

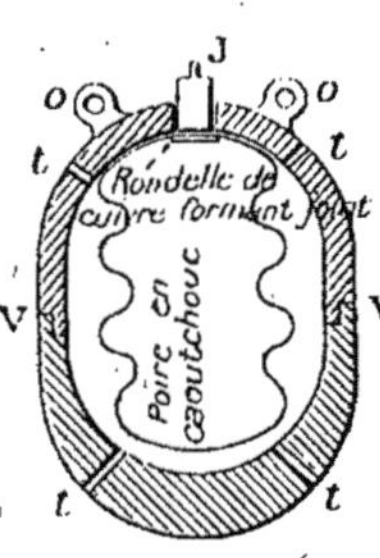

Fig. 12.

Des ouvertures *t* sont ménagées en haut et en bas du boulet, afin de laisser pénétrer facilement l'eau dans son intérieur (*fig.* 12).

Le dynamomètre, dont l'élévation en demi-grandeur est figurée ci-dessous, se compose de trois cylindres :

Le premier A est commandé par un simple ressort et sert à enrouler le papier ayant servi.

Le deuxième B est l'enregistreur. Son mouvement d'horlogerie est combiné de telle façon qu'il effectue une rotation complète en une demi-heure; son développement est de 30 centimètres. Six crans *c* sont ménagés à sa base; dans ces crans vient tomber un petit rouleau R entraînant avec lui, au moyen d'un ressort r, une aiguille s, marquant ainsi

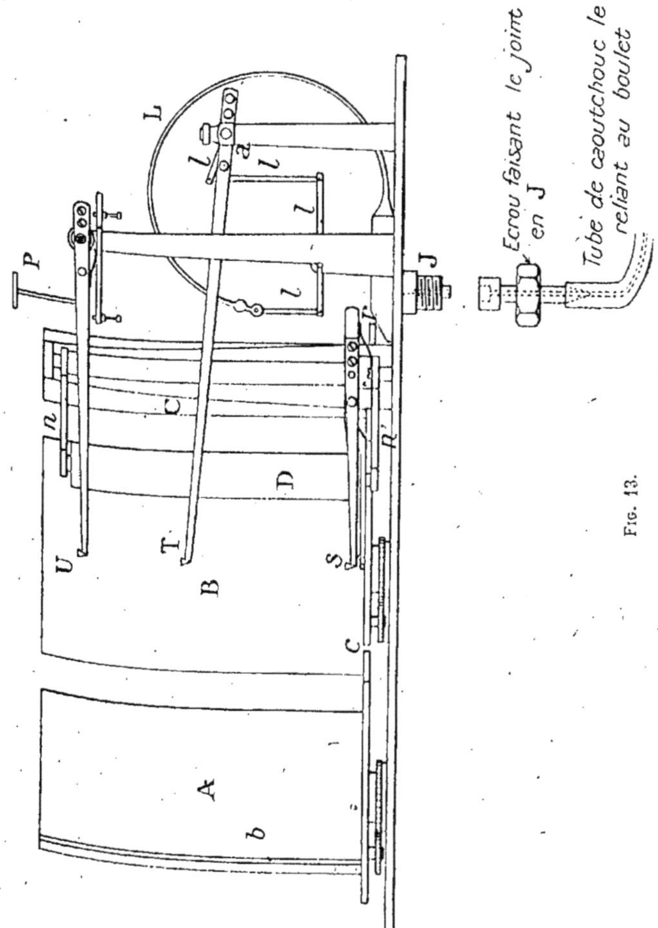

Fig. 13.

de 5 en 5 centimètres les temps par période de cinq minutes.

Le troisième C est libre; il sert à recevoir le papier blanc.

L'aiguille T indiquant les profondeurs est commandée par une série de petits leviers *l* reliés à une lame L sur laquelle s'exercent les pressions de l'eau sur l'air contenu dans l'appareil. Son déplacement vertical est calculé de telle façon qu'un mètre de profondeur est représenté par 0^m,02.

L'échelle des temps est donc de 60 centimètres par heure et celle des hauteurs de 0^m,02 pour 1 mètre.

Une troisième aiguille U commandée par une pédale P que l'on fait manœuvrer à volonté sert à marquer les repères; kilomètres, ouvrages d'art, tête d'îles, etc.

Un rouleau D sert à presser le papier enroulé sur le cylindre B au moyen de deux ressorts placés en arrière des commandes *n* et *n'* (*fig.* 13).

Fonctionnement de l'appareil. — Pour faire fonctionner l'appareil sondeur automatique, on fait jouer le joint du tube de caoutchouc sur la poire.

On dévisse le boulet, et on gonfle la poire de caoutchouc au moyen d'une pompe de bicyclette par l'extrémité du tube s'adaptant au dynamomètre.

On remet en place la partie inférieure du boulet.

On enroule le papier autour des trois cylindres comme l'indique la figure 14, et l'on met les plumes en place, en les chargeant d'encre.

On monte le ressort A et l'horloge B, on les met en marche et on plonge le boulet dans l'eau. Si le boulet se trouve à 2^m,50 de profondeur, vérifiée à la sonde, et que la cote de l'étiage soit de 1 mètre,

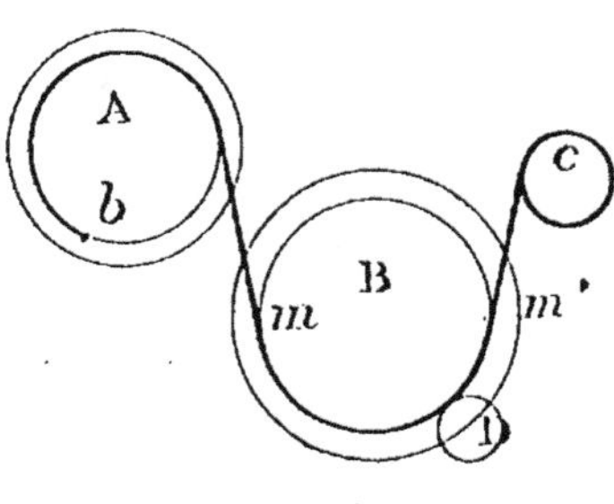

Fig. 14.

la profondeur à inscrire sera de 1^m,50; en conséquence on fait varier l'aiguille T au moyen du levier *l* mobile autour de l'axe *a*, jusqu'à ce qu'elle vienne à 4 centimètres du bord supérieur du papier (l'étiage étant marqué à 1^{cm}).

Lorsque les variations du plan d'eau sont peu sensibles, il est préférable de ne pas toucher à l'aiguille ; dans ce cas, la ligne d'étiage se trouve déplacée de quelques millimètres, ce qui ne présente aucun inconvénient.

On amarre ensuite la chaîne de remorquage en lui donnant comme longueur environ 6^m,50, correspondant à la correction effectuée (1 mètre), à la course du graphique (5 mètres), et à la hauteur du bateau au-dessus de l'eau (0^m,50).

On met le bateau en marche à la vitesse de 3 kilomètres à l'heure, autant que possible, vitesse qui convient le mieux au bon fonctionnement de l'appareil, et qui représente par kilomètre 20 centimètres de longueur de profil. Il est bien entendu qu'en eau courante la vitesse variera forcément, malgré l'habileté du mécanicien à cause des variations de vitesse de courant.

Ci-joint un sondage automatique effectué sur une section de la Loire (*fig.* 15).

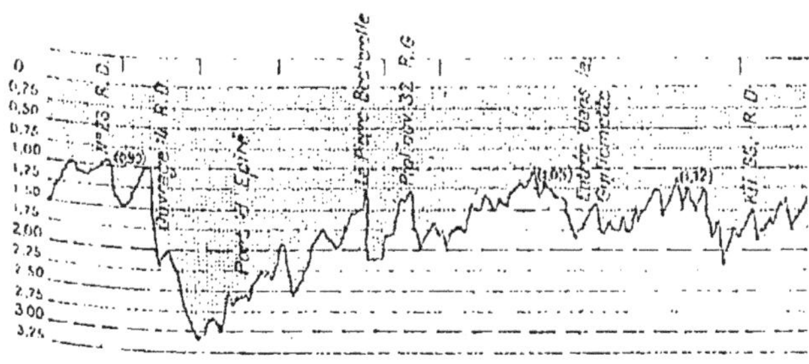

Fig. 15.

Relevé des variations de niveau et de débit. — Échelles hydrométriques. — Le relevé des variations du niveau de l'eau, qui fait l'objet des observations hydrométriques, constitue un élément important de l'étude des cours d'eau. Les observations sont effectuées au moyen d'échelles graduées placées de distance en distance et notamment à tous les changements de régime.

Ces échelles devront être d'un accès facile de jour et de nuit, à l'abri des chocs des bateaux, ou des corps flottants, et placées dans un endroit où l'eau soit aussi calme que possible, pour que la lecture en soit facile.

Généralement les observations sont, en temps normal,

simplement quotidiennes. Pendant les crues ordinaires, on en fait trois par jour et, pendant les grandes crues, on observe toutes les heures sur les rivières torrentielles.

Les heures ordinairement adoptées sont sept heures du matin, quand il n'y a qu'une observation ; sept heures du matin, midi et cinq heures du soir, quand il y en a trois.

Les échelles hydrométriques ont pendant longtemps été exécutées en fonte peinte avec graduation saillante. Mais elles ont l'inconvénient de s'encrasser rapidement, par le dépôt des matières en suspension dans l'eau, et la lecture en devient difficile. On a essayé ensuite des échelles en tôle ou fonte émaillée; mais on a dû y renoncer, la différence de dilatation du métal et de l'émail ne permettant pas d'obtenir une adhérence parfaite de ces deux matières.

Depuis un certain temps, on emploie avec succès des échelles en lave émaillée, qui ne présentent pas les inconvénients énumérés ci-dessus. Leur surface reste nette et peut être nettoyée rapidement, s'il est nécessaire. L'adhérence entre la lave et l'émail est complète. Le fond est généralement blanc avec graduation en teinte bleu vif, rouge ou noir.

On peut fixer le zéro des échelles hydrométriques de différentes façons, suivant l'objet que l'on a en vue. Il est assez naturel, si l'on veut étudier le régime d'un cours d'eau en un point donné, de placer le zéro des échelles au niveau de l'étiage conventionnel ; mais, si l'étiage venait à changer, il faudrait bien se garder de déplacer l'échelle. En la déplaçant, on rendrait difficile la comparaison des cotes relevées aux diverses époques, comparaison qui est peut-être l'élément le plus utile au point de vue de la pratique.

D'autres fois les échelles sont graduées en prenant pour base le niveau de la mer, de telle sorte que la cote lue est une cote d'altitude.

On peut aussi, si on veut simplement indiquer à la batellerie le mouillage en un point donné, placer le zéro au niveau du plafond du chenal en ce point.

Fluviographes. — Il est préférable, aux points où les observations ont une importance exceptionnelle, de placer un fluviographe.

Cet appareil consiste essentiellement en un flotteur dont les oscillations sont accusées par un curseur susceptible de se mouvoir verticalement au-devant d'une règle graduée.

Les oscillations du flotteur peuvent être transmises à un crayon, et reportées par celui-ci sur un cylindre, auquel un mouvement d'horlogerie donne une rotation continue. On a alors un fluviographe enregistreur.

On peut aussi, en se servant de l'électricité, avoir des appareils avertisseurs, des fluviographes à distance, qui permettent de suivre les variations du niveau de l'eau sur un point éloigné.

Courbe des hauteurs d'eau. — A l'aide des observations faites au moyen des échelles hydrométriques, on peut représenter graphiquement la variation du niveau de l'eau en un point déterminé, en prenant comme abscisses les temps, et comme ordonnées les hauteurs observées ; on obtient ainsi une suite de points qui, réunis entre eux, donnent la *courbe des hauteurs d'eau*.

L'examen d'une courbe de ce genre est toujours intéressant, surtout si elle se rapporte à une période un peu longue ; elle fait ressortir la fréquence et l'amplitude des crues, leur physionomie générale et les traits particuliers, que peuvent présenter certaines d'entre elles.

M. l'inspecteur général de Mas montre que le choix des échelles est loin d'être indifférent, si l'on veut mettre en évidence les phénomènes généraux et ne pas les laisser confondre avec certains accidents locaux.

Un centimètre par jour pour les temps, un centimètre par mètre pour les hauteurs conviennent aux cours d'eau tranquilles. Sur la Seine l'échelle des temps est de 2 millimètres par jour.

Au contraire, pour les cours d'eau torrentiels, où les observations sont plus fréquentes, il peut être préférable de prendre 5 centimètres par jour.

Les figures 16 et 17 représentent respectivement aux échelles de 1 millimètre par jour et 1 centimètre par mètre les deux plus grandes crues observées depuis quatre-vingts ans sur la Garonne et sur la Seine ; la physionomie des crues varie d'un cours d'eau à l'autre, comme on peut le voir. Le mode de représentation adopté dans ces figures, et très fréquemment employé d'ailleurs, revient à supposer que pendant toute la durée de chaque jour, le niveau de l'eau reste horizontal à la hauteur relevée lors de l'observation quotidienne.

On peut aussi, en reliant par un trait continu les points déterminés par ces observations, tracer une véritable courbe, sur laquelle on s'applique notamment à faire ressortir le moment exact où se produisent les maxima ; ce dernier mode de représentation se prête mieux aux

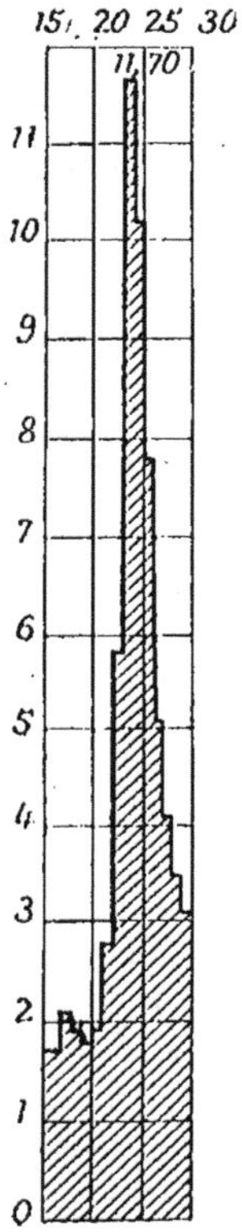

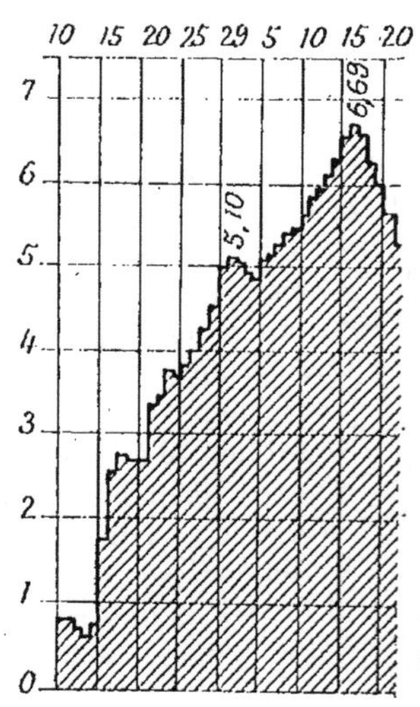

Fig. 16.
Échelle d'Agen.

Fig. 17. — Paris. Échelle du pont
d'Austerlitz.

différents usages, que l'on peut faire des courbes de hauteur.

En multipliant suffisamment les stations hydrométriques le long d'un cours d'eau, on pourra déterminer postérieurement, à l'aide des courbes correspondantes, le niveau de l'eau à un moment et pour un point quelconque.

Vitesse de propagation des crues. — Le meilleur moyen d'obtenir la vitesse de propagation d'une crue d'une station à l'autre consiste à superposer les courbes correspondant à ces stations, en allant tantôt de l'amont vers l'aval, tantôt de l'aval vers l'amont ; lorsque la coïncidence est aussi complète que possible, la différence des abscisses donne, en temps, la marche de la crue.

D'une crue à l'autre cette marche varie moins qu'on ne pourrait le supposer.

Ainsi, sur la Loire, entre Roanne et Nevers, sur 184 kilomètres, la vitesse de propagation est comprise entre 4 et 6 kilomètres à l'heure, suivant que les crues sont moyennes ou grandes. En général, les grandes crues sont les plus rapides, sans que cette loi soit générale.

Sur la Marne, entre la Chaussée (département de la Marne) et Meaux, la vitesse oscille entre $2^{km},63$ et $3^{km},30$ à l'heure ; il s'agit de crues importantes et susceptibles de causer des submersions.

Hauteur des crues. — On peut trouver une relation simple soit entre les hauteurs lues aux échelles de deux stations consécutives, soit entre les montées mesurées aux mêmes échelles, si on se trouve dans une région où on ne rencontre aucun affluent de quelque importance, et où aucun changement notable de régime ne fait sentir son influence. On appelle *montée* la quantité d'eau dont l'eau s'élève au-dessus du niveau qu'elle avait, quand elle a commencé à croître. Ainsi, d'après M. Guillemain, l'observation d'un certain nombre de crues sur la Marne, à la Chaussée et à Damery, a montré que la hauteur dans la seconde de ces localités était égale à la hauteur observée dans la première multipliée par un coefficient compris entre $1^m,20$ et $1^m,25$.

Les procédés graphiques sont d'une grande utilité pour arriver à déterminer ces relations. On peut prendre par exemple pour abscisses les maxima de la station d'amont et pour ordonnées les maxima correspondant à la station d'aval ; on obtient ainsi une courbe représentative de la relation, qui peut exister entre ceux-ci et ceux-là.

On voit ainsi tout le parti que l'on peut tirer des courbes

des hauteurs d'eau pour l'étude du régime d'un cours d'eau envisagé isolément. Lorsqu'il s'agit d'un cours d'eau recevant d'importants affluents, l'étude devient plus difficile.

Débit d'un cours d'eau. — Jaugeages. — Les jaugeages d'un cours d'eau en un point donné ont pour but de faire connaître les débits de ce cours d'eau à ses différents états, ce qui constitue une donnée d'étude des plus importantes.

Chaque station de jaugeage a pour objet de déterminer la loi qui existe entre les débits et les hauteurs lues à l'échelle de la station. Une fois en possession de cette loi, dont la recherche peut nécessiter des opérations plus ou moins laborieuses, on la traduit graphiquement sous la forme d'une courbe caractéristique de la station, puis numériquement sous la forme d'un tableau constituant un barème local des débits en fonction des hauteurs.

A partir de ce moment-là, si le lit reste fixe, l'évaluation du débit résulte d'une simple lecture de l'échelle.

Sur le cours d'eau à lit mobile, la relation existant entre la cote et le débit est elle-même variable. On est obligé, dans ce cas, de refaire souvent des jaugeages pour suivre ces variations et, s'il se peut, en découvrir la loi.

Les principaux procédés applicables au jaugeage des eaux courantes sont :

Pour les petits cours d'eau et les faibles volumes, les déversoirs, qui donnent immédiatement les débits ;

Pour tous les cours d'eau, les hydromètres, qui ne donnent pas directement les débits, mais des vitesses locales ;

Pour les gros débits et les crues, les flotteurs, qui donnent les vitesses moyennes ou superficielles, suivant qu'ils sont lestés ou non.

Exceptionnellement et dans certains cas spéciaux, on peut employer pour jauger les cours d'eau la mesure des températures ou les solutions salines titrées. La méthode thermométrique, qui n'est pas très pratique, a été décrite dans les *Annales des Ponts et Chaussées* de mars 1884 par M. Ritter. Quant aux solutions titrées, la méthode consiste à verser dans le cours d'eau pendant un temps suffisant et avec une parfaite uniformité un filet liquide de la solution saline d'un titre connu et à recueillir en aval, après mélange complet, des échantillons que l'on titre à nouveau. On en déduit par différence le rapport des deux débits et, comme on connaît celui du liquide déversé, en en tire facilement l'autre terme du rapport, c'est-à-dire le débit même du cours d'eau. Cette méthode présente beaucoup d'incertitude et ne semble pas avoir été appliquée jusqu'à présent avec succès.

Les études que l'on a à faire pour le jaugeage des cours d'eau doivent tendre à déterminer :

1° Le débit caractéristique d'étiage, au-dessous duquel le cours d'eau descend pendant au plus dix jours par an consécutifs ou non ;

2° Le débit caractéristique moyen, au-dessous duquel le cours d'eau descend pendant au plus cent quatre-vingts jours par an, consécutifs ou non.

Il y a peu de choses à dire sur l'usage des déversoirs pour obtenir un jaugeage ; on découpe le profil du déversoir dans une tôle de 5 à 7 millimètres d'épaisseur, bien dressée dans un plan vertical, d'équerre sur la direction générale du cours d'eau. Le seuil doit être parfaitement horizontal, et avoir une longueur égale au moins à quatre fois le maximum de la charge à mesurer.

Ce procédé, qui s'applique, comme on l'a dit, aux cours d'eau de peu d'importance, doit être abandonné dans les cas qui relèvent de cette étude.

Il s'agit alors de déterminer :

1° La surface de la section transversale du cours d'eau au point considéré, opération relativement facile ;

2° La vitesse moyenne de l'eau dans cette section. Le produit de la surface par la vitesse moyenne donne le débit.

Il n'est pas difficile de connaître la surface de la section transversale du cours d'eau au moyen de sondages, comme on l'a indiqué plus haut.

La mesure de la vitesse se fait au moyen de flotteurs ou d'hydromètres. Les plus usités parmi ces derniers instruments sont les moulinets et le tube jaugeur.

a) *Moulinets.* — Le prototype des moulinets est le moulinet de Woltmann, qui a d'abord été amélioré par Baumgarten, mais dont l'usage est surtout devenu beaucoup plus commode et beaucoup plus précis depuis les perfectionnements qu'y a apportés M. Harlacher, professeur à l'École polytechnique de Prague. Avec cet appareil on mesure la vitesse imprimée par l'eau à des organes mobiles.

Cet instrument se compose d'un arbre, mobile autour de son axe, et muni d'ailettes pleines ou hélicoïdales, qui prennent, sous l'action du courant, un mouvement de rotation en rapport avec sa propre vitesse. Il comporte donc un tarage préalable, qui se fait généralement par un déplacement de l'appareil en eau tranquille, faute de moyens sûrs pour réaliser l'inverse, c'est-à-dire pour lancer sur l'instrument immobile un ensemble de filets liquides, dont les vitesses soient égales et réglées avec certitude. Cette méthode de tarage est évidemment critiquable ; elle est cependant assez exacte pour fournir des indications qui seront approchées à moins de 1 0/0.

Le moulinet donne la vitesse du courant liquide en fonction du nombre de tours, que son hélice décrit en une seconde ; la formule généralement acceptée est la suivante :

$$V = a + bn,$$

dans laquelle V représente la vitesse du courant en mètres par seconde, n le nombre de tours (par seconde) de l'hélice mobile, a et b deux coefficients propres à chaque appareil, que donne l'opération du tarage faite une fois pour toutes.

La plupart des moulinets proviennent de la maison Ott, à Kempton (Bavière), et sont tarés à Berne dans le laboratoire spécial du Bureau hydrométrique fédéral.

Une fois placé au point où l'on veut mesurer une vitesse, l'instrument est mis en circuit avec une pile-sonneuse ; son arbre commande par une vis sans fin un pignon portant une broche, dont le passage contre un ressort ferme le circuit et met en jeu la sonnerie. Il n'y a donc qu'à compter le temps, qui sépare une sonnerie des suivantes pour en déduire la valeur de n dans la formule et ensuite la vitesse cherchée. L'appareil est délicat et exige des soins. La plupart des insuccès ont pour cause quelque négligence d'entretien, un défaut de contact des organes électriques, un nettoyage imparfait, une usure des pivots par oscillement, le choc des ailettes sur un corps dur, un graissage mal fait, etc.

Pour opérer un jaugeage au moulinet, le meilleur moyen consiste à se servir d'une passerelle ou d'un échafaudage suspendu à un ouvrage fixe, et que l'on descend à fleur d'eau. Quand les lieux ne s'y prêtent pas, il faut recourir à des installations flottantes. On peut alors employer avec avantage un groupe de deux barques accouplées, où se placent les opérateurs et que l'on manœuvre avec une traille. La mesure des vitesses devant se faire dans un profil transversal précis, il faut jalonner ce profil sur chaque rive par des signaux visibles, et le tracer dans l'espace par une courbe ou maillette portant des divisions numérotées, au droit desquelles on fera station. L'opérateur doit avoir deux aides, l'un pour les manœuvres de plongée du moulinet, l'autre pour les inscriptions au carnet, lui-même tenant le compteur à secondes.

b) *Tube jaugeur.* — Le tube jaugeur de Pitot, rendu pratique par Darcy et perfectionné par M. Ritter, est d'un emploi généralement moins sûr que le moulinet électrique, surtout dans les eaux profondes. Cependant il offre des avantages quand la vitesse est forte ; il peut même devenir seul possible, quand la profondeur est trop petite, parce qu'un moulinet y serait à peine immergé, ou occuperait presque toute la profondeur. Ainsi c'est au tube jaugeur qu'il faut s'adresser, quand on a besoin de connaître la vitesse en un point précis, l'instrument offrant une très faible surface par la pointe capillaire de ses orifices.

On sait que cet appareil sert à mesurer la pression produite par la vitesse de l'eau sur une surface fixe donnée. Plus la pression est grande, et par conséquent plus la vitesse est considérable, plus l'eau monte dans le tube jaugeur, qui est muni d'échelles mobiles graduées en vitesse, qui dispensent de tout calcul.

Comme le moulinet, cet appareil demande à être nettoyé et manié avec discernement. Il comporte à peu près les mêmes moyens opératoires que le moulinet : passerelle, échafaudage et barques pontées.

c) *Flotteurs.* — On peut employer soit des flotteurs de surface, soit des flotteurs lestés.

Les flotteurs de surface suffisent pour des opérations sommaires, car on sait que, sur une verticale, la vitesse moyenne u est variable entre les 75 0/0 et les 85 0/0 de la vitesse de surface V, ce qui permet de jauger sommairement le débit passant dans une section déterminée. Il y a cependant quelques difficultés comme on le verra plus loin.

Les flotteurs lestés sont préférables ; ils consistent généralement en de simples bâtons en bois blanc (vernis pour éviter l'infiltration qui en modifierait le poids) et vissés à leur base dans un ou deux écrous en fer d'un poids tel que le bâton flotte dans l'eau en émergeant de 2 ou 3 centimètres. L'ensemble du flotteur doit avoir, si la régularité du lit le permet, une longueur égale aux 9/10 de la profondeur sur son parcours. Dans ces conditions, il chemine dans le courant avec une vitesse égale à la moyenne de celles des filets qui l'entraînent, et il donne ainsi, par une seule opération, cette vitesse moyenne. Il est bon de donner au bâton du flotteur un calibre plus fort dans le haut pour compenser l'augmentation de surface offerte par le contrepoids.

Pour jauger au moyen de flotteurs, il faut un temps calme, le vent troublant gravement leur marche ; il faut aussi une reconnaissance préalable des itinéraires que les flotteurs devront suivre, parce qu'il se rencontre souvent des tourbillons et autres accidents, qui les détournent de leur marche présumée.

Ces précautions étant prises, on divise la longueur de la section en parties égales, et de chacun des points ainsi repérés, on lâche les flotteurs qui vont aboutir sur des points également repérés dans une section en aval. Les flotteurs ne suivent pas nécessairement le trajet rectiligne qu'on voudrait leur imposer : tantôt ils ont une tendance à se diriger vers l'axe du cours d'eau, où la vitesse est plus forte, tantôt ils émergent vers la rive concave. L'opération est donc assez difficile à réussir, et doit être répétée en grand nombre de fois, avant que le résultat puisse être accepté en toute certitude.

Calcul des débits. — Les hydromètres comme les flotteurs ne donnent que des vitesses; il faut en déduire les débits, dont la détermination forme l'objet définitif des jaugeages.

a) *Méthode expéditive pour jaugeages sommaires.* — Pour un jaugeage isolé et sommaire, on peut se contenter de mesurer sur des verticales N, M, P, etc., les vitesses U_n, U_m et U_p aux 3/5 de la profondeur et de calculer le débit par la formule :

$$Q = S_n U_n + S_m U_m + S_p U_p,$$

d'où la vitesse moyenne :

$$U = \frac{S_n U_n + S_m U_m + S_p U_p}{S_n + S_m + S_p}.$$

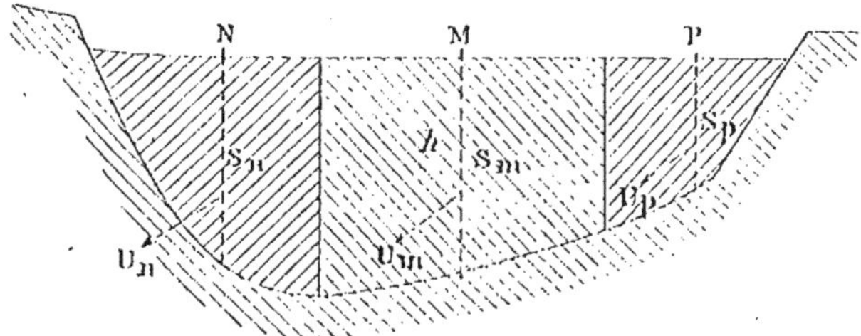

Fig. 18.

Cette méthode expéditive peut donner dans bien des cas des résultats approchés et suffisants (*fig.* 18).

b) *Méthode par courbes isodromes.* — Cette méthode consiste à réunir dans un même profil les points d'égale vitesse par une même courbe, et à planimétrer ensuite les aires comprises entre deux courbes voisines, S_1, S_2, S_3, S_4, S_5, S_6, etc. (*fig.* 19).

Ce procédé est minutieux, et ne doit pas être adopté, sauf dans des cas particuliers, lorsqu'on veut connaître, avec le mode de distribution des vitesses, le débit avec une très grande exactitude, généralement inutile.

c) *Méthode courante pour jaugeages ordinaires.* — On divise la section transversale par deux réseaux de coordonnées rectangulaires, et dont l'équidistance est déterminée d'après l'importance du cours d'eau envisagé. Sur chaque coordonnée verticale, on mesure les vitesses le plus près possible du fond et de la surface, et en des points intermédiaires régulièrement espacés. On en déduit aisément le débit par l'un des procédés suivants.

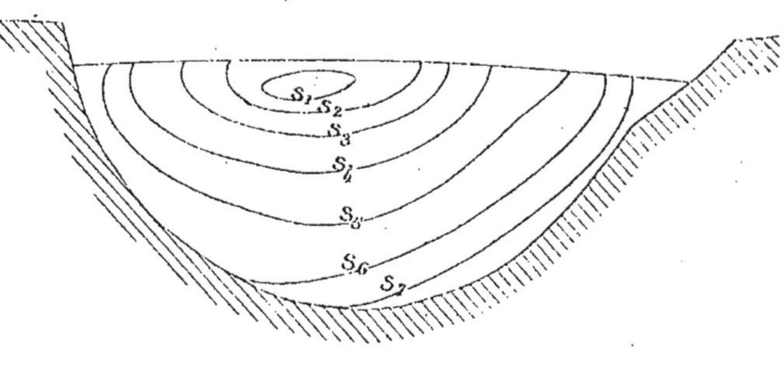

Fig. 19.

Procédé graphique. — Soit p la profondeur sur une ordonnée quelconque MM' et u la vitesse moyenne sur cette verticale, le produit $p \times u$ représente le débit élémentaire q d'une tranche infiniment mince se confondant avec l'ordonnée MM'. On porte cette valeur $q = p \times u$ à une échelle

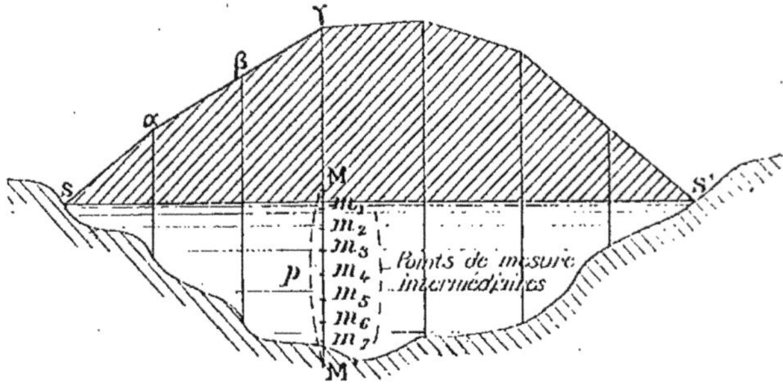

Fig. 20.

couvenablement choisie au-dessus de l'horizontale de surface SS'. Les extrémités α, β, γ, etc., de la ligne ainsi obtenue forment un polygone, ou mieux une courbe continue dont l'aire, égale à la somme du débit élémentaire, représente le débit total $Q = \Sigma pu$. Il suffit donc de le mesurer au planimètre pour avoir immédiatement et sans calcul ce débit.

Au procédé graphique, qui vient d'être décrit, on peut substituer le calcul, ce qui n'offre aucune difficulté (*fig.* 20).

Courbe des débits. — Quel que soit le procédé graphique ou numérique mis en œuvre pour passer des vitesses au débit, lorsque ce dernier se trouve obtenu, il reste à traduire par une courbe sa relation avec la cote correspondante de l'échelle de station. On porte la cote en abscisses et le débit en ordonnées sur une épure, dont l'échelle doit être convenablement choisie pour une bonne représentation de la loi à mettre en évidence. Chaque jaugeage y donne un point,

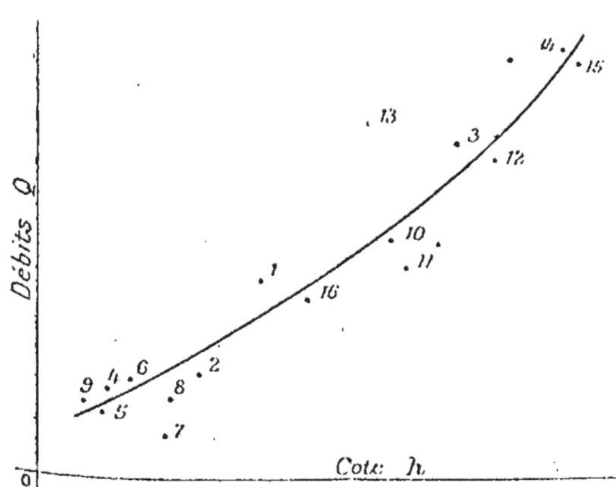

Fig. 21. — Courbe caractéristique des débits de la station.

que l'on désigne par son numéro chronologique dans la série des opérations. Certains points trop excentriques (tels que les numéros 7 et 13) sont à éliminer, les autres se groupent dans une zone d'autant moins large que les opérations sont meilleures ; on y trace une courbe continue :

$$Q = f(h),$$

qui résume l'ensemble le mieux possible. C'est ce qu'on appelle la caractéristique de la station ; elle est définitive, si le lit reste fixe. Une fois cette courbe tracée, on en déduit le débit, qui correspond à chaque division de l'échelle de station ; c'est le barème des débits de la station (*fig.* 21).

Lorsque le lit est mobile, la courbe et le barème ne sont plus que les traductions d'un état passager correspondant à la période des jaugeages qui leur servent de base [1].

La plupart des observations périodiques sur les cours d'eau sont traduites en hauteur, comme on l'a vu ; les graphiques de hauteurs d'eau sont la règle et les graphiques de débit l'exception. C'est un fait regrettable, car les hauteurs n'ont entre elles que des analogies lointaines ; suivant les irrégularités de la pente et du profil, une même hauteur a des significations très différentes en deux points quelquefois rapprochés, si bien que les collections de graphiques des hauteurs d'eau d'une rivière ne permettent presque jamais de bien définir son régime.

Cette lacune est particulièrement frappante pour les aménagements industriels, qui sont presque exclusivement sous la dépendance du débit, et auxquels la hauteur importe peu, en général tout au moins. Par conséquent il y aurait beaucoup d'avantages à substituer les graphiques du débit à ceux de la hauteur dans la pratique des observations hydrométriques, et cette substitution ne présenterait pas de bien sérieuses difficultés.

La plupart des services de navigation possèdent déjà des formules qui permettent de déduire immédiatement le débit de la hauteur lue à l'échelle ; mais l'usage n'en est pas moins resté de dresser les graphiques des hauteurs et non ceux des débits, ce qui représente, au point de vue des comparaisons, les inconvénients que l'on vient de rappeler.

Les formules qui servent à passer de la hauteur au débit se rattachent à cinq types principaux :

[1]. Tous les renseignements qui précèdent sont extraits des mémoires si intéressants de MM. Tavernier et de La Brosse, publiés dans les *Annales du Ministère de l'Agriculture* (1905-1906).

I. Type de Tadini .... $\quad q = K\omega' \sqrt{Ri}$;

II. Type du déversoir .... $\quad q = MH^{\frac{3}{2}}$;

III. Type de Boussinesq ..... $\quad q = M'(H' + c)^{\frac{3}{2}}$;

IV. Type de Lombardini ..... $\quad q = MH^{\frac{3}{2}} \pm NH^{\frac{n}{2}}$;

V. Type parabolique .... $\quad q = a + bH' + cH'^2 + dH'^3$.

On peut rattacher au type I plusieurs formules du genre

$$hi = mu^2,$$

u désignant la vitesse moyenne, par exemple celle qu'avait adoptée le général Dufour pour les rivières de Suisse :

$$u = 44 \sqrt{Ri},$$

la formule bien connue de Tadini :

$$u = 50 \sqrt{Ri},$$

celle que donne M. Graeff pour les affluents de la Loire supérieure :

$$u = 36 \sqrt{Ri},$$

et pour les rigoles garnies d'herbes aquatiques :

$$u = 25 \sqrt{Ri}.$$

Dans toutes ces expressions, R désigne le rapport de la section liquide au périmètre mouillé, c'est-à-dire le rayon moyen.

Au type III se rattachent un grand nombre de formules de débit, par exemple :

Celle de la Loire à Roanne :

$$q = 100 \, (H' + 0,25)^{\frac{3}{2}};$$

Celle de la Seine à Mantes :

$$q = 95 \, (H' + 0,70)^{\frac{3}{2}};$$

Celle de l'Isère à Grenoble :

$$q = 121\,(\mathrm{H}' + 0{,}86)^{\frac{3}{2}};$$

Celle du Drac à Grenoble :

$$q = 280\,(\mathrm{H}' - 0{,}70)^{\frac{3}{2}}, \quad \text{etc.}$$

Pour le type IV, on citera :
Celle de l'Adda à Côme :

$$q = 100\mathrm{H}^{\frac{3}{2}} - 3{,}20^{\frac{5}{2}}.$$

Pour le type V :
Celle du Rhône à Valence :

$$q = 325 + 365\mathrm{H}' + 40\mathrm{H}'^2 + 14\mathrm{H}'^3;$$

Celle de la Garonne à Langon :

$$q = 86{,}52 + 121{,}18\mathrm{H}' + 41{,}70\mathrm{H}'^2.$$

Quel que soit le type de la formule employée, il est aisé de déterminer les coefficients de la courbe des débits, en se servant de la méthode des moindres carrés, si on dispose d'une douzaine de jaugeages. C'est là une première approximation, et on devra vérifier de temps à autre par des jaugeages répétés l'exactitude de la formule adoptée ; ces vérifications faites à des moments favorables conduiront peut-être à modifier les coefficients que l'on aura calculés.

En résumé, le tracé d'une courbe des débits est une œuvre de longue haleine, représentant une suite d'opérations multipliées pendant une longue série d'années. Cette courbe ne sera jamais qu'une approximation, une probabilité ; mais, si elle est déduite d'un nombre suffisant d'opérations dignes de foi, elle n'en constitue pas moins un élément d'appréciation des plus utiles.

Mesure des volumes d'eau débités lors des grandes crues. — Formules de M. l'inspecteur général Sainjon pour la

Loire. — Il est extrêmement difficile de mesurer les volumes d'eau débités pour les fleuves et rivières dans les grandes crues ; les méthodes de jaugeage cessent alors d'être applicables.

M. l'inspecteur général Sainjon a imaginé la méthode suivante, qui a rendu de très grands services sur la Loire, et qui est en usage depuis quarante ans.

Il est toujours possible, au moyen de profils en long et en travers levés dans le lit du fleuve, et des cotes de hauteur d'eau observées aux échelles de deux points voisins, pendant toute la durée de la crue, de calculer le volume d'eau qui, dans un temps donné, s'est emmagasiné dans le lit du fleuve entre les deux points, ou en est sorti suivant la période que l'on considère (de croissance ou de décroissance).

Telles sont les diverses relations, au moyen desquelles on peut déterminer les coefficients de telle formule empirique que l'on veut essayer, et s'assurer si la formule satisfait ou ne satisfait pas aux conditions naturelles de l'écoulement des eaux.

La dernière relation indiquée a en outre l'avantage d'introduire dans les calculs un terme, qui est en dehors de toute hypothèse, à savoir le volume d'eau, dont le lit du fleuve se remplit pendant la période de croissance, ou se vide pendant la période de décroissance.

M. Sainjon a employé pour ses calculs la formule empirique :

$$Q = m \sqrt{h^3},$$

dans laquelle Q est le débit par seconde, *h* la hauteur d'eau *au-dessus du fond moyen* du fleuve, et *m* un coefficient constant.

Le coefficient a été calculé pour chaque échelle de la Loire, en aval du bec d'Allier et pour l'eau des dernières échelles de chacun des grands affluents, en se servant des diverses conditions ci-dessus énoncées.

On aura une idée du travail accompli et du service rendu par M. Sainjon, quand on saura qu'il n'a pas établi moins de 49 formules applicables chacune à un poste d'observation du fleuve ou de ses grands affluents.

L'une d'entre elles, applicable à la Loire à Cuissy, à 56 kilomètres à l'amont d'Orléans, est :

$$Q = 359 \sqrt{(C - 0{,}25)^3};$$

une autre, également à la Loire, à Orléans,

$$Q = 326 \sqrt{(C + 0{,}29)^3},$$

C exprimant la cote de hauteur d'eau lue à l'échelle indiquée pour chaque poste d'observation.

Ces formules, en raison même de la méthode qui a servi à leur établissement, ne sont applicables que pour les grandes hauteurs, à partir de 3 mètres par exemple, à l'échelle d'Orléans ; cependant on peut en continuer l'usage jusqu'à 2^m,50 et même 2 mètres, mais avec de moins grandes garanties d'exactitude.

Pluviométrie — Les débits des cours d'eau sont liés aux pluies qui tombent dans leurs bassins par des lois complexes dépendant du relief et de la nature géologique du sol. La détermination de ces lois dans chaque bassin est chose longue et difficile.

Pour cela il faut, en effet, étudier l'importance et la nature des précipitations qui s'y produisent ; il faut en même temps, par des mesures planimétriques détaillées, évaluer séparément les surfaces du sol, qui jouent un rôle différent dans l'alimentation des cours d'eau. On se trouve ainsi conduit à s'occuper de pluviométrie et à planimétrer en détail chaque bassin.

Les observations qui ont pour but de mesurer les quantités de pluie tombées, les observations pluviométriques se font dans un grand nombre de stations en France. On emploie à cet effet des instruments dénommés *udomètre* ou *pluviomètre*. Il semble inutile d'en donner la description, que l'on trouve dans les divers traités de météorologie [1].

1. On trouve dans l'*Hydraulique fluviale* de M. l'inspecteur général Léchalas la description du pluviomètre de l'Association scientifique de France qui est le plus usité.

Nivométrie. — **Résultats obtenus.** — Les observations devraient être complétées par l'étude des quantités de neige tombées dans le bassin que l'on a en vue. C'est la *nivométrie ;* mais le service n'est guère organisé et les résultats obtenus sont encore très incertains.

M. l'ingénieur Imbeaux, dans une monographie très intéressante du bassin de la Durance, a posé les bases d'un calcul portant sur les accumulations et sur les fontes neigeuses. D'après lui, pendant les mois d'avril à août, la fonte des neiges fournit à la rivière une fraction de son débit, qui varie, suivant la température et l'humidité de la saison chaude et l'abondance des neiges de l'hiver précédent, entre 33 et 71 0/0, et qui est, en moyenne, de 49 0/0, soit la moitié de ce débit total.

A côté de l'étude des neiges annuelles doit se placer celle des neiges persistantes et des glaciers. Une détermination précise des périmètres des glaciers et de leurs surfaces renouvelées périodiquement permettra de savoir, si les glaciers croissent ou décroissent, et si, de ce fait, les cours d'eau glaciaires sont menacés de voir péricliter leurs étiages.

M. l'ingénieur Gandenzio Fanboli, dans une étude hydrographique des plus remarquables sur l'étendue des glaciers et sur le régime des cours d'eau glaciaires, a abordé tous ces problèmes en ce qui concerne les deux bassins du lac de Côme et du lac Majeur, et a donné des indications du plus haut intérêt.

Dans les bassins considérés, 1 kilomètre carré fournit un débit moyen journalier de 650 litres à la seconde, alors que 1 kilomètre carré de terrain ordinaire ne donne que 10 à 12 litres à la seconde.

Planimètre. — Pour apprécier les ressources hydrauliques d'un bassin, il faut en connaître l'étendue, l'altitude, l'exposition, l'abondance des précipitations atmosphériques, la constitution géologique, les surfaces lacustres ou glaciaires, le développement complet des cultures, forêts, etc.

Les superficies s'obtiennent directement sur les cartes par des mesures pluviométriques. La recherche des périmètres apparents est d'ordinaire assez simple, lorsqu'on est en présence d'un relief accentué ; les lignes de partage apparaissent alors nettement sur le sol comme sur la carte, et il n'y a guère d'indécision. Il n'en est pas de même, au milieu de régions montagneuses, lorsqu'il s'agit de massifs recouverts de formations glaciaires, qui dissimulent les thalwegs rocheux.

Influence des pluies et des neiges sur l'alimentation d'un bassin. — Les pluies et les neiges, qui tombent dans un bassin donné, déterminent le débit de la rivière qui y prend naissance. Si les terrains qui composent ce terrain sont fissurés et absorbent ces pluies, le cours d'eau aura un débit soutenu ; les crues, à moins de saisons exceptionnelles, seront peu importantes. Si, au contraire, il s'agit de terrains imperméables, les eaux ruissellent à leur surface, et produisent dans la vallée des désastres très sérieux. Les neiges, comme on l'a vu plus haut, constituent comme une sorte de réserve, et donnent au fleuve au moment où la période sèche se produit, le débit supplémentaire dont ont besoin la navigation et les forces hydrauliques aménagées. Quand les bassins sont alimentés pour la plus grande partie par la fonte des neiges ou des glaciers, les crues estivales sont les plus à redouter ; c'est le contraire qui se produit lorsque les pluies remplissent ce rôle ; les crues d'automne ou d'hiver sont à craindre, mais ont moins d'influence sur les récoltes et leur rendement.

Le mode de distribution des pluies a cependant un grand intérêt ; certaines régions, comme la Normandie, sont abondamment pourvues ; d'autres, au contraire, ne sont pas favorisées à ce point de vue. La même quantité d'eau peut tomber dans un espace de temps donné ; mais l'effet est différent. Ici, ce sera l'inondation avec ses désastres ; là, au contraire, la pluie sera bienfaisante. Tout dépend de la nature du sol et de la végétation qui le recouvre.

Quoi qu'il en soit, l'épaisseur de la couche de pluie varie chaque année suivant les localités et les années ; cette épaisseur moyenne, calculée pour un nombre suffisamment grand d'années, est une des caractéristiques du climat de chaque localité.

En général, les pays montagneux reçoivent plus d'eau que les pays de plaine. M. l'ingénieur Belgrand a donné cette loi déduite d'une longue expérience et qu'il a énoncée de la manière suivante : *En général, la quantité annuelle de pluie dans un même bassin varie en sens inverse de la distance à la mer, puis dans le même sens que l'altitude, du moins jusqu'à une certaine limite de celle-ci.* Dans le bassin de la Seine, la hauteur de pluie tombée annuellement atteint à peu près son minimum à Paris, où elle n'est que de 0^m,58, tandis qu'aux Settons, dans le Morvan, presque à la ligne de faîte, elle s'élève à 1^m,78.

Les variations de l'état d'un cours d'eau sont produites par les chutes subites d'une grande quantité d'eau. A Paris, on a observé en vingt-quatre heures, depuis trente ans, un maximum de 53 millimètres (27 juillet 1872); les orages les plus violents ne donnent guère plus de 20 à 30 millimètres [1]. Dans le Morvan, qui alimente le bassin de la Seine, on a constaté 143 millimètres en trois jours, dont 100 millimètres en vingt-quatre heures.

Dans le bassin de la Garonne, on observe fréquemment 90 millimètres en vingt-quatre heures; les grandes inondations survenues en 1875 ont été produites par des chutes d'eau qui ont atteint 0^m,230 à Barèges pendant une matinée.

Ainsi l'arrivée se répartit inégalement entre les vingt-quatre heures du jour, et à des intensités variables dans la même journée.

Coefficient d'écoulement. — Le coefficient d'écoulement est le rapport qui existe entre le volume débité par un cours d'eau et la quantité d'eau tombée sur le bassin pendant une période déterminée. Il varie naturellement avec le degré de perméabilité des terrains : dans le Morvan, il est de 0,75; dans le bassin de l'Eure, il devient à 0,14. Il varie aussi d'une saison à l'autre, étant beaucoup plus faible pendant le semestre chaud que pendant le reste de l'année. Dans le bassin de la Seine, il se trouve compris dans les limites suivantes :

0,43 pendant le semestre froid;

0,17 pendant le semestre chaud;

0,28 pour l'année entière.

1. L'orage du 15 juin 1914 a donné 75 millimètres en quelques heures.

On fera bien d'adopter le coefficient 0,30 d'une manière générale pour une période d'assez longue durée, à défaut de renseignements certains.

A Paris, où le terrain sur lequel tombe la pluie peut être considéré comme tout à fait imperméable, on a admis que les égouts doivent pouvoir débiter par seconde le tiers de ce qui tombe sur le bassin qu'ils desservent.

On aura aussi à tenir compte de ce fait que la perméabilité ou l'imperméabilité du sol sont toujours choses relatives, et qu'un terrain très absorbant se comporte comme un terrain imperméable, s'il est saturé ou gelé.

Prévision des crues et des inondations. — La connaissance des hauteurs d'eau, des débits d'une rivière et des quantités de pluie tombées, leurs relations n'ont pas seulement une valeur statistique et documentaire. Elles peuvent servir à prévoir et à annoncer à l'avance, dans une certaine mesure, les variations, qui doivent se produire dans l'état des cours d'eau. On conçoit tout l'intérêt qui s'attache à ces prévisions.

La batellerie peut profiter d'une crue ordinaire, d'un gonflement des eaux, qui en est la conséquence, pour franchir un passage difficile, et prendre les dispositions les plus avantageuses ; les riverains, d'une part, et l'administration d'autre part, sont heureux de connaître les variations de niveau inopinées susceptibles de produire des accidents ou des pertes.

La prévision des crues extraordinaires, qui causent l'inondation de territoires considérables, est aussi intéressante. Elle permet sinon d'éviter, du moins d'atténuer les désastres, qui sont généralement la conséquence de ce phénomène.

Méthodes générales de prévision. — En France, les services hydrométriques et d'annonces des crues a une importance exceptionnelle. Il compte, en effet, 675 stations hydrométriques et 1.763 stations pluviométriques.

Il existe pour chaque service un recueil de règlements comprenant une instruction générale et des règlements généraux et par station, des règlements par département ; des modèles d'imprimés et de dépêches télégraphiques, etc., à utiliser. Ces règlements indiquent la façon dont les observations doivent être faites et notées, les avis à envoyer par les observateurs aux ingénieurs chargés des annonces ou aux autorités, les personnes à qui les annonces doivent être adressées, et le mode de diffusion de celles-ci parmi les populations intéressées.

Actuellement, dans la majeure partie des services, des avis utiles, plus ou moins précis et réguliers, peuvent être transmis grâce à cette organisation.

Trois méthodes sont appliquées en France : 1° la méthode des montées ; 2° la méthode des cotes ; 3° la méthode de comparaison.

Dans la première méthode, on établit une relation entre la montée à une station et les montées aux hydromètres, établis à l'amont sur le cours d'eau principal et les affluents.

En général, les formules appliquées sont des fonctions linéaires des montées, auxquelles on ajoute un terme qui dépend de la saison ou de la montée au fluviomètre d'aval. On peut aussi employer des graphiques ou bien des formules. Cette méthode est appliquée sur la Seine et a donné d'excellents résultats.

Les formules employées sont de la forme suivante :

$$\delta_A = b\delta_B + c\delta_C \ldots\ldots + K,$$

dans laquelle δ_A, δ_B, δ_C désignent les montées d'eau aux stations A d'aval, B et C d'amont.

Dans la méthode des cotes, on calcule la hauteur hydrométrique d'un point à l'aval, d'après les hauteurs enregistrées aux hydromètres établis à l'amont sur le cours d'eau principal et ses affluents. Pour représenter graphiquement la relation entre la cote de ce point et les cotes de deux points d'amont, on porte, en abscisses la cote hydrométrique de l'un des points d'amont B, et en ordonnées la cote hydrométrique de la station d'aval A. A côté du point ainsi obtenu, on inscrit la valeur h_C de la cote au troisième hydromètre C, et on trace les courbes, pour lesquelles h_C est constant.

Le nombre des formules, graphiques ou tableaux numériques de ce type est considérable (Guillemain, Jollog, Mazoyer, Guillon, etc., pour la Loire, l'Allier, le Cher, la Vienne, l'Indre, la Creuse ; Allard, Breuillé, de Préaudeau, Goupil, etc., services hydrométriques pour la Seine et ses affluents ; Garonne et affluents ; Adour).

Le type des formules employées est le suivant :

$$h_A = bh_B + ch_C \dots + K \quad (\text{Adour, Loire, Seine, Allier, etc.})$$

La méthode de comparaison serait théoriquement la plus scientifique, si l'on avait assez d'observations, groupées sous une forme facilement maniable. Elle consiste à chercher une crue antérieure analogue à celle dont on s'occupe.

APPLICATION DE CES MÉTHODES. — a) *Prévision des crues dans le bassin de la Seine*. — La méthode des montées, dont le principe a été indiqué plus haut, a été appliquée depuis 1854 au bassin de la Seine par l'éminent ingénieur Belgrand. Elle a donné, sans corrections sensibles, des résultats concordant sensiblement avec la réalité.

Les eaux *torrentielles*, qui proviennent des terrains imperméables, passent les premières à Paris, les eaux *tranquilles* provenant des terrains perméables ne font que soutenir les crues. Belgrand a donc négligé les terrains perméables et s'est borné à considérer près de leur source les cours d'eau ayant des bassins imperméables; ces cours d'eau étaient à ses yeux des *indicateurs* de ce qui se passait dans toute l'étendue imperméable du bassin de la Seine. Par l'examen d'un grand nombre de crues, il est arrivé à trouver une relation très simple entre la montée de la Seine à Paris (c'est-à-dire la différence de niveau entre la cote à l'origine de la crue et le maximum) et les montées des affluents témoins.

La montée à Paris (pont d'Austerlitz) s'obtient en multipliant par 2 la moyenne des montées observées sur les huit rivières suivantes : Yonne à Clamecy, Cousin à Avallon, Armançon à Aisy, Marne à Chaumont, Marne à Saint-Dizier, Aisne à Sainte-Menehould, Aire à Vraincourt, Saulx à Vitry-le-Brûlé.

On peut encore calculer la montée à Paris en prenant le double de la moyenne des montées observées sur les sept rivières suivantes : Yonne à Clamecy, Cousin à Avallon, Armançon à Aisy, Marne à Chaumont, Marne à Saint-Dizier, Aire à Vraincourt, Grand-Morin à Pommeux. Cette dernière règle a l'avantage de tenir compte directement de l'influence du Grand-Morin, et il est utile de comparer son résultat numérique à celui de la première.

Connaissant, d'autre part, la durée de propagation du maximum de la crue entre les affluents supérieurs à Paris, on en déduit l'instant où devra se produire ce maximum.

Fig. 22. — Carte du bassin de la Seine en amont de Paris.

Cette durée est au plus de trois jours, si la crue provient surtout de l'Yonne et du Grand-Morin ; elle est de six jours environ, si elle est exclusivement alimentée par la Marne supérieure ; elle est en moyenne de 3ʲ,4.

Il convient d'observer :

1° Qu'un affluent important, le Loing, dont la partie supérieure du bassin est imperméable, ne figure pas parmi les cours d'eau énumérés ci-dessus, le défaut de pente des terrains traversés par cette rivière ne lui permettant pas d'influer sensiblement sur le régime des crues de la Seine;

2° Qu'au contraire les eaux de l'Aisne et l'Aire, affluents de l'Oise, s'écoulant à la Seine en aval de Paris, ne peuvent avoir d'influence directe sur les crues du fleuve dans cette ville; de là le titre d'indicateur attribué à ces cours d'eau par Belgrand.

En suivant les principes pris par cet ingénieur, on a pu établir des règles analogues pour les autres cours d'eau importants du bassin de la Seine.

Un service d'annonce des crues est assuré par l'Administration des Ponts et Chaussées, et fonctionne pour les principales rivières du bassin français. Le chef de ce service pour un cours d'eau déterminé centralise les renseignements postaux et télégraphiques, qui lui sont transmis par les stations d'observation situées dans les parties hautes du bassin; il en déduit la cote probable des crues et en avertit immédiatement les services intéressés, ainsi que le public, par l'intermédiaire des représentants de l'autorité.

Fig. 23. — Carte du bassin de la Loire entre Roanne et Briare.

b) *Prévision des crues de la Loire. Roanne et Briare.* — M. l'inspecteur général Guillemain a choisi sur le fleuve et ses principaux affluents des stations placées de telle façon que les eaux mettent à peu près le même temps (trente-six heures par exemple) à parcourir la distance qui sépare ces stations du point pour lequel les prévisions étaient à faire.

En procédant ainsi, on connaît à un instant donné les diverses hauteurs *composantes* qui doivent avoir, trente-six heures après, pour *résultante* la hauteur cherchée. Il reste alors à affecter chaque hauteur composante d'un coefficient, qui représente sa part d'influence dans la hauteur résultante. Ce coefficient se détermine par tâtonnement, en étudiant chaque inondation dont on a les éléments.

C'est ainsi qu'envisageant à la fois la Loire supérieure à Digoin, la Bèbre à Dompierre, l'Aron à Roche, l'Allier à Vichy, la Sioule à Ebreuil, et multipliant la hauteur de ces cours d'eau, relevée à un même moment, chacune par un coefficient fixe, M. Guillemain était arrivé à former une courbe hydrométrique de prévision, qui ne s'écartait pas trop de la réalitée constatée vingt-quatre à trente-six heures après au bec d'Allier, au confluent de cette rivière avec le fleuve. La prévision de la cote au bec d'Allier servait ensuite à fournir celle de Châtillon-sur-Loire, dix-huit à vingt heures après.

Cette méthode a été très perfectionnée par M. l'ingénieur en chef Mazoyer qui, à la suite d'observations faites pendant un grand nombre de crues, a établi des barèmes ou des formules algébriques, et des graphiques susceptibles de rendre de grands services [1].

c) *Prévision des crues de la Loire entre Briare et les ponts de Nantes.* — Une mention spéciale doit être accordée au service d'annonces des crues sur cette partie de la Loire, service qui permet de donner chaque jour pour les deux jours suivant la prévision des cotes de hauteur d'eau aux échelles du fleuve. Ce service a été organisé d'une façon remarquable par MM. les ingénieurs Sainjon et Guillon.

Les prévisions sont faites pour les échelles régulatrices, savoir :

Orléans, pour la partie de l'origine au confluent du Cher ;
Langeais, pour la partie entre le Cher et la Vienne ;
Saumur, pour la partie entre la Vienne et la Maine ;
Montjean, pour la partie de la Maine à Nantes exclu.

Les trois observations journalières, effectuées à douze heures, seize heures et huit heures du matin le lendemain

---

1. *Annales des Ponts et Chaussées*, 1890, 2ᵉ semestre.

matin, sont envoyées au bureau de l'ingénieur en chef à
Orléans, transcrites sur un registre, puis reportées sur une
feuille de papier quadrillé suivant le système duodécimal
pour les temps et le système décimal pour les hauteurs
d'eau. Les courbes ainsi tracées des hauteurs d'eau observées
doivent être poussées en avant de deux ou trois jours pour
les postes correspondant aux échelles régulatrices, d'après
le sentiment de la continuité, et en tenant compte de l'importance et du sens des erreurs et des rectifications des
jours précédents. Cette opération est assurément délicate,
mais la pratique donne le tact nécessaire ; on connaît
d'ailleurs l'allure des courbes de différentes crues, et on
arrive en fait à n'avoir généralement que des erreurs de
quelques centimètres.

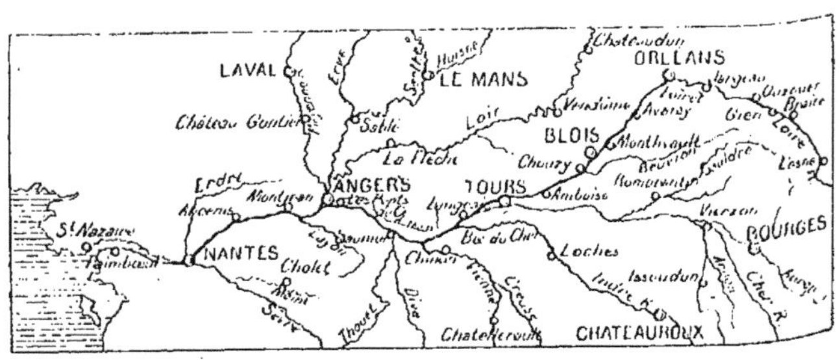

Fig. 24. — Carte du bassin de la Loire entre Briare et les ponts de Nantes.

La courbe une fois prolongée, on y lit les cotes de midi à
annoncer pour les deux jours suivants.

Les populations des localités secondaires, qui prennent
dans les journaux les cotes probables aux échelles régulatrices, peuvent en déduire immédiatement les cotes probables à l'échelle qui les intéresse au moyen de tables de
concordance déposées dans les mairies de toutes les communes riveraines.

d) *Prévisions des crues de l'Elbe en Bohême.* — La méthode
des hauteurs exposée plus haut est appliquée sur l'Elbe
dans les conditions suivantes.

Le bassin supérieur de l'Elbe constitue un vaste cirque,

dont les limites se confondent à peu près avec celles de la Bohême. La navigation y présente une grande importance, dépassant 2.500.000 tonnes à Tetschen, à la frontière de la Bohême et de la Saxe.

Les crues subites et violentes et le régime du fleuve très irrégulier, tantôt assez calme, tantôt presque torrentiel, donnent un intérêt tout particulier à l'annonce des variations de l'état du fleuve en Bohême.

Le bassin de l'Elbe se partage en amont d'Aussig, en trois bassins secondaires, ceux de la Moldau, de la petite Elbe et de l'Eger. En des points convenablement choisis sur chacun de ces cours d'eau, Prague sur le premier, Brandeis sur le deuxième, et Laun sur le troisième, on a déterminé la courbe des débits en fonction des hauteurs. On a effectué la même détermination à Tetschen, où toutes les eaux sont réunies. Ces opérations ont été faites par M. Harlacher soit au moyen du moulinet perfectionné par lui, soit au moyen de flotteurs de surface, en adoptant comme vitesse moyenne, sur une même verticale, 0,85 de la vitesse superficielle.

Fig. 25.

Grâce à ces éléments, on a pu calculer la quantité d'eau qui serait débitée à Tetschen, vingt-quatre heures environ après, en augmentant de 1/10 la somme des trois débits partiels pour tenir compte de l'appoint fourni par le territoire situé en dehors des bassins de ces trois affluents.

Les prévisions atteignent un grand degré de précision et permettent d'annoncer la crue vingt-quatre heures à l'avance à Aussig et à Tetschen, et un jour et demi à Dresde.

On peut remarquer que cette manière de procéder est tout à fait analogue à celle qui est suivie sur la Loire. Sur l'Elbe, la part d'influence de chaque hauteur composante dans la hauteur résultante est déterminée mathématiquement au moyen des courbes de débit; sur la Loire, elle se mesure par un coefficient fixé empiriquement.

CHAPITRE IV

PREMIERS TRAVAUX D'AMÉLIORATION

Considérations générales. — Une rivière naturellement navigable doit cependant être améliorée, pour que la batellerie puisse profiter dans les conditions les plus favorables des conditions qui lui sont offertes.

Il s'agit tout d'abord, comme on l'a montré plus haut, de reconnaître son cours au moyen de sondages, et d'indiquer au moyen d'un balisage sérieusement effectué, et fréquemment vérifié, le passage le plus facile, qui ne se confond pas nécessairement avec la direction du thalweg. On sera tenu, cette reconnaissance ayant été faite, d'enlever les seuils fixes qui peuvent être dommageables pour les embarcations, et d'écrêter les seuils mobiles, qui se reconstituent, comme on l'a vu, après chaque crue.

On devra défendre, fixer et même rétablir certaines parties des berges, trop vivement attaquées par les eaux, soit que le développement de la corrosion puisse occasionner un déplacement du lit du cours d'eau, soit que les matières provenant de la destruction des rives causent manifestement l'obstruction du chenal, soit encore que la dégradation des berges mette obstacle à la pratique du halage.

Car il faut faciliter la traction des bateaux exercée de la rive, ce qui nécessite l'établissement et l'entretien d'un chemin d'accès facile.

Si la navigation prend quelque activité, on devra rendre possible l'embarquement et le débarquement des marchandises par des installations appropriées, et notamment par l'établissement de quais et de ports.

Enfin on pourra être amené ultérieurement, pour rendre plus sûre la circulation et accroître le tirant d'eau des bateaux, à régulariser d'une manière systématique la direction, la largeur et la profondeur du chenal.

On divisera donc le présent chapitre en quatre parties distinctes relatives respectivement à l'écrêtement des seuils, aux chemins de halage, aux défenses de rives, aux quais et ports, se réservant de traiter dans un chapitre spécial ce qui a trait à la régularisation des cours d'eau.

§ 1. — ÉCRÊTEMENT DES SEUILS

Les sondages effectués ont permis de reconnaître le chenal d'un cours d'eau. Ils sont généralement suivis du balisage, qui est absolument nécessaire sur un cours d'eau à fond mobile. Mais les modifications du chenal sont tellement fréquentes que la reconnaissance doit en être faite à intervalles très courts. Sur la Loire notamment, des agents spéciaux, qui portent le nom de baliseurs, tracent presque chaque jour, au moyen de baguettes enfoncées dans les grèves, la direction à suivre par la navigation. Celle-ci est extrêmement variable et dépend non seulement de la plus grande profondeur, mais encore de la direction du vent. Car le chenal doit être autant que possible continu et permettre aux bateaux à voile de s'engager sans difficulté dans les sinuosités qui sont rencontrées.

Quoi qu'il en soit, on trouve des seuils qui peuvent être fixes, résultant soit de l'émergence des couches géologiques, soit de la présence de troncs d'arbres dans le lit du cours, ou bien mobiles, s'ils sont produits par le dépôt de matières en suspension.

Enlèvement des écueils isolés. — Un genre d'écueil très dangereux sur les cours d'eau naturels est celui que forme un tronc d'arbre incliné, dont une extrémité est engagée dans le fond du lit, tandis que l'autre reste en saillie. C'est ce que l'on désigne aux États-Unis sous le nom de *snags*, ou arbres implantés dans le sable. Un bateau venant à passer

sur cet obstacle est infailliblement crevé et coulé. Il est donc
essentiel de le faire disparaître, et rien n'est plus facile que
de les enlever.

Le même inconvénient se produit lorsque le chenal rencontre des roches isolées restant en saillie sur le fond découpé
par les courants. Une charge suffisante d'explosifs divise la
roche émergente en plusieurs morceaux susceptibles d'être
aisément enlevés.

**Ouverture d'un chenal dans un seuil fixe sur une certaine
longueur.** — L'enlèvement d'un seuil fixe isolé de faible
importance est chose facile, et n'apporte aucune perturbation sur le régime des cours d'eau. Il n'en est pas ainsi
lorsque le seuil s'étend sur une assez grande largeur, et fixe
pour ainsi dire, comme un barrage, le mouillage du cours
d'eau à l'amont.

L'ouverture du chenal dans un seuil de cette espèce pourra
réaliser une amélioration, mais il est difficile de prévoir à
l'avance la profondeur d'eau que l'on obtiendra. L'effet réalisé peut être très fâcheux et produire un abaissement général de niveau, susceptible d'amener l'émersion des hauts-
fonds supérieurs. Il faut donc limiter au strict nécessaire, en
largeur et en hauteur, le chenal artificiel.

Travaux du Bingerloch sur le Rhin. — Les travaux du
Bingerloch sur le Rhin, commencés, paraît-il, dès le règne
de Charlemagne, consistent en dérochements exécutés dans
le lit du fleuve, notamment entre Bingen et Saint-Goar. Ce
lit est barré par deux bancs de rochers à peu près parallèles
et distants de 600 mètres environ; le banc d'aval, particulièrement gênant pour la navigation, présentait tout près de
la rive droite une échancrure connue depuis bien des siècles
sous le nom de Trou-de-Bingen (Bingerloch).

On a cherché à élargir les dimensions de cette échancrure naturelle, puis on en a ouvert une seconde près de la rive
gauche. Les résultats obtenus semblent avoir été peu satisfaisants : le régime des eaux à l'amont a été profondément
modifié, le mouillage ayant diminué d'une manière très
sensible.

Amélioration des cataractes du bas Danube. — Comme exemple de travaux remarquables dans cet ordre d'idées, on peut citer l'amélioration des cataractes du bas Danube (Hongrie), parmi lesquelles la plus fameuse est celle dite des *Portes de Fer*[1].

Les Portes de Fer sont la dernière et la plus périlleuse des cataractes, au nombre de cinq, qui rendaient la navigation du Danube très précaire et souvent même impossible entre Basias et Turn-Severin. Ces cataractes sont formées par des seuils rocheux plus ou moins importants qui traversent le lit du fleuve; leur distance respective à Basias est la suivante :

A 45 kilomètres....... Cataracte Stenka
  61-62 kilomètres....   —   Kozla-Dojke
  70-73   —   ....   —   Izlas-Tachtalia
  85-86   —   ....   —   Jucz
  128-131   —   ....   —   Les Portes de fer

Les travaux ont consisté dans l'ouverture d'un chenal régulier, mesurant 60 mètres de largeur au plafond, et dont la profondeur a été déterminée dans l'espérance d'avoir un

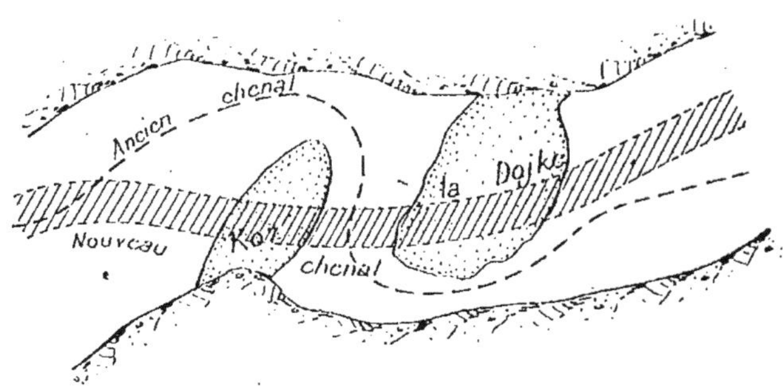

Fig. 26.

mouillage de 2^m,50 au minimum au-dessous du niveau normal des très basses eaux (*fig.* 26).

1. *L'amélioration des Portes de Fer et des autres cataractes du bas Danube*, par M. l'Ingénieur Bela de Gonda (Budapest, 1896).

Le croquis ci-dessus montre les dispositions principales de la cataracte de Kozla-Dojke, formée par deux seuils rocheux peu distants l'un de l'autre, partant le premier de la rive droite, le second de la rive gauche. L'ancien chenal extrêmement sinueux a été remplacé par un chenal remplissant les conditions voulues, et permettant à la batellerie une navigation facile.

Ce travail a exigé l'extraction de 66.000 mètres cubes de rocher d'une grande dureté. Les masses rocheuses à enlever étaient désagrégées par l'écrasement ou à la dynamite.

Dragage de hauts-fonds accidentels. — Les travaux exécutés pour l'ouverture d'un chenal à travers un seuil rocheux ont un effet durable. Il est impossible de déterminer à l'avance le résultat qui sera obtenu; mais, quel qu'il soit, il est définitivement acquis. Les dragages exécutés sur les hauts-fonds composés de matériaux plus ou moins mobiles peuvent remédier à la situation existante, mais doivent être renouvelés fréquemment, quand la cause de l'obstruction est permanente. S'il s'agit de l'écroulement d'une berge élevée dans le chenal, rien n'est plus facile que de supprimer l'obstacle, en faisant, bien entendu, les travaux nécessaires pour défendre la berge.

Mais ce fait n'est pas le seul, qu'on rencontre dans la pratique. Il se produit périodiquement des obstructions à la rencontre d'un cours d'eau et de ses affluents, au moment des crues, qui ne sont pas toujours concordantes. C'est ce qui se passe sur l'Yonne à l'embouchure de deux affluents torrentiels, le Serein et l'Armançon. L'Yonne est ainsi périodiquement envahie par les apports de ces deux rivières, et doit être dégagée à chaque crue nouvelle. Il en est de même au confluent de l'Yonne avec la Seine, ce fleuve formant barrage; les eaux retenues et relevées dans l'Yonne perdent leur vitesse et subissent une véritable décantation.

Un phénomène semblable se produit au confluent de la Loire et de la Maine. Les crues de la Loire ne coïncident pas avec celle de la Maine; elles s'épandent dans le lit de cette dernière rivière, et viennent y déposer des sables qui forment une sorte de barre. Si une crue de la Maine ne survient pas, pour emporter les sables déposés, la barre subsiste, et le passage de la Loire à la Maine et réciproquement devient très difficile. Il faut donc, après avoir calibré le mieux possible l'embouchure de la Maine, revenir à des dragages périodiques.

Dragage des seuils naturels. — On a vu plus haut que, lorsque le lit d'un cours d'eau est ouvert à travers des terrains plus ou moins mobiles, il présente invariablement une succession de fosses profondes (mouilles) séparées par des seuils (hauts-fonds). L'orientation, le relief de ces seuils peuvent varier d'une période de l'année à l'autre, leur emplacement est à peu près fixe.

Le dragage des hauts-fonds ne peut pas avoir d'effet durable; il constitue un moyen de fortune destiné à améliorer une situation mauvaise, et à donner à la batellerie le tirant d'eau dont elle a besoin. Mais c'est là un travail de Pénélope, qu'il faut renouveler à chaque état nouveau du régime du cours d'eau. Ce système ne laisse pas d'ailleurs de présenter un inconvénient et même quelque danger. L'inconvénient, c'est que les dépôts se faisant brusquement et, leur enlèvement demandant toujours un certain temps, la navigation peut être interceptée ou gênée pendant une période plus ou moins longue après chaque crue. Le danger, c'est que si on drague trop, on peut affamer la mouille supérieure, provoquer l'apparition de nouveaux hauts-fonds, et dans bien des cas rendre le passage plus difficile sur le seuil précédent.

Il faut donc nécessairement, si l'on désire que le mouillage demeure à peu près fixe, recourir à des travaux d'amélioration, conduits d'une façon rationnelle. Ce qui ne veut pas dire qu'on doit renoncer d'une façon absolue aux dragages, qui peuvent devenir nécessaires pour parer à une situation exceptionnelle, à un accident qui se serait produit dans la tenue des ouvrages. On s'occupera plus loin des appareils qui peuvent servir dans la circonstance.

On doit ici s'occuper simplement de ceux qui ont été utilisés, comme moyens de fortune, pour livrer passage à la batellerie au moment de la période d'étiage.

On citera en première ligne le chevalage, qui s'exerce sur

la Loire d'août à octobre, et qui permet d'assurer fugitivement le tirant d'eau nécessaire. Ce mode de dragage usité encore sur la Loire, et qui mérite au moins une mention au point de vue archéologique, consiste dans le balayage de la passe au moyen de pelles, que l'on descend progressivement dans le lit du cours d'eau. Le bateau chevaleur muni de ces pelles est tiré tantôt dans un sens, tantôt dans l'autre, et ramène le sable déplacé, alternativement sur l'une ou l'autre des rives. Ce déplacement, effectué d'abord à bras, se fait actuellement au moyen d'engins mécaniques. Cet appareil produit peu d'effet, et le rendement en est très faible. Le mètre cube de sable déplacé revient au moins à 1 franc. L'effet utile est des plus médiocres, et subsiste à peine pendant quelques semaines. Il est à espérer que l'on renoncera à ce moyen sans efficacité durable, d'une lenteur désespérante, et qui se justifiait encore, quand les équipages des bateaux surpris par un faible mouillage étaient obligés de tracer eux-mêmes dans les maigres un sillon provisoire au moyen de sortes de charrues en bois.

On a employé dans le même ordre d'idées la drague laveuse Kretz ; elle est basée sur ce principe qu'il n'est pas nécessaire d'évacuer les matériaux dragués, mais de les ébranler, et de les mettre de côté à une distance telle que les dimensions du chenal reconstitué suffisent au passage des bateaux.

Cette drague, que son inventeur qualifie de charrue fluviale, se compose de deux tuyaux délaveurs se réunissant sous un certain angle, dans lesquels des pompes actionnées par la machine du bateau envoient de l'eau à la pression voulue. Ces tuyaux délaveurs portent, à l'extérieur de leur partie inférieure, un grand nombre d'ajutages dirigés en biais dans le courant ; le jet qui en sort creuse les dépôts à la profondeur voulue, les fait ébouler, et les transporte, en suivant un trajet hélicoïdal, le long du tuyau délaveur à côté du chenal ainsi formé. Une partie des dépôts est poussée sur les rives ; la plus grande partie est emportée par le courant et conduite dans les mouilles en aval des seuils. Le croquis ci-dessous fait connaître un des dispositifs adoptés (*fig.* 27).

M. Kretz[1] donne les résultats suivants des expériences qui ont été faites sur le Rhin en présence d'ingénieurs : une pompe, équipée pour donner 10 chevaux de puissance par mètre de largeur à draguer dans 0^m,50 de gravier sablonneux, a déplacé de 30 à 72 mètres cubes par cheval-heure. Ce résultat est exceptionnel, et l'inventeur pense que le cinquième de ce rendement représenterait plus de dix fois ce que peuvent fournir les autres dragues.

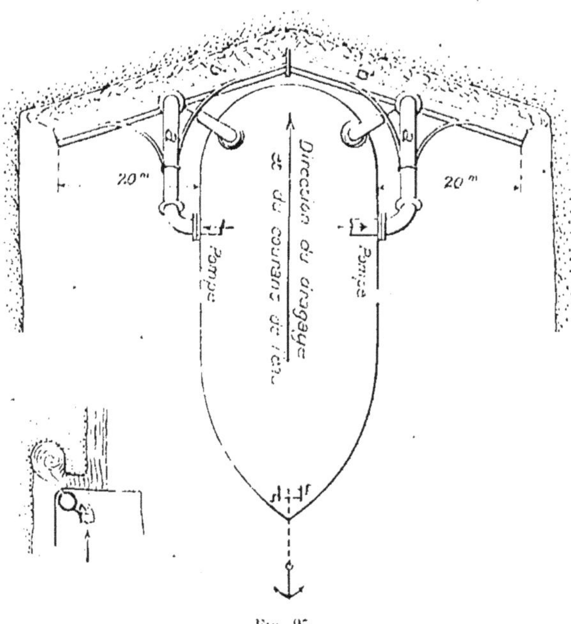

Fig. 27.

Sur le Rhin près de Strasbourg, on est parvenu à creuser un chenal de 0^m,25 à 0^m,30 de profondeur sur une longueur de 190 mètres de profondeur en 1^h47 minutes. Le gravier était de fortes dimensions, et la drague de 10 mètres de largeur avait une puissance effective de 5 chevaux par mètre de largeur.

1. *La drague laveuse Kretz* (Carlsruhe, 1904).

Les expériences effectuées dans le limon ont été également concluantes, et permettent d'affirmer que l'appareil peut rendre de grands services, en creusant un chenal de 200 mètres de longueur sur 20 mètres de largeur et 0^m,50 de profondeur en moins de deux heures, quelque soit le terrain rencontré.

L'opération se fait d'ailleurs dans les conditions suivantes : le bateau-drague laveuse se met en position dans le thalweg en amont du chenal à ouvrir, jette l'ancre, abaisse l'appareil dragueur à la profondeur voulue, et, tout en draguant, avance sous l'effet du courant. Ce procédé présente le grand avantage de ne pas exiger l'installation d'une machine spéciale pour le dragage, la machine du bord pouvant être utilisé à cet effet. Le personnel existant sur le bateau est également employé, sans qu'il soit nécessaire de recourir à des ouvriers spéciaux. Quand le dragage est achevé, le bateau-chargeur remonte à son point de départ, en se halant sur son amarre, et repasse par le chenal, en faisant jouer l'appareil dragueur pour le rectifier.

§ 2. — CHEMINS DE HALAGE

Servitude de halage. — En France, l'obligation pour les riverains de réserver sur les rives des cours d'eau navigables un passage permettant l'exercice du halage paraît remonter à un temps immémorial. D'après l'ordonnance des eaux et forêts de 1669, dont les dispositions ont été reproduites dans les réglementations ultérieures et en dernier lieu par la loi du 8 avril 1898 sur le régime des eaux, les propriétaires riverains sont tenus :

1° De laisser le long des bords, du côté où s'exerce le halage, un espace libre de 7^m,80 de largeur, sans pouvoir construire, planter des arbres, ni établir de clôtures, à moins de 9^m,75 ;

2° De ne pas établir de construction, plantation ou clôture à moins de 3^m,25 sur le bout opposé au halage (marchepied du contre-halage).

Cette obligation porte le nom de *servitude de halage*.

L'article 49 de la loi précitée stipule en outre que les riverains devront supporter la servitude de halage, dans le cas où un cours d'eau viendrait à être rendu navigable, ou encore dans le cas où le halage s'exercerait sur une rive jusque-là non frappée de cette servitude ; mais les propriétaires du sol auraient alors droit à une indemnité proportionnée au dommage éprouvé.

D'après les textes rappelés ci-dessus, la zone de servitude pour le chemin ou le marchepied de halage doit être comptée à partir des *bords* de la rivière, c'est-à-dire à partir des limites de son lit mineur.

Or ces limites sont souvent incertaines, et leur détermination à laquelle on donne le nom de *délimitation*, constitue une des questions les plus délicates dont les ingénieurs aient à s'occuper.

On verra plus loin comment doit s'effectuer cette délimitation ; on retiendra cependant que le chemin de halage et le marchepied doivent être fournis, tant que le niveau des eaux ne fait pas obstacle à la pratique du halage. On mesurera la zone de servitude, non pas à partir de la laisse des plus hautes eaux navigables, mais des plus hautes eaux qui permettent le halage.

Cette zone se déplace suivant que les berges se corrodent ou s'atterrissent (dans un cas, elle recule dans l'autre elle s'avance) ; et ce déplacement est susceptible d'entraîner des conséquences assez dures pour les propriétaires riverains, dont les plantations ou même les bâtiments peuvent se trouver frappés. C'est à eux qu'il appartient de se soustraire à ce danger en défendant la berge ou en contribuant à sa défense.

Droits respectifs de l'Administration et des riverains. — La propriété des riverains est seulement frappée de servitude et n'a à supporter aucune autre charge que celle que la législation lui impose.

Il en résulte que le chemin de halage et le marchepied ne sont pas des chemins publics, et que seuls ont le droit d'y circuler les chevaux de halage et leurs conducteurs ainsi que les mariniers, les fermiers de pêche et porteurs de licence, les fonctionnaires et agents préposés à la surveillance de la rivière.

Les usagers ne peuvent rien faire qui aggrave la situation des fonds asservis. C'est ainsi que l'Administration n'est pas autorisée à remblayer ou à empierrer les chemins de halage, sans avoir obtenu l'assentiment des propriétaires ou exproprié le terrain.

Conditions d'établissement d'un chemin de halage. — Le halage des bateaux est une opération pénible, lente, coûteuse, qui constitue dans certains cas un des éléments prépondérants du prix de revient des transports par eau. Il doit donc s'effectuer dans les meilleurs conditions possibles.

Il en résulte :

1° Que le chemin de halage doit être continu, chaque arrêt entraînant une perte de temps considérable, et aussi une perte de force à cause du démarrage.

2° Qu'il doit être maintenu sur la même rive, celle qui est la plus rapprochée du chenal, la plus praticable en toute saison, et la plus commode pour soutenir les bateaux contre l'effet de dérive produit par les vents dominants.

Quand un changement de rive est inévitable, on le fait coïncider avec un pont existant.

À la traversée des affluents, on établira une passerelle, si la largeur de ces cours d'eau permet de le faire sans grande dépense ; dans le cas contraire, il vaut mieux changer de rive en empruntant le pont le plus rapproché.

La passerelle doit reposer sur deux culées généralement en maçonnerie, et y être ancré toutes les fois que le tablier est exposé aux submersions. Celui-ci sera formé par de petites poutrelles en fer supportant un platelage en bois, recouvert d'une couche d'empierrement, ou bien doublé d'un second platelage transversal en bois tendre (peuplier), en corde d'aloès, etc.

Dans tous les cas, s'il y a un garde-corps du côté de la rivière, il faut avoir le soin de le prolonger à l'amont et à l'aval par une *lisse* en bois ou en fer, qui a pour objet de guider la corde de halage, *le trait*, à la traversée de la passerelle.

Le halage présente souvent des difficultés à la rencontre des ponts. Car, lorsqu'on n'a pas réservé une banquette sous l'arche marinière, on est obligé de dételer (*débiller* en terme de marine) les chevaux avant le passage du pont ; ce passage s'effectue soit au fil de l'eau, s'il s'agit de la descente, soit en réattelant les chevaux de l'autre côté du pont. Mais cette manœuvre est parfois dangereuse, surtout avec un courant rapide, au moment des hautes eaux par exemple. On doit donc s'efforcer d'établir sous l'arche marinière un passage rattaché à la rive. La largeur de passage peut, à la rigueur, se réduire à 2ᵐ, 50, et même à 2ᵐ, 20, bien qu'il soit préférable de lui donner 3 mètres ou plus. La hauteur libre, sur cette largeur réduite, ne doit pas être inférieure à 2ᵐ,70, sauf à abaisser, s'il est nécessaire, l'assiette du chemin et à l'exposer à être de temps en temps submergé.

Si la disposition des lieux ne se prête pas à l'établissement d'une banquette, on doit tout au moins installer des bornes ou des boucles d'amarrage, en nombre suffisant à l'amont et à l'aval du pont, qui constituent autant de points d'appui et facilitent autant qu'il est possible le passage de l'arche marinière.

On peut être amené à établir des chemins de halage spéciaux sur les voies très fréquentées, où la servitude ne donne pas satifaction à la batellerie. Ces chemins, qui font partie intégrante de la voie navigable elle-même, doivent être établis à une hauteur convenable à peu près uniforme et présenter une largeur de 4 à 5 mètres avec un empierrement ou au moins un bon sablage large de 3 mètres, sur lequel les pieds des chevaux puissent trouver un point d'appui solide.

C'est probablement là la solution de l'avenir : on renoncera peu à peu à la servitude de halage tout au moins sur les rives fréquentées, et on établira des chemins empierrés et bien entretenus, maintenus à bonne hauteur, et ne présentant aucune solution de continuité à la traversée des ponts. Cela permettra, à défaut de l'installation de la traction mécanique, de faciliter la traction animale.

Délimitation du lit des cours d'eau navigables ou flottables. — Les zones frappées de la servitude de halage sont distinctes des limites du lit des cours d'eau. On a vu que ces zones sont déterminées par les plus hautes eaux qui permettent le halage. La limite du lit d'un cours d'eau, qu'il est souvent essentiel de fixer dans l'intérêt de l'écoulement des eaux et de la navigation est ainsi définie d'une manière générale : *le lit des rivières comprend tout le terrain qu'atteignent et couvrent dans les habitudes de leur cours et sans débordement les eaux parvenues à leur plus haut degré d'élévation.* Cette définition concorde avec les principes du droit romain : *ripa ea putatur esse quæ plenissimum flumen continet.* Elle laisse complètement de côté, et à juste raison, les plus hautes eaux navigables, dont le niveau est essentiellement variable, puisqu'il dépend du matériel de la batellerie, et surtout des moyens de traction ou de propulsion qu'elle emploie. Le manque de hauteur libre sous les ponts peut à un moment donné interrompre la navigation; une modification à l'ouvrage, qui provoquait cette interruption, peut au contraire augmenter la durée de la période, pendant laquelle la navigation est possible.

Règles à suivre pour la délimitation. — L'Administration des Ponts et chaussées avait pensé que la limite d'un cours d'eau devait être fixée, non seulement pour chaque rive, mais en chaque point particulier de chacune des rives, d'après la limite extrême à laquelle le débordement commence. Le lit était ainsi compris entre deux lignes accidentées et de hauteur inégale, qui, sur chaque rive, réunissaient entre eux ces points de départ du débordement. Le Conseil d'État s'est toujours refusé à isoler les deux rives et à suivre les accidents du terrain naturel; il adopte pour base de la délimitation un plan général de débordement, réglé d'après la hauteur qu'atteignent les eaux, lorsqu'elles commencent à s'épancher sur un assez grand nombre de points.

C'est cette dernière règle qu'il faut appliquer; on devra donc :

1° Considérer une section bien définie du cours d'eau à délimiter, comprenant au moins toute l'étendue du terrain litigieux;

2° Adopter pour cette section un plan général de débordement, dont la pente se rapproche autant que possible de celle qu'affecte moyennement la surface des eaux au moment où les submersions commencent, et dont le niveau sera réglé sur les points les plus déprimés de la berge la plus basse, étant entendu que ces points ne présentent rien d'anormal ni d'exceptionnel.

On déterminera ensuite la trace de ce plan sur la berge, et on obtiendra ainsi la limite théorique du lit du cours d'eau, la limite du domaine public. Mais à cette ligne généralement très sinueuse, très difficile, pour ne pas dire impossible à définir et à repérer clairement, il est de l'intérêt de tous de substituer une ligne moyenne composée d'un nombre aussi restreint que possible d'alignements droits et laissant aux riverains une superficie au moins équivalente à celle que leur attribue la ligne théorique.

Arrêtés de délimitation. — La loi du 8 avril 1898, dans son article 36, stipule que « des arrêtés préfectoraux rendus après enquête, sous l'approbation du ministre des Travaux publics, fixeront les limites des fleuves et rivières navigables et flottables. Les arrêtés de délimitation peuvent être l'objet d'un recours contentieux. Ils seront toujours pris sous la réserve des droits de propriété ».

Ces arrêtés peuvent donc être déférés au Conseil d'État et annulés pour n'être pas conformes à l'état naturel des lieux.

Mais ils peuvent être aussi portés devant l'autorité judiciaire, qui est compétente pour vérifier les limites déterminées par l'Administration, pour constater les droits des riverains et l'étendue des fonds sur lesquels ces droits s'exercent et pour ordonner, s'il y a lieu, une réparation pécuniaire, au cas où les terrains indûment enlevés à la propriété privée ne lui seraient pas restitués. Ainsi subsiste l'arrêté de délimitation administratif, mais le pouvoir judiciaire, appréciant l'état naturel des lieux, les circonstances qui ont pu l'amener petit à petit à changer de caractère, de propriété privée à propriété domaniale, est compétent pour fixer l'indemnité correspondante à la dépossession [1].

1. Arrêt de la cour de Paris du 14 août 1895.

Les mesures administratives proposées ne sont donc pas immuables, ou du moins dénuées de toute espèce de sanction. Elles peuvent donner naissance à des actions en justice, dont les conséquences sont souvent très onéreuses pour le trésor.

Il est donc nécessaire de s'occuper de cette question de la délimitation du domaine public avec une grande circonspection, et de ne pas oublier que, si la propriété privée est facile à défendre, la propriété de tous, quoique imprescriptible et inaliénable, est extrêmement difficile à garantir contre les entreprises des riverains.

§ 3. — DÉFENSES DE RIVES.

Les systèmes employés pour défendre les rives des cours d'eau sont extrêmement nombreux. Ils peuvent consister, si l'on s'en tient aux principaux, en : coffrages en charpente, perrés maçonnés ou à pierres sèches, gazonnements, revêtements en terre cuite ou en béton de ciment, en pieux et palplanches métalliques. Ces revêtements sont généralement fondés, dans la partie qui est constamment noyée et se trouve placée au-dessous des plus basses eaux, suivant des procédés qui varient d'après les matériaux dont on dispose et la nature du terrain sur lequel on s'appuie.

Coffrages en charpente. — Les coffrages en charpente constituent un mode de protection économique, fort employé par les riverains, qui veulent soit défendre leur propriété contre les empiétements de la rivière, soit établir un garage ou un débarcadère pour batelets. Si la profondeur n'est pas très grande (1 mètre à 1^m,50), on se contente de battre à la masse de forts piquets distants de 1 mètre environ, derrière lesquels on vient appliquer et fixer si l'on peut des planches superposées et aussi jointives que possible. Un remblai pilonné, ou bien un corroi, si l'on dispose de terres argileuses, est exécuté derrière le coffrage (*fig.* 28).

Si la profondeur d'eau est plus grande, ou si l'on craint une forte poussée des terres, on pourra être amené à battre des

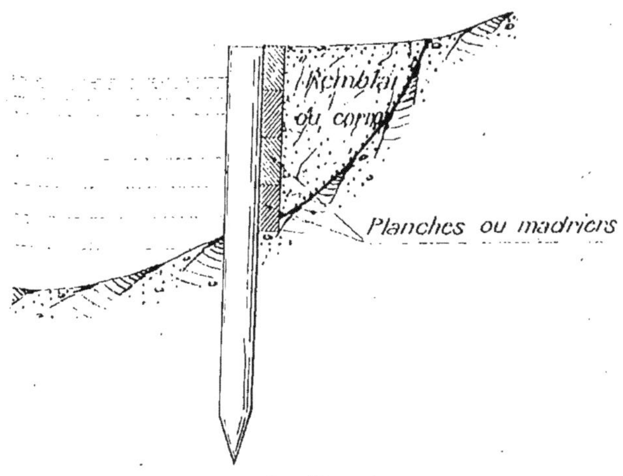

Fig. 28.

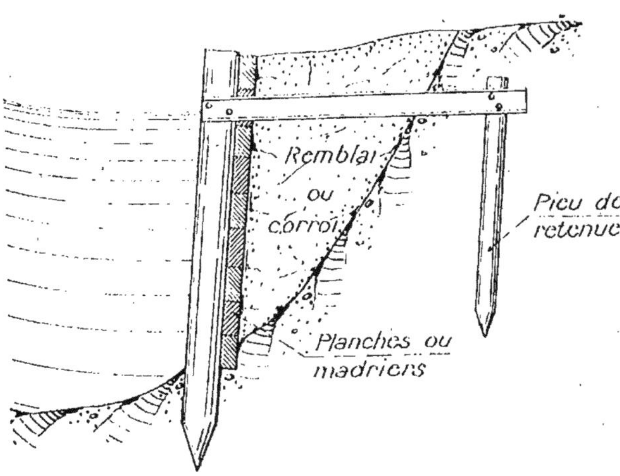

Fig. 29.

pieux à la sonnette; on pourra même être conduit à relier
pour plus de sécurité, les pieux du coffrage à des pieux

battus dans la terre ferme, au moyen de moises ou de tirants métalliques; il sera prudent dans ce dernier cas de placer quelques enrochements au pied du coffrage, pour garantir le pied de la défense, et empêcher l'affouillement de se prolonger (*fig.* 29).

Malgré la fréquence de leur emploi, ces deux systèmes ne présentent guère qu'un caractère provisoire. Le coffrage exécuté le plus souvent en planches minces et soumis à des alternatives de sécheresse et d'humidité est assez rapidement détruit. Ils exigent dans tous les cas un entretien constant et par suite très onéreux.

Pieux et palplanches métalliques. — On commence à employer à la place du coffrage primitif, que l'on vient de décrire, des pieux et palplanches métalliques, qui sont susceptibles, malgré leur prix encore élevé, de rendre de grands services, en permettant de protéger efficacement et d'une manière durable les rives qui sont attaquées par le courant.

On peut citer dans cet ordre d'idées les pieux et palplanches « système Universal » et les palplanches d'acier « système Lackawahnna »; dont le brevet est exploité par la Compagnie des Forges et Aciéries de la Marine et d'Homécourt.

Le premier système comprend des pieux en forme de double T incurvés à leurs extrémités, entre lesquels viennent s'intercaler des poutrelles de même forme ayant au plus 0^m,380 de longueur (*fig.* 30).

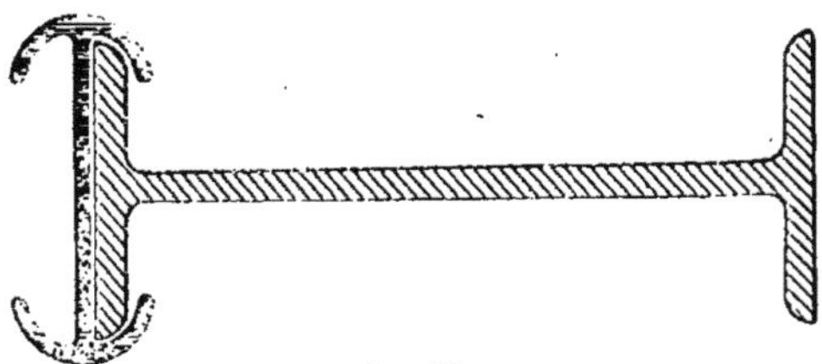

Fig. 30.

L'ensemble est battu au moyen d'une sonnette et avec une faible hauteur de chute. On verra ci-dessous une vue montrant la mise en œuvre de ce système le long d'une côte corrodée par la mer (*fig.* 31).

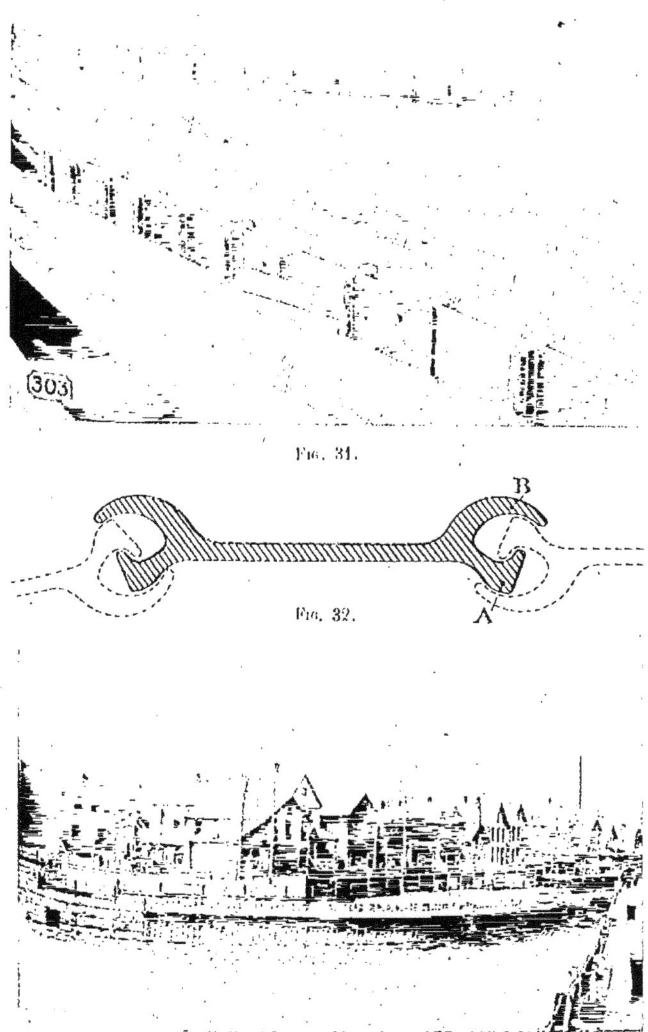

Fig. 31.

Fig. 32.

Fig. 33.

Le second système, représenté par le schéma suivant, a été employé notamment en Amérique, pour mener à bien des travaux hydrauliques, que l'on considérait comme irréalisables, comme par exemple la mise à sec du cuirassé américain *Maine* coulé dans la rade de la Havane par 11 mètres de fond.

Le dessin ci-dessus représente une berge protégée par le système à la suite d'un mur de quai (*fig.* 33).

Revêtement en terre cuite ou en béton de ciment. — Ces revêtements, dont les types principaux sont représentés par les systèmes Decauville et Mantellata Villa, ont rendu et rendront encore de bons services pour garantir les rives ébouleuses de certains cours d'eau. L'exécution en est faite mécaniquement, sans le concours d'ouvriers spéciaux.

Voici une description du système Decauville :

Il consiste en une sorte de cuirasse flexible formée de briques en sable et ciment assemblées par des fils d'acier galvanisé. Chaque brique a 0^m,26 de longueur sur la grande face et 0^m,24 sur la petite face. Sa hauteur est de 125 à 130 milli-

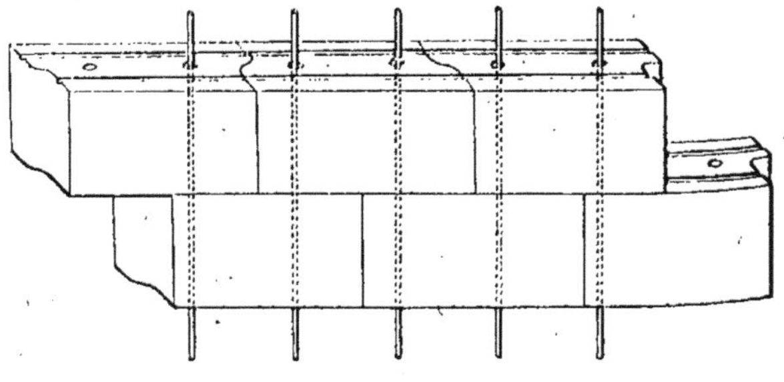

Fig. 34.

mètre et son épaisseur de 85 millimètres. Son poids de 5 kilogrammes la rend facile à manier. Elle est percée de deux trous de 18 millimètres destinés au passage des fils de 3 millimètres en acier galvanisé. Les deux rainures ménagées en dessus et en dessous de chaque brique sont destinées à recevoir un joint en alfa tressé ou en matière imputrescible, lorsqu'il s'agit de protéger des talus en sable fin (*fig.* 34).

Les procédés de pose sont extrêmement simples et grandement facilités par un outillage spécial.

Le talus ayant été préalablement réglé à la pente la plus habituelle de 45° pour la terre ou de 3/2 pour le sable, on

Fig. 35.

dévide les rouleaux de fil, et on coupe les fils à la longueur convenable, c'est-à-dire juste assez longs pour dépasser les claviers de 0m,25 à 0m,30. Chaque clavier a 3 mètres de longueur et 3 mètres de largeur et maintient 25 fils ; il sert à disposer les briques à l'extrémité des fils et à les diriger à l'emplacement convenable (fig. 35).

Quand les fils ont été coupés à la longueur voulue, on les

attache à leur partie inférieure autour d'un câble formé de
trois fils tordus, qui est immergé à la base du talus à revêtir
(*fig.* 36).

Ces fils ainsi attachés sont ensuite maintenus à leur partie
supérieure par les claviers, dont la description a été donnée
plus haut.

Lorsqu'on veut arrêter le revêtement, on retire les claviers,
puis on réunit les fils en faisceaux d'abord deux par deux,
puis quatre par quatre, en faisant bien attention à ce que
tous les fils soient tendus également, et on les enroule autour de briques ou de grosses pierres enfoncées dans la
berge, et faisant office de corps morts.

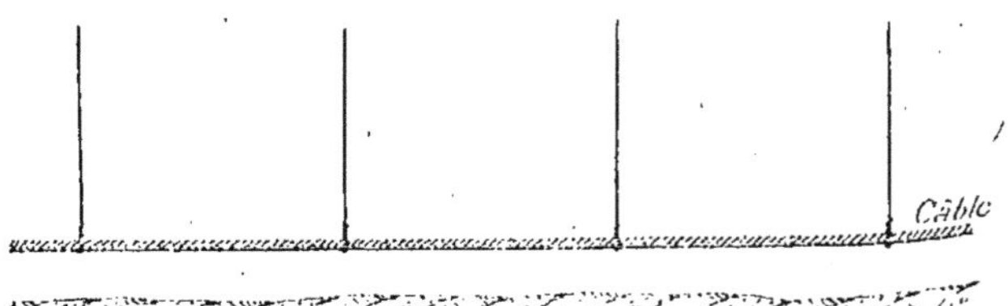

Fig. 36.

La seule précaution à prendre pour l'application de ce
système très souple, comme on le voit, est de poser bien
horizontalement le premier rang de briques. Il a été employé utilement sur la Seine, sur l'Yonne, en Égypte pour
la protection des berges des canaux.

Le prix du revêtement à sec ayant moins de 4^m,50 de hauteur est de 6 fr. 25 le mètre carré, avec plus-value de 1 fr. 75
pour pose dans l'eau jusqu'à 2 mètres de profondeur.

Perrés. — Les perrés constituent le système de défense le
plus employé en France, où la pierre ne fait généralement
pas défaut.

Les revêtements que l'on a étudiés plus haut ne comportent
pas de fondations spéciales ; il n'en est pas de même des
perrés, qui exigent une fondation. Il y a donc lieu d'examiner séparément le revêtement proprement dit et sa fondation.

1. REVÊTEMENT EN PERRÉS. — Ce mode de revêtement doit être classé en deux grandes catégories : les *perrés maçonnés* et les *perrés à pierres sèches*. Dans les deux cas, si le revêtement repose sur un talus de remblai, il est nécessaire que ce dernier ait opéré son tassement, car, dans le cas contraire, le perré suivrait les mouvements du terrain ; des gauchissements et des fissures apparaîtraient au premier orage.

Pour accélérer le tassement, on peut avoir recours soit au pilonnage par couches de 0^m,20 à 0^m,30, soit à l'arrosage intensif des terres.

a) Perrés maçonnés. — Les perrés maçonnés consistent en un revêtement en maçonnerie à base de mortier, appliqué sur la berge préalablement réglée suivant un talus convenable. Leur épaisseur, qui ne descend pas au-dessous de 0^m,30, sans aller au delà de 0^m,60 à 0^m,70, est tantôt uniforme, tantôt plus grande à la base qu'au sommet. Leur inclinaison varie de 1 à 1,5 de base pour 1 de hauteur.

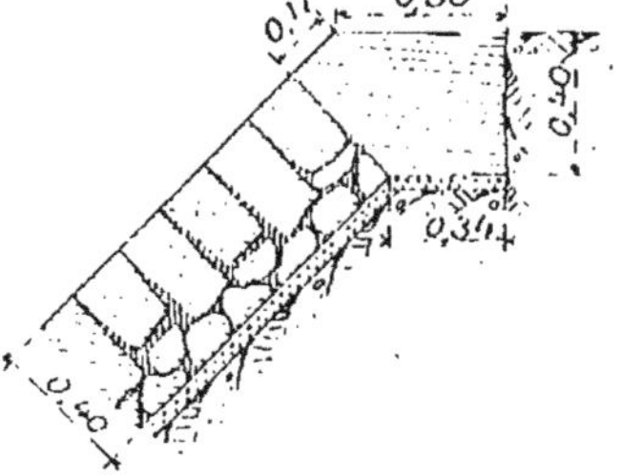

Fig. 37.

Le parement de la maçonnerie présente, suivant la nature des moellons, des assises réglées horizontalement ou des joints incertains. Le revêtement est souvent couronné par un rang de moellons piqués ou smillés, auquel on donne le nom de *hérisson* (*fig.* 37).

Ce dernier est maintenant assez souvent exécuté en béton de gravillon au mortier de ciment de Portland ou de laitier. Si la dégradation de la crête n'est pas à craindre, on réalise une économie appréciable en supprimant le hérisson (*fig.* 38).

Fig. 38.

b) Les perrés à pierre sèche sont constitués comme les précédents, mais sans mortier et avec une pente plus faible. Ils sont construits, selon la nature des matériaux dont on dispose, par assises horizontales ou à joints incertains. Ce dernier mode d'établissement est certainement plus difficile d'exécution que le premier et exige l'emploi d'ouvriers très entraînés à ce genre de travail. Quoi qu'il en soit, les moellons sont placés normalement au plan du talus, bien assis les uns sur les autres, bien jointifs en parement, solidement calés en queue. Si le sol naturel de la berge est susceptible d'être délavé et entraîné par l'eau, le perré doit être établi sur un lit de pierrailles ou de graviers de grosseur décroissante formant filtre, de manière à faire obstacle à cet entraînement. L'inclinaison des perrés à pierre sèche est généralement comprise entre 45° et 3 de base pour 2 de hauteur. Le couronnement est fait aussi à sec, soit en pierre de taille, soit avec des moellons posés en hérisson *(fig. 39)*.

Fig. 39.

Les perrés à pierre sèche présentent certains avantages par rapport aux perrés maçonnés. Si le sol sur lequel ils reposent est entraîné, le revêtement s'affaisse au fur et à mesure, et le mal devient immédiatement apparent. Il n'en est pas de même en ce qui concerne les perrés maçonnés : une cavité importante peut se former derrière le revêtement, sans qu'on en soit averti. Le talus peut être entraîné à un moment donné sur une grande longueur sans qu'on ait été à même de remédier à la situation fâcheuse masquée par la maçonnerie.

Il est vrai que le perré maçonné offre une résistance bien plus grande aux actions extérieures : choc et frottement des bateaux, coups de gaffe des mariniers, etc. Il est plus coûteux d'environ 2 à 3 francs par mètre carré : mais il est plus facile d'exécution, puisque l'établissement d'un perré à pierre sèche exige des matériaux bien appropriés et des ouvriers spéciaux.

On devra donc, dans le choix de ces deux systèmes de revêtement, tenir compte de ces considérations, et en particulier des matériaux et des ouvriers dont on dispose.

c) *Perrés à plat ou placages.* — Sur certaines rivières, notamment sur la Loire et la Meuse, on a remplacé les perrés étudiés plus haut, dont le cube est relativement important (un mètre cube environ par mètre carré) par des perrés à plat ou placages.

Il n'est pas indispensable d'avoir à sa disposition des pierres plates ; car on fait beaucoup de placages sur la Meuse au moyen de moellons de forme arrondie, auxquels les ouvriers donnent le nom significatif de tête de chien.

On dispose les pierres à plat sur le talus, et on plante dans les interstices des boutures d'une sorte de saule qui croît en abondance sur les bords de la plupart des cours d'eau. Ces boutures se fixent dans le sol et, par l'enchevêtrement de leurs racines

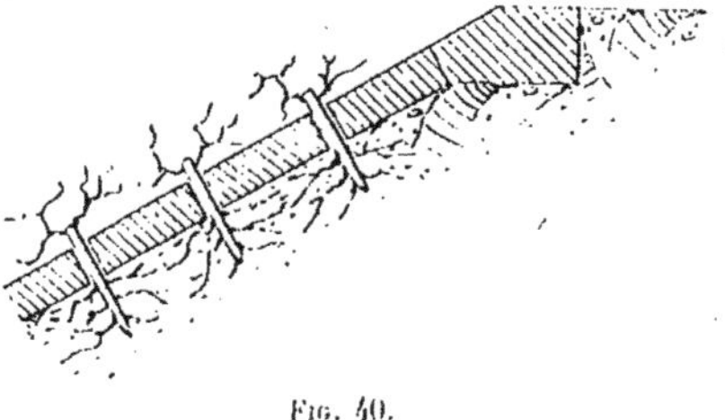

Fig. 40.

et de leurs branches, relient les différentes pierres entre elles. Le tout forme un ensemble indestructible, que ne parviennent pas à attaquer les glaces sur les rivières de l'Est (*fig.* 40).

Le système ainsi employé est donc très recommandable et constitue une solution économique et un mode de protection efficace.

Il faut avoir soin cependant d'élaguer les plantations de temps à autre, de manière à les maintenir en buissons, qui diminuent la vitesse des filets liquides, tout en conservant une élasticité qui leur permet de s'effacer devant le courant. Si on les laissait se transformer en arbustes, il en résulterait une certaine gêne pour le halage, et de plus, au moment des crues, les branches offriraient au courant une grande résistance, qui pourrait amener le déracinement des arbustes et la destruction du placage.

Son couronnement est formé, comme celui des perrés ordinaires à pierres sèches, de moellons de choix très grossièrement taillés que l'on pose debout, en hérisson, les uns à côté des autres, de façon qu'ils se prêtent un mutuel appui contre le frottement des cordes de halage ou contre la circulation.

Gazonnements. — Quelque soit le système de revêtement adopté, on se contente, surtout lorsqu'on se trouve en dehors des villes et que la berge est élevée, d'araser le perré à une cote un peu supérieure à celle du niveau des crues ordinaires. On le continue par un gazonnement constitué par des mottes de gazon empruntées aux terres riveraines. On les découpe en morceaux carrés ou rectangulaires de 0^m,30 à 0^m,40 de côté, que l'on superpose par assises normales au talus, si ce talus est raide, et que l'on se borne à poser à plat, si l'inclinaison est douce. Dans ce dernier cas, on les fixe au moyen de fiches en bois jusqu'à ce que la végétation les ait bien soudés au talus de la berge. On doit les arroser fréquemment et interposer une couche mince de terre végétale, entre le revêtement et la rive, lorsque le sol de cette rive est trop pauvre.

Clayonnages et fascinages. — Dans la contrée où la pierre fait défaut, on peut employer d'une façon très utile les matériaux ligneux.

On citera en première ligne les *clayonnages* qui se font en enfonçant dans la berge des piquets espacés de 0^m,40 à 0^m,60 reliés par de longues branches flexibles (clayons) entrelacées de façon à dessiner sur la rive une série de cases. Dans ces cases on jette un peu de terre de la rive et tous les détritus du voisinage, feuilles mortes, produits d'ébouage, etc., quand le sous-sol est impropre à la végétation. En cas contraire, on les remplirait de gravier.

La végétation se développe dans cet ensemble, et donne des boutures, et se propage par accrues que l'on coupe régulièrement, pour que le revêtement se maintienne à l'état de buisson (*fig.* 00).

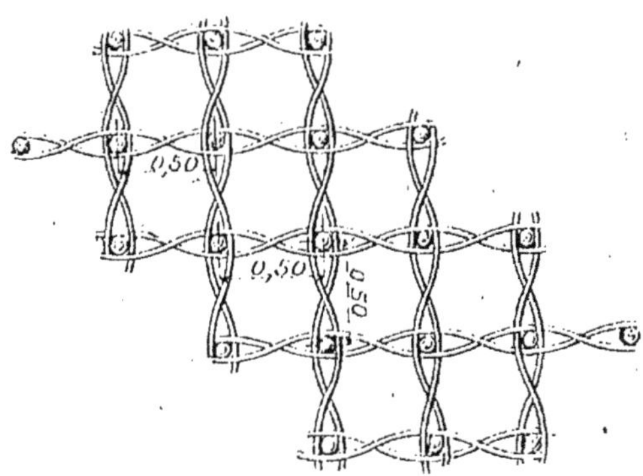

Fig. 41.

Les *fascinages* se font soit avec de simples fascines (paquets de branches flexibles serrées par des liens plus ou moins nombreux selon leur longueur), soit avec des paniers bourrés de gravier.

On en tapisse simplement la rive, quand on n'a pas à craindre d'érosions profondes; on les dispose au contraire par couches horizontales, si l'on veut reconstituer une rive fortement corrodée. Dans l'un et l'autre cas, les fascines sont reliées entre elles et au sol à l'aide de piquets clayonnés, et l'on attend du temps et des dépôts la consolidation du système (*fig.* 44).

II. Fondations. — La fondation est, comme dans la plupart des constructions, la partie délicate d'un perré, et c'est à cette partie qu'il convient d'apporter toute son attention, la durée du perré dépendant surtout du choix du mode de fondation et du soin apporté à l'exécution.

On emploie deux procédés principaux : la *fondation sur enrochements* et la *fondation sur ouvrages en charpente*.

a) Lorsqu'on emploie la *fondation sur enrochements*, on commence par creuser à la drague un sillon jusqu'à une cote inférieure au niveau probable des affouillements si ceux-ci sont à craindre. On remplit ensuite le sillon d'enrochements, en ayant soin de placer à la surface les plus gros, sur lesquels le courant à moins d'action, et de constituer à la partie supérieure une banquette, en avant, afin de donner plus d'assiette à la fondation (*fig. 42*).

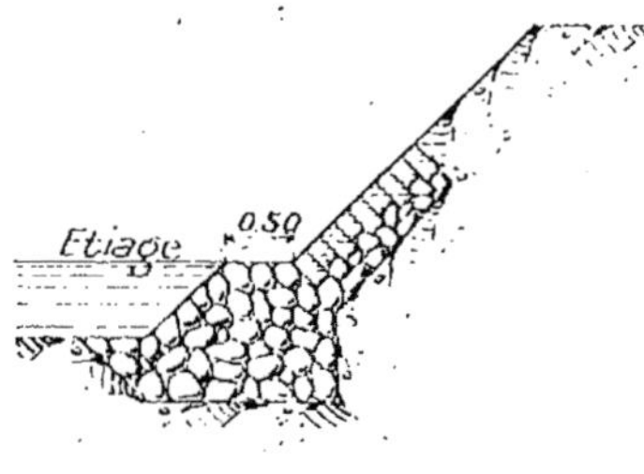

Fig. 42.

Pour mettre les enrochements en place, on peut se servir d'une grue munie d'une griffe, qui les dépose exactement à l'endroit voulu. Mais c'est là un procédé coûteux et on se contente généralement d'approcher le bateau qui les contient suffisamment près de la rive; là, des manœuvres les reprennent et les laissent descendre verticalement au-dessus de leur emplacement. On règle ensuite le talus, s'il y a lieu, au moyen d'une griffe à bras.

Mais dans aucun cas on ne doit faire glisser les moellons sur les talus de la berge, car un grand nombre d'entre eux rouleraient dans le chenal ou tout au moins en dehors du sillon dragué.

Avant de pouvoir asseoir en toute sécurité sur un massif de ce genre des ouvrages non susceptibles de déformation, il faut attendre que les enrochements aient pris leur assiette et cessé tout tassement, ce qui oblige à les recharger de temps à autre.

Le mode de fondation exige d'assez longs délais d'exécution; de plus, le massif d'enrochements est gênant pour la navigation, si le chenal côtoie la rive, par suite du volume qu'on est obligé de lui donner pour avoir une stabilité suffisante.

Ce choix de la nature des matériaux, durs ou tendres, offre un certain intérêt. Les matériaux durs, qui ont un poids spécifique plus élevé, seront préférés dans le cas d'un courant violent, risquant d'être moins entraînés que les autres. Par contre, ceux-ci présentent l'avantage, au bout d'un certain temps, sous l'action des eaux, de s'agglutiner de se

lier entre eux et de former une sorte de maçonnerie, empêchant l'entraînement des terres, sur lesquelles repose le perré.

b) Fondation sur ouvrages en charpente. — Le procédé de
fondation sur ouvrages en charpente ne présente pas les inconvénients qui ont été signalés plus haut en ce qui concerne
les *fondations sur enrochements* ; aussi est-il généralement
adopté.

Car on ne peut pas toujours attendre le tassement d'un
massif d'enrochements pour construire un perré ; et on ne
dispose pas toujours d'un espace suffisant pour permettre
aux pierres de prendre leur talus naturel, sans qu'il en
résulte un danger pour les bateaux.

Aussi soutient-on le plus souvent le pied des pierres par
un vannage en pieux et palplanches jointives, consolidé en
avant par un massif d'enrochements. Pieux et palplanches
doivent être assez longs pour descendre jusqu'au-dessous des
affouillements à prévoir, et pour opposer une résistance
suffisante à la poussée du revêtement, en tenant compte du
massif d'enrochements échoué du côté du large.

Dans les terrains ordinaires, une fiche de 1^m,50 à 2 mètres
pour les pieux et 1 mètre à 1^m,50 pour les palplanches
dans la partie non affouillable du sol est suffisante.

Tous les bois mis en œuvre
doivent être soigneusement
tenus au-dessous de l'étiage
ou noyés dans les terres, de
façon à être soustraits aux
alternatives de sécheresse et
d'humidité.

On se sert très fréquem-
ment pour l'exécution des
vannages de hêtre vert, de
prix très inférieur à celui du
chêne, et qui donne d'aussi
bons résultats dans ce cas.

Dans le premier type fi-
guré ci-contre, les pieux et palplanches sont fichés complètement dans le terrain existant et la berge a été recoupée
pour asseoir le revêtement ; le massif de terre laissé en avant

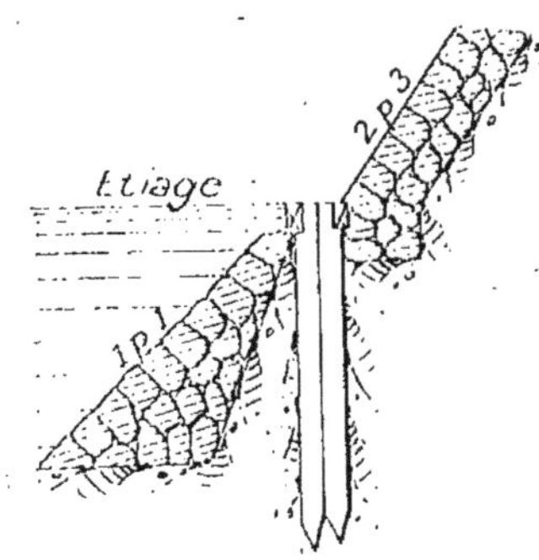

FIG. 43.

du vannage lui sert de butée supplémentaire et diminue les risques d'affouillement de son pied (*fig.* 43).

Quant au second type on l'emploie, lorsque l'alignement du vannage est à une certaine distance de la berge ; le vide laissé en arrière est comblé soit au moyen de pierres sèches, soit au moyen de graviers, sur lesquels on vient asseoir le revêtement. Le massif d'enrochements placé en avant doit alors être un peu plus important que dans le premier cas (*fig.* 44).

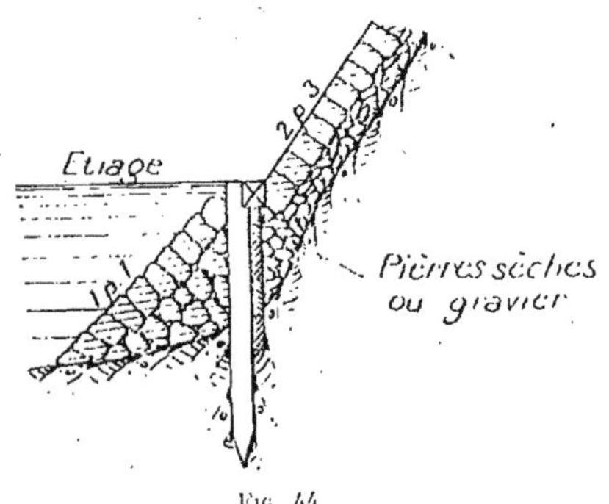

Fig. 44.

Lorsque la profondeur d'eau n'est pas très grande, ou que les affouillements ne sont pas à craindre, on peut supprimer les palplanches du vannage, ce qui procure une notable économie ; on emploie alors des pieux de fort diamètre ; on les rapproche davantage, et on utilise des moises d'un fort équarrissage.

On ménage parfois entre le pied du perré et les moises une risberme en maçonnerie de 0^m,30 à 0^m,50 ; cette disposition reporte plus bas la poussée des revêtements sur le vannage, qui offre ainsi plus de résistance au renversement (*fig.* 45). Mais la risberme rend difficile l'accostage des embarcations ; et ce type n'est pas à recommander. Il vaut mieux consolider le vannage en lui donnant plus de fiche.

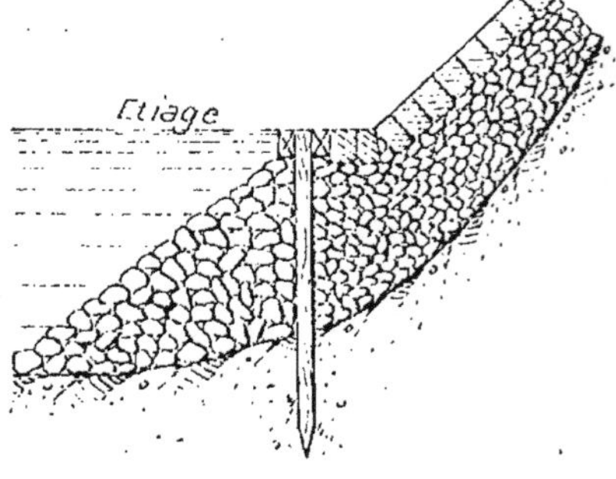

Fig. 45.

Mais les massifs d'enrochement placés au pied des vannages peuvent être gênants pour la navigation dans le cas
d'un chenal étroit. On peut alors employer le type suivant
(*fig. 46*) :

Après avoir creusé à la drague un sillon à l'emplacement
des vannages on met ce dernier en place, et on dispose des

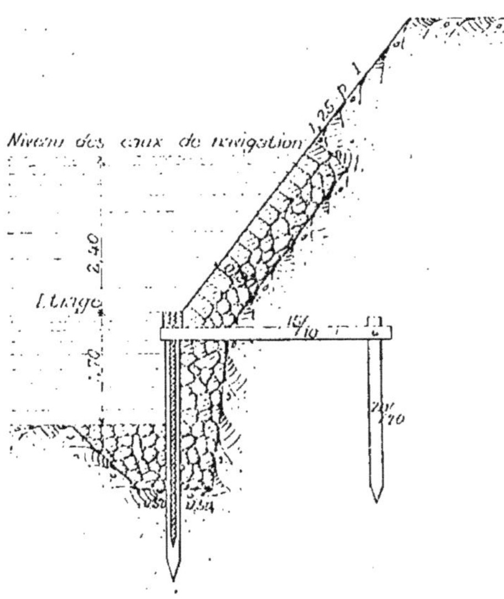

Fig. 46.

enrochements dans la partie avant du sillon jusqu'au niveau
du plafond du chenal ; puis on comble le vide laissé en
arrière au moyen de pierres sèches ou de graviers, sur
lesquels vient reposer le revêtement.

Pour éviter le déversement du vannage sous la poussée
des terres et de la maçonnerie, on relie à l'aide de moises ou
de tirants métalliques la tête supérieure de tous les pieux
(ou de quelques-uns seulement) à des pieux de retenue
battus en arrière dans la terre ferme. Le chenal se trouve
ainsi dégagé jusqu'au vannage.

§ 4. — Ports.

Un *port* est une partie de la berge d'une voie navigable aménagée pour faciliter l'embarquement et le débarquement ainsi que le dépôt des marchandises.

Le *terre-plein* est la partie du port située en arrière de la crête de la berge, où circulent et stationnent les véhicules chargés du transport, et où sont déposées les marchandises.

Si le terre-plein est arasé à une cote telle que la manutention des marchandises puisse s'effectuer sans engins mécaniques, mais simplement à bras d'homme ou avec des brouettes, au moyen de plats-bords reposant d'une part sur le bateau et d'autre part sur la berge, le port prend plus particulièrement le nom de *bas-port*.

Si le terre-plein descend en pente douce jusqu'à une certaine distance sous l'eau, on a un *port* ou *rampe de tirage*.

Souvent la berge d'un port ne comporte aucune protection. Le plus souvent, elle est défendue par un perré à talus plus ou moins raide, auquel on donne parfois dans ce cas le nom de *quai incliné*. Lorsque le trafic est important, on établit un *quai droit* (ou simplement *quai*), ouvrage en maçonnerie ou en charpente, à parement sensiblement vertical du côté de la voie navigable; un quai droit permet aux bateaux d'accoster tout près de la berge et d'utiliser avec commodité des engins mécaniques pour la manutention des marchandises.

On distingue aussi dans un autre ordre d'idées, suivant la définition officielle formulée par le bureau exécutif de l'Association internationale permanente du Congrès de Navigation, les ports intermédiaires et les ports terminus.

Les ports intermédiaires sont ceux qui peuvent être établis le long de fleuves à régime exclusivement fluvial, le long des canaux de navigation et des lacs, « lorsque le trafic par eau ne s'arrête pas exclusivement à ces ports, mais s'étend également en deçà et au delà ».

« Les ports terminus, au contraire, sont ceux qui accaparent soit complètement, soit la majeure partie du mouvement et arrêtent totalement ou presque totalement tout transport par voie d'eau au delà de ces ports. »

Cette distinction aura surtout son intérêt, quand on traitera dans un chapitre subséquent de l'exploitation des ports. Il suffit de dire pour le moment que les uns comme les autres sont établis d'une manière semblable et qu'ils ne diffèrent que par l'importance et la puissance des installations (appareils mécaniques, voies, etc.).

Ports de tirage. — Les ports de tirage, là où ils existent, ont surtout été établis en vue du *déchirage* des trains de charpente ou de bois à brûler. Pour que l'opération puisse se faire aisément, il suffit de régler la berge suivant une pente douce prolongée d'ordinaire jusqu'à l'étiage. Cette berge ainsi réglée est ensuite pavée ou empierrée pour n'être pas dégradée trop facilement pas le passage des chevaux et des voitures et par le tirage des pièces de charpente.

Pour ces pièces, le train étant approché de la rampe, à mesure qu'une pièce est détachée, elle est tirée par des chevaux jusqu'en haut de la rampe, où elle est déposée ou chargée sur des véhicules.

Pour le bois de chauffage, à l'époque où il était encore transporté en trains, les voitures qui devaient en effectuer le charroi entraient dans l'eau, en suivant la rampe jusqu'à accoster le train, le bois était alors chargé directement dans les voitures.

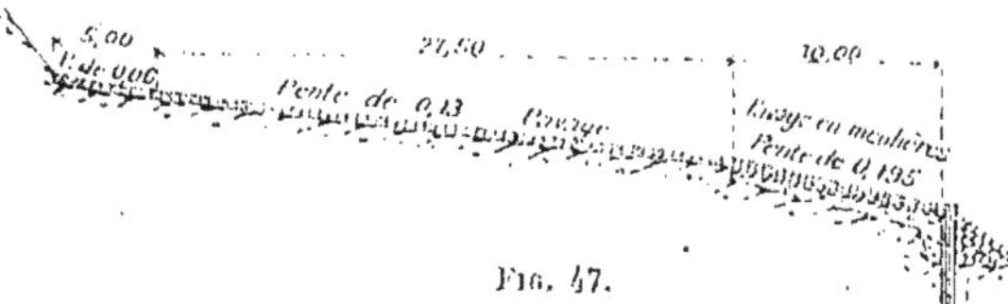

Fig. 47.

La pente transversale du port de tirage ne doit pas être trop forte, et rester comprise entre 0^m,10 et 0^m,15 par mètre. A titre d'exemple, on peut citer le port de tirage d'Austerlitz à Paris (*fig.* 47).

Il comprend trois sections : la première de 10 mètres de longueur, avec une pente de 0^m,195, comportant un pavage maçonné retenu par un vannage arasé au niveau de l'étiage, et permettant aux trains de s'approcher de la zone réservée aux voitures; la seconde constituant pour ainsi dire le terre-plein du port de 27ᵐ,50 de longueur, pavée avec une pente réduite de 0ᵐ,13 pour faciliter l'approche et la circulation des voitures et le dépôt des marchandises; enfin la troisième section de 5 mètres de largeur et 0ᵐ,06 de pente seulement et exclusivement réservée à la circulation des voitures.

Les rampes de tirage étaient très nombreuses à Paris, il y a quelques années, et servaient, indépendamment du service des trains de bois, pour le débarquement, l'embarquement et le dépôt de toutes sortes de marchandises. Elles sont ou vont être transformées successivement en raison des difficultés qu'elles présentent pour l'approche des bateaux en quais droits.

Quais inclinés. — Les quais inclinés sont le plus souvent employés pour les bas-ports.

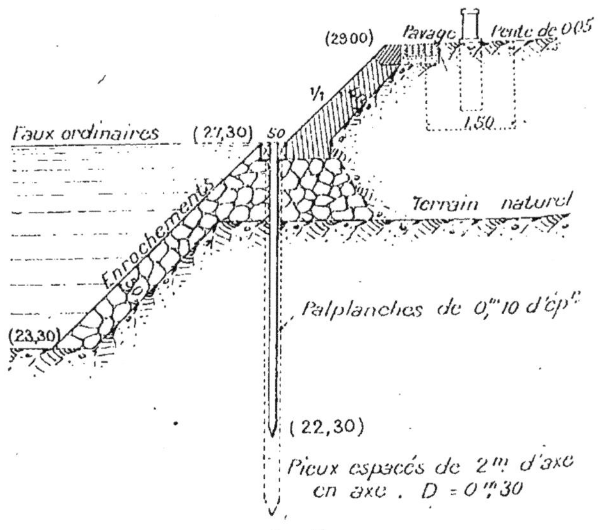

Fig. 48.

La cote du couronnement de ces quais est généralement placée à 2 mètres au-dessus du niveau des eaux ordinaires.

Si cette différence de niveau était supérieure, on augmenterait l'inclinaison des plats-bords servant au déchargement. Si elle était inférieure, on risquerait de rendre inserviable pendant une assez longue période de temps le bas-port, qui serait submergé.

La fondation sur massif d'enrochements doit être proscrite en raison des difficultés d'accostage. Le perré doit avoir une épaisseur suffisante pour résister au choc. L'inclinaison du talus sera de 1/1.

On donne ci-dessous quatre types de murs de quais inclinés, constitués par des perrés maçonnés, qui s'appuient sur un vannage de pieux et palplanches. Le premier, celui d'Ivry (*fig. 48*), est établi sur un massif de moellons reposant sur le sol naturel.

Dans le second, celui d'Alfortville, la maçonnerie est établie sur un terrain de remblai qui lui-même repose sur le sol naturel (*fig. 49*).

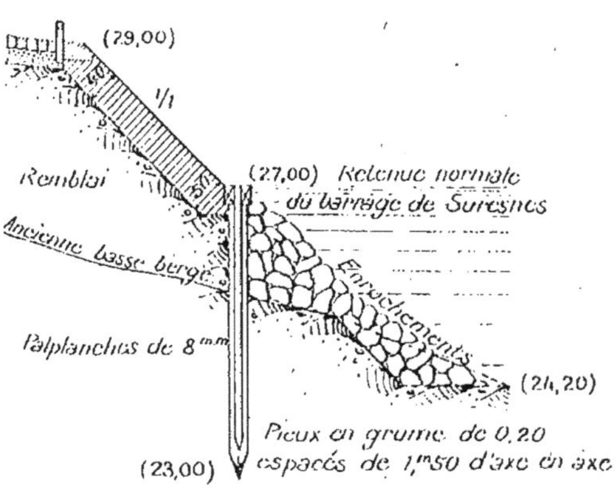

Fig. 49.

Ce procédé est plus économique que le précédent, mais il faut, avant de commencer le revêtement, attendre que le remblai ait tassé, tandis qu'il est possible de maçonner immédiatement sur les moellons, si le sous-sol est de bonne qualité. En outre, si le remblai est en terre, l'action de l'eau peut le désagréger et provoquer des entraînements, puis la formation de poches sous le perré.

Un remblai pierreux derrière le revêtement peut rendre les mêmes services qu'un massif de moellons.

Le troisième type est celui qui a été adopté sur la haute Seine à Saint-Mammès en 1895, et dont le prix de revient est seulement de 84 francs par mètre courant (*fig.* 50).

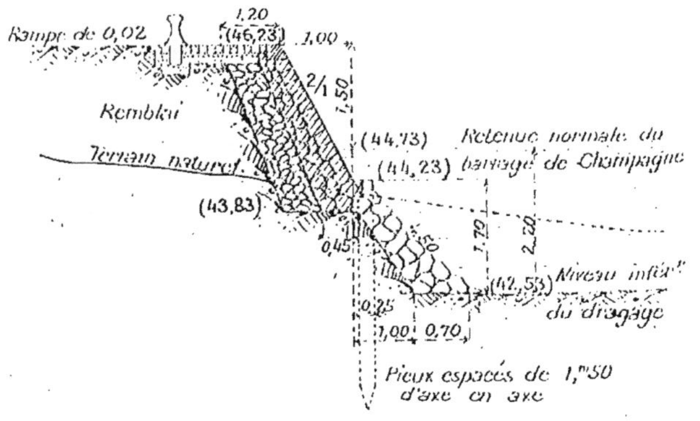

Fig. 50.

Le talus, raide autant que possible (1 mètre de base pour 2 mètres de hauteur), est garni d'un perré maçonné assez épais pour résister au choc des bateaux (0^m,50 d'épaisseur moyenne), et reposant lui-même sur une maçonnerie à pierres sèches de 0^m,50 d'épaisseur. Le pied du perré est soutenu par une ligne de pieux moisés ; cela permet de réduire l'enrochement du côté du large, dont le talus prolongé peut devenir un écueil et, dans tous les cas, tient les bateaux éloignés du bord. Le couronnement est formé d'une pierre de taille ou plus simplement de moellons solidement fixés en hérisson à bain de mortier.

Le quatrième type est celui qui a été adopté à Dortmund (Westphalie), sur le canal de Dortmund à l'Ems (*fig.* 51).

Son inclinaison est de 1/1 ; son pied vient buter contre une ligne de pieux reliés par une seule moise placée normalement à la surface du perré. Le revêtement repose d'une part sur cette moise, d'autre part sur une fondation en béton protégée des affouillements à sa partie inférieure, par un panneau de madriers de 5/20. Ainsi la ligne de pieux sert ici nettement d'appui au perré; on a laissé en amont des pieux un massif de terre destiné à les contrebuter.

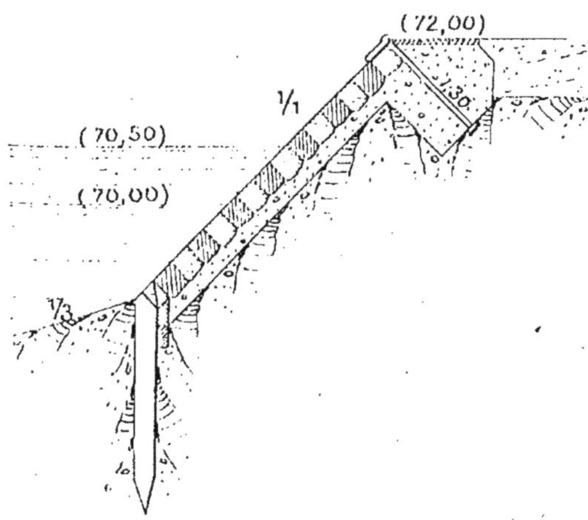

Fig. 51.

Quais droits ou verticaux. — Dans les centres de population importants, et partout où le trafic prend un grand développement, on substitue aux quais inclinés étudiés plus haut des quais droits, c'est-à-dire à peu près verticaux, qui permettent l'accostage direct des bateaux et l'emploi des grues et autres engins perfectionnés.

a) QUAIS EN CHARPENTE. — Lorsque la dépense d'un mur de quai en maçonnerie est trop élevée eu égard aux intérêts en jeu, on peut se contenter d'un quai en charpente, dont la durée ne dépasse guère vingt ou trente ans.

On peut citer les quatre types suivants : le premier appliqué sur l'Yonne, les trois autres sur la haute Seine.

Le premier, reproduit ci-dessous (*fig.* 52), sert pour le transbordement des marchandises entre la voie d'eau et un chemin de fer d'intérêt local (*fig.* 52).

Le massif du terre-plein est soutenu du côté de la rivière par un vannage de pieux et palplanches. Des pieux de retenue placés à 3 mètres en arrière sont reliés aux pieux du vannage par des tirants en fer ou par des moises. Du côté de la rivière, un platelage en madriers horizontaux jointifs est appliqué sur les pieux, et affleure exactement le parement antérieur des moises de tête. Ce platelage a pour but de faire disparaître toutes les saillies auxquelles les bateaux pourraient s'accrocher, en causant des avaries à eux-mêmes et au quai.

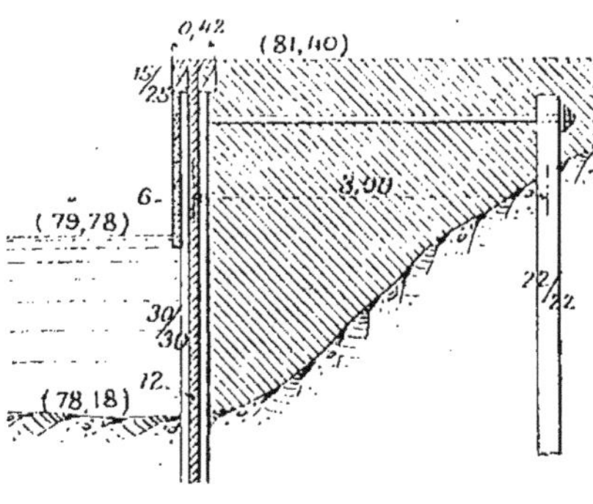

Fig. 52.

Le second type, établi sur la haute Seine à Viry-Chatillon,

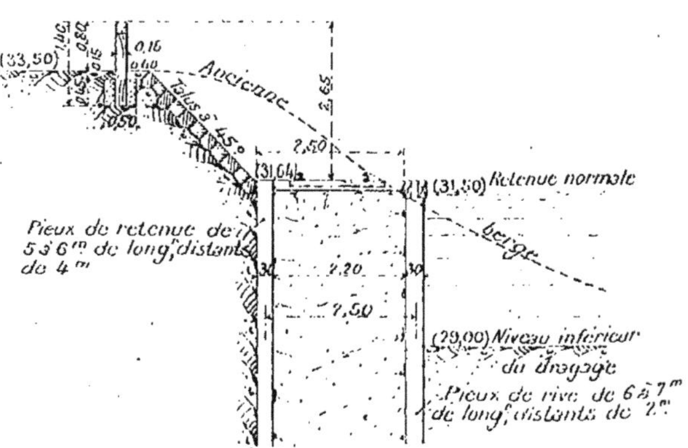

Fig. 53.

est constitué par un vannage de pieux et palplanches moisés battus en rivières ou bien après un dragage préalable, ou bien assez loin de la rive pour que le mouillage y soit suffisant; le vannage est relié par des tirants métalliques à des pieux de retenue battus à 2m,50 en arrière. L'intervalle compris entre les deux files de pieux est rempli par du remblai, c'est le *quai* proprement dit (*fig.* 53).

Le troisième type est représenté par l'appontement de Montereau ; il comporte deux files de pieux moisés et liernés dans le sens longitudinal et dans le sens transversal ; les moises transversales supportent un platelage. Le sol naturel est surélevé au niveau de ce dernier par du remblai en arrière de la file des pieux de rive; ce remblai est maintenu

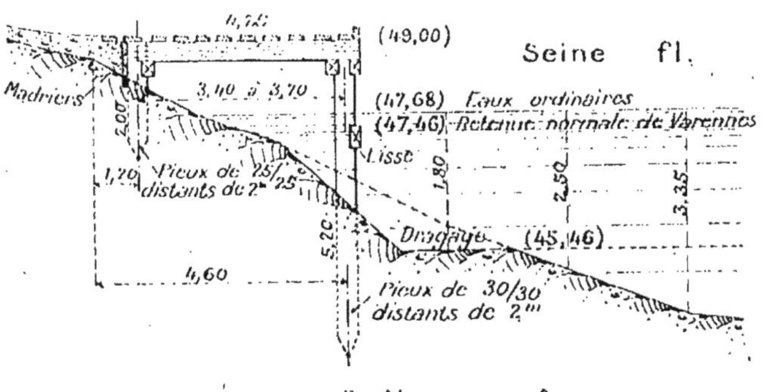

Fig. 54.

par des madriers formant coffrage et fixés aux pieux. Une lisse en bois est fixée à l'avant de la première file longitudinale de pieux, afin de guider les bateaux et éviter à ceux-ci un choc contre les pieux. L'intervalle entre les files de pieux n'est pas remblayé; ce système constitue un *appontement* (*fig.* 54).

Le quatrième type représente un appontement sur lequel peut être établi un pont roulant. Il est constitué par trois files de pieux moisés et liernés. Les files extrêmes portent les rails, qui portent le pont roulant; la file intermédiaire reçoit par deux contrefiches la charge des trains circulant sur une voie normale (*fig.* 55).

En dehors de l'appontement que l'on vient d'étudier, il faut encore citer l'*estacade*, sur laquelle la circulation des voitures se fait tranversalement à la rivière. Elle est généra-

Chemin de halage
3,00
D. 0,25
3,50
D. 0,30
Écartement de la voie du pont roulant = 10,00
Voie normale
12/24
8/22
(34,00)
(31,50) Niveau moyen des eaux
6,50
D. 0,35
8,50

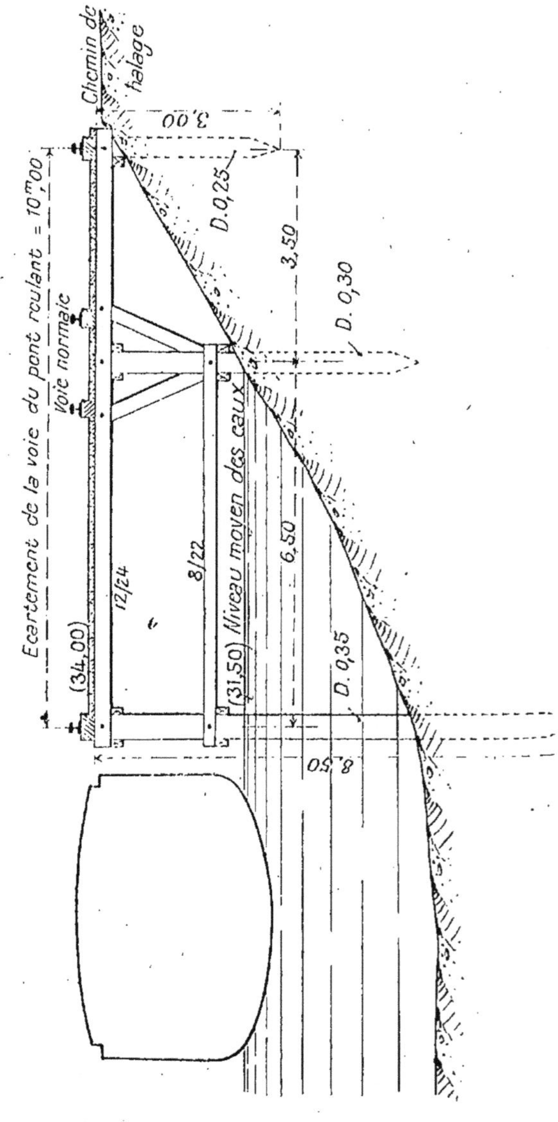

Fig. 55.

lement constituée par trois ou quatre files de pieux normales à la direction du cours d'eau, moisées dans les deux sens et supportant un platelage (*fig.* 55).

b) QUAIS DROITS EN MAÇONNERIE. — Tout mur de quai en maçonnerie peut être considéré comme un mur de soutènement poussé à la rivière par le terre-plein et maintenu en place par sa propre stabilité et par la pression de l'eau sur la face vue. La fondation d'un mur de cette espèce est toujours difficile; on la traitera ultérieurement.

La détermination de la cote du couronnement est assez délicate. Il faut, en effet, d'une part, que le port ne soit pas submergé par la moindre crue; d'autre part, qu'il ne soit pas tellement élevé au-dessus des eaux ordinaires qu'il nécessite la plupart du temps un transport vertical exagéré des marchandises à transborder. Il convient donc de fixer dans chaque cas particulier la hauteur du mur d'après les circonstances locales; cette fixation est toujours difficile.

La nécessité de se raccorder aux routes avoisinantes donne à ce sujet des indications utiles; il faut en effet que les voitures circulant sur le quai puissent aisément rejoindre les voies existantes.

En ce qui concerne le pied du mur, c'est-à-dire le niveau supérieur de la fondation, il faut qu'il soit placé suffisamment bas pour que les bateaux ne soient pas gênés en venant accoster le quai.

Il est rare que le parement vu du mur soit vertical. Il présente généralement un léger fruit qui varie de 1/20 à 1/10, qui peut être plus élevé quand on redoute un effort de renversement considérable. Le parement du côté des terres est le plus souvent constitué par une succession de gradins.

L'épaisseur du sommet ne peut guère être inférieure à 1 mètre, le couronnement de pierre de taille ayant généralement 0^m,60 de largeur sur 0^{m}40 de hauteur.

La détermination de l'épaisseur moyenne du mur est un problème de résistance de matériaux que l'on doit savoir traiter. On rappellera que les forces qui contribuent à la stabilité du mur, pression hydrostatique sur le parement vu poids de la maçonnerie et des terres supportées par les gradins, sont faciles à évaluer. Ces forces qui tendent au renversement sont les surcharges accidentelles sur le terre-plein (matériaux en dépôt, véhicules, etc.), et la poussée des terres. Celle-ci est extrêmement variable suivant la nature des remblais et le soin qui a présidé à leur exécution. En se plaçant dans l'hypothèse la plus défavorable, celle où les terres seraient détrempées par l'action de l'eau, le mur aurait à résister à la pression hydrostatique d'un liquide ayant la même densité que les vases, soit 1,50.

En fait, l'épaisseur moyenne des murs de quai existants et ayant bien résisté, varie de 40/100 à 45/100 de leur hauteur, on fera bien de la porter à 50/100.

Le profil du mur étant ainsi déterminé, le massif sera exécuté en bonne maçonnerie hydraulique, le parement généralement en moellons smillés ou piqués, et le couronnement en pierre de taille.

On ne doit pas perdre de vue que les parements des murs de quai doivent être absolument lisses, et ne présenter aucune saillie à laquelle les bateaux puissent se heurter. C'est à dire que la pierre de taille doit être dans le même plan que les moellons qu'elle encadre.

Dans le même ordre d'idées on ne doit tolérer aucune arête saillante ; l'arête des couronnements en particulier doit être soigneusement arrondie (un rayon de 0^m,05 est très convenable), et cela dans le but de diminuer autant que possible l'usure des amarres.

Fondation sur terrain incompressible. — Après avoir dégagé au moyen d'un dragage préalable, s'il y a lieu, la partie supérieure du sol de fondation souvent recouvert d'alluvions, on procède à l'exécution de la fondation proprement dite.

Cette exécution peut être faite par deux procédés principaux : ou bien par épuisement au moyen d'un batardeau, ou bien en coulant le béton de fondation dans l'eau. Le premier procédé est plus coûteux, mais donne plus de sécurité.

Il arrive souvent que le sol de fondation incompressible est affouillable ; tous les terrains composés de couches de gravier ou de sable rentrent dans cette catégorie. On protège alors la fondation par une ligne de pieux et de palplanches, en avant de laquelle on échoue des enrochements. Le mur est établi en arrière de cette ligne ; on établit le mur avec un léger empattement de béton ou de maçonnerie (*fig.* 56), afin de mieux répartir les pressions transmises au sol naturel.

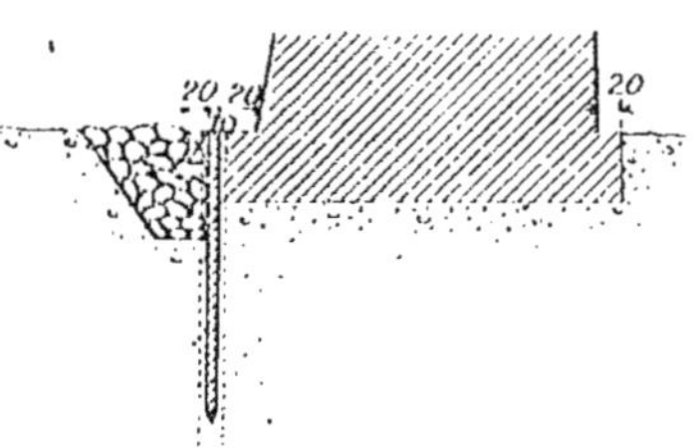

Fig. 56.

Le mur du bas port de Grenelle à Paris (*fig.* 57) a été fondé sur le sable à l'abri d'un batardeau, après dragage préalable. Dans le petit bras de la Seine, où ce mur a été construit, les affouillements ne sont pas à craindre ; on s'est contenté,

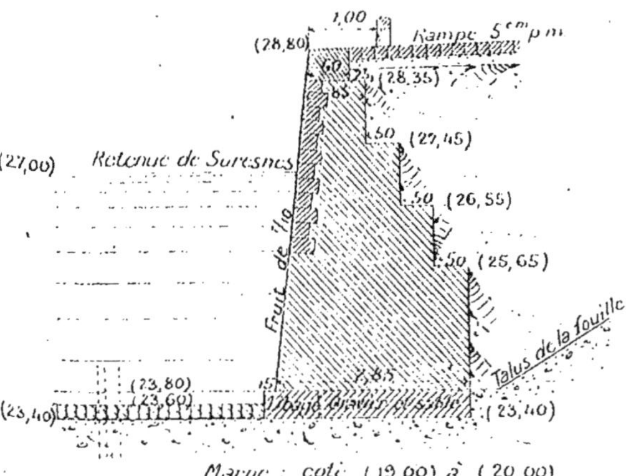

Fig. 57. — Mur du bas port de Grenelle à Paris.

pour empêcher tout déchaussement du pied du mur, de faire reposer celui-ci sur des libages et d'exécuter un pavage entre le quai et le batardeau.

Ce cas est un des plus simples qu'on puisse rencontrer ; on est au contraire obligé le plus souvent de protéger la fonda-

tion par un vannage, ce qui a été fait pour le mur de quai
d'Issy, sur la Seine (*fig.* 58). Après un dragage préalable
destiné à enlever la terre, qui se trouvait au-dessus du sable,
on a battu deux vannages arasés à la cote des eaux ordi-

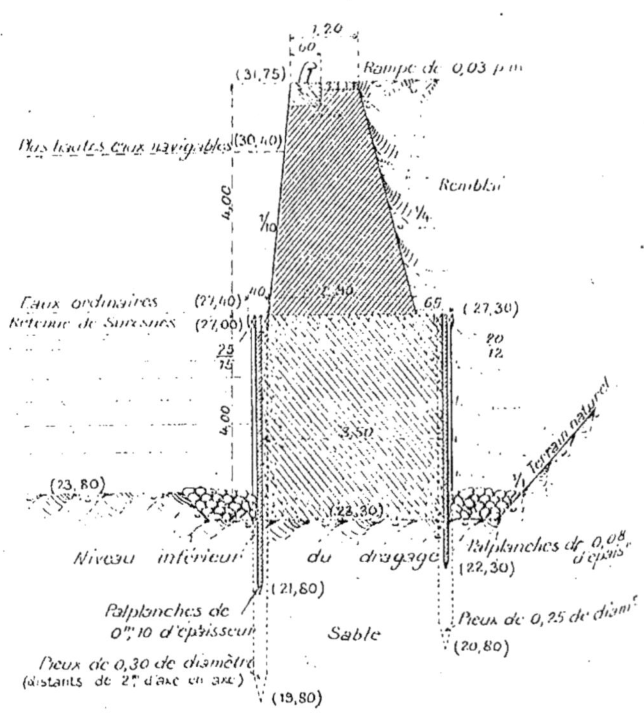

Fig. 58.

naires, on a coulé le béton dans l'enceinte ainsi préparée, et
on a élevé le mur proprement dit à sec.

Le mur du quai de Dortmund est établi d'une manière
analogue (*fig.* 59). Afin de parer aux effets de la dilatation,
on a adopté une disposition existante déjà aux murs de quai
de New-York ; tous les 60 mètres, on a réservé un joint vertical de 9m,03 de largeur sur toute la hauteur du mur. Ce

procédé paraît avoir réussi, et on n'a pas constaté de fissure.

Incidemment on doit faire remarquer l'importance qu'ont

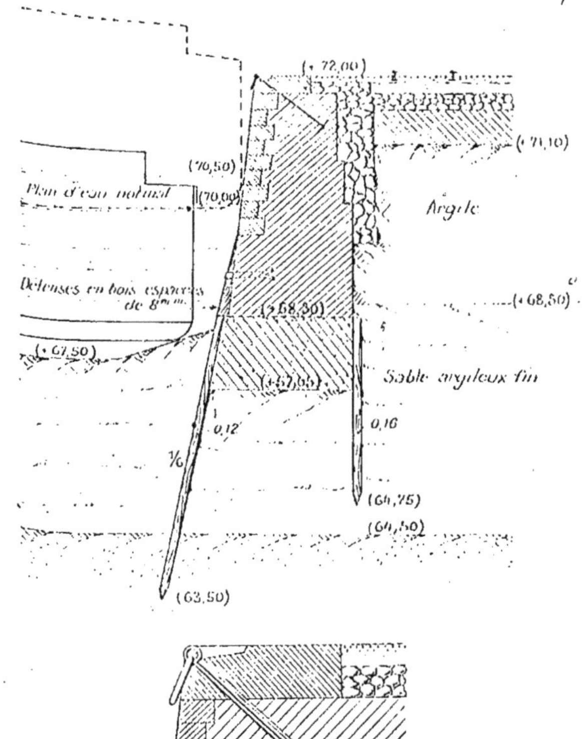

Fig. 59. — Mur de quai du port de Dortmund (canal de Dortmund à l'Ems).

les variations de température sur la tenue des murs de quai et de tous les murs en général.

M. l'inspecteur général de Mas rapporte, dans son ouvrage sur les rivières à fond mobile, qu'un mur de quai, construit en béton de ciment de Portland de manière à former un monolithe, s'est fissuré et rompu sur les points de moindre résistance[1]. C'était à prévoir, le mieux est donc d'aborder la difficulté de front, et de prendre les mesures en conséquence. Il se produit une sorte d'onde de rupture, dont la longueur dépasse à peine 20 mètres.

Fondation sur un terrain compressible de faible épaisseur. — Quand les couches compressibles sont de faible épaisseur (2 ou 3 mètres par exemple), on peut les enlever et les remplacer soit par du béton coulé sous l'eau dans une enceinte de pieux et palplanches, soit par une maçonnerie ordinaire faite à sec à l'aide d'épuisements. Le mur de quai repose alors sur une base de largeur convenable, comme sur le terrain solide.

Fondation sur un terrain compressible de grande épaisseur. — Quand la couche compressible dépasse 4 à 5 mètres, on est obligé de faire reposer la fondation sur des pieux, qui reportent la charge sur le sol incompressible.

Les deux procédés les plus fréquemment employés sont les suivants :

Dans le premier, le battage des pieux et leur recépage s'effectuent à sec au moyen d'épuisements à l'abri d'un batardeau ; on les relie par une plate-forme en charpente, comprenant nécessairement des moises perpendiculaires à la direction du mur ; les assemblages seront robustes et soignés, autant que possible ;

Dans le second procédé, le battage des pieux s'effectue dans l'eau ; si l'on veut éviter le recépage ultérieur sous l'eau au scaphandre ou à la scie à recéper, on exécute le battage à l'aide d'un faux pieu. On relie ensuite les têtes de pieux par une couche de béton sur laquelle repose le mur.

La détermination du nombre des pieux, la fondation en elle-même est facile ; mais il faut spécialement se préoccuper de la stabilité de l'ouvrage, qui est placé au sommet de longs pieux, et qui est dans de mauvaises conditions pour

1. Page 222.

résister à la poussée horizontale du terre-plein. On demande cette stabilité à des dispositions accessoires, en dehors de celles qui sont prises pour solidariser les pieux entre eux.

On peut, si le sol est très compressible, disposer entre les pieux un massif d'enrochements et de fascinages reposant sur le terrain dragué au préalable et s'étendant de part et d'autre du mur, de manière à répartir la pression sur une plus grande surface, et à combattre tout mouvement de translation par une masse dense incompressible et par suite d'un déplacement difficile (*fig.* 60).

On peut aussi avoir recours à des pieux de retenue que l'on bat dans le terrain en arrière et qui, rattachés au mur, ajoutent leur résistance au renversement à celle des pieux de fondation. Mais ce moyen ne semble pas être très efficace, parce que le terrain dans lequel s'implantent les pieux de retenue n'est pas plus solide que la

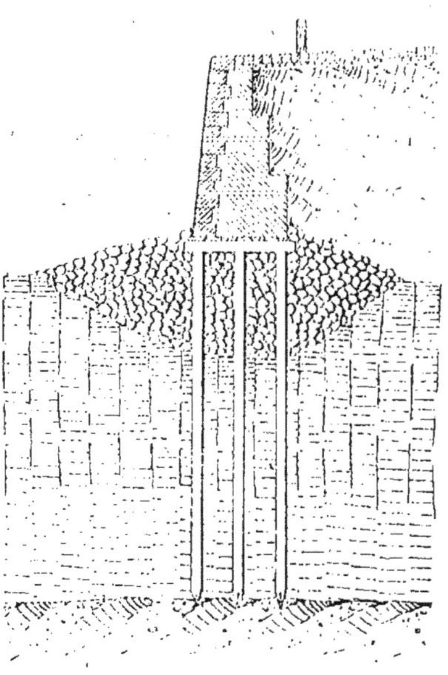

Fig. 60.

couche très voisine dans laquelle est assise la fondation.

Dans le même ordre d'idées, et plus efficacement, on peut relier le mur à des massifs en maçonnerie, établis en arrière, au moyen de forts tirants en fer.

Pour diminuer la poussée, on peut avoir recours, pour constituer les remblais du terre-plein, à des débris de démolition, à des fascines. On peut aussi faire reposer le terre-plein, sur une largeur suffisante en arrière du mur, sur des plates-formes en charpente, des voûtes de décharge, etc. (*fig.* 61).

Il ne faut pas perdre de vue que la poussée, à laquelle un mur de quai est exposé, ne dépend pas seulement de la nature des remblais qui constituent le terre-plein, mais aussi de l'eau qui pénètre dans ces remblais et y est retenue. Cette eau doit être évacuée au moyen de barbacanes, ménagées à l'intérieur du mur; des drains régulièrement espacés dans les maçonneries et prolongés sous le terre-plein produiront le même effet.

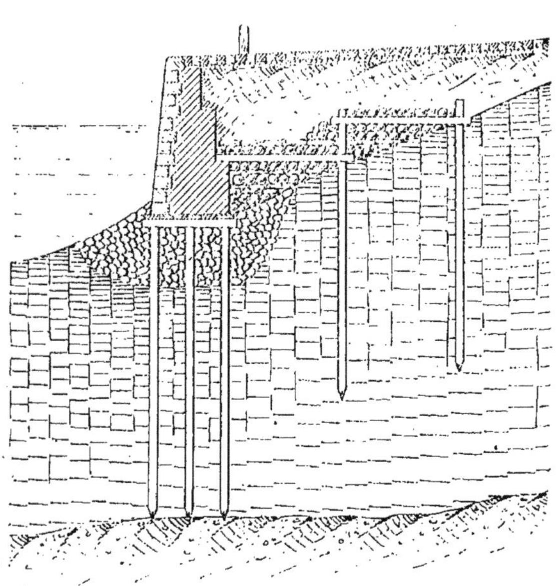

Fig. 61.

Application de ces procédés à différents murs de quai. — *a) Premier procédé.* — On peut citer, comme mur de quai fondé à sec sur une plate-forme en charpente, celui du bas-port du Gros-Caillou, à Paris (*fig.* 62).

Les pieux à section carrée de 0^m,26 de côté forment par groupes de quatre des lignes espacées de 1^m,38 d'axe en axe; chaque ligne est reliée par un chapeau de 24/24 d'équarrissage, sur lequel repose un plancher en madriers jointifs

de 0ᵐ,13 d'épaisseur. Le plancher est légèrement incliné du
côté du terre-plein, afin d'augmenter la stabilité.

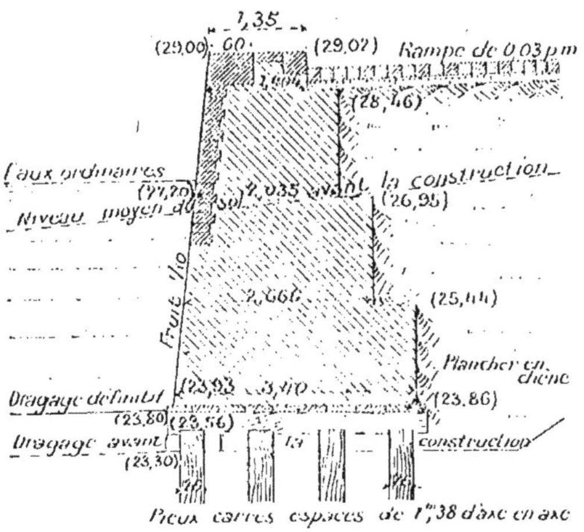

Fig. 62. — Mur du bas port du Gros-Caillou à Paris.

Le même procédé a été employé pour la fondation du
mur de quai de la Râpée, à Paris (*fig.* 63). Ce mur de quai

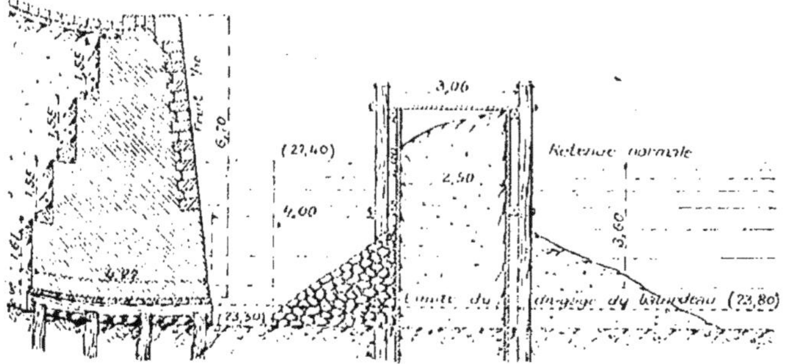

Fig. 63. — Mur de quai de la Râpée.

a été construit, à l'abri d'un batardeau, dans une fouille
asséchée par épuisement. Les pieux carrés de 0ᵐ,32 d'équarrissage forment des lignes perpendiculaires à la direction du

mur. Les lignes sont distantes de 1^m,25 d'axe en axe. Chaque ligne comprend quatre pieux coiffés d'un chapeau de $\frac{0^m,30}{0^m,30}$; sur ces chapeaux est établi un plancher en madrier de 0^m,12 d'épaisseur, qui porte le mur,

La hauteur du mur est de 6^m,70 au-dessus du plancher de fondation; son épaisseur moyenne est de 2^m,97, soit 44 0/0 de la hauteur de 6^m,70.

Le mur est couronné d'un trottoir de 1^m,35 de large qui remplace la lisse ou le garde-pied; il est muni de champignons d'amarre espacés de 9^m,73 d'axe en axe, de boucles d'amarre et d'échelles de sauvetage.

b) *Second procédé.* — Le mur de quai du port des Carrières

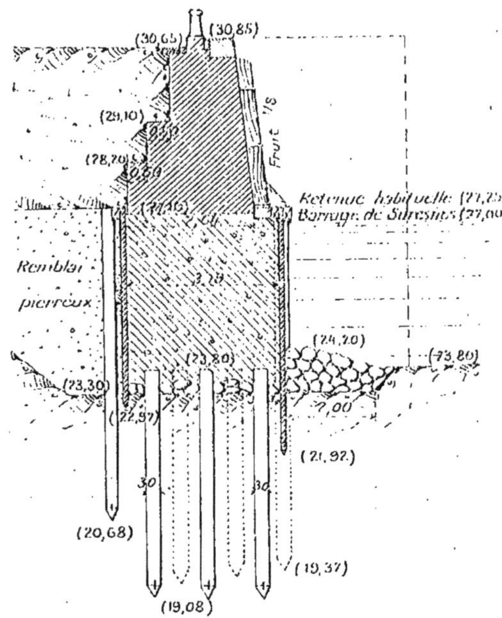

Fig. 64. — Mur de quai des Carrières, à Charenton.

à Charenton, a été fondé sur des pieux en grume de 0^m,30 de diamètre battus en quinconce, dont les têtes sont prises dans un massif de béton. Ce massif coulé dans un encoffrement de pieux et palplanches affleure à sa partie supérieure la tenue habituelle des eaux, ce qui a permis d'éviter la dépense considérable qu'entraînent les batardeaux et les épuisements.

La hauteur du mur au-dessus du plan de fondation est de 3ᵐ,75. Son épaisseur moyenne est de 1ᵐ,84, soit 49 0/0 de la hauteur de 3ᵐ,75.

Le terre-plein est constitué en arrière du mur par un remblai en matériaux pierreux et en débris de démolition, de manière à éviter la poussée. Des barbacanes sont ménagées dans la maçonnerie du mur, dont le parement est en moellons à joints incertains. Des bornes d'amarrage, des échelles de sauvetage sont ménagées de distance en distance (*fig.* 64).

On remarquera qu'une risberme de 0ᵐ,75 a été ménagée, en avant du pied du mur, au niveau de la retenue habituelle des eaux, pour assurer d'une manière plus certaine la stabilité de l'ouvrage. La partie antérieure d'un massif de béton coulé sur l'eau est exposée à être délavée et présente moins de résistance. Il est donc prudent de reculer le pied du mur. Des poteaux de défense placés le long du parement évitent le danger que pourrait présenter la risberme au point de vue de l'échouage des bateaux.

Les mêmes dispositions ont été adoptées pour l'établissement de quai à Ludwigshafen sur le Rhin (*fig.* 65).

A ce procédé, qui exclut l'usage de batardeaux et d'épuisements, se rattache la fondation du mur de quai de Choisy-le-Roi, qui comprend un mur en maçonnerie, et un contre-mur en pierres sèches, établis l'un et l'autre à un niveau assez élevé pour que l'on ait pu laisser à la berge son talus naturel, défendue d'ailleurs par un fort revêtement en remblai pierreux.

Les pieux sur lesquels le mur est fondé ont été battus par files tranversales espacées de 1ᵐ,50 d'axe en axe. Dans chaque file les pieux sont distants de 0ᵐ,56 d'axe en axe, et sont inclinés, afin de pouvoir mieux résister au renversement. Ils sont reliés par un plancher sur lequel repose le mur. Le plancher, qui se trouve à 1 mètre au-dessous du niveau normal de l'eau, constitue le fond d'un caisson étanche en char-

pente de 12ᵐ,50 de longueur, dont les parois latérales étaient
amovibles, et qu'on venait échouer sur la tête des pieux ; les
maçonneries y étaient exécutées à sec.

En arrière du mur se trouve un contre-mur en pierres
sèches, qui supprime à peu près complètement la poussée
des terres, et assure l'assèchement du terre-plein ; il repose

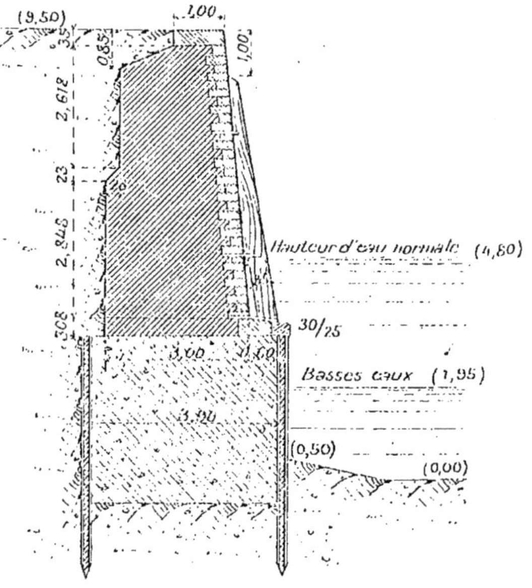

Fig. 65. — Mur de quai de Ludwigshafen.

sur un plancher établi au niveau normal de l'eau, qui s'appuie, d'une part sur une retraite du mur, d'autre part sur
une ligne de pieux battus en arrière. En dehors de cette
précaution, on a placé de 13ᵐ,33 en 13ᵐ,33 de forts tirants en
fer, dont une extrémité s'engage dans la maçonnerie du mur
et l'autre dans un massif d'ancrage établi dans la berge à une
distance convenable.

La hauteur du mur est de 2ᵐ,89 au-dessus du plancher de
fondation ; son épaisseur moyenne est de 1ᵐ,15, soit 40 0/0
de la hauteur de 2ᵐ,89.

Il est couronné d'un trottoir de 0^m,70 de large, et muni d'anneaux d'amarre distants de 10^m,25 l'un de l'autre, d'orga-

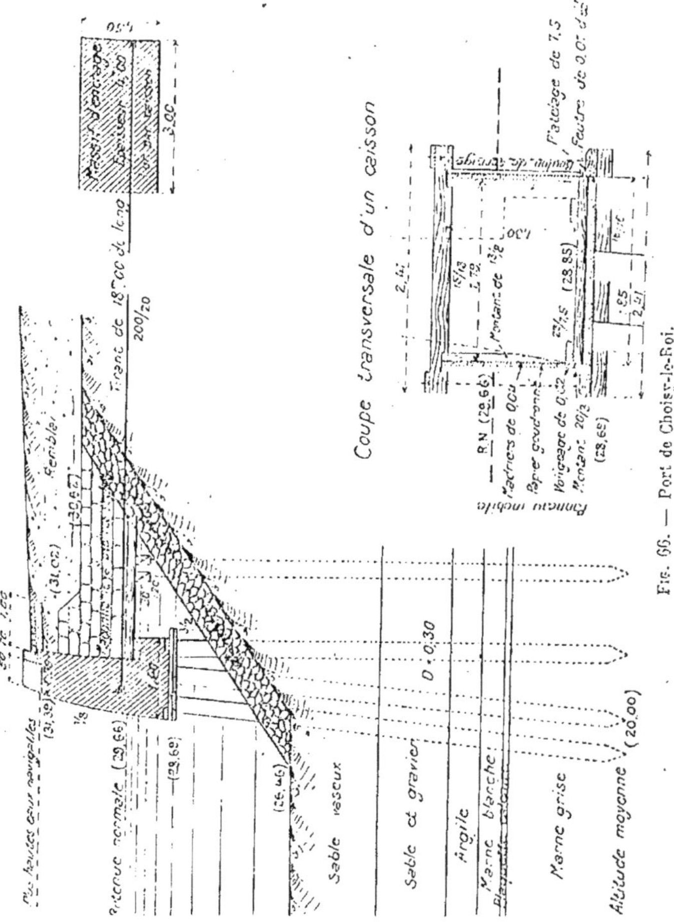

Fig. 66. — Port de Choisy-le-Roi.

neaux espacés de 20 mètres, enfin d'échelles de sauvetage tous les 60 mètres.

Le corps du mur de quai est en moellons à joints incertains. Les couronnements, les logements des échelles de sauvetage et des organeaux sont seuls en pierre de taille (*fig.* 66 et 67).

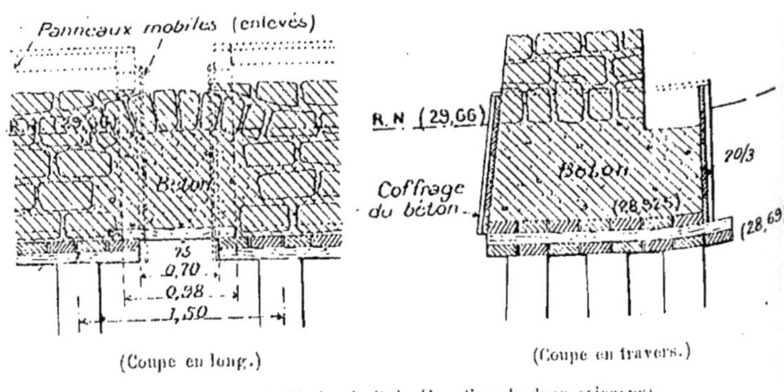

Fig. 67. — Port de Choisy-le-Roi. (Jonction de deux caissons).

Murs de quai sur un terrain compressible de très grande épaisseur et même d'épaisseur indéfinie. — Le procédé de fondation du mur de Choisy, qui consiste à laisser à la berge son talus naturel, et à couvrir ce talus par un plancher sur pilotis, qui porte le mur et la partie extérieure du terreplein, a été appliqué avec succès dans certains cas particuliers, où on se trouvait en présence d'un terrain compressible de très grande épaisseur.

Le talus naturel de la berge est couvert par un viaduc longitudinal en maçonnerie, le long de la tête antérieure duquel les embarcations trouvent toute facilité d'approche et d'accostage ; les piles de ce viaduc remplacent les files de pieux.

Dans cet ordre d'idées, on peut citer :

Les nouveaux quais de Bordeaux (fondations au moyen de caissons et à l'air comprimé)[1].

Les quais du troisième bassin à flot de Rochefort (fondations sur puits coulés par havage)[2].

1. *Annales des Ponts et Chaussées*, juin 1896, article par M. l'ingénieur en chef Pasqueau.
2. *Annales des Ponts et Chaussées*, février 1884, article de M. l'ingénieur en chef Crehay de Franchemont.

Prix de revient des principaux murs de quai. — D'après M. l'inspecteur général de Mas, les prix par mètre courant des murs de quai décrits plus haut sont les suivants:

	Hauteur.	Francs.
Quai de la Rapée :	7ᵐ,32	1.035
— des Carrières à Charenton.	7ᵐ,05	877
— de Choisy-le-Roi.........	5ᵐ,29	454

Dispositions générales applicables aux murs de quai. — On a étudié les dispositions particulières qui ont été adoptées pour différents murs de quai fondés d'après les procédés décrits plus haut. Il en est qui sont communes à tous les murs, et qui concernent l'établissement du terre-plein, des chemins d'accès, l'évacuation des eaux, enfin les ouvrages accessoires.

TERRE-PLEIN. — Le terre-plein doit présenter une certaine pente dirigée vers la rivière, afin d'assurer l'évacuation des eaux, qui coulent à sa surface. Cette pente doit être comprise entre 3 et 6 centimètres; inférieure à 3 centimètres, elle n'assurerait pas convenablement l'écoulement des eaux ; supérieure à 6 centimètres, elle serait incommode pour la circulation des voitures.

Le terre-plein doit autant que possible être pavé; s'il n'est qu'empierré, il faut qu'une certaine zone de pavage soit ménagée le long du couronnement, où la circulation des véhicules est généralement plus active.

CHEMINS D'ACCÈS. — La question des chemins d'accès à établir est souvent difficile à résoudre dans l'aménagement des terre-pleins. La pente des chemins d'accès ne doit pas dépasser 7 à 8 centimètres pour que les transports y soient possibles. A Paris, on admet un minimum de 5 centimètres.

ÉVACUATION DES EAUX. — L'évacuation des eaux pluviales qui coulent sur le terre-plein se fait naturellement à la rivière, quand l'ouvrage ne comporte pas de trottoir le long de son couronnement.

Dans le cas contraire, ce qui arrive assez fréquemment, on dispose de place en place des bouches d'égout s'ouvrant sur le caniveau ménagé le long du trottoir. Le caniveau pré-

sente une série de pentes et de contrepentes, de manière à
diriger les eaux vers les points bas, où sont placées les
bouches d'égout, dont le type est généralement le suivant
(*fig. 68*) :

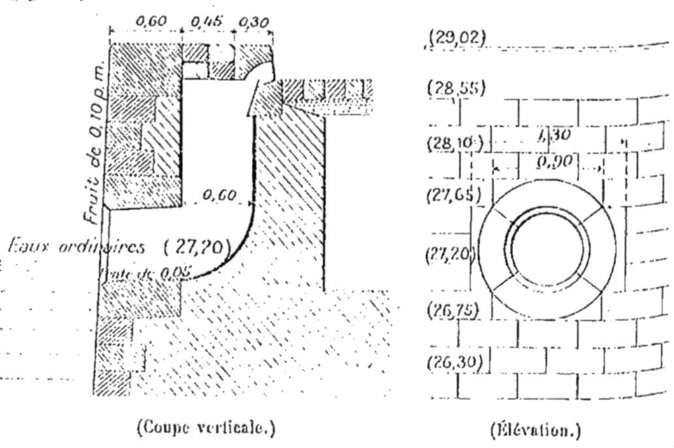

Fig. 68. — Bouche d'égout.

OUVRAGES ACCESSOIRES. — On est conduit, pour permettre
aux bateaux de se fixer à la rive, à installer des *organes
d'amarrage*. On a vu plus haut que, lorsque le mur présente près du plan d'eau une risberme, sur laquelle les bateaux pouvaient s'échouer, on établit le long des quais des
défenses en charpentes. Pour empêcher les accidents et les
marchandises de rouler jusque dans la rivière, on dispose le
long du couronnement, sur le terre-plein, une *lisse* en bois
ou en fer. Enfin, pour permettre aux mariniers d'accéder au
terre-plein, on ménage des *escaliers* dans le perré au cas d'un
mur de quai incliné, ou bien des *échelles de sauvetage* s'il
s'agit d'un quai droit.

Organes d'amarrage. — On place sur le terre-plein, généralement à 2 mètres environ de la crête du talus, de distance
en distance, au moins tous les 25 mètres, si le port est fréquenté, des *bornes* ou des *champignons d'amarre* en fonte ; on
emploie par raison d'économie des *pieux d'amarre* en bois.

Habituellement ces organes sont à une dizaine de mètres

de distance les uns des autres, et jalonnent la ligne qui sépare l'emplacement affecté au dépôt des marchandises de l'espace réservé le long du quai pour la circulation.

Le type le plus usité est celui qui est représenté ci-contre (*fig.* 69).

Le second type (*fig.* 70) semble préférable ; grâce à son

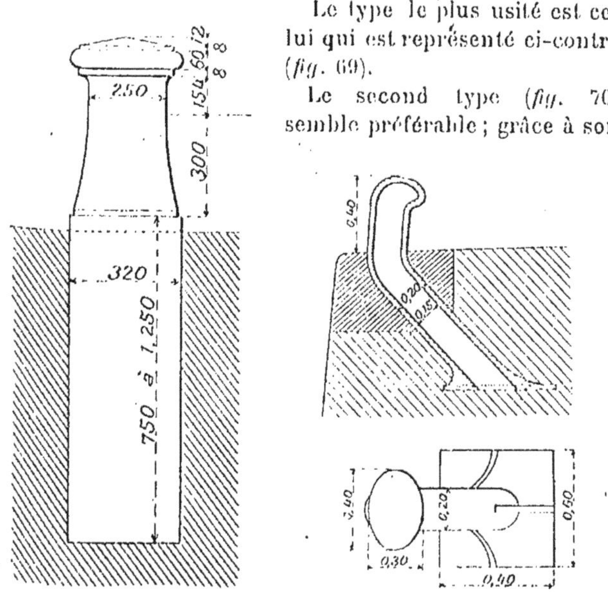

Fig. 69 et 70. — Bornes d'amarre.

profil, la boucle du câble servant à l'amarrage peut plus difficilement s'échapper de la borne, et la tête de la borne peut être rapprochée de la crête du couronnement, ce qui permet aux mariniers de fixer eux-mêmes l'amarre du bateau.

Au lieu de bornes en fonte, on peut recourir, ce qui est plus économique, à des pieux en bois de chêne ou de sapin souvent inclinés à la fois à l'amont et du côté opposé à la rivière pour éviter l'échappement de l'amarre. Leur base est scellée dans un massif de maçonnerie de moellons hourdés au plâtre ; le hourdage peut même ne se faire qu'à la partie supérieure et à la partie inférieure du massif, le reste étant en pierres sèches (*fig.* 71).

Les champignons d'amarre sont de dimensions beaucoup

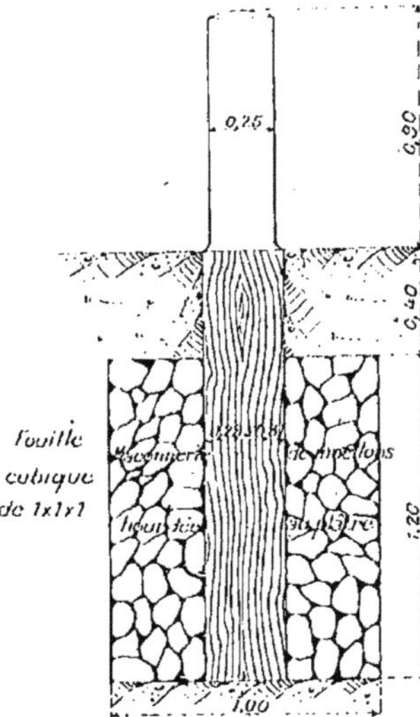

Fig. 71. — Pieu d'amarre.

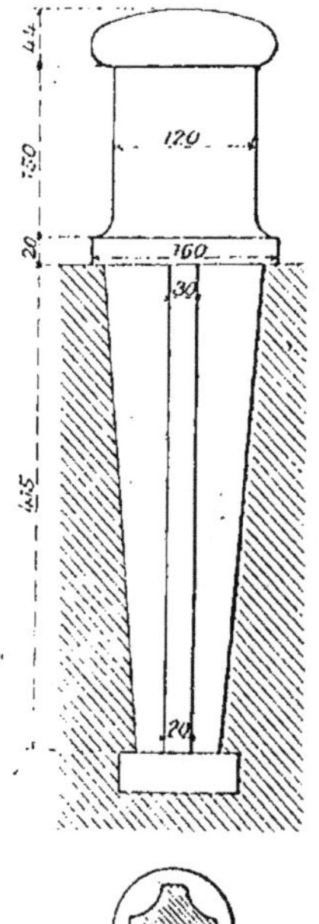

Fig. 72. — Champignon
d'amarre.

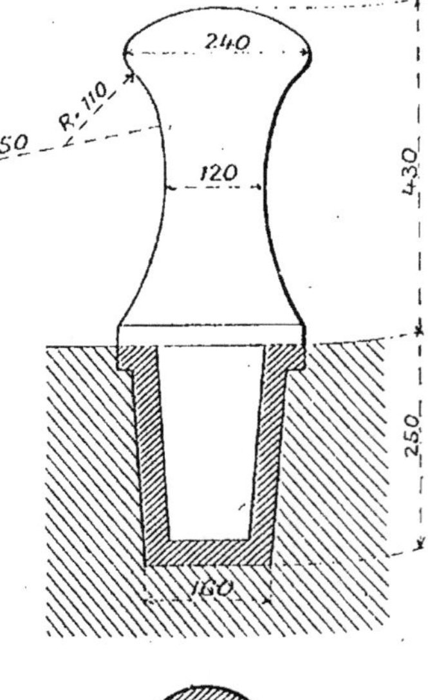

Fig. 73. — Poupée ou champignon
d'amarre.

moindres que les bornes et sont souvent employés pendant les manœuvres des bateaux pour un amarrage de peu de durée.

Les deux types les plus usités sont les suivants (*fig.* 72 et 73) :

Le premier est encastré à demeure dans la maçonnerie.

Le second, de forme tronconique, vient s'engager dans un logement en fonte scellé dans la maçonnerie ; ce champignon peut donc s'enlever en cas de besoin, s'il est nécessaire qu'il n'y ait pas de saillie sur le terre-plein à un moment donné.

Lorsque le couronnement du mur est à une cote très élevée au-dessus du niveau de l'eau, l'emploi de bornes ou de pieux sur le terre-plein devient incommode, on a alors recours soit à des *organeaux*, soit à des *boucles d'amarre*.

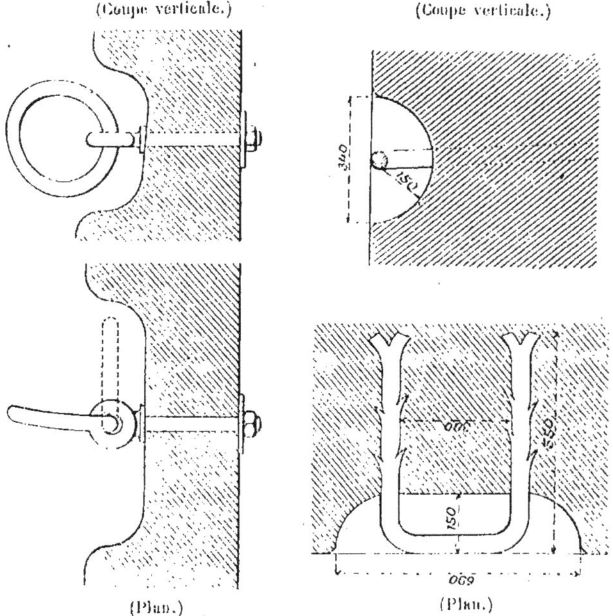

Fig. 74. — Organeau.   Fig. 75. — Boucle d'amarre.

L'organeau est un simple anneau métallique mobile autour d'un axe vertical, et qui fait saillie sur le parement, lorsque le bateau y est amarré; lorsqu'il n'est pas utilisé, il peut se loger dans une cavité réservée à cet effet (*fig.* 74).

Les boucles d'amarre sont fixes, et doivent être préférées aux organeaux plus difficiles à saisir quand ils sont effacés, et que l'œil dans lequel ils sont engagés est oxydé. Elles ne forment pas saillie sur le mur du parement, ce qui constitue un avantage et est de nature à éviter des accidents (*fig.* 75).

Défenses. — On a vu plus haut (quai de Dortmund, quai des Carrières) que le béton de fondation présente une risberme ayant une saillie de 0ᵐ,60 à 0ᵐ,80. Pour éviter l'échouage des bateaux sur cette risberme, on place des défenses en bois, qui empêchent les embarcations d'approcher trop près du mur.

Lisses. — On place souvent en arrière du couronnement du mur du quai une lisse en bois ou en fer, qui a pour objet : d'une part, de ménager à la fois les amarres et l'arête

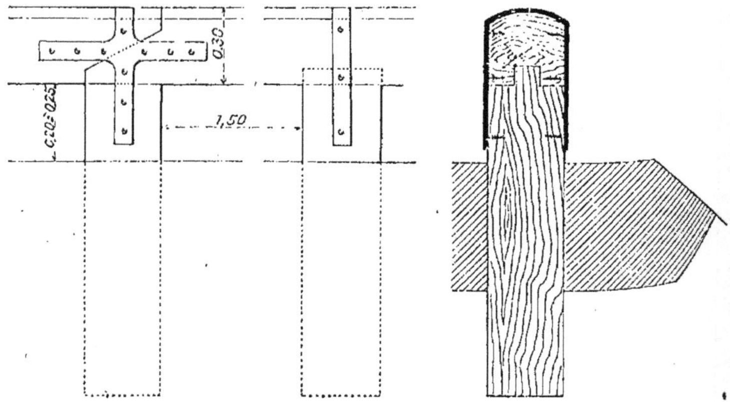

Fig. 76. — Lisse en bois.

de la maçonnerie; d'autre part, de garantir la circulation contre les accidents. Cette lisse appelée aussi *garde-pied*, est posée à quelque distance au-dessus du sol, afin de laisser passer les eaux qui s'écoulent sur le terre-plein; lorsqu'elle est en bois, elle a généralement 0ᵐ,45 de hauteur totale, pour les lisses en fer, on admet 0ᵐ,25 de hauteur au-dessus du terre-plein.

Les lisses en bois se composent de pièces de chêne à section carrée de 15 à 20 centimètres de côté, souvent assemblées entre elles au moyen d'un trait de Jupiter; elles sont supportées de place en place par des potelets de section carrée, scellés dans la maçonnerie et assemblés avec elles à tenon et mortaise. Des équerres métalliques consolident les assemblages des pièces de la lisse entre elles et les pièces avec les potelets (*fig.* 76).

La lisse métallique, dont le type est le plus usité, est constituée par une cornière à branches inégales, dont l'angle est arrondi, et qui repose de place en place sur des supports également métalliques; ceux-ci sont formés par un fer plat recourbé en deux branches scellées dans la maçonnerie. Un support sur dix a des dimensions plus fortes que les autres.

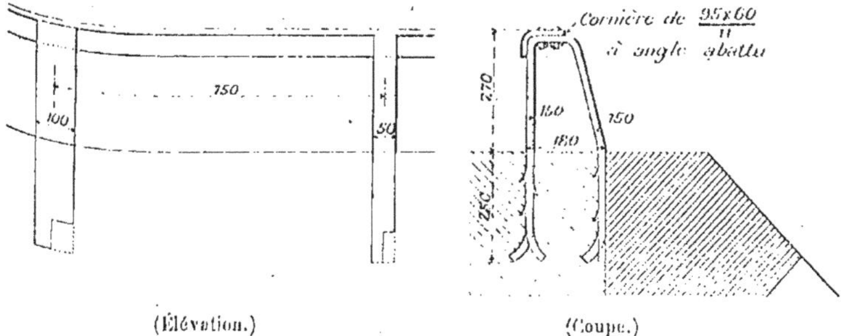

(Élévation.)   (Coupe.)

Fig. 77. — Lisse métallique.

On avait d'abord employé pour l'établissement des premières lisses métalliques des fers de trop faible échantillon et se tordant sous des chocs relativement faibles. Aussi avait-on préféré pendant longtemps se servir de lisses en bois. Mais ces dernières sont rapidement hors d'usage, et on les remplace par des lisses métalliques plus résistantes, et d'une durée presque indéfinie (*fig.* 77).

L'emploi d'une lisse est un pis aller; il est de beaucoup préférable, lorsqu'on le peut, d'établir le long du couronnement un trottoir suffisamment surélevé au-dessus du terre-plein, et dont la bordure tient lieu de lisse (mur du quai de Grenelle, du Gros-Caillou, des Carrières, de Choisy-le-Roi).

Escaliers. — Quand le perré n'est pas trop raide, on peut établir, de distance en distance, dans le talus même, des escaliers qui permettent d'accéder au quai en batelet sans avoir à gravir la pente glissante qu'offrent les maçonneries.

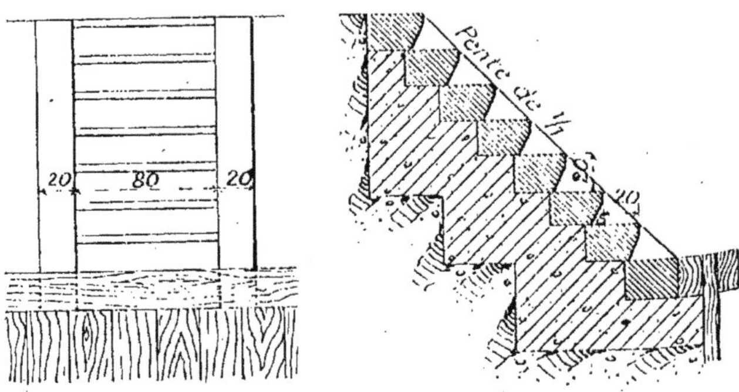

Fig. 78. — Escalier.

L'escalier figuré ci-dessus, établi dans un perré à 45° est fondé sur un massif de béton dont le talus du côté des terres est disposé en gradins ; les marches, en pierre de taille, ont une hauteur de 0^m,20 et un giron de 0^m,20 ; un refouillement de 0^{m}05, ménagé à la partie inférieur rend cet escalier plus praticable, en augmentant l'emmarchement. La largeur de la marche est généralement de 0^m,80 (*fig.* 78).

Echelles de sauvetage. — Les échelles de sauvetage disposées dans un mur de quai vertical sont généralement espacées de 60 à 80 mètres. Elles présentent les disposition suivantes reproduites ci-dessus (*fig.* 79).

(Élévation.)
(Coupe verticale.)
0,25 0,25
0,18 0,18
1,70
0,40
0,45
0,55
1,00
2,15
0,20
0,30 0,20 0,30
0,45
0,25
0,55
0,10
3,15
0,20 0,20 0,20
0,50
0,50
0,18 0,18
(Plan.)

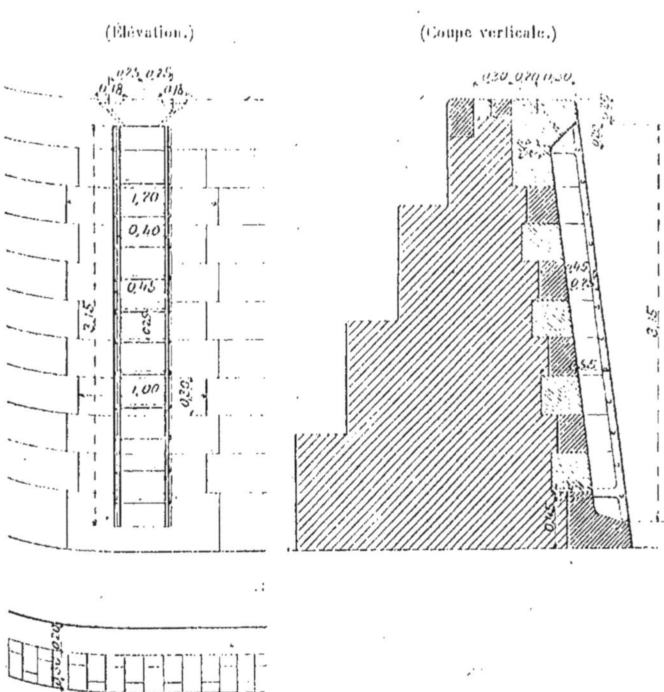

Fig. 79.

CHAPITRE V

INONDATIONS ET MOYENS EMPLOYÉS POUR LES COMBATTRE. LEURS EFFETS.

———

Considérations générales. Les premiers travaux d'appropriation d'un cours d'eau ont été exécutés; on a établi des quais, on a profité des conditions naturelles que présentait le fleuve ou la rivière. On s'est ensuite préoccupé des perturbations qu'apportaient au régime du cours d'eau les crues, et les inondations qui en sont la conséquence, bouleversant une situation que l'on considérait comme acquise, et obligeant à exécuter des travaux coûteux pour remettre les choses en l'état. On a donc cherché à éviter autant que possible les désastres qu'occasionnent les crues ou du moins à atténuer les effets qu'elles produisent. On s'est occupé d'abord du grave préjudice causé à la vallée, mais aussi des inconvénients qu'entraînait nécessairement pour la navigation l'arrivée d'une crue de quelque importance : engraissement des seuils, déplacement des hauts-fonds, corrosion des rives, etc.

Cause des inondations. — Pour combattre ce fléau, ou du moins pour en atténuer les effets, il faut en connaître les causes.

On doit donc tout d'abord rechercher la quantité annuelle de pluie qui tombe sur le bassin, considérer sa distribution pendant le cours d'une année, et enfin la quantité d'eau maximum que l'on constate en un temps donné. Les renseignements que l'on peut tirer des observations météorologiques officiels et particuliers, la lecture des pluviomètres fournissent des données qui permettent de connaître la cause des inondations, leur durée et l'époque à laquelle elles se produisent.

Les vents de l'ouest et du sud-ouest sont les grands producteurs de la pluie sur le versant océanique, et lorsqu'en France les pluies sont très générales, lorsqu'elles ont une durée de deux ou trois jours, et lorsque pendant cet intervalle leur débit journalier moyen atteint et, à plus forte raison, dépasse $0^m,07$ à 0^m08, de grandes inondations sont inévitables.

Cette grande précipitation de pluie sur un bassin fait affluer les eaux, plus ou moins rapidement, suivant la nature du terrain imperméable ou perméable dans le thalweg de la vallée par les affluents secondaires et y produit une intumescence, cause de l'inondation.

Cette intumescence se développe jusqu'à ce que l'écoulement par l'aval se soit procuré une section suffisante pour débiter les eaux d'amont; c'est alors qu'a lieu le maximum variable avec la disposition des lieux; le maximum est suivi d'une période décroissante, pendant laquelle le volume de l'eau écoulée étant plus considérable que celui de l'eau qui afflue dans le même temps, l'inondation s'apaise et disparaît.

Toute inondation est donc le fait d'une onde qui parcourt toute la vallée, se surélevant quand elle rencontre des obstacles (rétrécissement du lit ou affluent gonflé par suite des phénomènes météorologiques), s'étalant au contraire quand elle peut s'épanouir dans un espace libre. Si la vitesse de cette onde est faible, elle n'entraîne que des limons, ne cause aucun dommage et est fertilisante; si au contraire la vitesse dépasse une certaine limite, elle cause dans la localité des désordres de toute nature, bouleversant le sol, détruisant les maisons, etc.

A l'appui de cette première assertion, on peut citer les crues légendaires du Nil et les inondations des prairies de la Normandie, qui entretiennent depuis un temps indéfini la fécondité du sol, au point de lui faire produire, d'après M. Nadault de Buffon, 400 et 500 kilogrammes de viande à l'hectare, fécondité qui disparaît pendant les années où la submersion n'a pas lieu.

On doit donc chercher à substituer, autant que faire se peut, les résultats bienfaisants aux ravages qu'occasionnent certaines crues.

Avant d'étudier les moyens qui permettent d'atteindre ce but, il convient d'ajouter quelques renseignements sur la saison des inondations et l'influence du terrain.

Saisons des inondations. — Il est reconnu et admis que les pluies des mois chauds n'occasionnent pas de crues notables sur les rivières importantes. Cela tient à ce que ce sont généralement des pluies d'orage, c'est-à-dire des pluies locales, absorbées en partie par le sol, en partie par la végétation, et capables tout au plus de grossir les torrents et les petits cours d'eau.

Influence du terrain. — La perméabilité et l'imperméabilité du terrain ont une grosse influence sur la tenue et la durée d'une crue. L'imperméabilité n'étant pas *absolue*, la courbe de la montée de la crue est plus rapide que celle de la descente, la crue étant plus ou moins soutenue par la quantité absorbée par le terrain (*fig.* 80).

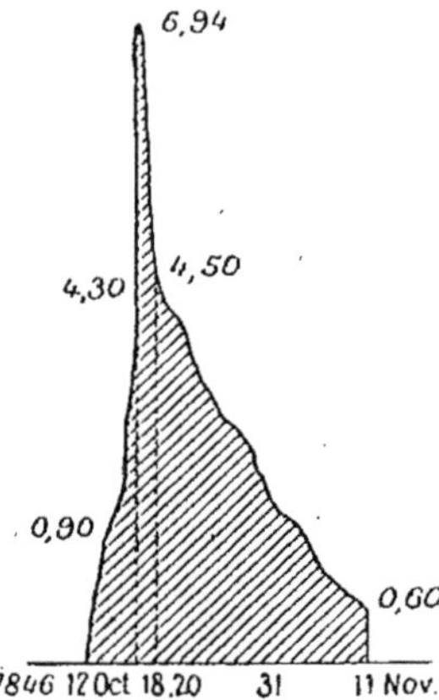

Fig. 80.

La forme du lit dans ces terrains affecte celle d'un petit torrent. Les matières terreuses des versants sont entraînées, les obstacles affouillés, quelquefois désagrégés, les trous comblés par les dépôts, en un mot le terrain tend à se niveler (*fig.* 81).

Dans les terrains perméables, au contraire, le niveau des nappes souterraines s'élève par la pluie ; le débit des sources augmente lentement. Par suite, les crues se produisent dans un laps de temps assez long, de même que l'abaissement des eaux se manifeste peu à peu (*fig.* 82).

Les terrains imperméables donnent naissance à un grand

nombre de ruisseaux, dont le cours est tourmenté. Cette imperméabilité permet d'obtenir des prairies à flanc de cô-

Fig. 81. — Coteaux imperméables.

teau, et même sur le sommet des montagnes. Les terrains perméables, au contraire, possèdent moins de rivières ; mais celles-ci sont plus importantes et leur lit moins accidenté.

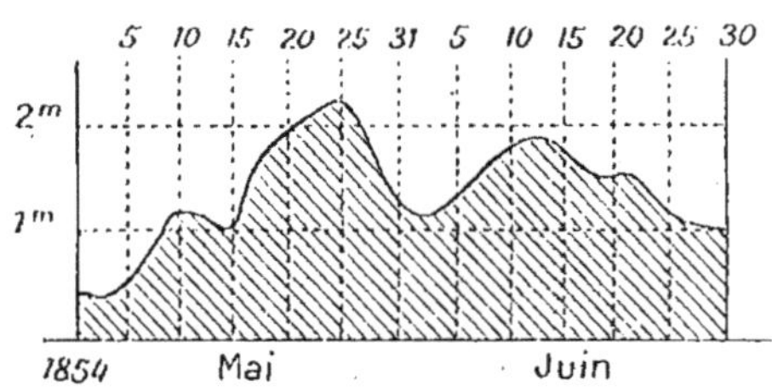

Fig. 82. — La Seine à Bray en amont de Montereau.

Les terrains perméables ne sont pas attaqués par les pluies. Leurs vallées datent des temps préhistoriques ; le sol de leur fond s'est exhaussé par les éboulis et les alluvions (*fig.* 83).

Fig. 83 et 84. — Coteaux perméables.

Souvent il a pris une forme bombée et le thalweg s'est creusé sur la partie la plus élevée à cause des alluvions, qui exhaussent les rives du cours d'eau (*fig.* 84).

La perméabilité des terrains est essentiellement variable ; le tableau qui suit donne la quantité d'eau tombée annuellement sur divers bassins, celle qui est écoulée par les fleuves et celle qui est absorbée par les terres. Une dernière colonne fait connaître le rapport de l'absorption à la quantité d'eau tombée.

DÉSIGNATION DES BASSINS	HAUTEUR D'EAU REPRÉSENTANT			RAPPORT entre la hauteur d'eau absorbée et la hauteur d'eau tombée
	la pluie annuelle	l'écoulement par les fleuves	l'absorption par les terrains	
Seine......	$0^m,612$	$0^m,477$	$0^m,435$	0,71
Garonne...	0 773	0 401	0 372	0,48
Saône	0 850	0 438	0 416	0,49
Rhône.....	0 922	0 580	0 342	0,37
Pô	1 220	.0 781	0 439	0,36

En résumé, les terrains imperméables donnent des crues subites et hautes ; les terrains perméables, des crues plus lentes et moins hautes (*fig.* 80 et 82), et il est difficile de rien conclure de précis et de général à l'égard d'une vallée un peu longue, car elle se compose le plus souvent de terrains perméables et de terrains imperméables ; aussi doit-on dire que ce sont les terrains imperméables qui *produisent* les crues, et que les terrains perméables les *soutiennent*.

Lois des crues des cours d'eau. — Le problème des inondations et des crues se complique encore, en raison des modications apportées à la nature du sol, par l'état de sa surface, suivant que celle-ci est plus ou moins sèche ou plus ou moins humide, suivant qu'elle est ou non recouverte de gazonnements ou de plantations. On conçoit, en effet, que la nature même des terrains est nécessairement modifiée par ces causes extérieures, et qu'un terrain imperméable peut devenir à un moment donné plus perméable qu'un terrain véritablement perméable et *vice versa*.

En présence de ces difficultés, il n'y a donc pas à compter sur le pluviomètre, d'une manière absolue, pour avoir des renseignements exacts sur l'importance d'une crue. Il faut attendre que le phénomène s'accentue dans les vallons pour donner, au moyen du télégraphe, le moment où la crue parviendra dans une localité située en aval, et, au moyen des observations antérieures comme on l'a vu plus haut, en évaluer l'intensité. C'est là l'objet du service d'annonce des crues.

Il est inutile de revenir sur ce sujet déjà traité, mais il convient de faire connaître les lois établies par M. Belgrand dans son ouvrage intitulé *la Seine*, et qui sont considérées comme applicables à tous les cours d'eau.

COURS D'EAU TORRENTIELS. — TERRAINS IMPERMÉABLES.— 1° *Loi fondamentale :*

Les crues des petits torrents (bassins imperméables) sont plus élevées ; leur durée est très courte, rarement de plus de un ou deux jours (fig. 85).

Les crues des petits cours d'eau tranquilles (bassins perméables) sont peu élevées ; leur durée est très longue, toujours de plus de quinze jours.

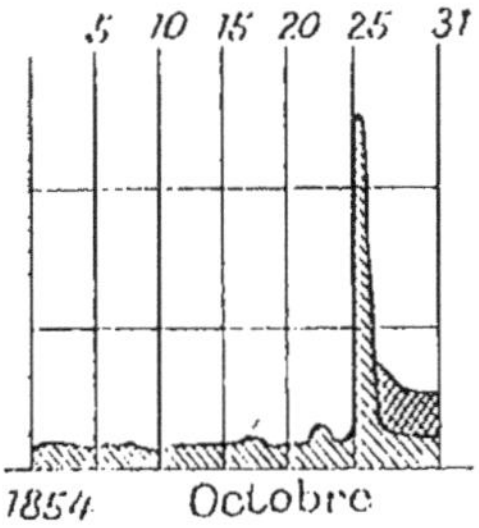

Les crues d'un torrent se divisent en deux parties ; à la suite de la crue élevée et de courte durée, qui correspond au passage des eaux torrentielles, vient une seconde crue, beaucoup plus longue, qui correspond au passage des eaux tranquilles (fig. 86).

Fig. 85.   L'Ouanne à Toucy.

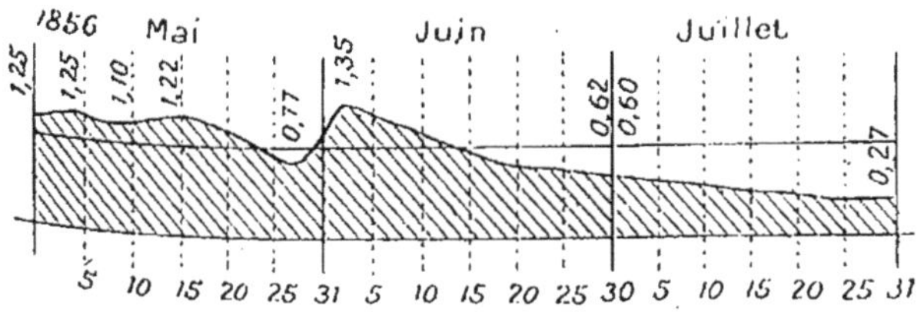

Fig. 86. — L'Ource à Autricourt.

2° *Il y a dans chaque grande vallée à versants imperméables un point où les crues cessent de s'accroître.*

C'est le point à l'aval duquel la crue du cours d'eau principal passe aux confluents, sans rencontrer les crues des affluents, qui sont déjà écoulées. Ce point est d'autant plus éloigné de l'origine du fleuve que la région est montueuse, non seulement parce que les pluies y sont plus persistantes, mais encore parce que, en raison de la plus grande déclivité des thalwegs, la crue torrentielle, dans un temps donné, a parcouru plus de chemin en pays de montagne qu'en pays plat.

C'est par suite de cette circonstance que les vallées des grands cours d'eau torrentiels sont préservées.

3° *Dans un grand cours d'eau torrentiel, une crue extraordinaire peut être produite par un phénomène météorologique unique n'agissant que sur une partie restreinte du bassin.*

Cette partie du bassin n'est pas nécessairement celle qui comprend l'origine du fleuve, aussi ces crues sont-elles les plus fréquentes.

4° *La durée des crues torrentielles va en croissant depuis les sources des fleuves jusqu'à la mer.*

Car les crues des affluents d'un grand fleuve arrivent les unes après les autres et entretiennent l'onde principale.

COURS D'EAU TRANQUILLES. — TERRAINS PERMÉABLES. — 5° *La hauteur maximum de la crue d'un grand cours d'eau tranquille*

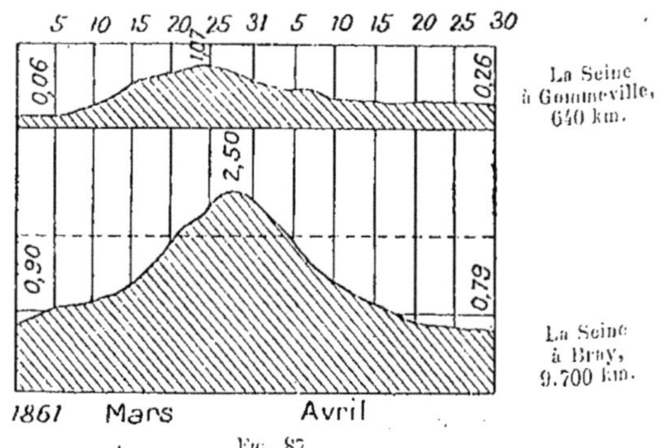

Fig. 87.

s'ajoute à chaque confluent à la hauteur maximum de la crue de tout affluent tranquille.

Cette hauteur va donc en augmentant de la source à la mer (*fig.* 87).

6° *Dans les terrains perméables, les crues de tous les affluents concourent à augmenter la hauteur de la crue principale.*

7° *La durée des crues de ces cours d'eau ne s'accroît pas notablement à mesure qu'il s'allongent.*

COURS D'EAU MIXTES. — Les cours d'eau mixtes sont ceux dont le bassin comprend en égale étendue des terrains perméables et des terrains imperméables.

8° *Les crues d'un torrent qui rencontre un cours d'eau tranquille passent toujours les premières au confluent.*

CRUES SUCCESSIVES. — *Petits torrents.* — 9° *La durée des crues étant très courte, la crue précédente est presque toujours écoulée quand arrive la crue suivante* (*fig.* 88).

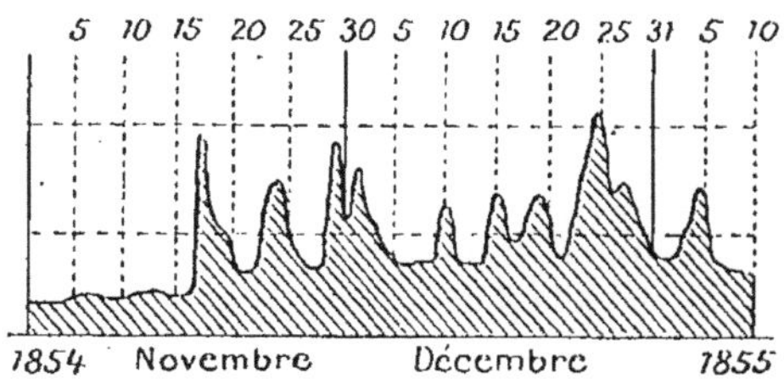

FIG. 88. — L'Armançou à Aisy.

Grands cours d'eau torrentiels. — 10° *Les coïncidences des crues torrentielles successives sont possibles, mais rares.*

11° *Il peut y avoir des coïncidences, mais il est à peu près impossible que cela ait lieu pour deux crues extraordinaires.*

Il faudrait, en effet, que les mêmes phénomènes météorologiques se répétassent dans le même ordre.

Cours d'eau tranquilles, — 12° *Les portées des crues successives d'un cours d'eau tranquille s'ajoutent les unes aux autres, et suivent pendant un ou deux mois.*

13° *Il résulte de là que les crues extraordinaires d'un grand cours d'eau tranquille sont toujours produites par des phénomènes successifs.*

Cours d'eau mixtes. — 14° *Si plusieurs crues successives se présentent, la première crue du torrent passera la première, mais la deuxième, la troisième, etc., pourront coïncider avec la première, la deuxième, etc, du cours d'eau tranquille.*

15° Le maximum d'une crue extraordinaire d'un cours d'eau mixte correspond habituellement à une crue torrentielle, survenant à la suite d'un grand nombre de crues successives.

Moyens employés pour combattre les inondations et leurs effets. — On a vu quelle était la cause des inondations, et comment elles étaient influencées par la nature des terrains constituant le bassin des cours d'eau que l'on avait en vue.

On a constaté que les pluies donnaient naissance à une onde qui parcourt la vallée. Il faut donc agir sur cette onde, et trois moyens se présentent naturellement.

On peut :

Soit donner aux eaux l'écoulement le plus prompt possible vers l'aval, de façon à les faire disparaître à mesure qu'elles arrivent ;

Soit les retenir pour que la crue se prolonge en durée et n'ait, par suite, qu'une intensité moindre ;

Soit enfin livrer au flot qui passe un espace suffisant, mais circonscrit, dans lequel l'écoulement s'effectuera suivant ses lois, et en dehors duquel le sol de vallée, à l'abri derière des digues, pourra s'affranchir de la servitude des inondations.

Dans le premier cas, on emploie les curages ; dans le second, le reboisement et le gazonnement des montagnes, la création de réservoirs vers les sources, l'établissement de canaux de dérivation avec déversoirs ; dans le troisième, on se sert de digues longitudinales insubmersibles.

On examinera enfin les moyens administratifs qui peuvent être appliqués, et qui comprennent : la réglementation des zones d'inondation, les assurances.

Curages. — Le curage du lit d'un cours d'eau est une opération qui a pour effet de faire disparaître les dépôts et les accrues de toute nature susceptibles de mettre obstacle à l'écoulement des eaux ; d'une manière générale, elle comporte l'élargissement et l'approfondissement du lit.

De tous les moyens préventifs, celui qu'apportent les curages est sans contredit le plus mauvais, à moins qu'on ne le pratique sur tous les affluents et sur le fleuve lui-même, jusqu'au point où il se jette dans la mer.

En diminuant, en effet, la résistance à l'écoulement de l'eau sur une portion déterminée de son cours, le curage amène à un moment donné et avec une plus grande rapidité l'onde due à l'accroissement du liquide écoulé. Si donc celui-ci est amené par un affluent, il se forme au confluent un barrage, qui fait remonter en amont les eaux du fleuve dans lequel il se jette, augmentant ainsi l'importance de la crue de ce dernier.

Il en résulte que l'on ne doit pratiquer les curages, que sur des cours d'eau de peu d'importance, ou sur une très petite étendue dans les grands fleuves, à moins de soumettre tout le bassin à cette opération, mais dans ces cas on diminue la hauteur des étiages, ce qui peut être une cause d'arrêts pour la navigation et de désastres pendant la saison sèche.

Il est cependant utile, dans certains cas, pour empêcher la formation de marécages dus à l'exhaussement du lit de la rivière par rapport au thalweg, d'opérer des curages qui abaissent le plan d'eau et mettent la contrée à l'abri des émanations paludéennes. Un simple faucardement des herbes tapissant le fond du lit est souvent suffisant, et peut être pratiqué économiquement, quand on choisit convenablement la saison ou mieux l'année.

D'ailleurs, l'opération du curage n'est pas nécessairement une opération mauvaise, à laquelle on devra s'opposer. Chaque propriétaire a le droit d'écouler hors de chez lui les eaux que lui envoie la pente naturelle du sol; et ce droit est reconnu par la législation, qui permet aux intéressés de se syndiquer dans ce but. Mais ce droit doit être d'accord avec l'intérêt général, c'est-à-dire que l'Administration ne doit d'encouragement qu'aux travaux n'aggravant pas la situation à l'aval.

On conclura donc que le curage peut être un palliatif du mal sur quelques points spéciaux, où des obstacles surélèvent le débordement, mais n'est pas un remède pour les inondations en général, et que, suffisamment généralisé, il tendrait à les aggraver, plutôt qu'à les amoindrir.

Exécution des curages. — En règle générale, les curages devront se faire de l'aval vers l'amont, le courant de la rivière débarrassant tout naturellement le lit des herbes et des vases.

Les terres sont rejetées sur les bords et servent aux riverains, soit d'amendement, soit de remblais pour garantir leur propriétaire contre les petites crues.

Les procédés et les appareils qui servent à opérer les curages varient avec l'importance des cours d'eau.

L'appareil le plus simple, celui qui sert sur les cours d'eau de moindre importance, est la drague à mains. Cet engin a la forme d'une grande pelle en fer munie d'un fond et de deux côtés relevés de 7 à 8 centimètres. C'est une sorte de caisse ouverte à l'avant. Cette caisse est actionnée par un manche perpendiculaire au fond et assez long pour que de la surface on puisse s'en servir sous l'eau.

Lorque les cours d'eau sont plus importants, on emploie les dragues mécaniques et les excavateurs.

Les dragues sont composées essentiellement d'une chaîne sans fin à longues mailles supportée par une longue poutre placée suivant l'axe longitudinal d'un chaland (élinde). On fixe sur la chaîne un certain nombre de godets à bords tranchants. L'élinde que l'on peut manœuvrer dans un plan vertical permet aux godets d'entamer le fond du cours d'eau. Une machine à vapeur actionne un tambour, qui fait avancer la chaîne sans fin. Les matières enlevées sortent des godets, au moment où ceux-ci culbutent et sont reçues dans un couloir, qui les déverse dans un chaland.

On déplace l'ensemble de l'appareil dans un plan horizontal en battant tout le terrain sur la largeur à draguer (papillonnage), puis suivant l'axe des cours d'eau; ces mouvements sont assurés au moyen de treuils.

On étudiera ultérieurement les appareils les plus récents et les plus perfectionnés qui servent à l'amélioration des rivières.

Pompes centrifuges employées pour le dragage et le transport des sables et des boues. — Il en sera de même en ce qui concerne les pompes centrifuges employées pour le dragage et le transport des sables et des boues. Qu'il suffise pour le moment de signaler l'usage que l'on peut faire de ces engins dans le cas particulier dont il s'agit.

Quand les déblais à extraire peuvent être entraînés facilement par un violent courant d'eau, il y a économie et intérêt (surtout si ce sont des vases dont les émanations sont susceptibles d'engendrer des fièvres dangereuses) à employer des pompes centrifuges.

Ce procédé a été employé avec succès pour le curage du grand canal de Versailles, qui n'avait pas été nettoyé depuis cent ans, et dégageait une odeur infecte.

Deux moyens se présentaient :

Le premier consistant à mettre à sec le canal avec enlèvement des vases à la main ;

Le second, à draguer à niveau plein au moyen de dragues suceuses.

C'est ce second moyen qui a été adopté, parce qu'il respectait l'aspect du parc en opérant à niveau plein ; il réalisait une économie de 115,000 francs ; il se prêtait admirablement à la désinfection des vases, écartant ainsi, pendant la période d'exécution, tout danger pour les ouvriers employés, pour les promeneurs et pour les habitants de Versailles.

L'économie du projet consiste :

1° A prendre la vase dans l'eau afin d'éviter autant que possible le dégagement du gaz, conséquence d'une mise à sec ;

2° A transporter mécaniquement la vase de manière à réduire autant que possible le nombre des ouvriers employés au curage ;

3° A désinfecter les matières à l'intérieur de la pompe, de manière qu'à leur arrivée au jour les vases soient inoffensives, ce qui est impossible avec le curage à sec, où la désinfection préalable ne peut être que superficielle.

On a obtenu une désinfection complète par un dosage convenable de chaux vive et de sulfate de fer.

Les dragues suceuses, inventées par M. Bazin, n'avaient été employées jusqu'alors que pour le dragage des vases molles ou des sables très fluents. Les vases de Versailles étaient au contraire très compactes ; il fallait donc :

1° Désagréger le terrain ;

2° Monter la vase à bord du bateau et la transporter ;

3ᵉ Régler le débit de façon à obtenir un bon rendement.

Voici comment ces différents problèmes ont été résolus.

Le grand canal étant dépourvu de tout moyen de communication avec les voies navigables, le bateau a été composé de deux chalands, dont les dimensions (15ᵐ,60 sur 3 mètres) ont permis le transport par chemin de fer. Ces chalands complètement métalliques sont échancrés à l'avant pour le passage de l'élinde. Une locomobile de 40 chevaux commande d'un côté la pompe centrifuge et de l'autre un arbre portant poulie fixe et poulie folle. Cet arbre, au moyen de deux roues d'angle, commande un arbre intermédiaire, qui permet de donner un mouvement de rotation au tuyau d'aspiration autour de son axe. Ce tuyau est porté sur l'élinde formée d'un châssis en fer articulé sur l'axe de la pompe centrifuge et l'arbre principal. L'extrémité du tuyau d'aspiration est coudée en forme d'escargot ; la partie tranchante qui s'y trouve établie est en acier.

Des presse-étoupes assurent l'étanchéité de toutes les articulations tant sur l'aspiration que sur le refoulement. Un éjecteur permet de remédier au désamorçage, qui se produit assez souvent, quand l'orifice du tuyau d'aspiration est obstrué.

La conduite de refoulement est supportée hors de l'eau par des flotteurs. Elle débouchait dans les bosquets qui entourent le canal. Des digues d'une certaine hauteur limitaient les bassins, où se formait la décantation du liquide. L'eau faisait retour au canal. L'appareil dragueur était complété par deux treuils de papillonnage placés en aval et latéralement, un treuil d'avancement, un treuil de relevage d'élinde et un treuil de retenue.

Le sulfate de fer était dissous dans des cuves, et était aspiré après dissolution par la pompe centrifuge.

L'épaisseur de la vase variait entre 0ᵐ,30 et 1ᵐ20. On l'enlevait en une seule passe. A cet effet, on réglait la hauteur de l'élinde de manière que l'orifice de l'escargot affleure la cote fixée dans sa position la plus basse.

Si la vase était molle, on laissait l'aspirateur immobile dans cette position. On faisait décrire à la drague un arc de cercle, en maintenant constamment tendu, à l'aide du treuil de retenue, le câble fixé d'une part sur le treuil d'avancement et d'autre part sur un point fixe à 100 mètres plus loin. Les treuils de papillonnage permettaient de parcourir cet arc en allant d'un bord à l'autre.

On avançait ensuite de 0^m,40, et on continuait la même manœuvre.

Quand le terrain était plus compact, le réglage de l'élinde et la manœuvre de la drague étaient identiques, mais on mettait en mouvement le tuyau d'aspiration autour de son axe pour découper le terrain.

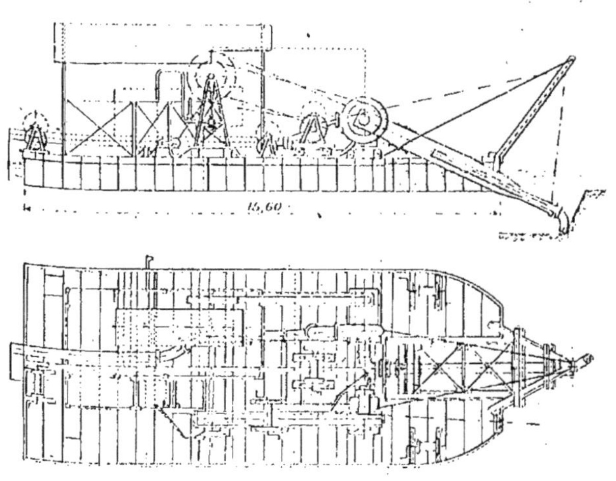

Fig. 89.

Le désinfectant, dont la quantité était réglée par un robinet, était amené en même temps, puis entièrement mélangé avec l'eau chargée de vase, tant dans la pompe que dans la tuyauterie de refoulement. Quand le mélange arrivait dans le bassin de décantation, il était complètement inodore, et il ne restait plus qu'à clarifier l'eau avant son retour au canal, ce qui était facilité par l'emploi de la chaux.

La désagrégation du terrain est opérée par le tuyau lui-même, qui fonctionne par suite de l'avancement latéral (papillonnage) comme un excavateur sur la bande de 0^m,40 d'épaisseur et de hauteur correspondant à l'avancement. Le tuyau n'attaque les mottes que par suite de l'action du papillonnage. Plus le terrain est dur, plus la résistance sur le treuil est grande et, comme il est mû à bras, moins l'avancement est rapide. La profondeur du terrain attaqué et, par suite la grosseur des mottes, se trouvent donc réglées automatiquement en raison inverse de la dureté du terrain.

De plus, comme pendant la moitié au moins de sa rotation le tuyau ne touche pas au terrain, il ne prend que de l'eau, ce qui aide à la désagrégation et à l'entraînement des mottes.

Le rendement en déblais varie de 8 à 12 0/0 du volume d'eau fourni par la pompe, la hauteur du refoulement étant limitée à 4 ou 5 mètres. La surface draguée correspondait à 180 mètres cubes à l'heure, soit 1.600 mètres cubes par jour (*fig.* 89).

DANGER DES REDRESSEMENTS OU COUPURES. — Le curage est, comme on l'a vu, un palliatif qui ne va pas sans inconvénients. Il en est de même en ce qui concerne les redressements ou les coupures, qui produisent un effet analogue en accélérant le mouvement des eaux.

On peut citer la Theiss, grand affluent du Danube, dont le cours naturel est tellement sinueux que, dans une vallée de 560 kilomètres de longueur, il présente un développement de 1.180 kilomètres.

Dans l'intérêt de la navigation et pour faciliter l'écoulement des eaux, on a été amené à rectifier le cours de la Theiss et à supprimer une partie des sinuosités au moyen de coupures. On en a fait une centaine, dont la longueur totale dépasse 120 kilomètres, et qui ont produit un raccourcissement de 480 kilomètres. Cette opération, généralement impraticable sur une pareille longueur, a été possible sur la Theiss en raison de la faible pente qu'elle présentait encore après les redressements.

Si les érosions n'étaient pas à craindre, on avait au contraire à redouter l'effet des crues qui, se propageant plus rapidement, jetaient à l'aval une quantité d'eau plus considérable, dans un temps donné.

C'est en effet ce qui s'est produit, et, bien que l'on ait conservé les anciens bras, et qu'on les ait aménagés autant que possible en dérivations pour les crues, la hauteur moyenne de ces dernières a été en croissant d'une manière sensible depuis 1830.

Ce résultat doit être attribué en partie aux endiguements de la rivière dont il sera parlé plus loin, mais aussi pour une large part à l'exécution des coupures.

En 1879, la ville de Szégédin, située sur le cours de la Theiss, a été presque entièrement détruite par une inondation qui a rompu les digues de défense de la ville et y a produit un désastre d'une gravité exceptionnelle.

Les coupures de la Theiss ont eu dans ce désastre une part de responsabilité d'autant plus grande, qu'on ne s'était peut-être pas assez préoccupé de l'ordre qui aurait dû présider à leur exécution, et qu'on avait ouvert les coupures d'amont avant celles d'aval, qui auraient dégagé la ville de Szégédin.

On peut citer dans le même ordre d'idées la coupure du Danube au droit de la ville de Vienne (*fig.* 90).

Le Danube se jette, ainsi qu'on le sait, dans la mer Noire, après un parcours de 3.000 kilomètres, y compris celui de ses affluents.

Son lit quelquefois resserré entre les montagnes traverse, aux environs de Vienne, des plaines très étendues formées en partie par des alluvions.

Sa pente varie beaucoup ; elle est rapide dans la partie supérieure, moins forte dans la partie moyenne, et presque nulle dans celle comprise entre les Portes de Fer et la mer Noire.

Le débit à Vienne est de 1.800 à 2.000 mètres cubes par seconde à l'étiage ; il peut atteindre et dépasser 12.000 à 15.000 mètres cubes pendant les crues.

Malgré leur grande vitesse, les eaux gèlent presque tous les hivers, et produisent des débâcles, dont les effets sont quelquefois terribles et causent des désastres importants qui n'épargnent pas la ville de Vienne.

Des travaux nombreux et anciens attestent que le fleuve s'est déplacé sous des influences diverses et qu'on a dû faire de grands efforts pour maintenir l'eau dans le canal de Vienne (Donau-Canal).

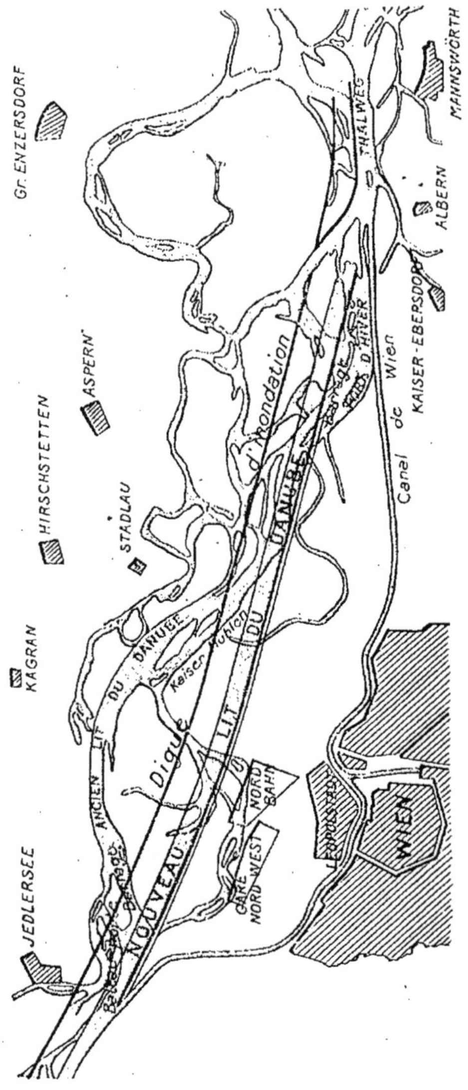

Fig. 90. — Régularisation du Danube près Vienne.

Cette variation continuelle du lit et le développement considérable de la ville de Vienne ont nécessité l'amélioration du cours du fleuve, tant pour assainir que pour protéger les terrains voisins contre les fréquentes inondations et pour améliorer en même temps la navigation.

On a donc exécuté un nouveau canal, ayant son origine à Nüssdorf, au pied du Kallemberg, tracé à travers les terrains du Prater, suivant une ligne courbe dirigée du côté de la ville de Vienne, pour permettre les transbordements à quai, et rejoignant l'ancien lit en face du village d'Albern. La longueur de ce canal est d'environ 15 kilomètres.

Il a fallu, comme conséquence du nouvel état de choses, fermer le vieux Danube en amont du pont de Florisdorf, et exécuter une digue d'inondation sur la rive gauche pour garantir la vallée contre l'effet des crues. On verra plus loin que, si le résultat a été efficace pour l'amélioration de la navigation, on a dû prolonger de plus en plus vers l'aval la digue d'inondation, pour éviter la submersion des terrains exposés aux crues devenues plus importantes.

On peut donc conclure, comme M. l'inspecteur général de Mas que, comme les curages, les redressements ou coupures peuvent produire une amélioration locale, mais que c'est aux dépens de la partie aval de la vallée, dont la situation se trouve aggravée d'autant par la suppression des emmagasinements d'eau et la réduction du parcours.

EMMAGASINEMENT DES EAUX VERS LES SOURCES. — Les curages, les redressements ont pour effet, comme on l'a vu, d'accélérer l'écoulement des eaux pluviales de l'amont vers l'aval. Les travaux que l'on va étudier ont pour effet de retarder cet écoulement, en emmagasinant les eaux vers les sources, et en ne les laissant évacuer que petit à petit. Cet emmagasinement des eaux se produit naturellement dans deux cas spéciaux.

Dans le premier, les eaux, qui tombent sur un bassin perméable, sont absorbées en plus ou moins grande quantité. Les rivières qu'elles alimentent grossissent, mais lentement, sortent peu de leur lit, et se maintiennent longtemps moyennement hautes; alimentées qu'elles sont d'une façon successive par les sources. Leurs crues s'atténuent d'autant plus qu'elles se prolongent davantage, et les irruptions subites qui causent tant de dégâts sont inconnues dans ces vallées.

Dans le second cas, l'emmagasinement se produit grâce aux lacs qui sont situés au pied des régions montagneuses. Ces lacs étaient primitivement disposés en chapelet; le trop-plein du lac supérieur se déversait dans le lac inférieur par une cascade ou par une cataracte. Ils se sont peu à peu comblés; il n'en reste plus que quelques-uns, qui remplissent un rôle modérateur de l'écoulement des eaux vers l'aval. Les lacs naturels de la Suisse ne sont que les restes d'anciens chapelets de lacs, pour la plupart comblés d'alluvions.

Les eaux affluentes s'emmagasinent dans les lacs, qui présentent un vaste élargissement, comme dans un réservoir destiné à régulariser le débit du cours d'eau qui leur sert d'évacuateur, en prolongeant la durée de l'écoulement de la crue. Un des ingénieurs les plus distingués de l'Italie, Lombardini, a constaté que le lac de Côme diminue le volume de l'Adda, et le fait passer de 1.940 à 804 mètres cubes, en allant de l'amont à l'aval.

Le lac de Genève joue un rôle aussi important, bien qu'il s'encombre peu à peu; la réduction annuelle de sa longueur par les déjections du haut Rhône est évaluée à 2^m,50. Sa superficie est encore de 54.000 hectares, ce qui en fait un précieux réservoir d'emmagasinement. On a proposé de suspendre l'écoulement de ses eaux pendant les crues du bas Rhône, ce qui aurait un effet salutaire pour l'amélioration de la navigation, en permettant de soutenir le débit d'étiage. Mais ce projet n'a eu aucune suite. On estime que le Rhône supérieur et les autres affluents peuvent fournir au lac 1.200 mètres cubes par seconde, au maximum, tandis qu'à la sortie du lac le débit du Rhône n'a jamais dépassé 575 mètres.

Il n'atteint que rarement 400 mètres, et n'a été que de 300 à 325 mètres cubes au moment des grandes crues extraordinaires de 1840 à 1856.

On voit combien le lac est utile au pays d'aval; on peut estimer à 0^m,20 environ l'abaissement que pourrait procurer à Lyon le barrage complet du lac pendant les crues du Rhône.

Le lac du Bourget est situé en aval et latéralement à ce

fleuve. En temps ordinaire, il verse son trop-plein dans le Rhône ; mais il constitue un réservoir pour les eaux de celui-ci en temps de grande crue.

REBOISEMENT ET GAZONNEMENT. — Les effets heureux qui sont produits naturellement peuvent être obtenus au moyen de travaux appropriés. On ne peut pas sans doute rendre perméables des terrains qui ne le sont pas ; mais on peut, alors même que les terrains présentent un caractère d'imperméabilité absolue, modifier ce caractère de façon fort heureuse, en adoptant un genre de culture qui permette l'absorption de la pluie par le sol en plus ou moins grande quantité.

Les gazonnements doivent être cités en première ligne. Pour produire sur les pentes imperméables l'effet que l'on a en vue, c'est-à-dire emmagasiner les eaux pluviales, M. l'ingénieur en chef Breton rapporte à ce sujet une expérience remarquable de M. Gaymard, ingénieur en chef des mines. Un mètre carré de pelouse des Alpes d'une épaisseur de $0^m,20$ fut détaché du sol et pesé. On le soumit ensuite à un arrosage abondant, et une nouvelle pesée montra que ce simple revêtement de $0^m,20$ d'épaisseur, fonctionnant comme un feutre, avait absorbé 50 kilogrammes d'eau, soit le volume d'une pluie de 50 millimètres de hauteur, à peu près le tiers de la hauteur des chutes d'eau (130 à 150 millimètres) en trois jours, susceptible de produire les grandes crues de la Loire, à peu près la quantité d'eau qui tomba en 1856, dans deux ou trois jours de la fin de mai, à Grenoble (70 millimètres de pluie) [1].

Les pelouses pastorales sont donc capables de garder quelque temps, et de laisser ensuite écouler lentement de grandes quantités de pluie ; mais lorsque cette vaste éponge végétale est saturée, chaque goutte d'eau, qui tombe dessus, glisse à la surface sans pouvoir y pénétrer. Elle fonctionne comme tout autre réservoir ; si elle est déjà pleine au quart, à moitié, aux trois quarts, lorsque vient une pluie, l'eau ne trouve disponible dans ce réservoir spongieux que trois quarts, moitié ou un quart du volume total qu'il peut contenir.

1. *Hydraulique fluviale* de M. Léchalas, p. 38.

Les déboisements ont, de l'avis général, un effet fâcheux sur la hauteur des crues ; aussi a-t-on, surtout dans ces dernières années, pris toutes les mesures nécessaires pour les empêcher, et cherché à reboiser les coteaux, qui autrefois étaient recouverts de plantations.

On explique l'heureuse influence qu'exercent les plantations en remarquant que l'imbibition des terres dépend d'un élément important, qui est la durée du contact de la terre avec l'eau. Un même terrain absorbera presque entièrement une pluie fine et douce, et laissera passer la plus grande partie d'une pluie d'orage sans s'en pénétrer. Dans le premier cas il recueillera toute l'eau tombée ; dans le second, il en prendra très peu, parce que le temps aura manqué pour que l'imbibition ait lieu.

Le temps, indispensable à l'absorption, est un des avantages que fournissent les forêts. La pluie en tombant sur le feuillage, sur les branches même pendant l'hiver, se répartit mieux et en plus de temps sur le sol. Lorsqu'elle y arrive, elle y trouve les rejets, les racines, la mousse, toute cette végétation parasite, qui se rencontre dans les bois et qui, s'opposant à l'écoulement élémentaire de chaque petite flaque d'eau, permet au sol de s'imprégner bien plus profondément.

Dans une note présentée à l'Académie des Sciences le 28 août 1876, M. Fautrat établit que le terreau formé par le détritus des pins retient 1,90 de son poids d'eau, tandis que le sable dans lequel pousse cet arbre n'en retient que 0,25. D'après M. Toselli, sénateur italien, une montagne boisée peut retenir 4/5 de l'eau tombée ; les mêmes sommets dénudés n'en retiendraient que 1/5.

Les drainages peuvent aussi produire un effet utile, en rendant perméable un terrain qui ne l'était pas naturellement. M. l'inspecteur général Maitrot de Varennes a constaté qu'un terrain drainé peut absorber une hauteur d'eau de 50 centimètres, avant que les drains commencent à donner.

Comme on l'a vu, on peut modifier la faculté absorbante du sol par la culture ; les drainages, le gazonnement, le reboisement forment un véritable emmagasinement susceptible de retarder l'écoulement des eaux pluviales. Ce sont-là des opérations certaines, mais de longue haleine, qui peuvent être effectuées sur de très vastes étendues, se traduisant par d'importantes plus-values données aux terrains. L'administration les a toujours encouragées dans un but d'intérêt général.

RÉSERVOIRS ARTIFICIELS. — On a fait ressortir plus haut l'effet de régularisation produit par les lacs sur le débit des cours d'eau, qui les traversent. Ne peut-on pas créer de toute pièce des réservoirs placés sur les cours d'eau dans d'immenses vallées submersibles de manière à leur faire jouer le même rôle? Cela reviendrait à établir un système de digues transversales, qui retiendraient conformément aux besoins la totalité des eaux surabondantes pour les déverser ensuite, et maintenir les étiages. De cette façon toute inondation serait absolument conjurée. Malheureusement le prix élevé et l'importance de ces travaux en restreignent considérablement la construction.

Voici comment s'explique M. l'inspecteur général Guillemain à ce sujet: «C'est avant tout le prix de ces retenues artificielles, qui s'oppose à leur création générale. En se reportant à ce qu'ont coûté les réservoirs établis pour l'alimentation des canaux, on reconnaît qu'il est difficile d'arriver à moins de 0 fr. 15 par mètre cube emmagasiné. Certains réservoirs heureusement placés donnent un prix inférieur; mais il faut remarquer que ce sont précisément les dispositions favorables qui ont déterminé le choix de leur emplacement et en ont fait une exception. Or si l'on considère la Loire seule, qui roule au moment de ses grandes crues environ 10.000 mètres cubes par seconde, et si l'on se propose d'emmagasiner simplement le quart de ce débit pendant les deux jours qui précèdent et suivent le maximum, on arrive à des réservoirs d'une capacité de 4 à 500 millions de mètres cubes, valant à peu près 80 millions de francs. Encore faut-il admettre qu'on profiterait de leur capacité entière précisément au moment opportun, ce qu'il est pratiquement impossible de réaliser à beaucoup près. A quelle somme n'arriverait-on pas pour tous les cours d'eau de France? Cette considération seule suffit à faire voir qu'on ne peut songer à transformer brusquement la manière d'être des inondations par la construction de grands réservoirs. »

Cette considération démontrerait, à défaut d'autres, qu'on ne saurait transformer brusquement le régime des inondations par la construction de grands réservoirs en nombre suffisant.

On a fait observer en outre qu'on ne pouvait les construire sur des terrains perméables; leur solidité et leur efficacité en étant très diminuées. On a également opposé les frais d'entretien et de curage, qui peuvent devenir très importants en raison des dépôts susceptibles de s'accumuler dans les bassins.

On a mis aussi leur efficacité en doute. On a dit que leur effet allait en s'affaiblissant à mesure que le cours d'eau s'éloigne d'eux, et que dans la partie inférieure de la vallée il devenait peu sensible. D'ailleurs, pour qu'ils puissent être utiles, il faudrait qu'ils fussent vides en temps opportun ; les manœuvres de vidange seraient difficilement combinées pour que cette condition fût toujours remplie.

Il peut même arriver, si on fait usage de barrages à pertuis ouvert, qui ne produisent qu'un emmagasinement momentané et ne font que retarder un peu l'écoulement de l'eau, il peut arriver que le maximum de la crue d'un affluent coïncide avec celui d'un cours d'eau principal qu'il précédait auparavant, et qu'ainsi l'inondation soit augmentée.

On a renoncé pour toutes ces considérations à modifier d'une manière générale le régime des inondations par un système de réservoirs.

Calcul des dimensions des réservoirs. — M. l'inspecteur général Graeff, dans un important mémoire publié dans le *Recueil des savants étrangers* (t. XXI), a étudié le mouvement des eaux dans les réservoirs à alimentation variable, et a donné la solution du problème en ce qui concerne les réservoirs d'inondation, munis d'un pertuis d'évacuation soit de superficie, soit de fond.

La question à résoudre était la suivante : *déterminer le pertuis et la hauteur du barrage qui pour la courbe des débits de la plus grande crue connue de la rivière au point où doit être établi le barrage, conduisent à une réduction donnée du débit maximum.*

Il est tout d'abord évident qu'à ce point de vue (inondation), on ne peut espérer de résultats sérieux qu'en établissant des barrages élevés, car la quantité d'eau emmagasinée croît très rapidement avec la hauteur de l'ouvrage, cette hauteur pouvant atteindre 40 à 50 mètres. Il est plus avantageux de munir le réservoir d'un pertuis de fond, traversant le mur en tunnel, que d'un pertuis de superficie divisant le mur en deux.

Ceci posé, on connaît la courbe des débits du cours d'eau ABCD; on a déterminé la courbe des débits du pertuis AMCS comme on le verra plus loin (*fig.* 91).

On place au-dessous la courbe des hauteurs d'eau de la rivière, A'B'C'D', qui permettra de déterminer ultérieurement la réduction de hauteur des crues (courbe A'C'N'S').

La quantité à emmagasiner est représentée par la partie hachurée ci-dessus, différence entre le débit du cours d'eau et celui du pertuis après l'établissement du barrage.

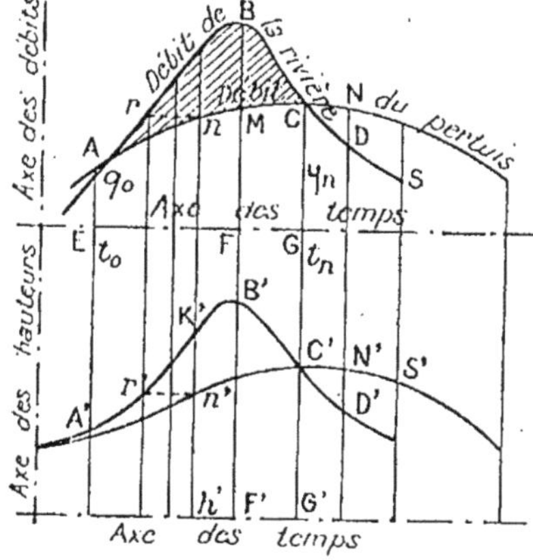

Fig. 91.

Il est facile de l'évaluer analytiquement; si on désigne, en effet, pendant un temps donné, par V le cube à retenir, par Q le débit affluent du cours d'eau, par φ celui du pertuis, on peut poser :

$$V = Q - \varphi.$$

Le débit du cours d'eau Q est connu; V, la capacité du réservoir, est également déterminée pour une hauteur donnée. Le débit du pertuis s'en déduit, et par suite sa section, en se servant des formules usuelles. Mais cette méthode d'approximation successive serait d'une complication extrême, et il faut mieux opérer autrement. On doit remarquer que le pertuis doit être tel qu'il puisse débiter par seconde le débit initial de la crue représenté par l'ordonnée AE (*fig.* 91); il faut de plus que l'eau étant arrivée à la hauteur limite X du barrage, le débit du pertuis à ce moment de maximum, soit au moins égal à la valeur q_n du débit par seconde de la rivière. Ce débit est représenté par l'ordonnée GC de la courbe des débits (*fig.* 91), qui correspond sur la courbe des hauteurs d'eau de la rivière à l'ordonnée C'G' à laquelle on veut réduire la crue pour la rendre inoffensive, crue qui, sans l'existence du barrage, s'élèverait à la hauteur B' F' correspondant à l'ordonnée BF du maximum de la courbe des débits de la rivière.

On connaît donc deux limites extrêmes des débits du pertuis, représentées par les ordonnées q_0 et q_n (AE et GC) entre lesquelles on veut contenir les débits de la crue, modifiés par la construction du barrage. La forme de la courbe des débits du pertuis n'est pas connue; mais on peut lui substituer une courbe de forme connue, qui permette de déterminer son aire entre deux points donnés.

La parabole se rapproche beaucoup de la courbe en question, et rend facile cette sommation, qui représente le débit du pertuis pendant un temps donné. On en déduit que le volume V à emmagasiner pendant le temps $t_n - t_0$ est donné par la formule :

$$V = Q - (t_n - t_0)\left(\frac{2}{3}\, q_n + \frac{1}{3}\, q_0\right).$$

Ce volume est représenté par la partie hachurée de la figure 91 comprise entre la courbe des débits du cours d'eau et celle des débits du pertuis.

Le débit du cours d'eau, dont le maximum était BF, est remplacé par celui du pertuis, dont le maximum est GC.

La crue est donc atténuée dans le rapport $\dfrac{GC}{BF}$. Il en est de même, en ce qui concerne la hauteur de la crue, qui devient C' G' au lieu de B' F'.

Il est inutile de s'appesantir longuement sur la courbe des hauteurs d'eau de la rivière à l'aval du barrage (A'C'N'S'); elle se déduit, en effet, de la courbe des débits du cours d'eau et du pertuis. Le point n sur la courbe AMCS correspond au point r sur la courbe ABCD, et au point r' sur la courbe A'B'C'D' des hauteurs d'eau. On obtient le point m' par deux lignes de rappel. La hauteur d'eau à l'aval est $h'n'$, au lieu de $h'k'$.

Barrage du Furens. — Le Furens ayant inondé la ville de Saint-Étienne en 1849, on a étudié des travaux de défense : Cette ville devait en même temps exécuter une conduite d'eau dérivée des sources du Furens, tout en améliorant le régime de nombreuses usines alimentées par ce cours d'eau. La construction d'un réservoir dans la partie supérieure de la rivière satisfaisait à la double condition de supprimer tout danger pour l'avenir et de régulariser le débit du Furens, de manière à réduire notablement les chômages des usines en été.

On a pu établir assez exactement la courbe des débits de la crue des 10 et 11 juillet 1849 (*fig.* 92). Il est résulté des calculs faits au moment des études, qu'il suffirait de retrancher au sommet de la courbe des débits par l'action de la retenue un cube total de 200.000 mètres cubes (partie hachurée de la figure) pour abaisser la crue de $3^m,17$ à 2 mètres et mettre la ville de Saint-Étienne complètement à l'abri de toute inondation ultérieure.

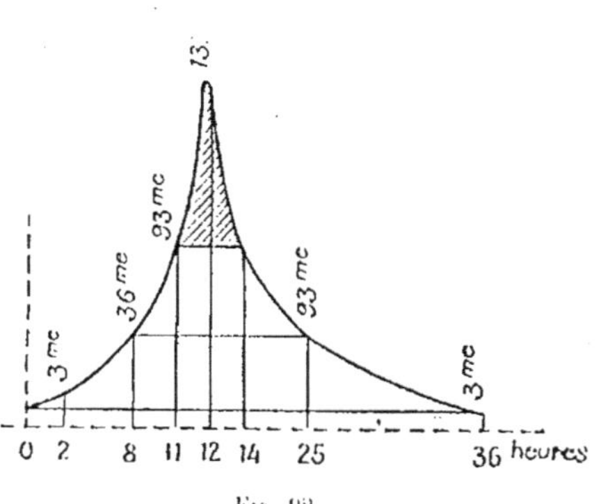

Fig. 92.

On a étudié dans l'ouvrage précédent le mode d'établissement du barrage du Furens. Il est donc inutile d'insister sur ce sujet. Il suffira de rappeler que cet ouvrage, un des plus importants qui existent, a 50 mètres de hauteur, dont 5ᵐ,50 sont destinés à l'emmagasinement des grandes crues. Le restant de la hauteur sert à donner à la ville de Saint-Étienne l'eau nécessaire à l'alimentation, et au lavage des rues et des égouts. Le barrage, de 104 mètres de longueur, est muni d'un déversoir de superficie et de deux ouvrages de décharge, l'un au fond du réservoir, l'autre au niveau de la retenue permanente.

Projet de réservoir du Tence sur le Lignon, affluent de la Loire. — Ce réservoir a été exécuté par M. l'inspecteur général Graeff pour diminuer l'importance des inondations dans la partie supérieure de la Loire, en se servant de la méthode expliquée plus haut, et qu'il avait donnée pour servir dans des cas semblables.

On avait la courbe des débits de la rivière, relevés en 1856 (*fig.* 93).

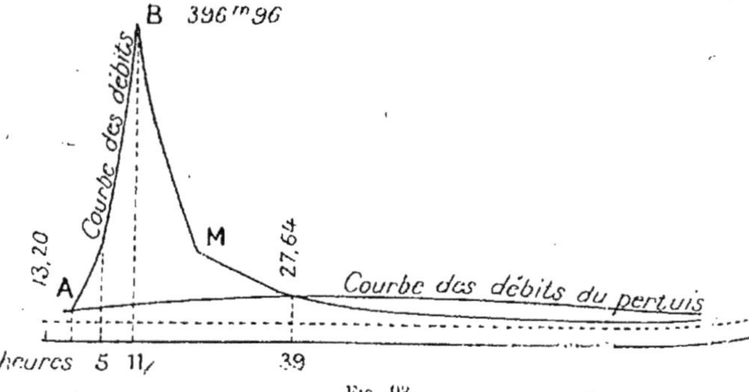

Fig. 93.

On connaissait également : la courbe des surfaces des sections horizontales du réservoir en fonction des hauteurs d'eau, et la courbe des volumes ou des capacités du réseau, déduites de la précédente (*fig.* 93). On en déduisait aisément par la formule donnée plus haut :

$$V = Q - (t_n - t_0)\left(\frac{3}{3}\,q_n + \frac{1}{3}\,q_0\right),$$

le volume à emmagasiner entre les deux points A et C de

la courbe des débits, correspondant à l'écoulement de la crue pendant 39 heures.

On trouvait que V était égal à 14.050.188, et que la hauteur du réservoir devait être de 39ᵐ,60. On calculait aisément le pertuis à ouverture fixe, débitant sans interruption partie de la crue, en même temps que se remplirait le réservoir [1].

On ne peut malheureusement pas analyser complètement le mémoire si intéressant de l'éminent ingénieur; on doit faire remarquer que, pour un pertuis donné, c'est à la crue qui donne le plus grand débit total, et non à celle qui donne le plus grand débit par seconde, que correspond la plus grande hauteur de retenue.

Barrages à pertuis ouvert. — Digue de Pinay. - Les barrages à pertuis ouvert, que l'on a étudiés plus haut à un point de vue théorique, sont susceptibles de rendre de grands services pour l'emmagasinement et l'écoulement des crues.

Le type des ouvrages qui, dans certaines circonstances spéciales, peuvent rendre de sérieux services, est la digue de Pinay (Loire), restaurée et exhaussée de nos jours, mais exécutée depuis 1711 (*fig. 95*).

Profitant d'un rétrécissement très marqué de la gorge dans laquelle coule la Loire près de Pinay, en amont de Roanne, l'ingénieur Mathieu, au commencement du XVIIIᵉ siècle, proposa d'exagérer le rétrécissement au moyen de digues solidement assises sur le rocher, de façon qu'au moment des inondations les eaux d'amont, gênées dans leur écoulement, puissent s'emmagasiner en plus grande quantité au-dessus de Pinay pour y former un lac temporaire. Cet ouvrage devait provoquer une plus grande inondation de la plaine du Forez (où elle fait plus de bien que de

[1]. M. Graeff donne la formule :

$$L = \frac{q_n}{p'2\alpha \sqrt{x - \alpha'}}$$

dans laquelle 2α hauteur du pertuis est fixée arbitrairemen x est sa hauteur. $p' = 0,80 \sqrt{2g}$ et L la largeur à calculer.

mal par le dépôt de limon) pendant la période ascendante de la crue, et restituer les eaux retenues à leur cours naturel pendant la période descendante.

M. l'ingénieur Boulangé a publié dans les *Annales des Ponts et chaussées* de 1848, une note très intéressante sur l'inondation de la Loire des 17 et 18 octobre 1846, une des plus importantes du dernier siècle, notamment sur l'effet produit dans cette inondation par les digues de Pinay et de la Roche[1].

Les observations relatives à la Loire font res-

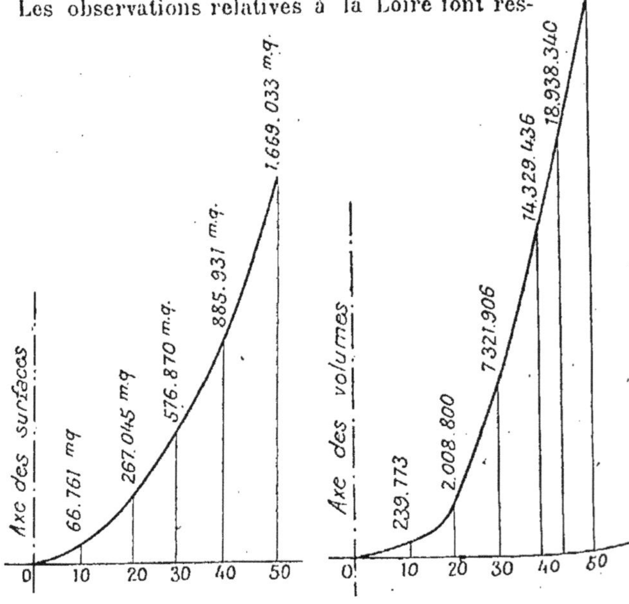

Fig. 94.

sortir plusieurs faits, particulièrement intéressants ; le plus remarquable, c'est que le maximum de la crue a eu lieu à Roanne beaucoup plus tôt qu'à la digue de Pinay, quoique la digue de Pinay soit à 33 kilomètres en amont de Roanne.

1. Cette dernière digue analogue à la digue de Pinay est située à environ 10 kilomètres en aval.

A cette dernière digue, la crue a duré quarante-huit heures, à Roanne quatre-vingt-dix heures environ, enfin au Pertuisset, situé en amont, moins de vingt-quatre heures.

Ces digues ont donc une influence bien établie; elles arrêtent l'écoulement naturel des eaux et forment dans la

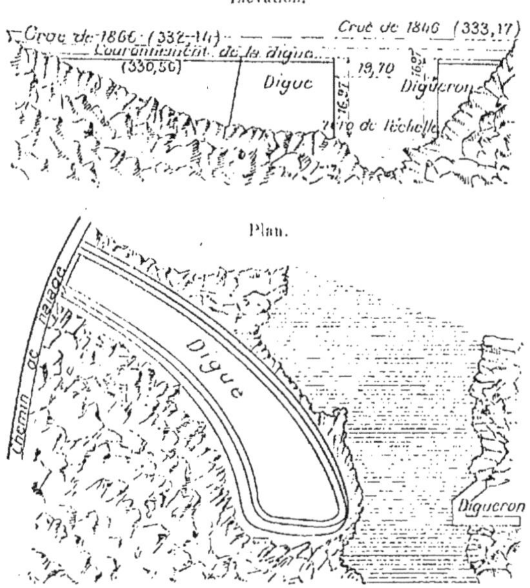

Fig. 95. — Digue de Pinay.

partie basse de la plaine du Forez un vaste réservoir, où les eaux sont emmagasinées, non seulement pendant toute la période croissante de la crue, mais encore pendant une partie de la période décroissante.

En dehors de ces faits, l'influence des digues sur la hauteur des eaux en aval est très marquée. Soit que l'on considère ce qui se passe en aval du bec d'Allier (confluent de l'Allier), soit que l'on envisage la situation entre la digue et le bec d'Allier, on remarque que ces ouvrages produisent dans tous les cas un heureux effet.

Le volume des eaux retenu en 1846 par ces digues est, d'après l'auteur du mémoire cité plus haut, de 108.292.000 mètres cubes. Il aurait été emmagasiné pendant une période de seize heures trente minutes, soit cinquante-neuf mille quatre cents secondes. La retenue moyenne par seconde aurait donc été de 1.823 mètres cubes par seconde.

Néanmoins, ce volume a certainement été dépassé et a pu atteindre, au moment où les eaux arrivaient en abondance, le double de celui moyennement retenu, c'est-à-dire qu'il a pu être de 3.646 mètres cubes à la seconde.

Si on compare ce volume à celui passé à Roanne au moment du maximum de la crue, et qui s'est élevé à 7.300 mètres cubes à la seconde, on voit que sans les digues de Pinay ce volume aurait pu être de moitié en sus de ce qu'il a été.

Dans ce cas, la crue aurait duré beaucoup moins longtemps; mais, comme les dommages proviennent surtout de la hauteur à laquelle les eaux s'élèvent, il est probable que toute la partie inférieure de la ville de Roanne aurait été complètement détruite, et que tout le pays en aval de Roanne aurait éprouvé des dommages beaucoup plus considérables encore que ceux que l'on a eu à déplorer.

Lors de la grande crue de 1866 des effets analogues se sont manifestés. Le débit maximum des affluents, en amont du réservoir, a été de 3.390 mètres cubes par seconde le 25 septembre à neuf heures du matin ; au pertuis, le maximum n'a eu lieu le même jour qu'à quatre heures du soir, avec un débit de 2.520 mètres cubes. La réduction du flot a donc été réalisée dans le rapport de 1,35 à 1,00 inférieure à celle constatée sur l'Adda par l'action du lac de Côme (2,40 à 1,00).

D'après M. l'inspecteur général Graeff, le volume total emmagasiné a dû s'élever à 113 millions de mètres cubes, dont 20 millions seraient dus au resserrement artificiel produit par la digue.

On estime qu'à l'époque de leur construction, la digue de Pinay a dû coûter 170.000 francs et celle de la Roche 40.000 francs.

M. Boulangé pensait, en présence de ces résultats si remarquables et de la dépense peu élevée qu'ils entraînaient, qu'il y avait lieu d'utiliser sur les affluents de la Loire les élargissements qu'ils présentent de distance en distance, de manière à former une retenue, et à rétablir le barrage naturel que les eaux avaient usé et emporté.

De cette façon il espérait prolonger suffisamment les crues pour que les eaux ne pussent plus atteindre les hauteurs excessives, qui sont la cause de tous les désastres.

ÉTANGS. — Les étangs ont, comme les réservoirs, mais à un degré moindre, la même influence heureuse au point de vue de l'emmagasinement des eaux pluviales.

Malheureusement la réserve d'eau qu'ils constituaient a été fortement diminuée dans le siècle dernier. On en a détruit un grand nombre pour cause d'insalubrité ; et cependant il n'est pas établi que cette cause soit toujours justifiée.

MM. les ingénieurs en chef Barré de Saint-Venant et Vallés[1] ont conclu à l'influence favorable des étangs, et leur attribuent une action puissante sur le bon aménagement des eaux du territoire.

Le premier demande que les sociétés savantes cessent d'encourager à les détruire. « Ce serait, dans le plus grand nombre de localités, rendre l'irrigation impossible, perdre les eaux et les limons, et se priver d'un moyen efficace d'arrêter les dégradations et les inondations et de régulariser le cours des eaux. Ce serait, par conséquent, tarir une des sources les plus précieuses de la fortune publique et aller à l'encontre du but social, sur lequel il est de toute nécessité de tendre désormais. »

RÉSUMÉ. — On a vu que l'on pouvait exercer une action bienfaisante sur le régime des inondations par les trois moyens suivants :

1° Le reboisement et le gazonnement des sommets sur tous les points où ces opérations sont possibles et aussi le développement des drainages ;

2° La création de réservoirs là où leur établissement est justifié par des intérêts agricoles et industriels ;

1. *Annales des Ponts et Chaussées*, 1849, 1er semestre.

3° Le rétablissement d'étangs dans la partie supérieure des vallées secondaires, sous la condition que ce rétablissement ne soit pas contraire à l'hygiène.

Des barrages à pertuis ouvert, analogues à ceux de Pinay, peuvent encore être établis avec avantage, là où la disposition des lieux s'y prête.

M. l'inspecteur général Graeff, dans l'étude si intéressante qu'il a faite sur les réservoirs, résume ainsi son opinion basée sur une expérience consommée.

L'effet d'un réservoir unique est certain et peut se calculer avec suffisamment d'exactitude. Ainsi le réservoir du Furens protège d'une manière absolue, contre les inondations de cette rivière, la ville de Saint-Étienne, qui est située à 8 kilomètre en aval. Le réservoir formé par la digue de Pinay assure une protection relative assez importante à la ville de Roanne, quoiqu'elle soit située à 33 kilomètres environ en aval.

Quand le nombre des réservoirs se multiplie, leur effet reste toujours certain, quoique plus difficile à évaluer d'une façon exacte, mais à la condition qu'ils soient établis sur le cours d'eau principal. Enfin, dans le cas où les réservoirs seraient placés sur les affluents, ou simultanément sur les affluents et le cours d'eau principal, les incertitudes augmentent tellement avec le nombre de réservoirs que ce système ne serait admissible que dans le cas d'un très petit nombre de réservoirs sur les plus grands affluents et dans des circonstances absolument spéciales.

On ne saurait donc admettre, sans un très sévère examen, l'idée de remédier aux crues par des réservoirs très multipliés, dont l'effet incertain peut devenir redoutable. Aussi a-t-on dû y renoncer sur le Rhône et sur la Loire, et sur ce dernier fleuve, on est arrivé à projeter, comme on le verra plus loin, un système de déversoir sur les levées.

En résumé, quel que soit le moyen adopté, on doit y voir un simple palliatif de longue haleine, et éviter des travaux, qui auraient pour objet de supprimer la submersion des vallées, ce qui troublerait profondément une des régions de la richesse acquise, et ce qui pourrait causer des accidents nombreux plus dangereux que le mal à écarter.

ENDIGUEMENTS INSUBMERSIBLES. — *Conception de l'endiguement.* — Quand on regarde un fleuve au moment des hautes eaux, on remarque qu'au droit du lit proprement dit, du lit mineur et notamment sous les ponts qui traversent la rivière, il se produit un courant de grande violence, qui s'atténue à droite et à gauche, à mesure qu'on s'éloigne de la rive, et qui fait place, suivant les dispositions des lieux, tantôt à une nappe dormante, tantôt même à des remous. Parfois au sein de cette nappe, vis-à-vis de quelque issue isolée, une rivière auxiliaire se dessine. Mais en somme, le plus souvent, sur la plus grande partie du profil en travers de la vallée, les eaux dorment, et l'écoulement général n'utilise pas toute la section mouillée. En d'autres termes, une partie seulement du *lit majeur naturel* sert à l'écoulement des eaux.

De là vient logiquement l'idée de concentrer les eaux dans un lit artificiel restreint, limité par des digues insubmersibles, en arrière desquelles le reste de la vallée serait à l'abri. Cette conception très simple est surtout acceptée et imposée par les riverains, frappés par les nombreux inconvénients de l'inondation, et qui méconnaissent les considérations générales devant toujours prévaloir en pareil cas. Si on évite un mal certain, on prive les vallées des bienfaits de l'épandage des eaux limoneuses, et on va souvent audevant de catastrophes par la rupture des digues.

On obtient aussi un résultat médiocre au point de vue de la navigation; l'endiguement a pour conséquence, comme on le verra plus loin, de creuser le lit, d'abaisser l'étiage, sans augmentation sensible du tirant d'eau, mais surtout de découvrir à l'amont des seuils qui ne constituaient pas une gêne.

Il est intéressant de montrer par des exemples les travaux exécutés et les résultats obtenus.

Endiguements du Pó. — *Description du bassin.* — L'exemple classique à citer est celui des endiguements de la vallée du Pô [1], où la disposition des lieux les commandait pour ainsi

---

[1]. *Annales des Ponts et Chaussées :* Baumgarten, *Notice sur les rivières de la Lombardie et principalement sur le Pô,* 1847, 1er semestre; Comy, *Pô et autres fleuves du Nord de l'Italie,* 1860, 2e semestre.

dire, et où des travaux, entrepris dès l'antiquité, ont permis d'assurer autant que faire se pouvait, après vingt siècles d'efforts, la protection du vaste et riche territoire qui commence aux villes de Plaisance et de Crémone et s'étend jusqu'à l'Adriatique (*fig.* 97).

Quand on jette les yeux sur une carte d'Italie, et que l'on voit les nombreuses rivières qui, partant des Alpes et des Apennins, viennent s'embrancher sur toute la longueur du Pô, on est porté à se représenter ce pays comme divisé en -une série de petites vallées, séparées par des contreforts plus ou moins élevés, s'étendant jusqu'à proximité du lit du fleuve. C'est ainsi que les choses se passent sur les rivières de France et sur la plus grande partie des rivières du globe.

Mais, dans le bassin du Pô, les choses sont autrement disposées et méritent d'être expliquées.

A d'assez grandes distances du fleuve, les Alpes et les Apennins, qui limitent le bassin du Pô, cessent tout à coup. Aucune ramification ne s'en prolonge jusqu'au fleuve pour continuer le faîte qui, dans la région montagneuse, sépare deux affluents consécutifs. Tout l'intervalle compris entre les pieds des deux chaînes de montagne constitue une vaste plaine, ayant de 60 à 80 kilomètres de largeur sur la plus grande partie de sa longueur, et dans laquelle le Pô et ses affluents ont formé leur lit, sans en altérer sensiblement la régularité générale.

Cette plaine est exclusivement formée de dépôts diluviens et alluvions. Elle est constituée dans le sens longitudinal par la pente générale du Pô; dans le sens transversal, elle présente deux pentes douces se dirigeant du pied des montagnes vers le fleuve.

Au milieu de cette grande plaine existe un large sillon, dans lequel serpente le lit du Pô et que les crues du fleuve peuvent submerger.

De chaque côté du lit ordinaire du Pô, on trouve donc d'abord une plaine basse et submersible; puis une plaine plus élevée que les crues du fleuve ne peuvent atteindre et qui s'étend jusqu'au pied des montagnes.

La plaine basse, très étroite à Turin, présente ensuite une largeur variable, qui atteint 5 kilomètres vers Casale et

Valence, 10 de Pavie à Plaisance, 14 vers Crémone, 25 à Cartelmaggiore (vis-à-vis de Parme), 35 entre Modène et Mantoue et 60 un peu au-dessous de Ferrare.

La pente, dans l'état ordinaire des eaux, est de $0^m,50$ à $0^m,30$ par kilomètre contre la Dora et le Tessin, de $0^m,30$ à $0^m,25$ entre le Tessin et l'Adda (Crémone), de $0^m,25$ à $0^m,15$ entre l'Adda et l'Oglio, de $0^m,11$ vers l'embouchure du Panaro et de $0^m,11$ à $0^m,06$ au-dessous du Panaro.

On a construit dans la vallée du Pô des digues ayant diverses destinations.

Il en existe :

Sur les rives du fleuve et sur celle des affluents;

Dans l'intérieur des plaines protégées.

Comme on l'a vu plus haut, les plaines submersibles du Pô, très peu importantes en amont du Tanaro, augmentent progressivement de largeur en descendant. Cependant, jusqu'à Crémone, où la plaine submersible a environ 14 kilomètres de largeur, on n'a défendu qu'une partie de la plaine inondable. Les digues se rattachent à la haute plaine par leurs deux extrémités, et, entre deux digues consécutives, il reste souvent des surfaces assez importantes qui ne sont pas défendues. C'est vers Crémone que commence l'endiguement véritable. Les digues sont continuées sur les deux rives jusqu'à la mer sur une longueur de 170 kilomètres environ à vol d'oiseau. Elles ne présentent d'interruption qu'à l'embouchure des affluents; mais ces affluents sont eux-mêmes bordés, dans leur partie inférieure, de digues, qui se raccordent avec celles du fleuve.

Ces grandes digues, dites digues maîtresses, tantôt touchent le fleuve, et tantôt s'en éloignent à des distances très variables, s'étendant parfois jusqu'à 5 kilomètres.

Le lit majeur créé par les digues a sa plus grande largeur en amont sur Crémone, et cette largeur va sans cesse en diminuant jusqu'à l'embouchure du Tanaro.

Longueur et écartement des digues. — Périmètre défendu. — Ce lit forme ainsi comme une sorte de réservoir analogue à celui de Pinay étudié plus haut, dans lequel s'emmagasinent non seulement les crues, mais encore, et pour disparaître avec le temps, les dépôts apportés par les affluents troubles.

Sa largeur nécessairement variable, pour mieux se plier à toutes les exigences, est en moyenne :

	kilomètres.
En aval de Crémone.....................	7,000
Vers Santa-Margarita.....................	6,000
Vers Crémone (confluent de l'Adda).........	4,500
A l'embouchure du Tanaro.................	3,400
Vers le confluent de l'Oglio........... :....	2,500
De l'Oglio au Panaro (au dessus de Ferrare)..	1,250
Au-dessous du Panaro.....................	0,500

Il résulte de cette disposition que le lit majeur du Pô et de ses affluents, dans leur partie basse, sert de régulateur à chaque crue qui descend des montagnes, et, après l'avoir équilibrée, la conduit à la mer par une issue rétrécie, qui en tempère la vitesse et les effets destructeurs, en amenant l'exhaussement de la crue en amont du Panaro.

La longueur totale de l'endiguement est de 514 kilomètres défendant 325.000 hectares.

Profil des digues maîtresses. — Les digues maîtresses entre lesquelles coule le fleuve ont de 7 à 8 mètres de largeur en couronne et présentent des talus de 2 à 3 de base pour 1 de hauteur.

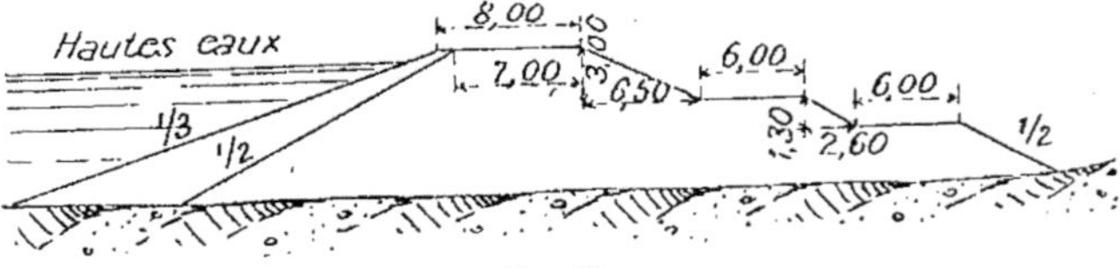

Fig. 96.

Du côté des terres, le talus est coupé par une ou deux banquettes horizontales de 6 mètres de largeur. Sur leur talus mouillé, les digues sont défendues par des clayonnages et une végétation ou buissons soigneusement entretenus, tandis que l'autre talus est gazonné et la partie supérieure garnie de gravier pour servir de chemin.

Leur hauteur varie de 3 à 5 mètres au-dessus des bords, ce qui représente de 6 à 9 mètres au-dessus de l'étiage (*fig.* 96).

Digues construites dans l'intérieur des plaines submersibles.
— Les plaines protégées par les digues maîtresses du Pô ont
une très grande importance, même dans la partie moyenne
du fleuve.

Dans la partie inférieure, c'est le pays tout entier, qui de-
viendrait submersible si les digues maîtresses n'existaient
pas.

Cette circonstance donne aux digues du tronc inférieur du
Pô beaucoup d'analogie avec celles de la Hollande. Les unes
et les autres protègent une grande étendue de pays plat,
celles de la Hollande chaque jour pendant la marée,
celles du Pô seulement pendant les crues.

Dans les plaines submersibles constituées commes celles
du Pô, tout cours d'eau qui peut déborder et verser en temps
de crue des eaux que l'on n'aurait plus alors les moyens
d'évacuer devient un ennemi dont il faut se garder. Aussi
a-t-on pris les plus grandes et les plus judicieuses précautions contre ce danger.

Dans la partie moyenne du cours du Pô, on détourne les
eaux de source et de pluie, qui coulent à la surface de la
haute plaine et on les verse dans les affluents, de manière
qu'elles ne puissent pas venir inonder la plaine basse, tant
que les crues du Pô ferment les issues qui leur sont ordinairement ouvertes.

Dès l'an 1300, on avait construit le canal Delmona, près du
bord de la haute plaine, pour détourner les eaux de celle-ci
et les empêcher d'inonder les terrains submersibles. Depuis,
les canaux, les rigoles de toute espèce se sont multipliés.
Toutes ces eaux sont contenues dans des digues de hauteur
suffisante, et presque toutes peuvent limiter le champ des
inondations, en cas de rupture des digues du Pô ou des
affluents.

En outre, on en a construit en certains points, qui ont
généralement ce dernier but.

Parmi ces digues que l'on rencontre dans l'intérieur des
terres protégées, il en est qui proviennent des nécessités d'un
ancien état de choses, et que les changements causés, soit
par la nature, soit par la main des hommes, ont rendues
inutiles.

Le Pô a subi, en effet, dans sa partie inférieure, des modifications importantes; il en est de même de ses affluents, le Reno, qui se jette maintenant directement dans la mer en empruntant un ancien lit du Pô, la Savena, etc.

Résultats obtenus. — L'équilibre que l'on a cherché à établir dans le bassin du Pô, en constituant un réservoir important dans sa partie moyenne, et en dirigeant l'écoulement des eaux à travers un pertuis, a été très heureusement réalisé. Lombardini a pu constater l'importance des résultats obtenus en remarquant les deux faits suivants. Le premier, c'est que le débit d'une crue est à peu près le même au Tessin, à Crémone et vers Ferrare. Le second, c'est que tous les affluents réunis roulant jusqu'à 15.000 mètres cubes par seconde, le débit du Pô pendant la même unité de temps reste à peu près de 5.000 mètres cubes.

Il faut évidemment tenir compte de la situation particulière de ce fleuve, qui reçoit l'eau d'affluents descendant soit des Apennins, soit des Alpes, ces derniers venant après les premiers et ayant traversé les lacs Majeur, de Côme, de Garde, etc., dont l'influence modératrice est importante.

Quoi qu'il en soit, le volume emmagasiné entre les digues du Pô et de ses affluents, de Casale à la mer, est de 1.896 millions de mètres cubes, ce qui correspond à plus de quatre jours de débit du fleuve, à raison de 5.150 mètres cubes par seconde. En réalité, on a créé de main d'homme un vaste réservoir régulateur qui joue, par rapport au régime du fleuve le même rôle que les lacs cités plus haut par rapport à celui des affluents.

Travaux d'irrigation et de desséchement. — L'endiguement pratiqué sur une aussi vaste échelle a une conséquence forcée, celle d'isoler les terrains du fleuve, pendant une période d'empêcher leur desséchement, pendant une autre période de rendre impossibles les irrigations.

Il faut donc remédier à cette situation, qui pourrait devenir désastreuse, et compléter l'œuvre de l'endiguement par un travail non moins intéressant de desséchement et d'irrigation.

De là la création de canaux colateurs traversant les digues aux points les plus bas et formés à leur extrémité aval par des ouvrages spéciaux destinés à livrer passage aux eaux du périmètre protégé, dès qu'elles peuvent sortir et à fermer l'accès de ce même périmètre aux eaux d'inondation.

Il a fallu aussi, pour restituer au sol ses conditions agricoles originelles, établir des canaux d'irrigation, qui ramènent par de nouvelles voies les eaux des affluents dérivés à la limite du champ d'inondation.

Effet de l'endiguement sur la hauteur des crues. — Rupture des digues. — Le développement des digues et comme conséquence la réduction du champ d'inondation ont eu pour effet la surélévation des crues, et cette surélévation a entraîné l'exhaussement successif des digues.

Dans cette lutte constante, le fleuve a repris souvent ses droits et reconquis le domaine qui lui appartenait naturellement. Mais on a réparé les brèches faites dans l'ensemble de l'endiguement, on a consolidé les points faibles, et il en est résulté une nouvelle surélévation des crues. C'est ainsi qu'on a constaté à l'échelle de Ponte la Coscuro, près de Ferrare, que le niveau des plus hautes eaux du Pô avait augmenté de plus de 2 mètres depuis deux siècles. D'autre part, le nombre des ruptures de digues, qui dans tout le XVIIIe siècle n'avait été que de 44, s'est élevé à 119 entre 1800 et 1872 et à 36 seulement en 1872[1]. M. l'ingénieur en chef Dausse concluait : « L'art a beau progresser, les ruptures se multiplient. »

Il y a donc une ombre au tableau, et M. Belgrand pouvait dire avec quelque raison : « Dans la vallée du Pô, où l'endiguement existe depuis vingt siècles, il n'est pas démontré que les avantages soient plus grands que les inconvénients. »

Endiguement de la Theiss. — La plaine de Hongrie, où coule la Theiss (*fig.* 98), est formée d'une couche de terre végétale d'épaisseur variable, reposant sur une puissante assise d'argile noire, très compacte, dans laquelle s'ouvre le lit; c'est la couche de terre végétale qui forme presque partout les berges de la rivière[2].

---

1. *Annales des Ponts et Chaussées*, 1875, 1er semestre, mémoire de l'ingénieur en chef Dausse.

2. Mémoire de M. l'ingénieur de La Brosse (*Annales des Ponts et Chaussées*, 1890, 2e semestre).

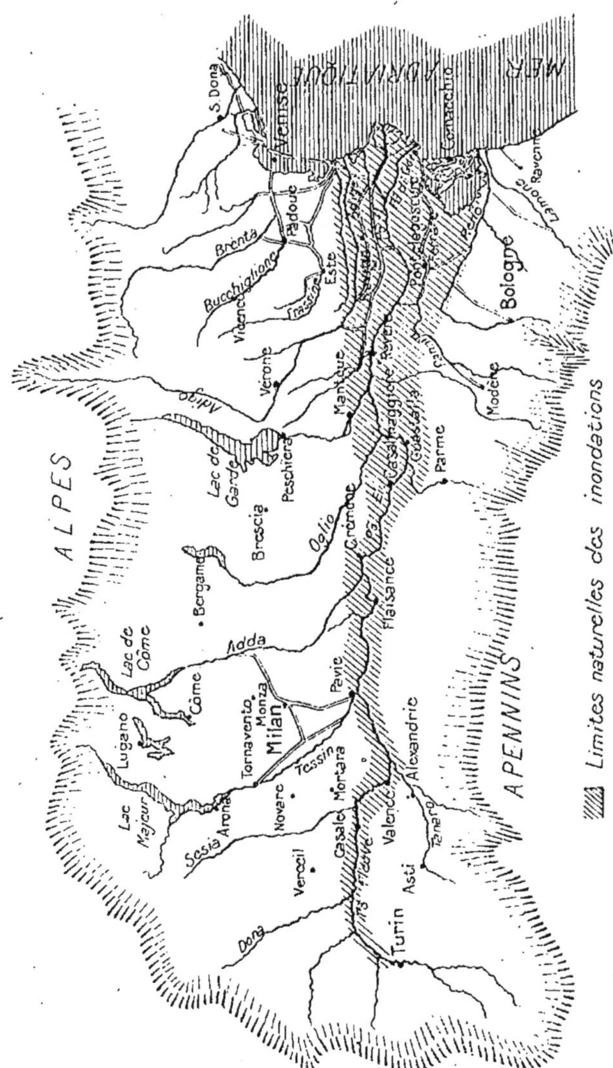

Fig. 97. — Carte du bassin du Pô.

La Theiss et ses affluents n'apportent que du limon, on y chercherait vainement des matériaux analogues à ceux que donnent les rivières en France.

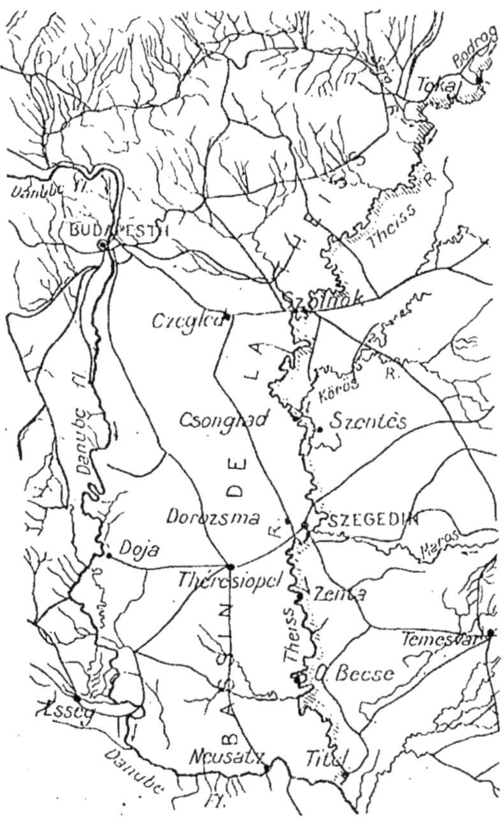

Fig. 98. — Carte du cours inférieur de la Theiss.

La pente de la rivière, très forte dans la partie montagneuse de son cours, se réduit à quelques centimètres par kilomètre à Szegedin. Il en est de même de ses affluents ; les vitesses vont en diminuant vers l'aval, tandis que les hauteurs des crues vont en augmentant à mesure que les pentes s'atténuent.

Les crues surviennent toujours au printemps, à la fonte des neiges dans les Carpathes. Elles sont lentes, mettent souvent plusieurs semaines à monter et l'étale dure lui-même plusieurs jours. Le débit maximum à Szegedin est évalué à 3.500 mètres cubes ; mais se soutient longtemps.

La navigation y est active en raison du mouillage de 4 mètres qu'elle rencontre presque partout à l'étiage.

La plaine de Hongrie dans laquelle coulait cette rivière et ses affluents, formait un vaste lac aux temps géologiques. Les eaux qu'il renfermait se sont ouvert un passage à travers le barrage naturel qui les retenait et qui constitue aujourd'hui les défilés du bas Danube et les cataractes, dont la principale porte le nom de *Portes de Fer*.

Cette immense plaine était jadis couverte de mares et exposée à des submersions très étendues ; aussi a-t-on cherché depuis longtemps à combattre les inondations, à endiguer la rivière et à restituer à la culture les vastes territoires envahis par les crues. L'œuvre semble être aujourd'hui complète et les résultats très satisfaisants.

Profil des digues. — Des digues continues règnent sans interruption le long de la Theiss et de ses grands affluents.

Le profil le plus général de ces digues centre le confluent de la Koro et le Danube, sur un parcours de 256 kilomètres, est le suivant (*fig.* 99).

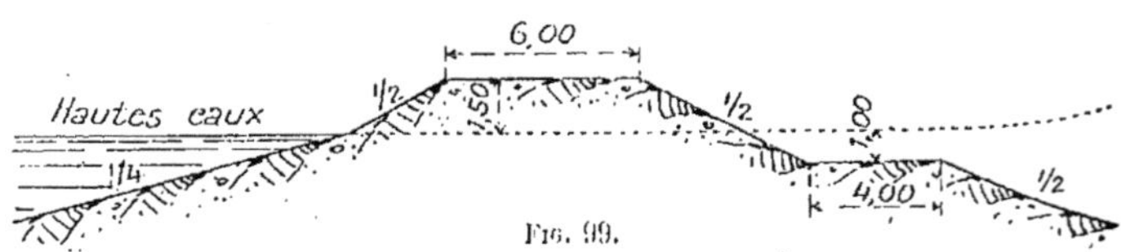

Fig. 99.

Leur couronnement, arasé à 1ᵐ,50 au-dessus du niveau des plus fortes crues, présente une largeur de 6 mètres en couronne. Du côté de la rivière, les talus sont réglés à 2 de base pour 1 de hauteur jusqu'au niveau des hautes eaux et avec une inclinaison très douce, de 4 de base pour 1 de hauteur en dessous de ce niveau. Du côté des terres, le talus est réglé uniformément à l'inclinaison de 2 de base pour 1 de hauteur, mais il est coupé par une banquette de 4 mètres de largeur ménagée à 1 mètre en contre-bas du niveau des hautes eaux. Le tout est gazonné.

Mais le gazonnement ne suffit généralement pas en raison de l'action des vagues; et on exécute pour protéger les terres un solide fascinage maintenu par des pieux, espacés de 1 mètre, de 1^m,08 de diamètre moyen. Derrière les fascines, des roseaux coupés, bourrés en masse plus ou moins épaisse, empêchent que les terres ne soient délavées et entraînées par les eaux. On emploie aussi des panneaux en charpente, des sacs pleins de terre (*fig.* 100).

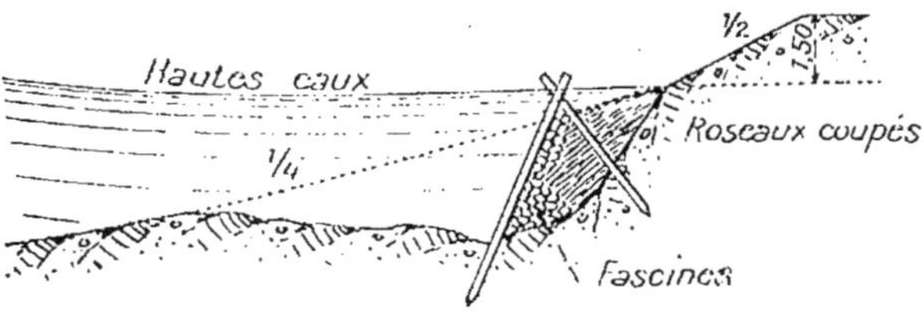

Fig. 100.

Tracé des digues. — L'espacement des digues est très variable; généralement compris entre 800 mètres et 1 kilomètre, pour un lit mineur de 200 à 250 mètres, il ne descend guère au-dessous de 500 mètres. Des canaux de desséchement complètent le travail, et permettent d'évacuer les eaux retenues derrière les digues.

Périmètre défendu. — *Résultats obtenus.* — Le périmètre défendu était en 1888 de 1.740.000 hectares pour une somme de 150 millions de francs, qui était payée par l'État et par les intéressés réunis en associations.

Cette œuvre grandiose ne le cède, ni en importance, ni au point de vue des résultats acquis, à celle de l'endiguement du Pô. La vaste plaine au milieu de laquelle coule la Theiss était autrefois marécageuse; elle a été transformée en un territoire d'une fertilité et d'une richesse exceptionnelles, et qui constitue aujourd'hui l'un des greniers de l'Europe. La culture des céréales y a pris une extension considérable; le pays est maintenant couvert de fermes, de villages, de villes importantes, est traversé par plusieurs grandes lignes de chemins de fer et habité par une nombreuse population.

Les résultats obtenus justifient l'opération et les sacrifices qu'elle a entraînés. Le régime lent et tranquille des fleuves de Hongrie a certainement contribué dans une large mesure au succès de l'entreprise.

Effet de l'endiguement sur les crues. — Néanmoins, il y a eu aussi une ombre au tableau : la hauteur des crues va sans cesse en croissant.

Voici les hauteurs successivement observées à Szegedin.

En 1845.........................	$6^m,39$
1855.........................	6 96
1867.........................	7 22
1876.........................	7 86
1877.........................	7 95
1879.........................	8 06
1881.........................	8 45
1888.........................	8 46

Cette aggravation est due sans doute aux coupures effectuées sur le cours de la rivière, qui a procuré un raccourcissement de 480 kilomètres, et qui a eu pour conséquences d'amener plus d'eau dans un temps donné à la partie inférieure de la vallée; mais elle doit aussi être attribuée aux endiguements de la Theiss et de ses affluents.

Il est certain que cette aggravation, en augmentant la charge, amène des ruptures de digues et des désastres considérables en cas de rupture. La destruction de la ville de Szegedin en 1879 en est un exemple frappant.

Depuis, on a exhaussé et consolidé les digues, et deux crues, supérieures de $0^m,40$ à celle de 1879, ont passé sans causer de dégâts. Mais on peut craindre pour l'avenir et redouter que, sous l'influence de la hauteur croissante des crues, de nouveaux désastres se produisent, rendant illusoires les efforts tentés jusqu'à présent.

Endiguement du Danube. — Description de la vallée. — Avant de s'engager en Basse-Autriche sur le territoire de la ville

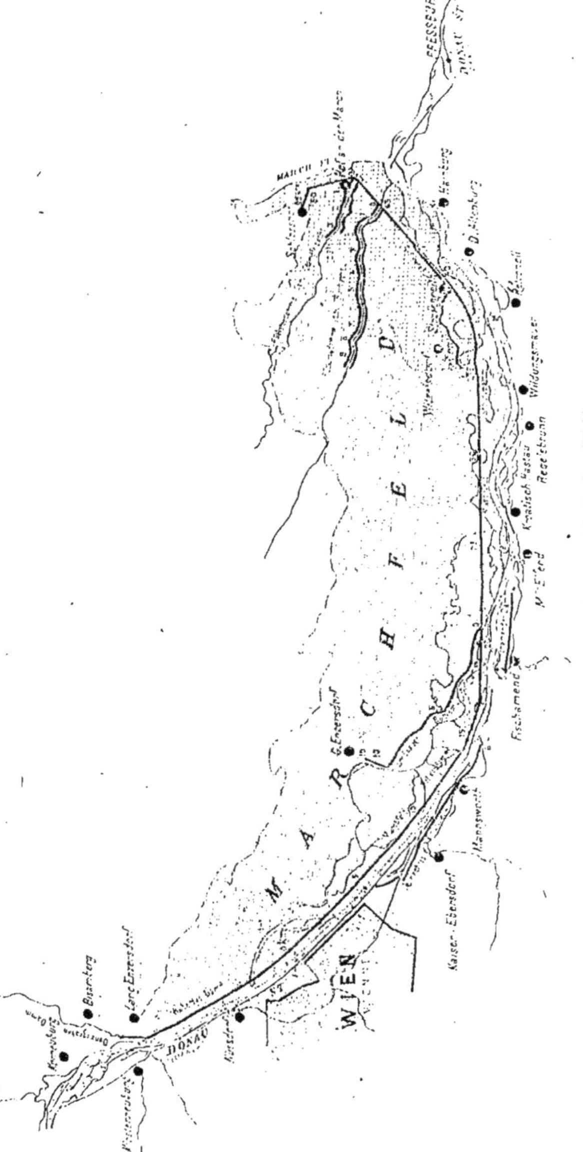

Fig. 101. — Endiguement de la Marchfeld.

impériale de Vienne, le Danube s'engage dans une vaste plaine. La rive droite, sur laquelle on rencontre les villes de Nüssdorf, de Vienne, Kaiser Ecndorf, Mannswörth, Fishamend Marsa Elend, Croatisch-Huslau, Regelsbrunn, Wildungs-mauer, Petronell, Deutsch Altenburg, Hainburg, est bordée par un plateau escarpé, qui s'élève à 40 mètres au-dessus des hautes eaux du fleuve.

La rive gauche est constituée par une plaine de grande étendue, s'élevant insensiblement vers le nord, qui se trouve seulement de 3 à 5 mètres au-dessus des plus basses eaux du Danube.

Cette plaine, limitée à l'est par la March, au nord par des collines, est connue sous le nom de « Marchfeld » (*fig.* 101).

Depuis les bouleversements géologiques, qui ont donné à la vallée du Danube sa forme actuelle, la Marchfeld devait être submergée à chaque grande crue du fleuve, qui s'élève à 7 mètres au-dessus du niveau de l'étiage. Néanmoins, à cause de la richesse du sol, entretenue par les inondations successives, ce pays s'est peuplé, des villages se sont créés en dépit des risques dus aux crues. Ils disparaissaient à la suite d'une catastrophe, et reparaissaient plus tard sous un nouveau nom.

Le plus exposé était sans contredit le village « Hof an der March », situé sur la rive droite de la March à peu de distance de son confluent avec le Danube.

Exécution de l'endiguement. — Malgré les supplications des habitants de la Marchfeld, la situation désastreuse du pays resta ce qu'elle était pendant des siècles.

Ce ne fut qu'en 1785 qu'on construisit la première digue connue sous le nom de « Hubertus Damm » (digue de Hubertus), ayant pour objet d'empêcher l'irruption des hautes eaux dans la Marchfeld. Mais elle se montra bientôt insuffisante ; deux ans après sa construction, elle était, en effet, détruite sur plusieurs points.

Ce ne fut qu'en 1849 que l'on reconstruisit cette première digue avec une largeur en couronne de 6 pieds. A son origine, elle avait une hauteur de 15 pieds au-dessus de l'étiage ; à son extrémité, au droit de Nüssdorf, elle s'élevait à 20 pieds au-dessus de l'étiage. La zone comprise entre le chemin de fer du nord et Langenzersdorf était à peu près garantie; il n'en était pas de même à l'aval. Malgré les désastres survenus en 1862, la question resta en l'état jusqu'en 1877, où l'on consacra 64 millions à l'éxécution de la coupure du Danube, dans la traversée de la ville de Vienne, dont il a été parlé plus haut, dans le but de réunir les eaux éparses dans un seul lit, et accessoirement à l'établissement de digues de protection de la Marchfeld depuis Nüssdorf jusqu'à Fischamend, sur une longueur de 19 kilomètres. Ces digues, distantes du canal de 474 mètres, s'élevaient primitivement à 18 pieds au-dessus de l'étiage; elles ont été surhaussées de 2 pieds, et néanmoins elles ont dû être reconstruites sur différents points.

Mais les inconvénients du système n'ont pas tardé à éclater : la vallée rétrécie jusqu'à Fischamend, n'ayant qu'une largeur de 800 mètres environ, présentait à l'aval de la digue protectrice une zone submersible de 10 kilomètres de largeur. Les dommages causés ont été d'autant plus considérables que les eaux arrivaient avec une grande rapidité dans la partie de la vallée non encore protégée.

Il a donc fallu se résoudre à continuer l'œuvre commencée en aval de Fischamend, comme elle avait été exécutée en amont de Nüssdorf. L'entreprise nouvelle comprenait l'exécution de digues depuis Münnsworth jusqu'à Hof an der March le long de la vallée du Danube, puis en remontant la vallée de la March, des ouvrages analogues jusqu'à Schlosshof, limite des terrains inondables.

En même temps que l'on exécutait ces dignes protectrices contre l'invasion du Danube, il fallait aussi se préoccuper de l'écoulement des eaux retenues dans la zone garantie. Une seule coupure dans la digue a suffi, de Bisamberg à Witzelsdorf, sur une longueur de 48 kilomètres. Une digue secondaire placée en arrière de la digue principale et poussée jusqu'à Gross-Enzersdorf garantit la région, qui se trouve en aval de la coupure, contre l'introduction des hautes eaux du Danube.

A l'aval, on a ménagé une coupure de 130 mètres de longueur au droit de Stopfenreuth, accompagnée d'une digue arrière de protection jusqu'à Witzelsdorf.

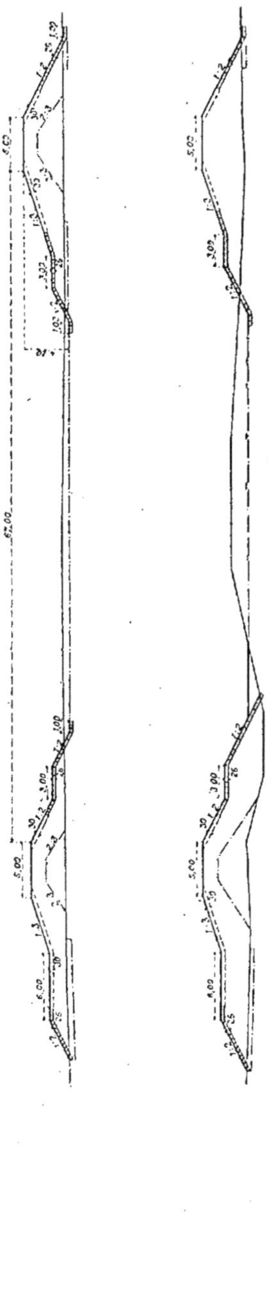

Fig. 102. — Profil normal du barrage principal et du barrage d'éclusée.

Des digues secondaires sont établies à la rencontre des cours d'eau rencontrés, le Russbach et le Stempfelbach.

Profil des digues. — Le profil de la digue principale et de la digue secondaire située en arrière entre les kilomètres 39 et 4.75 est représenté ci-contre (*fig.* 102).

Leur largeur est de 5 mètres en couronne ; du côté intérieur, les talus sont *réglés* avec l'inclinaison de 3 de base sur 1 de hauteur ; du côté extérieur, cette inclinaison est de 2 de base sur 1 de hauteur. Les talus extérieurs sont maçonnés jusqu'à $0^m,50$ au-dessus des hautes eaux ; au delà n'existe qu'un simple revêtement en terre, qui protège également les talus intérieurs. A $0^m,50$ au-dessous des plus hautes eaux, on a ménagé une berme de 6 mètres de largeur, suivie d'un talus incliné à 2 de base sur 1 de hauteur. La digue est constituée par un noyau en terre, ayant 2 mètres de largeur en couronne, et arasé, à $0^m,50$ au-dessus des plus hautes eaux. Les talus de ce noyau sont inclinés à 3 de base pour 2 de hauteur. Le reste de la digue est formé par des matériaux extraits par dragage du lit du Danube.

Quelques modifications ont été apportées à ce profil, notamment aux abords de Schlossdorf, et le long du Rüssbach, où l'on a supprimé la berme.

Résultats obtenus. — Les travaux exécutés pour garantir la plaine de la March contre les inondations du Danube ont été terminés en 1904 ; ils avaient été commencés en 1785. Ils est difficile de se prononcer encore sur leur efficacité. Les grosses inondations n'ont pas encore mis à l'épreuve l'œuvre qui a été entreprise, et qui semble avoir été menée à bien. Mais ne peut-on pas craindre des accidents comme ceux qui se sont produits dans la partie amont, et qui ont obligé à plusieurs reprises à reconstruire la digue coupée ?

L'expérience seule permettra de se prononcer à ce sujet.

Il suffit de constater, comme le montre le plan (p. 253), que la surface des terrains soustraits à l'inondation a diminué progressivement.

D'après le rapport présenté par la Commission du Danube[1], la dépense exposée pour l'endiguement de la Marchfeld s'est élevée en totalité à 30 millions de couronnes, c'est-à-dire à 32 millions environ.

La superficie du territoire protégé est de 32.500 hectares, et comprend trente-cinq localités, qui ont pris un tel développement depuis l'exécution des travaux qu'il est question de les réunir à la commune de Vienne.

Endiguements de la Loire. — *Description du bassin de la Loire.* — Le bassin de la Loire a une longueur à Saint-Nazaire de 1.000 kilomètres environ, depuis sa source jusqu'à son embouchure ; sa largeur est de 140 kilomètres vers Roanne, 250 de Nevers à Ancenis, et de 50 à son embouchure, ce qui lui donne une superficie de 120.000 kilomètres carrés environ.

La partie intéressante au point de vue des endiguements s'étend depuis le confluent de l'Allier et au bec d'Allier jusqu'à Nantes. Sur un parcours de 487 kilomètres, la vallée est formée par une plaine submersible qui s'étend d'un

---

1. *Dewksshrift herausgegeben von der Donau-regularungs Commision*, Wien, 1904.

coteau à l'autre et dont la largeur moyenne est un peu supérieure à 2 kilomètres.

Deux élargissements notables : l'un vers Orléans [1] de 60 kilomètres de longueur, dont la largeur atteint 6 kilomètres, l'autre près de Saumur [2], de 75 kilomètres de longueur, présentant une largeur de 10 kilomètres sur une assez grande longueur.

Dispositions générales de l'endiguement. — Les versants de la Loire présentent généralement des versants à pentes très différentes, dont l'un est assez abrupt, le fleuve longe ordinairement celui qui est le plus abrupt, ce qui a eu pour conséquence de n'endiguer le fleuve que d'un seul côté.

La pente par kilomètre est très rapide :

0^m,45 vers le bec d'Allier ;

0^m,40 vers Orléans et Briare ;

0^m,35 vers Tours ;

0^m,20 vers Saumur ;

0^m,45 vers Chalonnes et Nantes.

DÉSIGNATION DES SECTIONS	LONGUEUR des sections	LONGUEUR des levées	SURFACE des terrains protégés	LARGEUR moyenne du lit majeur
	Kilomètres	Kilomètres	Hectares	Mètres
1° Du Bec d'Allier à Briare	90	42.880	5.906	1.430
2° De Briare à l'embouchure du Cher.....	216	267.522	44.277	790
3° De l'embouch. du Cher aux Ponts-de-Cé ...	89	132.740	39.488	1.060
4° Des Ponts-de-Cé à Nantes...........	92	40.536	5.946	1.620
Totaux et moyennes..	487	483.678	95.617	1.090

1. Le val d'Orléans.

2. Le val de l'Authion. On appelle val le territoire compris entre la vallée et le coteau, et chantier les terrains compris entre la levée et la berge du lit mineur.

Peu de vals sont complètement endigués ; la plupart ne le sont qu'à l'aval, l'eau peut entrer par remous. La levée a d'ailleurs été suffisamment prolongée pour mettre à l'abri des courants dévastateurs tout le terrain que l'on voulait prolonger.

La largeur du lit majeur est très variable ; elle est en moyenne de 1.090 mètres, descend souvent à 500, parfois même à 250 vers Blois et Jargeau. Le tableau ci-dessus fait connaître sa longueur moyenne dans chacune des quatre sections qu'il y a lieu de considérer entre le bec d'Allier et Nantes ; on y trouve aussi, en même temps que la longueur de ces sections, la longueur des levées établies et la superficie des terrains protégés dans chaque section.

Les endiguements ont relativement peu d'importance dans les sections extrêmes ; les deux sections intermédiaires de Briare aux Ponts-de-Cé, au contraire, comprennent 83 0/0 de la longueur totale des levées et 88 0/0 de la superficie totale des terrains protégés.

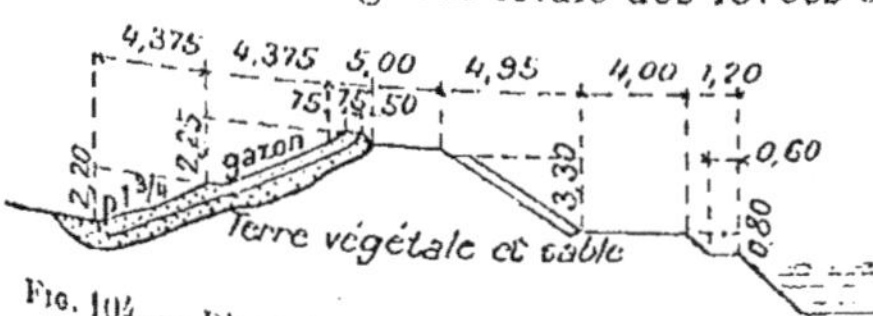

Fig. 103. — Type général des digues.

Chaque kilomètre de digue protège environ 197 hectares.

Forme des digues.

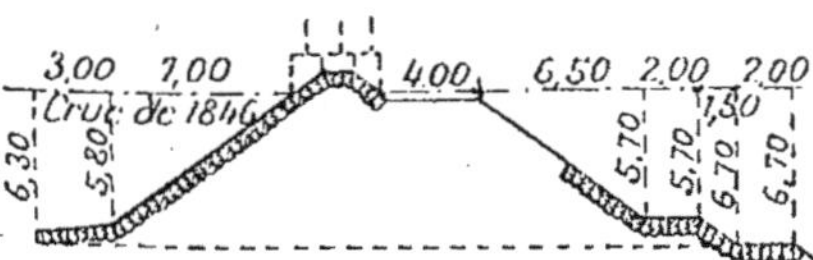

Fig. 104. — Digue de protection du canal latéral (Nevers).

— La forme des digues est très variable ; on en donne ci-dessous quelques types (*fig.* 103 à 107).

On les construit généralement avec la terre sablonneuse qui existe sur place ; le talus du côté de l'eau a 2 de base sur 1

Fig. 105. — Levée de Joignaux.

de hauteur, le couronnement environ 5 mètres, et sert de voie de communication ; le talus du côté du val est dressé à 3 de base sur 2 de hauteur. La face mouillée est généralement

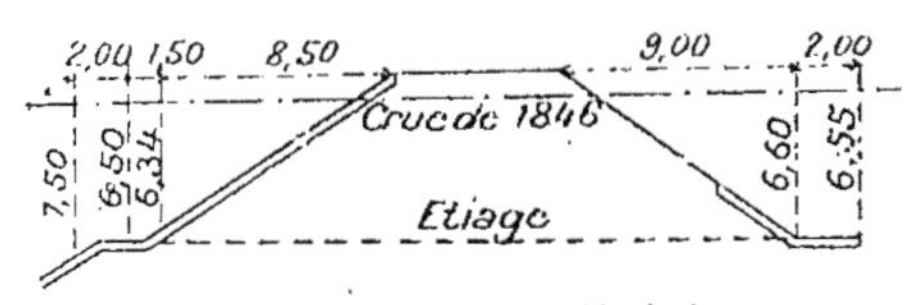

Fig. 106. — Levée du Poids-de-fer.

recouverte d'un perré qui est souvent maçonné ; du côté du val, on se contente d'un gazonnement assis sur un perré.

Comparaison des endiguements du Pô, de la Loire et du Danube. — Il

Fig. 107. — Levée de Montjeau.

est intéressant de comparer les résultats obtenus sur les trois fleuves dont on vient de parler et sur lesquels on a entrepris des travaux d'endiguement.

DÉSIGNATION DES FLEUVES	LONGUEUR des endiguements	SUPERFICIE TOTALE des terrains défendus	SUPERFICIE par kilomètre de digue	LARGEUR du lit majeur
	Kilomètres	Km carrés	Hectares	
Pô................	514	3.245	630	2km,18
Danube...........	107	325	303	1 400
Loire	484	956	147	1 09

On a vu plus haut que la Loire a une pente beaucoup plus rapide que le Pô et un débit maximum qui, en certains points, peut s'élever au double de celui du grand fleuve d'Italie [1].

1. La Loire, dans les grandes eaux de juin 1856, a débité au maximum 9.000 mètres cubes au bec d'Allier. Lomburdini évalue à 4.146 mètres cubes, le débit maximum du Pô en aval de l'embouchure du Panaro.

Ce débit, qui en 1856 s'est élevé à 9.100 mètres cubes au bec d'Allier, n'a pas dépassé 6.000 mètres à Nantes. Cette atténuation ne résulte pas de l'action du lit majeur, tel que les digues l'ont créé. Toutes les digues se sont rompues, et l'eau s'est emmagasinée sur toute la largeur de la plaine submersible, qui est en moyenne de 3km,10 du bec d'Allier à Nantes.

Résultat des endiguements de la Loire. — Les accidents qui se sont produits à la suite des crues importantes (1846, 1856, 1866), ont démontré que l'endiguement de la Loire n'est pas en rapport avec l'importance de ces crues. Le lit majeur créé par l'endiguement n'a pas la capacité suffisante. La masse énorme de 9.000 mètres cubes concentrée dans un lit irrégulier, étroit, établi sans vues d'ensemble et sans programme depuis un temps immémorial, devait nécessairement causer des désastres d'autant plus importants que l'œuvre se poursuivait dans le même ordre d'esprit.

Les digues ont cependant de grandes hauteurs, 7, 8 et 8m,50 au-dessus de l'étiage, hauteurs qui sont le résultat d'exhaussements successifs. Primitivement on avait placé le couronnement des levées à 15 pieds au-dessus de l'étiage. Après la crue de 1706, qui s'était élevée en certains points à 18 pieds, on fixa la hauteur des levées à 21 pieds. Mais cette hauteur s'est trouvée trop faible. Toutes les grandes crues ont continué à surmonter et à rompre les levées.

On exhaussait les digues, mais cet exhaussement surélevait le niveau des hautes eaux et devenait insuffisant.

Après la crue de 1846, on tenta de nouveau de mettre les levées à l'abri des ruptures en les exhaussant d'environ 1 mètre au moyen d'une petite banquette construite sur leur crête du côté du fleuve. Les crues de 1856 et de 1866 ont démontré que cet exhaussement était encore insuffisant.

Il y a donc toujours à redouter que l'eau surmonte les levées en quelque point et se déverse par-dessus. Or, une levée surmontée est presque toujours rompue.

Dès qu'une rupture se produit, il en résulte un emmagasinement d'eau considérable et un très notable accroissement de la station d'écoulement, par suite un abaissement de la crue, de telle sorte que son maximum reste inférieur au niveau qu'elle aurait atteint si les levées avaient résisté.

Il est vraisemblable que si l'on n'avait pas exécuté les endiguements de la Loire, les grandes crues de la Loire auraient atteint à peine 5 mètres au-dessus de l'étiage. Ainsi à Meung, où la digue de Mareau est interrompue sur 3 kilomètres de longueur et forme ce que l'on appelle le déversoir de Mazan, aux Ponts-de-Cé, où la vallée a conservé à peu près sa largeur naturelle, la crue de 1856 ne s'est élevée qu'à 5^m,80 et 5^m,57, tandis que partout ailleurs elle a atteint 7 mètres et même 8 mètres de hauteur.

Quelle hauteur faudrait-il donc donner aux digues de la Loire pour que les grandes crues puissent être contenues dans le lit endigué?

On a examiné cette question dans les études entreprises après l'inondation de 1856. Le débit des grandes crues et la capacité du lit endigué de la Loire ont été calculés le plus exactement possible pour un grand nombre de points. Voici quelques-uns des résultats obtenus.

En supposant les digues maintenues dans leurs positions actuelles, mais assez exhaussées pour pouvoir contenir entièrement une pareille crue, cet exhaussement dépasserait les hauteurs observées en 1856, savoir :

A Sully de........................	1^m,75
Jargeau de.......................	1^m,25
Orléans de.......................	1^m,20
Monlivart de.....................	1^m,00
Montlouis de.....................	1^m,30
Tours de.........................	1^m,20

La crue de 1856 ayant généralement dépassé de 0^m,50 à 1 mètre et quelquefois plus le niveau de la plate-forme de la digue (non compris la hauteur de la banquette), l'exhaussement nécessaire pour mettre le nouveau couronnement à une hauteur raisonnable au-dessus des eaux ne serait pas inférieur à 2^m,50 et s'élèverait en certains points à 3^m,50.

Les endiguements de la Loire sont donc très loin du régime normal. On ne s'étonnera pas de ces faits, en comparant les largeurs anciennes et naturelles du lit de la Loire. Avant tout endiguement, le lit majeur de la Loire avait $3^{km},100$ de largeur moyenne du bec d'Allier à Nantes ; actuellement cette largeur n'est plus que de $1^{km},09$.

La conclusion logique qui découle de ces constatations, c'est que si, dans la vallée du Pô, on pouvait à la rigueur tenter l'endiguement, malgré tous les inconvénients qu'il présente et les catastrophes qu'il entraîne, on devait s'abstenir d'une pareille mesure dans la vallée de la Loire, ou tout au moins ne la prendre que sur certaines parties bien définies, laissant partout ailleurs aux crues tout leur champ d'épandage naturel. Rien ne justifiait l'œuvre qui a été entreprise, ni la superficie protégée (147 hectares par kilomètre de digue), ni les règles de l'hygiène, ni l'obligation de protéger les habitants du val, qui pouvaient résider plus loin. Au surplus, aucune mesure d'ensemble n'a été prise, et on a abandonné sans contrôle aux appréciations locales le soin de déterminer la largeur du lit majeur.

Cette entreprise s'est développée successivement depuis des siècles, avec l'assentiment et le concours de tous les pouvoirs qui se sont succédé ; c'est là sa seule raison d'être. Elle constitue une lourde charge pour l'État, puisque, sur les 484 kilomètres de levées existantes, 413 kilomètres, soit 85 0/0 de la longueur totale, sont entretenus par ses soins.

Ce puissant patronage semble garantir l'avenir aux populations, qui se sont groupées par places, dans le périmètre insubmersible, et qui rendent l'État responsable de tous les inconvénients inhérents à cette situation. Il en résulte pour ce dernier cas une quasi-servitude, qui rend difficile, sinon impossible, toute mesure en vue de modifier l'état de choses actuel.

Améliorations à apporter. — Comme on l'a vu, tous les travaux entrepris depuis près de huit siècles sont devenus d'autant plus dangereux qu'ils progressaient, enfermant de plus en plus la Loire entre des barrières que les crues lui font facilement franchir ; de ce fait, les désastres étaient d'autant plus considérables que les habitants avaient plus de confiance dans les travaux exécutés et s'installaient plus près des digues.

On ne peut évidemment se résoudre à démolir tout ce qui a été exécuté jusqu'à ce jour, et à perdre ainsi les millions enfouis dans les travaux, qui se sont succédé depuis des centaines d'années. Aussi une commission d'inspecteurs généraux des ponts et chaussées fut-elle nommée, à la suite des désastres de 1866, pour étudier une combinaison consistant à préparer à l'avance et à régulariser l'introduction des eaux dans les vals endigués, de manière à la rendre inoffensive, ou du moins à en atténuer autant que possible les effets.

Le principe de la solution était, en cas de grande crue, un *retour* aux conditions naturelles ; puisque ce retour se produisait *brusquement*, au prix de désastres, et quoi qu'on fît pour l'éviter, mieux valait l'accepter franchement et le préparer partout où il était acceptable, en le rendant aussi peu dommageable que possible.

La commission parcourut la vallée de la Loire, s'éclaira de l'avis des intéressés et conclut « à l'emploi de déversoirs ouverts dans la partie d'amont des vals, en des points convenablement choisis, déversoirs qui seraient placés à une hauteur suffisante pour garantir les vals contre toutes les grandes crues ordinaires, et auxquels on donnerait la longueur nécessaire pour que, pendant la dernière croissance de la crue et jusqu'à l'instant du maximum, les vals puissent recevoir une quantité d'eau suffisante pour produire, dans le débit maximum de la crue, l'atténuation qui s'est réalisée dans toutes les grandes crues extraordinaires de la Loire. »

Dans la pensée de la commission, d'après M. Guillemain, la crête des déversoirs devait être à peu près à 5 mètres au-dessus de l'étiage, et sa longueur, variable avec l'étendue du val à remplir, ne devrait excéder nulle part 600 mètres de large. Introduites ainsi par l'amont, les eaux s'écouleraient naturellement par la partie inférieure des vals non fermés, tandis que dans les vals fermés, on construirait des réversoirs qui restitueraient au lit majeur, en aval, le produit des déversoirs d'amont. Par cette combinaison, les crues ordinaires resteraient endiguées comme elles l'étaient auparavant, et, lorsque le danger commencerait, les vals se rempliraient de toutes parts ; le lit majeur se trouverait élargi dans une notable proportion, et l'on pourrait espérer une atténuation dans le nouveau maximum des inondations. En tous cas, on éviterait les graves accidents qui suivent la formation des brèches d'entrée et de sortie, et qui sont, au fond, la partie la plus redoutable du dommage causé.

C'était la règle générale. Exception était faite : 1° pour les parties de la vallée où les centres de population se sont établis, et où l'on ferait les sacrifices nécessaires pour rendre les digues insubmersibles et inébranlables ; 2° pour quelques petits vals presque complètement submergés par remous et pour le grand val de l'Authion près de Saumur, d'abord parce qu'il laisse au lit majeur une dimension qui paraît suffisante et ensuite parceque l'emmagasinement qui s'y produit par l'aval est déjà notable et que les lieux habités qui se trouvent dans le val sont nombreux et importants.

Travaux faits en exécution de ce programme. — Le programme, tracé dans les lignes qui viennent d'être exposées, comprenait également la défense des villes et centres habités, les consolidations jugées utiles tant aux levées qu'aux lignes de chemins de fer exposées aux crues et les améliorations à apporter à l'écoulement des eaux dans le lit principal. Le total de la dépense prévue était de 32 millions de francs.

En exécution de ce programme, on a construit de Briare aux Ponts-de-Cé cinq grands déversoirs savoir :

Le déversoir d'Ouzouer, en tête du Val d'Ouzouer ;
—   de Jargeau   —   d'Orléans ;
—   d'Avaray   —   d'Avaray ;
—   de Montlivault   —   de Blois ;
—   du bec du Cher   —   du Vieux-Cher.

Dans cette partie, il ne reste plus à établir qu'un seul grand déversoir, celui de Chouzy (entre Blois et Amboise) ; mais l'établissement de ce déversoir entraîne l'exhaussement de la voie ferrée d'Orléans à Tours, exhaussement auquel la Compagnie d'Orléans a refusé de contribuer. Ce refus a fait ajourner jusqu'à présent la solution de l'affaire.

On a exécuté en même temps d'importants ouvrages pour

Fig. 108. — Déversoir.

la défense des villes, notamment à Blois, Amboise, Tours, Langeais, Saumur.

Les grandes crues survenues, notamment en 1904 et en 1911 semblent avoir prouvé l'efficacité de l'œuvre accomplie : on n'a plus relaté de désastres comme ceux qui avaient été constatés en 1846, 1856 et 1866.

Déversoirs. — Le type de déversoir adopté est représenté ci-dessus (*fig.* 108).

Il est formé en dérasant la levée sur la longueur prévue pour chaque val à la hauteur de 5 mètres au-dessus de l'étiage. Le massif de l'ouvrage est enveloppé d'une chemise en maçonnerie à bain de mortier hydraulique bien pleine, se raccordant avec le sol naturel du côté du val, et continuée dans le val par un massif de très gros enrochements. Les interstices des enrochements sont soigneusement remplis de bonne terre, en vue de favoriser le développement de la végétation ; dans le même but, leur surface est également recouverte de bonne terre sur 0^m,40 d'épaisseur, cela exactement au niveau du val, de manière à éviter autant que possible la dégradation.

Du côté du fleuve, un massif en bonne terre, partant du niveau du chantier, supporte une banquette de défense de 1 mètre à 1^m,50 de hauteur, dérasée exactement au niveau de la crue de 1825, qui s'appuie ainsi, tout du long, sur le talus extérieur du déversoir, mais en est complètement indépendante. Des perrés à pierres sèches défendent ce massif contre les corrosions.

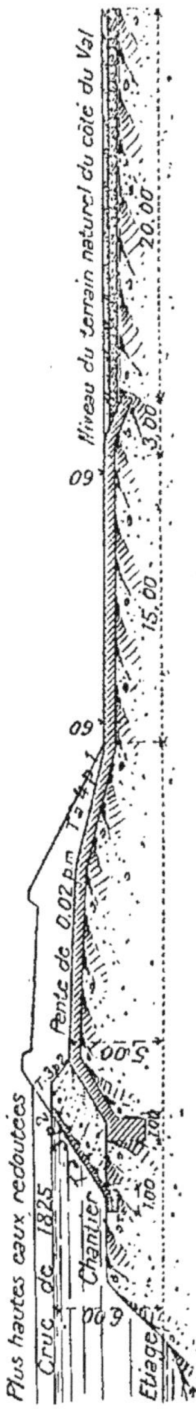

Le déversoir se raccorde avec les parties conservées des levées par des rampes, qui ont généralement une inclinaison de 0^m,04 par mètre ; le revêtement en maçonnerie est continué un peu après l'extrémité des rampes de manière à éviter des dégradations. La banquette en terre complétant le déversoir se continue sur les rampes jusqu'au point où son niveau est atteint, il n'y a plus qu'une petite banquette pour la sûreté de la circulation.

La longueur des déversoirs d'Ouzouer, de Jargeau, d'Avaray de Montlivault et du bec du Cher varie de 521 à 929 mètres, rampes comprises. Pour la plupart, le travail a été complété par l'exhaussement et la consolidation des levées aux abords, surtout à l'amont du déversoir où tout le débit doit passer dans le lit endigué.

Le prix par mètre courant des déversoirs, rampes comprises, varie de 629 à 973 francs ; elle est en moyenne de 761 francs.

Lorsque les eaux dépassent le niveau de la banquette en terre, elles s'introduisent dans le val par déversement et détruisent assez rapidement cette banquette. Le déversoir débitera alors en plein ; la crue passée, on doit reconstruire la banquette.

Le système adopté a l'avantage de continuer à protéger complètement les vals pour des crues inférieures à celle de décembre 1825, qui a marqué 6^m,25 au-dessus de l'étiage à Orléans, et qui est la plus forte crue connue qui ait passé dans le lit endigué sans brèches aux levées.

Si la crue n'est que peu supérieure à celle de 1825, la résistance de la banquette à l'entraînement réduira à un petit volume l'invasion de l'eau dans le val.

Si, au contraire, la crue est supérieure, on arrive ainsi à retarder l'invasion des eaux, ce qui permet aux populations de prendre les mesures en conséquence, et on atténue la violence de la crue dans la région aval.

Réversoirs. — Lorsque le val n'est pas ouvert ou est insuffisamment ouvert à l'aval, le fonctionnement d'un déversoir ou l'ouverture d'une brèche à l'amont présente de graves inconvénients. L'eau introduite dans le val s'accumule dans la partie inférieure et tend à y prendre le niveau du fleuve au droit de la partie supérieure. Faute de moyen d'écoulement, l'eau s'élèverait rapidement, surmonterait les levées et entraînerait leur ruine. Les réversoirs ont pour objet de remédier à cet inconvénient, et donner à l'eau venant d'amont l'écoulement nécessaire. Mais il faut en même temps empêcher d'une manière hâtive la rentrée des eaux dans le val par reflux.

A cet effet, le réversoir comprend : 1° un déversoir maçonné dont le couronnement est établi à un niveau peu différent de celui du val ; 2° une banquette en terre appuyée au déversoir du côté du chantier. Cette banquette a une hauteur et une stabilité suffisante pour éviter primitivement le reflux des eaux de crue dans le val ; mais elle serait emportée dès que les eaux introduites par l'amont dans le même val atteindraient un certain niveau ; elles auraient ainsi un libre écoulement.

Rupture des digues. — Avant de savoir comment les digues ont été constituées et comment elles ont été consolidées, il importe de connaître les causes possibles de leur rupture. Elles peuvent être ruinées de deux manières différentes, soit par érosion, soit par imbibition.

La rupture par érosion a lieu surtout quand la digue est submergée. Construite généralement en terre ou sable d'alluvion, offrant peu de cohésion, la vitesse de l'eau entraîne une partie de ses matériaux. Le filet d'eau, qui a commencé cette action destructive, devient petit à petit plus important, jusqu'à devenir une cascade, qui produit une brèche. La digue est emportée sur une longueur plus ou moins grande.

La rupture par imbibition est la plus fréquente et la plus difficile à éviter ; elle est due aux suintements, qui se produisent dans la digue au moment d'une crue. Ces suintements, de plus en plus considérables à mesure que l'eau monte dans le fleuve, se font sentir sur la face opposée ; le talus du côté du val se délite et un premier affaissement se produit. Cet affaissement, souvent sans importance, est suivi d'un autre qui vient d'autant plus rapidement que la perméabilité s'est accrue par la diminution de l'épaisseur. Puis, après quelques accidents successifs, le reste de l'ouvrage n'ayant plus la résistance suffisante, est emporté, et la brèche se produit dans de vastes proportions. La rupture n'est pas brusque : sous l'influence de l'imbibition, la digue fuse, se liquéfie comme un morceau de sucre au contact de l'eau, s'étale du côté exposé à l'air et ne s'effondre définitivement qu'au moment où ce travail l'a suffisamment affaiblie.

L'avarie peut en somme être attribuée à une double cause : d'une part, le talus, qui convient aux terres trop légères, employées en remblais, quand elles sont sèches, ne suffit plus à l'équilibre quand elles sont mouillées; d'autre part, ces terres sont entraînées par les filtrations.

Constitution des levées. — Les levées sont, en effet, constituées par la terre légère et sablonneuse que l'on rencontre dans toute la vallée de la Loire. On n'a pas pu, par raison d'économie, n'employer que de la bonne terre soit pour leur construction, soit pour leur réparation. On n'a peut-être pas pris toutes les précautions voulues pour l'exécution des remblais, précautions qui consistent dans le décapement de la surface d'appui, dans l'enlèvement de toute végétation, dans le corroyage et le pilonnage des matériaux mis en œuvre. Ce défaut de précautions, la nature de ces matériaux ont amené les accidents dont il a été question plus haut.

Les levées sont empruntées, sur une grande partie de leur développement, par des routes et des chemins publics. La largeur de leur couronnement est donc généralement très grande par rapport à leur hauteur (*fig.* 109).

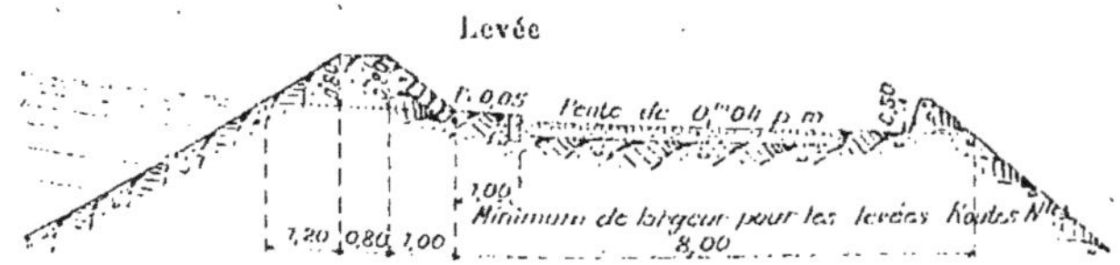

Fig. 109. — Travaux d'endiguement de la Loire.

La stabilité de ces ouvrages est toujours suffisante pourvu que l'on donne aux talus une inclinaison d'au moins 3 de base pour 2 de hauteur. Cette stabilité n'est pas suffisante; il faut aussi que la digue soit assez élevée pour n'être pas surmontée et assez imperméable pour n'être pas traversée au contact de l'eau.

Le couronnement des levées doit être partout plus élevé

que le niveau des plus hautes eaux possibles ; la revanche de sécurité s'obtient au moyen d'une banquette de défense établie à la crête du talus du côté du fleuve. Le pied de la banquette de défense est établi au niveau qu'aurait atteint la crue de 1856 (la plus forte connue) avec le fonctionnement des déversoirs. La banquette a au moins 3 mètres d'épaisseur à ce niveau ; sa hauteur est de 0^m,80 et constitue la revanche contre les lames, les imprévisions, etc.

En dehors de cette banquette, la plate-forme comprend : un trottoir de 1 mètre de largeur ; une chaussée déversée du côté du val ; enfin une petite banquette de sûreté établie à la crête du talus du même côté, dans laquelle sont ménagées des coupures ou des barbacanes pour l'écoulement des eaux pluviales.

La banquette de défense contre les inondations ne doit présenter aucune solution de continuité. A cet effet, les passages pour accéder de la plate-forme de la levée au chantier affectent l'une ou l'autre des dispositions suivantes : 1° un double plan incliné, dont le sommet coïncide avec celui de la banquette, et dans ce cas celle-ci est réellement ininterrompue ; 2° une coupure limitée par deux bajoyers verticaux en maçonnerie munis de rainures, qui permettent, en cas de besoin, de fermer l'ouverture avec des poutrelles.

Consolidation des levées. — Les levées doivent non seulement avoir une stabilité suffisante pour résister à la pression de l'eau, mais encore être, autant que possible, imperméables pour éviter l'entraînement des matériaux dont elles sont constituées. C'est pourquoi on a cherché à les préserver du contact de l'eau au moyen d'un revêtement étanche, d'un perré maçonné établi sur le talus du côté du fleuve. Malgré la dépense élevée qu'entraîne ce mode de consolidation, le perré maçonné a été fréquemment employé comme moyen de consolidation ; il est généralement descendu à une certaine profondeur au-dessous du sol naturel, notamment lorsque le sous-sol manque de consistance et pourrait être entraîné par les infiltrations.

On peut aussi employer des revêtements en gazonnement, et, sur le talus, du côté du fleuve, des plantations d'arbustes en buissons. En même temps que les racines maintiennent les terres du talus, les branches en brisant le courant et les vagues, atténuent l'action destructive de l'eau. Dans ce cas, il est bon d'étendre la plantation dans le chantier, sur une zone d'une certaine largeur en amont du pied de la levée.

Mais on doit éviter à tout prix la plantation d'arbres à haute tige sur les levées. Agités par le vent, ils transmettent aux remblais un ébranlement nuisible : s'ils sont déracinés, ils peuvent entraîner, en tombant, une masse de terre considérable et créer de véritables brèches. Enfin, lorsqu'ils ont été coupés, les racines, qui restent dans les remblais, se pourrissent et forment des conduites toutes préparées pour ces rentrées d'eau abondantes et périlleuses qu'on appelle *renards*.

Il faut aussi remarquer que, du côté du val, le talus, qui convient à la terre sablonneuse sèche, ne suffit plus à l'équilibre quand cette terre est mouillée. On ne peut pas songer à donner, du côté du val, le talus qui convient à cette terre mouillée, à cause de la dépense élevée qui en résulterait, et de l'incertitude où l'on serait de donner au talus l'inclinaison voulue. Serait-on assuré de cette manière d'empêcher l'entraînement des matières par filtration ?

Le remède est donc tout à fait incertain ; il vaut, au contraire, mieux soutenir la levée du côté du val par un massif à pierres sèches suffisamment haut et épais, et mettre ainsi obstacle à l'affaissement des remblais humides. On aura le soin de placer derrière ce massif des pierres plus petites, puis du simple gravier, de façon à constituer un véritable filtre, ce qui aura pour but d'empêcher tout entraînement de matières par les infiltrations.

Ce mode de consolidation a été employé par M. l'inspecteur général Guillemain, pour les levées de défense de la ville de Roanne. Les ouvrages ainsi consolidés n'ont subi, depuis leur restauration, aucune détérioration appréciable.

Mesures à prendre en cas de péril. — Il convient de prendre toutes les mesures nécessaires pour empêcher les levées d'être surmontées, et éviter le déversement qui entraîne généralement la rupture. Les efforts entrepris dans ce but ont souvent réussi : c'est ainsi qu'en 1856, 1866 et 1904, les populations appelées en masse sur le point menacé ont

exhaussé, sous la direction des agents des Ponts et Chaussées, les levées en toute hâte au moyen de bourrelets provisoires en remblai, en sacs remplis de terre, en fumier, en
fascines, etc.; le niveau de la levée a été dépassé sur certains points de plus de $0^m,40$, sans qu'il y ait eu rupture.

Le déversement n'est pas le seul péril à rechercher, les
levées peuvent aussi être ruinées par l'imbibition, par les filtrations. On doit observer avec une grande attention tout ce
qui peut se produire du côté du val, et par conséquent ne rien
tolérer sur les talus, qui puisse masquer ces manifestations.

L'examen des eaux de filtration est très important; tant
que ces eaux restent claires, il n'y a pas de danger immédiat, mais dès qu'elles viennent troubles, c'est qu'elles entraînent des matières et le cas devient grave. Il faut à tout
prix empêcher cet entraînement et, à cet effet, constituer
un filtre au moyen de pierres, de fascines, de fumier, etc.
En même temps, on chargera le talus de moellons, de manière à s'opposer à sa déformation. Ce sont là des moyens
de fortune, qui réussissent la plupart du temps; ils sont mis
en œuvre avec le concours des populations, qui s'empressent
de charger de moellons bruts les parties qui se ramollissent.

TRAVAUX DE DÉFENSE DES VILLES. — Les travaux de défense
des villes demandent à être exécutés avec un soin particulier, ils comportent une enceinte exactement formée. Les
levées sont plus hautes, plus massives, formées de terres de
choix, mises en œuvre avec toutes les précautions possibles;
le talus du côté du fleuve est revêtu de perrés le plus souvent
maçonnés. Dans nombre de cas, d'ailleurs, les levées sont
remplacées par des murs de quai verticaux en maçonnerie

La banquette en terre, qui surmonte les levées en rase
campagne, est remplacée par un solide parapet en maçonnerie couronnant les murs de quai.

ENDIGUEMENT DE LA SÈVRE NIORTAISE. — *Description de la
vallée.* — Les terrains connus dans le pays sous la désigna-
tion générale de « Marais de la Sèvre » et qui occupent une
vaste étendue dans les trois départements des Deux-Sèvres,
de la Vendée et de la Charente-Inférieure, ne sont pas ce
que l'on pourrait être tenté de supposer si l'on s'en rapportait uniquement à l'acception ordinaire du terme, lequel

évoque l'idée d'un sol marécageux, malsain, incultivable, d'une faible valeur vénale. C'est pourquoi il paraît utile de donner quelques explications à cet égard.

Le sol des terrains dont il s'agit est formé d'alluvions d'origine marine, qui se sont déposées dans le vaste estuaire de la Sèvre désigné autrefois sous le nom de « golfe du Bas-Poitou et de l'Aunis », réduit aujourd'hui un petit golfe appelé « baie de l'Aiguillon ». On observe depuis longtemps que la mer continue à se retirer de ce golfe et que cette retraite est uniquement due à l'exhaussement du sol produit par les dépôts de vase que le flot apporte à toutes les marées sur le littoral, à l'embouchure de la Sèvre. C'est ce colmatage continuel qui a permis de soustraire à l'Océan, depuis plusieurs siècles, plus de 50.000 hectares de terrains.

Suivant Bouquet de La Grye, les alluvions marines déposées sur toute la partie basse du golfe, de l'ancien golfe du Poitou descendent sous forme de vases par la rivière la Garonne et forment dans la mer un courant bien connu des navigateurs. Ces vases, mises en mouvement par les vents du large, se tiennent en suspension dans l'eau de mer que les courants côtiers conduisent à chaque marée dans les golfes où elles s'y déposent sous l'influence d'un calme relatif.

Ces dépôts seraient encore plus importants si toutes les eaux fluviales qui se dirigent vers la baie de l'Aiguillon ne mettaient en mouvement une partie des vases apportées par le flot et déposées à mer haute, lesquelles vases sont alors entraînées au large par les courants de jusant. C'est ce qui explique pourquoi les dépôts dans la Sèvre maritime deviennent si considérables en été lorsque les canaux et rivières cessent d'évacuer leurs eaux vers la mer.

Les marais du bassin de la Sèvre forment deux grandes divisions : les *marais desséchés* et les *marais mouillés*.

Les marais desséchés, qui occupent une superficie d'environ 30.000 à 35.000 hectares, sont défendus contre l'invasion de la mer et contre les crues de la Sèvre et de ses affluents par un important développement de digues en terre dont les extrémités sont soudées aux hautes terres qui les bordent du côté opposé à la rivière.

Le niveau général de ces marais est situé à environ

1 mètre en contre-bas de celui des hautes mers de vive eau. Leur assainissement est assuré par un important réseau de canaux qui se déversent à mer basse dans le lit de la Sèvre maritime. Ainsi que l'indique le plan général ci-joint, les principaux de ces canaux, ceux de rive droite comme ceux de rive gauche, vont déboucher dans la Sèvre presque au même point, à l'endroit appelé : le Brault.

Lesdits canaux sont munis, près de leur extrémité aval, d'un double système de fermeture constitué d'une part par des vannes servant à retenir les eaux douces pendant l'été, et d'autre part par des portes de flot destinées à s'opposer, pendant les hautes mers, à l'introduction des eaux salées et extrêmement vaseuses de la Sèvre maritime.

Ces canaux jouent un autre rôle : communiquant avec la Sèvre fluviale et son affluent le Mignon au moyen d'un certain nombre de bondes de prise d'eau, ils permettent de rafraîchir, pendant les périodes de sécheresse, le sous-sol des terres qu'ils traversent.

Grâce à ce double rôle joué par leurs canaux, les marais desséchés sont aujourd'hui des terrains de grande valeur, très fertiles, et aptes à tous les genres de culture de la région.

Les travaux entrepris pour la mise en valeur de ces marais remontent, ainsi qu'on le verra plus loin, à une époque éloignée : les premiers travaux auraient été exécutés vers le milieu du xiiie siècle ; les derniers et les plus importants ont été terminés avant la fin du xviie siècle.

Les autres marais du bassin inférieur de la Sèvre, qui occupent une superficie d'environ 14.000 hectares, sont défendus contre l'invasion de la mer par le barrage dit des Enfreneaux, situé à 1.100 mètres en aval du port de Marans ; mais ils restent soumis aux submersions causées par les crues de la Sèvre et de ses affluents, la Vendée, le Mignon, les Autises. C'est cette situation qui leur a valu, par opposition avec les marais desséchés, le nom de *Marais mouillés*.

Ces derniers s'étendent en amont de Maillé sur les rives de la Sèvre et de ses affluents les Autises et le Mignon.

En aval de Maillé, les vallées de la Sèvre et de la Vendée, d'une superficie totale de 10.000 hectares environ, sont limitées par les digues des marais desséchés.

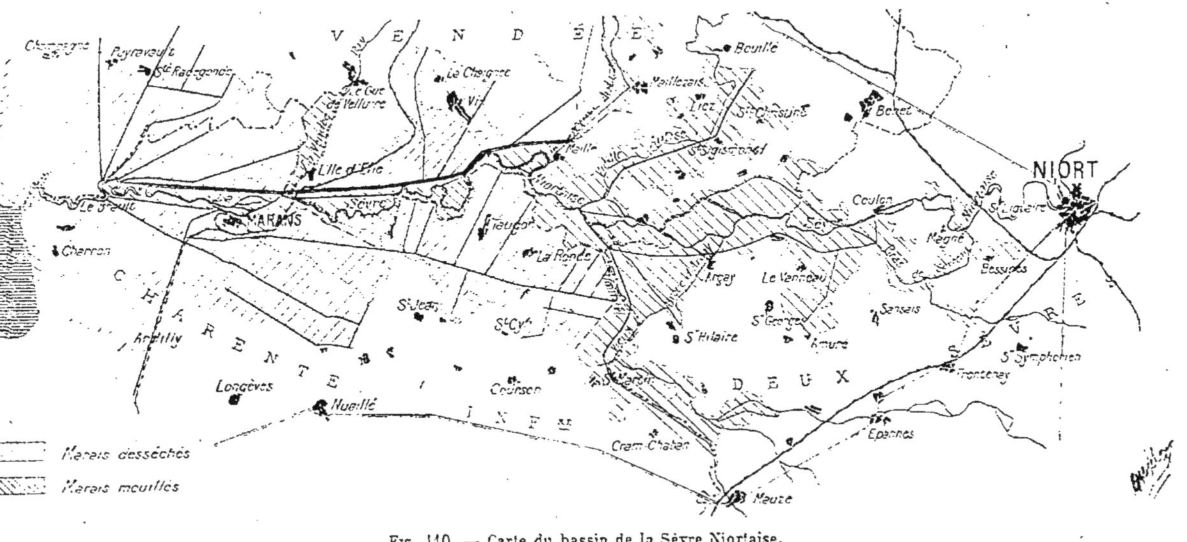

Fig. 110. — Carte du bassin de la Sèvre Niortaise.

Deux mille hectares compris dans la surface générale des Marais mouillés s'étendent sur la partie submersible de la vallée de la Sèvre, et 8.000 hectares sur celle de la Vendée.

Tous les marais mouillés écoulent leurs eaux dans la Sèvre en en amont de Marans.

Tous les marais desséchés écoulent les eaux de leurs canaux dans la Sèvre maritime en aval de Marans vers l'anse du Brault.

Les marais desséchés qui intéressent le régime de la Sèvre Niortaise sont :

Sur la rive droite : les marais de Vix, Maillé, Maillezais, Doix et Gargouillaud (département de la Vendée) ;

Sur la rive gauche : les marais de Taugon, la Ronde, Choupeau, Benon et le marais de Boëre (département de la Charente-Inférieure).

Dessèchement des marais. Relevé historique et statistique. — 1° *Marais desséchés de la Vendée.* — Le dessèchement des marais de Vix, Maillezais, etc..., sur la rive droite de la Sèvre Niortaise, fut entrepris par François Brisoon, président et sénéchal au siège de Fontenay-le-Comte, et ses associés en vertu de la déclaration de Louis XIV du 20 juillet 1643 confirmative des privilèges accordés par Henri IV en 1599 et 1607 à Humfroy-Bradeley, gentilhomme du Brabant, natif de Berg-op-Zoom, et par Louis XIII en 1641 à Pierre Siette le Jeune, ingénieur géographe du roi.

La plus grande partie de ces marais fut « accensée » aux dessécheurs en 1642 par Henry de Béthune, évêque de Maillezais, et par Françoise de Foix, abbesse de Saintes et dame de Vix ; le partage fut fait entre tous les intéressés le 24 octobre 1663.

Ce dessèchement s'étend sur les communes de Vix, Doix, Fontaine, Montreuil, Saint-Pierre-le-Vieux, Maillezais, Maillé, Velluire, le Gué-de-Velluire et de l'Ile-d'Elle, dans l'arrondissement de Fontenay-le-Comte. Il est garanti des eaux de l'Autise, de la Sèvre et de la Vendée et des eaux des nombreux marais mouillés qui le séparent des hautes terres par neuf digues ou levées, dont le développement est de 55 kilomètres.

4.801 hectares 26 ares forment la superficie du dessèchement, y compris les digues, les chemins et les canaux.

Cinq canaux principaux et de nombreux fossés de 3 à 4 mètres de largeur portent toutes les eaux de l'intérieur du desséchement au Grand Canal de Vix. Cet écours général, dont la largeur moyenne est de 7 mètres du plafond et la longueur de 24 kilomètres, a son origine au Pont des Douves, commune de Maillé ; il a son embouchure dans la Sèvre à l'anse du Brault sur la commune de Marans ; il est muni à son extrémité aval d'une vanne et de portes de flot qui s'ouvrent et se ferment à toutes les marées.

Ce canal passe en siphon sous les rivières de l'Autise et de la Vendée au moyen de deux ponts-aqueducs.

La grande digue, dont la longueur est de 22.600 mètres, est bordée au nord par le canal de Vix et au sud par l'écours général du Contrebot, à l'entretien duquel contribue le desséchement de Vix concurremment avec ceux de la rive gauche de la Sèvre et les Marais mouillés de la Sèvre et du Mignon.

2° *Marais desséchés de Taugon et Boëre (Charente-Inférieure).* — Les marais de la Société de Taugon, Choupeau et Benon et les marais de Boëre, qui représentent la plus grande partie des marais de la Sèvre sur le territoire de la Charente-Inférieure, ont été desséchés en vertu des mêmes privilèges et des mêmes déclarations que les marais de Vix, Doix, etc...

Le canal de la Banche est l'évacuateur de ce desséchement. Ouvert en 1656, sa longueur est de 25^{km},500 entre son origine à la tête de Boëre et son embouchure dans la Sèvre au Brault, où il se termine également par une vanne et des portes de flot.

La superficie des marais desséchés par ce canal est de 5.958 hectares, s'étendant sur les communes de Gourçon, Saint-Cyr-du-Doret, la Ronde, Taugon, Saint-Jean-de-Liversay et Marans.

Le développement des digues qui protègent ces marais contre les eaux extérieures est de 19^{km},900 pour ceux de Taugon et de 9^{km},515 pour ceux de Boëre.

Les canaux, fossés et contre-ceintures qui dessèchent et

alimentent les marais ont un développement de 60km,864 pour la Société de Taugon et de 25 kilomètres pour les marais de Boëre.

Les digues des marais desséchés sur les deux rives de la Sèvre sont très rapprochées l'une de l'autre et resserrent beaucoup trop le lit majeur de cette rivière. A peine furent-elles construites que les eaux avancèrent pendant les crues avec une telle violence vers ce rétrécissement qu'elles menacèrent d'engloutir les digues et tout ce qui se trouvait sur leur passage.

En 1662, les intéressés au desséchement des deux rives de la Sèvre décidèrent d'ouvrir un nouveau canal qui fut désigné sous le nom de Contrebot de Vix, destiné à conduire à la mer une partie des eaux de la Sèvre et de ses affluents. Creusé au pied même de la grande ligne du canal de Vix, sa longueur est de 24 kilomètres; il a son origine à Maillé et se jette dans la Sèvre maritime un peu en amont de l'anse du Brault.

Nature des digues protégeant les marais. — Succès de l'entreprise. — Toutes ces digues sont en terre pilonnée reposant sur le sol naturel préalablement décapé afin de rendre les remblais argileux imperméables plus adhérents avec le sol de même nature qui les supporte.

Leur profil est sensiblement le même pour tous les dessé-chements (*fig.* 111 et 112).

Les remblais proviennent de l'ouverture de larges fossés qui, des deux côtés, suivent le pied de ces digues et servent de contre-ceinture aux marais, conduisant d'une part les eaux de la vallée de la Sèvre aux prises d'eau qui alimentent en été les marais desséchés.

Les ceintures intérieures servent de collecteur au dessé-chement en hiver et de canal d'irrigation en été.

Le sommet de ces digues est généralement établi à la cote (4,00) du nivellement général de la France (zéro normal). Le niveau des crues est très variable, mais plusieurs fois depuis leur établissement, certaines digues furent coupées pendant les grandes inondations. Le dernier accident de ce genre s'est produit en 1872, sur la rive gauche de la Sèvre, près et en amont de Marans.

Le marais qui eut à souffrir de cette rupture est celui de Norbec, dont les eaux s'égouttent dans le canal de la Banche.

Depuis cette époque, les digues des marais desséchés ont été souvent menacées, mais elles n'ont jamais été submergées, grâce à la surveillance active des intéressés, grâce surtout aux nouvelles mesures prises par le service de la navigation de la Sèvre qui, depuis la crue exceptionnelle de 1904 dont le niveau atteignait le sommet des digues, a obtenu le concours régulier et officiel du grand canal maritime de Marans au Brault pour l'évacuation rapide à la mer des grandes crues de la Sèvre Niortaise.

Tous ces terrains, conquis sur la mer par le travail incessant de la main de l'homme, sont depuis près de trois siècles protégés en hiver contre l'envahissement des marées. En été, les eaux claires et limpides de la Sèvre

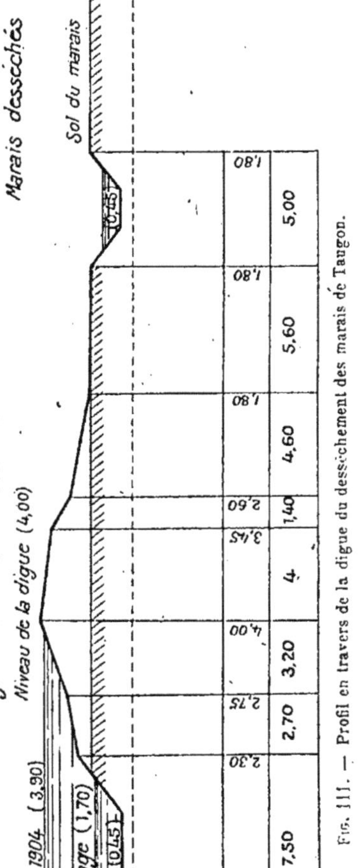

Fig. 111. — Profil en travers de la digue du desséchement des marais de Taugon.

les abreuvent d'une manière suffisante, aussi leur fertilité est-elle remarquable.

Le blé, l'avoine, l'orge, les fèves s'y récoltent en abondance; les prairies sont couvertes de troupeaux, l'élevage du bétail s'y exerce sur une vaste étendue et alimente en partie les grands marchés de Niort et de Fontenay.

Ces simples digues on suffi pour transformer ainsi ces marécages incultes et inhabitables en terres fertiles et assainies par les nombreux canaux qui les dessèchent.

Mais si, par malheur, les eaux extérieures s'élevaient au-dessus de cette enceinte protectrice, si les digues cédaient sous la pression de ces eaux, il s'ensuivrait un désastre général, dont les conséquences seraient extrêmement graves.

Les grandes sociétés de marais érigées en syndicats veillent, on le comprend, avec le plus grand soin sur ces ou-

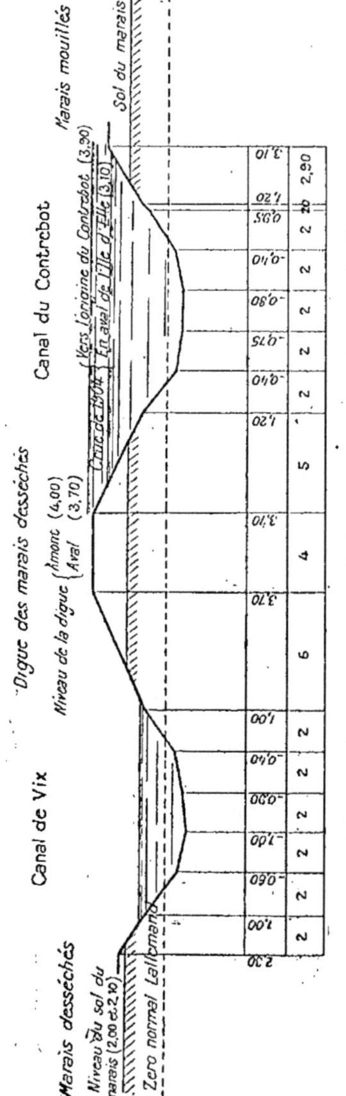

Fig. 112. — Profil en travers moyen de la digue du dessèchement des marais de Vix.

vrages et ne négligent rien pour conserver intactes ces digues si simples, dont l'ensemble se rapporte à un vaste projet qui fait le plus grand honneur aux hommes remarquables qui l'ont conçu et à leurs dignes, successeurs qui, par leurs efforts persévérants, ont réussi à en assurer l'exécution.

ENDIGUEMENTS SUBMERSIBLES. — *Endiguement général.* — L'idée d'un endiguement général pour protéger une vallée contre les dangers de l'inondation est la première qui se présente à l'esprit. Mais c'est là une conception qui est simple, et qui va souvent à l'encontre du but que l'on poursuit. Ce que l'on recherche, c'est d'accroître la richesse du pays. Ne va-t-on pas au contraire à l'encontre de ce but en poursuivant systématiquement l'endiguement d'une vallée ?

Les grandes crues, qui sont un mal nécessaire, sont aussi une source de fertilisation, qu'il ne faut pas négliger, et qui compense en grande partie les inconvénients en résultant. Le débordement doit donc être libre pour toutes les crues extraordinaires.

En ce qui concerne les crues ordinaires, les crues d'été surtout, on doit empêcher la submersion des terrains cultivés.

Digues submersibles. — De là est venue l'idée de n'endiguer le cours qu'à une hauteur qui n'excède que légèrement celle des crues d'été.

Ces crues demeureront alors contenues entre les digues ; qui seront surmontées lorsque les besoins de l'écoulement viendront à l'exiger. Le périmètre jusque-là protégé se remplira.

Il faut que l'introduction des eaux dans ce périmètre ne se fasse pas brusquement ; dans ce but, on établit dans la zone défendue une série de digues transversales, constituant une suite de compartiments assez restreints pour qu'il soit possible, au moyen d'ouvrages spéciaux, de les noyer par remous avant le moment où l'inondation dépasse le niveau dit de protection. Ces digues sont protégées contre le déversement par des revêtements.

Cette combinaison est très séduisante, mais présente de grosses difficultés dans son application.

Sa distinction entre les crues d'été et les crues d'hiver

n'est pas nettement tranchée, en France du moins, où les mois de mai, juin et septembre amènent souvent de très fortes pluies, suivies de débordements.

Un endiguement submersible étendu sur une grande longueur de la vallée, présentera de gros inconvénients, en relevant à l'aval de façon démesurée le niveau de la crue. Il sera difficile, sinon impossible de déterminer le niveau de protection.

Dans tous les cas, la dépense à effectuer sera très élevée. Le nombre des digues transversales à établir dans des vallées, comme celles du Rhône, de la Garonne, de la Loire, présentant de fortes déclivités ($0^m,60$ à $0^m,35$ par kilomètre), devra être considérable, d'autant plus que la pente des cours d'eau sera plus grande. L'eau, qui s'introduira par l'aval dans chaque case de ce vaste damier, montera en effet tout au plus à la hauteur de la digue vers l'aval, tandis que l'eau qui franchira la digue à l'amont y arrivera avec le niveau d'amont. Il faut donc multiplier les défenses comme les digues.

Pour la vallée de la Garonne l'estimation de l'endiguement s'élevait à 12.600.000 francs, mais la dépense aurait été augmentée dans une forte proportion en raison de l'aggravation des crues. C'est pourquoi on a pour ainsi dire renoncé à l'établissement de ces ouvrages.

Digues submersibles isolées. — On trouve cependant quelques digues submersibles isolées, notamment dans le département de Maine-et-Loire, à la partie inférieure de la vallée de la Loire, où la pente du fleuve est notablement réduite. Elles protègent les terrains en arrière, seulement contre l'invasion des crues ordinaires qui, si elles se produisaient en été, détruiraient les récoltes. En cas de crue supérieure au niveau de ces digues, l'eau pénètre par déversement dans le territoire protégé. A cet effet, la crête de la digue est légèrement abaissée et convenablement défendue, pour constituer de véritables déversoirs. Les résultats obtenus sont satisfaisants ; on ne saurait en tirer conséquence pour appliquer ce moyen de protection en dehors de quelques cas particuliers.

Résumé et conclusions. — Il résulte de ce qui précède de

l'étude des divers moyens employés pour réagir contre les inondations, qu'il est le plus souvent impossible de se soustraire à ce grand phénomène naturel. Le mal qu'il produit est le plus souvent compensé par le bien qu'il entraîne ; la main de l'homme a été fréquemment la cause des désastres qui sont survenus à la suite d'opérations imprudentes ou d'entreprises irréfléchies.

D'une manière générale, les curages, les redressements ou coupures l'aggravent.

L'emmagasinement des eaux vers les sources produirait un résultat sensible à la suite d'efforts continus et d'une dépense importante.

Il n'en est pas de même des endiguements, qui, sauf de rares exceptions, sont un remède pire que le mal. Il ne faut y revenir qu'en sauvegardant l'intérêt général et lorsque l'intérêt local est assez puissant pour en justifier les frais.

Le mieux est donc de subir le mal, en s'efforçant de l'atténuer autant que possible. Il faudra dans ce but protéger les centres de population par de solides digues insubmersibles, et ne développer sur les terrains cultivés que les cultures qui peuvent s'accommoder de l'éventualité des submersions.

Mais, au cas où on serait amené à exécuter des travaux de préservation, l'État ne saurait être tenu de prendre à sa charge la totalité de la dépense à exposer ; l'intervention des riverains doit nécessairement s'exercer.

En ce qui concerne les travaux pour la défense des villes, les règles à suivre sont tracées par la loi du 28 mai 1858. C'est l'État qui doit procéder à l'exécution de ces travaux, avec le concours des départements, communes et des intéressés.

La même loi limite dans un but d'intérêt général l'initiative privée en matière d'endiguement, en obligeant à une déclaration préalable, et en reconnaissant à l'Administration le pouvoir d'interdire ou de modifier le travail sur les parties submersibles des principaux fleuves et de leurs affluents.

D'ailleurs les endiguements sont compris parmi les travaux qui, aux termes de la loi du 21 juin 1865, modifiée par celle du 22 décembre 1888, peuvent faire l'objet d'une association syndicale. L'acte d'association fixe généralement la quotité de la participation de l'État, non seulement dans les frais de premier établissement, mais encore dans les dépenses d'entretien.

Les travaux de défense des rives, qui constituent pour ainsi dire le corollaire des travaux d'endiguement, donnent lieu à des questions tout à fait analogues, quand l'intérêt privé est en jeu.

La circulaire du 22 décembre 1887 donne les règles à suivre suivant que les travaux de défense de rives concernent une rivière desservant une navigation effective ou un cours d'eau qui, tout en étant classé comme navigable ou flottable, n'est pas utilisé par la navigation.

Le principe posé est que l'Administration doit concourir à la dépense *dans la proportion des avantages qu'elle retire des travaux.*

Si l'intérêt de la navigation est prépondérant, l'Administration exécutera souvent les travaux entièrement à ses frais.

Au contraire, s'il s'agit de défendre surtout des intérêts particuliers, l'État pourra se désintéresser de la question. Dans tous les cas, la subvention de l'État ne dépassera pas le tiers de la dépense totale.

Mais on ne doit pas écarter *a priori* toute demande de subvention ; car l'État ne saurait, en principe, laisser les berges d'un cours d'eau se corroder, et cela dans un but d'intérêt général, sans essayer de limiter le désastre qui en résulte. Les initiatives privées ou collectives méritent d'être encouragées ; il faut venir en aide à ceux qui sont prêts à consentir des sacrifices.

Modifications apportées au régime des crues. — *Débouché des ponts.* — On a vu dans les pages qui précèdent avec quelle circonspection on devait agir sur le régime d'un cours d'eau, et comment, en cherchant à garantir une région contre les effets des crues, on aggravait à l'aval les conséquences des inondations. On ne s'est généralement pas assez préoccupé des inconvénients produits par l'établissement d'ouvrages et de levées insubmersibles au travers d'une vallée submersible.

Cette question a cependant fait l'objet de nombreuses recherches et d'études très intéressantes. Elle n'a pas toujours été résolue d'une façon satisfaisante, et on s'est arrêté à tort à des considérations d'ordre matériel, que l'on aurait dû écarter dans un but d'intérêt général.

Un des plus grands ingénieurs du XVIIIe siècle, Gauthey, a ainsi résumé la question du débouché des ponts :

« Le débouché d'un pont qu'on projette est moins difficile à bien déterminer, lorsqu'il existe près de son emplacement d'autres ponts sur la même rivière; alors on a soin de mesurer pendant les crues la section du fleuve au passage de ces ponts et d'observer la vitesse de l'eau et la chute qui se forme ordinairement en amont. Au moyen de comparaisons fournies par ces données, on peut quelquefois fixer le nouveau débouché d'une manière assez exacte. » C'est-à-dire que si l'on se trouve entre deux ponts ne donnant lieu qu'à une chute de quelques centimètres de l'amont à l'aval, on adoptera le débouché du plus grand des deux. Cette solution très simple n'est généralement pas satisfaisante, si l'on en juge par les résultats de nombreux procès [1].

En effet, entre deux ponts de 200 mètres de débouché, qui se trouvent parfaitement suffisants à l'amont et à l'aval

---

[1]. On lit dans le préambule d'un arrêt du Conseil d'État du 17 juin 1881 ce qui suit : « Considérant qu'il a été reconnu par tous les experts que les dommages qui auraient été causés aux propriétés voisines de l'Hérault par la crue exceptionnelle de cette rivière, dans les crues du mois de septembre 1875, ont été notablement aggravés, aux abords du pont de Paulhan, par suite de la modification apportée par l'établissement dudit pont et des remblais insubmersibles qui l'accompagnent, dans le régime du cours de la rivière; que dès lors, la compagnie requérante (Compagnie des chemins de fer du Midi) était tenue d'indemniser les propriétaires des terrains inondés dans la mesure où s'est produite à leur égard ladite aggravation. » Autant de grandes crues, autant de séries de dommages, et par suite d'indemnités.

Les faits de ce genre sont fréquents. Voir dans les *Annales des Ponts et Chaussées* de 1883 : 1° page 23, crue surélevée de 0^m,77 par le fait de la Compagnie P.-L.-M., 2° page 61, effets d'inondation aggravés par suite de l'établissement en remblai de la voie ferrée et de l'insuffisance du débouché offert au passage des eaux sous le pont du chemin de fer (P.-L.-M., contre Bothon et autres).

du point qu'on considère, un pont de 300 mètres ou de 400 mètres peut se trouver insuffisant.

Théorie de Dupuit. — Dupuit est le premier qui a mis en évidence ce fait, qui *a priori* semble un paradoxe. Et il en a donné l'explication suivante.

Supposons les dispositions locales suivantes :

On a construit en AB un pont de 200 mètres ; la rivière

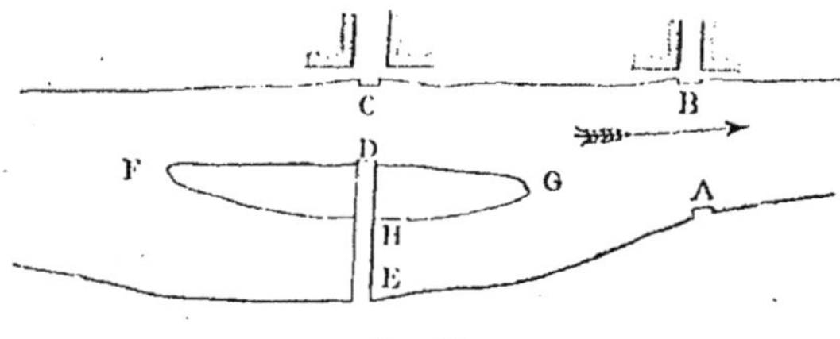

FIG. 113.

était encaissée entre les deux rives, distantes aussi de 200 mètres, et assez élevées pour que les plus grandes crues ne pussent les atteindre. Ce pont n'a eu et ne pouvait avoir aucune influence fâcheuse sur le régime des eaux. On veut établir en amont un pont vis-à-vis de la ville C, où le profil de la rivière est tout à fait différent. En ce point le courant des grandes eaux est divisé en deux bras à peu près égaux de 300 mètres de largeur, par une île insubmersible, ayant 2 kilomètres de longueur. On aurait tendance à fermer le bras EH et à établir un pont de 200 mètres dans le bras DC, en se conformant à l'ancienne théorie. Or, voici quelles peuvent en être les conséquences.

Le pont sur le bras DC ayant 200 mètres de largeur ; tandis que le bras dans lequel il est établi en a 300, donnera lieu à la surface de l'eau à un pli, et les bateaux obligés de franchir cette saillie à la remonte éprouveront une très grande résistance. Si, pour faire disparaître cet inconvénient, on a donné au pont 300 mètres de largeur, c'est-à-dire celle du bras lui-même, il n'y aura plus de pli au passage du pont, mais il n'en restera pas moins un remous très considérable dans le bras ; car si la vitesse est double, la pente deviendra à peu près quadruple. Il en résulte que

si la pente du courant était antérieurement de $0^m,40$ de F
en G, le remous sera d'environ $1^m,60 - 0^m,40 = 1^m,20$ en
tête de l'île.

Gonflement à l'aval et à l'amont. — La ville C peut être
complètement inondée ainsi que le pays en amont. On doit
insister sur ce que dans cette disposition locale, les eaux
se trouvent soulevées *même à l'aval du pont*, sur une longueur qui dépendra de celle de l'île en aval. *Tous les désastres qu'amène une plus grande hauteur des crues se produisent sur une vaste étendue du pays, bien qu'il n'y ait aucun
remous apparent aux abords du pont* [1].

Le gonflement général, s'étendant à l'aval comme à l'amont,
n'est pas la conséquence de l'établissement d'un pont, mais
bien du barrage d'un bras. *Quand la rivière n'a qu'un bras,
et qu'on établit un pont avec des levées transversales pleines à
ses abords, il y a à la fois au moment des crues gonflement général (levées) et remous local (pont).* Par exemple à Montlouis
sur la Loire, l'espace compris entre les digues comprenant,
outre le pont, une longue levée pleine, il y a nécessairement un gonflement général et un remous local [2]. Celui-ci
peut devenir considérable, parce qu'il résulte de l'existence
de la levée pleine que les courants se présentent mal en
temps de crue.

Des inconvénients d'une autre nature pourront se manifester après la fermeture d'un bras, notamment ceux qui
résultent d'une augmentation de la vitesse ou d'un changement dans la direction. Ainsi la vitesse devenant double
dans le chenal conservé, il peut y avoir des affouillements,
des corrosions de rives; les travaux de défense, qui auraient
suffi jusqu'alors contre une vitesse moindre pourront être
successivement emportés; de là d'énormes dégâts pour les
propriétés riveraines, et même pour les ouvrages du domaine public se trouvant le long des rives, tels que quais,
chemins de halage et autres. Le produit de ces affouillements

1. *Hydraulique fluviale* de Léchalas.
2. M. Léchalas, dans son ouvrage si intéressant, fait remarquer
que le remous local a été de $0^m,47$ au moment du minimum
de 1856; et qu'en ajoutant le gonflement général, on obtient l'effet
de l'influence du pont, qui est considérable.

ira se déposer à l'aval, former des îles, changer le régime de la rivière, couvrir les propriétés particulières. De plus, l'étranglement du courant qui se trouve en amont et l'épanouissement qui se trouve à l'aval de l'île auront pour effet d'établir des courants transversaux, qui pourront attaquer les rives, contre lesquelles ils seront dirigés.

Si on examine ce qui se passera dans le bras de la rivière formé par la levée insubmersible EH, on constatera que de l'amont à l'aval de cette levée l'eau prendra une différence de niveau égale à toute la pente qui existe actuellement entre le point F et le point G, qui serait de 1^m,60 dans l'hypothèse où on s'est placé. Il y aurait donc contre cette levée une pression considérable, qui pourrait donner lieu à des filtrations et par suite à une rupture. De plus, si la crête de cette levée n'a été placée qu'au niveau des anciennes grandes eaux, elle sera franchie par les nouvelles.

On a pensé qu'un pont de 300 mètres sur l'un des bras était suffisant, puisqu'un pont de 200 mètres à l'aval laissait écouler tout le débit du cours d'eau, et on s'est grandement trompé. Un pont de 100 mètres sur chacun des bras aurait été préférable ; on aurait eu un remous local assez fort, mais un gonflement général très réduit. M. Léchalas conclut avec infiniment de raison que *la distribution d'un débouché est bien plus importante que celle de son étendue.*

Crues du Gardon. — Influence du débouché des ponts sur le régime des crues. — Les troubles apportés dans le régime des crues par l'établissement d'un viaduc et d'une levée insubmersible à travers la vallée du Gardon confirment les notions qui précèdent.

Le Gardon, qui est un affluent du Rhône, est une rivière torrentielle, dont le fond est constitué par des rochers calcaires ou des galets.

Dans la partie amont, il est fortement encaissé, au moins jusqu'au Pont-du-Gard ; en aval, la vallée devient plus large et le champ d'inondation plus important, la pente, qui est élevée dans la partie supérieure, s'atténue.

La rivière, dont le lit mineur s'élargit, atteint ainsi la petite ville de Remoulins ; elle est resserrée, dans cette traversée, entre un chemin sur la rive droite, et une hauteur de la rive gauche, sur laquelle la ville est établie. C'est à l'issue de ce défilé, un peu en aval, que l'on a construit en 1830 un pont suspendu de 120 mètres d'ouverture destiné à mettre en communication les deux rives du Gardon.

Immédiatement à l'aval, la vallée submersible s'élargit

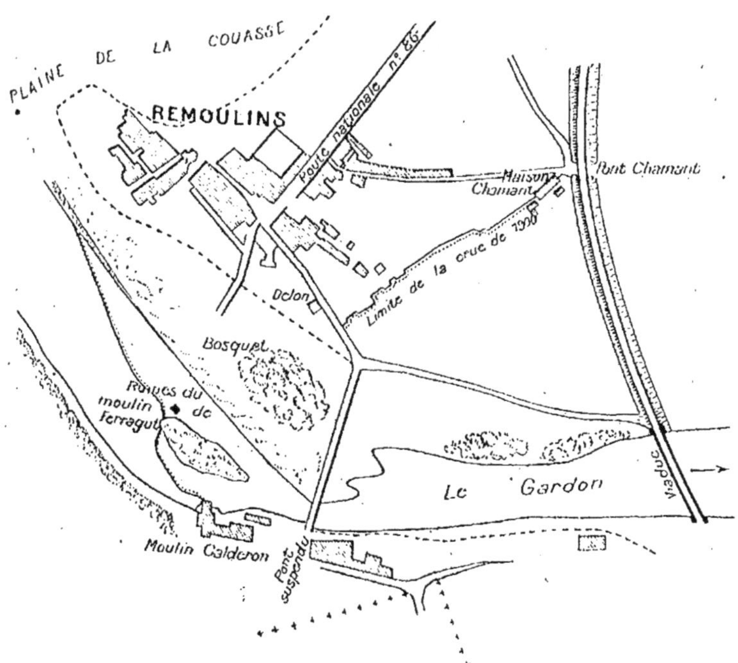

Fig. 114.

sur la rive gauche; elle est coupée à environ 380 mètres en aval du pont suspendu par un viaduc métallique à trois travées et un remblai qui lui fait suite, destinés à l'assiette du chemin de fer de Nîmes au Teil. Le débouché du viaduc, vraisemblablement fixé d'après celui du pont suspendu, est de 133 mètres.

Le champ d'inondation, très restreint en amont du pont suspendu, s'étend au contraire sur une très large surface entre les deux ouvrages qui barrent la vallée, et également à l'aval du viaduc (*fig.* 114).

Le débit de la rivière qui, en temps ordinaire d'étiage, est d'environ 3 mètres cubes à la seconde, atteint 3.500 mètres cubes pendant les crues exceptionnelles.

L'établissement du pont suspendu avait peu modifié l'état de choses existant. Il n'en a pas été de même en ce qui concerne le viaduc et la levée aux abords. Les propriétés riveraines furent inondées d'une manière anormale : on constata pour des crues de même importance que celle de 1834, antérieure à la construction du viaduc, que la surélévation en aval de l'ouvrage dépassait 1 mètre au passage de Remoulins, à 700 mètres environ. Ce fait, qui est prouvé par l'expérience, provenait de ce que le gonflement général dû à l'établissement du viaduc était supérieur à $1^m,90$, différence entre les cotes de l'eau à l'amont et à l'aval de la levée. Le remous local était à peine de $0^m,50$.

Remous local et gonflement général. — Le remous local est dû à la contraction des filets liquides au passage de l'ouvrage. Le gonflement général correspond pour ainsi dire à la mise en charge de la masse d'eau pour produire l'écoulement du débit considéré.

Les eaux s'accumulent dans la plaine submersible en amont du barrage constitué par l'ouvrage et la levée insubmersible qui en est l'accessoire, tant que la charge n'est pas suffisante pour assurer leur écoulement. A ce moment, le débit d'aval étant égal à celui d'amont, la crue cesse de croître ; le pertuis représenté par le viaduc donne passage au débit total du cours d'eau.

M. l'inspecteur général Collignon a étudié le problème et a trouvé que la charge nécessaire pour écouler un débit de 3.000 mètres cubes par un pertuis de 125 mètres de largeur, égale à celle du viaduc, devait être de $1^m,16$. Le résultat du calcul est encore inférieur à celui que donne l'observation, $1^m,90$ [1].

Les faits suivants sont à retenir à la suite de cette étude, qui portait d'une manière générale sur une rivière en crue

1. *Revue de mécanique* de février 1903.

barrée par une digue transversale, dans laquelle on a ménagé un pertuis de section rectangulaire pour l'écoulement des crues :

1° L'écoulement dans le pertuis est indépendant de la forme et des dimensions de la section des cours d'eau en amont de la digue ;

2° La vitesse à la sortie du pertuis est égale à la vitesse de l'onde solitaire à la surface d'un canal horizontal de profondeur égale à celle de la rivière, où l'eau serait en repos. C'est la formule même donnée par Lagrange.

En dehors de ces lois, M. l'inspecteur général Collignon a mis en évidence le travail mécanique considérable (5.835.000 kilogrammes-mètres) exécuté par les filets liquides à la sortie du pertuis. L'expérience a montré sur le Gardon, immédiatement à l'aval du viaduc, les désastres occasionnés par l'écoulement de l'eau. Les digues ont été emportées, les terrains ont été bouleversés.

Calcul du gonflement général. — L'analyse que l'on vient de faire des phénomènes qui se produisent au passage d'ouvrages barrant une vallée submersible mettent en évidence, comme on l'a vu : un gonflement général du plan d'eau, qui s'étend assez loin, et qui n'est pas apparent ; un remous local, qui est apparent et qui est produit par la contraction des filets liquides au passage du pertuis.

Le remous local constitue une partie du phénomène ; il a généralement peu d'importance, et ne dépasse guère 0m,50. Comme il est aisément observé, il est presque toujours pris comme mesure du trouble apporté par le barrage d'une vallée ; on néglige à tort, faute d'observation directe, ce qui constitue le principal du phénomène, savoir le gonflement général.

Calcul du remous. — Le calcul du remous ne présente pas de difficultés ; M. Bresse a donné la formule suivante (p. 362 et suiv.) pour ce calcul :

$$z = \frac{Q^2}{2g}\left(\frac{1}{m^2 l^2 h^2} - \frac{1}{L^2(h+z)^2}\right),$$

dans laquelle on représente par :

L, la largeur moyenne de la rivière avant la construction du pont;

h, la hauteur moyenne des eaux;

V, la vitesse de l'eau au sortir du pont;

Q, le débit de la rivière par seconde,

et l la largeur moyenne du débouché sous le pont, après sa construction;

m, le coefficient de contraction de l'eau sous les arches;

W, la vitesse de l'eau ralentie en amont du pont;

z, la hauteur du remous, quantité à trouver.

Cette détermination étant faite, il convient de rechercher jusqu'à quelle distance le remous fait sentir son effet. M. l'inspecteur général Poirée a donné une méthode approximative très simple qui suppose que le plan d'eau est sensiblement horizontal au point où se produit le relèvement. La ligne d'eau est assimilée à une parabole à axe vertical dont le sommet coïnciderait avec le niveau de la retenue au droit du relèvement, et qui serait tangente à la ligne de pente moyenne du cours d'eau supposé libre [1].

Le remous s'étend plus loin, et son action à une certaine

1. L'équation de cette parabole est :

$$x^2 = \frac{4h}{i^2}\, y,$$

dans laquelle h désigne le relèvement de plan d'eau au point où

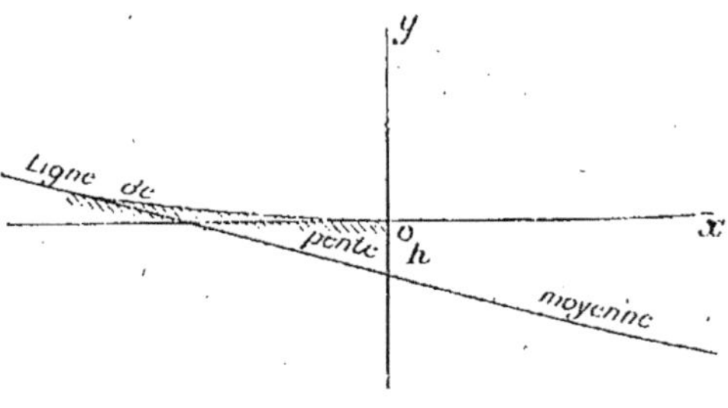

Fig. 115.

se produit la contraction i, la pente moyenne; on peut ainsi obtenir en chaque point x le relèvement produit y.

distance de l'ouvrage est plus considérable que ne l'indique la formule établie en partant de cette hypothèse.

Gonflement général. — Le gonflement général produit par le barrage total ou partiel d'une vallée a une autre importance; il est difficile à déterminer théoriquement.

On connaîtra le débit de la rivière {par certains états des eaux, avant la construction de l'ouvrage; on fera les mêmes observations après son établissement. On aura noté au droit de l'ouvrage et en certains points bien repérés les hauteurs d'eau, qui correspondent à ces débits. On aura ainsi la pente superficielle parallèle à la pente du fond s'appliquant au régime uniforme, et définie par une hauteur H.

Par suite de l'établissement de l'ouvrage la hauteur h_0, repérée à l'extrémité aval et correspondant à un des débits observés, est plus grande que celle qui correspondrait au régime uniforme; la pente superficielle est plus faible que celle du lit, les vitesses décroissent de l'amont à l'aval; c'est le mouvement varié. Le profil en long est alors une courbe dite des *remous de gonflement (fig 116).* en dénommant remous

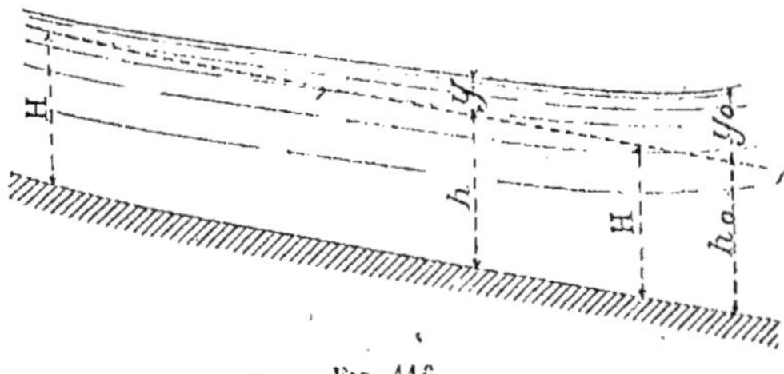

Fig. 116.

en un point quelconque la hauteur h — H ou y au-dessus du niveau du régime uniforme.

Si h_0 est plus petit que H, la pente superficielle est plus grande que celle du fond, la vitesse croît de l'amont à l'aval, la courbe (*fig. 117*) est dite *courbe des remous de dépression ou d'abaissement.*

En s'éloignant vers l'amont, l'une et l'autre courbes se rapprochent de la ligne droite du régime uniforme. Elles lui sont asymptotes l'une au-dessus, l'autre au-dessous.

La courbe des remous de dépression, très intéressante au

point de vue théorique, l'est cependant moins que celle des remous de gonflement, que l'on rencontre communément.

Les formules qui permettent de la calculer sont assez nombreuses.

M. l'inspecteur général Flamant donne dans son *Traité d'hy-*

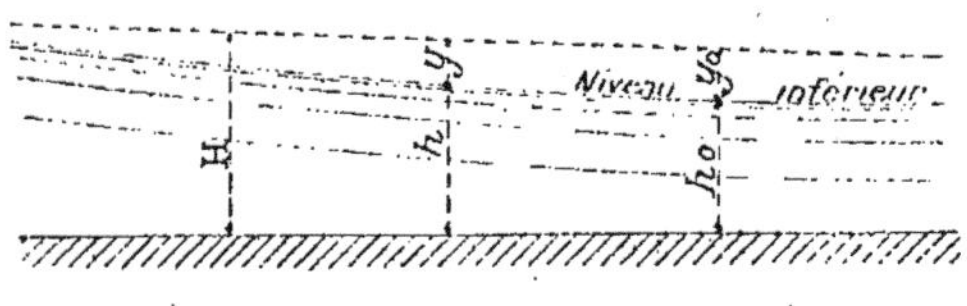

Fig. 117.

draulique une formule assez simple, en rappelant d'ailleurs que Dupuit l'avait donnée sous une forme peu différente :

$$i \, (s_0 - s) = (y_0 - y) + \frac{m}{n} \, \text{H} \, \log \left(\frac{y_0}{y} \, \frac{\text{H} + \frac{2}{3} y}{\text{H} + \frac{2}{3} y_0} \right), \ (1)$$

dans laquelle s_0 désigne la distance du maximum de surélévation à un point arbitraire pris pour origine, s cette distance en un point quelconque; H est la hauteur du régime uniforme, qui correspondrait au débit considéré; y est la hauteur au-dessus de ce régime, c'est-à-dire $y = h - \text{H}$; m et n sont les expressions suivantes :

$$m = 1 - \frac{\alpha i \text{C}^2}{g} \times \frac{l}{l + 2\text{H}} \ (1)$$

ou, ce qui revient au même, lorsque le débit est connu :

$$m = 1 - \frac{\alpha \text{U}^2}{g \text{H}}$$

1. α est un coefficient donné par M. Flamant et $\text{C} = \dfrac{87}{\text{H} \dfrac{\gamma}{\sqrt{\text{R}}}}$; γ varie suivant la nature des parois (expériences de M. Bazin).

et

$$n = \frac{3l + 4\text{II}}{l + 2\text{II}}.$$

On n'obtient toutefois que la *distance où se rencontre une*

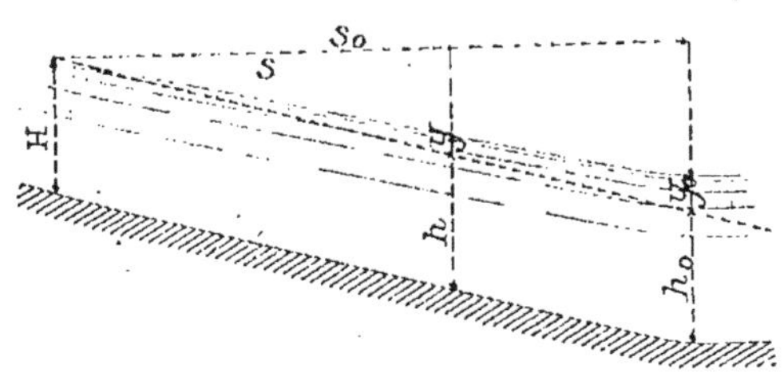

Fig. 118.

hauteur donnée, et non ce qu'on cherche généralement, *la hauteur à une distance donnée*: il faut user de tâtonnements.

Laissant de côté les diverses simplifications qu'énonce le même ouvrage pour les cas où y et y_0 sont petits, où la pente est faible, etc., on arrive maintenant à la formule de Bresse, qui est classique pour les cas où la largeur est grande par rapport à la profondeur :

$$\frac{i(s_0 - s)}{\text{H}} = \frac{h_0 - h}{\text{H}} + \left(1 - \frac{\alpha i C^2}{g}\right)\left[\psi\left(\frac{h}{\text{H}}\right) - \psi\left(\frac{h_0}{\text{H}}\right)\right]. \quad (2)$$

Dans cette expression, $\psi\left(\frac{h}{\text{H}}\right)$, etc., sont les valeurs d'une fonction que les traités d'hydraulique fournissent toute calculée dans une table. Les opérations seraient relativement assez simples, si elles ne comportaient comme ci-dessus, les tâtonnements dus à ce qu'on calcule la distance et non la hauteur.

C'est un inconvénient que n'avait pas la table dressée par Dupuit[1], à l'aide de simplification de la formule 1, table que les ouvrages spéciaux ne donnent plus, et qui permettait

1. Dupuit, *Études sur le mouvement des eaux*, 2ᵉ édition (1863), librairie Dunod.

le calcul rapide de la hauteur en un point déterminé quelconque.

Elle fournit les valeurs de $\frac{y}{H}$ en regard de celle de $\frac{is}{H}$, les
lettres y, H, i et s ayant les mêmes significations que ci-dessus
Elle ne s'applique en principe, comme la formule de Bresse,
qu'au cas d'une largeur relativement assez grande.

On doit rappeler encore la formule de Poirée citée plus
haut à cause de sa forme élémentaire, et indiquée notamment par M. Lévy-Salvader dans son *Traité d'hydraulique :*

$$y = y_0 - is + \frac{i^2 s^2}{4 y_0}.$$

On mentionnera également la méthode simple de certains
constructeurs qui, pour avoir une idée de l'amplitude des
remous en vue de fixer la hauteur des digues et revêtements,
se contentent de tracer par l'extrémité aval du profil en long
une ligne droite ayant pour pente la moitié de la pente du
fond. Ils admettent que le remous est négligeable au delà
du point de rencontre de cette droite avec la parallèle en
fond, à la hauteur H du régime uniforme.

M. le commandant Iloc, dans deux articles très intéressants publiés dans le *Génie civil* des 28 mars et 4 avril 1914,
a rendu compte des expériences qu'il avait faites sur différents canaux d'usine à l'effet de se rendre compte du plus
ou moins d'exactitude de ces formules. Il serait trop long de
faire connaître en détail ces expériences ; il suffira de donner
les conclusions, auxquelles il est arrivé.

*1° Les formules dont on dispose pour calculer les remous sont
plus exactes que celles qui donnent les débits ;*

*2° Dans les canaux considérés, c'est-à-dire pour des hauteurs
d'eau de 2 à 3 mètres, avec une largeur de 8 à 10 mètres et des
vitesses comprises entre 1 et 2 mètres, la table de Dupuit fournit
les niveaux à quelques centimètres près, dans les circonstances
de remous les plus variées ;*

*3° La formule (1) ne donne pas sensiblement plus de précision
pour ce qui concerne les canaux en question. On peut donc la
réserver pour ceux relativement plus étroits ;*

4° La formule de Bresse est plutôt moins concordante avec les observations que la table de Dupuit. On ne voit donc pas ce qui a pu la faire préférer à celle-ci beaucoup plus commode d'emploi;

5° La formule de Poirée, contrairement aux trois précédentes, est tout à fait insuffisante. La faveur dont elle paraît jouir pour le calcul des petits remous sur les rivières fait supposer que son inexactitude s'atténue quand les vitesses sont modérées. Mais il y aurait danger à s'y confier pour les vitesses de 1 à 2 mètres ;

6° Lorsque le niveau donné comme point de départ est celui du débouché du canal dans un bassin ou dans une rivière où sa vitesse s'amortit, il faut, avant d'appliquer le calcul du remous corriger ce niveau de base d'une quantité correspondante à la vitesse perdue $= \dfrac{u^2}{2g}$ [1].

On reproduira ci-dessous un abrégé de la table de Dupuit, qui d'après la comparaison précédente est le meilleur procédé qu'on puisse recommander pour le calcul des remous.

La première colonne représente les hauteurs de remous y, divisées par la hauteur de régime uniforme H. La deuxième représente les distances au point arbitraire pris pour origine de la table multipliées par la pente et divisées par H.

Le commandant Hoc a donné une application de cette méthode pour montrer son exactitude en la comparant aux résultats des observations qu'il avait faites. Il est intéressant de la reproduire.

Les données de l'expérience sont les suivantes sur le canal de Ventavon (*fig.* 119).

Si on veut calculer le remous y à 5.500 mètres de l'extrémité aval, en supposant que le remous ou ce dernier point y est de 0,98, on a :

$$\frac{y_0}{H} = \frac{0,98}{2,05} = 0,478.$$

La deuxième colonne de la table consultée en regard des

[1]. C'est là un phénomène analogue au remous local déterminé par le passage des eaux sous un pont. Pour avoir le gonflement général, il faudrait déduire cette surélévation apparente.

nombres 0,47 et 0,48 de la première donne par interpolation :

$$\frac{iS_0}{H} = 1,629.$$

Pour passer de là à la valeur de $\frac{iS}{H}$ correspondant au point

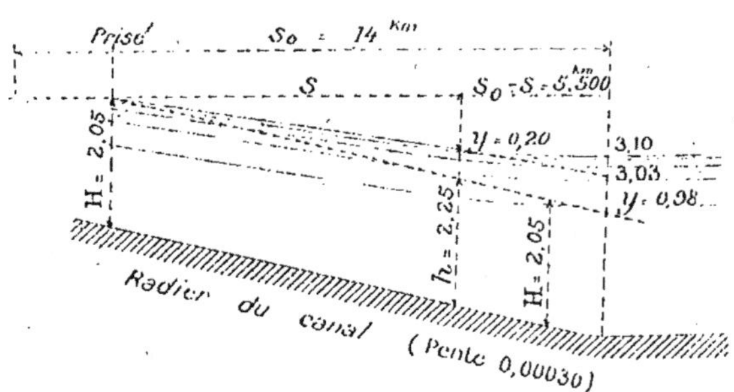

Fig. 119.

à 5.500 mètres, il suffit évidemment d'en retrancher la fraction $\frac{i(S_0 - S)}{H}$, dont tous les éléments sont connus :

$$\frac{i(S_0 - S)}{H} = \frac{0,00030 \times 5500}{2,05} = 0,804.$$

On a donc par différence :

$$\frac{iS}{H} = 0,825.$$

Revenant à la table, et cherchant dans la deuxième colonne les deux nombres qui encadrent celui-là, on puise en regard dans la première :

$$\frac{y}{H} = 0,098.$$

d'où le remous cherché :

$$y = 0,098 \times 2,05 = 0,20,$$

qui est celui qui a été observé.

L'application de la formule Poirée aurait donné 0,09 au lieu de 0,20!

Dans les cas de remous de dépression, la marche du calcul est la même en se servant de la deuxième table.

ABRÉGÉ DES TABLES DE DUPUIT POUR LE CALCUL DES HAUTEURS DE REMOUS

1. — *Table pour le remous de gonflement.*

HAUTEUR DU REMOUS au-dessus du régime uniforme $\frac{y}{H}$	DISTANCE A L'ORIGINE de la table $\frac{is}{H}$	HAUTEUR DU REMOUS au-dessus du régime uniforme $\frac{y}{H}$	DISTANCE A L'ORIGINE de la table $\frac{is}{H}$	HAUTEUR DU REMOUS au-dessus du régime uniforme $\frac{y}{H}$	DISTANCE A L'ORIGINE de la table $\frac{is}{H}$
mètres	mètres	mètres	mètres	mètres	mètres
0,01	0,0067	0,32	1,3788	1,10	2,3971
0,02	0,2444	0,34	1,4136	1,20	2,5083
0,03	0,3863	0,36	1,4473	1,30	2,6179
0,04	0,4889	0,38	1,4801	1,40	2,7264
0,05	0,5701	0,40	1,5119	1,50	2,8337
0,06	0,6376	0,42	1,5430	1,60	2,9401
0,07	0,6958	0,44	1,5734	1,70	3,0458
0,08	0,7472	0,46	1,6032	1,80	3,1508
0,09	0,7933	0,48	1,6324	1,90	3,2553
0,10	0,8353	0,50	1,6611	2,00	3,3594
0,12	0,9098	0,55	1,7307	2,10	3,4631
0,14	0,9751	0,60	1,7980	2,20	3,5564
0,16	1,0335	0,65	1,8631	2,30	3,6694
0,18	1,0868	0,70	1,9266	2,40	3,7720
0,20	1,1361	0,75	1,9887	2,50	3,8745
0,22	1,1820	0,80	2,0496	2,60	3,9768
0,24	1,2253	0,85	2,1095	2,70	4,0789
0,26	1,2663	0,90	2,1684	2,80	4,1808
0,28	1,3053	0,95	2,2265	2,90	4,2826
0,30	1,3428	1,00	2,2840	3,00	4,3843

II. — Table pour le remous d'abaissement.

ABAISSEMENT AU-DESSOUS de la hauteur du régime uniforme $\dfrac{y}{H}$	DISTANCE A L'ORIGINE de la table $\dfrac{is}{H}$	ABAISSEMENT AU-DESSOUS de la hauteur du régime uniforme $\dfrac{y}{H}$	DISTANCE A L'ORIGINE de la table $\dfrac{is}{H}$	ABAISSEMENT AU-DESSOUS de la hauteur du régime uniforme $\dfrac{y}{H}$	DISTANCE A L'ORIGINE de la table $\dfrac{is}{H}$
mètres	mètres	mètres	mètres	mètres	mètres
0,01	0,0067	0,09	0,6733	0,45	0,9951
0,02	0,2287	0,10	0,7020	0,50	1,0037
0,03	0,3463	0,15	0,8053	0,55	1,0097
0,04	0,4356	0,20	0,8700	0,60	1,0140
0,05	0,5034	0,25	0,9138	0,70	1,0176
0,06	0,5577	0,30	0,9448	0,80	1,0199
0,07	0,6025	0,35	0,9671	0,90	1,0203
0,08	0,6405	0,40	0,9833	1,00	1,0203

Expériences directes pour la détermination du gonflement. — On a vu combien il était difficile de déterminer l'importance du gonflement produit par le barrage partiel d'une vallée, et l'étendue du remous qui en résulte. On est obligé de faire une série d'hypothèses, car la formule du remous local de Bresse ne peut donner aucune indication à ce sujet. Il faut multiplier les observations sur les hauteurs d'eau et les débits en un certain nombre de points judicieusement choisis et déterminer aussi exactement que possible le régime uniforme du cours d'eau que l'on envisage. Quoi qu'il en soit, l'importance du gonflement est une inconnue, et on ne devra pas se résoudre à attendre l'achèvement du travail pour connaître les modifications apportées au régime de la rivière.

Méthode des modèles. — Les conséquences pourraient en être trop graves pour la navigation d'une part et pour les propriétés riveraines situées en amont. Il faut donc recourir à une expérience directe.

Un procédé qui est applicable dans toutes les branches de la mécanique, et qui est particulièrement utile en hydraulique à cause de la difficulté des mesures et de celle des calculs, réside dans l'emploi des modèles réduits; ce mode d'opérer peut être considéré comme intermédiaire entre l'expérimentation et l'observation. Les modèles réduits ont servi depuis longtemps à l'étude de la résistance des carènes; en Angleterre, Froude ouvrit cette voie, qui a été très souvent suivie depuis. L'étude du régime des estuaires est une seconde application non moins intéressante des modèles réduits. L'effet des ouvrages exécutés dans les estuaires est difficile à prévoir par le calcul, d'une part à cause de la variation incessante du débit du fleuve, d'autre part à cause de la complexité du phénomène de propagation de la marée dans les fleuves ; la célérité de l'onde est, en effet, beaucoup plus grande que la vitesse de propagation de la tête du flot.

Les modèles réduits peuvent encore servir à déterminer la répartition des eaux dans un système de tuyaux de conduite ou surtout de canaux découverts libres ou occupés par des ouvrages locaux.

Le principe sur lequel est fondée cette méthode est la loi de Newton sur la similitude mécanique.

Soient deux systèmes matériels S et S' géométriquement semblables où les masses élémentaires homologues m et m' sont proportionnelles. Si on imagine qu'au bout de temps t et t' proportionnels le fait de cette similitude subsiste, et que les rapports des dimensions et ceux des masses homologues aient conservé leurs valeurs initiales, on dit qu'il y a similitude mécanique entre les mouvements des deux systèmes. Si les mouvements sont produits par des forces, celles-ci sont astreintes à une condition de proportionnalité facile à établir.

Les équations générales du mouvement pour une masse élémentaire m sont les suivantes :

$$m \frac{d^2x}{dt^2} = X,$$

$$m \frac{d^2y}{dt^2} = Y,$$

$$m \frac{d^2z}{dt^2} = Z,$$

X, Y, Z étant la projection de la force sur trois axes de coordonnées.

Pour la masse m', on a :

$$m' \frac{d^2x}{dt^2} = X,$$

$$m' \frac{d^2y}{dt^2} = Y,$$

$$m' \frac{d^2z}{dt^2} = Z.$$

Soient μ, λ, θ les rapports constants des masses, des dimensions, du temps.

$$m' = \mu m, \qquad n' = \lambda x, \qquad t' = \theta t.$$

Si l'on pose $X' = \varphi X$.

La première équation équivaut à la seconde, pourvu que l'on ait :

$$\varphi = \frac{\mu \lambda}{\theta^2}.$$

La condition nécessaire est suffisante pour que deux systèmes matériellement semblables aient des mouvements semblables est donc qu'il y ait une échelle des forces homologues égale au produit de celle des masses par celle des dimensions, divisé par le carré de l'échelle des temps.

Si l'on considère deux systèmes, non pas semblables, mais tels que les dimensions x', y', z' soient respectivement égales à ξx, ηy et ζz, la loi de Newton est remplacée par les trois conditions :

$$\varphi_x = \frac{\mu \xi}{\theta^2}, \qquad \varphi_y = \frac{\mu \eta}{\theta^2}, \qquad \varphi_z = \frac{\mu \zeta}{\theta^2};$$

φ_x, φ_y, φ_z étant les échelles respectives des composantes X, Y, Z de la force locale.

Ces systèmes sont déduits l'un de l'autre, à chaque instant, par la transformation géométrique dite « déformation pure »; c'est une dilatation avec des coefficients différents suivant trois axes rectangulaires, qui sont ici les axes de coordonnées.

Au lieu d'appliquer aux deux systèmes les équations différentielles du mouvement, on peut n'avoir recours qu'à une intégrale quelconque de ces équations, ou bien même à une loi de mouvement établie par l'expérience, pourvu qu'elle leur soit commune.

Application de ces principes à la détermination du remous. — Ces principes ont été appliqués avec succès à la détermination de la résistance des carènes et à l'étude du régime des estuaires. Cette méthode a été suivie par l'éminent ingénieur anglais Vernon-Harcunt pour vérifier expérimentalement les modifications des bassins de sable à l'embouchure de la Seine. Les résultats obtenus ont été tellement satisfaisants que le service de la navigation de la Seine fit construire pour l'étude de ce fleuve un modèle plus grand que celui de M. Vernon-Harcunt. L'échelle des dimensions en plan était de 1/5000, celle des hauteurs 50 fois plus grande.

Ce modèle, qui a été pendant une dizaine d'années l'objet d'observations suivies, n'a pas permis sans doute de déterminer dans tous leurs détails les dispositions des ouvrages qu'il convenait d'exécuter pour obtenir les meilleurs résultats possibles, mais a servi du moins à éliminer d'une façon définitive certaines solutions.

Il était nécessaire de rappeler ces expériences effectuées par des ingénieurs éminents pour montrer que la méthode des modèles réduits était reconnue comme étant seule susceptible d'éclaircir un problème d'hydraulique toujours complexe et qu'aucune formule ne saurait résoudre même d'une manière approximative.

Toutes les formules d'hydraulique sont une combinaison des deux suivantes, qui se rapportent la première à la vitesse acquise par différence de niveau h :

$$V = \sqrt{2gh},$$

g étant l'accélération due à la pesanteur, la seconde à la vitesse équilibrée par le frottement du fond.

$$V = C\sqrt{Ri},$$

C étant un coefficient, R le périmètre mouillé, i la pente.

Si le phénomène est reproduit dans un modèle dont les dimensions sont K fois celles de la réalité, la pesanteur g et i ne changeront pas. Il en sera de même de C, à condition que les obstacles soient ramenés à l'échelle. Mais h sera remplacé par hK, R par RK et V par $V' = V \sqrt{K}$.

Car si l'unité de temps choisie est l'unité de temps ordinaire multipliée par $\sqrt{K}$,

$$V = \frac{dx}{dt}$$

sera remplacé dans l'expérience sur le modèle par :

$$V' = \frac{K}{\sqrt{K}} \frac{dx}{dt} = \sqrt{K} \frac{dx}{dt} = V \sqrt{K}.$$

Donc, à condition de multiplier le temps par $\sqrt{K}$, toutes les relations entre V, h, R, se retrouveront entre V', h', R', i', qui sont ainsi définis :

$$V' = V \sqrt{K},$$
$$h' = h\text{K},$$
$$R' = R\text{K},$$
$$i' = i.$$

Si on avait pris pour unité de longueur dans le modèle K et pour unité de temps $\sqrt{K}$, on aurait eu pour lecture sur le modèle V, h, R, i, c'est-à-dire les quantités mêmes de la nature.

En d'autres termes, deux modèles sont semblables. On fait toutes les mesures sur chacun avec son échelle (avec une unité proportionnelle à sa dimension). On compte les temps dans l'expérience faite sur chaque modèle avec une unité proportionnelle à la racine carrée de l'échelle. Les formules qui relient les résultats lus sur l'un ou sur l'autre sont identiques.

1. R, périmètre mouillé, rapport d'une surface à une longueur, est du premier degré.

Donc, si les hauteurs d'eau sont exprimées par les mêmes chiffres, les vitesses le seront aussi.

Les mêmes considérations seraient applicables aux formules du mouvement varié, qui ont été données plus haut.

En changeant les unités, on aurait fait la vérification comme sur les deux formules précédentes dont elle est une combinaison.

Ceci posé, on doit faire remarquer combien le choix des échelles est important, et règle les dimensions du modèle eu égard aux moyens dont on dispose.

La question du débit que l'on peut réaliser est une des plus sérieuses à envisager dans l'espèce. Le débit est défini par la formule

$$Q = \omega V,$$

dans laquelle ω est la surface mouillée, V la vitesse du courant. En prenant comme précédemment K pour échelle commune des longueurs et des hauteurs, le débit Q' dans le modèle réduit est relié au débit Q de la réalité par la formule :

$$Q' = QK^2 \sqrt{K}.$$

On peut comme exemple rapporter une expérience faite pour étudier le gonflement produit sur le Gardon par le barrage de la vallée dont il a été question plus haut. Le débit des hautes eaux est de 3.500 mètres cubes.

Si on prend pour K la valeur de $\dfrac{1}{1\,000}$ qui est évidemment faible, on trouve pour les principales données du problème dans le modèle réduit les valeurs suivantes :

$$Q' = \frac{3\,500\,000}{1\,000^2 \times 31,6} = 0^l,11,$$

$$V' = \frac{V}{31,6}, \qquad h' = \frac{h}{1\,000}, \qquad R' = \frac{h}{1\,000},$$

$$i' = i, \qquad t' = \frac{t}{31,6}.$$

C'est-à-dire que l'heure serait sensiblement remplacée par deux minutes, et la vitesse du courant serait ramenée à $0^m,09$ par seconde. Si on prend pour échelle $\frac{1}{100}$, ce qui permet d'observer avec plus de précision, on obtient les résultats suivants :

$$Q' = \frac{3\,500\,000}{1\,000^2 \times 10} = 35 \text{ litres,}$$

$$v' = \frac{v}{10}, \qquad h' = \frac{h}{100}, \qquad R' = \frac{R}{100}.$$

$$i' = i, \qquad t' = \frac{t}{10}.$$

L'heure est représentée par six minutes.

On peut aussi, et cela aurait été *a priori* la meilleure solution, amplifier l'échelle des hauteurs, la prendre par exemple égale à $\frac{1}{10}$, et garder celle des longueurs de $\frac{1}{100}$.

Les formules fondamentales de l'hydraulique rappelées plus haut :

$$v = \sqrt{2gh} \qquad \text{et} \qquad v = C\sqrt{Ri},$$

montrent que l'échelle des temps serait de $\frac{1}{31,6}$, comme si l'échelle commune des longueurs et des hauteurs était de $\frac{1}{1\,000}$ [1].

1. Soit l, t et h l'échelle respective des longueurs, des temps et des hauteurs, on a les relations :

$$\frac{l}{t} = \sqrt{\frac{lh}{h}}.$$
$$\frac{l}{t} = \sqrt{h}.$$

Ces deux formules conduisent donc pour t à :

$$t = \frac{l}{\sqrt{h}} = \frac{1}{100\sqrt{\frac{1}{10}}} = \frac{1}{31,6}.$$

Dans ces conditions, on aurait :

$$Q = \frac{3\,500\,000}{100 \times 10 \times 3,16} = \frac{3\,500}{3,16} = 1^{m3},100 \,^{1}.$$

Ces considérations évidemment un peu longues ne sont cependant pas inutiles et montrent que le choix de l'échelle est pour ainsi dire déterminé d'avance par les moyens dont on dispose. Dans l'espèce, on était obligé d'admettre l'échelle de $\frac{1}{100}$ malgré les inconvénients qu'elle présentait.

L'expérience a donc été disposée de la manière suivante : deux réservoirs étaient disposés à l'amont, et communiquaient l'un avec l'autre, le premier étant alimenté par une pompe puisant l'eau dans la rivière, la seconde servant de régulateur et envoyant l'eau à la rigole d'expérience.

Les deux réservoirs de $3^m,80$ de longueur et $1^m,30$ de largeur étaient séparés par un couloir de $0^m,50$ de largeur, à l'extrémité duquel était établie une vanne réglant le débit. Le trop-plein s'écoulait par un déversoir placé à l'extrémité amont du premier réservoir; le débit utile, celui qui devait alimenter la rigole d'expérience, passait sur un déversoir de longueur variable, de manière à pouvoir modifier le débit. L'eau s'écoulait en arrière du réservoir, et rejoignait la rigole après un parcours de 400 mètres environ, de manière que son cours fût régulier et que le régime permanent varié fût établi avant que le flot parvînt au point que l'on voulait observer.

Le plan qui suit (*fig.* 120) représente l'état des lieux tel qu'il a été exécuté : la rigole figurant le lit mineur et le lit majeur était bétonnée. La rugosité des matériaux tenait lieu des obstacles apportés à l'écoulement par les matériaux déposés pendant les différentes crues.

Les ouvrages étaient représentés par des madriers de hauteur convenable et pouvaient être mis en place ou enlevés grâce à des tenons disposés à leur partie inférieure et venant

1. Le coefficient de réduction est bien 3,16, car il s'agit de la vitesse qui est égale à la vitesse réelle multipliée par 0,316.

s'ajuster dans des mortaises qui étaient pratiquées dans le béton de la rigole. On s'efforçait autant qu'il était possible de maintenir étanche le joint inévitable entre le madrier et

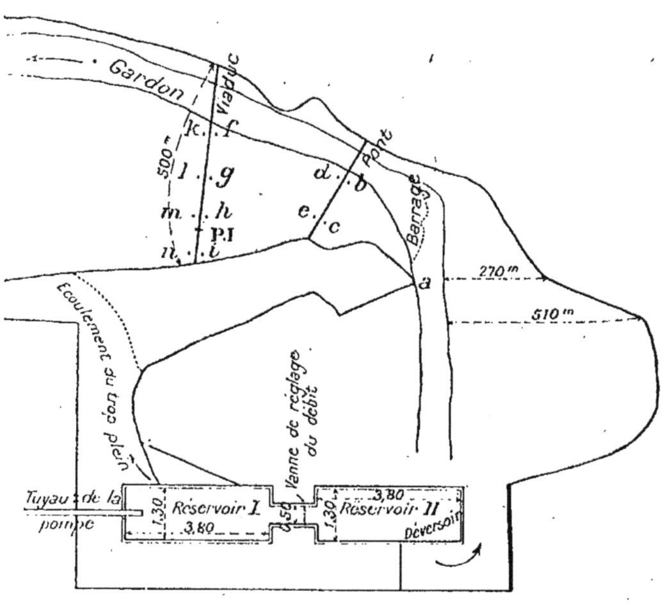

Coupe des Réservoirs

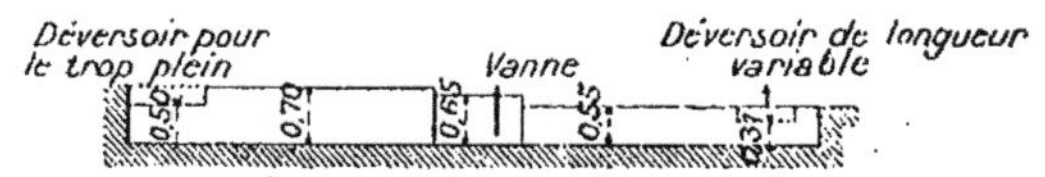

FIG. 120.

le fond de la vallée. Les deux photographies qui suivent font connaître les dispositions adoptées. Sur la première, on peut voir les deux ouvrages en place, d'abord le viaduc et la levée d'accès, puis le pont suspendu; sur la seconde, on remarque dans le fond les deux réservoirs et l'homme chargé de leur manœuvre.

Ceci posé voici comme on a procédé : tout le terrain ayant

Fig. 121.

été nivelé avec un soin particulier à 1 millimètre près, on a

Fig. 122.

placé au droit de chacun des points intéressants des piquets
en bois, à l'extrémité inférieure desquels on a fixé des pointes

de forte dimension, qui ont été repérés avec une grande exactitude.

L'altitude de ces points, dénommés a, b, c, d, e, f, g, h, i, etc., au plan ci-dessus était rapportée à un nivellement général effectué sur les lieux litigieux.

Pour éviter toute erreur d'interprétation et d'observation, on a fixé à chaque point de repère et pour chaque expérience un morceau de papier héliographique, dont la propriété est de noircir au soleil sur toute la surface mouillée.

Le débit était calculé d'après la formule

$$Q = 0,47 lh \sqrt{2gh}$$

applicable aux déversoirs en mince paroi.

Une graduation horizontale et verticale, placée le long du déversoir mobile, permettait de maintenir pendant tout le temps que durait chaque expérience la même hauteur à la lame déversante. Cette hauteur était conservée par la manœuvre convenablement faite de la vanne placée entre les deux réservoirs.

Le temps consacré à chaque expérience était de douze minutes au moins, correspondant à deux heures dans la réalité.

Il serait fastidieux et inutile de donner en détail le résultat de ces expériences, qui ont été poursuivies pendant six jours. Il suffira de dire que l'on a observé un gonflement très important au droit des ouvrages, le pont suspendu d'une part, le viaduc de l'autre, gonflement atteignant 1^m,90, comme l'avait montré l'expérience directe au moment d'une crue extraordinaire. On voulait surtout se rendre compte de l'influence du viaduc sur le régime de la rivière ; on y est parvenu difficilement. Le joint forcé, entre l'ouvrage figuré et le lit du cours d'eau, pour permettre son enlèvement et sa mise en place successifs, était un obstacle à la complète réalisation de l'expérience. L'eau filtrait malgré toutes les précautions prises à travers ce joint, le fait apparaissait clairement, indépendamment de toute autre preuve. On ne pouvait pas maintenir la dénivellation de 1^m,90, que l'on avait constatée entre l'amont et l'aval du remblai au moment d'une crue extraordinaire. On arrivait à peine à maintenir une différence de niveau de 1 mètre. Cependant on a pu constater malgré ces défectuosités que l'influence du remous se faisait sentir très loin en amont, alors que la formule de Poirée n'accusait aucune surélévation.

Le temps a manqué pour poursuivre ces expériences très intéressantes à tous les points de vue, et qu'il faudrait continuer en vue de combler une grande lacune dans la pratique de l'hydraulique. Il aurait certainement fallu opérer avec plus de patience et plus de méthode, étudier le régime du cours d'eau sans les ouvrages qui troublaient son cours, puis les mettre successivement et définitivement en place pour apprécier l'influence de chacun d'eux. C'est ce qu'on doit recommander à ceux qui auront les moyens et la facilité de recommencer des expériences de cette nature.

La patience est un grand facteur du succès, mais il faut pouvoir aussi choisir des échelles qui permettent des observations faciles, sans chance d'erreurs.

CHAPITRE VI

RÉGULARISATION DES FLEUVES ET RIVIÈRES.

—————

Considérations générales. — On a reconnu dans les chapitres qui précèdent les lois qui régissent les cours d'eau ; on a vu quelles sont les premières améliorations apportées à leur cours en vue de faciliter la navigation. Mais ces premières améliorations, qui consistent principalement en travaux exécutés dans le chenal, en défenses de rives, etc., ne sont généralement pas suffisantes. La navigation demeure incertaine et difficile par les eaux basses et moyennes ; elle se heurte, en effet, à des obstacles de toute nature.

Et tout d'abord le thalweg, c'est-à-dire la ligne des plus grandes profondeurs, est irrégulier ; le chenal, c'est-à-dire la zone dans laquelle se meut la batellerie pour trouver un mouillage suffisant, est étroit et difficile à suivre.

Ensuite la navigation trouve généralement un mouillage insuffisant pendant la période des basses eaux, ce qui l'oblige à de longs chômages.

Elle rencontre aussi des courants violents et d'intensité variable. Elle est gênée à la remonte ; à la descente, elle est exposée à un sérieux danger, surtout en des points où le thalweg présente des sinuosités très prononcées, où le chenal manque de largeur, où le mouillage est insuffisant.

Il ne faut pas oublier non plus que le lit des fleuves et rivières est presque toujours ouvert à travers des matériaux plus ou moins mobiles, susceptibles d'être entraînés dès que le débit et la vitesse de l'eau atteignent une certaine importance. Le lit a donc une tendance à se déformer, les obstacles à se déplacer et à se modifier, l'incertitude qui peut régner dans certains cas sur la position et l'importance de ces derniers en augmente encore le péril.

Régularité et largeur du chenal, importance du mouillage, intensité du courant, on s'est depuis longtemps rendu compte que ces divers éléments avaient d'étroites relations entre eux ainsi qu'avec la configuration du lit et le tracé des berges.

Par exemple, chacun a le sentiment que si, au lieu d'être concentrées dans un lit unique, les eaux se partagent entre plusieurs bras, on risque fort de ne trouver dans aucun de ces derniers le débit nécessaire pour donner une largeur de chenal et une profondeur suffisantes.

Si on substitue à une boucle prononcée formée par une rivière une coupure de même section transversale, mais de moindre longueur, il semble évident que la vitesse augmentera avec la pente, et que, comme conséquence, la surface de la section mouillée diminuera ainsi que le mouillage.

Si on réduit la largeur libre entre les berges, on peut penser que, par suite du gonflement des eaux, le mouillage augmentera et aussi la vitesse.

On a donc été amené à tenter d'améliorer les conditions de navigabilité des fleuves et rivières, non plus, comme on l'a vu précédemment, en exécutant quelques travaux isolés, mais en modifiant systématiquement, sur des sections très étendues, le tracé des berges et la configuration du lit, en cherchant à fixer ce dernier et à réduire ainsi le danger que présentent les seuils toujours en mouvement.

Ces travaux qui ont principalement pour but de régulariser le régime d'un cours d'eau, ont généralement un point commun, la concentration des basses eaux dans un lit unique par la fermeture des faux bras.

Appliqués en Allemagne depuis fort longtemps, ils ont été désignés sous le nom générique de travaux de régularisation (*Regulirung*), par opposition aux travaux de canalisation (*Canalirung*).

Méthodes d'amélioration. — La régularisation d'un cours d'eau n'est pas le seul moyen employé pour améliorer son cours. On peut citer, en dehors de la canalisation, la méthode des dragages employée avec succès en Russie, et l'établissement de réservoirs dans la partie haute des fleuves et rivières. On commencera par étudier les travaux de régularisation proprement dits et qui consistent d'une manière générale dans le resserrement du cours d'eau au moyen d'épis de seuils de digues longitudinales et de revêtement des rives.

Méthodes de régularisation. — Deux méthodes de régularisation ont été employées avec succès : la première dite calibrage de la rivière suivant un profil normal, est surtout appliquée en Allemagne, où elle a donné d'excellents résultats; la seconde, qui consiste à fixer les formes naturelles des cours d'eau suivant un profil normal variable, est employée sur le Rhône, où M. Girardon lui a donné un développement tout à fait remarquable.

Dans le premier cas, on calibre pour ainsi dire la rivière d'une manière uniforme, on la passe dans une sorte de filière sans se préoccuper de ses formes naturelles; dans le second cas, on cherche à fixer ses formes, et on tient compte des conditions dans lesquelles se produit l'écoulement,

Choix entre les méthodes. — Dans la méthode du Rhône les ouvrages de régularisation occupent par rapport aux rives une position invariable. L'effet de chacun est différent, mais il ne peut s'exercer que là même où se trouve l'ouvrage ou dans son voisinage très proche. Ceux que l'on construit sur la rive concave doivent avoir les dispositions convenables pour maintenir et régler les profondeurs; ceux qu'on construit au voisinage des seuils doivent être établis pour guider l'inflexion et orienter le seuil. Si les premiers sont établis en un point où les conditions naturelles appellent l'existence d'une mouille, et les seconds là où ces mêmes conditions comportent la formation d'un seuil, on pourra, soit du premier coup, soit par tâtonnements successifs, obtenir d'eux leur maximum d'effet et réaliser le mouillage le plus fort que permette le régime de la rivière. Cette méthode est celle du Rhône, qui suppose, ce qui est généralement exact, que les formes d'un cours d'eau sont fixes.

Si au contraire on pense que les choses se passent autrement, comme il avait été admis sur la Loire et sur certains fleuves allemands, c'est-à-dire si le lit tout entier est animé d'un mouvement de translation générale, les ouvrages verraient passer devant eux, tantôt une mouille, et tantôt un seuil ; *non seulement ils seraient dans l'impuissance d'agir efficacement, mais ils risqueraient de devenir dangereux et de constituer à certains moments de véritables écueils.*

Méthode allemande de resserrement ou de calibrage. — S'il en était ainsi, il faudrait renoncer à tous les types d'ouvrages capables de créer des dangers et l'on ne verrait guère d'autre parti à prendre que de se borner à la réunion de toutes les eaux dans un bras unique, de largeur assez réduite pour assurer l'écoulement sous une plus grande profondeur. C'est la méthode généralement suivie jusqu'ici en Allemagne, le resserrement et le calibrage de la rivière suivant un profil normal. On peut l'appliquer soit avec des digues longitudinales, soit avec des ouvrages transversaux.

Digues continues. — Pour réaliser le calibrage, les ouvrages qui paraissent s'adapter le mieux à ces conditions spéciales sont les digues parallèles à courbures régulières et continues, suivant les tracés plus ou moins analogues à ceux que l'on a employés sur la Garonne, et dont il sera question plus haut. Ce sont eux qui risqueraient évidemment le moins de se transformer en écueils et qui semblent s'accommoder le mieux au phénomène de la translation, en se prêtant le plus facilement à cette sorte d'écoulement du lit entre ses rives. Mais ils présentent l'inconvénient bien souvent éprouvé de comporter beaucoup d'aléas dans la détermination de l'espacement le plus convenable des digues, c'est-à-dire de la largeur du profil normal. On verra plus loin quelle application a été faite de ce mode d'ouvrages sur la Garonne et sur le Rhône et les résultats obtenus.

Ouvrages transversaux. — La régularisation suivant un profil normal à l'aide d'ouvrages transversaux, qui ne le dessinent que de distance en distance, n'a pas ce défaut et se prête incomparablement mieux à des modifications successives de la largeur primitivement adoptée ; et elle permet de donner aux travaux une marche progressive plus prudente et plus sûre. Ces épis sont très fréquemment employés sur les rivières allemandes ; mais pour qu'ils ne risquent pas de former écueil, pour qu'ils assurent la régularisation du profil, il faut qu'ils soient suffisamment rapprochés. Pour obtenir d'une série d'ouvrages isolés une succession et une superposition d'effets équivalents à celui d'une digue continue, il faut des conditions analogues à celles qui sont nécessaires pour substituer, avec une approximation suffisante, une somme de termes finis à une intégrale. Ces conditions sont généralement remplies sur les fleuves allemands, où les épis sont très voisins les uns des autres ; sur l'Elbe prussienne, on en compte huit à dix par kilomètre. Ces épis sont d'ailleurs généralement assez hauts, ils s'élèvent au moins au niveau des eaux moyennes ; en basses eaux, leur tête est découverte et parfaitement visible, et ils ne risquent pas de former écueil.

INCONVÉNIENT DU RESSERREMENT. — Mais qu'on agisse par ouvrages continus, comme des digues longitudinales, ou qu'on procède par épis transversaux, la méthode de resserrement et de calibrage a deux graves défauts.

SINUOSITÉS DU THALWEG. — Basée sur la seule considération de l'écoulement liquide et sur la détermination de la largeur, qui convient pour obtenir la profondeur cherchée dans les conditions de pente et de débit données, elle poursuit la réalisation d'un profil normal uniforme vers toute l'étendue du fleuve, et ne tient compte ni de la mobilité du lit, ni de l'écoulement des matériaux solides, ni par suite de la diversité de formes que déterminent forcément dans ce lit cette mobilité et cet écoulement. Ces formes nécessaires se réalisent cependant, en dépit de la recherche du profil normal uniforme, mais sans concordance avec le tracé du lit régularisé ; entre les ouvrages qui le limitent, le chenal décrit des sinuosités, qui ne sont pas celles des rives ; le lit se divise en biefs, dont les seuils séparatifs ne correspondent pas aux inflexions du tracé et sont généralement beaucoup plus nombreux ; la profondeur, loin d'être uniforme, est constamment variable ; la profondeur moyenne atteint le plus souvent et dépasse quelquefois la profondeur cherchée, mais la profondeur minimum sur les seuils, celle avec laquelle la navigation doit compter, lui reste bien inférieure, et notamment moindre que celle qu'on avait espérée. Il y a amélioration cependant, par suppression de la dispersion des eaux, mais moindre que celle qui eût été obtenue par d'autres procédés, si leur application avait pu être tentée. Les insuccès obtenus à Chouzé sur la Loire, que l'on analysera plus loin, montreront les graves inconvénients d'un procédé mal appliqué.

AFFAISSEMENT DES PENTES. — Quelquefois cependant, on obtient même au point de vue de la profondeur minimum, une amélioration importante ; c'est qu'alors le resserrement a été assez accentué pour que les seuils les plus saillants soient emportés. Mais dans ces conditions nouvelles, une masse liquide beaucoup plus considérable par unité de surface du lit, agissant sous la pente initiale qui existe au moment du resserrement, développe un travail d'entraînement également plus considérable. L'équilibre relatif, qui existait antérieurement entre cette force d'entraînement et la résistance du fond, et qui maintenait invariable l'altitude moyenne et la pente moyenne du lit, se trouve rompu. Les eaux capables d'un plus grand travail de transport se chargent d'un volume de matériaux plus fort et les entraînent jusqu'à l'extrémité de l'endiguement où elles les déposent, et cet effet se continue jusqu'à ce que par l'approfondissement du lit à l'origine amont du resserrement et son exhaussement à l'extrémité aval, un équilibre nouveau s'établisse sous une pente plus faible.

Cet effet est redoutable, car l'amélioration locale entraîne une aggravation à l'amont et à l'aval. Il a été constaté sur la Garonne et sur le Rhône (canal de Miribel), à l'époque où on suivait cette méthode ; il a été constaté ailleurs, et, d'une façon générale, partout où le resserrement a été assez énergique pour provoquer l'attaque du lit.

LIMITE DU RESSERREMENT. — Il ne semble pas cependant qu'il ait été marqué sur les rivières d'Allemagne. Peut-être n'a-t-il pas été observé, et les ingénieurs allemands, qui étudient en ce moment une modification de la largeur du profil normal adopté, conservent-ils l'espérance, ou pour mieux dire l'illusion que l'uniformité du profil en travers entraînera l'uniformité de la pente, comme celle de la profondeur?

Peut-être aussi cet abaissement du plan d'eau par affaissement des pentes a-t-il été réellement assez peu marqué pour échapper à l'observation et rester sans inconvénient. Mais c'est qu'alors le resserrement aurait été assez peu prononcé pour que le nombre des seuils ait peu varié et que leur relief ait peu diminué. C'est vraisemblablement ce qui s'est produit et c'est ce qui explique la médiocrité relative des résultats obtenus.

Conséquence pour les résultats. — Cette médiocrité a été constatée; elle est surtout frappante; si l'on ne considère que les profondeurs minima; elle l'est beaucoup moins, si l'on envisage l'ensemble des résultats acquis.

Résultats sur l'Elbe. — De 1877 à 1897, le tonnage de jauge moyen des bateaux de l'Elbe a passé de $73^t,33$ à $133^t,88$ en augmentation de 70 0/0. Si d'après cette jauge et les durées correspondant aux divers degrés de chargement pendant les deux périodes 1874-1881 et 1893-1898, on calcule le chargement d'un bateau, c'est-à-dire son utilisation possible, on constate que cette utilisation a passé de $49^t,04$ pendant 296 jours à $102^t,82$ pendant 314 jours, ce qui correspond à 14.547 tonnes par bateau dans la première période et 32.287 tonnes pendant la seconde, en augmentation de 120 0/0.

Une part importante de cette augmentation revient donc à l'amélioration des conditions de navigabilité, et si une autre part, non moins importante, est due à la transformation du matériel et à l'incontestable esprit d'entreprise de la batellerie allemande, il est bien évident que l'amélioration du fleuve lui-même, si relative qu'elle soit, n'est pas étrangère à cette transformation. Les grands bateaux qui naviguent aujourd'hui sur l'Elbe, c'est-à-dire ceux qui profitent le plus de l'augmentation du mouillage et de l'allongement des périodes de bonne navigabilité, n'auraient certainement pas pu circuler sur ce fleuve dans les conditions qu'il offrait autrefois. Si avisée et si entreprenante qu'on juge avec raison la batellerie, allemande, elle n'a pu accomplir cette transformation que le jour où des conditions nouvelles l'ont rendue possible. Sur le Rhône on a constaté la même transformation du matériel de navigation à la suite des améliorations du fleuve.

On est habitué en France, où le grand mouvement de navigation se produit sur des canaux et des rivières canalisées, c'est-à-dire sur des voies à mouillage constant, à considérer ce mouillage comme l'un des éléments qui caractérisent le mieux les conditions de la voie. Et si l'on se place à ce point de vue, il est clair qu'on peut considérer comme très médiocres les résultats de travaux après lesquels le mouillage tombe encore parfois à 0ᵐ,70.

Mais sur une rivière à cours libre, où le mouillage est variable et le minimum accidentel est rare, ce minimum est une très mauvaise caractéristique, et c'est avec raison que les Allemands s'attachent moins aux conditions extrêmes qu'aux conditions moyennes, qui sont les véritables conditions commerciales. On doit se préoccuper des périodes d'utilisation du matériel de navigation dans les condiitons normales, sans faire entrer en ligne de compte les périodes exceptionnelles de cette utilisation qui ne se reproduisent que très rarement. On oublie volontiers que les périodes exceptionnelles durent à peine quelques jours sur la plupart des rivières à courant libre, et permet encore à la batellerie de fonctionner à charge réduite, tandis que le chômage des canaux et des rivières canalisées, qui survient par suite de la gelée et des réparations à effectuer, interdit toute navigation pendant plusieurs semaines.

On doit retenir dans cet ordre d'idées que l'amélioration obtenue sur l'Elbe, et dont on donnera le détail plus loin, a permis d'augmenter la jauge moyenne des bateaux de 70 0/0, et qu'elle a donné la possibilité de porter leur chargement moyen, c'est-à-dire leur coefficient d'utilisation de 62 0/0 de la jauge à 80 0/0, et que, par l'ensemble de ces deux progrès, elle a déterminé dans la capacité commerciale de transport d'un véhicule une augmentation totale de 120 0/0. Il devient impossible alors de méconnaître la réalité et l'importance de ces résultats.

Méthode suivie sur le Rhône. — Les nombreuses tentatives faites sur le Rhône par voie de resserrement ont clairement établi l'impossibilité d'obtenir l'uniformité de la pente et du profil en travers et prouvé la nécessité de subir la diversité des profondeurs et des pentes, la division du lit en biefs, séparés par des seuils, et de faire concorder les traces de régularisation avec cette division dans toute la mesure du possible.

CONDITIONS DÉTERMINANTES DES MOUILLES ET DES SEUILS. — L'expérience a montré, en effet, que la profondeur et les reliefs ne se distribuent pas au hasard. Dans chaque section, la forme que prend le lit est celle qui convient à l'équilibre entre sa résistance et les forces extérieures qui agissent sur lui. La grandeur de ces forces échappe à l'action de l'ingénieur, et leur répartition, leur intensité et leur direction en chaque point dépendent de la nature du sol et de la configuration des lieux. Il y a des points où ces dispositions sont telles qu'elles conduisent à la formation d'un seuil ; il y en a d'autres où elles sont plus favorables à la création d'une mouille. La résistance locale, la hauteur des berges, le rapport entre les dimensions respectives du lit majeur et du lit mineur, la rencontre des affluents agissent d'une manière différente de l'un à l'autre, suivant l'importance de leur débit et suivant qu'ils amènent des eaux claires ou très chargées de matériaux, tout cela exerce une influence que l'on ne doit pas négliger. Si l'ensemble de ces circonstances locales présente un degré suffisant de fixité et de permanence, le retour périodique des mêmes forces extérieures ramènera la même répartition de ces forces, le retour des mêmes effets et la reproduction des mêmes formes. Il ne faut donc pas tenter de substituer l'une à l'autre, mais les conserver en s'efforçant de les fixer davantage et de les améliorer en les régularisant.

CONDITIONS DÉTERMINANTES DU NOMBRE ET DE LA LONGUEUR DES BIEFS. — La longueur des biefs et le nombre des seuils sont également des conséquences de la nature du sol et de la configuration des lieux, car la répartition des pentes dépend du développement que présente le thalweg dans les mouilles et du nombre des seuils.

Sur le Rhône notamment, on constate à la fois que la situation reste tout à fait fixe et que leur espacement présente toute la régularité qu'on peut attendre dans un phénomène aussi complexe. La distance de deux seuils immédiatement voisins varie assurément dans des limites assez étendues, et la diversité des circonstances locales ne permet pas qu'il en soit autrement : les différences sont cependant autres qu'il ne paraît au premier abord ; car en analysant les faits de plus près, on reconnaît que deux seuils contigus, dont la distance est notablement plus faible que la moyenne, ne sont le plus souvent que deux points culminants d'un même plateau. Mais si, pour échapper à ces accidents purement locaux, on calcule l'espacement moyen des seuils ou des étendues plus ou moins considérables, on arrive aux résultats suivants :

Dans la région des grandes pentes entre la Saône et la Durance, cet espacement est de 1.450 mètres, alors qu'il est dans chacune des trois grandes sections dans lesquelles se divise le parcours, de 1.361 mètres, 1.483 mètres et 1.362 mètres, présentant avec la moyenne générale des écarts en plus ou en moins de 6 0/0, 2 0/0 et 12 0/0 seulement. Et si l'on envisage des étendues beaucoup plus restreintes, de 25 kilomètres environ, on voit que la différence entre la longueur moyenne des biefs, dans ces parties, et la moyenne générale est presque partout inférieure à 20 0/0, trois fois seulement supérieure à 20 0/0, et n'atteint nulle part 25 0/0.

En aval de la Durance, le régime du fleuve est très différent, il ne reçoit plus qu'un seul affluent, les matériaux du lit sont beaucoup moins gros et les pentes beaucoup plus faibles, et à partir de l'origine du Petit Rhône jusqu'à la mer, il n'y a plus que du sable presque impalpable et une pente inférieure à 3 centimètres par kilomètre. La longueur des biefs y est notablement plus grande.

Il semble, au premier abord, que l'allongement des biefs, à mesure qu'on descend vers la mer, doive être attribué à la décroissance des pentes ; et il paraît très admissible, en effet, de penser que des pentes faibles doivent se partager sur un moins grand nombre de seuils ; mais d'autres causes peuvent agir également, atténuer l'influence de la pente générale du fleuve et même la contre-balancer; et c'est ainsi que sur les deux sections de la Saône à l'Isère d'une part, de l'Ardèche à la Durance, d'autre part, où la pente moyenne est sensiblement la même (0,56 par kilomètre), la distance des seuils est respectivement de 1.361 mètres et 1.662 mètres, alors qu'elle est de 1.483 mètres dans la section intermédiaire, où la pente moyenne est de $0^m,76$.

De telle sorte que l'on peut dire que sur le Rhône, la longueur des biefs diffère notablement entre la région des grandes pentes et celle où ces pentes sont tout à fait faibles; mais dans les sections de régime analogue, l'espacement moyen des seuils s'écarte peu de la moyenne générale et les différences en plus ou en moins sont déterminées par des circonstances locales, dont l'influence l'emporte sur celle de la pente.

On a fait des constatations semblables sur la Loire, sur le Rhin et sur le Danube; sur la Loire, la longueur moyenne d'un bief est de 650 mètres environ entre l'embouchure de la Maine et Nantes. Sur le Rhin et sur le Danube, les biefs sont plus espacés et atteignent 1.800 mètres.

NÉCESSITÉ DE SE CONFORMER A CES CONDITIONS. — Si donc, comme l'observation l'indique, le nombre des chutes dans lesquelles la pente se partage aux basses eaux, le nombre et la longueur moyenne des biefs dépendent des conditions générales du régime du fleuve, en même temps que les variations de part et d'autre de cette moyenne sont réglées par les circonstances locales, cette division ne peut pas être arbitrairement changée; l'expérience montre qu'on essaie vainement de le faire quand on procède à une régularisation, comme on l'a fait souvent, en coupant une ou plusieurs sinuosités du fleuve par un grand alignement, ou en leur substituant une grande courbure qui les enveloppe, c'est-à-dire en cherchant à diminuer le nombre des inflexions des biefs et des seuils; le thalweg n'obéit pas aux indications du tracé des rives, et, dans leur intervalle, avec toute l'amplitude que permet leur espacement, il reproduit les sinuosités qu'on avait cru supprimer. Les exemples en sont nombreux sur le Rhône; ils le sont plus encore sur le Danube et sur le Rhin supérieur, où l'on a sur de très longues étendues procédé par des tracés de ce genre à la régularisation des eaux moyennes. Sur la Loire, l'essai infructueux de Chouzé tient à l'application de principes théoriques indépendants des faits d'observation ; on pensait que le fleuve devait *a priori* suivre le cours qu'on lui indiquait.

La régularisation d'un cours d'eau par les eaux moyennes n'a jamais conduit à un résultat appréciable ; car cet état des eaux ne produit pas les modifications essentielles du lit de la rivière. Comme on l'a établi plus haut, il n'y a à considérer que les deux états extrêmes : celui des basses eaux, qui élime les seuils et remblaie les mouilles, celui des hautes eaux qui agit en sens inverse, et qui en un temps restreint, par suite de la violence des courants, de la pression exercée sur le fond, bouleverse le travail lent et continu qui s'est effectué pendant la plus grande partie de l'année.

On ne saurait trop insister sur ce fait, et chercher à établir que, pour obtenir un chenal navigable en tout temps il faut avoir égard à la loi si simple de la discontinuité dans l'effort effectué pour la formation du lit, celui-ci se modelant toujours de la même manière au moment des basses et des hautes eaux.

PRINCIPE DE LA MÉTHODE DU RHÔNE. — C'est en partant de ces observations qui établissent la nécessité de certains faits, qu'on procède sur le Rhône. La régularisation qui s'y poursuit n'a pas pour but de substituer aux formes naturelles, résultat d'un ensemble de conditions qu'on ne peut modifier que dans une très faible mesure, une sorte de cours d'eau artificiel, dont la pente et la profondeur uniformes, ou tout au moins très régulières, dont les courbes à grand rayon et à grand développement répondent à une conception qui, sans aucun doute, satisfait davantage l'esprit et satisferait probablement mieux la navigation, si elle était réalisable, mais qui ne se réalise que de fort loin, parce qu'elle ne s'adapte pas aux circonstances dans lesquelles on cherche à l'introduire.

Ce qu'on a fait sur le Rhône est beaucoup plus modeste, mais beaucoup plus en rapport avec ce qui est possible et

avec la puissance des moyens d'action très restreints que
l'on peut mettre en œuvre. C'est en quelque sorte une régularisation de détail, qui modifie le moins possible les formes
que le fleuve a prises naturellement, dans laquelle on s'efforce de n'entrer en lutte contre aucune des causes qui ont
déterminé ces formes, mais, au contraire, de chercher à
reconnaître celles qui sont prédominantes; d'agir dans le
même sens qu'elles, en se bornant à régler leurs effets soit
en les modérant, soit en les renforçant.

DÉTERMINATION DES SOMMETS DE COURBURE. — La première
condition à remplir pour cela est de chercher à conserver le
même nombre de biefs et le même développement de ces
biefs, c'est-à-dire de s'écarter le moins possible des sinuosités qu'il décrit naturellement. On détermine d'abord la position qui semble la meilleure pour en être le sommet, et les
conditions à remplir pour cela sont la résistance et la hauteur des berges et le rapport du lit majeur au mineur; la
position qui convient le mieux est en général celle où le
sommet s'est fixé lui-même. Il est désirable de s'en écarter le moins possible et seulement dans la mesure nécessaire pour pouvoir relier les sommets consécutifs par des
sinuosités à courbures régulières et continues, qu'on substitue aux sinuosités plus ou moins irrégulières et brusques
du fleuve, substitution que la plus grande résistance donnée
aux rives par les ouvrages rend possible et dont elle assure
la conservation.

TRACÉ DU THALWEG ET DES RIVES. — Le thalweg ne doit pas
être parallèle aux rives. Sa position entre elles n'est pas
arbitraire, et aucune loi mathématique connue ne permet
de la déterminer exactement ; on peut cependant le faire
avec une approximation suffisante, car on sait qu'il s'approche de la concavité d'autant plus que la courbure est plus
forte, et que, pour donner à la navigation une ligne facile à
suivre, il doit passer d'une rive à l'autre graduellement et
franchir le seuil au milieu de la largeur du lit. C'est par le
tracé du thalweg qu'on commence; c'est le lieu des points
les plus bas du lit, et c'est, par suite, le lieu des points de
concours des pentes des ouvrages à établir sur chaque rive.
On procède ensuite au tracé des rives, et par quelques

tâtonnements sur l'un et sur l'autre, on arrive à ceux qui s'adaptent le mieux aux dispositions locales.

Fixation des mouilles. — Quand on a ainsi arrêté le tracé, en prenant pour point de départ la position des mouilles et en choisissant pour leurs emplacements les points mêmes ou le voisinage des points où elles se sont formées naturellement, c'est-à-dire ceux où les causes naturelles, qui ont déterminé leur formation, doivent, si elles durent, agir de même pour les conserver ou les reproduire, on renforce et on assure la permanence de ces causes par le choix et la disposition des ouvrages. On rassemble sur la rive concave toutes celles que l'expérience a montrées comme étant les plus propres à déterminer la formation des profondeurs; on la proscrit au contraire sur la rive convexe, où l'on n'établit que des ouvrages à inclinaisons admises, sans saillie, raideur ou terminaison brusque, qui puisse provoquer des affouillements; et sur les deux rives, on règle la direction et l'inclinaison des ouvrages, de manière à les faire concourir sur la ligne du thalweg et à réaliser dans toute la mesure possible la concordance du thalweg des basses eaux et de celui des hautes eaux, et l'on détermine la hauteur des ouvrages, le plus souvent par tâtonnements, de manière à conserver une proportion convenable entre le lit mineur et celui des hautes eaux.

Fixation des seuils. — L'invariabilité de position des mouilles est ainsi obtenue par tout un ensemble de dispositions *qui agissent de la même manière et dans le même sens que les dispositions naturelles, auxquelles on les a en quelque sorte superposées.* Et elle entraîne, dans une très large mesure, une fixité de situation analogue pour les seuils, car en même temps qu'on leur a réservé l'emplacement qui se prête le mieux à leur formation, on a limité étroitement l'étendue de leurs déplacements possibles à l'espace qui sépare les deux mouilles consécutives où tout a été disposé et concordé pour maintenir les profondeurs et empêcher la formation des dépôts.

Amélioration des profondeurs. — Mais il ne suffit évidemment pas d'avoir assuré la fixité de position des mouilles et des seuils. C'est déjà cependant un résultat d'une certaine importance pour la navigation, car elle cesse de rencontrer devant elle des difficultés continuellement changeantes et qui seraient insurmontables si elle n'en était prévenue par un balisage incessamment renouvelé. Il faut, en outre, agir sur ces difficultés et s'efforcer de les supprimer ou de les atténuer en obtenant dans la mouille, où la profondeur est acquise, un chenal assez large, et sur le seuil, où les eaux s'étalent, toute la profondeur possible.

Le chenal n'est trop étroit sur les mouilles que si leur profondeur est excessive. La profondeur sur les seuils n'est inférieure au maximum compatible avec le régime de la rivière, que si le seuil est très oblique et constitue un trop long déversoir.

Pour obtenir l'élargissement des mouilles, il faut limiter ou réduire l'excès de leur profondeur. Pour obtenir le redressement et la bonne orientation du seuil, il faut limiter ou réduire la longueur excessive des mouilles qui le joignent. C'est donc sur la forme de la mouille qu'il faut agir pour atteindre ce double but; et c'est par des ouvrages de fond qu'on peut y parvenir, ouvrages dont le plus bas, placé au sommet de la mouille, limitera le maximum des profondeurs, tandis que les suivants se relevant, à mesure qu'on approche du seuil, limiteront sa longueur. Leur inclinaison toujours dirigée vers le thalweg sera la plus forte sur celui du sommet de courbure où le thalweg est plus voisin de la rivière; elle ira en diminuant en même temps que les ouvrages se relèveront, à mesure qu'ils seront plus voisins du seuil; et, de l'autre côté de ce seuil, ils se reproduiront en ordre inverse avec les mêmes profondeurs et les mêmes pentes jusqu'au sommet de courbure suivant.

Concordance avec les effets naturels. — De telle sorte qu'après avoir ainsi le tracé du chenal en faisant concorder le sens de son influence avec celui des forces naturelles, telles qu'elles se répartissent et s'exercent en chaque point de son étendue, on complète l'effet de ce tracé rationnel en dessinant, de place en place, des profils en travers à l'image même de ceux dont le fleuve fournit le modèle, toutes les fois que les dispositions locales assurent le passage graduel d'une courbure à la courbure inverse.

PROFIL NORMAL VARIABLE. — Ce profil en travers est donc continuellement variable, de part et d'autre d'un même seuil, depuis la forme classique qu'il affecte au sommet d'une mouille jusqu'à la forme symétrique de la mouille suivante en passant par toutes les formes intermédiaires. Il l'est également de part et d'autre de deux seuils différents suivant l'amplitude, la courbure, le développement et la profondeur des sinuosités que les circonstances locales commandent en chaque point. C'est là ce qui constitue véritablement le profil normal d'un cours d'eau, et c'est par un abus des mots ou une méconnaissance complète des faits les plus certains qu'on qualifie de ce nom le profil uniforme et constant, sorte de calibre ou de filière qui, si on le rencontrait par hasard, constituerait bien au contraire le fait le plus anormal qu'on puisse imaginer sur un cours d'eau.

Telles sont les bases essentielles de la méthode actuellement suivie sur le Rhône. Son principe est si simple et si clair qu'il s'impose comme l'évidence même et les règles qui en découlent ne sont pas moins simples et sont faciles à formuler. Leur application ne permet pas d'erreur grave et ne rencontre que des difficultés de détails qui peuvent se résoudre par tâtonnement.

DIFFICULTÉS RÉSULTANT DES ANCIENS TRAVAUX. — Toutes les fois qu'il a été possible de les suivre, le succès a été complet et a dépassé les prévisions. Mais il n'a pas toujours été possible de s'y conformer autant qu'il eût été nécessaire. Ces règles se sont, en effet, dégagées peu à peu de la complexité des phénomènes ; elles sont comme le résumé d'une longue expérience, au cours de laquelle beaucoup de tentatives, beaucoup d'entreprises ont été faites dans un ordre d'idées tout différent, souvent dans un autre but, et dans lesquelles elles ont été nécessairement méconnues. Ces entreprises ont laissé après elles des ouvrages qu'il faut subir, qui s'opposent à l'adoption de dispositions meilleures, et dont les effets s'exercent souvent en sens inverse du sens désirable. Les seules difficultés qui subsistent aujourd'hui se rencontrent là où existent ces anciens ouvrages, soit qu'il s'agisse par exemple de ponts à piles épaisses et à vastes empâtements d'enrochements, qui entravent l'action directrice des nouveaux ouvrages, soit, et le plus souvent, qu'il s'agisse d'anciennes digues établies les unes pour les régularisations partielles par voie de resserrement, les autres pour la protection des rives et la défense contre les inondations qui, presque partout, présentent le grave défaut d'avoir opéré des rectifications, en raccourcissant les parcours et en supprimant un certain nombre de sinuosités. Ces sinuosités ont reparu entre les nouvelles rives ; on peut encore les suivre et les régulariser, si les dispositions du nouveau permettent de leur donner une amplitude suffisante ; mais cette amplitude reste toujours moindre que celle qui conviendrait au régime du fleuve, et la stabilité des formes et des profondeurs reste moins complète et moins assurée qu'ailleurs. Les difficultés sont plus grandes quand les tracés défectueux obligent à renoncer à cette solution et à conserver des biefs excessivement longs ; et ce n'est que par le renforcement des ouvrages propres à fixer les profondeurs sur une rive et à les écarter de l'autre, qu'on peut obtenir une amélioration suffisante mais notablement moindre.

Résultats de la méthode. — Malgré ces circonstances défavorables sur quelques points, l'ensemble des progrès a été considérable. On verra plus loin quels résultats merveilleux ont été obtenus. Il suffit de dire que le progrès est général, qu'il s'est réalisé dans la région des grandes pentes comme dans celle des faibles pentes, là où les matériaux sont très gros, comme là où on ne rencontre que des sables impalpables, sur les points où les affluents n'amènent que des eaux presque claires, comme sur ceux où ils apportent de grandes quantités de matériaux. On a évité l'écueil le plus redoutable qu'on puisse rencontrer dans les travaux de régularisation, c'est-à-dire qu'en aucun point les améliorations obtenues n'ont été compensées par des aggravations en amont et en aval, qu'en aucun point, l'amélioration d'un seuil n'a empêché l'amélioration des seuils supérieur et inférieur.

De telle sorte que cette méthode, dont le principe consiste à n'imposer au fleuve qu'un minimum de modifications et qui semble ainsi ne pouvoir conduire qu'à des améliorations de détail peu importantes, est au contraire celle qui donne les résultats les plus considérables et en réalité les plus considérables qu'on puisse atteindre. Sans méconnaître que, par d'autres procédés, on puisse cependant en obtenir qui ne sont pas sans valeur, la comparaison, qui vient d'être faite montre qu'il y a un très grand écart entre ceux qu'elle donne et ceux qu'ont peut atteindre en opérant de grands remaniements, suivant des vues systématiques, mais sans tenir un compte suffisant des conditions essentielles et des données véritables du problème.

CONDITIONS POUR QU'ELLE SOIT APPLICABLE. — Cette méthode est applicable dans tous les cas, à une condition cependant, que l'on connaisse parfaitement le régime des cours d'eau et que l'on ait repéré avec soin et pendant un assez long temps les formes qu'il présente. C'est généralement faute d'observations nombreuses et méthodiques qu'on a eu recours à d'autres procédés; on s'en est mal trouvé. Les résultats obtenus ont été médiocres.

Sur la Loire on a pu se rendre compte de ce manque d'observations, et les conclusions qu'on a tirées de quelques-unes avaient conduit à adopter une solution qui aurait conduit à l'encontre du but que l'on se proposait d'obtenir.

On peut dire, sans être taxé d'inexactitude, que dans la nature tout est simple et concordant, et qu'il manque simplement aux observateurs la patience et la méthode voulue pour découvrir la loi qui régit tout l'ensemble d'un phénomène.

Comparaison entre la méthode allemande et la méthode du Rhône. — La méthode allemande de calibrage et de resserrement consiste en définitive à réaliser un canal artificiel ayant une profondeur uniforme en tous les points de son parcours; le tracé des ouvrages est effectué sans tenir compte des formes du lit mineur, en cherchant à aménager les eaux moyennes. Le profil de ces ouvrages reste uniforme. Dans la méthode du Rhône on cherche à régulariser le lit mineur, en tenant compte de tous les accidents que la nature y a placés : mouilles, seuils, etc., à le rendre plus stable, à le fixer dans sa position moyenne. Les ouvrages sont établis en conséquence, en plan comme en profil, au sommet de courbure très accentués du côté de la rive concave, pour s'effacer de plus en plus au droit du seuil. Leur profil normal est donc variable tout le long d'une section. Il tient compte de la loi de l'inversion des pentes signalée plus haut, et qui est caractérisée par ce fait qu'à l'étiage la surface mouillée du profil levé au sommet de courbure est supérieure à celle du profil au droit du seuil, et qu'inversement au moment des hautes eaux la surface mouillée au sommet de courbure devient inférieure à cette même surface au droit du seuil.

Le tableau qui suit met en évidence cette loi et montre comment diffèrent dans leur application les deux méthodes indiquées. On y a indiqué pour deux niveaux, celui de l'étiage et celui d'une crue de 4 mètres, les sections libres d'écoulement correspondant au terrain naturel sur une section de la Loire, et à deux types de profils normaux sur l'Oder et sur le Rhône. Pour le calcul des surfaces au-dessus de l'étiage, on a supposé que la réalisation de ces profils était complète, c'est-à-dire que tout l'espace compris entre les ouvrages était entièrement rempli par les atterrissements. Pour le calcul des surfaces au-dessous de l'étiage, on a supposé que les profondeurs moyennes seraient sur le type de l'Oder celle dont on poursuit la réalisation, savoir 1 mètre, et sur le type du Rhône celle qui correspond au tracé des ouvrages.

PROFILS	TERRAIN NATUREL		PROFIL DE L'ODER		PROFIL DU RHONE	
	à l'étiage	à +4.00	à l'étiage	à + 4.00	à l'étiage	à + 4.00
1.............	390	1900	127	1385	464	1660
2.............	370	2000	127	1385	392	1700
3.............	320	2100	127	1385	252	1920
4.............	420	2100	127	1385	392	1700
5.............	390	1850	127	1385	464	1660
Moyennes ...	393	1990	127	1385	393	1728
Différences 0/0 av. les formes naturelles...	»	»	— 199 0/0	— 44 0/0	— 3 0/0	— 15 0/0

Ce tableau fait nettement apparaître, d'après les indications du terrain naturel, la loi de l'inversion des pentes, que l'on a observée sur le tracé du Rhône, mais que l'on a méconnue sur l'Oder.

Dans le profil du Rhône, que l'on fera connaître en détail ultérieurement, la forme des ouvrages est fortement accusée, variable dans toute l'étendue du profil, de manière que leur action s'exerce en chaque point avec l'intensité nécessaire et dans le sens de l'effet à produire, sens qui, eu égard aux dispositions générales du tracé, diffère peu de celui de l'action naturelle des eaux.

Dans le profil des rivières allemandes, les formes sont peu tranchées, sensiblement les mêmes dans toute l'étendue du profil, de telle sorte que leur action reste faible et indécise, alors que l'effet à obtenir est considérable et contraire à la tendance naturelle du fleuve.

Dans le premier cas, on s'efforce de réduire au minimum la modification à produire, en même temps qu'on assure aux ouvrages destinés à les provoquer le maximum d'efficacité; dans le second, pour réaliser les modifications beaucoup plus radicales et lutter contre les causes naturelles, on ne dispose que d'ouvrages d'une action indécise et d'une efficacité très restreinte.

Il est facile de comprendre ainsi pourquoi il existe entre les deux méthodes un écart considérable.

On peut objecter, il est vrai, qu'une partie des avantages signalés tient à la différence admise dans les tracés comparés, et qu'en donnant, comme le suppose le profil du Rhône, au lit régularisé un tracé sinueux très différent de celui des berges, on s'expose à voir sa conservation compromise par l'action des crues.

Cette objection ne saurait être retenue; on sait que le tracé du lit mineur sinueux en plan diffère complètement de celui du lit majeur et que cette différence apparaît plus nettement, d'autant que le cours d'eau est plus sauvage. On sait aussi que l'action des hautes eaux et celle des basses eaux est naturellement concordante, puisque les deux lits restent distincts, et conservent presque intégralement leurs formes caractéristiques. Après chaque crue on retrouve dans une position presque invariable les mouilles et les seuils, qui déterminent et forment le lit mineur. Il s'ensuit qu'on a tout intérêt à aménager le lit des basses eaux tandis que si le tracé adopté était celui des hautes eaux, on n'éviterait pas les accidents du lit mineur, notamment les seuils, qui se retrouveraient après chaque période de hautes eaux à leur place habituelle malgré toute l'ingéniosité du tracé.

La conclusion logique de tout ce qui précède c'est qu'on doit s'efforcer de respecter les indications de la nature, et aménager le lit des basses eaux, qui présente seul de l'intérêt au point de vue de la navigation.

Applications de ces méthodes :

1. — Méthode allemande de resserrement et de calibrage. — a) *Emploi des digues longitudinales.* — Les digues longitudinales ont été employées tout d'abord pour protéger les berges contre l'action corrosive des eaux et pour essayer de régulariser leurs sinuosités dans l'intérêt de la direction des cours d'eau.

Plus tard on a pensé qu'il serait possible d'obtenir une augmentation du mouillage en basses eaux en resserrant le lit de celles-ci soit entre deux digues, soit entre une digue et une berge suffisamment résistante. L'idée paraissait séduisante : n'augmenterait-on pas le mouillage par le gonflement de l'eau obligée à s'écouler par une section de moindre largeur? La vitesse du courant resserré ne parviendrait-elle pas à écrêter définitivement le haut-fond à l'aval et à disperser d'une manière définitive les matériaux qui le composaient?

Hélas! l'expérience s'est prononcée d'une façon contraire et définitive. On a déplacé l'obstacle ; d'une part l'écrêtement du haut-fond, souvent plus complet qu'on ne l'avait prévu, avait pour résultat d'abaisser le niveau dans la mouille d'amont et de découvrir les hauts-fonds à l'amont, d'autre part les matériaux provenant de l'écrêtement du haut-fond venaient se déposer immédiatement à l'aval du resserrement où ils formaient un nouvel écueil.

On a étendu la méthode à des sections étendues de cours d'eau, et l'on a voulu réaliser, au moyen du profil normal et uniforme, les formes d'un canal artificiel de pente déterminée, de largeur et de profondeur moyennes.

On s'est servi des formules d'hydraulique courantes, et on a oublié qu'une formule n'a de valeur que dans les conditions où elle a été établie. M. l'ingénieur en chef Girardon, au Congrès de navigation intérieure de la Haye (1914), a ainsi traduit l'opinion de ce congrès : « Tout d'abord il semble que la confiance dans les formules de l'hydraulique est singulièrement ébranlée. Sans nier la valeur que peuvent avoir ces formules comme résultat d'expériences souvent très considérables et très précises, la plupart des ingénieurs ont eu à compter les graves mécomptes qui résultaient de leur extension et de leur emploi dans des circonstances trop différentes de celles dans lesquelles elles avaient été établies. Elles donnent des résultats plus ou moins exacts, mais ordinairement suffisants pour la pratique quand il s'agit exclusivement de l'eau seule ; mais nos rivières ne sont pas seulement des cours d'eau comme on les appelle ordinairement : elles débitent à la fois de l'eau et des matériaux solides; c'est précisément le *mouvement des matériaux solides* qui cause toutes les difficultés contre lesquelles nous avons à lutter, et c'est mal prendre le problème que de chercher à le résoudre en réglant l'écoulement de l'eau, sans régler aussi celui des matériaux. Et c'est le prendre d'autant plus mal que ces deux mouvements réagissent l'un sur l'autre, et que très fréquemment les effets qui se produisent sur une rivière à fond mobile sont non seulement différents, mais souvent contraires à ceux qu'on avait prévus et qui se seraient réalisés si l'on n'avait eu à tenir compte de l'écoulement de l'eau sur un fond solide. La conséquence de cette constatation est qu'il n'*y a qu'un guide sûr, l'observation directe des faits* qui se produisent dans des condition analogues à celles dans lesquelles on doit agir, non pas sur des canaux artificiels qui ne roulent que de l'eau, mais sur les rivières mêmes où se réalisent les phénomènes avec lesquels nous avons à compter. »

C'est faute de cette conception, pour avoir voulu appliquer envers et contre tous des formules d'hydraulique, qu'on a rencontré les pires mécomptes, et que le remède apporté s'est trouvé pire que le mal existant : affaissement de la pente dans la section que l'on croyait améliorer, apparition des seuils à l'amont, et formation de seuils à l'aval.

En dehors de ces inconvénients très graves, on doit noter l'augmentation du courant, qui gêne considérablement la navigation de remonte. On n'oubliera pas non plus que le courant suivant la rive concave, le long d'une digue, concentre sa force sur le fond, creuse au pied et vient ainsi accoller le chenal à la berge, dans une position telle qu'il peut cesser d'être praticable.

Le système de resserrement au moyen de digues longitudinales peut avoir apporté des améliorations locales incontestables, mais ne doit pas être conseillé, à un moment où la navigation exige des conditions de navigabilité tout à fait spéciales. Les exemples que l'on va donner montreront ce que l'on peut attendre de l'emploi des digues longitudinales.

Digues de la Meuse. — La Meuse divaguait dans toute l'étendue de son lit majeur ; il fallait créer un lit mineur et fixer ses berges. On y est arrivé peu à peu en défendant les rives, en établissant des levées de halage, en procédant à un *calibrage* progressif de son cours. C'est une opération de longue haleine, qui exige encore plus de temps que d'argent.

On a eu recours à l'emploi de digues longitudinales et de chenaux (c'est le nom qu'on donne sur la Meuse aux resserrements). Cet emploi paraissait justifié dans l'espèce, car la Meuse charrie peu ; la défense des rives avait pour conséquence sinon de supprimer les apports, du moins de les diminuer dans une large mesure. D'autre part les affouillements s'arrêtent généralement à 2 mètres ou 2^m,50 au-dessous de l'étiage, où ils rencontrent un banc solide et résistant. Enfin on se proposait seulement d'obtenir le mouillage très restreint de 1 mètre.

Le chenal de Dom-le-Mesnil, représenté ci-dessous, peut être considéré comme un chenal type et donne une idée précise de la manière dont étaient tracés ces ouvrages (*fig.* 123).

Pour calculer, avant l'exécution du travail, l'effet probable des resserrements, on se servait des formules d'hydraulique bien connues :

$$Ri = au + b_1 v^2$$

ou plus simplement

$$R i = b_1 u^2$$

et

$$Q = \omega u$$

dans lesquelles R désigne le débit de l'étiage, R le rayon moyen, u la vitesse moyenne, a, b et b_1 des coefficient connus.

Fig. 123.

Entre ces deux équations on éliminait u; on avait alors une relation entre ω, R, i, et Q. Q étant connu, ω et R étaient déterminés par la section que l'on voulait assigner au chenal. On en déduisait la pente moyenne ; après l'exécution du travail, en la comparant à la pente existante, on se rendait compte des modifications que ferait subir au plan d'eau l'exécution du chenal projeté et de son influence sur la mouille supérieure. Si ces modifications paraissaient inadmissibles, on modifiait, en conséquence, les dimensions du chenal, jusqu'à ce qu'on pût maintenir la dénivellation dans des limites acceptables.

Les digues, construites entièrement en enrochements, étaient arasées au début à $0^m,20$ au-dessus de l'étiage. On attendait les résultats de l'expérience pour déterminer la hauteur définitive à laquelle on devait les arrêter. La longueur des chenaux était réduite à celle qu'exigeait le croisement de deux bateaux, c'est-à-dire 11 à 12 mètres au plafond pour des bateaux de $5^m,50$ de largeur.

Malgré les conditions favorables rencontrées, l'effet de ces chenaux n'a pas été celui que l'on attendait. Il y avait des affouillements en amont et des dépôts en aval ; la pente moyenne diminuait ; par suite on avait un plus grand mouillage (1ᵐ,20 à 1ᵐ,30) et une vitesse plus faible (1 mètre environ) qu'on ne l'avait prévu.

On a donc abandonné ce mode d'amélioration, et on s'est
décidé, à partir de 1874, à construire des barrages et des
écluses ; on a canalisé la rivière, de manière à lui donner,
en même temps que des eaux calmes, le mouillage de 2ᵐ,20
ou même de 2ᵐ,50 qu'exige aujourd'hui généralement la
batellerie.

Les mêmes transformations ont été effectuées sur la plupart des voies navigables françaises, telles que la Seine, la
Saône, la Moselle, etc. On a commencé par la défense des
rives, par l'amélioration au moyen des digues ; puis on a
canalisé ces rivières pour les amener à l'état de perfection
où elles se trouvent aujourd'hui. La première étape était
nécessaire en vue de constituer un lit stable et à peu près
régulier, dans lequel on pût ensuite établir des ouvrages
plus importants.

Ce mode d'amélioration peut encore trouver son mode
d'application sur les affluents secondaires, qui n'ont qu'une
navigation locale peu importante, à plus forte raison sur les
cours d'eau qui ne servent qu'au flottage du bois.

Exemple du Rhône. — C'est aussi le système des resserrements, qui a été suivi dans les travaux du Rhône jusqu'en 1882, mais qui a été abandonné dans la suite à cause
des mécomptes très graves qu'il avait entraînés. M. Girardon
dans un rapport au Congrès de navigation de la Haye, a
donné l'exemple d'un travail exécuté sur le Rhône et qui est
d'autant plus instructif que l'amélioration locale produite
est incontestable. Il s'agit d'une régularisation exécutée en
amont de Lyon sur 17 kilomètres de longueur, à laquelle on
a donné le nom de canal de Miribel.

Entre le confluent de l'Ain et celui de la Saône, sur une
longueur totale de 34 kilomètres, avec une pente moyenne
de 0ᵐ,81 par kilomètre, le Rhône se divisait en trois sections
d'allures bien distinctes. Sur 9 kilomètres en aval du confluent de l'Ain, les eaux du fleuve étaient presque continuellement réunies en un seul bras appuyé contre les
coteaux de rive gauche ; sur les 8 kilomètres en amont du

confluent de la Saône, qui comprennent la traversée de Lyon, les eaux étaient également réunies dans un seul lit; mais, dans les 17 kilomètres intermédiaires, elles se partageaient entre des bras nombreux, divaguant à travers la plaine sur une surface qui atteignait, en certains points, près de 6 kilomètres de largeur. Le bras principal suivi par la batellerie se déplaçait incessamment et la navigation s'y heurtait à des difficultés extraordinaires, bien plus sérieuses que celles qu'elle rencontrait dans la section d'amont et d'aval.

Les travaux de régularisation exécutés et terminés en 1857 comprenaient : 1° la construction des ouvrages nécessaires pour séparer le bras dit de Miribel, alors suivi par la navigation des faux bras et pour y concentrer les eaux ; 2° la correction du tracé de ce bras avec application d'un *profil normal* calculé pour donner un mouillage de 1^m,60 aux basses eaux ordinaires.

L'amélioration fut d'abord très sensible ; la navigation trouva dans le canal de Miribel un chenal facile à suivre et des profondeurs suffisantes en tout temps. Puis peu à peu le fond se creusa dans la partie amont du canal pour s'exhausser dans la partie aval (*fig.* 124), si bien que par les eaux moyennes d'été les fondations des ouvrages, faites cependant au niveau des basses eaux, apparaissaient dans la première partie, tandis que le chemin de halage, dans la seconde, était noyé et devenait impraticable. La situation menaçait de devenir très grave ; on chercha à y remédier en abaissant les ouvrages de manière à diminuer la quantité d'eau concentrée dans le canal; depuis, le mouvement de transformation du profil en long est devenu beaucoup moins rapide, mais il continue toujours ; la pente d'équilibre n'est pas encore réalisée.

On se proposait, en définitive, de réaliser un profil normal, c'est-à-dire d'obtenir une profondeur uniforme aussi bien dans chaque profil en travers que d'un profil à l'autre ; on cherchait à régulariser, à uniformiser la pente. Les résultats n'ont pas été, tant s'en faut, ceux que l'on espérait. Le chenal de navigation est beaucoup plus facile à suivre ; le minimum de profondeur qui était de 0^m,80 à 0^m,90 varie maintenant de 1^m,20 à 1^m,25 ; la profondeur moyenne dans

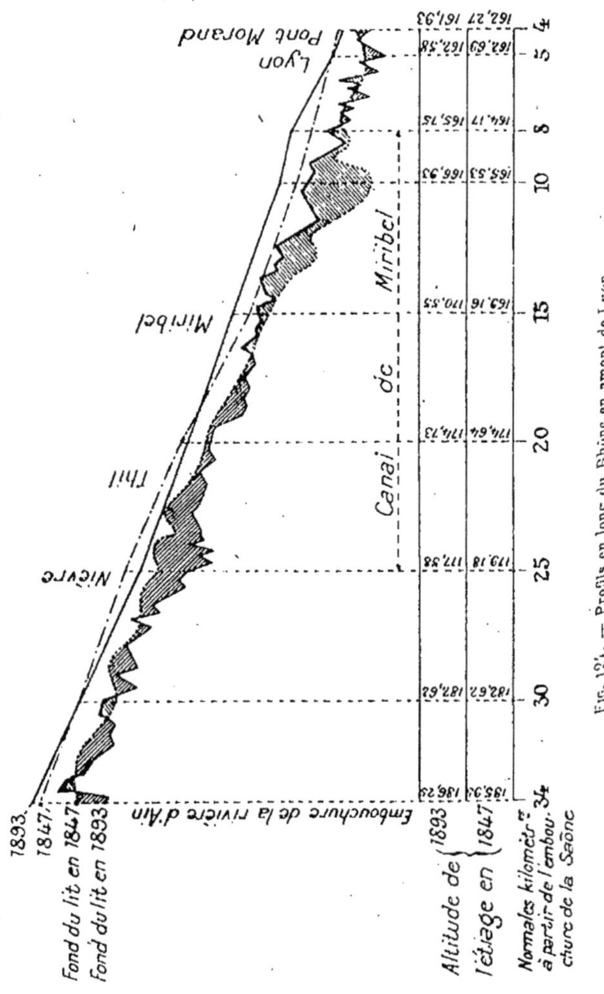

Fig. 124. — Profils en long du Rhône en amont de Lyon.

le canal s'élève à 1^m,80, lorsque le débit atteint le chiffre
sur lequel avaient été faits les calculs du projet, dépassant

de $0^m,20$ les prévisions et est encore de $1^m,50$ par les plus basses eaux. Mais cette profondeur moyenne n'est pas uniforme d'un profil à l'autre ; elle est comprise entre $1^m,20$ et $2^m,20$. Quant aux profondeurs extrêmes, elles passent d'un maximum de $1^m,70$ à un minimum de $0^m,50$ mesuré à 30 mètres de la rive. Enfin, la forme générale du profil en travers est quelquefois rectangulaire, mais le plus souvent elle est triangulaire, le sommet se rapprochant tantôt d'une rive, tantôt de l'autre.

La pente longitudinale est tombée à $0^m,70$ par kilomètre en moyenne, mais elle est répartie très irrégulièrement ; la pente kilométrique varie de $0^m,41$ à $0^m,09$ et la pente locale de $0^m,20$ à $2^m,20$ par kilomètre. En résumé, il y a eu diminution de la pente moyenne du canal, qui, de $0^m,88$ avant l'exécution des travaux, est devenue $0^m,70$, le lit s'étant creusé à l'amont et exhaussé à l'aval.

En dehors du canal, la pente générale, du confluent de l'Ain à celui de la Saône, et même à la sortie de Lyon, n'ayant pas sensiblement changé, les conséquences n'ont pu être que fâcheuses. En effet, en amont du canal, entre les kilomètres 34 et 25, la pente moyenne qui était de $0^m,75$ s'est élevée à $0^m,96$, et en aval, entre les kilomètres 8 et 5, elle a passé de $0^m,49$ à $1^m,06$ par kilomètre. Si donc la navigation est devenue plus facile dans le canal, elle a été rendue plus difficile en amont et en aval.

En présence de ces résultats, on a renoncé de continuer en amont et en aval des travaux dont l'efficacité était douteuse. L'abaissement de la pente était une conséquence inévitable du rétrécissement de la section ; en prolongeant les travaux, on n'aurait fait qu'accentuer la chute à l'une et à l'autre extrémités, déplacer les difficultés en les exagérant, et on aurait risqué de provoquer à l'extrémité amont un creusement du lit tel qu'il aurait amené l'éboulement des berges.

Travaux de M. l'inspecteur général Fargue sur la Garonne. — Les essais de régularisation de la Meuse et du Rhône par voie de resserrement du chenal au moyen de digues longitudinales reposaient sur une conception purement théorique. Ils avaient pour but de réaliser sur un cours d'eau naturel à fond plus ou moins mobile l'uniformité de pente et la régularité de section (profil normal), qu'on trouverait dans un canal artificiel dont le lit absolument résistant donnerait écoulement à des eaux parfaitement pures sans aucun transport de matières.

Au contraire, M. l'inspecteur général Fargue a exécuté une série de travaux sur la Garonne, basés sur une longue et patiente observation des phénomènes naturels, et sur de nombreuses recherches expérimentales. Ces travaux ont donné lieu à divers mémoires insérés dans les *Annales des Ponts et Chaussées*[1] et ont été résumés dans une note sur les expériences relatives à l'action de l'eau courante sur un fond de sable publiée en 1894.

Les faits généraux qui ont été observés sont les suivants :

Le chenal ou thalweg suit la rive concave; les grèves ou bancs se déposent le long de la rive convexe.

Le chenal est d'autant plus profond et la grève est d'autant plus saillante que la courbure concave ou convexe est plus accentuée. Au maximum et au minimum de la courbure correspondent respectivement le maximum et le minimum de profondeur.

Cette correspondance n'a pas lieu dans le même profil transversal. La mouille est en aval du sommet concave; la plus grande partie du banc est en aval du sommet convexe. Le maigre est en aval du point où la concavité se change en convexité.

Le chenal présente de la régularité dans son profil en long, quand la courbure de l'axe du lit varie d'une manière graduelle et continue, et tout changement brusque de courbure est accompagné d'un changement brusque.

Ces relations existent seulement dans les portions de la rivière où la longueur des sinuosités, c'est-à-dire la distance entre deux points d'inflexion consécutifs, n'est ni trop grande

---

1. *Rivières à fond mobile, configuration, lit, profondeur*, 1868, 1er semestre; *Étude sur la largeur du lit de la Garonne*, 1882, 2e semestre; *Note sur le tracé des rives de la Garonne*, 1884, 1er semestre; *Expériences relatives à l'action de l'eau courante sur un fond de sable*, 1894, 1er semestre.

ni trop petite. Partout où ces relations n'existent pas, le chenal est formé de fosses isolées les unes des autres par des hauts-fonds, seuils ou maigres qui se reforment promptement après qu'ils ont été enlevés par les dragages.

La réalité de ces lois découvertes sur la partie de la Garonne comprise entre la Réole et Barsac, sur 22 kilomètres de longueur, a été plus tard vérifiée sur d'autres parties de la Garonne et notamment sur la partie maritime de ce fleuve jusqu'au bec d'Ambès. On l'a constatée aussi sur d'autres rivières, en particulier sur la Seine en aval de Rouen.

En raisonnant sur ces faits, on est arrivé à formuler les règles suivantes :

1° Pour que le chenal soit stable et permanent, il faut que chaque rive présente une succession d'arcs curvilignes, alternativement concaves et convexes et raccordant des alignements droits formés par la direction prolongée des parties des rives où la courbure change de sens;

2° Pour que le chenal soit profond, il faut que le réseau polygonal formé par l'ensemble de ces alignements droits ait des angles et des côtés qui ne soient ni trop grands ni trop petits;

3° Pour que le chenal soit régulier, il faut que l'arc curviligne ait des courbures graduées, c'est-à-dire appartienne à une courbe dont la courbure est nulle à l'inflexion, croît d'une manière continue jusqu'à un certain maximum et décroît ensuite de même pour redevenir nulle à l'inflexion suivante;

4° L'écartement des rives doit varier avec deux éléments, la distance et la courbure, savoir :

D'une part la largeur au point d'inflexion doit croître de l'amont vers l'aval.

D'autre part, entre deux points d'inflexion consécutifs, la largeur doit croître avec la courbure et présenter vers le sommet un maximum qui est d'autant plus grand que la courbure du sommet est elle-même plus grande.

La largeur croît donc suivant une loi périodique de manière que le lit se trouve élargi vers les sommets des courbes et rétréci dans la région où la courbure change de sens;

5° Dans cette même région, les points d'inflexion des deux rives ne doivent pas se trouver dans un même profil transversal. Celui où la concavité se change en convexité doit être *en amont* de celui où se fait le changement inverse, à une distance qui ne paraît dépendre que de la largeur au point d'inflexion.

Les résultats obtenus, en appliquant ces règles sur la partie de la Garonne comprise entre les limites du département de la Gironde et Bordeaux, ont été excellents. Les seuils, aux abords desquels les rives ont été disposées suivant ces règles, sont particulièrement profonds et jouissent d'une remarquable stabilité de régime.

On peut citer, d'après une note présentée par M. Fargue au Congrès de Navigation de Paris :

La traversée en amont de Caudrot, qui présente constamment depuis quarante ans des profondeurs variant entre 3^m,30 et 4 mètres;

La passe de Mondiet. Cette passe, de 1852 à 1865, était barrée par un seuil en écharpe, sur lequel les bateaux ne trouvaient parfois que 1^m,75; en 1866, elle a été approfondie à 2 mètres par un dragage, accompagné d'une correction de tracé de la rive gauche, conçue dans l'ordre d'idées qui a été exposé; moyennant un seul dragage subséquent, exécuté vingt ans après, la profondeur s'y est toujours maintenue entre 1^m,30 et 2 mètres.

La passe de Cadroy, où la profondeur à l'étiage était de 1 mètre seulement avant 1870; cette passe a été, en 1872, ouverte par un dragage accompagné de la construction de deux rives artificielles rationnellement tracées; elle a depuis lors conservé sans autre dragage une profondeur qui a varié entre 2^m,65 et 2^m,90.

Mais un fait général domine ces améliorations locales. Dans les portions du fleuve où les resserrements ont été exécutés, le lit s'est creusé à l'amont et s'est remblayé à l'aval, la pente moyenne a diminué. A Caudrot, vers l'extrémité amont, à 3 kilomètres au-dessus de l'embouchure du canal latéral à la Garonne, le niveau de l'étiage s'est abaissé de 1^m,64.

EFFETS CONSTANTS DU RESSERREMENT DU LIT D'UN COURS D'EAU

A FOND MOBILE. — On a vu que, sur le Rhône comme sur la Garonne, les effets produits par les resserrements avaient été les mêmes, caractérisés :

Vers l'amont, par un abaissement du fond du lit qui a pour conséquence un abaissement correspondant du plan d'eau ;

Vers l'aval, par un exhaussement du fond et du plan d'eau ;

Dans toute la partie endiguée, par une diminution de la pente moyenne du fond et de la surface, diminution qui doit nécessairement entraîner une augmentation des profondeurs.

Cette loi, qui a été énoncée par M. l'inspecteur général Flamant dans son traité d'hydraulique, n'est exacte que sur les cours d'eau à fond mobile. Au contraire, dans un canal artificiel à fond fixe, un étranglement continu d'une certaine longueur produit des effets tout à fait opposés, savoir : un relèvement du niveau vers l'amont, un abaissement vers l'aval ; une augmentation de la pente superficielle dans l'étendue de la partie resserrée. C'est pourquoi cet ingénieur conclut que « c'est avec la plus grande réserve qu'il faut appliquer aux cours d'eau naturels les formules qui ont été trouvées pour les canaux découverts. La mobilité du fond, les variations de forme qu'il éprouve peuvent renverser complétement les résultats, et en tout cas les fausser au point de leur ôter toute probabilité ».

BARRAGES DE SOUTÈNEMENT. — Frappé des effets produits par le resserrement, qui n'est qu'un cas particulier du calibrage, certains ingénieurs et notamment M. l'inspecteur général Léchalas ont proposé d'en faire la base d'un système particulier d'amélioration de la navigation sur les cours d'eau à fond mobile.

Le cours d'eau considéré serait divisé en un certain nombre de sections ou biefs par des barrages dits *barrages de soutènement du lit* arasés sensiblement au niveau du fond et constituant autant de seuils fixes. Dans chaque bief, un endiguement continu, rationnellement tracé, produirait ses effets : abaissement du fond et du plan d'eau à l'amont ; diminution de la pente moyenne du fond et de la surface; augmentation du mouillage. Comme conséquence inévitable, il se formerait au droit de chaque barrage une chute brusque, infranchissable pour la navigation, nécessitant la construction d'une écluse.

On obtiendrait certainement une réduction de la pente moyenne et une augmentation du mouillage ; mais dans quelle mesure se produiraient ces effets ? Il est difficile de le dire, aucune expérience directe de ce procédé n'ayant été tentée jusqu'à présent.

b) Emploi de digues transversales ou épis. — Au lieu de poursuivre la réalisation d'un profil normal au moyen de digues longitudinales continues, on a cherché à dessiner de distance en distance ce profil normal par des digues transversales ou *épis*. Ce système se recommandait, en effet, dans nombre de cas par des raisons d'économie.

Épis de Chouzé sur la Loire. — Le premier essai dans cet ordre d'idées semble avoir été fait sur la Loire à Chouzé. Sans se préoccuper du régime du fleuve ou du moins de son allure, on a cherché à rectifier le chenal en construisant trois digues transversales normales à la rive droite du fleuve, longues de 240 mètres, distantes de 1.100 à 1.200 mètres et laissant un espace libre de 120 mètres sur la rive opposée (*fig.* 125).

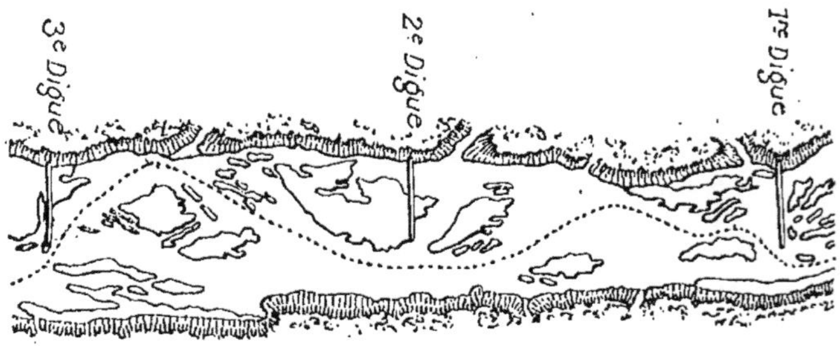

Fig. 125.

On pensait avec juste raison que les extrémités de ces trois épis hauts et forts appelleraient et retiendraient les profondeurs ; et l'événement a justifié cette manière de voir. Mais il y avait sans doute quelque illusion à penser que le thalweg suivrait bénévolement la ligne droite d'un point à l'autre. Le relevé effectué en 1832 a montré que le thalweg suivait sa direction primitive, c'est-à-dire que les sinuosités existantes s'étaient conservées. On avait oublié cette règle primordiale qu'il ne dépend pas de la conception des ingénieurs de modifier une situation naturelle. Les épis arbitrairement placés et trop éloignés les uns des autres n'avaient pas pu fixer les profondeurs aux points que l'on

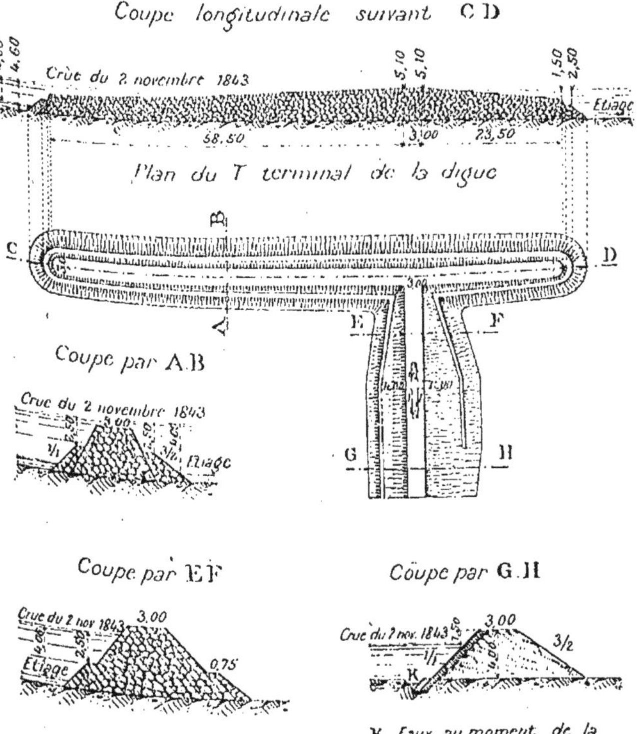

Fig. 126. — Digue de la Durance,

avait choisis. Cet échec devait avoir une influence considérable et faire abandonner pour longtemps en France l'emploi des épis.

Digues de la Durance. — On a néanmoins employé avec succès des épis *saillants et hauts* sur la Durance, non pas dans l'intérêt de la navigation qui est inexistante, mais dans celui de l'agriculture, afin de restituer à l'agriculture des terrains inutilement occupés par le cours d'eau, en y provoquant des atterrissements, des colmatages. Les résultats ont été satisfaisants, mais on ne saurait en tirer aucune conclusion quant au sujet que l'on a en vue.

Chaque épi, normal à la rive et insubmersible sur presque toute sa longueur, se termine par un tronçon de digue longitudinale perpendiculaire à l'épi et submersible ; ce sont donc des digues en T. La branche amont du T mesure de 60 à 80 mètres de longueur, la branche aval de 25 à 30, et ces tronçons largement espacés jalonnent l'alignement de la rive espérée dans les parties où le cours de la rivière a besoin d'être fixé. Des atterrissements se forment à l'abri des digues et peu à peu des conquêtes se réalisent au profit des terres cultivées sur le sol improductif (*fig.* 126).

De semblables travaux sont de nature à restreindre l'espace affecté à l'écoulement ou à l'emmagasinement des crues, et par suite à aggraver les effets des inondations. Ils doivent être entrepris avec une grande prudence, et ne peuvent se justifier que par la prévision de bénéfices importants.

Emploi des épis en Allemagne. — Régime hydrographique des fleuves. — On a vu et les statistiques montrent que le régime des fleuves allemands varie annuellement avec deux périodes : celle des hautes eaux et celle des basses eaux.

Si l'on excepte le Rhin, qui doit aux glaciers de la Suisse l'eau qu'il roule en été, c'est de juillet à octobre, c'est-à-dire dans la saison de l'année la plus favorable au trafic, que dure pour les cours d'eau allemands la période des basses eaux. Non pas que les pluies fassent défaut à ce moment. L'époque des plus fortes précipitations coïncide au contraire avec celle des plus faibles niveaux.

Il semblerait donc que les pluies d'été dussent compenser la pauvreté des cours d'eau de juillet à octobre. Il n'en est rien. Ces précipitations se produisent le plus souvent sous forme d'averses. Elles sont irrégulières et provoquent des crues subites, éphémères et difficilement utilisables.

La moitié de la quantité d'eau fournie par la chute annuelle se perd par évaporation. La période des hautes eaux ne dure qu'au temps de la fonte des neiges ; mais cette époque est celle de la débâcle. La crue commence dans les sections méridionales des fleuves, pendant que leur embouchure est encore obstruée par les glaces. L'eau s'amasse entre les digues ; il faut alors qu'elles rompent, ou que la glace finisse par céder.

Le régime hydrographique, la nature du sol et sa pente, expliquent l'instabilité des fleuves de la plaine du Nord. Les désignations de « alte Netze », « alte Warthe », « alte Oder », « alte Rhein » indiquent nettement les changements de lit opérés par ces cours d'eau. Dans les régions basses, l'ancien thalweg est très éloigné du nouveau lit.

Quand le lit est fixé, il apparaît constitué par une série de biefs. Les sections à cours tranquille alternent avec les sections à cours rapide. La présence de récifs au milieu du courant, ou de masses rocheuses isolées sur les rives, accuse ce contraste. Il est très sensible sur le Rhin, où l'on voit à Bingen une plaine d'eau que l'on pourrait appeler le « lac de Bingen » précéder les rapides de Saint-Goar, et sur l'Elbe, où les rapides de Torgau, Magdebourg, Dömitz, Hitzacher, annoncent une section à cours plus calme, ou lui font suite.

En général, les fleuves allemands n'ont pas encore régularisé leur pente. Il semble que ce travail poursuivi au milieu de terrains sans consistance, leur soit impossible. Ils ne roulent pas assez longtemps la quantité d'eau nécessaire pour l'accomplir [1].

Les anciennes descriptions les montrent allongeant leur cours par des détours sans nombre. Leurs rives, basses en général, étaient détruites par des crues et fournissaient au courant les matériaux qui l'ensablaient. Des seuils se for-

---

1. C'est là l'opinion des ingénieurs allemands, à laquelle on ne saurait souscrire sans réserve. La régularisation de la pente est une utopie ; on doit exclusivement chercher à atténuer les rapides trop accentués. Comme on l'a vu plus haut, la division en biefs est un fait nécessaire.

maient sur le passage d'une rive concave à l'autre. Les hautes
eaux déplaçaient les îles, faites d'alluvions. Après une forte
crue, on suivait à peine, au milieu d'un lit d'une largeur
démesurée, l'indication du chenal navigable. Le plus souvent des troncs d'arbres, des rochers mis à jour par des
affouillements du fleuve le rendaient impraticable. Les
chemins de halage avaient été emportés par le flot. Il y a
un quart de siècle, on disait encore que la batellerie se
trouvait sur les cours d'eau allemands « dans une très triste
position ».

Pour créer aux transports par eau des conditions plus
favorables, il fallait fixer le lit des fleuves, remédier à leur
encombrement, leur donner de l'eau en toute saison.

On a donc creusé le chenal navigable en le resserrant au
moyen d'épis (Bühnen) ou de digues longitudinales (Paral-
lelwerke). Le champ d'inondation des cours d'eau a été
limité au moyen de digues (Damme, Deiche). On s'est efforcé
d'arrêter leur ensablement par le revêtement des rives
(Uferdeckwerke), le dragage, la plantation des bancs de
sable, et de dégager leur lit en arrachant les troncs d'arbres
et en faisant sauter les rochers. Des lits artificiels (Dur-
chstiche) ont permis d'éviter les courbes dangereuses. Les
bras morts ont été isolés par des barrages (Cupierungen) et
desséchés. On a réduit enfin la durée de l'embâcle à l'aide
de bateaux Briseglace.

Amélioration des conditions hydrographiques. — Le premier danger auquel on voulut parer, en essayant d'améliorer par ces travaux le régime des fleuves allemands, fut celui
des inondations.

Ils furent entrepris par des syndicats pour les digues
(Deichverbände), le plus souvent avec l'aide financier de
l'État. L'initiative privée a donc joué le premier rôle dans
l'amélioration des fleuves de l'Allemagne ; elle a aussi contribué pour une part considérable au développement de la
navigation intérieure.

Régularisation par les épis (Buhnen). — La construction
des digues mettait le pays à l'abri des dévastations causées
par les crues ; la construction des *buhne* acheva de disci-
pliner les fleuves, en régularisant leur cours.

Les *buhne* sont des « épis » d'une forme spéciale. Quand une buhne émerge, on croirait voir un gigantesque têtard, fixé par sa queue à la rive.

Dans cet ouvrage, on distingue trois parties : la *racine*, le *corps* et la *tête*. La partie supérieure du corps s'appelle la *couronne* : son niveau s'abaisse de la racine vers la tête. La racine doit s'élever à la hauteur de la rive. Les flancs de la buhne et les côtés de la tête descendent en talus. La longueur des talus de tête est, en général, pour les épis de la Vistule, cinq fois la hauteur totale de l'épi. Celle des talus du corps est égale à cette hauteur. Les épis de l'inspection de Magdeburg ont 2^m,50 de largeur à la couronne. Les dimensions varient avec les fleuves et les lieux, c'est-à-dire avec la nature des difficultés qu'il importe de vaincre. D'ordinaire la tête est à la hauteur des eaux moyennes, la racine à 0^m,60 au-dessus. Elle émerge de 1 mètre à 2 mètres lors des basses eaux tandis que la racine s'élève à 2 mètres.

On construit les épis en pierre, mais plus fréquemment en farcines d'osier, d'aulne, de sapin, que l'on remplit de gravier et de sable. Dans ce dernier cas, on recouvre la tête d'une forte couche de moellons. La partie du corps qui est voisine de la tête est ordinairement consolidée par des pieux et par un revêtement de pierres. Si la buhne doit subir l'action d'un fort courant, tout son corps est consolidé de la sorte.

La longueur totale des buhnes est déterminée par le resserrement que l'on veut obtenir. Leur écartement dépend de la forme des rives qu'il faut protéger. Sur l'Oder, il est à peu près égal à la largeur du chenal en construction. En général, cet intervalle est plus grand sur les rives convexes que sur les rives concaves. Sur l'Elbe, les épis établis depuis la frontière saxonne jusqu'à Hambourg sont distants de 100 mètres environ. Ils sont disposés de telle façon, que l'emplacement d'un épi corresponde au milieu de l'intervalle qui sépare deux épis de la rive opposée.

Ces ouvrages ayant pour but de favoriser la création d'une rive nouvelle, en retenant les apports, et de repousser le courant sur le milieu du thalweg, on considère comme inutile l'emploi d'épis de faible longueur.

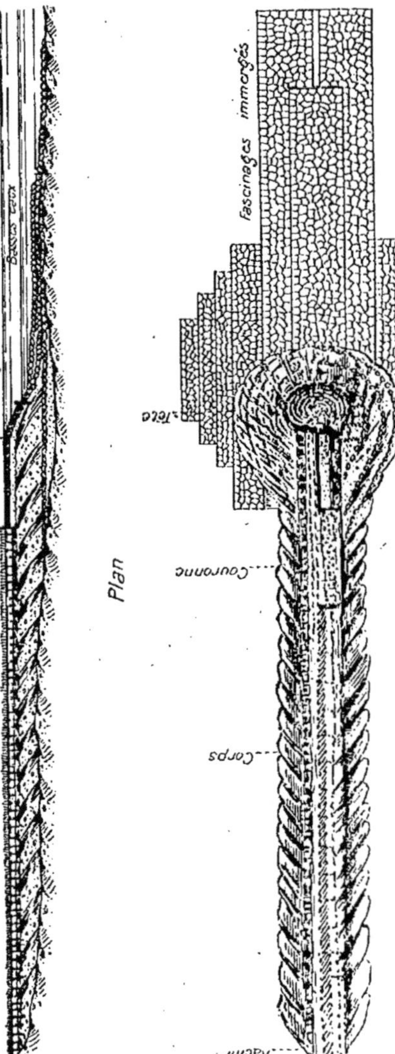

Fig. 127. — Epi (Buhne) de la section d'Hitzacker.

Ci-dessous le plan de la coupe longitudinale d'un épi usité sur l'Elbe (*fig.* 127).

La ligne que réunit les têtes de buhne indique le nouveau rivage. Leurs corps forment l'ossature de la nouvelle plage constituée par les matériaux qu'apporte le fleuve (*fig.* 128).

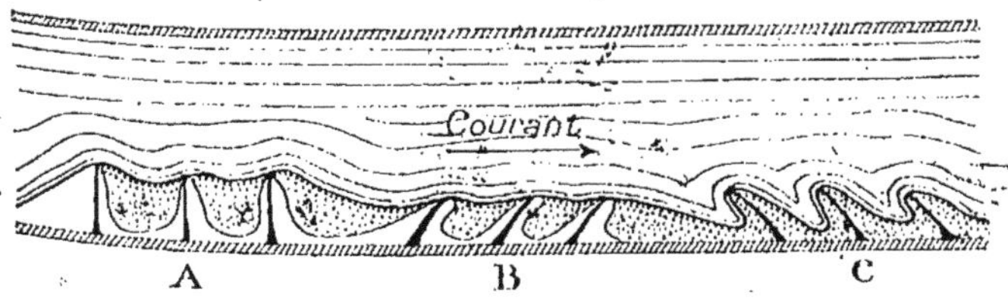

Fig. 128.

A, Buhnes perpendiculaires. — B, Buhnes déclinantes. — C, Buhnes inclinantes.

On distingue les buhnes perpendiculaires A, déclinantes B et inclinantes C. L'expérience indique que les buhnes inclinantes sont les plus propres à atteindre le but proposé.

La construction de buhnes n'est que la première étape dans l'œuvre de la correction. Quand l'atterrissement est achevé, on consolide au moyen de travaux de recouvrement (Uferdeckwerke) la rive colmatée.

Les buhnes avaient l'inconvénient de provoquer la formation de grandes profondeurs dans le voisinage immédiat de la tête ; les bateaux venaient s'y heurter. On est parvenu à repousser le chenal au milieu du lit en construisant des épis noyés, ou seuils de fond (Grundschwellen), en fascinages que l'on immerge en avant et sur les côtés de la tête des buhnes. Sur l'Oder, certains de ces seuils se prolongent jusqu'à 28 mètres en avant de la tête.

Ce procédé de régularisation, pour les eaux moyennes, comme on l'a expliqué plus haut, est très répandu en Prusse. Cependant l'Elbe saxonne a été améliorée au moyen de digues longitudinales; et, sur la basse Weser, M. l'ingénieur Franzius a eu recours à des *digues longitudinales submersibles* qui limitent le lit mineur en basses eaux.

APPLICATION DE LA MÉTHODE A LA CONSTRUCTION DES FLEUVES (Shombau). — a) *Cours d'eau russo-prussiens.* — La Memel est le nom que reçoit le fleuve russe le Niemen, quand il entre en pays allemand. Après avoir franchi la frontière russe, ce cours d'eau se divise en deux bras, le Russ et la Gilge. Le Russ emporte la plus grande partie des eaux. Le pays que traversent ces cours d'eau est faiblement incliné, couvert de forêts, de marécages et peu favorable à la navigation (Carte ci-dessous, *fig.* 129).

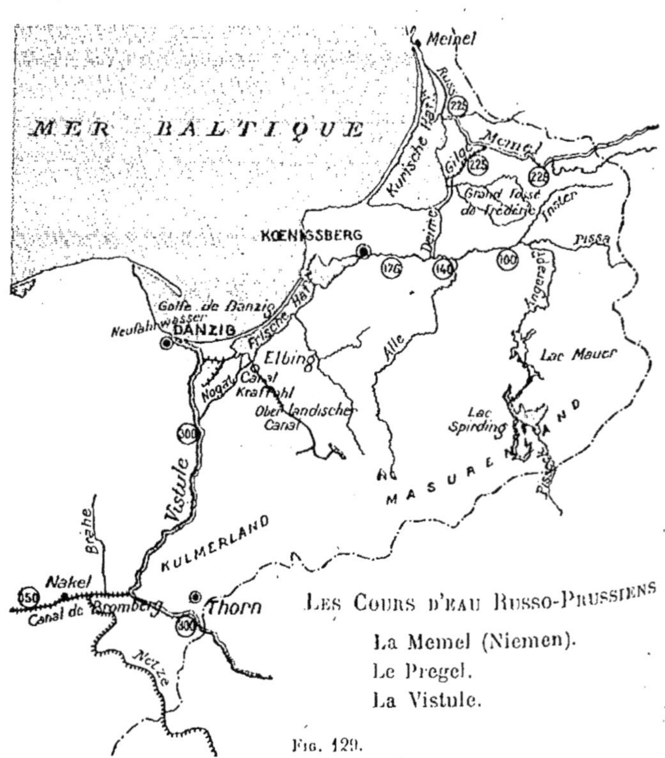

LES COURS D'EAU RUSSO-PRUSSIENS
La Memel (Niemen).
Le Pregel.
La Vistule.

FIG. 129.

La pente moyenne de la Memel est de $0^m,098$ par kilomètre.

La correction de ce fleuve commencée dès les premières

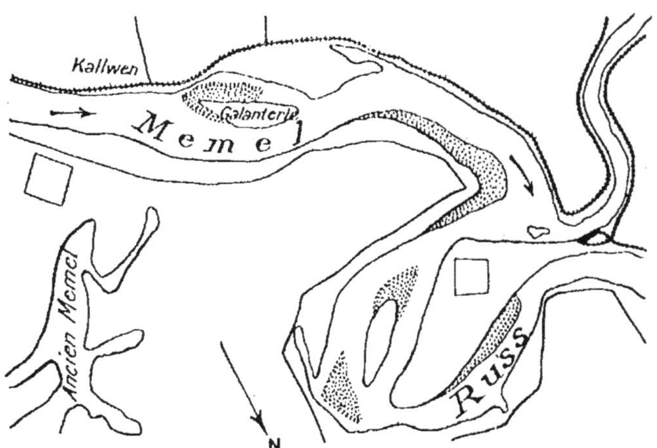

Fig. 130. — Section de la Memel, en 1772.

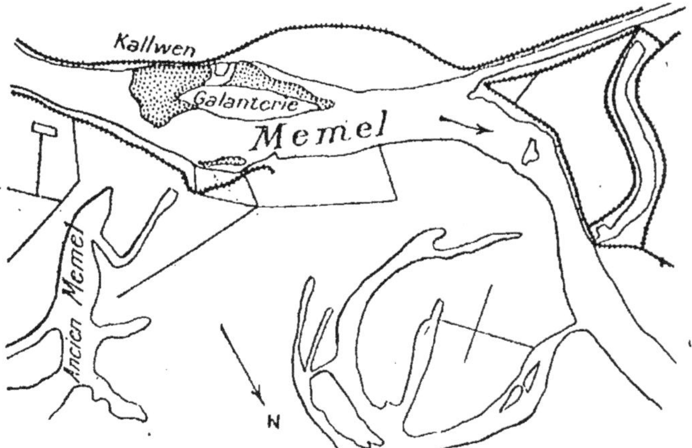

Fig. 131. — Section de la Memel, en 1822.

années du XVIIe siècle n'a été poursuivie systématiquement qu'en 1800. Elle a consisté à construire des buhnes, à couper des bras latéraux et à protéger les rives. La Memel présentait une largeur comprise entre 1.555 et 7.473 mètres en hautes eaux, entre 185 et 4.300 mètres en eaux moyennes ; elle a été réduite à 226 mètres dans sa partie supérieure, à 244 mètres en amont de la bifurcation et depuis 1873 sur de longs espaces à 170 et 185 mètres.

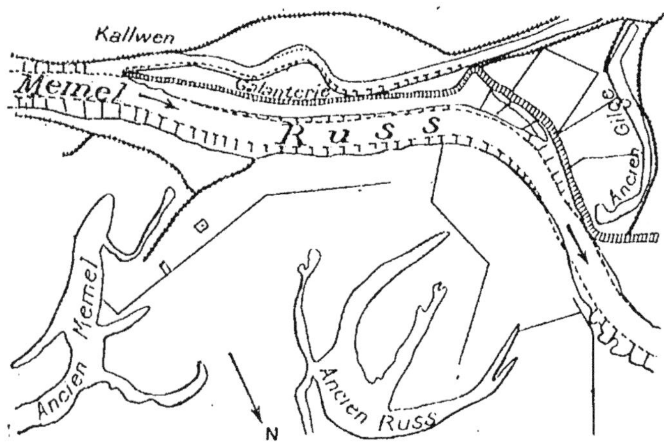

Fig. 132. — Section de la Memel, en 1885.

Dès 1880, les travaux de régularisation avaient, par places, augmenté la profondeur de $0^m,45$ dans la Memel et de $0^m,20$ dans le Russ. Le mouillage en basses eaux varie entre $1^m,50$ et $1^m,70$. Ce résultat a été obtenu moyennant une dépense de 8.125.000 francs.

Ce cours d'eau, est fréquenté par des bateaux en bois pouvant porter à pleine charge 225 tonnes.

Les plans qui suivent montrent la nature des travaux qui ont été entrepris et les résultats qui ont été obtenus sur une section au point où le fleuve se divise pour former le Russ et la Gilge.

Le Pregel, la Deime et l'Alle. — Le Pregel est formé de deux rivières impraticables à la navigation et reçoit deux affluents importants l'Alle et la Deime. La Deime sert à joindre la Pregel à la Memel par le grand fossé de Frédéric.

La correction de ces cours d'eau a été obtenue au moyen d'épis, d'ouvrages de revêtement, de coupures et de dragages.

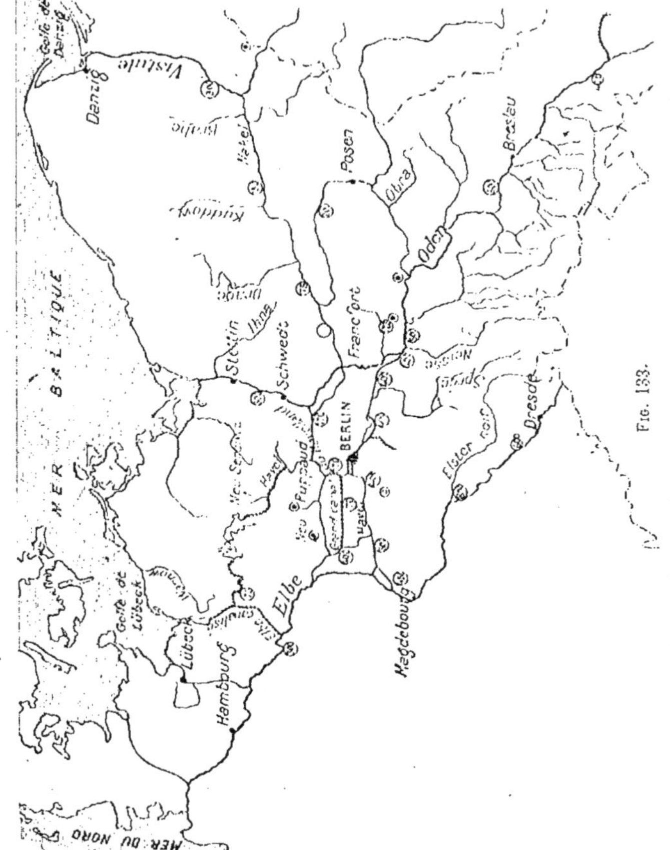

Fig. 133.

La profondeur moyenne du Pregel entre le confluent l'Alle et son embouchure à Kœnigsberg est de 1m,40 environ en basses eaux.

b) *Fleuves allemands proprement dits.* — La carte ci-dessous fait connaître la direction générale et les contrées que parcourent les fleuves allemands proprement dits, et qui sont la Vistule, l'Oder et l'Elbe.

LA VISTULE [1]. — *Description de son bassin.* — La source de la Vistule est très voisine de celle de l'Oder ; mais se détournant aussitôt vers l'Est, elle décrit une énorme boucle à travers la Silésie autrichienne et la plaine polonaise avant d'entrer en territoire allemand à 18 kilomètres de Thorn. Sur les 1.125 kilomètres que mesure son cours, 232 seulement appartiennent à l'Allemagne. Sa chute totale est de 650 mètres, dont 38m,50 en Prusse. A 60 kilomètres de la mer Baltique, elle se divise en deux bras dont l'un, le plus important, garde le nom de Vistule et l'autre prend celui de Nogat. On s'occupera seulement du premier.

Le bassin de la Vistule a une superficie totale de 198.285 kilomètres carrés ; il est le plus étendu de l'Allemagne du Nord — 33.326 kilomètres carrés appartiennent à la Prusse.

Constitution du lit et des rives de la Vistule. — Sur la Vistule allemande les matériaux du lit sont exclusivement composés de sable quartzeux à grains fins, dont les dimensions se réduisent de plus en plus à mesure que l'on approche de la mer. Nulle part on n'y trouve de gravier.

Les rives sont constituées, soit par des couches alternatives, soit par un mélange de sable et de limon ; elles sont éminemment sujettes aux affouillements,

Pentes et débit. — Les conditions de pente et de débit de la Vistule sont indiquées dans le tableau suivant.

---

1. Les renseignements sont extraits du mémoire publié dans les *Annales des Ponts et Chaussées* en 1901, 1er semestre, par M. l'ingénieur Robert, sous le titre : *Régularisation des rivières de l'Allemagne du Nord.*

INDICATIONS DES SECTIONS	LONGUEURS	PENTES MOYENNES KILOMÉTRIQUES	DÉBITS		
			en basses eaux moyennes	en eaux moyennes	en hautes eaux
1	2	3	4	5	6
De la frontière Russe à la Nogot..........	kil. 17.5	0.178	m3 550	m3 1.330	m3 8.250
De la Nogot à Dirschau....	19.5	0.156	430	950	5.000
De Dirschau à Rothebude [1].	21	0.154	430	950	5.000
De Rothebude à la mer [1]....	17.4	0.053	430	950	5.000

[1] Dans cette section la Nogot a pris une partie des eaux de la Vistule non divisée.

Le débit par les plus basses eaux peut tomber à 250 mètres cubes.

RÉGIME DES EAUX. — La Vistule a ses crues ordinaires au printemps au moment de la fonte des neiges et ses étiages en été. De grandes crues se produisent parfois en août et septembre; mais les crues les plus dangereuses sont celles du printemps, à cause des embâcles de glaces qui parfois arrêtent les eaux, et les relèvent à un niveau supérieur à celui des digues de défense qui protègent la vallée submersible sur toute la longueur du fleuve.

HISTORIQUE DE LA RÉGULARISATION. — PROGRAMME. — Jusqu'en 1830 on se borna à exécuter quelques travaux sans coordination suffisante, barrages de faux bras et épis pour concentrer les eaux en un lit conique et protéger les rives.

C'est seulement en 1832, que l'on arrêta un plan méthodique de régularisation destiné à obtenir un mouillage de 1^m,25 par les plus basses eaux; programme dont l'exécution s'est poursuivie lentement et sans résultats appréciables au point de vue de la navigation jusqu'en 1879. A cette époque, un nouveau programme fixait à 1^m,67 la profondeur minimum à obtenir sur toute la longueur de la Vistule prussienne

Section de la Vistule en 1842.
N
Niedwitz
Dzikowo
Glugowko
Schwetz
Kossowecr Kampe
Niedwitzcr Kampe
Popowsko Kampe
Schwetzer Kampe
Surawer Kampe
Ehrenthal
Prairie
Vistule
Uscz.

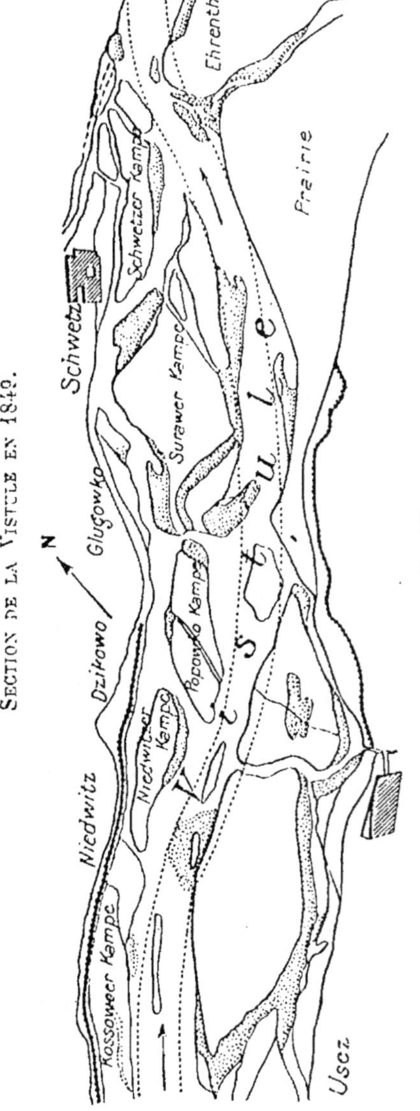

Fig. 131.

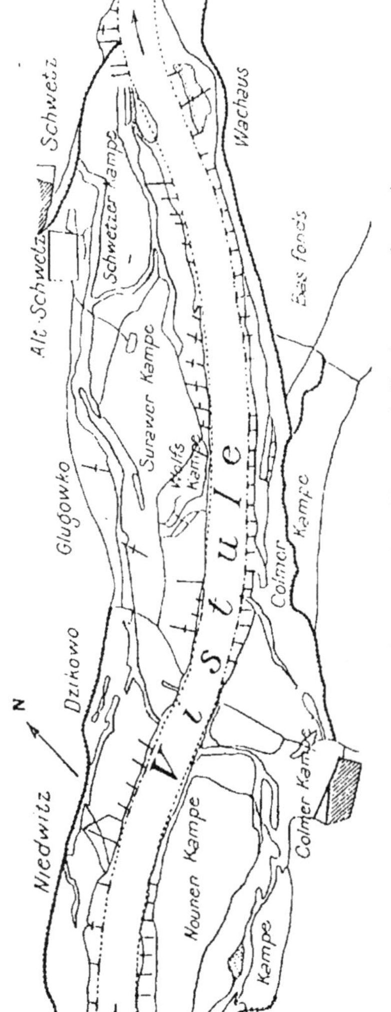

Fig. 155. — Résultats obtenus par les travaux de rectification de la Vistule en amont de Graudenz.

par les basses eaux moyennes, dont le niveau est supérieur de 0ᵐ,30 environ à celui des plus basses eaux.

Les travaux ont été poussés activement depuis 1879; la Vistule prussienne est aujourd'hui pourvue d'un ensemble complet d'ouvrages de régularisation, consistant en épis transversaux, dont un grand nombre atteignent des longueurs considérables à cause de la longueur excessive du lit naturel dans beaucoup de passages. On rencontre des longueurs de 700, 800 et jusqu'à plus de 1.000 mètres entre les berges naturelles et le lit mineur. Les eaux ont été concentrées dans un chenal de 375 mètres de largeur, à l'amont de la Nogat, et de 250 mètres à l'aval.

On a donné, page précédente, un plan d'une des sections de la Vistule auprès de Culm (en amont de Grandenz), avant et après l'achèvement des travaux de régularisation (*fig.* 134 et 135).

Résultats obtenus par la régularisation. — Avant le commencement des travaux de régularisation, en 1832, on rencontrait des passages où, par suite de la dispersion des eaux dans le lit de largeur excessive, le mouillage ne dépassait pas 0ᵐ,40 à l'époque des basses eaux. La navigation se trouvait alors complètement interrompue.

L'efficacité des travaux s'est surtout fait sentir à partir de Kurzebrach, c'est-à-dire sur 80 kilomètres. La profondeur recherchée de 1ᵐ,67 a été réalisée; mais sur 152 kilomètres, entre la frontière russe et Kurzebrach, non seulement le résultat n'est pas atteint, mais on en est encore éloigné, puisque dans une section de Culm à Graudenz le mouillage tombe à 1ᵐ,20. Il s'agit d'ailleurs de profondeurs déterminées par rapport au niveau des basses eaux moyennes. Si on examine les mouillages minima de la Vistule pendant cinq ans, de 1893 à 1897, on remarque que des profondeurs inférieures à 1 mètre se réalisent d'une manière à peu près régulière entre avril et novembre, c'est-à-dire pendant toute la période annuelle de la navigation, puisque celle-ci est presque toujours interrompue par les glaces en décembre, janvier et février.

Il en résulte que la durée des périodes de navigation pendant les cinq années considérées a été assez réduite, 264 jours se répartissant ainsi :

Avec un mouillage :

de 0ᵐ,60 et au-dessous (moins 1/4 chargement)...............	2 jours.
de 0ᵐ,60 à 0ᵐ,92 (1/4 chargement).	60 —
de 0ᵐ,92 à 1ᵐ,30 (1/2 chargement).	63 —
de 1ᵐ,30 à 1ᵐ,67 (3/4 chargement)..	36 —
supérieur à 1ᵐ,67 (pleine charge)..	103 —
TOTAL ÉGAL...........	264 jours.

C'est donc pendant trois mois et demi seulement que les bateaux de la Vistule peuvent porter leur pleine charge. On a le droit de regarder ce résultat comme médiocre, étant donné que l'on a affaire à un cours d'eau dont le débit d'étiage est considérable (250 mètres cubes au minimum) et la pente faible (0ᵐ,178 par kilomètre au maximum).

Malgré tout le développement de la navigation a été considérable ; le trafic de la Vistule à distance entière est passé, de 34.000 tonnes en 1875 à 990.000 tonnes en 1898 et à 1.800.000 en 1913. La majeure partie de ce trafic est constituée par les bois qui descendent en train de Russie. Elle est assurée par des bateaux à voiles et des chalands ayant pour la plupart 200 tonnes de capacité.

DÉPENSES D'ÉTABLISSEMENT ET D'ENTRETIEN. — On avait dépensé jusqu'en 1888, pour obtenir les résultats dont il est question, 38.330.000 francs en chiffres ronds en travaux neufs. La longueur de la partie fluviale de la Vistule et de la Noyat à laquelle s'appliquent ces dépenses étant de 247 kilomètres, les frais moyens kilométriques de premier établissement avaient atteint à cette époque la somme de 154.000 francs.

Quant aux dépenses d'entretien, elles ressortent, année moyenne, à 5.264 francs par kilomètre. Ce chiffre élevé s'explique à la fois par la grande longueur des ouvrages transversaux et par les dégradations auxquelles ils sont sujets pendant les débâcles de glaces particulièrement dangereuses sur la Vistule. Des dragages assez importants y sont pratiqués chaque année pour l'amélioration du chenal.

L'Oder. — LONGUEUR DE L'ODER, SUPERFICIE DE SON BASSIN,

— La longueur totale de l'Oder, de sa source à son embouchure dans la Baltique, à Swinemünde est de 944 kilomètres, dont :

128 kilomètres sur le territoire autrichien (chute totale 329 mètres) et 716 kilomètres sur le territoire prussien (chute totale 205 mètres).

Il est classé navigable depuis Ratibor sur une longueur de 765 kilomètres ; mais son cours fluvial prend fin à Schwedt à 640 kilomètres de Ratibor et à 40 kilomètres à l'amont de Stettin.

La superficie totale du bassin est de 119.337 kilomètres carrés.

Le cours du fleuve peut être considéré comme formé de trois sections : le haut Oder à l'amont de Breslau ; le moyen Oder de Breslau au confluent de la Warthe à Custrin ; le bas Oder de Custrin à Schwedt.

Constitution du lit et des rives de l'Oder. — Les terrains dans lesquels coule l'Oder navigable sont composés d'alluvions quaternaires ou modernes n'offrant qu'une faible résistance à l'érosion. Sur le haut Oder le fond du lit est constitué en majeure partie de sable mélangé d'un peu de gravier, dont la proportion décroît de l'amont à l'aval. Sur le moyen Oder on ne rencontre plus le gravier qu'exceptionnellement ; et le sable se réduit à la grosseur moyenne ou au-dessous ; il est devenu fin et est mélangé d'argile dans le bas Oder.

Les rives sont composées de sable et d'argile. Le lit de l'Oder est extrêmement sinueux ; le coefficient de l'allongement est de 30 0/0 de Ratibor à la mer.

Largeur du lit mineur. — Les largeurs du lit mineur entre les berges naturelles varient :

Sur le haut Oder (moyenne 100 mètres).   50 à 220 mètres.
Sur le moyen Oder (moyenne 150 mètres).   90 à 350   —
Sur le bas Oder (moyenne 200 mètres)..   100 à 375   —

Pentes et débits. — Les caractéristiques de la pente et du débit sont les suivantes :

	Pente moyenne par kilomètre	Débits en eaux moyennes	Hautes eaux
Haut Oder ..	0^m,273 à 0^m,349	37^{mc} à 200^{mc}	1.750^{mc} à 2.300^{mc}
Moyen Oder.	0^m,253 à 0^m,279	200^{mc} à 387^{mc}	2.450^{mc} à 1.800^{mc}
Bas Oder....	0^m,192 à 0^m,048	540^{mc} à 545^{mc}	2.500^{mc} à 2.600^{mc}

RÉGIME DES EAUX. — Les crues ont lieu en général au printemps et les basses eaux à la fin de l'été, en août et septembre. Il y a cependant d'importantes crues d'été.

TRAVAUX DE RÉGULARISATION. — *Programme*. — Les travaux exécutés jusqu'en 1842 avaient relativement peu d'importance et comprenaient des ouvrages de resserrement au moyen d'épis. En 1842, on était parvenu à faire circuler régulièrement sur le fleuve des bateaux de 50 à 75 tonnes. Ce résultat n'étant pas considéré comme suffisant, en raison du développement croissant de l'exploitation des houillères de Silésie, on entreprit des essais systématiques de resserrement, et on conclut à la possibilité d'obtenir un mouillage de 1 mètre en basses eaux moyennes en resserrant convenablement le lit.

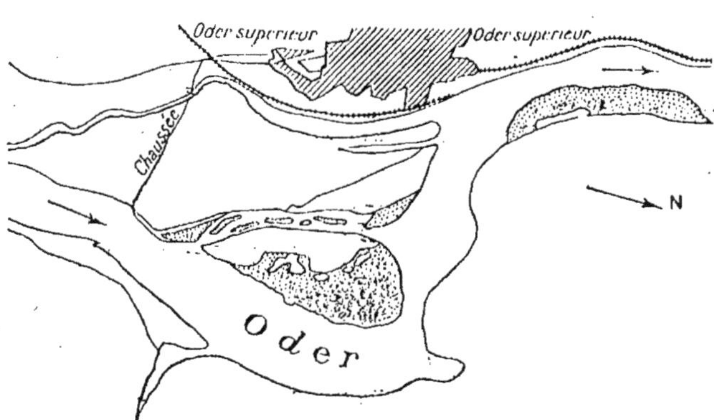

Fig. 136. — L'Oder à Kienitz en 1846.

Cependant on a renoncé en 1866 à poursuivre la régularisation du haut Oder sur la section de Ratibor à Kosel, et on a pris le parti en 1888 de canaliser la section de 80 kilomètres de longueur comprise entre Kosel et la Neisse de Glatz, avec un mouillage de 2 mètres. L'Oder régularisé subsiste donc seulement à l'aval de la Neisse de Glatz.

MÉTHODE DE RÉGULARISATION ET SYSTÈME DE TRAVAUX. — La méthode adoptée pour la régularisation de l'Oder est celle du resserrement par l'emploi exclusif d'épis transversaux en fascinages. Les largeurs normales de rétrécissement au niveau des basses eaux varient de 40 mètres à la Neisse à 132 mètres à Custrin.

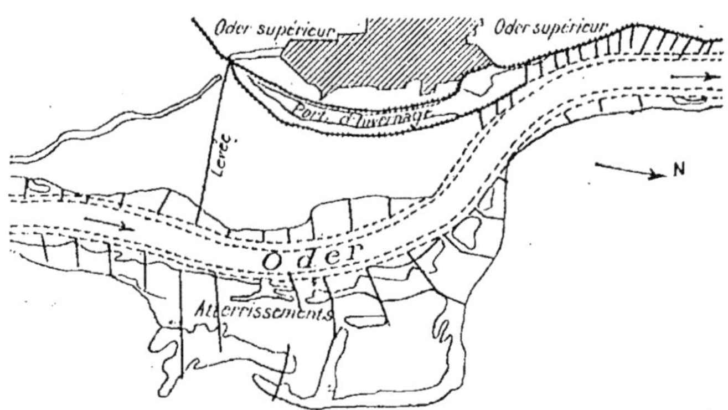

FIG. 137. — L'Oder à Kienitz en 1887.
Résultats obtenus par les travaux de régularisation de l'Oder à Kienitz
(en aval du confluent de la Warthe).

Les plans ci-contre indiquent les travaux qui ont été entrepris à Kienitz en aval du confluent de la Warthe (*fig.* 136 et 137).

RÉSULTATS OBTENUS PAR LA RÉGULARISATION. — Le mouillage que présentait l'Oder avant 1842 était extrêmement faible, puisqu'on rapporte que le premier bateau à vapeur de l'Oder, de 0^m,47 de tirant d'eau, éprouvait en 1856 beaucoup de difficultés à faire son service dans la partie moyenne du fleuve.

En 1898, la situation avait changé ; le mouillage minimum

réalisé sur le moyen Oder était de 0^m,70 en basses eaux moyennes ; sur le bas Oder (75 kilomètres environ) il était de 1^m,20. On s'était proposé d'obtenir un mouillage de 1 mètre. On n'était donc pas arrivé au résultat que l'on se proposait d'atteindre. Cela tient sans doute au faible débit et à la pente assez forte, qui ne facilitent pas la régularisation.

Si on considère la période de 1894 à 1899, on remarque que la moyenne annuelle des conditions de navigabilité de l'Oder est la suivante :

```
Nombre de jours de navigation : 267 jours.
  avec un mouillage de 0m,70 et au-dessous.   88 jours.
                de 0m,70 à 1m,20.....    39    —
                de 1m,20 à 1m,50.....    72    —
                de 1m,50 et au-dessus.   68    —
                                        ————————
                      TOTAL ÉGAL....   267 jours.
```

Ainsi la navigation de l'Oder ne s'exerce guère que pendant les deux tiers de l'année ; et c'est à peine si les bateaux prennent leur maximum de chargement pendant deux mois avec un tirant d'eau de 1^m,40.

DÉVELOPPEMENT DE LA NAVIGATION. — Malgré ces conditions, que l'on considérerait comme médiocres en France, la navigation a pris un développement remarquable, ce qui prouve que l'on peut toujours avec un matériel approprié tirer parti d'un fleuve, si faible soit le mouillage qu'il présente. Et en effet :

```
En 1875, le trafic à distance entière attei-
     gnait à peine....................   240.000 tonnes.
En 1885, il s'est élevé à ...........   550.000    —
   et en 1895 { à l'amont de Breslau à..   950.000    —
il s'est élevé { à l'aval de Breslau à.... 1.900.000    —
```

La flotte s'est développée dans la même proportion ; le nombre des bateaux de 100 à 200 tonnes de capacité a passé de 578 à 1.777. Il y a aussi des bateaux de 200 à 500 tonnes de capacité, qui n'existaient pas antérieurement. Le nombre des bateaux à vapeur qui était de 50 en 1877 est passé à 225 en 1897.

Dépenses d'établissement et d'entretien. — Les dépenses faites pour la régularisation de l'Oder se sont élevées, de 1876 à 1897, à 71.629.733 francs, dont 22.986.034 francs pour l'entretien. Le montant des travaux neufs proprement dits peut être évalué au chiffre de 48.644.000 francs, ce qui pour 516 kilomètres de longueur du fleuve, fait ressortir la dépense kilométrique à 94.310 francs.

Depuis 1874, on a dépensé en entretien près de 23 millions de francs, soit 1.948 francs par kilomètre de rivière et par an.

Travaux complémentaires. — En 1897, le but de la régularisation n'était pas encore atteint, les Allemands estimant que le mouillage de 1 mètre en basses eaux serait lui-même insuffisant pour le développement du trafic, auquel l'Oder leur paraît appelé depuis que la canalisation entre Kosel et la Neisse a permis aux mines de houille de la Haute-Silésie de recourir à la voie navigable. On parle de la canalisation, mais aussi de l'augmentation du débit d'étiage de l'Oder au moyen de réservoirs de retenue dans les vallées de la Neisse et du Bober, de manière à obtenir un mouillage minimum de $1^m,40$ et permettre aux bateaux de 400 tonnes de circuler en tout temps. Cette solution semblait prévaloir tout au moins parce qu'elle était plus économique. Elle était évaluée à 38 millions de francs.

L'Elbe et les cours d'eau de la Marche de Brandebourg.
— Longueur de l'Elbe, superficie de son bassin. — L'Elbe mesure de sa source à la mer du Nord une longueur de 1.154 kilomètres qui se partage ainsi entre les divers États, que ce fleuve traverse :

Bohême........................	$414^{km},8$
Royaume de Saxe................	$121^{km},8$
Prusse et États secondaires (Anhalt, Mecklembourg, Hambourg)......	$617^{km},4$
Total égal.............	$1.154^{km},0$

Elle est navigable depuis Melnik, confluent de la Moldau en Bohême ; et la longueur de sa partie fluviale entre ce confluent et Hambourg, origine de sa section maritime, est de 725 kilomètres. La superficie totale de son bassin est de 144.635 kilomètres carrés.

Constitution du lit et des rives de l'Elbe. — L'Elbe coule au milieu d'alluvions quaternaires ou modernes n'offrant qu'une faible résistance à l'érosion. Dans sa partie supérieure, à peu près jusqu'à la frontière aval de la Saxe, la vallée est généralement resserrée et devient parfois extrêmement étroite ; là les flancs rocheux de la vallée ont limité l'action des eaux, mais il cesse d'en être ainsi à partir de Niesa où le fleuve débouche dans la plaine de l'Allemagne du Nord, et ces différences de conditions de la vallée se traduisent par un changement complet de la physionomie de son cours ; tandis qu'en Bohême et en Saxe, les courbes qu'il décrit sont généralement longues et largement développées, dans la plaine prussienne apparaissent des sinuosités courtes et multipliées que les eaux ont librement creusées dans les rives. Il en résultait, avant les travaux de régularisation et de fixation, un état d'instabilité mis en évidence par un grand nombre de faux bras aujourd'hui fermés et atterris. Le coefficient d'allongement du fleuve par rapport à la vallée est de 25 0/0 en Bohême, 11 0/0 en Saxe et 26 0/0 en Prusse. Le coefficient général moyen est de 23,5 0/0.

Sauf en certains passages exceptionnels où l'on rencontre des seuils rocheux, les matériaux du lit sont constitués exclusivement d'un mélange en proportion variable de sable quartzeux et de gravier. Vers l'amont, le gravier domine, mais devient de plus en plus fin ; à partir de Torgau, à 580 kilomètres de la mer du Nord, on ne le rencontre plus que dans quelques passages, et il a tout à fait disparu au confluent de la Havel à 307 kilomètres de la mer.

Le sable lui-même, d'abord à gros grains, se transforme progressivement, et devient de plus en plus fin ; entre Wittenberg et Burby par exemple, la grosseur des grains varie de 0^{mm},5 à 2 millimètres. A l'aval de la Havel, le sable devient dans son ensemble analogue à du sable de plage ou de dunes, ne renferme plus qu'une faible proportion de sable grenu ; à Hambourg ce dernier a tout à fait disparu.

Les rives sont formées de sable de gravier, de terre argileuse et de limon, mélangés ou superposés dans des proportions et conditions variables. De l'amont à l'aval, le gravier disparaît peu à peu, et la grosseur du sable diminue. La nature de ces rives les rend très sujettes aux corrosions, lorsqu'elles ne sont pas défendues. Pendant les crues, les eaux entraînent en suspension une assez forte proportion de limon argileux arraché aux rives ou apporté par les affluents.

La hauteur des rives au-dessus du niveau de l'étiage décroît progressivement d'une manière à peu près régulière de l'amont à l'aval ; elle est de 5 à 6 mètres en Bohême, de 4 à 5 mètres en Saxe, de 3 à 4 mètres à l'amont de la Havel, de 2 à 3 mètres à l'aval.

Le niveau du sol de la vallée ne dépasse guère celui des berges, et une étendue énorme de pays était sujette aux inondations avant la construction des digues insubmersibles qui accompagnent le fleuve sur l'une et l'autre de ses rives dans toute la plaine de l'Allemagne du Nord, entre la frontière de Saxe et la mer. La superficie naturellement inondable est de 6.172 kilomètres carrés, elle a été réduite à 1.528 kilomètres carrés, c'est-à-dire à peu près exactement au quart de son étendue primitive. Le tracé des endiguements insubmersibles est d'ailleurs extrêmement défectueux, ainsi qu'il arrive sur toutes les rivières où les travaux de défense contre les inondations remontent à une époque reculée.

LARGEURS DU LIT MINEUR. — Les eaux moyennes de l'Elbe sont aujourd'hui concentrées dans un lit mineur unique ; exception faite de quelques passages, notamment à Magdebourg et aux abords de Hambourg, les anciens faux bras barrés et atterris ne servent plus que de décharge en temps de crue. La largeur de ce lit unique, pris entre la crête des berges naturelles croît dans l'ensemble de l'amont à l'aval à mesure de l'arrivée des affluents, mais elle est affectée dans ses détails de nombreuses irrégularités, caractéristiques de toutes les rivières à berges affouillables.

Elle varie :

en Bohême, de................. 100 à 200 mètres
en Saxe, de................... 115 à 200   —
de la frontière de Saxe à la Saale, de 140 à 350   —
de la Saale à la Havel, de........ 250 à 350   —
de la Havel à Hambourg, de....... 230 à 600   —

Cette dernière largeur de 600 mètres est exceptionnelle.

PENTES ET DÉBITS. — La pente kilométrique varie dans une assez forte mesure : elle atteint 0^m,390 dans la partie haute en Bohême, pour descendre à 0^m,103 en amont de Hambourg. Cette réduction ne se fait pas d'une façon continue ; dans certaines sections intermédiaires la pente est plus forte en aval qu'en amont. Il en résulte, et ce n'est peut-être pas la seule cause, que le débit dans ces sections est plus élevé que dans celles qui précèdent ou qui suivent. C'est ainsi que le débit dans la partie supérieure du fleuve est de 47 mètres cubes en basses eaux moyennes et monte à 4.450 mètres cubes en hautes eaux ; en amont de Hambourg le débit varie entre 432 mètres cubes en basses eaux moyennes pour atteindre 3.376 mètres cubes en hautes eaux.

RÉGIME DES EAUX. — Les crues de l'Elbe se manifestent régulièrement à la fin de l'hiver, à la suite de la fonte des neiges dans le massif montagneux de la Bohême et de la Saxe ; elles surviennent généralement à la fin de février et de mars. Cependant il arrive que de grandes crues sont produites en été par de fortes pluies prolongées ; la proportion de ces crues est relativement de 15 0/0 par rapport aux premières.

Les basses eaux se produisent en août et surtout en septembre ; on constate aussi des étiages d'hiver lors des gelées dans la partie montagneuse du bassin.

Les petites crues d'orage ou pluie d'orage, qui se produisent dans le bassin de la Bohême à intervalles généralement peu éloignés, sont d'un grand secours pour la navigation pour atténuer les inconvénients des faibles mouillages d'été.

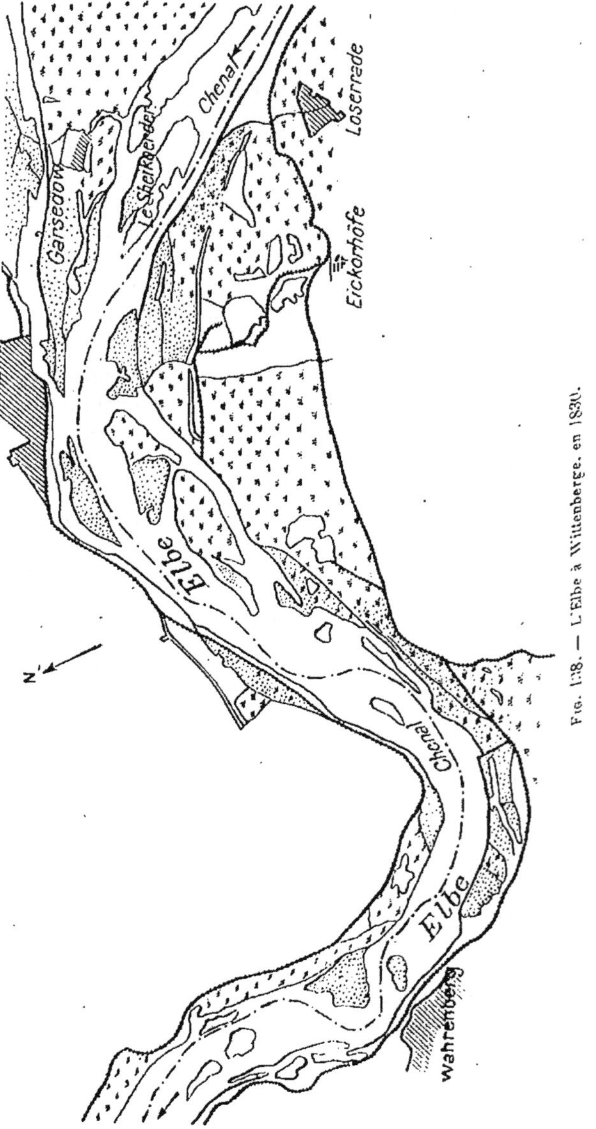

Fig. 138. — L'Elbe à Wittenberge, en 1830.

Travaux de régularisation. — Jusque vers le milieu du dernier siècle, l'Elbe a été à peu près abandonnée à elle-même. Ce n'est qu'en 1842 que les divers États riverains de ce fleuve se sont entendus pour créer et entretenir de Tetsden en Bohême jusqu'à Hambourg un chenal de 0ᵐ,78 au moins de profondeur au-dessous du niveau de l'étiage.

Le manque de ressources d'une part, le défaut d'entente entre les intéressés laissèrent les choses à peu près en l'état pendant vingt ans. C'est seulement en 1866 que fut constituée l'Administration de l'Elbe pour poursuivre la régularisation du fleuve entre la Saxe et Hambourg.

Le mouillage minimum de 0ᵐ,78 fixé en 1842 ne répondait plus aux besoins de la navigation ; on se proposa d'atteindre 0ᵐ,93 comme mouillage minimum au-dessous des plus basses eaux, l'expérience ayant démontré qu'on pouvait obtenir ce résultat par le resserrement sans courir le risque d'accroître outre mesure la vitesse et de modifier le régime d'une manière dangereuse.

Méthode générale de régularisation. — Elle consiste, au moyen d'ouvrages continus (digues longitudinales) ou discontinus (épis transversaux), à calibrer la rivière à une largeur normale déterminée d'une manière plus ou moins empirique en tenant compte de la pente et du débit. On a beaucoup tâtonné pour la fixation de ces largeurs; celles que l'on a adoptées au début ont été reconnues exagérées ; on les a successivement réduites à diverses reprises, et l'on projette de les réduire encore. C'est l'objet des travaux de parachèvement qui se poursuivent en Saxe et en Prusse. La largeur normale actuelle au niveau des basses eaux est de 113 mètres en Saxe (débit d'étiage = 63 mètres cubes, pente = 0,264 par kilomètre); en Prusse elle varie progressivement de 95 mètres (débit d'étiage = 64 mètres cubes, pente = 0,263 par kilomètre) à l'amont, à 280 mètres à l'aval (débit d'étiage = 247 mètres cubes, pente = 0,101 par kilomètre).

Système de travaux. — En Bohême et en Saxe, le resserrement a été opéré au moyen de digues longitudinales en enrochements; en Prusse, au moyen d'épis transversaux, inclinés de l'aval vers l'amont et en pente de la rive vers le chenal. Ces épis sont employés aussi bien sur la rive convexe que sur la rive concave. Ce sont des ouvrages très volumineux construits en fascinages à cause de la cherté du moellon dans la plaine de l'Allemagne du Nord.

RÉSULTATS OBTENUS PAR LA RÉGULARISATION. — *Situation antérieure aux travaux.* — Avant 1842, les mouillages de l'Elbe tombaient à 0ᵐ,25 en Bohême et en Saxe ; à 0ᵐ,30 entre la frontière de Saxe et la Havel ; à 0ᵐ,50 au-dessous de la Havel. La profondeur de 0ᵐ,94 manquait sur 117 passages formant un total de 31 kilomètres pour une longueur de rivière de 121ᵏⁱ,8.

Mouillages en 1898. — Le mouillage minimum de 0ᵐ,93 n'est obtenu nulle part en tout état des eaux. Il ne peut pas être garanti à la navigation et les profondeurs tombent à des chiffres sensiblement inférieurs (0ᵐ,75 environ).

Le nombre des seuils où manquent les mouillages de 0ᵐ,93 et 1ᵐ,03 varie considérablement d'une année à l'autre. On constate de plus que leurs emplacements se modifient. On doit donc en conclure que les travaux n'ont donné au lit qu'une stabilité incomplète. Les variations du chenal sont en fait continuelles, et l'on est obligé sur l'Elbe de procéder d'une manière incessante au balisage du chenal ; cette mobilité n'est d'ailleurs pas incompatible avec des conditions satisfaisantes de navigation, à la condition que le balisage soit exécuté avec soin.

La mobilité du chenal s'accentue de l'amont à l'aval, à mesure que les matériaux du lit deviennent plus ténus.

Les *fig.* 138, 139, 140, 141 indiquent les résultats obtenus sur deux sections : la première à Wittenberge, la seconde à Magdebourg.

Durée des périodes de navigation aux différents mouillages. — L'indication du mouillage minimum ne donne qu'une physionomie incomplète des conditions de navigabilité.

Il est plus intéressant de connaître la durée pendant laquelle se maintiennent les diverses profondeurs et quels ont été les progrès réalisés à ce point de vue.

Pendant la période de 1874 à 1881, le nombre moyen annuel des jours de navigation était de 296 ; il est monté, de 1893 à 1898, à 316. Les mouillages inférieurs à 0ᵐ,73 corres-

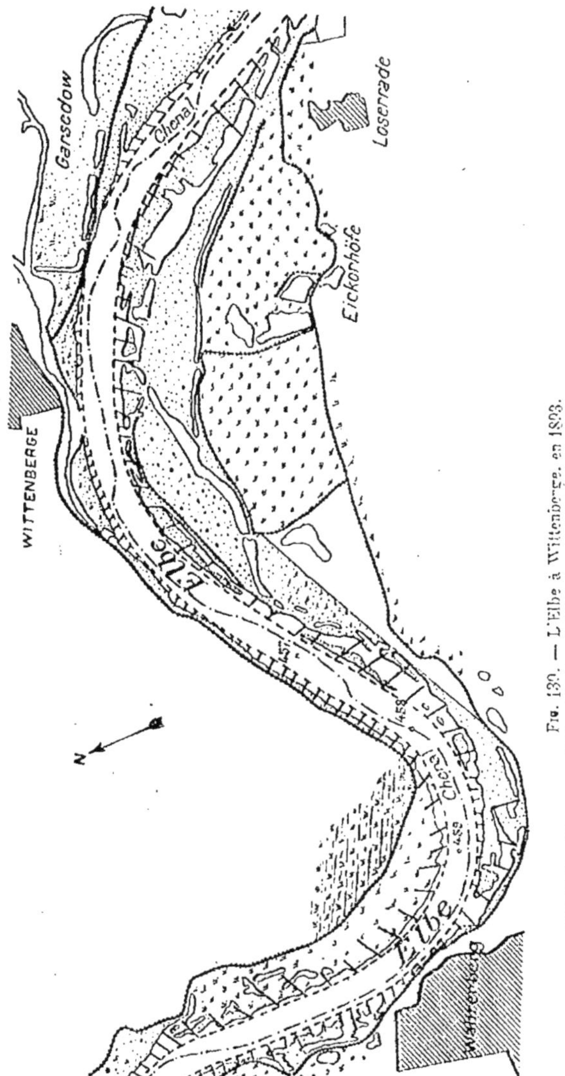

Fig. 139. — L'Elbe à Wittenberge, en 1893.

Résultats obtenus sur l'Elbe à Wittenberge, par la régularisation au moyen des épis (Buhnen).

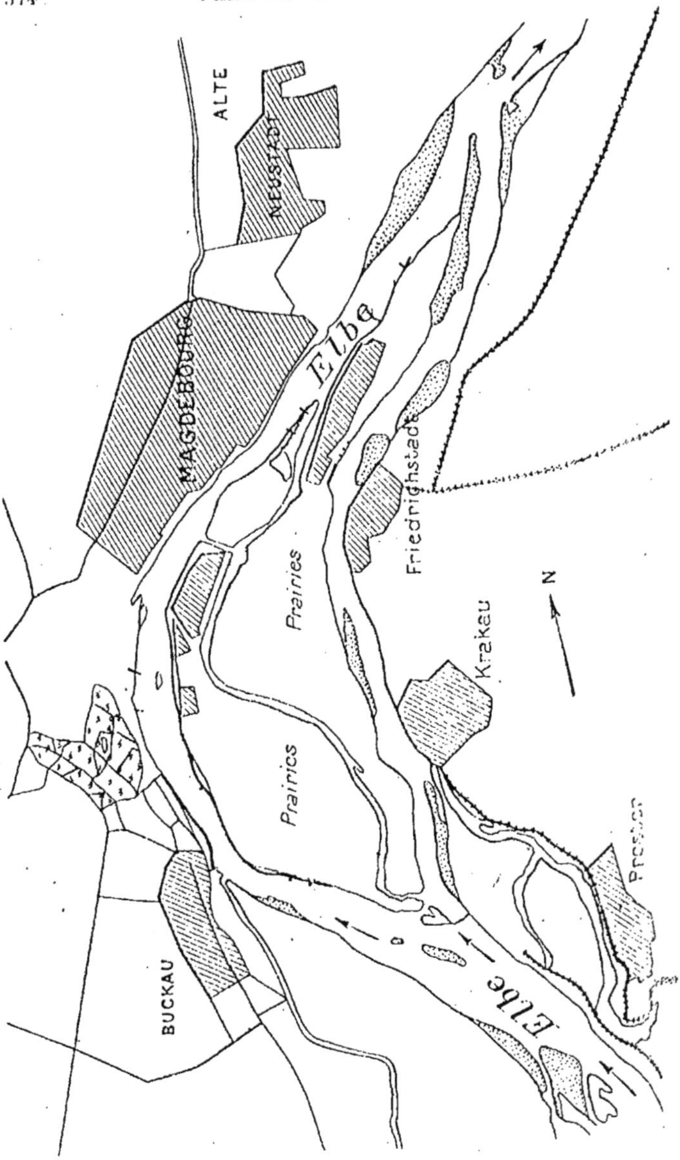

Fig. 140. — L'Elbe à Magdebourg, en 1885.

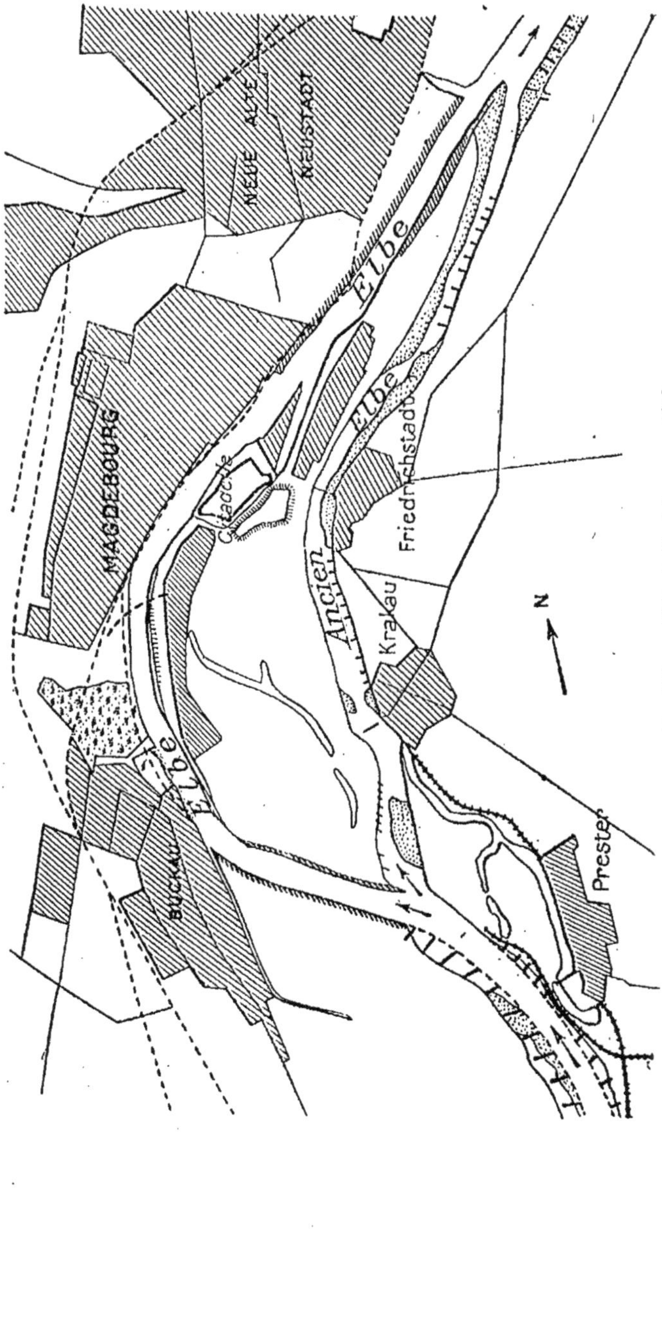

Fig. 141. — L'Elbe à Magdebourg, en 1888.

Résultats obtenus sur l'Elbe à Magdebourg par les travaux de régularisation.

pondant au quart de la charge se rencontraient pendant
28 jours; on ne les trouve plus que pendant 4 jours. Dans
le même sens, les mouillages supérieurs à 1^m,50, correspondant à la pleine charge, existent pendant 147 jours ; ils
étaient de 88 jours de 1874 à 1881.

La situation s'est donc améliorée d'une manière très sensible ; les périodes de bonne navigation se sont allongées
d'une manière appréciable.

Développement du trafic. — Le trafic de l'Elbe a reçu de
cette amélioration un contre-coup très heureux, et s'est
développé d'une manière extrêmement considérable.

Le trafic à distance entière de la frontière de Bohême à
Hambourg, qui était en 1875 de 720.000 tonnes, s'est élevé
en 1898 à 5.570.000 tonnes.

Amélioration et développement du matériel. — L'amélioration de la voie navigable est sans doute un facteur important dans le développement du trafic, mais il n'est pas seul,
et c'est malheureusement un principe qui a été fréquemment méconnu en France. Le degré d'utilisation d'une
voie fluviale, les services qu'elle est capable de rendre dépendent principalement de la manière dont on sait en tirer
parti, c'est-à-dire de l'habileté mise à l'exploiter. Tant vaut
l'ouvrier, tant vaut l'outil. C'est par ses procédés d'exploitation surtout que l'Allemagne en tire un rendement aussi
élevé ; l'excellent aménagement de ses ports fluviaux, le
perfectionnement remarquable du matériel de batellerie et
des modes de traction, l'union de la navigation et des chemins de fer dans une coopération féconde ont exercé sur le
développement du trafic fluvial la plus heureuse influence ;
l'abaissement du prix du fret a une influence plus considérable
encore que les améliorations réalisées dans la navigbilité.

On est obligé de reconnaître avec quelle méthode, avec
quelle science de l'organisation sont installés les ports
fluviaux de l'Allemagne, et comment ils sont desservis
par les voies ferrées, des appareils de chargement, des
de magasins, en un mot tout un outillage qu'on ne rencontre guère en France que dans les ports de mer. Sur
l'Elbe, les ports d'Aussig et de Tetschen en Bohême, de
Dresde et de Riesa en Saxe, de Magdebourg et de Hambourg

en Prusse constituent à tous ces points de vue de véritables modèles. On montrera plus loin comment ces installations sont comprises.

Le résultat de l'effort ainsi accompli est qu'en 1842, le plus grand type des bateaux de l'Elbe de 150 tonnes de capacité mesurait 44 mètres de long, 1^m,70 à 5 mètres de large, 0^m,24 de tirant d'eau à vide, et 1^m,17 à pleine charge; aujourd'hui le bateau de 600 tonnes tend à devenir le type normal. On lui donne 70 mètres de longueur, 8 à 10 mètres de largeur, 0^m,35 de calaison à vide, 1^m,40 à 1^m,60 à pleine charge. On en construit de plus grands encore; on trouve sur l'Elbe des bateaux de 79 mètres de long et 11^m,50 de large, qui portent 8 à 900 tonnes.

Le nombre des bateaux de 4 à 500 tonnes de capacité, qui était de 21 en 1877, est passé en 1897 à 356; celui des bateaux à vapeur et des remorqueurs, qui était de 221, était de 940 en 1897.

Autrefois la navigation sur l'Elbe se pratiquait à peu près exclusivement à la voile, ou par halage à bras d'homme lorsque le vent venait à manquer. Actuellement on renonce de plus en plus à ces moyens trop incertains et trop lents, et l'usage des grands bateaux construits dans ces dernières années n'a été rendu possible que par le remorquage à vapeur ou le touage. La traction animale est tout à fait abandonnée; et seule la descente s'effectue encore à gré d'eau ou à la voile. Grâce à l'usage de la traction à vapeur, l'utilisation du matériel est notablement meilleure : un bateau ne pouvait faire autrefois que deux ou trois voyages dans l'année de Magdebourg à Hambourg ; il en effectue sept en moyenne aujourd'hui.

Ces nouvelles conditions de traction, en même temps que l'amélioration des conditions de navigabilité, ont permis de réduire notablement l'équipage des bateaux. En 1842, un bateau de 150 tonnes exigeait six à sept hommes; aujourd'hui trois à quatre hommes suffisent au service d'un bateau de 600 tonnes.

Il résulte de tout ce qui vient d'être constaté que les Allemands, en améliorant d'une façon peu importante les conditions de navigabilité de l'Elbe, ont cependant su en tirer un parti vraiment remarquable en adaptant le matériel aux nouvelles conditions réalisées. Un mouillage, si faible soit-il, peut être utilisé à condition que l'on utilise le matériel qui lui est propre. Il est plus difficile, sinon impossible, de renverser le problème et de vouloir envers et contre tous faire naviguer sur tout le réseau d'un pays un matériel déterminé. Autrement dit, il serait aussi simple de réduire l'humanité à un type unique et de faire passer sous la toise tous ceux qui dépassent la dimension décrétée. C'est un principe qui malheureusement a toujours été méconnu en France, et dont la méconnaissance a conduit à des résultats tout à fait médiocres. On peut dire, pour justifier cette conclusion quelque peu pessimiste en ce qui nous concerne, que pour l'ensemble de l'Allemagne la capacité totale des bateaux a augmenté de 143 0/0 de 1877 à 1897, tandis que le trafic dans la même période s'est accru de 159 0/0. L'utilisation de la capacité du matériel est meilleure en 1897 qu'en 1877 ; mais c'est plus à l'accroissement de cette capacité qu'à son utilisation même que sont dus les progrès du trafic ; l'amélioration du matériel, que l'on devrait toujours poursuivre, a joué dans le développement de ce trafic un rôle plus important que l'amélioration de la navigabilité proprement dite.

DÉPENSES D'ÉTABLISSEMENT ET D'ENTRETIEN. — Les dépenses d'établissement et d'entretien peuvent être ainsi définies. En Saxe, la dépense moyenne par kilomètre pour 121^{km},800 ressort à 112,000 francs ; en Prusse, elle descend pour 436 kilomètres à 66.440 francs par kilomètre.

Les dépenses d'entretien rapportées au kilomètre de rivière sont les suivantes pendant la période de 1894 à 1898 :

en Saxe...................... 3.515 francs;
en Prusse.................... 5.700 francs.

Les dépenses d'entretien ont subi un accroissement continu et rapide pendant les dernières années, dont on possède les données. L'augmentation porte à peu près exclusivement sur l'entretien des ouvrages et du chenal. Les dragages jouent un rôle considérable dans l'entretien du fleuve. De 26.636 mètres cubes extraits en 1894, le cube dragué est passé à 895.994 mètres cubes en 1898-1899. Doit-on en déduire, comme on l'a fait à tort, que les ouvrages fixes sont insuffisants pour produire partout le mouillage normal? Il est plutôt probable, comme on l'a fait remarquer dans le chapitre précédent, que la méthode appliquée de calibrage, de régularisation normale n'est pas la meilleure et ne donne pas les résultats que l'on se proposait d'atteindre.

La Weser. — On peut distinguer, d'après la pente de la Weser et la nature des débris qu'elle roule, la Weser supérieure coulant en pays de collines de sa source à Minden et la Weser inférieure fleuve de pays plat. La pente est seulement de 1/6500 aux approches de Brême. De Münden à Minden, la Weser entraîne des galets grossiers, des graviers qui parfois s'agglomèrent en bancs, alternant avec les profondeurs; çà et là le roc apparaît. En aval de Minden, le sable fin se dépose en masses compactes, de préférence aux sommets des courbes convexes (*fig.* 142).

On s'était proposé de poursuivre la régularisation en cherchant à obtenir la profondeur de 0ᵐ,47 au-dessous du zéro de l'échelle de Minden. Les maigres des années 1857-58-59 prouvèrent que cette profondeur n'était pas définitivement acquise. Dès lors les efforts se portèrent sur la section Münden-Brême, où la navigation était le plus active. En 1874, la profondeur de 0ᵐ,47 était atteinte et de beaucoup dépassée sur le parcours Hameln-Brême. On résolut donc d'obtenir 1 mètre de profondeur minima de Münden à Minden, 1ᵐ.25 en aval de Minden, et on élargit de 8 mètres à 11 mètres l'écluse de Hameln, afin qu'elle pût recevoir des vapeurs. Ces améliorations devaient permettre aux bateaux de la Weser de naviguer pendant les neuf mois que dure la navigation sur ce fleuve, à demi-charge sur la Weser supérieure, à charge presque entière sur la Weser inférieure.

Jusqu'en 1874 on avait construit des buhnes et des digues longitudinales. Après 1874, on recourut surtout aux dragages à vapeur. En 1876, on ne voyait encore sur la Weser qu'une seule drague. Elle servait dans le district de Minden. En 1880, huit dragues étaient en activité. Dans

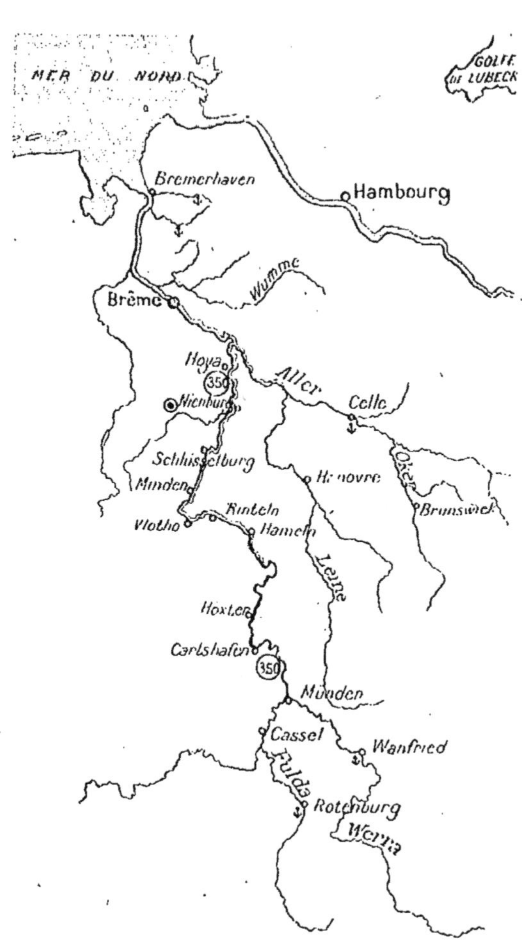

Fig. 142. — La Weser et ses affluents.

Les chiffres inscrits dans des cercles, près du fleuve, indiquent la capacité des bateaux qui le fréquentent.

Le double cercle placé près de Nienburg indique une École de batellerie (Schifferschule).

la partie supérieure du fleuve, on employait immédiatement les matériaux qu'elles enlevaient pour la construction des ouvrages de protection. A cette époque, on constata que par la construction d'épis, de digues et de seuils de fond, et par les dragages, on avait resserré le cours de la Weser, réduit la pente de sa section supérieure et relevé celle des cours inférieurs. Les rapides avaient disparu.

Les dépenses se sont élevées à 6.000.000 de marks environ pour une longueur totale de 345 kilomètres, ce qui fait ressortir la dépense kilométrique à 145.000 francs environ. Les frais d'entretien s'élèvent à 1.800 francs environ par kilomètre.

DÉVELOPPEMENT DU TRAFIC. — Malgré les améliorations dont elle a été l'objet, la Weser est caractérisée par un régime hydrographique des plus instables. Les plans d'eau y oscillent entre $1^m,50$ et $4^m,50$ en eaux moyennes, entre $0^m,80$ et 4 mètres en basses eaux.

Cependant le trafic à distance entière s'est développé, passant de 49.000 tonnes en 1875 à 110.000 tonnes en 1895.

DÉVELOPPEMENT DU MATÉRIEL. — Le matériel s'est développé d'une manière assez sensible; les bateaux les plus nombreux, qui jaugeaient 100 tonnes, ont été remplacés par des bateaux de 3 à 400 tonnes de jauge. Le nombre des bateaux de vapeur, qui était de 18 en 1877, a monté en 1897 à 57.

Néanmoins, pour des raisons qu'il est difficile de comprendre, il semble que les Allemands, estimant que les progrès réalisés n'ont pas répondu à l'effort effectué, ayant peut-être la conception d'une œuvre grandiose, aient eu l'idée de canaliser la Weser, en la reliant à un canal devant relier le Rhin à l'Elbe (Mittelland Kanal). Cette œuvre n'a pas encore eu de commencement malgré tout l'intérêt qu'elle présentait, et les sacrifices qu'était disposée à faire la ville de Brême pour obtenir depuis Minden le mouillage de $2^m,50$, comme celui qui était prévu dans le canal. Il est à croire, après les événements douloureux que l'on traverse, et qui auront sans doute une répercussion sur l'avenir économique de l'Allemagne, que l'entreprise colossale consistant à relier le Rhin à l'Elbe restera à l'état de projet, et que la ville de Brême devra se contenter du fleuve dans les conditions où il se trouve actuellement.

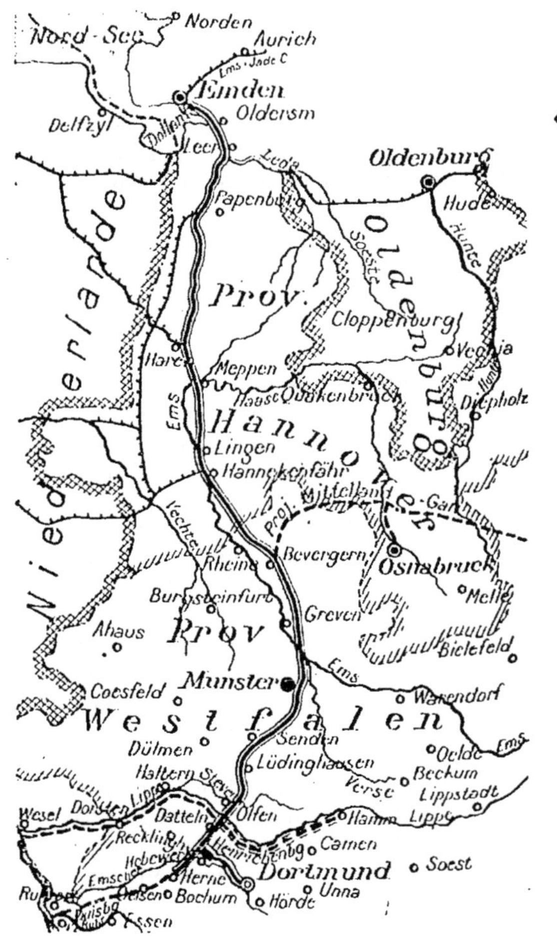

Fig. 143. — L'Ems et le « Canal de Dortmund aux ports de l'Ems ».

L'Ems. — Le cours de l'Ems peut se diviser en deux sections : la section Greven-Papenburg, et la section Papenburg-

Emden ; celle-ci accessible aux bateaux de mer, celle-là fréquentée seulement par la navigation intérieure (*fig.* 143).

L'Ems est caractérisée par d'innombrables sinuosités. De Hanckenfahr à Meppen, on les évitait avant la création du canal de Dortmund aux ports de l'Ems, par un canal latéral de 26 kilomètres de long et quatre écluses. De Meppen à l'embouchure de la Hase jusqu'à Papenburg, les courbes portent à 88 kilomètres la longueur du fleuve qui à vol d'oiseau n'atteint que 47^{km},5. Sa pente est sur cet espace de 1/9000. Son débit en basses eaux est de 8 mètres cubes ; en hautes eaux il atteint 740 mètres cubes.

L'Ems fut longtemps l'unique voie conduisant du pays de Munster vers les ports de la Baltique. Les déboisements, dont les régions de son cours moyen furent victimes, à la fin du XVIIIe siècle, provoquèrent l'ensablement du fleuve et la disparition des profondeurs. Les travaux de régularisation, exécutés à partir de 1820, eurent pour objet de réaliser la profondeur de 0^m,94, que l'on s'était proposé d'atteindre.

La création du chemin de fer Westphalien arrête les progrès que le trafic fluvial avait pu faire grâce à la régularisation.

On se décida, en 1886, à construire un canal destiné à relier aux ports de l'Ems le grand centre industriel de la Westphalie, Dortmund. Ce canal suit le cours de l'Ems depuis Greven, et est ouvert au trafic depuis quatorze ans environ. Il a coûté 100 millions. On n'en parle que pour mémoire.

FLEUVES INTERNATIONAUX

Le Rhin. — Le Rhin, qui traverse la Suisse, sert de frontière à l'Alsace-Lorraine et aux États allemands, passe ensuite dans ces derniers pour aboutir en Hollande et se jeter dans la mer du Nord (*fig.* 144).

Il a sur les autres cours d'eau allemands qui coulent vers le Nord l'avantage d'un débit plus régulier.

La fonte des neiges en Suisse alimente ce fleuve jusqu'à la fin du mois d'août ; elle s'arrête en septembre. Alors commence la période des basses eaux, qui dure jusqu'en novembre. Les eaux montent de janvier à avril en aval de Mannheim, d'avril à juillet en amont. Le rapport entre les plus basses et les plus hautes eaux est de 1 à 14 à Bâle, de 1 à 6,6 à Emmerich.

Le débit du Rhin prussien varie entre 1.800 et 8.000 mètres cubes. Sa pente est inégale, elle est de :

de Mayence à Bingen................... 1 : 8.098
de Bingen à Saint-Goar................ 1 : 2.418
de Saint-Goar à Coblentz.............. 1 : 511
de Coblentz à Cologne................. 1 : 4.358
de Cologne à la frontière des Pays-Bas... 1 : 6.264
jusqu'à 1 : 6.379
en aval d'Emmerich.................... 1 : 9.336

La vitesse moyenne des eaux est de 0^m,80 à la seconde entre Mayence et Bingen ; elle atteint 3^m,45 un peu en aval de Bingen, au Bingerloch, près du confluent de la Nahe.

La largeur du fleuve en eaux moyennes est très variable ; elle s'étend sur 700 mètres dans le Rheigen (de Mayence à Bingen) et en quelques endroits du Rhin inférieur ; elle se réduit à 166 mètres entre les rochers de Saint-Goar et atteint 250 mètres à Düsseldorf. En eaux moyennes le chenal offre généralement une profondeur de 3 mètres ; on trouve dans certaines concavités des fonds de 9 à 12 mètres ; de plus de 18 mètres près de Düsseldorf ; de plus de 30 mètres en amont de Saint-Goar. Le passage du thalweg d'une concavité à l'autre est généralement marqué par des seuils importants.

Ainsi constitué, le Rhin offre un aspect très différent, selon que l'on considère telle ou telle partie de son cours.

On a commencé par régulariser, dans l'intérêt de l'agriculture, la section qui sépare le grand-duché de Bade de l'Alsace-Lorraine et du Palatinat bavarois. De Mayence à Bingen, la pente et la vitesse des eaux diminuent, les rives s'abaissent, un sable mêlé de fin gravier se dépose au fond du lit, des îles nombreuses divisent le courant : le Rhin offre l'aspect d'un lac. Il change de caractère en traversant le

« défilé rocheux » du massif schisteux rhénan. Depuis le tour
de Bingen jusqu'à Saint-Goar, il coule avec rapidité dans un
lit encombré de galets comme celui d'un torrent. De Saint-
Goar à Coblentz, le courant est moins violent, mais les

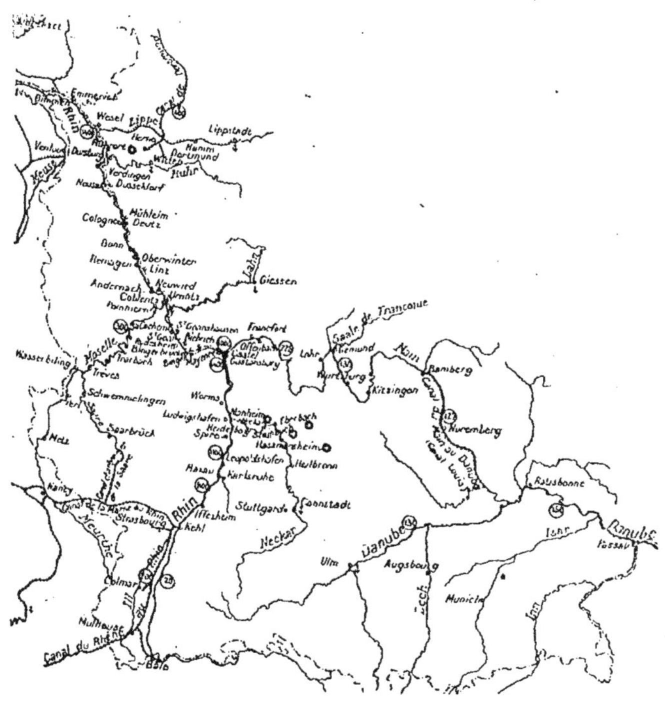

Fig. 144. — Le Rhin et ses affluents.
Les chiffres inscrits dans des cercles, auprès des voies navigables, indiquent la
capacité des bateaux qui les fréquentent.
Les doubles cercles, placés près des noms de ville, indiquent des Écoles de
Batellerie (*Schifferschulen*).

graviers se montrent encore à Coblentz et sur le parcours
Coblentz-Cologne. Ils se réduisent en sable de Cologne à la
frontière néerlandaise. Jusqu'à Cologne les rives sont assez
hautes pour être en général à l'abri des inondations. En
aval de cette ville, le fleuve ne se divise plus qu'une foisen-

core à Wesel, et il coule entre des terres si basses que depuis Ruhrort, des endiguements continus ont été nécessaires.

Les conditions hydrographiques du Rhin en ont fait une des grandes voies d'échange de l'Ancien Monde ; mais pour lui conserver sa valeur, malgré la concurrence des chemins de fer, il a fallu, dans la première moitié du dernier siècle, accroître sa profondeur par de nombreux travaux.

On commença dès 1851 par arrêter les dégradations des rives, à esquisser un chenal, à extraire les roches qui, de Saint-Goar à Bingen, gênaient la navigation, à refaire les chemins de halage, à améliorer les ports de refuge de Coblentz, Düsseldorf, Emmerich. Les travaux furent activement poursuivis de 1851 à 1860. Trente et une corrections furent exécutées ; on fit sauter de nombreux blocs de rochers ; les dépenses s'élevèrent à 4.365.000 marks.

On admit que l'on pouvait réaliser les profondeurs suivantes :

de Bingen à Coblentz..................	$2^m,00$
de Coblentz à Cologne	$2^m,50$
de Cologne à la frontière hollandaise...	$3^m,00$

La largeur du fleuve devait être réduite progressivement à 90 et 150 mètres.

Ce programme a pu être réalisé grâce à la présence de profondeurs supérieures à celles que l'on avait en vue et aussi à la direction générale du fleuve. Les buhnes ont joué un grand rôle dans la régularisation du cours inférieur. Quelques-unes établies sur la section Orsoy-Emmerich ont coûté plus de 100.000 marks. De 1861 à 1877, la Prusse a dépensé pour l'amélioration du Rhin 9.401.481 marks (11.752.000 francs), et sa profondeur a été accrue de $0^m,60$ environ. Durant cette période, on a extrait, sur une surface de 30.000 mètres carrés, 38.474 mètres cubes de rochers. En 1879, le gouvernement prussien demanda 22 millions de marks (27.500.000 francs) et un délai de 18 années pour parfaire la régularisation. Cette somme devait suffire à l'achèvement des travaux. La profondeur de 2 mètres ne faisait défaut qu'en de rares endroits, sur la section Bingen-Saint-Goar. La largeur du chenal était suffisante pour que les bateaux montants et avalants pussent se croiser sans danger. L'œuvre de correction, conçue d'après le plan de 1879, a dû être parachevée dans les sections Lorcley-Saint-Goarshausen, Urmitz, Neuwied, et complétée aux embouchures de la Moselle et de la Lippe. Il reste à mentionner le dragage de quelques bas-fonds à Caub, Saint-Goar, Neuwied, Bonn, Cologne, Düsseldorf, Duisburg, Ruhrort, Wesel et Emmerich.

Ce travail a été complété de 1908 à 1913 par la création d'un chenal profond de $1^m,50$ en basses eaux, entre Strasbourg et Mannheim ; mais les travaux n'ont porté en définitive que sur une section moindre entre Strasbourg et Sonderheim en amont de Spire, sur une longueur de 90 kilomètres. La partie améliorée, d'après les derniers renseignements qu'on a pu se procurer, ne dépasse pas Neuhaüsel qui se trouve à 50 kilomètres environ en amont du point que l'on s'était fixé. Le temps sans doute et les ressources aussi n'ont pas permis de pousser plus loin.

TRACÉ DE LA RÉGULARISATION. — Le tracé a été fait suivant les principes posés plus haut en régularisant le lit des eaux moyennes. Il est nécessaire d'ajouter que dans l'espèce les formes du Rhin, dans la partie dont il est question, sont très nettes, très accentuées, et que le lit des basses eaux se confond avec celui des eaux moyennes, et qu'ainsi la régularisation peut atteindre un effet utile en tout état des eaux.

NATURE DES OUVRAGES. — Les ouvrages qui sont des « bühnes », dont on a fait connaître plus haut la forme, ont été constitués par des moellons ou des blocs de béton défendus par des fascinages.

Des dragages importants étaient prévus pour placer le chenal dans la position que l'on se proposait d'atteindre. Cela démontre une fois de plus que l'action des ouvrages n'est pas suffisante pour obtenir le but que l'on se propose, et qu'il faut aider la nature au moins pour parvenir plus rapidement au résultat que l'on a en vue.

MONTANT DES TRAVAUX PROJETÉS. — Le montant des travaux projetés pour la section de 87 kilomètres, de Strasbourg à

Sonderheim, est de 13.464.080 marks, soit de 16.830.100 francs, ce qui fait ressortir le prix du kilomètre aménagé à 193.000 francs ([1]).

RÉSULTATS OBTENUS. — Les résultats obtenus paraissent satisfaisants dans leur ensemble. Le chenal navigable a une largeur de 88 mètres. Les formes obtenues pour le chenal navigable sont encore indécises, mais tendent cependant à se rapprocher des lignes du projet. Les travaux dont on rend compte s'étendent sur une section de 44 kilomètres de Strasbourg à Neuhaüsen jusqu'à la limite de la frontière d'Alsace-Lorraine.

Le plus intéressant est certainement de mettre en regard des résultats techniques les résultats économiques qui sont de nature à justifier les dépenses qui ont été exposées.

Ce qu'il faut retenir de ce tableau, c'est que le port du Rhin à Strasbourg n'a été ouvert au commerce qu'en 1892, et que la période des jours, pendant lesquels la navigation était possible, était si petite qu'il n'en est fait aucune mention.

En 1912, on pouvait naviguer toute l'année. Le trafic général, qui n'était que de 11.513 tonnes en 1892, atteignait en 1912, c'est-à-dire vingt ans plus tard, 1.655.576 tonnes! Ce résultat dispense de tout commentaire.

A Lauterbourg, qui se trouve à 56 kilomètres en aval de Strasbourg, mais qui se trouve entre Sonderheim et Strasbourg, l'influence de l'amélioration a été la même. Le tableau qui suit montre, en effet, que le trafic de 10.400 tonnes en 1885 a atteint 321.482 tonnes en 1912, et que le fleuve a été navigable pendant toute l'année.

L'influence des travaux d'amélioration s'est fait également sentir en amont de Strasbourg, puisque le trafic total sur le haut Rhin de Strasbourg à Bâle est passé, de 1906 à 1912, de 3.744 à 71.049 tonnes. Il n'est pas moins intéressant de faire ressortir les résultats importants que l'amélioration réalisée a eu sur le développement économique du pays, et de montrer, en s'appuyant sur la quantité de charbon importée en Alsace depuis 1895 jusqu'en 1912, combien ont été favorables les travaux entrepris.

1. Communication au landesausschus d'Alsace-Lorraine en 1908.

TRAFIC DU PORT DE STRASBOURG SUR LE RHIN EN PROVENANCE OU A DESTINATION DU BAS-RHIN

ANNÉES	EN PROVENANCE DU BAS-RHIN					A DESTINATION du BAS-RHIN	TRAFIC TOTAL	NOMBRE de JOURS de navigation effectuée	OBSERVATIONS
	HOUILLES COKES BRIQUETTES	PÉTROLE	CÉRÉALES	AUTRE TRAFIC	TOTAL				
	t	t	t	t	t	t	t	t	
1892	5.188	186	3.359	2.315	11.048	465	11.513	—	Le port de Stras-
1893	11.377	7.771	11.903	3.704	34.755	3.384	38.139	—	bourg sur le
1894	20.730	15.621	30.249	11.230	77.830	5.701	83.531	199	Rhin a été livré
1895	82.546	12.750	42.719	15.925	153.940	3.706	157.646	178	au trafic le
1896	211.471	19.311	72.126	31.738	334.646	11.196	345.842	273	11 juin 1892.
1897	185.082	16.442	76.672	41.330	319.526	13.143	332.669	249	
1898	181.428	16.041	52.876	48.478	298.823	11.730	310.553	187	
1899	162.464	20.878	72.804	45.002	301.148	12.686	313.834	201	
1900	182.781	20.810	67.317	33.364	304.272	13.169	317.441	212	
1901	350.195	19.813	123.680	55.179	548.867	21.220	570.087	230	
1902	274.595	16.919	126.132	47.477	465.123	30.695	495.818	194	
1903	311.771	15.312	149.723	62.692	539.498	34.303	573.801	191	
1904	244.346	9.288	96.751	50.515	400.900	14.416	415.316	150	
1905	444.619	21.012	227.649	76.406	769.686	37.508	807.194	268	
1906	329.979	16.791	193.935	65.112	605.817	29.572	635.389	198	
1907	371.328	13.896	164.400	52.910	602.534	24.486	627.020	180	
1908	570.807	18.075	136.409	75.420	800.711	43.574	844.285	237	
1909	584.517	20.345	241.509	103.408	949.779	39.678	989.457	280	
1910	650.809	24.055	331.250	117.345	1.123.459	70.071	1.193.530	356	
1911	533.305.5	18.889.5	351.794	124.369	1.025.355	56.281	1.081.636	328	

TRAFIC DU PORT DE LAUTERBOURG SUR LE RHIN

ANNÉES	ARRIVAGES			EXPÉDITIONS			TRAFIC	NOMBRE de JOURS de navigation effectuée	OBSERVATIONS
	HOUILLES ET COKES	AUTRE TRAFIC	TOTAL	HOUILLES ET COKES	AUTRE TRAFIC	TOTAL	TOTAL		
	t	t	t	t	t	t	t		
1885	7.715	700	8.415	190	1.795	1.985	10.400	—	Le port a été ouvert dans l'été 1884.
1886	22.031	3.190	25.221	35	2.980	3.015	28.236	—	
1887	18.582	700	19.282	190	6.065	6.255	25.537	—	
1888	33.542	412	33.954	300	6.899	7.199	41.153	—	
1889	39.054	635	39.689	635	5.984	6.619	46.308	—	
1890	33.547	1.078	34.625	160	5.335	5.495	40.120	—	
1891	43.088	2.670	45.758	850	13.179	14.029	59.787	—	
1892	29.241	4.153	33.394	870	8.179	9.049	42.443	—	
1893	25.294	1.777	27.071	525	13.557	14.082	41.153	—	
1894	29.317	1.940	31.257	680	4.941	5.621	36.878	—	
1895	66.707	1.518	68.225	353	9.702	10.055	78.280	—	
1896	135.521	5.013	140.534	660	12.056	12.716	153.250	—	
1897	107.813	3.985	111.798	136	7.915	8.051	119.849	—	
1898	101.735	2.885	104.620	155	7.684	7.839	112.459	200	
1899	144.986	1.790	145.776	—	6.393	6.393	153.169	210	
1900	194.168	6.136	200.304	—	9.391	9.391	209.695	258	
1901	266.932	1.420	268.352	—	5.805	5.805	274.157	229	
1902	223.034	2.523	225.557	—	5.238	5.238	230.795	202	
1903	289.931	1.154	291.085	—	9.799	9.799	300.884	245	
1904	284.498	492	284.990	—	1.355	1.355	286.345	239	
1905	374.452	—	374.452	—	690	690	375.142	286	
1906	217.105	—	217.105	—	225	225	217.330	207	
1907	241.558	—	241.558	—	222	222	241.780	201	
1908	308.710	615	309.325	—	80	80	309.405	211	
1909	403.237	400	403.637	—	80	80	403.717	280	
1910	408.055	—	408.055	5.147	215	5.362	413.417	357	
1911	322.235	547,5	322.782,5	—	—	—	322.782,5	333	

En 1895, la quantité de charbon importée en Alsace a été de 1.251.556 tonnes, dont 729.414 par chemin de fer et 522.142 par voie d'eau. En 1911, elle s'est élevée à 2.016.761 tonnes, dont 904.135 par chemin de fer et 1.112.626 par voie d'eau. Le développement industriel a donc suivi la marche des travaux entrepris sur le Rhin, les chemins de fer n'ont rien perdu du trafic qui leur était propre.

ÉTAT COMPARATIF DE LA TENUE DES EAUX A L'ÉCHELLE DU PONT DE STRASBOURG, DE LA HAUTEUR DES SEUILS LES PLUS ÉLEVÉS AU-DESSUS DU ZÉRO DE CETTE ÉCHELLE, ET DES PROFONDEURS D'EAU SUR CES SEUILS ENTRE STRASBOURG ET LAUTERBOURG EN 1909 ET EN 1912. — Le graphique qui suit (voir page 394) donne pour l'année 1909, entre Strasbourg et Lauterbourg, la représentation de la tenue des eaux, de la hauteur des seuils les plus élevés et des profondeurs d'eau sur ces seuils; le tout rapporté au zéro de l'échelle du pont de Strasbourg.

Il résulte de ce graphique qu'en 1909 la période de navigabilité était seulement de 280 jours. D'après les renseignements qu'on a pu se procurer, cette période s'est étendue en 1914 à toute l'année, les seuils s'étant relevés de $0^m,60$ au moins en moyenne.

TABLEAU COMPARATIF DES QUANTITÉS DE CHARBON QUI ONT ÉTÉ INTRODUITES EN ALSACE SUR VOIES FERRÉES ET SUR VOIES D'EAU DE 1894 A 1902.

MODE D'EXPÉDITION	DISTRICT EXPÉDITEUR	ANNÉES								
		1894	1895	1896	1897	1898	1899	1900	1901	1902
		t	t	t	t	t	t	t	t	t
a) Sur chemins de fer.	District prussien et lorrain de la Saar..	508.058	507.394	560.371	656.323	505.234	603.969	646.090	681.584	642.521
	District de la Ruhr...	35.768	72.543	55.833	41.502	100.611	189.713	188.646	101.173	59.120
	District de la Sambre.	139.039	148.765	112.804	87.383	68.567	66.646	78.708	65.111	72.111
	Autres districts.......	486	712	510	4.421	962	5.049	18.098	8.713	7.682
	Totaux...........	683.351	729.414	729.527	786.260	678.833	865.377	931.542	856.581	781.434
b) Sur les canaux et sur le Rhin....	District prussien et lorrain de la Saar..	275.792	267.797	270.343	268.783	276.600	252.270	264.758	249.029	234.971
	District de la Ruhr et charbons anglais...	50.047	149.253	346.992	292.895	283.163	307.450	376.949	617.127	497.629
	District de la Sambre.	109.993	105.092	112.465	149.934	136.292	142.679	157.778	115.412	125.037
	Totaux...........	435.832	522.142	729.800	711.612	696.055	702.399	799.485	981.568	857.637
	Totaux généraux.	1.119.183	1.251.556	1.459.327	1.497.872	1.374.888	1.567.776	1.731.027	1.838.149	1.639.071

TABLEAU COMPARATIF DES QUANTITÉS DE CHARBON QUI ONT ÉTÉ INTRODUITES EN ALSACE SUR VOIES FERRÉES ET SUR VOIES D'EAU DE 1903 À 1911.

MODE D'EXPÉDITION	DISTRICT EXPÉDITEUR	ANNÉES								
		1903	1904	1905	1906	1907	1908	1909	1910	1911
		t	t	t	t	t	t	t	t	t
a) Sur chemins de fer.	District prussien et lorrain de la Saar..	674.378	704.180	672.179	702.776	706.102	834.206	945.600	736.755	—
	District de la Ruhr...	75.045	46.932	27.091	47.580	257.761	124.488	72.375	30.705	—
	District de la Sambre.	68.572	70.956	71.122	72.990	82.169	85.998	108.581	92.847	—
	Autres districts......	15.746	11.584	15.888	4.863	38.988	27.459	38.587	21.191	—
	Totaux..........	833.741	833.652	786.280	828.159	1.085.020	1.073.151	1.165.143	881.409	—
b) Sur les canaux et sur le Rhin.....	District prussien et lorrain de la Saar..	262.263	248.619	220.336	211.190	190.343	196.270	178.285	152.448	143.963
	District de la Ruhr et charbons anglais...	601.702	528.844	819.071	547.084	612.886	879.517	988.210	1.054.691	855.990,5
	District de la Sambre.	126.028	208.089	198.495	135.902	175.484	115.898	167.916	147.016	112.584,5
	Totaux..........	980.993	985.552	1.237.902	894.176	978.713	1.191.685	1.329.411	1.354.152	1.412.538
	Totaux généraux.	1.823.734	1.819.204	2.024.182	1.722.835	2.063.733	2.264.836	2.494.554	2.235.651	—

Le Danube. — Le Danube est formé de la réunion de deux torrents, du Breg et du Brigach, qui sortent de la Forêt-Noire; leur jonction a lieu à Donau-Eschingen, dans le grand-duché de Bade. Son parcours de Donau-Eschingen à

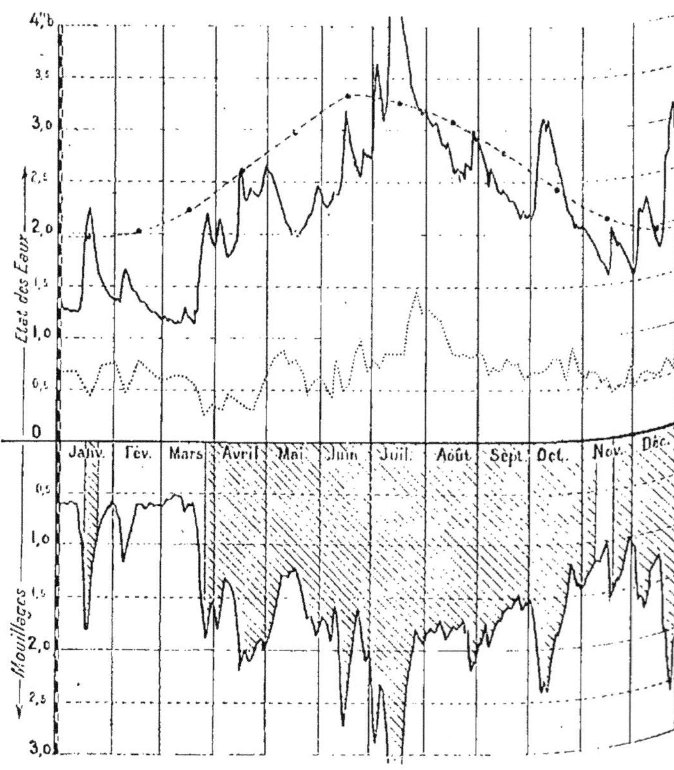

Fig. 145. — Graphique 1903.

Scheer est d'environ 90 kilomètres avec une pente moyenne voisine de 1^m,30 par kilomètre.

Il traverse ensuite le Wurtemberg, de Scheer à l'Ulm (longueur 90 kilomètres, pente moyenne 1 mètre par kilomètre); puis la Bavière, d'Ulm à Passau (longueur 300 kilomètres, pente moyenne 0^m,48 par kilomètre).

A Passau, commence la section autrichienne du Danube, qui s'étend jusqu'à Theben, sur une longueur d'environ 350 kilomètres, et avec une pente moyenne, assez régulié d'ailleurs, de 0^m,44 par kilomètre.

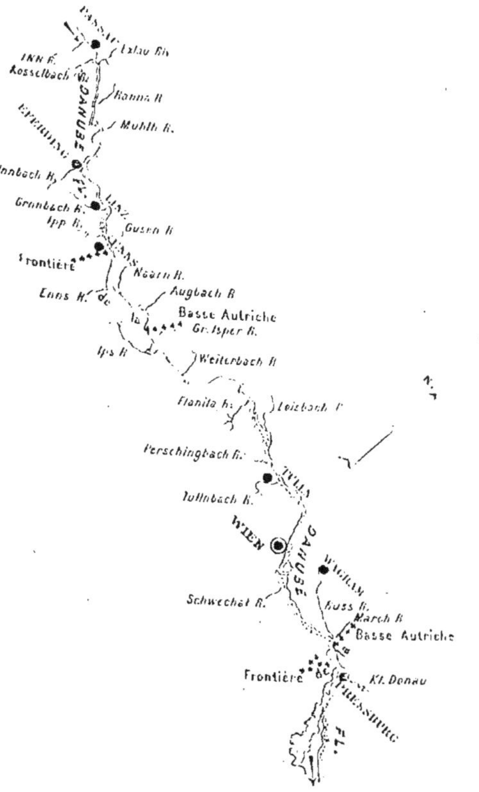

Fig. 146. — Plan général du Danube (Basse-Autriche).

En aval, le fleuve traverse la Hongrie, dé Theben à Orsowa, sur une longueur d'environ 950 kilomètres et avec une pente moyenne qui est de 0^m,24 en amont de Budapest, et seulement de 0^m,066 en aval. Après le passage des Portes-de-Fer, il entre en Roumanie, qu'il sépare longtemps de la

Bulgarie avant de remonter sur Galatz et se diriger de là sur la mer Noire ; son parcours d'Orsowa à la mer Noire est d'environ 970 kilomètres, avec une pente moyenne de 0^m,044 seulement.

La longueur totale du fleuve est de 2.800 kilomètres environ, et son bassin a une superficie de 817.000 kilomètres carrés, dont près de 102.000 en amont de Vienne.

Dans la section autrichienne, le Danube traverse la province de la Haute-Autriche, de Passau au confluent de l'Enns un peu en aval de Linz, sur 115 kilomètres ; il forme ensuite la limite des deux provinces de Haute et Basse-Autriche sur environ 45 kilomètres, jusqu'un peu en amont du confluent de l'Isper ; il pénètre enfin dans la Basse-Autriche, où son parcours est d'environ 190 kilomètres. C'est seulement de cette dernière partie du fleuve dont on s'occupera.

Régime du Danube Bas-Autrichien. — Le Danube autrichien est kilométré à partir d'un point zéro, situé à 88 mètres en amont du pont de l'archiduc Rodolphe, à Vienne (Reichsbrücke). A partir de ce zéro, les kilomètres sont comptés soit vers l'amont (au-dessus de Vienne), soit vers l'aval (au-dessous de Vienne).

Pour l'hydrographie du fleuve, on a adopté un zéro théorique (Nullwasser), dont le niveau correspond sensiblement à celui du débit caractéristique moyen, c'est-à-dire du débit au-dessus duquel les eaux se tiennent pendant la moitié de l'année.

A Vienne, au droit du pont François-Joseph (2^{km},700 o. W.[1]) le zéro théorique (zéro de l'échelle) correspond à l'altitude 158^m,24. Cette cote est à peu près celle de l'étiage du Rhône au confluent de la Saône (158^m,89) ; et ainsi pour une même chute totale de Vienne ou de Lyon à la mer, le cours du Danube a une longueur de 1.970 kilomètres et celui du Rhône de 329 kilomètres, soit le sixième seulement.

Le débit du Danube au niveau du Nullwasser est à Vienne d'environ 1.700 mètres cubes ; l'étiage (cote 1^m,40 au-dessous

1. Les distances en amont de Vienne sont désignées par l'abréviation o. W. (oberhalb Wien), celles en aval par u. W. (unterhalb Wien).

du zéro) correspond à un débit d'environ 800 mètres cubes, et les basses eaux (en ne tenant compte que des circonstances exceptionnelles qui peuvent se produire pendant la période de glace) ont encore un débit d'environ 600 mètres cubes. Enfin les grandes crues (5^m,75 au-dessus du zéro à l'échelle du pont François-Joseph en septembre 1899) ont un débit d'environ 10.000 mètres cubes.

Il est intéressant de comparer ces débits à ceux du Rhône en divers points :

	PLUS basses eaux	ÉTIAGE	EAUX MOYENNES	GRANDES CRUES
	mc.	mc.	mc.	mc.
En amont du confluent de la Saône (Lyon)....	130	140	400	5.400
En aval du confluent de la Saône (Mulatière)..	150	240	630	7.000
En aval du confluent de l'Isère (Valence)......	250	365	1.000	9.700
En aval du confluent de la Durance (Beaucaire)..	370	450	1.250	13.000

Si l'on rapporte le débit en chaque point au débit d'étiage pris pour unité, on obtient le tableau comparatif ci-dessus.

	PLUS basses eaux	ÉTIAGE	EAUX MOYENNES	GRANDES CRUES
Danube à Vienne........	0,75	1,00	2,12	12,50
Rhône à Lyon (amont de la Saône).............	0,60	1,00	2,86	38,57
Rhône à la Mulatière (aval de la Saône)..........	0,63	1,00	2,63	20,17
Rhône à Valence........	0,68	1,00	2,74	26,58
Rhône à Beaucaire......	0,82	1,00	2,78	30,90

Les rapports au débit d'étiage ainsi trouvés soit pour le Danube à Vienne, soit pour les diverses sections du Rhône, sont comparables en ce qui concerne les plus basses eaux et les eaux moyennes, mais pour les crues, ces rapports sont deux à trois fois plus élevés sur le Rhône que sur le Danube.

Le régime moyen des deux fleuves est à peu près semblable; le régime glaciaire est toutefois plus accentué sur le Danube, qui n'a pas d'affluent analogue à la Saône, à débit d'hiver normalement important; et, d'autre part, le Rhône paraît tirer un avantage marqué de la régularisation provenant en hiver de la réserve énorme constituée par le lac Léman.

CRUES ET INONDATIONS. — Le bassin de rive gauche du Danube est partout très étroit (sauf en aval de Vienne, où se trouve, sur le côté, le vaste bassin de la March ou Morava); et c'est sur la rive droite que se rencontrent tous les grands affluents du fleuve, entre autres l'Iller, le Lech, l'Isar, l'Inn (avec le Salzach), la Traun et l'Enns. C'est donc dans la région des Alpes que le Danube s'alimente principalement et que les crues se forment.

Les crues du Danube se produisent sous l'influence de trois causes diverses, savoir :

1° A la suite d'embâcles, au moment de la débâcle des glaces, généralement en février et en mars;

2° Par un relèvement subit de la température et des pluies relativement chaudes, au cours ou à la fin d'un hiver froid, pendant lequel de grandes quantités de neige se sont accumulées;

3° A la suite de pluies longues et fortes en été de juillet à septembre.

Les crues des glaces, très nombreuses, présentent les caractères les plus divers, et naturellement pour la même crue une grande irrégularité dans les hauteurs atteintes aux divers points du fleuve.

La plus importante de ces crues dont on ait gardé le souvenir à Vienne est celle de février 1830; en quelques minutes, dans la nuit, les eaux du Danube débordèrent, s'élevèrent à sept pieds au-dessus des rives et causèrent les plus graves dommages. L'importance exceptionnelle de cette crue paraît due à ce que la débâcle se produisit en même temps qu'une fonte rapide des neiges accumulées en grandes quantités dans les montagnes du bassin supérieur du Danube.

La crue de février 1862, exclusivement due aux fontes des neiges, fut également désastreuse pour la Basse-Autriche. La ville de Vienne notamment eut à souffrir à un tel point qu'on se décida à étudier des travaux ayant pour but de favoriser l'écoulement des eaux aux abords de la capitale, notamment par la coupure de Vienne.

Les crues d'été ou d'automne qui ont laissé les souvenirs les plus durables dans les annales locales sont celles de juin 1402 où les eaux se maintinrent pendant dix jours à leur plus grande hauteur; celle d'août 1501 pendant laquelle les eaux se seraient élevées à 14 mètres au-dessus de leur niveau ordinaire; celles de l'été 1730 et de l'automne 1787, les plus importantes du xviiie siècle; celle de septembre 1813 due à une pluie de six jours consécutifs; enfin celles de septembre 1890, de juin 1892, de juillet-août 1897 et de septembre 1899.

Ces deux dernières sont peut-être les deux plus grandes crues qui se soient jamais produites. On a constaté qu'elles s'étaient élevées à Vienne la première à 8^m,04 au-dessus des plus basses eaux, la seconde à 8^m,54 au-dessus du même niveau.

Dans le bassin du Rhône, les crues de débâcles sont un phénomène à peu près inconnu. Pendant quelques hivers particulièrement froids, le fleuve s'est pris dans la partie inférieure de son cours, par accumulation des glaçons détachés des berges et flottant à la dérive; mais ces embâcles n'ont jamais été bien puissantes, et les glaces ont toujours cédé à une faible montée des eaux, sans jamais provoquer de catastrophe sur aucun point.

Les grandes crues générales se produisent habituellement soit à la fin de l'hiver, soit en octobre-novembre. Mais contrairement à ce qui existe sur le Danube, de grands affluents existent sur les deux rives, et s'alimentent dans des régions où les conditions météorologiques sont toujours très diverses. Dans les plus grandes crues du fleuve, à peu près tous les affluents sont en crue; mais beaucoup d'entre eux n'auront qu'une montée ordinaire, alors qu'un certain groupe aura, dans la crue résultante, une influence tout à fait prédominante. Ou encore deux affluents ayant leurs sources dans des régions voisines divergent ensuite considérablement et leurs crues simultanées mettent des temps très différents pour parvenir au fleuve ; tel est le cas de l'Ain et de la Saône d'un côté, de l'Isère et de la Durance de l'autre. On a donc peu à redouter de crue tout à fait exceptionnelle, résultant de la simultanéité de grandes crues sur tous les affluents ; et telle crue très forte dans la partie haute du fleuve, est très ordinaire dans la partie basse ou inversement.

Certaines crues sont ainsi dues à une montée exceptionnelle d'un petit groupe d'affluents : ce sont notamment les grandes crues de l'Ardèche et des affluents voisins, la Cèze et le Gardon, qui se produisent presque toujours à la fin de septembre, et causent de graves dommages dans la basse vallée du fleuve.

TRAVAUX D'AMÉLIORATION. — Ce préambule était nécessaire pour faire comprendre les solutions qui ont été adoptées sur le Danube et qui diffèrent notablement de celles que l'on a prises sur le Rhône.

RECTIFICATION DU DANUBE A VIENNE. — Le premier travail important d'amélioration du Danube, décidé et entrepris à la suite de la grande crue de février 1862, est la coupure de Vienne, exécutée de 1870 à 1875, dans le double but de faciliter à la fois l'écoulement des crues et la navigation. On en a déjà parlé plus haut ; il semble utile de revenir succinctement sur ce travail important de manière à présenter une étude d'ensemble des améliorations qui ont été apportées.

A l'entrée de la grande plaine du Marchfeld, qui s'étend de Vienne à Theben, le Danube se divisait autrefois en un grand nombre de bras, séparés par des îles de grande superficie ; cette situation est connue par les difficultés qu'elle a opposées, il y a cent ans, au passage du fleuve par les Armées de Napoléon.

Un nouveau lit a été ouvert, presque rectiligne, depuis la sortie du défilé en amont de Vienne, sur une longueur de 13.270 mètres, utilisant un ancien bras sur un peu moins du tiers de cette longueur ; c'est ce qu'on appelle le Donau-

Strom. Tous les bras secondaires ont été fermés, sauf sur la rive droite, où l'on a laissé subsister seulement le bras qui traverse la ville actuelle de Vienne, et qui a pris le nom de Donau-Canal. La canalisation a d'ailleurs été poursuivie jusqu'à Fischamend, soit sur une longueur totale de 26 kilomètres.

La coupure de Vienne a été ouverte suivant un profil très régulier; elle comporte un lit mineur de $484^m,50$ complété sur la rive gauche par un lit de crue (Vorland) réglé à la cote $1^m,90$ au-dessus du Nullwasser; la largeur totale entre la berge droite et la digue de rive gauche est d'environ 760 mètres.

Le lit mineur, qui tourne sa faible convexité vers la ville de Vienne (rive droite), donne passage à un débit de

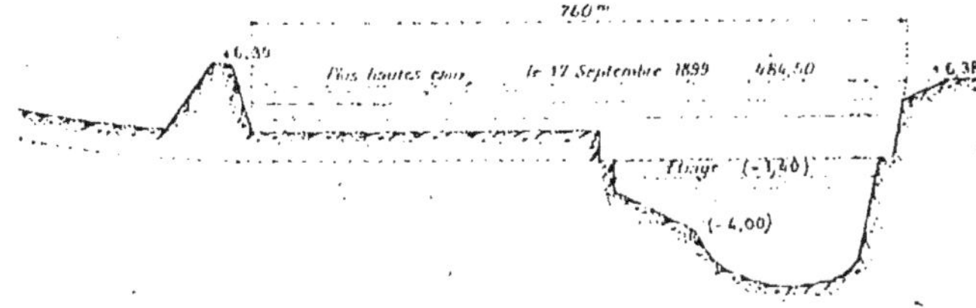

Fig. 147.

1.700 mètres cubes au zéro de l'échelle, et de 600 à 700 mètres cubes seulement aux basses eaux. Dans ce dernier cas, il se produisait un chenal sinueux et variable, alors qu'il était intéressant de permettre aux bateaux l'accès des quais de Vienne sur la plus grande longueur possible. On a donc cherché à concentrer les basses eaux près de la rive droite, au moyen d'épis noyés enracinés à la rive gauche à la cote (— 2,50) et s'avançant à 98 mètres de cette rive, avec une pente d'environ 1,50 0/0. Ces épis orientés vers l'amont, en faisant un angle d'environ 75° avec l'axe du lit, ont été exécutés à l'espacement de 100 mètres avec quelques traverses sur toute la longueur du lit entre Kuchelau en amont et Fischamend à l'aval; sur certains points, un tronçon de digue noyée, parallèle à la rive, réunit les extrémités de deux ou plusieurs épis. Malgré ces ouvrages, l'axe du chenal est encore sinueux, ce qui est encore inévitable avec un lit presque rectiligne sur une aussi grande longueur ; mais on a cependant réalisé une profondeur de 4 mètres sur le zéro au droit des parties du quai de rive droite qui intéressent principalement le commerce ; cela représente une profondeur utile de $2^m,60$ sur l'étiage, et près de 2 mètres au-dessous des plus basses eaux observées en dehors des périodes de glaces, qui interrompent toute navigation (*fig.*148).

OUVRAGES CONTRE LES INONDATIONS. — On a vu plus haut, et on n'insistera pas sur ce point, que le nouveau lit du fleuve a été aménagé pour assurer la protection des plaines riveraines contre les inondations. Toutes les voies de communication traversent le fleuve sur des viaducs, avec des portées de 75 à 80 mètres dans l'étendue du lit mineur et de 30 à 35 mètres dans l'étendue du lit majeur de rive gauche. Il suffit de faire connaître que ce dernier est tenu entièrement débarrassé de toute construction et de toute plantation d'arbres ou d'arbustes, et aménagé en prairie : il est limité par une digue élevée à $6^m,30$ sur le zéro (la plus grande crue connue, celle de 1830, a atteint la cote $6^m,01$; celle du 17 septembre 1899 s'est élevée à $3^m,75$) ayant un couronnement de $4^m,75$ à 5 mètres de largeur et des talus à 3/1 du côté du fleuve, et à 2/1 du côté des terres. Comme on l'a vu, cette digue a été prolongée vers l'aval jusqu'à l'extrémité du Marchfeld, au confluent de la March, soit sur environ 40 kilomètres en aval de Vienne (*fig.* 147).

La rive droite n'était menacée par les crues que sur une longueur de 22 kilomètres environ, depuis Nussdorf, en amont de Vienne, jusqu'à Mannswerth en aval. Au droit de Vienne même, sur 14 kilomètres, il a été construit des quais, dont l'arête de couronnement est à la cote (+ 3,79); le terre-plein de ces quais a une inclinaison d'environ 1,25 0/0, et atteint, à 180 ou 200 mètres de la rive, la cote $(6^m,30)$, à laquelle est élevée la digue de rive gauche. En aval de Vienne, il existe une digue de 8 kilomètres environ de longueur, ayant des dispositions analogues à celles de la digue de rive gauche.

Comme on le sait, l'exécution de ces digues a été poursuivie pendant près de trente ans, et la partie aval de

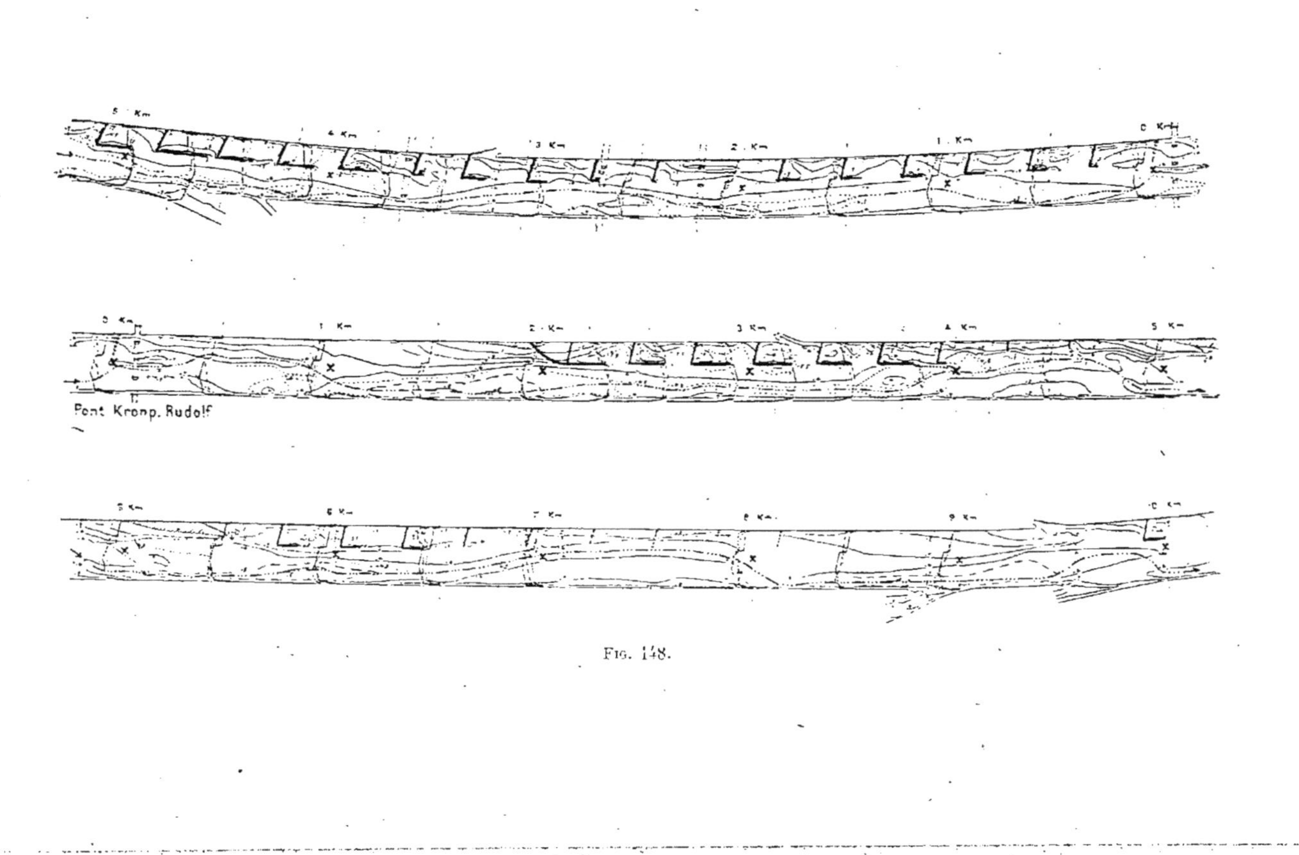

Fig. 148.

la digue de rive gauche près du confluent de la March a été terminée dans ces dernières années.

OUVRAGES DE FERMETURE DU DONAU-KANAL. — Vienne était encore accessible aux inondations par le Donau-Kanal, qui traverse son territoire, sur une longueur de près de 17 kilomètres. On ne pouvait songer à relever à un niveau suffisant les berges de ce canal, qui constituent les quais mêmes de la ville sur environ 9 kilomètres, et où des constructions existent sur les deux rives. On décida alors d'établir à l'embouchure amont de ce canal à Nussdorf, un bateau-porte, qui pouvait être mis en place en temps de hautes eaux, et avec un enfoncement variable, permettait de régler entre certaines limites le débit du Donau-Kanal et le niveau de ses eaux.

Ce bateau-porte a donné pendant une vingtaine d'années des résultats jugés satisfaisants, malgré la rapidité des crues et la lenteur de sa manœuvre; mais il est devenu insuffisant comme moyen de réglage, quand on a voulu transformer le Donau-Kanal en un véritable port, en divisant sa pente par des barrages éclusés. Ce bateau-porte a donc été remplacé en 1895 par le barrage mobile de Nussdorf, du type Caméré, auquel est accolée une écluse dont le sas a 85 mètres de longueur utile et 15 mètres de largeur.

Depuis l'exécution de ces travaux, le bateau-porte ne sert plus que comme ouvrage de secours en cas d'accident; et l'on peut limiter à volonté le débit du Donau-Kanal en temps de crue. On le règle en général à un maximum de 400 mètres cubes, soit à 1 mètre environ au-dessus des Nullwasser pour la partie du canal non influencée par le remous d'aval.

AMÉLIORATION DE LA NAVIGABILITÉ. — Jusqu'à ces dernières années, on n'avait eu en vue que la régularisation du Danube au niveau moyen des eaux (Nullwasser), et l'on s'était borné dans le programme arrêté en 1882 à prévoir la concentration des eaux dans un seul bras, entre deux rives fixes. Les ouvrages établis dans ce but comprenaient des lignes longitudinales et des défenses de berges; des dragages importants furent quelquefois nécessaires pour le redressement du lit.

Mais les basses eaux serpentaient dans un lit beaucoup trop large, où le chenal était variable, où se formaient des graviers et des seuils ; et c'était pour la batellerie, arrêtée ou obligée de naviguer à demi-charge, une gêne d'autant plus grande que les plus basses eaux de la navigation se produisent en automne, précisément au moment où le trafic est le plus important pour la remonte des blés de Hongrie, après la récolte.

Un complément d'amélioration fut jugé nécessaire, et décidé par la loi du 4 janvier 1899. Il est actuellement en cours d'exécution, et il a été entrepris par passages successifs, en commençant de préférence par les travaux nécessaires pour rendre toujours accessibles les débarcadères des principales stations de bateaux à vapeur.

Les travaux ont pour objet de calibrer le lit d'étiage, de manière à fixer le chenal et à assurer toujours une profondeur suffisante.

Expertise de M. l'ingénieur en chef Girardon. — C'est pour réaliser ce programme qu'une consultation fut demandée en 1901 à M. l'ingénieur en chef Girardon. Il est intéressant d'analyser le mémoire qui a été dressé par cet éminent ingénieur, d'une part parce qu'il fait bien comprendre le problème qu'il y avait lieu de résoudre, et d'autre part parce que, dépassant le but qu'il s'agissait d'atteindre, il apporte une contribution très importante à la question de l'amélioration des rivières.

Il s'agissait dans l'espèce d'améliorer le Danube dans son parcours sur le territoire de la Basse-Autriche en vue de la réalisation d'un tirant d'eau de 2 mètres aux plus basses eaux. La question posée devait être envisagée à deux points de vue, la régularisation du chenal et la desserte des ports.

Rien de plus aisé si le chenal régularisé et fixé s'appuie sur la rive où se trouve le port ; c'est une sujétion de plus à subir dans l'amélioration proprement dite du chenal.

Mais quand, au contraire, le port a une grande importance et que la rive sur laquelle il est établi doit rester accostable sur une grande longueur, on se trouve en présence de conditions spéciales et d'une sujétion qui n'existe pas ailleurs ; car, dans l'étendue de ce port, le profil du lit doit conserver une forme sensiblement constante, alors qu'en tracé courant la bonne tenue du chenal exige, ainsi qu'on l'a vu, une variation continuelle du profil.

Cette situation spéciale se rencontre à Vienne sur toute l'étendue de la coupure; on devra donc examiner séparément les conditions de l'amélioration du fleuve, d'abord dans cette coupure, ensuite sur le reste de son cours, de part et d'autre de la traversée de Vienne.

I. Amélioration du Danube dans la traversée de Vienne. — Le problème qui consiste à obtenir, dans toute l'étendue de la coupure de Vienne, un chenal régulier suffisamment large, d'une profondeur au moins égale à 2 mètres au-dessous des plus basses eaux et qui s'appuierait constamment sur la rive droite, est un problème des plus difficiles à résoudre. Et, si l'on peut espérer lui donner une solution à peu près satisfaisante, il ne semble pas possible de prévoir que cette solution soit assez complète et présente des garanties de stabilité et de durée suffisantes pour qu'une fois obtenue elle puisse être maintenue.

La difficulté principale tient au tracé presque rectiligne qu'on a donné à cette coupure.

On sait, en effet, que sur tous les cours d'eau le thalweg suit toujours une direction sinueuse. Dès qu'un obstacle même minime, une résistance ou plus forte ou plus faible, une pente plus ou moins accentuée, modifient les conditions primitives d'uniformité, le courant arrachera des matériaux au lit du fleuve, ou il en déposera, il sera dévié de la direction rectiligne, lancé contre une des rives sur laquelle il se réfléchira et renvoyé sur l'autre et ainsi de suite indéfiniment.

Une seule déviation suffit pour déterminer toutes les autres, de telle sorte que, même sans tenir compte de la répétition des causes semblables, qui multiplient les déviations, on peut facilement saisir l'analogie évidente qui existe entre le mouvement des eaux d'une rive à l'autre d'un fleuve et le mouvement d'une bille, qui court entre les bandes d'un billard et qui, dès qu'elle en a touché une, irait si ces bandes étaient indéfinies, indéfiniment de l'une à l'autre.

Les causes de déviation, leur fréquence et par suite le nombre des passages du thalweg d'une rive à l'autre sont évidemment très variables avec les rivières, et ils dépendent des conditions particulières de pente, de débit, de volume solide transporté qui caractérisent le régime de chacune d'elles.

Mais, sur un fleuve donné, on constate que l'écart moyen des seuils varie dans de faibles limites d'une section à l'autre.

Ainsi on peut constater, en se reportant au plan avec courbes de niveau qui représente l'état du lit dans la coupure du Danube en 1897, avant les derniers travaux de régularisation entrepris pour les basses eaux, que depuis Klosterneuburg jusqu'à l'embouchure du Donau-Kanal, sur un parcours de 17 kilomètres, et malgré les rives perreyées qui bordent cette coupure et qui ont été évidemment établies en vue d'obtenir la formation d'un profil normal régulier, le thalweg change dix fois de rive.

Sur ces 17 kilomètres, on compte dix passages d'une rive à l'autre espacés en moyenne de 1.700 mètres, et la moyenne des différences entre l'espacement réel et l'espacement moyen est d'environ 300 mètres, soit à peu près 20 0/0.

Dans la région de Fischamend à Hainburg, sur 23 kilomètres, on compte 14 passages espacés encore en moyenne d'environ 1.700 mètres, et la moyenne des différences entre l'espacement réel et l'espacement moyen est d'environ 400 mètres, soit à peu près 25 0/0.

Sur le Rhône, l'espacement moyen des seuils est d'environ 1.600 mètres ; sur le Loire, il varie entre 6 et 700 mètres. La fréquence des inflexions du thalweg a donc un caractère tout à fait général.

Si on revient au Danube et en particulier à la coupure de Vienne, on en conclut que les conditions naturelles de l'écoulement de l'eau et des matériaux solides déterminent, malgré l'établissement d'un système continu d'ouvrages parallèles, la formation d'un thalweg sinueux, dont les sinuosités ne suivent pas celles des rives et se reproduisent tous les 1.700 mètres.

Et pour atteindre le but que l'on poursuit dans la coupure, il s'agirait d'établir un système d'ouvrages, qui s'oppose à ces déplacements du thalweg et l'oblige à suivre la même rive, sur un parcours de 17 kilomètres, c'est-à-dire sur une longueur dix fois supérieure à celle où il reste accolé sous l'action des causes naturelles.

Mais il faut non seulement tenir compte de ces causes naturelles et de leur influence sur la direction des eaux, mais encore de l'effet des ouvrages de régularisation, qui ont été successivement exécutés.

Les ouvrages anciens sont des deux côtés des rives parallèles, perreyées et hautes ; et l'on peut considérer les ouvrages récents comme constituant une nouvelle ligne parallèle aux anciennes et rattachée à la rive gauche par des ouvrages transversaux.

On est donc en présence d'une double rangée d'ouvrages parallèles en pierre, établis en alignement presque droit sur une grande longueur, et on doit se rendre compte du mode d'action de cette nature d'ouvrages.

On sait que lorsqu'un courant vient heurter une paroi solide, comme celle d'une telle rive, les eaux, sous l'action de leur vitesse acquise, s'élèvent contre l'obstacle et pressent à la fois sur lui et sur le fond, d'une manière d'autant plus énergique que l'obstacle est plus considérable et s'oppose davantage à la continuation de leur mouvement. Et comme la rive est solide et le fond mobile, c'est le fond qui est attaqué ; les eaux le draguent et emportent plus loin les matériaux qu'elles lui ont enlevés.

Plus l'obstacle est raide, plus le choc est brusque et plus cette action est forte. Plus les parois en sont unies, moins la force vive des eaux se perd en frottements et plus elle conserve de puissance pour attaquer le fond. Plus enfin l'obstacle est élevé, plus hautes sont les eaux qu'il retient, et plus grande la masse qui agit, et plus ces effets sont considérables. Tout ouvrage résistant, haut et à parois unies, et les rives dont il s'agit réunissent toutes ces conditions, a donc comme effet, sauf le cas où des actions contraires et plus fortes s'y opposent, de déterminer la formation et le maintien des profondeurs à son pied.

Et lorsque les deux rives sont constituées par des ouvrages de cette nature, les actions qu'ils exercent sont évidemment semblables; elles se contre-balancent; aucune d'elles ne saurait être prédominante et capable de retenir le thalweg et de le fixer sur une rive plutôt que sur l'autre. L'ensemble des ouvrages formé de deux rives parallèles solides et perreyées, surtout qu'elles sont rectilignes, n'exerce en réalité aucune action directrice sur la position du thalweg; et celui-ci reste hésitant entre les deux rives, allant de l'une à l'autre, sous la seule influence des causes permanentes et accidentelles qui se rencontrent dans le lit même du fleuve. En définitive, le thalweg a une tendance naturelle à la divagation, sans qu'aucun des ouvrages existants soit de nature à exercer une action efficace pour la combattre.

On pourrait penser, en se reportant aux plans, à l'avis des navigateurs, que, malgré les considérations développées plus haut, le but poursuivi a été atteint partout où les travaux ont été entrepris. Mais les formes nouvelles du lit ne sont pas la conséquence de l'action des nouveaux ouvrages.

Les modifications réalisées ont été obtenues par dragage. Et si le dragage est un moyen rapide et souvent justifié, les résultats qu'il donne ne peuvent pas avoir de caractère durable, car, s'il supprime l'effet, il ne supprime pas la cause. C'est un procédé violent, quelquefois nécessaire, qui permet d'enlever dans un temps relativement court les dépôts de gravier qui se sont formés sous l'influence de tout un ensemble de circonstances naturelles et permanentes; mais, tant que ces circonstances ne seront pas modifiées, il faudra s'attendre sans aucun doute possible à ce qu'elles tendent à reformer le dépôt et à détruire peu à peu ou tout d'un coup l'effet du dragage.

L'expérience constante établit que si le dragage peut être considéré comme très utile et souvent même comme nécessaire, en tant qu'expédient temporaire, il ne peut donner de résultats durables qu'à une seule condition : c'est qu'en même temps qu'on l'exécute, on exécute aussi des ouvrages capables de combattre les causes de reproduction des dépôts, et d'assurer la conservation des profondeurs, là où on les a créées de vive force.

Si on veut obtenir ce résultat, et maintenir le thalweg sur une rive, il faut la constituer suivant un tracé régulier par des enrochements, de la maçonnerie ou un perré ; et plus elle sera haute, plus les parois seront unies, plus leur inclinaison sera raide, mieux elle sera faite pour atteindre ce but.

Mais si, pour avoir des profondeurs sur une rive, il convient d'y établir des ouvrages qui soient favorables à leur formation, il est bien évident qu'il est aussi nécessaire d'éviter leur emploi sur la rive opposée, où ils exerceraient une action semblable, dans une direction contraire à celle que l'on a en vue ; c'est-à-dire que sur la rive d'où l'on veut éloigner les profondeurs, il faut s'abstenir, aussi complètement que possible, d'établir ou de conserver des ouvrages élevés à formes accusées et raides.

Et si, comme il convient toujours de le faire, on a recours à l'observation directe des formes naturelles, on constate que, lorsque la profondeur s'appuie sur une rive unie et haute, la rive opposée est formée par une plage en pente douce, et la convenance de cette forme est très facile à comprendre, car, lorsque les eaux montent et couvrent la plage, elles y prennent des hauteurs et par suite des vitesses de plus en plus faibles, à mesure qu'elles s'éloignent du thalweg. Leur action offensive est donc d'autant moindre qu'elle s'exerce plus loin du point où l'on veut conserver les profondeurs et elle est encore atténuée par deux circonstances, car d'une part, sur ces formes adoucies, les eaux ne rencontrent aucun obstacle contre lequel leur force vive puisse venir se briser, se perdre en tourbillons et attaquer le fond, et d'autre part la pente transversale de la plage les ramène constamment vers le thalweg.

Le lit du Danube, dans la coupure même de Vienne, présentait, avant les derniers travaux, les formes que l'on cherche à obtenir, tout naturellement réalisées sur quelques points dans des conditions presque satisfaisantes.

On peut citer à titre d'exemple les profils n° 32 et kilomètres 2,5 ; 2,0 et 1,5 en amont du Kronprinz Rodolph-Brücke et en aval les profils kilomètres 1,5 ; 2,00 et n° 24.

Il aurait mieux valu, au lieu des retours parallèles aux

rives, qui appellent le courant, exécuter de place en place une série d'épis noyés assez rapprochés, pour qu'ils exercent une action continue et concordante. S'ils sont trop espacés, leurs effets restent localisés au lieu de s'ajouter, et des divagations du thalweg peuvent encore se produire dans l'intervalle qui les sépare. C'est sans doute cette préoccupation qui a donné l'idée de les retourner parallèlement à la rive. Il eût été bien préférable de les multiplier et il semble qu'avec un lit mineur de 180 mètres, un espacement de 100 à 120 mètres eût été le plus convenable. On aurait ainsi évité, avec moins de frais, l'inconvénient d'un effet trop localisé ; mais on aurait surtout obtenu ce résultat essentiel d'avoir un ensemble d'ouvrages dont les actions se seraient toutes exercées dans le même sens, et auraient toutes concouru à l'effet cherché ; tandis que dans le système adopté leurs actions sont contraires, car il s'y trouve en même temps, d'une part, des épis qui par leur orientation et leur pente, tendent à éloigner d'eux le thalweg, et, d'autre part, des retours parallèles aux rives qui tendent à le rappeler

Il fallait exécuter des épis à un niveau très bas, en ne cherchant d'abord que des modifications de forme peu accentuées et dans la mesure strictement nécessaire pour combattre les tendances manifestement nuisibles ; il convenait ensuite d'attendre quelque temps, de laisser passer quelques crues, et de suivre par l'observation les modifications produites et les résultats obtenus. Et si, comme il était possible et même probable après cette période d'expectative, ces résultats avaient paru insuffisants, il était temps alors de relever les ouvrages et au besoin d'accentuer leur pente, non pas tout d'un coup, mais encore progressivement, par rechargements successifs en mesurant chaque fois le sens et l'importance des modifications à faire, d'après l'observation des résultats acquis.

Cette marche progressive et tout à la fois expérimentale est la seule qui présente de suffisantes garanties, en égard à l'extrême complexité des phénomènes dont les cours d'eau sont le siège. Elle n'aurait sans doute pas donné de résultats immédiats, mais elle eût beaucoup plus sûrement permis d'espérer des résultats durables, car l'expérience a bien souvent montré, dans cette nature de travaux, la précarité des résultats obtenus, quand on a négligé de prendre le temps comme auxiliaire; elle aurait eu aussi des conséquences heureuses à plusieurs points de vue : en premier lieu l'économie qui eût été certaine ; en second lieu d'autres plus importants encore.

D'abord on n'aurait établi dans la coupure de Vienne aucun ouvrage qui soit de nature à travailler à l'encontre du but poursuivi, et les retours parallèles ont tout à fait ce défaut; on peut constater sur certains points une tendance du chenal à s'appuyer sur ces retours (épi 23 en particulier).

Ensuite on n'aurait élevé les épis qu'à la hauteur strictement nécessaire pour obtenir le résultat cherché, et très probablement beaucoup moins haut qu'ils ne sont. Leur élévation progressive eût été plus favorable au colmatage des cases qui se trouvent entre eux, colmatage qui ne paraît pas très rapide, si l'on remarque surtout que l'on a employé à leur remplissage le produit des dragages ; car l'expérience constante montre qu'un obstacle peu saillant et aux formes adoucies provoque un dépôt, tandis qu'un obstacle élevé et aux formes abruptes provoque un creusement.

Le colmatage de ces cases est très désirable, car il assurerait la continuité de la surface du lit, condition la plus favorable à la conservation de sa forme; mais en admettant même que la hauteur trop grande des épis ne soit pas un empêchement complet et définitif à ce colmatage, elle aurait un autre inconvénient, c'est que, quand il sera achevé, il en résultera une importante diminution de la section d'écoulement des eaux.

Déjà et bien qu'un intervalle vide assez considérable les sépare, les épis produisent cet effet, car, dans cet intervalle, la vitesse d'écoulement est notablement diminuée, et il est manifeste que l'ensemble des travaux exécutés agit comme un véritable resserrement du fleuve. Ce resserrement a les plus sérieux inconvénients. Pour obtenir des profondeurs, ce procédé est plus que contestable; mais, ce dont il s'agissait dans l'espèce, ce n'était pas d'augmenter la profondeur qui était généralement suffisante dans le fleuve ; ce qu'on cherchait c'était d'obtenir qu'elle fût constamment sur la même rive, du côté de Vienne, et d'éviter qu'elle passât d'une rive à l'autre. Il n'y avait donc aucun motif pour procéder par resserrement et de diminuer la section qui n'était pas trop grande ; il fallait seulement changer sa forme et, là où elle n'était pas favorable au but poursuivi, *déplacer les profondeurs*, en les portant d'une rive à l'autre.

Le resserrement qui a été opéré a eu une conséquence très fâcheuse, c'est que le fond du lit ayant jusqu'à présent résisté à son action, le niveau des eaux s'est relevé sensiblement dans la traversée de Vienne, circonstance d'autant plus regrettable que la revanche des ouvrages de défense de Vienne, sur le niveau des grandes crues, est presque insuffisante et plus faible que celle qui est généralement admise.

La conséquence logique de ces observations, c'est que pour réaliser les conditions les plus favorables au maintien des profondeurs sur toute l'étendue de la rive droite dans la coupure de Vienne, il conviendrait de supprimer entièrement les retours parallèles, d'abaisser le niveau des épis, de régler leur couronnement en pente douce, sans terminaison brusque, et d'en augmenter le nombre en en intercalant de nouveaux entre ceux qui sont déjà exécutés, au moins un dans chaque intervalle et préférablement deux.

Mais, si on suppose que par une exécution plus ou moins rapide on ait réalisé le programme tracé et que les travaux aient été modifiés et complétés dans le sens indiqué, c'est-à-dire si l'on a établi dans toute l'étendue de la coupure de Vienne l'ossature d'une plage régulière, qui, s'élevant en pente douce du thalweg vers la rive gauche, rejetterait et verserait continuellement les eaux vers la rive droite, pourrait-on compter sûrement sur la stabilité et la durée du résultat obtenu ?

On aura fait tout ce qui est possible pour se rapprocher du but et on n'aura rien fait de contraire. Mais les conditions naturelles de l'écoulement dans les cours d'eau impliquent l'ondulation de leur thalweg entre ses rives et son oscillation de l'une à l'autre. Son maintien, durant un parcours de 17 kilomètres sur une même rive, est donc une tentative qui va à l'encontre des lois naturelles. Elle se justifie ici par l'intérêt commercial tout à fait supérieur, qui oblige à maintenir les profondeurs le long des quais de Vienne, qui constituent un grand port; mais elle n'en reste pas moins très aléatoire.

Sans doute la forme donnée au lit agira puissamment pour combattre cette tendance des eaux à changer de rives, et l'on peut prévoir qu'en régime normal, elle suffira à maintenir le thalweg sur la rive droite. Pour qu'il s'en éloigne dans les conditions nouvelles et malgré l'obstacle mis à son déplacement, il faudra donc des causes beaucoup plus fortes que celles qui agissent dans les circonstances ordinaires, et par conséquent des circonstances beaucoup plus rares. Mais il n'est pas possible de penser que cela n'arrivera jamais et il faut s'attendre à ce que de temps en temps il se produira des perturbations sur quelques points de la coupure.

Pour y faire face, il n'y aura pas à étudier alors de nouveaux travaux; il suffira de les rétablir s'ils ont été endommagés, et pour réparer l'accident il faudra recourir au dragage. C'est d'ailleurs là une éventualité, pour ainsi dire commune à tous les ports; c'est ce caractère de la coupure de Vienne qui l'impose encore ici, et elle se reproduira, sans doute, périodiquement à intervalles plus ou moins éloignés.

II. — AMÉLIORATIONS DU DANUBE SUR LE TERRITOIRE DE LA BASSE-AUTRICHE EN VUE D'UN TIRANT D'EAU DE 2 MÈTRES AUX PLUS BASSES EAUX. — L'amélioration du Danube dans son parcours sur le territoire de la Basse-Autriche, de part et d'autre de la traversée de Vienne, est un problème moins difficile que celui qui vient d'être examiné, car les sujétions qu'il comporte sont moins étroites.

Le but que l'on poursuit est bien encore d'obtenir un chenal navigable, qui permette aux bateaux de prendre un enfoncement de 2 mètres aux plus basses eaux; mais on n'a plus à subir la condition rigoureuse et difficile de le maintenir toujours sur la même rive; il n'y a que quelques points spéciaux, et sur d'assez faibles longueurs, où les considérations d'ordre commercial désignent la rive qu'il faut desservir; partout ailleurs, elles permettent d'appuyer tour à tour le thalweg sur celle où ses tendances naturelles et les circonstances locales sont les plus favorables à sa fixation et à la conservation des profondeurs.

Mais il existe malheureusement, et d'une manière plus ou moins continue suivant les sections, d'anciens ouvrages de régularisation. Ces ouvrages ont été exécutés dans un but tout autre que celui de l'amélioration de la navigation en basses eaux, et leurs dispositions ne sont pas celles qui conviendraient pour ce dernier objet, parfois même elles lui sont contraires.

Les travaux à entreprendre n'ont fait l'objet d'études préparatoires complètes que dans la section de Fischamend à Hainburg, en aval de Vienne.

En amont de Vienne jusqu'à Ybbs, sur la partie du fleuve qui a été explorée, les difficultés que rencontre la navigation sont de même nature et dues aux mêmes causes que dans la section en aval de Vienne, et peut-être même y sont-elles moins nombreuses. Les procédés, qui devront être mis en œuvre dans cette section, seront donc les mêmes que dans l'autre et réaliseront dans l'une et dans l'autre des améliorations semblables.

On s'occupera de la section d'aval où les études préparatoires ont été entreprises, et on cherchera avec les documents dont on dispose :

1° Quelles sont les conditions de navigabilité les meilleures qu'on puisse espérer sur le Danube; s'il est possible d'obtenir un tirant d'eau de 2 mètres en basses eaux, qu'on se propose comme but de l'entreprise ;

2° Quels sont les procédés généraux à employer pour l'atteindre ou s'en approcher.

Lorsqu'on poursuit l'amélioration d'un fleuve en laissant libre cours à ses eaux et par simple régularisation de son lit, on n'a pas le pouvoir de fixer *a priori* les conditions de navigabilité que l'on veut obtenir; on ne doit espérer et l'on ne peut raisonnablement poursuivre que les améliorations qui sont compatibles avec son régime et dont l'étude de ce régime peut seule donner la mesure. Et cela est facile à comprendre; car, du moment qu'on laisse libre cours à ses eaux dans un lit dont la constitution ne peut être modifiée que dans une très faible mesure, il est bien évident que le double écoulement de l'eau et des matériaux solides qui se produit dans tous les cours d'eau restera soumis aux lois générales qui les gouvernent et qu'elles continueront à régler les phases diverses de ces deux mouvements, leur vitesse, leur accélération, leur ralentissement ou leur arrêt, et par suite, les formes qui en résultent à chaque instant pour le lit affouillable et mobile dans lequel ils s'accomplissent.

Or ces lois ne sont que l'expression des faits ; car, en hydraulique fluviale, pas plus d'abord que dans les autres sciences physiques, on ne connaît la nature des forces qui entrent en jeu ; on peut seulement reconnaître leur sens et parfois apprécier leur grandeur en les jugeant d'après leurs effets. Mais lorsque ces effets sont toujours les mêmes, lorsque les mêmes circonstances ramènent toujours la production du même phénomène, et lorsqu'en outre nos connaissances les plus certaines permettent de considérer l'un comme la conséquence logique de l'autre, on est en droit de dire que ce phénomène résulte d'une loi générale et de formuler cette loi d'autant plus sûrement que l'expérience qui a permis de l'établir est plus longue et embrasse une plus nombreuse répétition des mêmes effets.

Ce n'est donc pas dans *des calculs plus ou moins laborieux* qu'il convient de chercher la solution d'un problème dont les données sont entièrement complexes et dont quelques-unes même nous restent inconnues, mais c'est en suivant la seule méthode qui soit véritablement scientifique, celle de l'observation.

Et lorsqu'on applique attentivement l'observation aux phénomènes qui se passent sur les cours d'eau, il est très facile de reconnaître l'existence de faits d'un caractère absolument général, et dont la certitude est d'autant plus grande qu'il est possible de leur donner l'explication la plus simple et de montrer qu'ils sont la conséquence nécessaire des lois physiques les mieux connues.

On peut ainsi résumer les principaux de ces faits :

1° *Sinuosité du thalweg d'un cours d'eau ;*

2° *Sinuosité du profil en long du thalweg, qui présente une série de rampes et de pentes, de points bas et de points hauts, de telle sorte que le lit du fleuve est formé d'une série de fosses ou mouilles qui correspondent aux points bas du thalweg et d'une série de barrages ou seuils qui correspondent aux points haut du thalweg;*

3° Forme en escalier du profil en long de la surface des eaux, qui est composé d'une série de pentes faibles séparées des pentes fortes;

4° Rencontre au même point des inflexions du thalweg, c'est-à-dire points de passage d'une rive à l'autre, des seuils, c'est-à-dire des points hauts de son profil en long et des pentes les plus fortes de la surface.

Toutes ces lois trouvent une explication facile.

Si l'on suppose que le lit ait été régularisé en ligne droite, entre des rives parallèles et suivant un profil constant, il est clair que tant que le mouvement des eaux suivra la direction des rives, la section d'écoulement restera normale aux rives et par conséquent constante; la vitesse ne variera pas.

Mais dès qu'une circonstance aura dévié les eaux et modifié la direction de leur mouvement, la section par laquelle les eaux s'écoulent en suivant cette nouvelle direction ne sera plus normale aux rives, mais oblique et par conséquent plus grande que la précédente. La vitesse nécessaire pour écouler le débit constant à travers cette nouvelle section agrandie sera moindre; par conséquent sa puissance d'entraînement pour les matériaux solides diminuera et une partie de ces matériaux se déposera.

Il se formera ainsi à l'inflexion, c'est-à-dire au point de passage d'une rive à l'autre, là où l'augmentation de la section d'écoulement sera la plus grande, un seuil de gravier dont la direction générale sera sensiblement perpendiculaire à la direction du thalweg. Le profil en long du thalweg présentera donc, dans ce passage d'une rive à l'autre, un point haut et par conséquent une rampe en amont et une pente en aval.

Ce seuil, véritable barrage transversal, agira évidemment comme le ferait un barrage artificiel qu'on viendrait établir dans le fleuve; il retiendra les eaux et relèvera leur niveau. La nouvelle pente de surface sera moindre qu'avant en amont du barrage, et elle se raccordera avec la pente d'aval par une chute plus ou moins brusque ; c'est la marche d'escalier du profil signalé.

Ainsi les sinuosités du thalweg en plan comme en profil en long, la constitution du profil de surface en forme d'escalier et la réunion au même point de l'inflexion du thalweg, du seuil et de la marche d'escalier, ne sont pas seulement des faits d'observation générale et constante, mais des faits nécessaires qui sont la conséquence forcée des lois les plus élémentaires de l'écoulement.

Les seuils divisent donc le lit en une série de fosses, sortes de bassins ou de réservoirs, dans lesquels la pente de surface est adoucie, la section d'écoulement profonde, et par conséquent la vitesse faible, et ces réservoirs déversent leurs eaux les uns dans les autres par-dessus les seuils des barrages qui les séparent.

Il est bien évident que dans ces bassins, où l'eau est profonde et relativement tranquille, toutes les conditions les plus favorables à la navigation se trouvent réunies, et qu'elle ne peut trouver de difficultés que pour passer de l'un à l'autre, c'est-à-dire quand il s'agit de franchir le seuil ou barrage qui les sépare.

Or, si, en suivant toujours la même méthode, c'est-à-dire en ayant recours à l'observation, on examine les dispositions de ces barrages, on reconnaît que si leur existence et leur répétition sont des faits d'ordre absolument général, leurs formes, aussi bien que les difficultés qui en résultent pour la navigation, sont tout à fait diverses. Leur direction, leur relief et la chute qui les surmonte, sont variables de l'un à l'autre.

Mais l'on reconnaît aussi que lorsque la direction du seuil ne présente qu'une faible inclinaison sur la direction du profil normal aux rives, son relief est peu accentué, la chute qu'il produit peu marquée, la vitesse modérée et la lame déversante épaisse.

Si, au contraire, la direction du seuil fait un angle très ouvert avec la direction du profil normal aux rives, son relief est très accusé, la chute qu'il produit très brusque, le courant violent et la profondeur d'eau très faible.

Ces faits sont faciles à expliquer : si le thalweg se détache progressivement d'une rive pour se diriger sur l'autre, de manière à ce qu'à l'inflexion il ne fasse qu'un angle modéré avec l'axe longitudinal du fleuve, la section par laquelle les eaux s'écouleront à ce point de passage ne subira qu'une faible augmentation, la vitesse diminuera peu, et le dépôt laissé par les eaux sera peu considérable. Un seuil peu incliné sur la direction du profil normal n'aura donc qu'un faible relief, et il ne produira par conséquent qu'un faible relèvement des eaux et une chute peu accentuée.

Si, au contraire, le thalweg quitte brusquement la rive sur laquelle il s'appuyait pour se diriger sur l'autre en suivant une direction presque normale à sa direction primitive, c'est-à-dire à la direction générale du fleuve, la section d'écoulement devient très grande la vitesse d'écoulement diminue beaucoup, le dépôt prend des proportions et un relief considérables et détermine une chute très brusque.

Dans le premier cas, la navigation rencontre les conditions les plus favorables qui soient possibles au passage d'un seuil : profondeur suffisante et vitesse modérée, chenal facile à suivre et possibilité de gouverner de manière à rester dans le thalweg, à utiliser toute sa profondeur et à maintenir le convoi dans la direction qui correspond au minimum de résistance.

C'est dans le second cas, au contraire, qu'il se forme ces longues écharpes de gravier, si redoutées des navigateurs et si difficiles à franchir, parce que la profondeur y manque, en même temps qu'on y trouve un courant violent, parce qu'il est impossible d'y suivre le thalweg et ses changements brusques, et par conséquent d'utiliser complètement la profondeur déjà insuffisante qu'il présente, parce qu'enfin il est impossible de maintenir le convoi dans la direction la plus favorable, et de le soustraire à l'action d'un courant oblique qui augmente sa résistance, quand il ne l'écarte pas de sa route pour le jeter et l'échouer sur le gravier.

En résumé, quand l'inflexion est progressive et douce, le barrage de gravier est très peu incliné sur la direction du profil normal ; les profondeurs s'arrêtent contre ses faces qui sont perpendiculaires à la direction générale des rives, et les courbes de profondeur qui les représentent ont leurs sommets face à face, sans que ces courbes chevauchent.

Quand, au contraire, l'inflexion est brusque et le seuil très incliné sur la direction du profil normal, les profondeurs qui s'étendent de part et d'autre sur la face du barrage empiètent l'une sur l'autre et le chevauchement des courbes qui les représentent est d'autant plus prononcé que le seuil est plus oblique et le passage plus mauvais.

La barre de gravier qui forme le seuil est représentée par l'espace compris entre les courbes d'égale profondeur, et l'on voit immédiatement qu'elle est d'autant plus longue que le chevauchement est plus prolongé.

On a représenté sur le plan ci-dessous la direction générale approximative des différents seuils qu'on rencontre dans la section de Fischamend à Hainburg, et qui séparent les mouilles profondes où l'eau est tranquille. Cette direction est figurée par un trait ponctué, et l'on a indiqué par des flèches le sens de l'écoulement de l'eau d'une mouille à l'autre par-dessus le seuil. Il est facile ainsi de se rendre compte des conséquences de l'orientation du seuil et l'on voit immédiatement que plus il est oblique, plus le déversoir qu'il constitue est long et plus la chute est forte, et la lame déversante mince.

On peut encore préciser ces indications, en choisissant parmi des seuils de cette section le meilleur et le plus mauvais, ceux qui se rapprochent le plus des formes extrêmes.

Le premier est situé vers le kilomètre 42, on y a fait représenter le profil en travers normal à la direction du thalweg et la direction du profil normal aux rives ; ils sont très peu inclinés l'un sur l'autre ; la section d'écoulement diffère très peu de la section du fleuve normal aux rives, et la largeur du seuil mesurée transversalement au courant est par conséquent peu considérable ; elle n'est que de 150 mètres au niveau de 1 mètre, circonstance qui assure une bonne profondeur. Les courbes de niveau qui ne traversent pas le barrage s'arrêtent exactement face à face. La distance de 120 mètres qui les sépare mesure la longueur du seuil dans le sens du courant ; c'est sur cette longueur que les bateaux rencontrent le maximum de profondeur entre les deux mouilles et ils y trouvent au-dessous du niveau des plus basses eaux plus de 2 mètres sur 100 mètres de largeur et 3ᵐ,90 dans le thalweg sur une direction facile à suivre. C'est un passage excellent où la navigation ne rencontre aucune difficulté.

Il en est tout autrément du second passage que l'on a choisi comme exemple. Ce passage est situé à l'autre extrémité de la section au kilomètre 25.400. Le thalweg quitte brusquement la rive droite sous un angle presque droit ; l'écoulement se fait d'une mouille à l'autre, suivant une direction presque perpendiculaire à la direction générale des rives sur un seuil en écharpe d'une très grande étendue. Sa direction générale est figurée comme pour les autres par un trait ponctué mais, pour rendre sa forme plus visible, on a couvert sa surface d'un réseau de hachures fines. Le profil en travers normal aux rives sur lequel le seuil est bien visible et le profil en travers levé sur le seuil perpendiculairement à la direction du mouvement des eaux, présentent les différences suivantes : le premier n'a que la largeur normale de 360 mètres environ, le second a une largeur de plus de 1.200 mètres. Il est bien clair que sur un déversoir d'une pareille dimension, l'écoulement ne peut se faire que sous une chute forte et une lame peu épaisse. Courant violent, manque de profondeur, et direction du thalweg impossible à suivre, toutes les conditions les plus défavorables se trouvent réunies sur ce passage qui est l'un des plus mauvais de la section, et où la navigation ne peut se faire en basses eaux qu'en ayant recours à l'emploi de la drague.

Les autres passages qu'on rencontre entre Fischamend et Hainburg ont des formes voisines de ces deux extrêmes ou intermédiaires. On peut les classer de la manière suivante :

1° Passages à inflexion très brusque :

Kilomètres.	25ᵏᵐ,400	Profondeur..	1ᵐ,60
—	27ᵏᵐ,150	—	1ᵐ,70
—	29ᵏᵐ,000	—	1ᵐ,70
—	32ᵏᵐ,700	—	1ᵐ,70
—	46ᵏᵐ,400	—	1ᵐ,90

2° Passages à inflexions modérées :

Kilomètres.	23^{km},000	Profondeur..	2^m,50
—	31^{km},250	—	2^m,20
—	33^{km},650	—	2^m,90
—	35^{km},100	—	2^m,40
—	44^{km},000	—	2^m,70

3° Passages à inflexion très douce :

Kilomètres.	30^{km},000	Profondeur..	3^m,40
—	36^{km},300	—	4^m,00
—	38^{km},100	—	4^m,00
—	42^{km},000	—	3^m,90
—	44^{km},600	—	3^m,50

Et l'on peut conclure de ces constatations que, dans cette région du Danube, il n'y a qu'aux inflexions tout à fait brusques que la profondeur tombe dans le thalweg à moins de 2 mètres au-dessous des plus basses eaux ; que, dès que l'inflexion s'accentue, la profondeur s'élève de 2^m,50 à 3 mètres, et qu'enfin lorsqu'elle est progressive et régulière elle correspond à des profondeurs de 3^m,50 à 4 mètres au plus profond et de plus de 2 mètres sur une grande largeur.

On en déduit que la recherche d'une profondeur de 2 mètres aux plus basses eaux n'a rien d'incompatible avec le régime du Danube, et qu'on pourra obtenir cette profondeur partout où l'on pourra réaliser les conditions dans lesquelles on a pu reconnaître qu'elle se produit naturellement.

On doit maintenant se demander quels sont les procédés généraux auxquels il convient de recourir pour atteindre ce but.

Mais il faut tout d'abord observer que dans son ensemble la section de Fischamend à Hainbourg présente deux régions dans lesquelles le tracé des rives offre des différences très marquées.

La première et malheureusement de beaucoup la plus longue a ses rives formées de longs alignements droits,

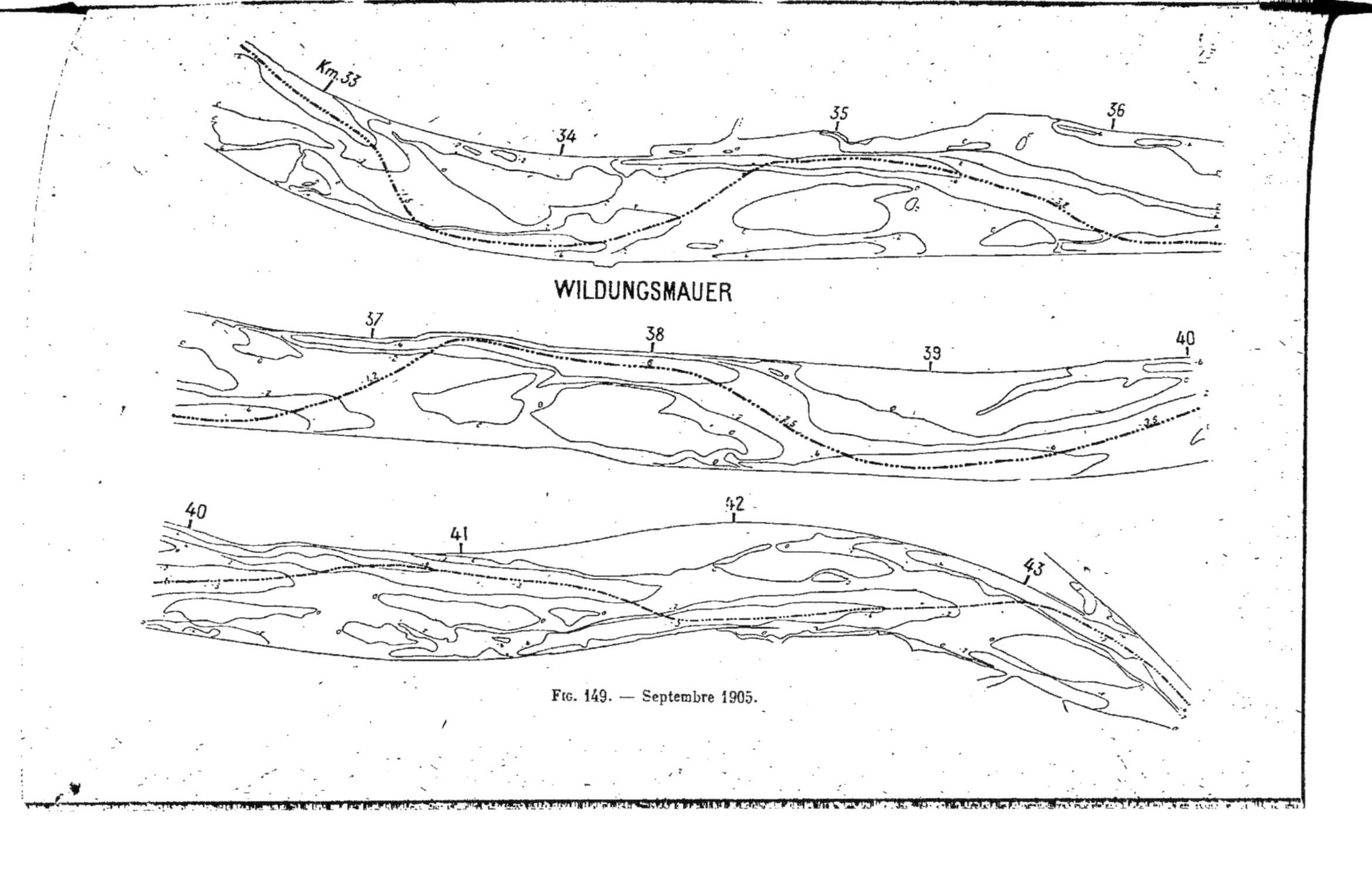

Fig. 149. — Septembre 1905.

dont l'un a 5 kilomètres raccordés par des courbes de faible développement. Le second, qui s'étend sur les 6 derniers kilomètres à l'aval, a ses rives formées par une série de courbes de grand développement qui se succèdent en sens inverse raccordées par de courts alignements droits.

Dans cette dernière, les sinuosités du thalweg suivent d'assez près celles des rives, c'est-à-dire que le tracé des rives est en concordance avec les tendances naturelles du chenal ; c'est la condition la plus favorable pour assurer la stabilité des formes. Les passages de cette région sont non seulement bons, mais comme cela pouvait se prévoir d'après la configuration du tracé, les renseignements pris établissent qu'ils l'ont toujours été.

Dans la partie amont, au contraire, et notamment dans le grand alignement droit, le tracé du chenal ne présente aucune concordance avec celui des rives ; le thalweg divague de l'une à l'autre, présentant une série de passages, dont les uns sont faciles et les autres difficiles, mais qui ne sont tels que d'une façon tout à fait temporaire. Ni les seuils, ni les profondeurs ne se maintiennent à la même place comme dans l'autre région, mais l'ensemble se déplace et change de forme en descendant vers l'aval. A chaque crue, une partie des matériaux qui était en repos est soulevée, et entraînée pour se déposer de nouveau plus loin quand les eaux baissent ; et comme dans le tracé des rives il n'existe aucune disposition qui soit de nature à déterminer le retour des profondeurs et, des seuils aux mêmes places, elles se répartissent suivant le hasard de la distribution des résistances dans le lit.

Ces constatations faites sur le Danube lui-même sont la confirmation complète de la première remarque qui a été faite, c'est-à-dire de l'invincible tendance du thalweg à suivre un cours sinueux, qui ne s'adapte au tracé des rives que lorsque ce tracé respecte lui-même cette tendance. Il en résulte que sur la section en amont de Vienne, on ne pourrait pas relever un seul exemple de thalweg en ligne droite sur un parcours d'une certaine étendue.

On peut dès lors être assuré que toute tentative pour lui donner ou lui conserver cette forme est d'avance vouée à l'insuccès ; mais elle n'a pas seulement l'inconvénient d'être inefficace, elle est encore dangereuse et nuisible. Le tracé rectiligne qu'elle conduit à donner aux rives n'a pas seulement pour conséquence de laisser le chenal incertain divaguer de l'une à l'autre. Il a en outre le très gros défaut de raccourcir le parcours et d'augmenter la pente. C'est le contraire qu'il conviendrait de faire.

Quand on construit une route ou un chemin de fer, si l'on doit franchir une différence de niveau d'une certaine importance, la règle qu'on suit partout consiste à allonger le parcours pour diminuer la pente et par conséquent la puissance du moteur nécessaire pour déplacer et élever le chargement.

Quand il s'agit d'un cours d'eau, cette règle devrait s'imposer d'une manière bien plus impérieuse encore, car le chemin sur lequel on circule n'est pas fixe ; il est lui-même mobile et la rapidité de son déplacement augmente avec l'importance de la pente. On n'a donc pas seulement à vaincre l'effort correspondant à l'élévation du chargement, il faut surmonter encore celui qu'oppose à son avancement la masse d'eau dans laquelle il se meut, masse qu'il faut refouler et déplacer et dont la résistance augmente très rapidement avec sa vitesse, c'est-à-dire avec la pente à laquelle elle est due.

Mais il y a plus encore, c'est que la vitesse du courant n'est pas seulement nuisible aux transports, elle est encore dangereuse pour la conservation même de la voie. L'eau d'un fleuve s'écoule dans un lit déformable, dont elle remue les matériaux, avec d'autant plus de puissance qu'elle est animée d'une plus grande vitesse. Tout ce qui contribue à diminuer cette vitesse, diminue en même temps l'action des eaux sur le lit et l'étendue des déformations qu'elles lui font subir, et contribue par conséquent à sa fixité. Tout ce qui au contraire contribue à augmenter cette vitesse augmente l'action offensive des eaux sur le lit, l'étendue et la fréquence de ses déformations et contribue par conséquent à son instabilité.

Sur une route ou sur un chemin de fer, l'augmentation de la pente n'a d'autre conséquence que d'imposer l'emploi d'un moteur plus puissant, mais elle n'augmente pas le travail à faire, qui consiste uniquement dans l'élévation des charges.

Sur un cours d'eau, l'augmentation de la pente impose une double augmentation de la puissance, celle qui, de même que dans le cas précédent, est nécessaire pour le travail utile de l'élévation des charges, et celle qu'il faut en outre pour accomplir le travail inutile qu'exige le déplacement d'une masse d'eau animée d'une grande vitesse.

Sur une route ou un chemin de fer, dont les éléments constitutifs sont bien finis, l'inclinaison de la voie n'exerce qu'une influence minime sur sa conservation.

Sur un cours d'eau, au contraire, dont les éléments constitutifs sont formés d'une masse fluide qui roule au travers d'une masse solide hétérogène, affouillable et mobile, la pente joue un rôle prépondérant et la conservation des formes du lit sera d'autant moins difficile que cette pente sera moins forte.

Il suit de là que, lorsqu'on a à déterminer la direction qu'on s'efforcera d'obtenir pour le chenal navigable d'un cours d'eau, il faut autant que possible éviter les grands alignements droits, allonger le parcours du thalweg et chercher dans le tracé des sinuosités des rives à reproduire la forme et à conserver l'espacement de celles qu'il dessine lui-même.

Dans cette sorte d'imitation, les sinuosités qu'il faut choisir comme modèle ne sont pas celles qui se rencontrent entre des rives mal placées, comme celles que produisent les divagations du thalweg dans l'alignement droit qui s'étend du kilomètre 34 au kilomètre 40 ; car, dans ce parcours, la résistance des rives s'est opposée brutalement à la continuation des mouvements commencés, a provoqué ces réflexions brusques qu'on y remarque, et donné naissance à des formes assurément différentes et moins amples que celles qui se seraient produites sous l'influence des causes naturelles si les eaux avaient eu leur cours libre.

Dans la partie aval de la section, au contraire, les courbures des rives se succèdent de telle manière que le chenal les suit sans effort ; nulle part les eaux ne rencontrent d'obstacle qui arrête leur mouvement et change brusquement leur direction, mais partout au contraire des formes adoucies, sur lesquelles elles coulent paisiblement, et qui guident progressivement leurs changements de direction.

Il est facile de s'en rendre compte par l'examen des profils du lit. Au passage du kilomètre 42 (*fig.* 153), on a fait représenter trois profils en travers caractéristiques ; les deux extrêmes, celui d'amont et celui d'aval, sont pris aux sommets des courbes concaves contraires, et le profil intermédiaire à l'inflexion même. Les deux premiers ont des formes tout à fait symétriques l'une de l'autre ; dans les deux, la profondeur la plus considérable est au voisinage de la rive concave, l'inclinaison la plus forte du même côté et la plus douce de l'autre. Dans le profil à l'inflexion, la profondeur la plus grande est au milieu et les inclinaisons des deux rives sont égales ; la forme de ce profil, avec moins de profondeur, est une sorte de moyenne entre les formes des deux profils extrêmes.

De telle sorte que le profil en travers du lit se transforme graduellement et va de sa forme primitive à la forme symétrique en passant par toutes les formes intermédiaires. Les inclinaisons des deux rives vont en diminuant à mesure que la profondeur diminue elle-même, qu'elle s'éloigne de la rive et que le profil s'épanouit ; et elles deviennent égales à l'inflexion même, pour croître de nouveau à mesure que le profil se referme, que le fond s'abaisse et que la profondeur se rapproche de la nouvelle rive concave.

Dans ces transformations successives du profil en travers, le thalweg s'écarte progressivement de la rive, et dès qu'il commence à s'en éloigner, la section d'écoulement commence à s'incliner sur sa direction primitive, sa surface augmente, la vitesse diminue et des matériaux se déposent. Le dépôt commence donc à se former bien en amont de l'inflexion ; d'abord peu considérable, il augmente peu à peu et se relève à mesure que la section d'écoulement s'incline et augmente davantage ; mais, comme cette augmentation n'est jamais très grande, quand l'inflexion est progressive et douce, ainsi qu'on le voit clairement sur le plan, il en résulte qu'au point même où il est le plus élevé, le dépôt n'a ja-

mais qu'un faible relief. Son volume total peut cependant
être très grand, parce qu'il occupe une grande longueur du
lit dans le sens du courant ; mais quel qu'il soit, ce qui
importe précisément, c'est qu'il ait cette orientation et par
suite un faible relief.

Et puisque cette orientation est déterminée par les modifications graduelles de formes du profil en travers, en
fixant les formes de ces profils on assurera le maintien de
la bonne orientation du seuil et par suite des conditions
favorables qui en résultent pour la navigation.

Dans cette région il n'y a donc pas autre chose à faire
qu'à consolider une situation excellente ; on pourrait même
admettre qu'il n'y a rien à faire, car on ne saurait considérer l'action des eaux comme réellement dangereuse pour la
conservation de formes auxquelles elles-mêmes elles ont
donné naissance ; mais on peut toujours craindre qu'une
circonstance accidentelle, en modifiant la direction naturelle
des eaux et le sens de leurs efforts, ne vienne compromettre
la fixité d'un lit dont les matériaux sont mobiles ; les travaux à faire pour prévenir cette éventualité sont peu considérables et ils devront consister uniquement dans l'établissement d'une ossature solide, qui donne aux plages mobiles
la résistance qui leur manque, sans changer leur relief et
leur forme.

Ceci fait, il est certain qu'on aura dans cette partie du
fleuve toute la régularité et la stabilité désirables. Régularité
et stabilité relatives assurément, car on ne saurait supposer
rien d'absolument fixe au milieu de la perpétuelle mobilité
de tous les éléments qui se rencontrent dans un cours d'eau.

Les conditions générales de l'écoulement, que rien ne
peut modifier, impliquent, en effet, le continuel déplacement des matériaux solides. Le mouvement de ces matériaux
n'est jamais entièrement suspendu, mais la masse qui se
meut varie avec la masse des eaux qui les portent.

Quand les eaux s'élèvent, leur puissance d'affouillement et
de transport augmente ; elles arrachent au lit des matériaux qui y étaient en repos, les soulèvent et les entraînent
vers l'aval, et quand la baisse se produit, elles les déposent
à nouveau. Ces matériaux cheminent donc peu à peu vers

la mer, par une série d'étapes successives ; et les points où ils s'arrêtent au moment de la baisse des eaux, sont nécessairement ceux où les circonstances locales déterminent le plus tôt un ralentissement de la vitesse du courant.

Si ces circonstances sont continuellement variables, la position des dépôts le sera également ; c'est ce qui se produit entre les kilomètres 34 et 40. Mais si, au contraire, on a pu régler les formes du lit de manière à réunir et maintenir sur certains points l'ensemble des conditions favorables soit à la conservation, soit à la diminution de la vitesse, on aura ainsi réalisé le moyen de déterminer les points où se produira l'arrêt des matériaux ; moyen limité cependant, car si la distance qui sépare ces points artificiellement choisis différait notablement de la longueur des étapes que le régime du fleuve permet aux matériaux de franchir, des dépôts intermédiaires se formeraient infailliblement, nuisibles non seulement par leur présence, mais encore par le dérangement qu'ils apporteraient dans la direction qu'on s'efforce de donner au thalweg.

C'est l'ensemble de ces conditions favorables qui sont réunies au kilomètre 42, où l'on trouve de part et d'autre de l'inflexion, et voisines l'une de l'autre, deux courbes accentuées, dans lesquelles la hauteur de la rive, sa forte courbure et la raideur de son talus contribuent à la fois à la conservation de la vitesse et au maintien des profondeurs. Ce ne peut donc pas être dans ces courbes que se produira le ralentissement de vitesse et le dépôt des matériaux, mais seulement entre elles et dans le passage de l'une à l'autre, là où les pentes des rives s'adoucissent en même temps que la section d'écoulement s'évase.

Lors donc qu'après une crue la baisse des eaux provoquera l'arrêt des matériaux qui traversent ce passage, c'est à l'inflexion que se produira cet arrêt ; et, comme le tracé des rives est tel qu'il détermine la position de l'inflexion, il en résulte que la fixité de position du seuil est assurée par les bonnes formes du tracé. Mais comme, en outre, ainsi qu'on l'a fait remarquer plus haut, les formes successives du profil déterminent et dirigent le thalweg de manière à réaliser une inflexion progressive et douce, il en résulte pour le seuil l'orientation la meilleure et le relief le plus faible ; et, en fixant ces formes, on assurera le maintien des conditions qui déterminent cette orientation favorable.

De telle sorte que, s'il n'est pas possible d'empêcher le mouvement des matériaux solides, non plus que de le contraindre à se poursuivre sans arrêts et sans formation de dépôts, il est permis dans une certaine mesure d'agir sur la situation et la forme de ces dépôts, d'assurer la fixité de leur position par un bon tracé des rives et leur bonne orientation par une judicieuse et progressive modification du profil en travers.

L'importance des dépôts qui se produisent après chaque crue dépendra toujours des conditions particulières de régime de cette crue, du volume plus ou moins grand des matériaux qu'elle aura mis en mouvement et de la rapidité de la baisse des eaux, mais ils se formeront toujours au même niveau et prendront toujours l'orientation, qui correspond au plus faible relief. Ce relief sera donc variable et la profondeur disponible après chaque renouvellement des matériaux variable également, mais elle sera toujours la plus grande qui sera possible, eu égard aux circonstances.

Il ne faut donc pas s'attendre à trouver une profondeur constante sur un seuil régularisé ; elle sera toujours variable ; mais cela importe peu, si son minimum est toujours suffisant, et s'il se produit dans un chenal dont la direction soit constante et facile à suivre.

L'étendue de ces variations ne saurait d'ailleurs être très considérable, et la différence qui existe entre la profondeur de 3^m,90 qu'on relève sur le plan et celle de 2 mètres qu'on cherche à obtenir est telle qu'il est permis d'affirmer sans hésitation, que, partout où il sera possible de réaliser les conditions de tracé et de forme que présente ce passage, on aura l'assurance d'avoir toujours, quelles que soient les circonstances, la profondeur voulue.

Le passage étudié, qui est relativement court, représente un type qui paraît s'adapter tout à fait au régime du Danube et réunit l'ensemble des conditions les plus favorables à la navigation.

Dans la partie amont de la section de Fischamend à Hainbourg, il n'est malheureusement pas possible de reproduire exactement les formes qu'on rencontre entre les kilomètres 41 et 46. Les rives consolidées s'opposent à l'établissement de courbes aussi prononcées et aussi répétées, et ces rives doivent être considérées comme une condition défavorable mais inévitable du problème ; c'est donc dans leur intervalle qu'il faut s'efforcer de tracer un chenal qui s'approche autant que possible des conditions tout à fait bonnes qui se trouvent en aval.

Il conviendra dès lors de conserver toutes les sinuosités qui sont compatibles avec le tracé des rives et d'utiliser d'abord toutes celles que ces rives présentent, d'appuyer le chenal à la concavité des courbes trop rares qu'on y rencontre, et de placer ainsi sur son parcours le plus grand nombre possible de points fixes où se trouvent réunies les conditions favorables à la formation et à la conservation des profondeurs.

Les courbes qui existent dans cette partie de la section ne les retiennent pas aujourd'hui, et l'on pourrait croire, pour ce motif, que leur action n'est pas partout aussi efficace qu'au kilomètre 42. Mais il faut remarquer que la courbure d'une rive ne peut agir que sur les eaux qui la suivent; et il est facile de voir, par l'examen des plans, que la succession des courbes et des alignements droits est telle que, lorsque l'eau s'appuie sur l'un de ces derniers, comme au kilomètre 28, et suit la direction qu'il lui imprime, elle va frapper le suivant sans pénétrer dans la courbe.

Comme il est impossible de combattre cet inconvénient en modifiant la direction des rives, c'est sur le profil en travers qu'il faudra agir, en le dessinant de manière à détacher progressivement le thalweg de la rive pour le diriger vers la courbe.

D'une manière générale, on peut dire qu'entre Fischamend et Altenburg, lorsqu'on aura tracé l'axe du chenal dans la direction la meilleure que permette la forme des rives, on ne pourra compter que très accidentellement et dans une mesure très restreinte sur l'action de ces rives pour le maintenir dans sa position, et le plus souvent elle sera contraire. C'est donc par le profil en travers seul qu'il sera possible d'agir, et il faudra lui demander une action plus énergique que lorsqu'elle doit seulement compléter celle des rives bien tracées.

Le nombre des inflexions possibles entre les ouvrages actuels sera nécessairement moindre qu'il ne conviendrait si l'on était tout à fait libre, et les alignements droits qui réuniront deux courbes contraires seront plus longs qu'il ne faudrait ; il serait donc nécessaire de soutenir plus fréquemment la direction des eaux et de la guider davantage dans ses changements.

C'est donc surtout en ayant recours aux épis qu'il faudra procéder. L'axe du chenal étant tracé, et la position des épis déterminée, leur pente et leur orientation doivent être réglées en s'inspirant des formes qu'on trouve au kilomètre 42.

On a reproduit sur le plan au kilomètre 25 les profils caractéristiques levés comme à l'autre passage au sommet des courbes et à l'inflexion. La différence des formes apparaît immédiatement ; et tandis qu'au kilomètre 42 le profil en travers de l'inflexion présentait en son milieu la plus grande profondeur, au kilomètre 25 c'est au contraire la moindre profondeur qui occupe la même place. Cette forme est tout à fait vicieuse et dangereuse. Pour avoir de la profondeur, il ne faut pas que les eaux se partagent, et quand on rencontre dans un profil des profondeurs des deux côtés, on peut être sûr que le passage sur lequel il existe est mauvais ; il faut l'améliorer, barrer l'une des deux, plus souvent l'une et l'autre, en les repoussant vers l'axe du profil.

En donnant ces indications, et en insistant sur la nécessité de demander aux épis une action plus énergique pour suppléer à celle des rives ou pour la contre-balancer, on entend qu'on pourra être conduit à en augmenter le nombre et non pas qu'il faudra en faire des ouvrages considérables et leur donner un fort relief.

Si l'on agissait ainsi, on irait à l'encontre du but que l'on poursuit. Pas plus que dans la coupure de Vienne, il ne s'agit ici de produire un resserrement, et il n'est pas plus nécessaire d'y diminuer une section qui ne paraît pas trop

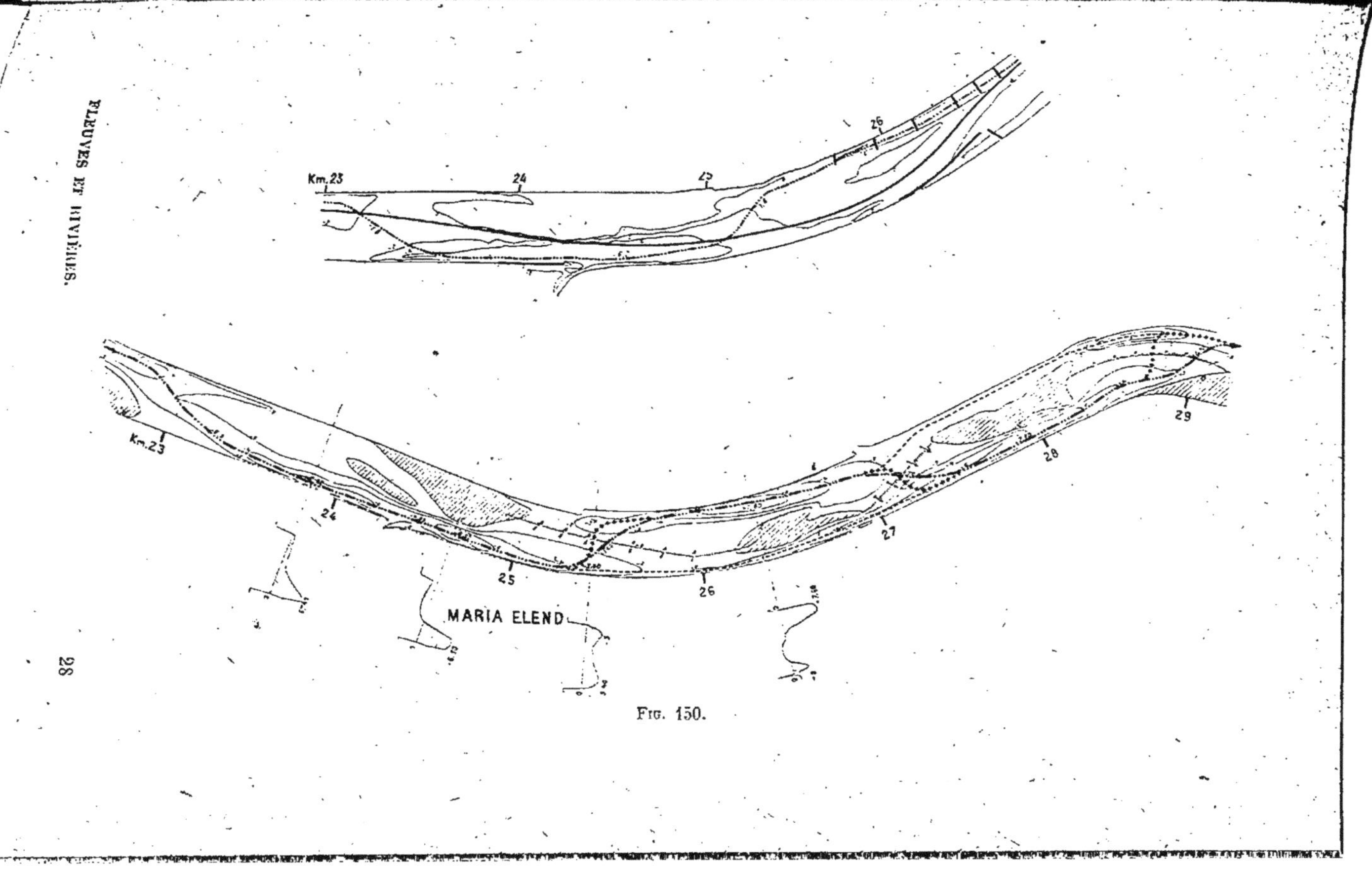

Fig. 150.

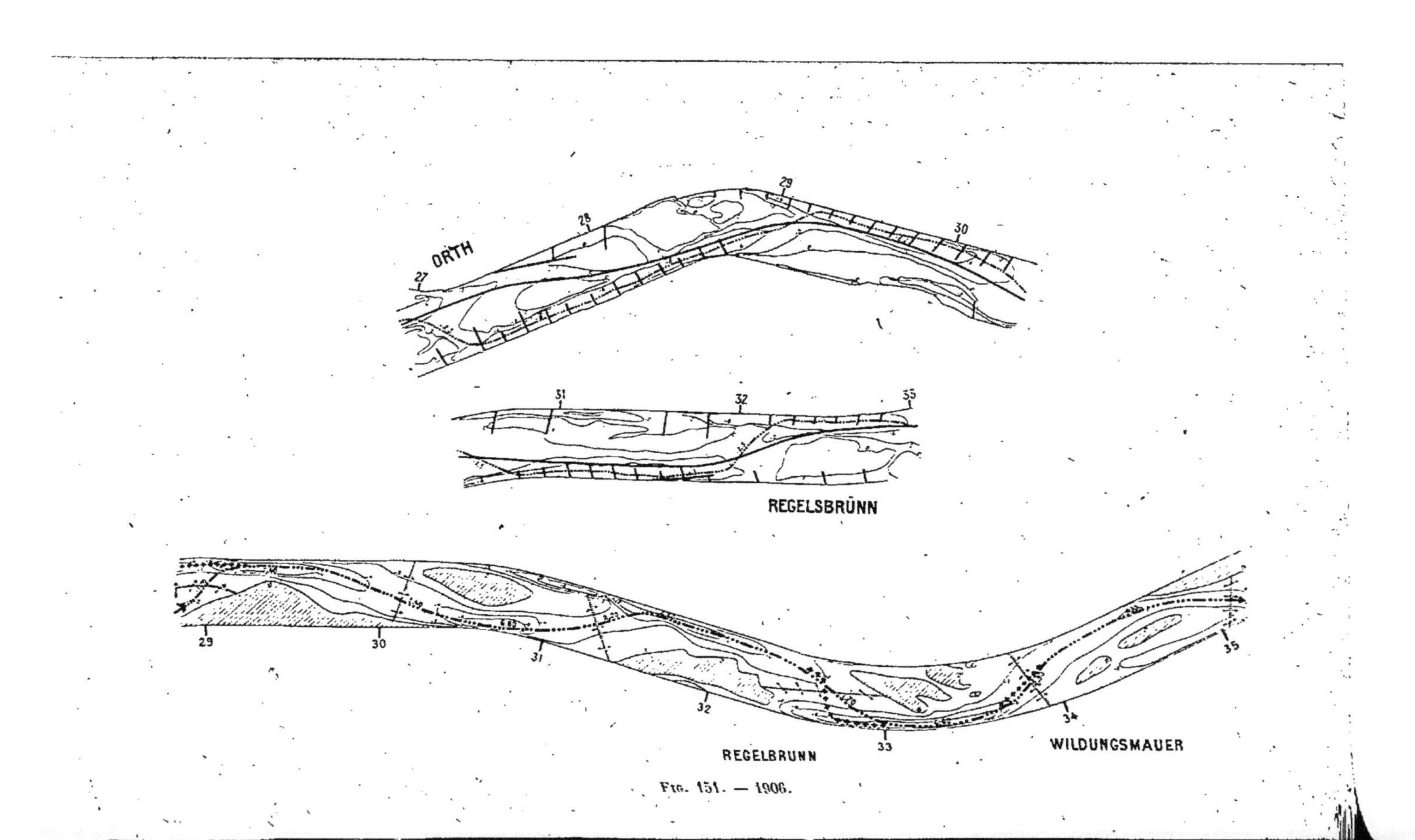

Fig. 151. — 1906.

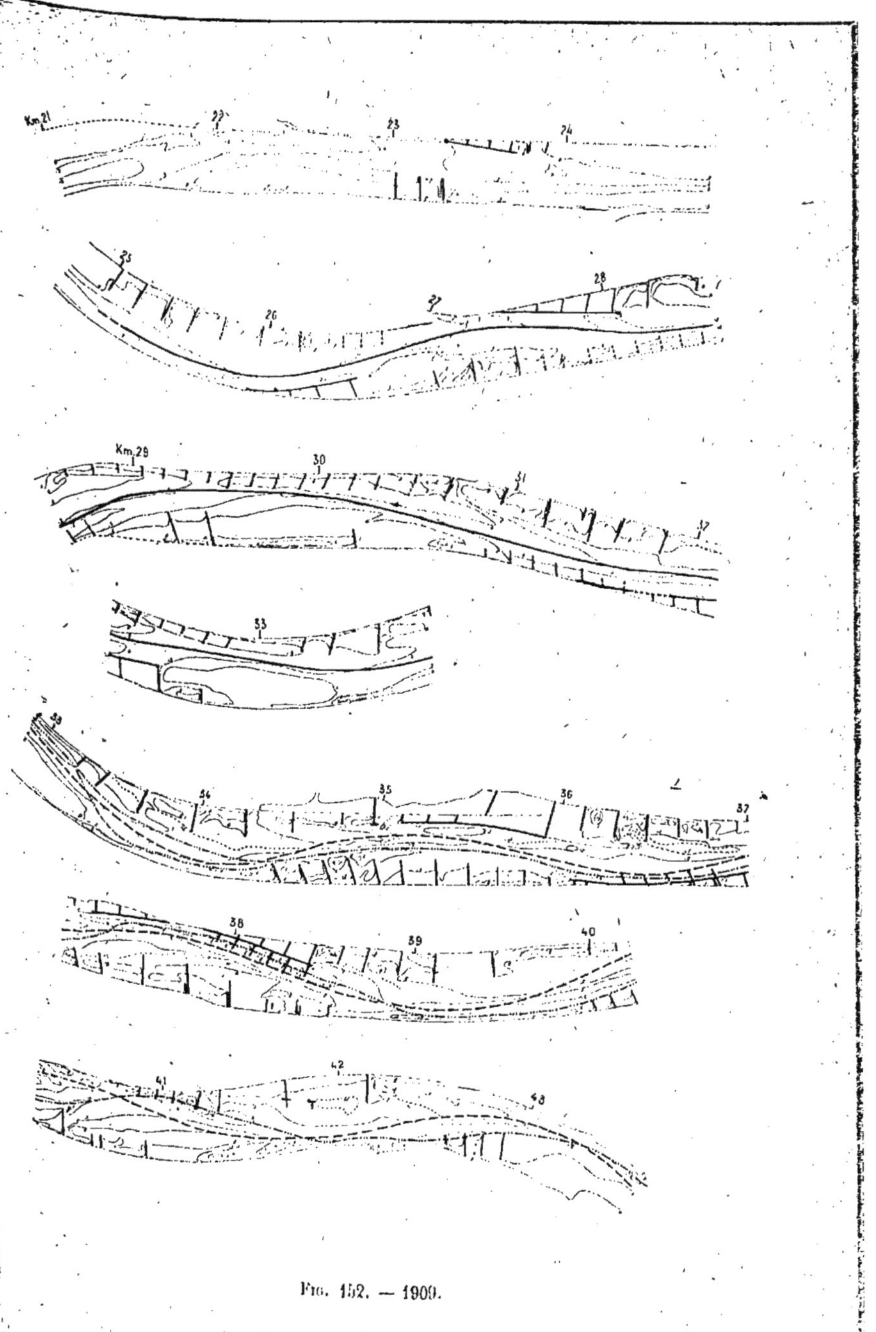

Fig. 152. — 1900.

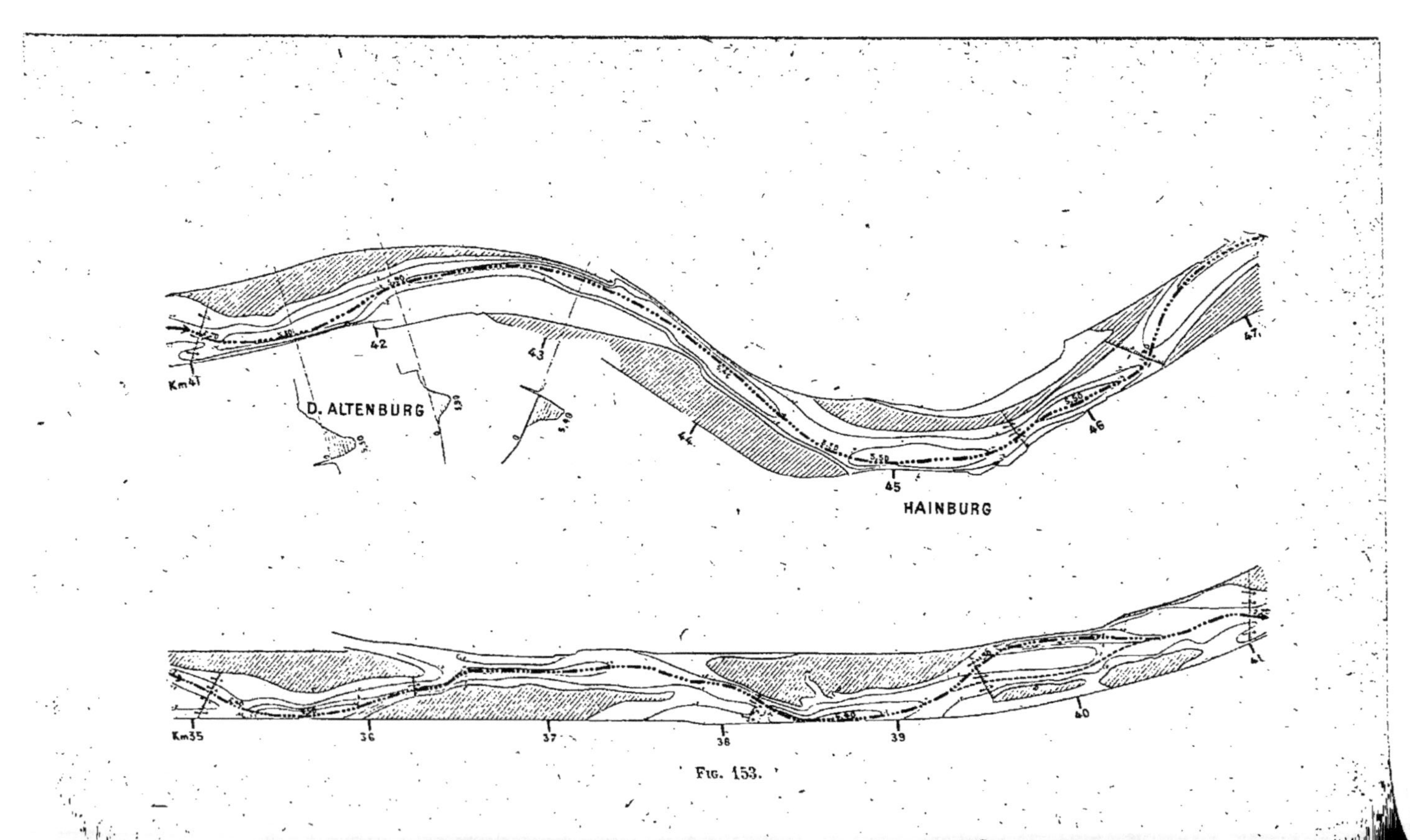

Km 41
42
D. ALTENBURG
43
44
45
46
47
HAINBURG
Km 35
36
37
38
39
40
41

Fig. 153.

grande. Partout en effet où les eaux coulent dans une direction parallèle aux rives, la profondeur est suffisante, surabondante même; elle ne manque que là où elles s'écoulent transversalement. La section d'écoulement n'est donc pas trop grande tant qu'elle reste normale aux rives; elle ne le devient que lorsqu'elle est très oblique, et ce qu'il faut, ce n'est pas la diminuer, c'est la redresser; ce qu'il convient de faire, ce n'est pas de restreindre le lit dans lequel les eaux s'écoulent, mais de diriger leur cours dans le lit qui existe; la seule condition nécessaire pour cela c'est la continuité dans le tracé des ouvrages qui les guident; et quant à leur relief, il serait tout à fait imprudent de le déterminer d'avance; les éléments nécessaires à cette détermination sont beaucoup trop complexes pour le permettre ; mais il doit être fixé expérimentalement en suivant pour l'exécution la marche progressive indiquée plus haut. Cette marche est absolument nécessaire dans l'espèce, faute d'expérience préalable dans l'établissement de semblables ouvrages; des erreurs sont inévitables là même où l'expérience de ces travaux est la plus longue.

Mais si l'on suit dans l'exécution la marche progressive indiquée; si l'on observe constamment les effets produits par les travaux déjà faits, pour s'assurer qu'ils sont bien dans le sens que l'on veut, on s'aperçoit immédiatement d'une erreur, si elle a été commise, et il est facile de la rectifier, sans qu'elle ait des conséquences nuisibles pour les travaux. L'expérience s'acquiert ainsi facilement par ces observations répétées; mais même quand elle est acquise, elle ne saurait dispenser de procéder de la même manière; car, d'une part, l'effet des travaux est bien plus sûr et souvent différent, quand on les exécute par phases successives que lorsqu'on les exécute tout d'un coup; et, d'autre part, il y a tellement d'inconnues dans un tel problème, que si l'expérience permet bien de prévoir sûrement le sens dans lequel se produira l'action des ouvrages, elle ne permet pas d'en prévoir la mesure, que l'expérience directe seule peut donner.

Parmi ces inconnues, il en est une qui joue un rôle spécial sur le Danube, c'est la fréquence et l'importance des glaces. Quel effet produisent les épis sur leur marche ? Il est bien évident que cet effet dépendra de leur forme, de leur hauteur et de leur relief. Dans la coupure de Vienne, il semble que ceux qu'on a exécutés aient agi dans un sens défavorable ; cette action provient sans doute du resserrement qu'on a pratiqué, puisqu'elle s'est exercée aussi en relevant le niveau des basses eaux ; et si, au lieu d'ouvrages à formes saillantes réduisant la largeur du lit, on avait exécuté des ouvrages plus bas, à formes adoucies et rectifiant seulement les pentes du fond, il est bien certain que leur effet eût été différent.

Sur les rivières, où l'on a le plus employé le genre de travaux dont il s'agit ici, on doit compter aussi avec les glaces, et les épis n'exercent d'influence fâcheuse ni sur leur écoulement ni sur la hauteur des crues qu'elles provoquent. Les glaces y sont toutefois moins fréquentes et de moins longue durée que sur le Danube, elles y deviennent par conséquent moins compactes. Mais sur beaucoup de rivières de l'Allemagne du Nord, où les glaces jouent un rôle considérable, on emploie aussi des épis. Leur but est tout différent de celui dont il s'agit ici, car il n'est pas de déterminer des modifications graves de la forme du profil en travers pour guider l'inflexion et le passage du thalweg d'une rive à l'autre ; il est au contraire de déterminer la formation d'un profil normal constant, souvent même de deux profils normaux, l'un pour les basses eaux, l'autre pour les eaux moyennes. Ces profils n'ont donc pas les formes adoucies que l'on recherche, mais des formes rectangulaires ou trapézoïdales, et par conséquent les ouvrages qui les dessinent ont aussi des formes plus arrêtées et plus brusques et un relief plus accusé que celui que l'on a en vue. Et malgré cette circonstance défavorable, on n'a jamais signalé de graves inconvénients qui soient résultés en temps de glaces de l'existence de ces ouvrages.

Quoi qu'il en soit, il y a là une raison de plus de procéder avec prudence. Il n'est pas douteux que des épis très bas resteront sans influence nuisible en temps de glaces ; l'expérience seule pourra dire jusqu'à quel niveau il sera possible de les élever sans danger. Comme il ne s'agit pas d'ailleurs de relever le niveau des eaux ni de modifier la forme de leur profil, résultat qui n'est ni désirable ni utile et qu'il serait d'ailleurs bien difficile d'obtenir, on peut prévoir que la hauteur qu'il sera nécessaire d'atteindre pour réaliser l'amélioration du chenal restera toujours assez faible, puisque les ouvrages n'exercent aucune action fâcheuse en temps de glaces. Et l'on peut être assuré d'autre part que, pour l'écoulement des glaces, tout comme pour celui des matériaux solides et de l'eau, la continuité dans la variation de la forme des ouvrages restera la condition la meilleure et la plus essentielle à poursuivre.

En amont de Vienne, la situation est la même qu'entre Fischamend et Hainbourg. On a donc à exécuter les mêmes travaux dans l'une comme dans l'autre section.

Il s'agira bien souvent de satisfaire à la fois aux conditions commerciales qui s'imposent sur certains points, et aux conditions techniques, de donner au chenal dans l'intervalle étroit de ses rives actuelles un tracé en concordance avec leurs formes et qui présente une suite continue de courbures suffisamment prononcées et assez rapprochées. On n'aura pas le choix entre plusieurs solutions et il sera déjà difficile d'en trouver une qui soit réellement satisfaisante.

Cette solution unique sera donc la même, qu'on la détermine aujourd'hui ou qu'on la détermine plus tard, et il y a les plus grands avantages à la connaître d'avance. Cela permettrait de constater d'abord que sur certains points elle est dès maintenant réalisée ; et ce qui serait le meilleur serait de fixer immédiatement la situation sur les passages où elle est bonne. Sur ceux où elle est mauvaise, on peut être certain qu'elle tient uniquement à ce que le thalweg n'est pas guidé et qu'il a été chassé d'une rive à l'autre par une cause accidentelle et le plus souvent passagère. La forme de ces passages est donc presque toujours instable ; mauvaise aujourd'hui, elle peut devenir meilleure ou même bonne sous l'influence d'une cause accidentelle. Et si l'on sait d'avance le résultat qu'on veut obtenir, si l'on suit attentivement les modifications qui se produisent dans l'état du lit, il devient facile de choisir le moment le plus favorable pour intervenir, soit pour fixer le chenal, s'il est -

venu de lui-même prendre la position qu'on lui a assignée, soit pour l'aider à la prendre, quand il tend à s'en rapprocher.

Une telle marche n'est pas toujours possible à suivre, et quand on est en présence d'une navigation qui souffre et réclame des améliorations urgentes, on est bien obligé d'aller au plus pressé, de commencer là où la situation est la plus mauvaise et d'aborder le problème dans les conditions les plus difficiles. Mais quand les conditions de navigabilité sont passables et permettent d'opérer plus lentement, quand on dispose d'un plus long délai pour atteindre le but, elle est de beaucoup la plus sûre et la meilleure. C'est celle qui correspond au moindre effort, et en la suivant on peut être sûr de réaliser à la fois l'économie de la dépense et les chances les plus grandes d'une réussite certaine et rapide; c'est elle aussi qui assure le mieux contre les chances d'erreur grave, et pour ne prendre qu'un exemple là même où les études préparatoires sont faites, il suffira de faire remarquer qu'entre Fischamend et Hainbourg on rencontre précisément ces deux situations différentes : d'une part, entre Altenburg et Hainbourg, une région où les formes du lit et du profil des eaux sont satisfaisantes et stables, et qu'il serait très facile de fixer définitivement; d'autre part, entre Fischamend et Altenburg, une région où non seulement les formes du lit sont presque toutes défectueuses, mais où il semble, en outre, qu'un vaste dépôt a relevé le fond et le profil des eaux sur toute son étendue, et où, par conséquent, tout paraît conseiller l'expectative, tout au moins jusqu'à ce que l'observation ait permis de savoir si ce dépôt persistera ou s'il continuera à descendre vers l'aval.

Les ouvrages qu'il s'agit d'établir n'auront d'action qu'en eaux basses et moyennes ; ce sont les plus longues, mais ce ne sont pas celles qui provoquent les plus grandes modifications dans la forme du lit ; ce sont les crues qui les produisent et elles sont heureusement courtes sur le Danube. Mais quand elles agissent, il ne faut pas perdre de vue que la direction du mouvement des eaux ne sera plus déterminée par les ouvrages des basses eaux, mais par les grandes digues de défense, et leur action s'exercera dans un sens différent. Pour qu'il en fût autrement, il aurait fallu que le tracé des ouvrages du lit majeur et celui du lit mineur eussent été combinés de manière à assurer toujours la concordance du thalweg des hautes eaux et du thalweg des basses eaux; il n'en est pas ainsi et ce qui existe ne saurait être modifié.

Il n'y aura donc pas lieu d'être surpris si, à la suite d'une crue importante, on constatait dans le lit des déformations plus ou moins nuisibles, plus ou moins durables. Si la crue qui les a produites a les proportions de celles qui causent des avaries même aux ouvrages qui sont en dehors du fleuve, à plus forte raison ceux qui y sont placés, et qui sont les plus exposés, ne sauraient-ils échapper à cette éventualité. Mais si, au contraire, elle a modifié seulement les parties mobiles du lit en respectant les ouvrages, on peut espérer que, malgré le volume réduit des eaux qu'ils renferment, l'action prolongée de ces ouvrages suppléera à cette insuffisance et assurera peu à peu le retour aux formes primitives.

En résumé, il est possible de réaliser sur le Danube la profondeur de 2 mètres, qui est compatible avec le régime du fleuve. Cela sera facile partout où les formes des rives actuelles permettent d'adopter un tracé de thalweg analogue à celui qui se réalise de lui-même dans les parties naturellement bonnes du fleuve; ce sera plus difficile dans les autres, mais les difficultés ne seront pas telles qu'on ne puisse les surmonter et obtenir une amélioration suffisante.

Quant aux procédés à employer, il est difficile de préciser; s'agira-t-il de mettre en place telle ou telle nature d'ouvrages ou de matériaux, d'employer systématiquement des digues ou des épis, des fascines ou de la pierre? Il est impossible de le dire, car tous ces matériaux et tous ces ouvrages peuvent être en œuvre tour à tour ou simultanément, et produire les effets les plus différents suivant leur mode d'emploi.

Ce qui importe, au contraire, c'est de rechercher attentivement et de fixer judicieusement le but qu'il faut poursuivre et les effets qu'il faut produire; car c'est précisément d'eux que doit dépendre le choix qu'il faut faire de l'ouvrage

à employer et plus encore de la position et de la forme
à lui donner.

Ce qui importe enfin, c'est que dans cette recherche on
s'abstienne prudemment de toute tentative d'abstraction.
Car si l'abstraction peut être utile et féconde quand on
l'applique à des matières qu'elle peut serrer de près, et
lorsque les données sur lesquelles elle édifie la théorie
s'écartent assez peu de celles qu'on rencontre dans la réalité même, elle est au contraire la méthode la plus dangereuse qui soit, quand on est en face d'un problème, dont les
données multiples et continuellement changeantes échappent
même à la définition, parce qu'alors les simplifications
qu'elle exige sont telles que le problème qu'elle résout et
les conclusions qu'elle formule n'ont plus rien de commun
avec la réalité.

Dans ces conditions difficiles, la seule méthode qui puisse
garantir contre l'erreur, c'est celle de l'observation.

Et quand on l'applique sans parti pris aux faits qui se
passent sur les cours d'eau, en s'efforçant de les voir tels
qu'ils sont et non tels qu'on les voudrait, on reconnaît bien
vite que lorsque l'eau d'un fleuve coule dans un lit aussi
hétérogène que celui des cours d'eau naturels, les conditions
de son écoulement ne sauraient dépendre uniquement de
l'espacement de ses rives, mais qu'elles sont influencées par
beaucoup d'autres circonstances et dans une dépendance
étroite avec les formes du lit. Ces formes elles-mêmes présentent des variétés infinies, mais qui dérivent toutes d'un
très petit nombre de types, dont les traits généraux sont
constants. Il est tout à fait impossible d'en réaliser d'autres
et d'en créer de nouveaux ; tout ce qu'il est permis de faire,
c'est de s'efforcer de reproduire les modèles que la nature
fournit elle-même, et qui répondent le mieux à l'objet que
l'on a en vue. Leur forme résulte de l'action de forces considérables auxquelles il n'est au pouvoir de personne d'en
opposer d'égales; la lutte contre elles est impossible, et on
ne peut rien obtenir de durable et d'utile que par leur concours, en les faisant servir, et en réalisant pour cela l'ensemble des conditions dans lesquelles elles produisent
elles-mêmes le résultat que l'on veut atteindre.

Et la condition principale à remplir pour y parvenir, c'est d'assurer au milieu du continuel changement des formes, leur retour périodique à des dispositions semblables ou symétriques, et la continuité dans ces transformations.

Nulle part on ne rencontre l'uniformité dans la nature et c'est un leurre de la poursuivre ; partout au contraire elle montre à l'observateur attentif la diversité et la variation. Mais si les formes qu'elle produit ne sont jamais exactement semblables, elle passe de l'une à l'autre par des gradations d'autant plus insensibles que ces formes sont plus parfaites ; c'est-à-dire que si la variation est partout, la continuité est sa règle. Ceux qui sont aux prises avec la nature ne doivent jamais la perdre de vue : *Natura non facit saltus;* la nature ne procède pas par soubresauts.

EXÉCUTION DES TRAVAUX. — Les travaux, qui ont été exécutés en vue de l'amélioration de la navigabilité du fleuve, ont été décidés par la loi du 4 janvier 1899. Ils doivent être actuellement terminés, et ont été entrepris par passages successifs, en commençant de préférence par les travaux nécessaires pour rendre toujours accessibles les débarcadères des principales stations de bateaux à vapeur.

Les travaux ont pour objet de calibrer le lit d'étiage, de manière à fixer le chenal et à assurer toujours une profondeur suffisante.

Pour les études et les travaux relatifs à l'amélioration du Danube dans la Basse-Autriche, il a été institué en 1868 une Commission spéciale dite « Commission pour la régularisation du Danube à Vienne » (Donau regulierungs Commission in Wien), dans laquelle sont représentés l'État, la province de la Basse-Autriche et la ville de Vienne.

Les projets sont préparés, et l'exécution des travaux assurée par un service technique (Donau regulierungs Strombau-Direcktion) ; les projets préparés par le service sont arrêtés par la Commission dans la limite des ressources qui lui ont été attribuées par des lois spéciales.

Les ressources de cet organisme, véritable consortium, consistent dans les allocations qui lui sont versées annuellement par les trois collectivités intéressées. Il perçoit, en outre, pour droits d'usage ou d'exploitation, des redevances, locations ou péages divers; une partie est affectée à l'entretien des travaux, le solde étant versé aux collectivités propriétaires, dans des proportions déterminées.

Programme de 1869. — Les attributions de cette Commission ont d'abord été limitées à la régularisation du Danube près de Vienne même : concentration des eaux dans un seul lit en les rapprochant de la ville par la coupure, et protection de la ville et du territoire contre les inondations. Ces travaux, autorisés par la loi du 8 février 1869, furent terminés en 1882; ils nécessitèrent une dépense de 30 millions de florins (63 millions de francs).

Dans la même période (ou plus exactement de 1851 à 1880), l'État avait exécuté sur le Danube, principalement en aval de Fischamend, divers ouvrages de régularisation qui avaient coûté 2.500.000 florins (5.250.000 francs). Les travaux exécutés par l'État n'avançaient qu'irrégulièrement, en raison des dotations variables que les disponibilités budgétaires permettaient d'y affecter annuellement. Or l'urgence de ces travaux se faisait d'autant plus sentir que la régularisation du Danube à Vienne était plus près de son achèvement, et on décida de les améliorer en les confiant également à la Commission de régularisation.

Programme de 1881. — Celle-ci prépara un projet général de régularisation du Danube en Basse-Autriche (du confluent de l'Isper au confluent de la March), projet qui fut approuvé par arrêté de la municipalité de Vienne, du 2 décembre 1881, par la loi provinciale du 6 juillet 1882, et par la loi de l'État du même jour.

Les travaux qui devaient être terminés à la fin de l'année 1911 comportaient une prévision de dépenses de 24 millions de florins (50.400.000 francs).

Cette dépense était répartie à raison de deux tiers au compte de l'État, un quart au compte de la province, un douzième au compte de la commune. Les ressources annuelles mises à la disposition de la Commission étaient de 1.200.000 florins, comprenant pour l'État un versement de 700.000 florins, pour la province un versement de 200.000 florins, et pour chacun des trois intéressés, une renonciation jusqu'à concurrence de 100.000 florins à leurs parts d'encaissement dans la répartition des recettes de la régularisation du Danube.

Programme de 1899. — Les prévisions de dépenses se trouvèrent dépassées, d'abord en raison de la réparation des avaries causées par les grandes crues de 1888 à 1899, et ensuite en raison des frais considérables nécessités par les expropriations et les subventions pour l'établissement de ponts, chemins et routes d'intérêt public dans la partie rectifiée de la vallée du Danube. Par suite, et avant même l'expiration du délai fixé par les lois de 1882 pour l'achèvement des travaux, il fallut se procurer de nouvelles ressources.

En même temps, le besoin se faisait sentir d'une amélioration plus parfaite du fleuve pour permettre à la navigation de continuer à fonctionner pendant les basses eaux ; d'une consolidation des ouvrages de défense contre les inondations pour mieux assurer leur résistance aux grandes crues ; et de la création de ports devant servir tant aux opérations commerciales qu'au garage des bateaux pendant les crues et les glaces.

Un programme complémentaire fut donc élaboré, et approuvé par la loi du 3 janvier 1899 ; il prévoyait une dépense de 20.700.000 florins (43.470.000 francs), à répartir entre l'État, la province et la commune. Ces travaux devaient être terminés à la fin de 1911.

Ensemble des travaux. — L'œuvre grandiose entreprise sous la direction de la Commission spéciale pour la régularisation du Danube dans la Basse-Autriche, sur une étendue d'environ 190 kilomètres, aura été accomplie en un peu plus de quarante années ; elle aura nécessité une dépense de plus de 77 millions de florins, soit plus de 160 millions de francs.

La plus grande partie des travaux, et plus de la moitié de la dépense, s'appliquent à la région de Vienne et ses abords. On a mis cette ville et la vaste plaine qui l'avoisine complètement à l'abri des incursions du fleuve, et on en a fait un port considérable admirablement disposé et organisé.

L'importance de ces travaux grandira encore, quand la vallée du Danube, actuellement isolée du Nord de l'Europe, sera mise en rapport avec les vallées de l'Elbe et de l'Oder. Vienne est placée sur le Danube à côté du débouché projeté pour le canal de l'Oder ; et c'est là une situation privilégiée qui lui assure une prépondérance dans le mouvement com-

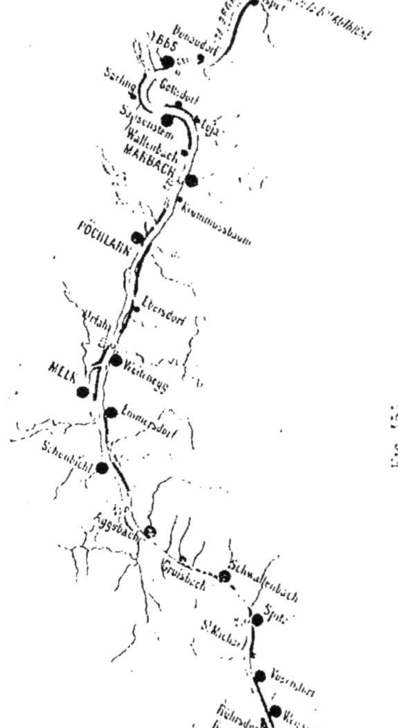

Fig. 134.

mercial que permettra cette voie internationale.

Travaux exécutés. — Résultats obtenus [1].

Les principes de l'expertise de M. Girardon ont été admis par la Commission du Danube, le 7 juillet 1901.

Ils trouvèrent leur première réalisation dès l'automne de l'année 1901, entre Stein et Krems, entre les kilomètres 75 et 73 en amont de Vienne.

On décida de consacrer environ 4,2 millions de couronnes à des travaux qui n'avaient pas été prévus dans la loi de 1899, mais qui, dans l'intérêt de la navigation, devaient être entrepris dans les sections les plus critiques avec application de la méthode Girardon.

On pensa alors que dans ces sections défavorables il fallait fixer à au moins 2^m,30 le mouillage minimum sur les seuils en basses eaux.

1. Rapport de la Commission de régularisation du Danube dans la Basse-Autriche (Vienne 1909).

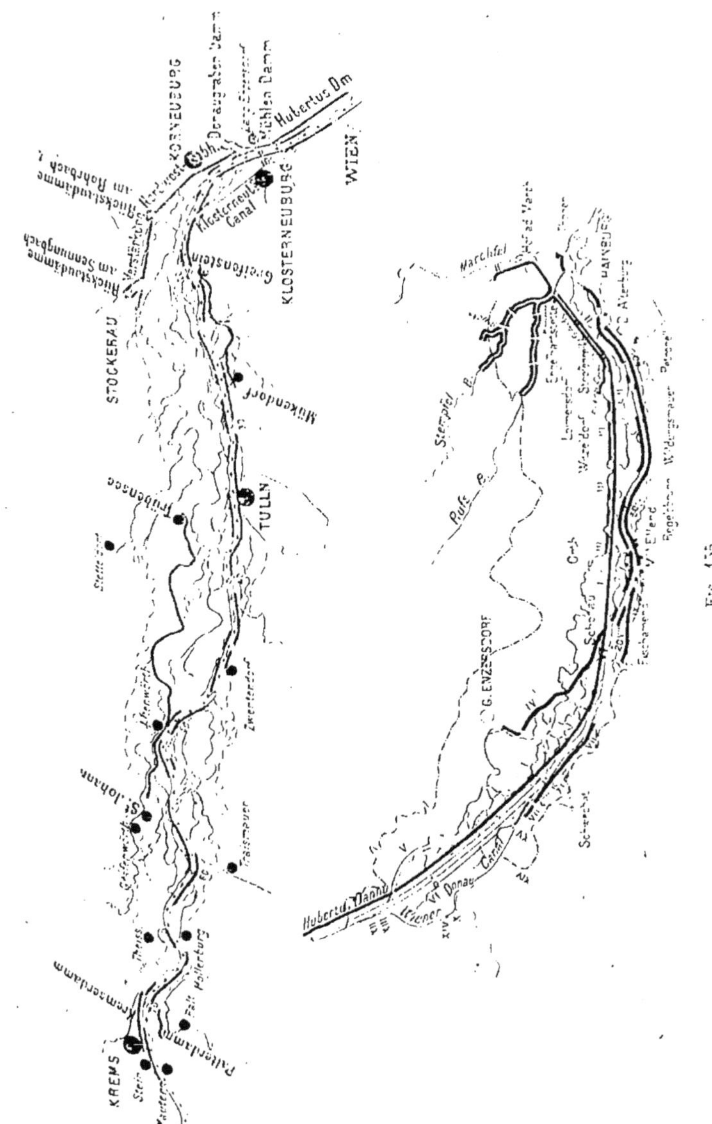
KORNEUBURG
STOCKERAU
KLOSTERNEUBURG
WIEN
KREMS
TULLN
Stadt Donaugraben Damm
Kuchlen Damm
Hubertus Dm
Klosterneub. Canal
Greifenstein
Rückstaudämme im Rohrbach
Rückstaudämme am Sonnugbach
Mückendorf
Trübensee
Hubertus Damm
G. ENZERSDORF
Marchfeld
Sternpfel B.
Rufs B.
Wiener Canal
Donau Canal
Fig. 155.

Le programme complet des travaux fut approuvé par la Commission le 5 février 1903. Le crédit de 4, 2 millions de couronnes fut presque entièrement dépensé à la fin de 1903.

Le détail des travaux exécutés et les résultats obtenus sont exposés plus loin.

Travaux de Sarling (kilomètres 126-128 en amont de Vienne). — Au-dessus de la ville de Ybbs, au kilomètre 128,4 en amont de Vienne, la rivière Ybbs se jette dans le Danube;

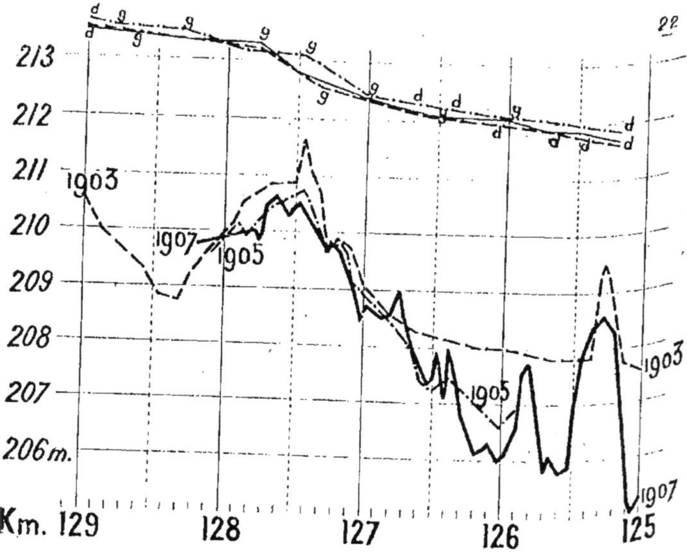

Fig. 156. — Tenue des eaux. Profil en long du thalweg.

ses crues fréquentes, subites et violentes coïncident souvent avec les basses eaux du Danube. Il en résulte dans le fleuve des apports importants qui provoquent, notamment entre les kilomètres 127 et 128, où se trouve un élargissement (430 mètres au lieu de 280 mètres), des dépôts, et la formation jusqu'en 1903 d'un seuil ne laissant que 1^m,20 de profondeur au-dessous du niveau des basses eaux. Pour approfondir ce seuil et protéger la navigation contre les bancs de rocher émergeant sur la rive droite du fleuve, on construisit en 1904 et 1905 entre les kilomètres 126 et 128 cinq ouvrages longitudinaux arasés à $0^m,20$ au-dessus de

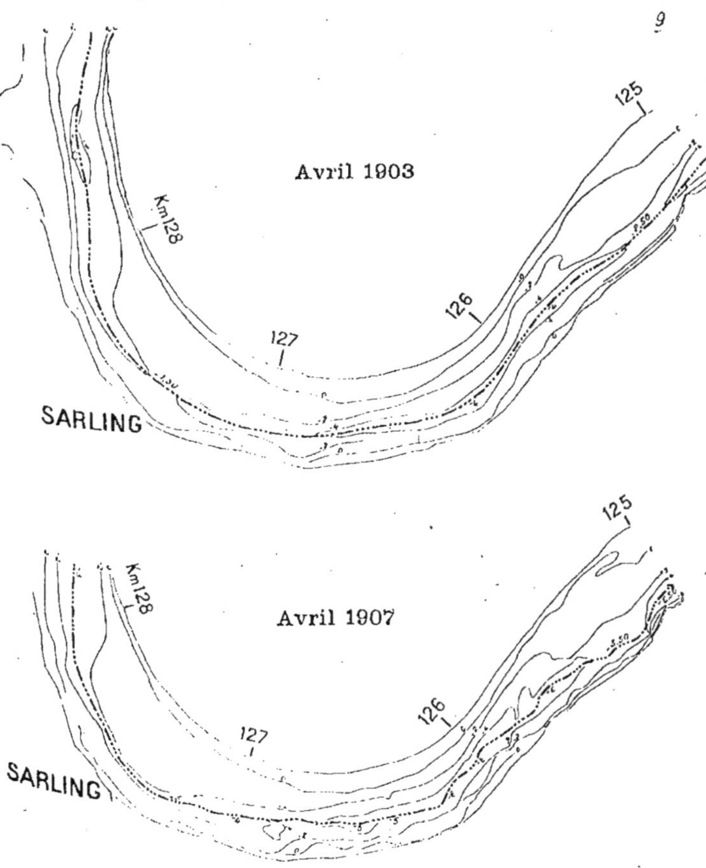

Fig. 157.

l'étiage théorique, qui sont reliés par des traverses montant très doucement à la rive. Par ces travaux, qui, d'une part, rétrécissent la largeur du fleuve, et qui, d'autre part, appuient le courant le long des ouvrages longitudinaux, on a obtenu dès l'année 1905 un résultat très favorable puisque le seuil a disparu et qu'à sa place on a réalisé un mouillage de 2^m,4. De plus la situation générale du fleuve en basses eaux s'est considérablement améliorée dans toute l'étendue de la section. Les dépenses se sont élevées à 106.600 couronnes.

Ouvrages dans la section Saensenstein-Pöchlarn (kilomètres 125 à 115). — Cette section longue de 10 kilomètres ne présentait pas d'obstacles au commencement, mais seu-

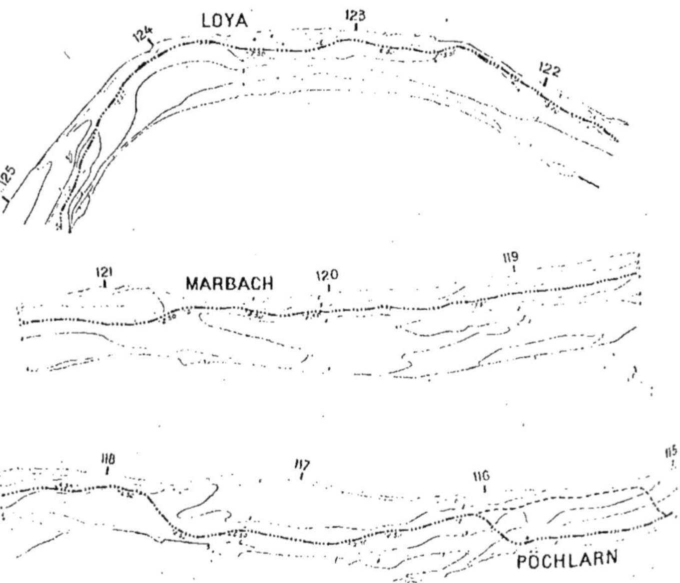

Septembre 1905

Fig. 158.

ment des irrégularités qui permettaient de craindre une aggravation de la situation actuelle. Comme dans cette section on doit tenir compte de l'existence de bancs de rocher qui pourraient gêner la navigation, il a paru nécessaire de fixer définitivement le chenal dans sa position actuelle ce qui pouvait être obtenu avec des dépenses réduites.

Aussi dès l'année 1906, aux trois élargissements existant (450 mètres au lieu de 300 mètres) aux kilomètres 122 *bis*-121, 120 *bis* jusqu'au 119 sur la rive droite, 117,5 *bis*-116,5 sur la rive gauche, on a établi des épis de façon à ménager au chenal une largeur de 170 mètres aux basses eaux. On a construit en totalité 23 épis, absorbant 32.500 tonnes de pierres, et coûtant en chiffre rond 95.000 couronnes.

Le plan montre l'état de la section avant les travaux en septembre 1905.

Le plan suivant permet de constater par comparaison les résultats qui ont été obtenus.

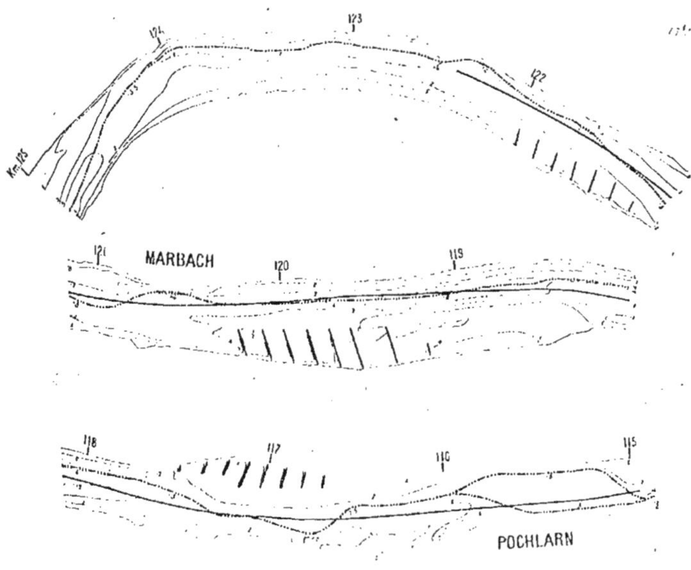

Septembre 1907

Fig. 159.

A l'intérieur des groupes d'épis des atterrissements importants se sont formés; ces atterrissements protégés par les épis empêcheront le courant de se déplacer et le fixeront dans sa situation actuelle.

En aval l'île Diclesau formée par un banc de gravier

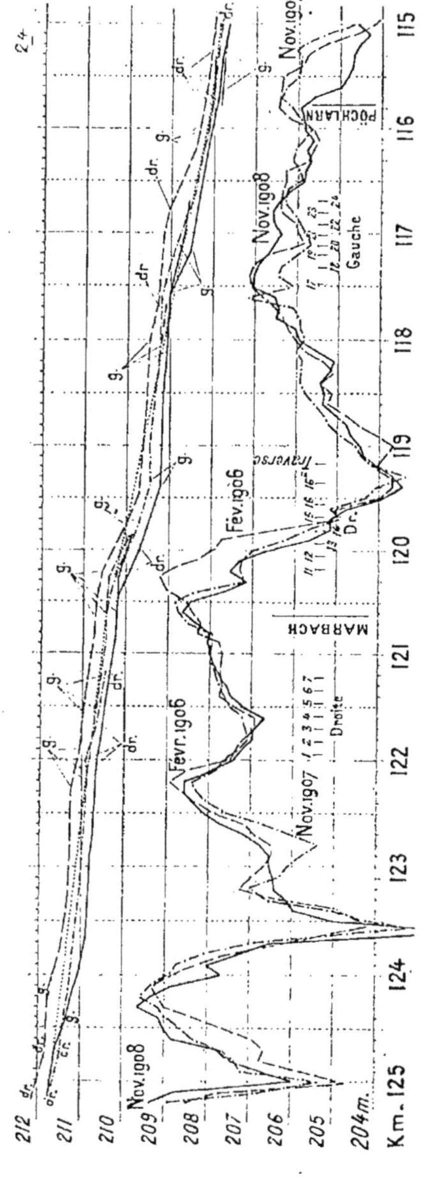

Fig. 160. — Profil en long du thalweg.

s'est raccourcie de 250 mètres et s'est amincie de 70 mètres environ du côté de la passe navigable. Le chenal étroit existant entre les kilomètres 120,5 et 118,3 s'est élargi de 30 mètres environ ; les seuils aux kilomètres 117,7 et 115,9 ont pris une orientation plus convenable et se sont approfondis de 0^m,50 d'après un sondage effectué en novembre 1908. La pente qui les accompagnait s'est sensiblement réduite.

Dans cette section, il ne subsiste qu'un mauvais passage précisément au droit de Pöchlarn, où les deux rives doivent rester abordables en vue des transbordements à effectuer. Les profondeurs se partagent donc entre les deux rives, sans qu'un remède apparaisse actuellement. L'avenir indiquera sans doute celui qui sera le mieux approprié.

Le profil en long ci-joint indique la position respective du fond du fleuve et des basses eaux en 1906-1907.

Ouvrages dans la section Pöchlarn-Melk (kilomètres 115-109 en amont de Vienne). — Dans cette section entre Pöchlarn et Melk, on n'avait entrepris aucun ouvrage pour la normalisation du cours des eaux moyennes ; ce cours présentait des largeurs très différentes, comprises entre 244 et 560 mètres, qui produisaient des irrégularités dans le chenal, et entraînaient la formation de chenaux secondaires à côté du chenal principal. Cette situation était surtout sensible au droit de Weitenegg (kilomètre 110).

On décida, pour remédier à cet état de choses défectueux, de fermer le chenal de rive gauche entre les kilomètres 112,5 et 112 par des épis, et d'établir sur la rive droite dans les surprofondeurs des épis noyés, d'obliger ainsi le courant principal à suivre la rive droite d'abord puis à se redresser pour approfondir le seuil qui se trouve au droit de Weitenegg et lui donner une meilleure direction.

La dépense prévue pour ces travaux était de 430.000 couronnes ; l'exécution en fut commencée en 1907.

Aux difficultés que l'on rencontrait naturellement sont venues s'ajouter celles que les populations ont suscitées, craignant que par la construction des épis elles fussent gênées dans les droits de riveraineté qu'elles exerçaient.

On a donc dû réduire l'importance des ouvrages prévus

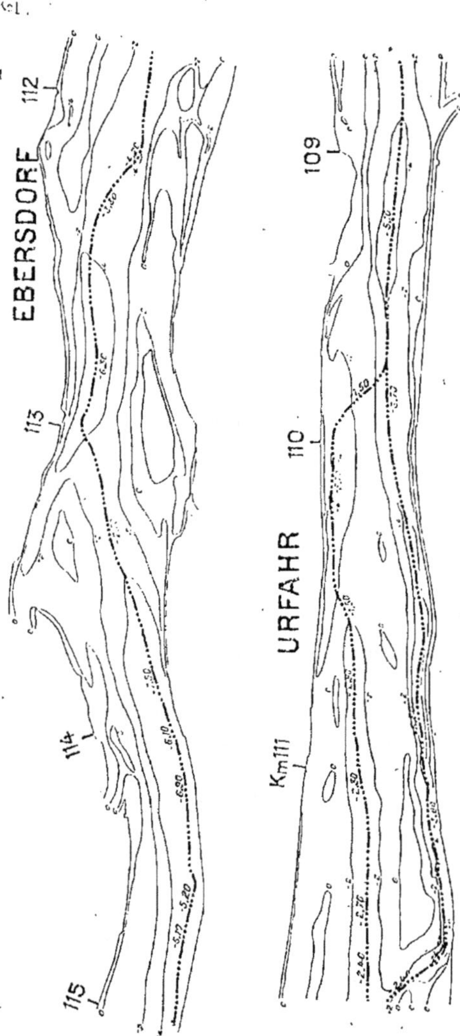

Fig. 161.

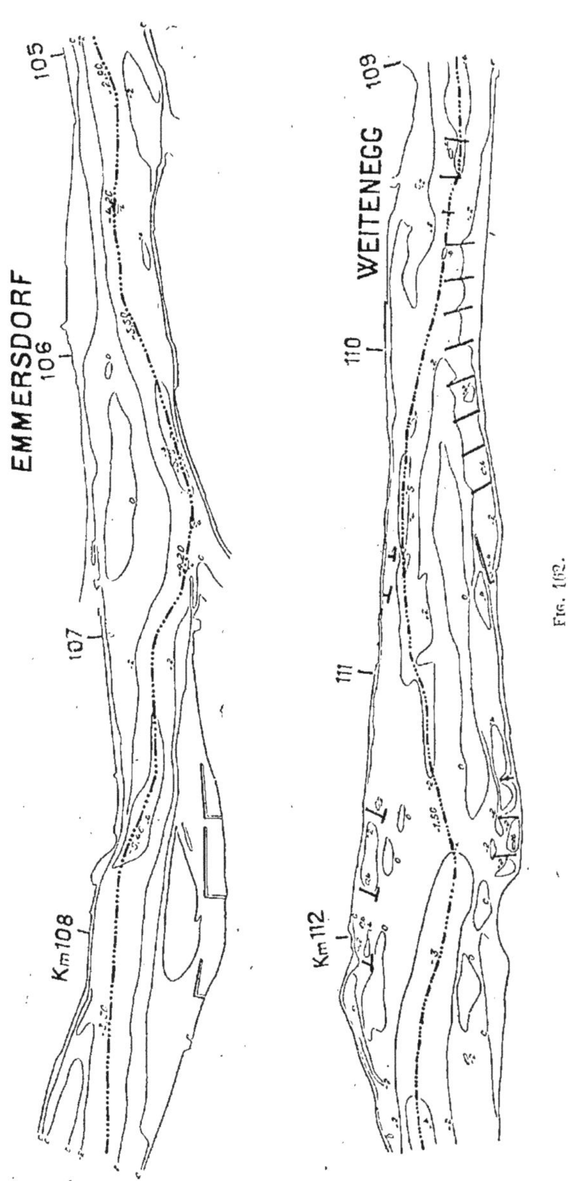

Fig. 162.

qui n'ont donné lieu qu'à une dépense de 128.000 couronnes. Les résultats obtenus ont été très minimes ; les seuils les plus saillants sont cependant approfondis à tel point, que, par suite du niveau relativement élevé des eaux pendant l'automne 1908, on a renoncé aux dragages prévus.

Les plans ci-joints, dressés le premier en 1906, le second en 1911, permettent de se rendre compte de l'amélioration qui a été réalisée.

État de la navigation entre Stein et Krems (kilomètres 75 et 73 en amont de Vienne). — A la suite de la construction de nouveaux quais, entreprise de 1888 à 1894, le long de la

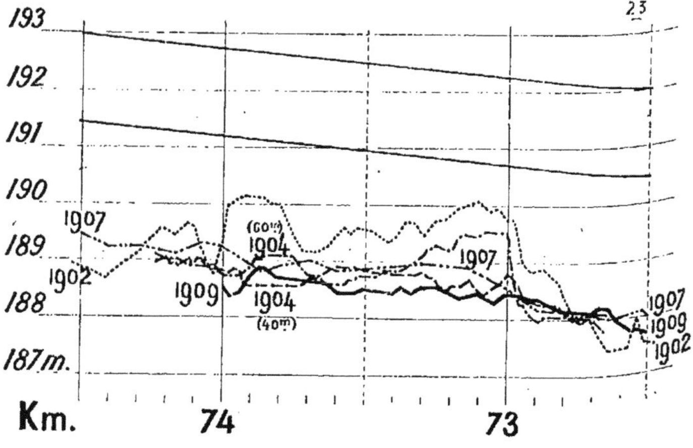

Fig. 163.

rive gauche du fleuve entre Stein et Krems, en particulier en raison des apports du ruisseau Reisper, qui se jette dans le Danube au droit de Stein, il s'était formé des dépôts de gravier, qui empêchaient toute espèce de navigation dans cette région.

La Commission du Danube décida de venir en aide aux communes de Stein et de Krems et d'appliquer dans cette partie du fleuve les principes de M. Girardon, qui ont pour but de régulariser le cours des basses eaux.

On décida donc de faire passer le chenal de la rive droite à la rive gauche au moyen d'épis et de favoriser ce passage par des dragages appropriés. Les travaux commencèrent dans l'automne 1911.

Pour permettre à la navigation de suivre son cours, on n'entreprit tout d'abord que les huit épis les plus en amont, et on ne leur donna qu'un relief restreint de manière à permettre aux bateaux de les franchir en tout état des eaux. En même temps on dragua l'embouchure du Reisperbach.

Les travaux furent poursuivis dans l'automne 1902 et en 1903, année pendant laquelle on dragua une passe sur la rive gauche. La navigation a donc pu suivre ce nouveau chenal et on a poursuivi l'établissement des épis dans leur ensemble et au niveau où ils étaient projetés.

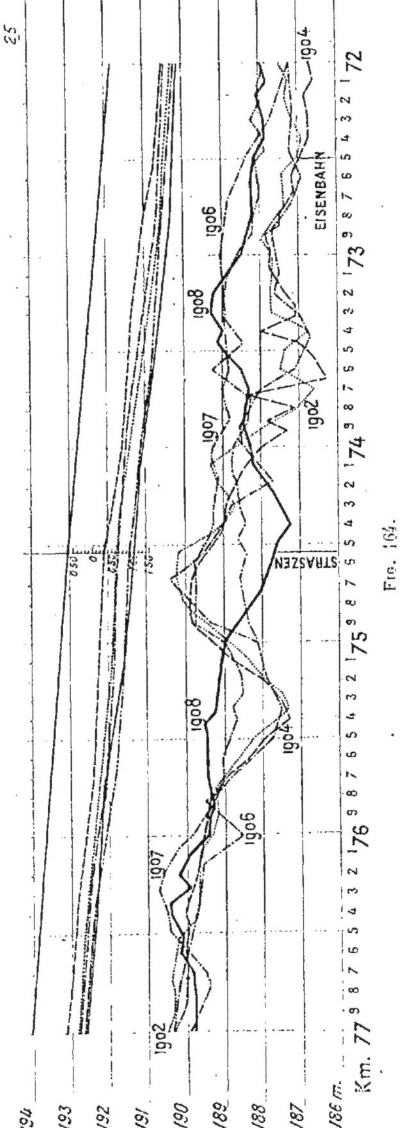

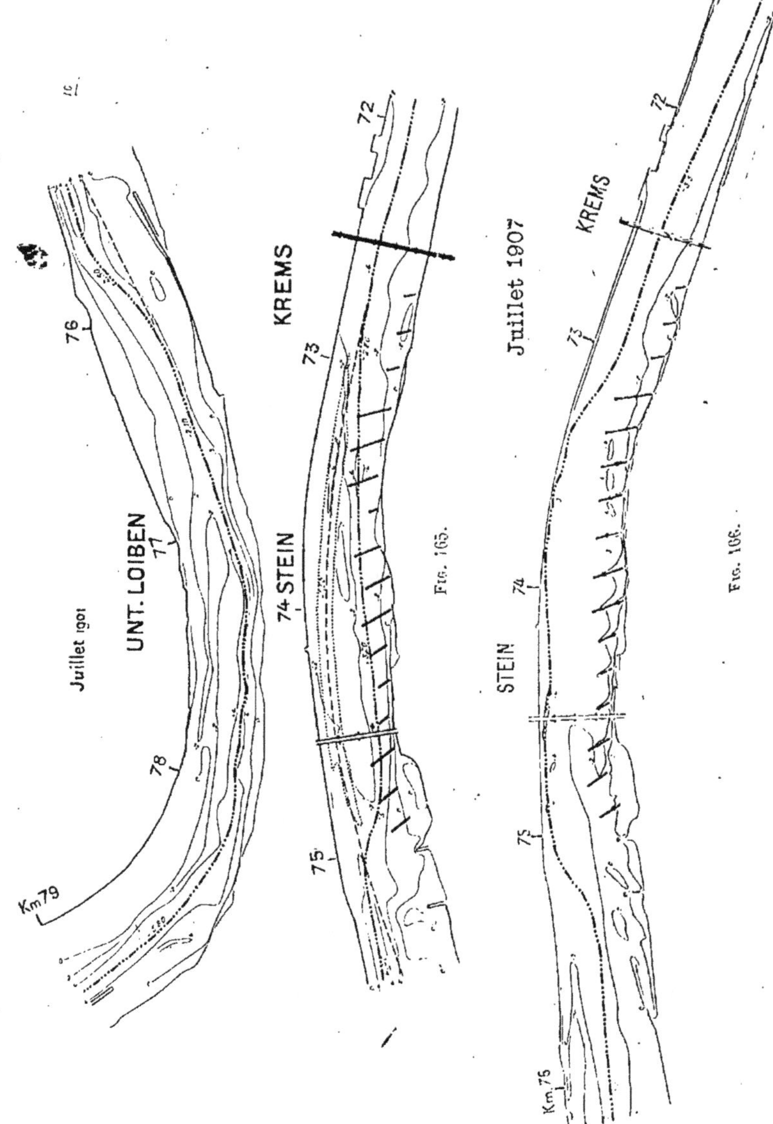

Fig. 165.

Fig. 166.

On employa en totalité pour l'exécution du projet 48.000 tonnes d'enrochements, 6.340 mètres cubes de pierres draguées et 152.000 mètres cubes de graviers dragués. La dépense s'est élevée à environ 420.000 couronnes sur une longueur de $2^{km},5$.

Les résultats obtenus sont aussi satisfaisants que possible, car le nouveau chenal navigable a aussi bien en largeur qu'en profondeur les dimensions que l'on se proposait d'atteindre. Il présente au minimum un mouillage de $2^m,2$ sous les plus basses eaux.

Les plans et profils qui suivent permettent de se rendre compte de l'effort accompli et de l'effet qui a été produit.

Ouvrages entre Altenwörth et Zwentendorf, entre les kilomètres 53 et 46, en amont de Vienne. — Le lit des eaux moyennes entre Altenwörth et Zwentendorf se présente assez bien pour la formation du chenal en basses eaux ; mais les grandes différences de largeur variant de 510 mètres à 250 mètres et la forme irrégulière de ce lit avaient pour conséquence une très faible largeur du chenal navigable (11 mètres au-dessous des basses eaux) et une pente anormale s'élevant jusqu'à $0^m,90$ par kilomètre. Le passage sur ces points très étroits présentait donc pour la navigation des difficultés extraordinaires.

On décida de construire sur la rive droite, en aval du kilomètre 50, un groupe d'épis pour forcer le courant à se porter sur la rive gauche, d'établir sur la rive gauche en aval du kilomètre 49 un groupe d'épis noyés pour élargir le profil trop étroit, enfin d'exécuter en amont du kilomètre 47 sur la rive gauche un groupe d'épis pour empêcher la formation d'un chenal secondaire, et élargir sur la rive droite le chenal principal.

On a commencé le travail en février 1905 par l'établissement des épis noyés près du kilomètre 49 ; leur couronnement a été arasé à $4^m,5$ au-dessous des plus basses eaux.

Le travail fut complété pendant l'automne 1905 par la construction du groupe d'épis inférieurs. Il y eut bien des atterrissements entre les épis ; le courant a eu tendance à se porter sur la rive gauche ; mais au droit des épis noyés

on n'obtint pas l'élargissement que l'on avait en vue, et on
constata des remous au passage des épis noyés, remous qui
étaient dangereux pour la navigation. On y a remédié en
exécutant un dragage sur la rive droite au droit du kilomètre 49, et les produits de ces dragages ont été répandus

Été 1904

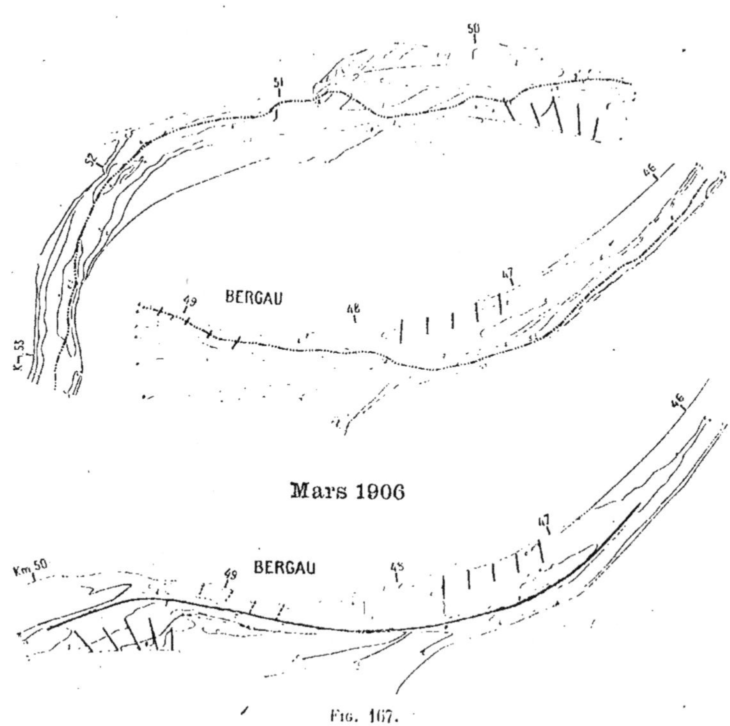

Fig. 167.

entre les épis noyés. Les remous ont disparu, la largeur
de 90 mètres du mauvais passage a été portée à 135 mètres.

Les dépenses se sont élevées à 213.500 couronnes, ce qui
fait ressortir la dépense kilométrique à 71.200 couronnes.

Les deux plans ci-dessous montrent les résultats qui ont
été obtenus.

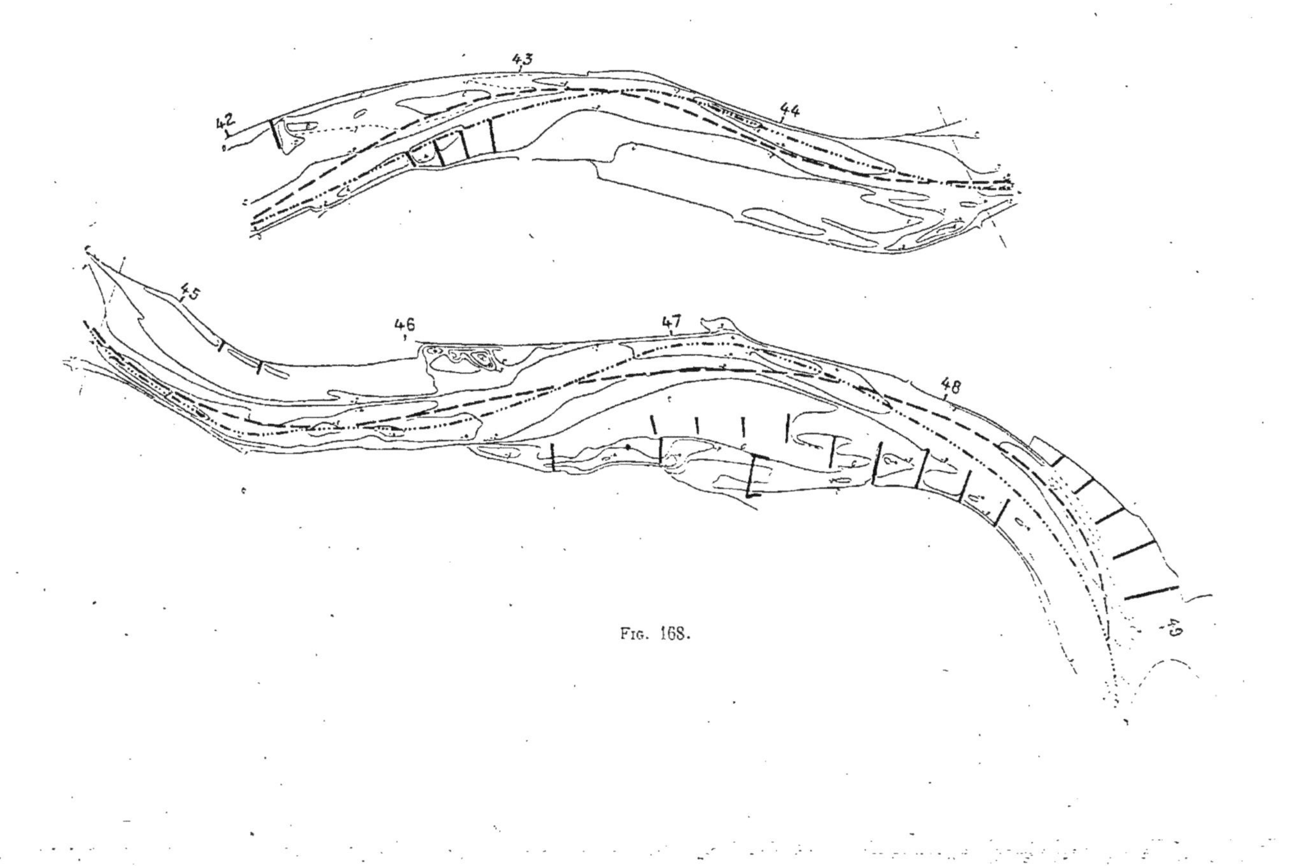

Fig. 168.

Ouvrages près de Tulln (kilomètres 35-32 en amont de Vienne). — Comme on le voit sur le plan ci-dessous, la section du fleuve s'étendant entre les kilomètres 35 et 32 était particulièrement mauvaise et offrait de grandes difficultés à la navigation.

Le chenal navigable s'était porté au droit de Tulln sur la rive gauche, et devait par tous les moyens être rétabli sur la rive droite. Pour ne pas interrompre la navigation, on avait eu recours à des moyens de fortune, notamment à des dragages onéreux.

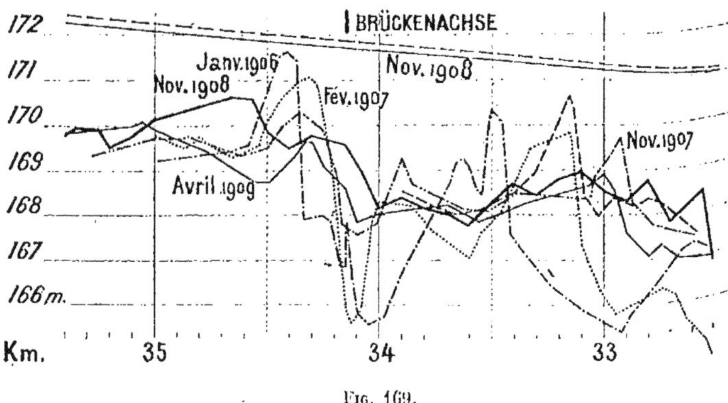

Fig. 169.

On décida de construire un groupe d'épis le long de la rive gauche, en amont et en aval d'un pont, et un second groupe au droit du kilomètre 33, pour empêcher le courant de se maintenir sur la rive droite après le passage de Tulln. Ces ouvrages devraient être complétés par l'exécution d'une digue longitudinale sur la rive gauche, à l'extrémité du lit projeté des basses eaux.

Ces divers ouvrages commencés en 1907 furent poursuivis avec méthode en 1908.

La réussite de ces travaux a été telle que, même que, dès l'automne 1908, la navigation a pu passer dans la section de Tulln sans qu'il fût nécessaire de pratiquer des dragages, et qu'elle a pu aborder du port de Tulln sur la rive droite.

Les plans qui suivent montrent que le mouillage mini-

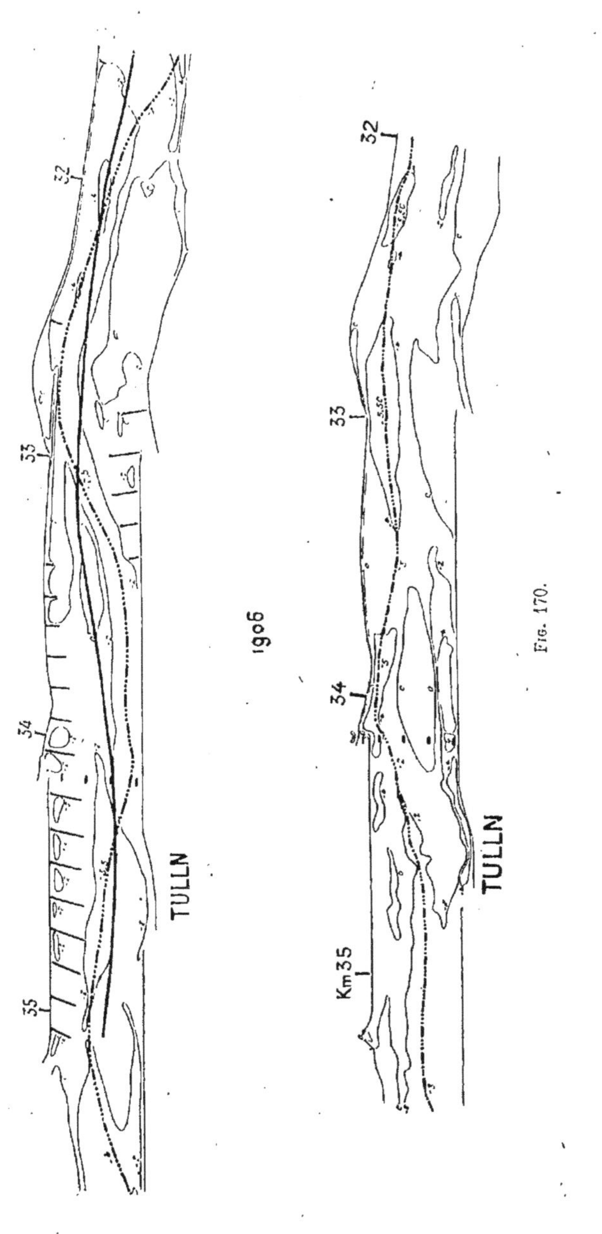

Fig. 170.

mum de 2 mètres a été atteint. L'exécution de ces travaux nécessita la mise en œuvre de 39.000 tonnes d'enrochements et une dépense de 174.200 couronnes.

Ouvrages près de Zeiselmauer (kilomètres 27-22 en amont de Vienne). — La situation du chenal navigable dans la section de Zeiselmauer était particulièrement mauvaise entre les kilomètres 27 et 22 en amont de Vienne. On était parvenu à maintenir la navigation au moyen d'importants dragages.

On s'attacha à établir dès l'automne de 1906 un groupe de neuf épis le long de la rive droite pour barrer le chenal secondaire et forcer le courant à passer sur le seuil, qui se trouve au droit du kilomètre 25. En même temps on construisit dans le même but un groupe d'épis entre les kilomètres 27 et 25. Enfin on exécuta entre les kilomètres 24 et 23 un autre groupe d'épis pour barrer le chenal secondaire existant sur la rive gauche.

Les ouvrages peu élevés n'ont pas eu une influence suffisante, pour produire les résultats que l'on avait en vue. Il faut les surélever et compléter le travail.

On a prévu une dépense totale de 270.000 couronnes ; les frais d'établissement actuels se sont élevés à 197.000 couronnes.

On peut remarquer d'après les plans qui sont joints qu'il y a une amélioration sensible de la situation actuelle, et que le chenal principal, notamment au droit du kilomètre 25, s'est orienté dans le sens que l'on avait en vue.

Ouvrages entre Fischamund et l'embouchure de la March. — Dans la traversée de Vienne, la situation était excellente grâce à l'établissement des épis. La profondeur de 4 mètres semble atteinte dans l'ensemble de la section. On a agi là plutôt par voie de resserrement. Les plans ci-joints le montrent d'une façon explicite.

Dans la section entre l'embouchure du Donau-Canal et Fischamend (20 kilomètres en aval de Vienne), on ne constate aucun changement, sauf entre les kilomètres 11 et 12, où un banc de gravier primitivement situé entre les kilo-

168
167
166
165
164
163
162
161
160
159 m.
Avril 1907
Nov.1908
Sept.1908
Août 1906
Oct.1906
Nov.1908
Km 27 9 8 7 6 5 4 3 2 1 26 9 8 7 6 5 4 3 2 1 25 9 8 7 6 5 4 3 2 1 24 9 8 7 6 5 4 3 2 1 23 9 8 7 6 5 4 3 2 1 22 9 8 7 6 5 4 3 2 1

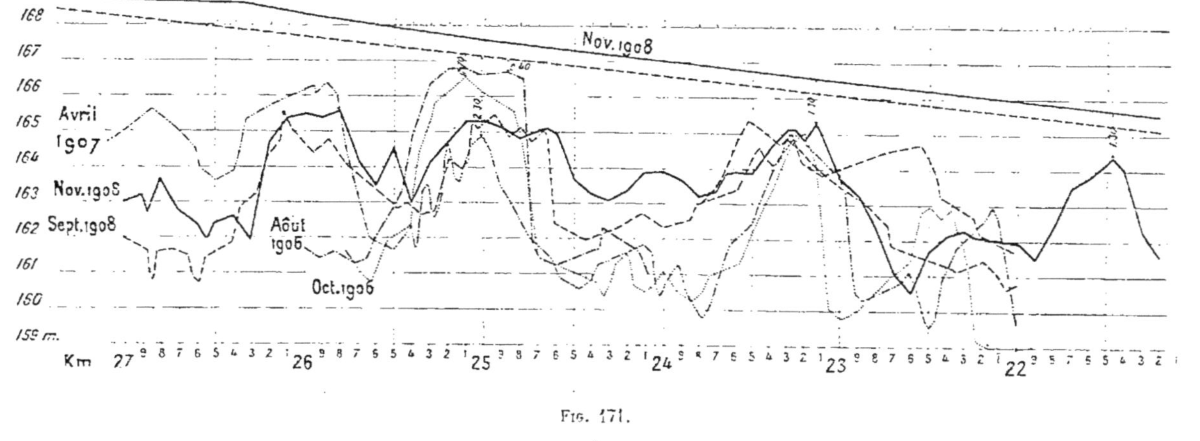

FIG. 171.

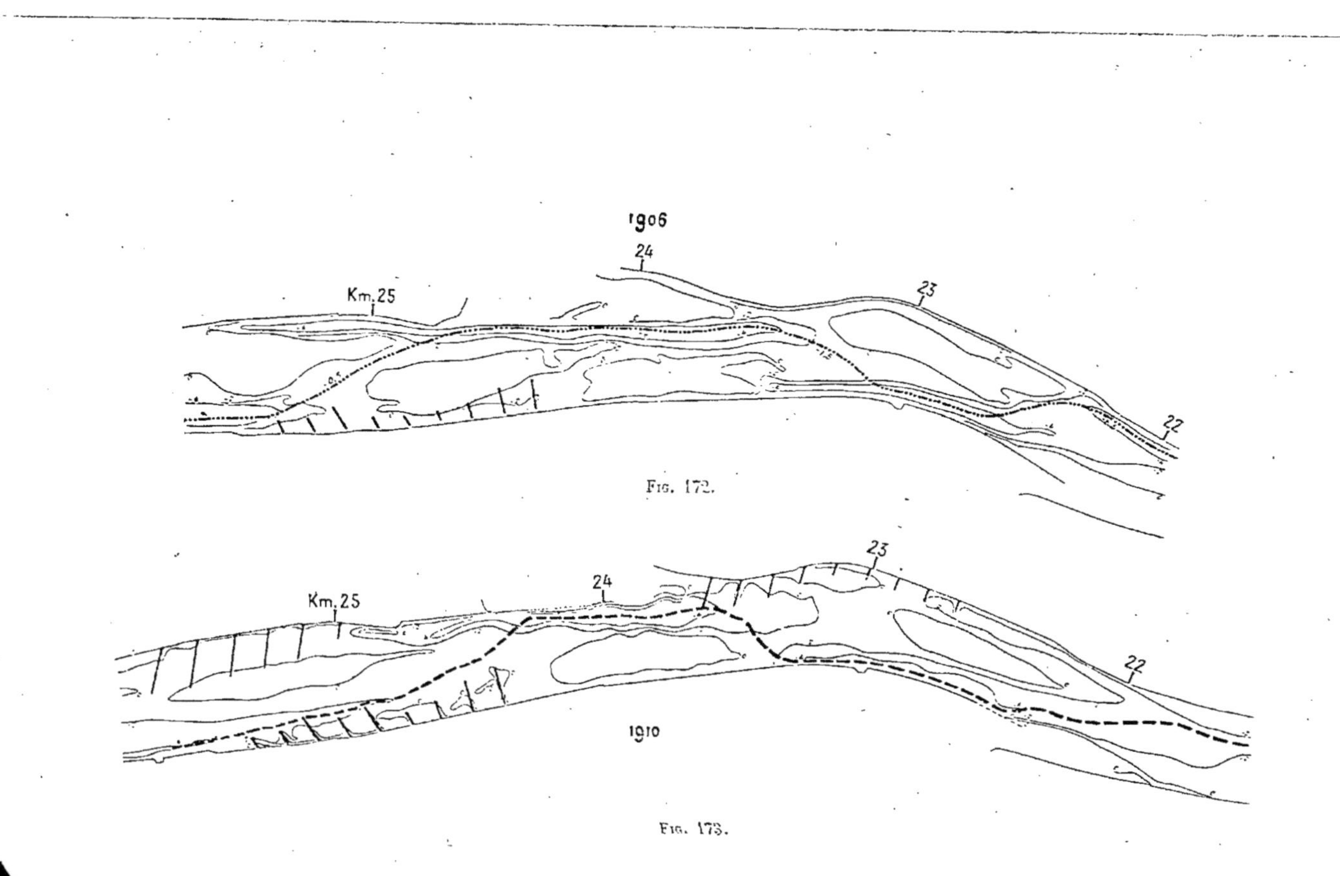
1906
22
23
24
Km.25
Fig. 172.
1910
22
23
24
Km.25
Fig. 173.

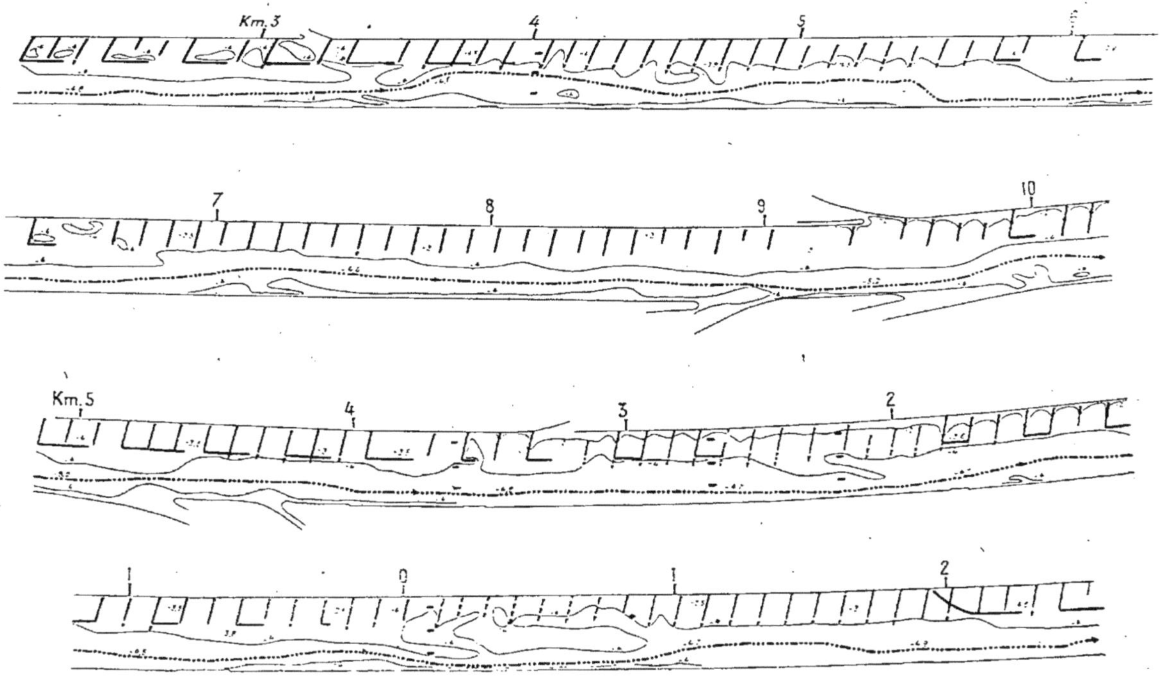

Fig. 174.

mètres 10 et 11 est venu se déposer. Partout ailleurs le chenal des basses eaux placé au milieu du lit des eaux moyennes s'appuie sur la rive convexe délimitée par les bancs de gravier fixés à leur place d'une manière qui semble définitive.

Les seuils offrent un mouillage variant entre $19^m,90$ et $2^m,60$.

La section entre Fischamend et Deutsch-Altenburg présente une largeur entre les ouvrages destinés à fixer les eaux moyennes de 380 mètres. Jusqu'au kilomètre 30, les ouvrages ont été établis à $2^m,50$ au-dessus de l'étiage théorique ; au-dessous on les a laissés à la cote $1^m,20$ afin de permettre les atterrissements dans les nombreux bras du Danube.

Les courbures et la direction de ces ouvrages s'opposent à la stabilisation du chenal des basses eaux. On rencontre, en effet, de longs alignements droits : ainsi, depuis le kilomètre 34 au droit de Wildungsmauer, jusqu'au kilomètre 40 en amont de Deutsch-Altenburg, on ne rencontre sur 6 kilomètres de longueur qu'un seul alignement droit.

Dans cette section on trouve les ports fluviaux d'Orth et de Wildungsmauer, qui sont devenus inutilisables pour la navigation à vapeur.

D'une part les surlargeurs importantes, d'autre part le faible relief des ouvrages destinés à délimiter le lit des eaux moyennes combinés avec les pertes d'eau par les anciens bras du fleuve, faisaient que depuis Orth jusqu'à Deutsch-Altenburg des dépôts importants devaient se former.

Dans la section depuis le kilomètre 43 jusqu'en aval du kilomètre 49, les ouvrages qui délimitent le lit des eaux moyennes sont élevés à toute hauteur. La rive droite en aval de Hainburg, depuis le kilomètre 45,4 jusqu'au kilomètre 47, est constitué par les contreforts rocheux du Braunsberg.

Cette section est caractérisée par trois sinuosités bien marquées, qui se succèdent sur les rives opposées. Grâce à cette situation et à l'élévation des rives, le lit des basses eaux présente avec un profil de faible largeur des profondeurs importantes le long de la concavité. Les seuils ont par suite une fixité assez grande.

Il résulte de cet exposé que seule la section comprise entre Fischamend et Deutsch-Altenburg exigeait des travaux importants. Il s'agissait de créer un chenal de basses eaux, assez large, assez stable, pour permettre de desservir les ports d'Orth, Wildungsmauer et Deutsch-Altenburg, et d'augmenter progressivement le mouillage sur les seuils.

Les plans ci-dessous indiquent la situation avant les travaux.

On se proposa de réduire à 200 mètres le chenal des eaux basses, et de le tracer par une série de courbes en sens inverse reliées par des alignements droits de faible longueur, de manière à desservir les ports d'Orth, de Wildungsmauer et Deutsch-Altenburg. Pour obtenir ce résultat, on employa dans les concavités les traversées basses préconisées par M. Girardon, appuyées contre la rive du lit des eaux moyennes et reliées entre elles par des digues longitudinales.

Dans les convexités et pour diminuer les trop grandes profondeurs dans les remous, on a mis en place des épis.

Les travaux ont été commencés en 1905 entre les kilomètres 27 et 28 et poursuivis ensuite avec activité dans toute la section. Mais l'état des eaux a été tellement défavorable dans cette période, qui est remarquable par la longue durée des eaux moyennes, qu'on a dû apporter des modifications au projet primitivement conçu. Ainsi, entre les kilomètres 35 et 37, on a dû établir au moyen de dragages et d'ouvrages provisoires en pieux un chenal complet le long de la rive gauche; le but de ces ouvrages est de provoquer la rupture du banc de gravier, qui se trouve au-dessous de la digue longitudinale, pour maintenir ce banc le long de l'ancien bras de rive gauche, l'entraînement du puissant banc de gravier qui est situé au droit du kilomètre 36, et les atterrissements de l'ancien lit du fleuve au delà des ouvrages en charpente.

On a dû tenir compte pour l'exécution des travaux de la navigation qui est très active dans cette région.

Les résultats obtenus sont très satisfaisants; le chenal des basses eaux a été fixé d'une manière complète. La navigation a pu s'exercer, sans qu'on ait eu recours aux dragages habi-

tuels ; les sections étroites et particulièrement profondes se
sont élargies, et se sont engraissées sur place, à tel point
que les ports d'Orth, de Wildungsmauer et de Deutsch-Altenburg sont devenus accessibles.

A la fin de l'année 1908, les dépenses pour l'aménagement de cette section longue de 20 kilomètres se sont élevées
à 2.116.000 couronnes, soit 105.800 couronnes par kilomètre.

Les plans qui suivent montrent le parti que l'on a tiré et
les résultats qui ont été obtenus.

RÉSUMÉ. — La Commission conclut ainsi dans son très
intéressant rapport. Après avoir exposé en détail les travaux
qui ont été entrepris, elle constate que les ouvrages multi-
formes qui ont été entrepris sur différentes sections du
Danube dans la Basse-Autriche ont produit l'effet que l'on
avait en vue, à savoir, la formation d'un chenal navigable pendant la période des basses eaux ; ainsi la grande navigation
pourra trouver, à toute époque de l'année, un chenal présentant de grandes dimensions et un mouillage important.

L'expérience a aussi appris que les résultats ne peuvent
être obtenus qu'après un certain laps de temps, parce que
le déplacement du chenal se produit lentement sous l'action
des ouvrages ; on a reconnu aussi qu'il n'était pas opportun
de chercher à hâter le résultat que l'on se propose d'atteindre, et que celui-ci est d'autant meilleur que l'on opère
plus lentement. Il y a dans cette manière d'opérer à la fois
économie et meilleure tendance vers le but à obtenir.

Malheureusement les observations ont appris que des
considérations extérieures n'ont pas toujours permis aux
ingénieurs de suivre en liberté le système rationnel d'amélioration ; ils sont souvent obligés d'abandonner le système
rationnel qu'ils ont conçu, pour adopter une solution moins
bonne dans le but de maintenir un chenal pour la navigation. Aussi les ingénieurs ont-ils à soutenir une lutte ininterrompue entre leurs conceptions les mieux établies et les
exigences de la vie commerciale, lutte qui se termine par
un compromis qui, le plus souvent, a une mauvaise influence
sur le résultat des travaux.

Les résultats déjà réalisés font ressortir que lorsque les
ouvrages établis par la Commission du Danube auront pro-

duit leur plein effet, il sera nécessaire d'améliorer aussi le matériel utilisé par la navigation, afin que celui-ci puisse utiliser complètement la voie navigable.

On a analysé complètement le mémoire présenté par la Commission du Danube, pour montrer quel parti elle avait adopté, et les résultats qu'elle avait obtenus. On doit constater que ces résultats sont importants et que l'amélioration a été réalisée tout au moins en partie. Bien qu'on ait déclaré fausse l'application des principes préconisés par M. Girardon, qui consiste à respecter autant que possible les formes naturelles du fleuve, à établir, au moyen d'épis appropriés de forme et de relief variés, la carcasse du nouveau lit, il ne semble pas qu'en fait on ait suivi ces données, il paraît plutôt qu'on ait cherché à réaliser la normalisation du lit des basses eaux; c'est donc bien plutôt l'application des idées régnant en Allemagne que celles qui ont cours en France, notamment sur le Rhône. A-t-on tiré tout le parti possible de la situation des lieux ? A-t-on construit les ouvrages le mieux en rapport avec cette situation ? On peut en douter ; on aurait probablement obtenu des résultats plus importants, si on s'était conformé plus strictement à l'expertise de M. l'ingénieur Girardon.

II.— Applications de la méthode française, dite méthode du Rhône. — *a*) Amélioration du Rhône. — Caractères généraux du fleuve. — Le cours du Rhône sur le territoire français, depuis la frontière suisse jusqu'à la mer, présente une longueur totale de 522 kilomètres ; mais la navigation n'y prend une réelle importance qu'en aval du confluent de la Saône, soit que les transports qui s'y font aient Lyon pour point de départ et d'arrivée, soit qu'ils se prolongent au delà par la Saône qui, dans l'état actuel des choses, est la continuation naturelle et normale de la ligne de navigation qui emprunte le Rhône.

Cette partie, qui seule a fait l'objet de travaux d'amélioration suivis, se divise naturellement en deux sections :

Le bas Rhône entre Lyon et Arles sur 283 kilomètres.

Le Rhône maritime entre Arles et la mer sur 48 kilomètres.

Constitution du lit. — Le lit du fleuve, de même que le sol de la vallée dans lequel il coule, est constitué par une couche de terrains d'alluvion, dont l'épaisseur est presque partout considérable. La nature, la grosseur et la résistance de ces alluvions sont très variables. On y trouve à la fois du sable très fin mêlé d'argile ténue et des galets, dont le diamètre va de celui des grains de sable jusqu'à 0^m,20 et plus. Leur nature n'est pas moins variable que leur grosseur ; elle dépend du point d'où ils sont partis et ils reproduisent toute la série des roches qui forment les cimes de la vallée principale ou des vallées affluentes.

Les galets, aux formes arrondies, sont généralement aplatis, les faces de moindre résistance s'étant usées plus que les autres dans leur cheminement. Lorsqu'ils se déposent, c'est sur la face plate, en se superposant les uns sur les autres. Sur une plage, on les voit plus ou moins nettement imbriqués en écailles de poisson ; et leur résistance à l'affouillement ne dépend pas seulement de leur grosseur et de leur poids, mais aussi de l'orientation qu'ils ont prise en se déposant et de l'obliquité des courants qui les attaquent.

Ces caractères généraux se constatent dans toute l'étendue du cours du Rhône ; et partout on rencontre des galets de provenances les plus diverses, mélangés suivant le hasard des incidents de leur descente vers la mer. Toutefois, en dessous des derniers affluents, la Durance et le Gardon, les apports de galets cessent: le fleuve triture peu à peu ceux qu'il roule ; leur dimension moyenne diminue progressivement à mesure qu'on descend ; et à 4 kilomètres en amont d'Arles, on ne trouve plus, dans le lit, que du sable très fin, mêlé d'une assez forte proportion d'argile.

Le rocher ne se montre, soit sur les rives, soit dans le lit, sous forme de pointes ou de barres, que sur un très petit nombre de points.

Sous l'action des affluents principaux, la pente du fleuve se distribue très inégalement. Lorsque, au moment d'une crue, un affluent amène au Rhône des eaux plus saturées que celles du fleuve, il y a dépôt: le cône de déjection de l'affluent s'avance dans le fleuve et y provoque une brisure de la pente par augmentation de la pente d'aval, et diminution de la pente d'amont. Lorsqu'au contraire les eaux de l'affluent sont moins saturées que celles du fleuve, il se produit un dragage du lit et une brisure de la pente, mais en sens inverse par augmentation de la pente d'amont et diminution de la pente d'aval.

Cet effet est particulièrement sensible pour les affluents importants tels que l'Ain, la Saône et l'Isère, et cela est mis en évidence par les valeurs ci-dessous des pentes moyennes kilométriques par section :

	par km.
Des chutes du Sault au confluent de l'Ain..	$0^m,30$
Du confluent de l'Ain à celui de la Saône...	$0^m,80$
Du confluent de la Saône à celui de l'Isère..	$0^m,50$
Du confluent de l'Isère à celui de l'Ardèche.	$0^m,77$
Du confluent de l'Ardèche au Gardon.......	$0^m,49$
Du confluent du Gardon à Arles...........	$0^m,22$
D'Arles à la mer.....................	$0^m,015$

Dans l'étendue de chacune de ces sections, la pente oscille autour de la moyenne, avec des écarts plus ou moins considérables. Les changements de la pente locale sont dus à diverses causes : action des affluents secondaires, qui se fait sentir comme celle des affluents principaux, mais dans une mesure beaucoup moindre ; nature des matériaux qui constituent le lit, et dont la résistance est plus ou moins grande ; enfin nature et forme des rives, qui déterminent l'emplacement des seuils.

C'est sur ces seuils qu'en basses eaux la pente locale se concentre ; ils divisent le profil en long en autant de biefs, dont la pente est faible, séparés par des chutes, qui se produisent au droit des seuils.

Le profil en long exact des basses eaux est pratiquement impossible à déterminer ; mais dans les lectures faites périodiquement à des échelles distantes entre elles de 250 à 300 mètres, on constate un grand nombre de pentes élevées, de 3 mètres et plus par kilomètre, mais localisées d'une échelle à la suivante, entre deux biefs à pente beaucoup plus réduite.

Débits. — Les états successif du fleuve sont caractérisés

par comparaison avec les basses eaux de 1874, prises pour étiage conventionnel. D'après des calculs de jaugeages rectifiés, ces basses eaux correspondraient aux débits ci-après :

		mc.
En aval du confluent de la Saône	....	290
En aval du confluent de l'Isère	....	400
En aval du confluent de l'Ardèche	....	440
En aval du confluent de la Durance	....	500

Les eaux descendent au-dessous de l'étiage conventionnel pendant trois ou quatre jours en moyenne ; le débit minimum constaté varie suivant les sections, entre les deux tiers et les trois quarts environ du débit d'étiage.

Les eaux moyennes, c'est-à-dire le débit au-dessus duquel le fleuve se tient pendant six mois en année moyenne, représentent, environ, deux fois et demie le débit d'étiage.

Enfin, dans les grandes crues, le débit du Rhône s'élève jusqu'à vingt-cinq et vingt-huit fois le débit d'étiage.

CARACTÉRISTIQUE DU FLEUVE. — Par la forte pente de son lit, par la nature des matériaux qui le constituent, et par l'énorme variation du débit de ses eaux, le Rhône se classe nettement parmi les rivières à fond mobile.

Les mouvements des graviers y sont considérables; les déplacements du lit principal et du chenal étaient autrefois très fréquents; et le fleuve a, dans le cours des siècles, occupé successivement toutes les places dans la vallée, souvent assez large, où il coule. C'est seulement pendant le xix⁰ siècle que, lentement d'abord, plus rapidement ensuite, des travaux ont été entrepris pour fixer son cours; et l'on doit considérer comme définitif l'emplacement aujourd'hui occupé par son lit.

Historique des programmes et des travaux antérieurs. — L'importance commerciale de la vallée du Rhône a toujours été considérable, bien avant le commencement de l'ère chrétienne. « L'étroite vallée du Rhône est devenue un grand chemin des nations : Arles, Vienne, Lyon, Chalon, Dijon en sont les étapes[1]. »

1. E. RECLUS, *Géographie universelle*, t. II, chap. III.

Cette voie permettait, en raison des dangers que la navigation maritime rencontrait au détroit de Gibraltar et dans le golfe de Gascogne, une communication relativement courte et facile entre la Méditerranée d'un côté, la Loire, la Seine et le Rhin de l'autre.

PÉRIODE ANTÉRIEURE A 1860. — A l'époque romaine, les corporations de bateliers étaient nombreuses et importantes; mais les renseignements manquent sur les conditions de navigabilité du fleuve à cette époque. Il est à supposer qu'elles étaient relativement satisfaisantes au moins pendant une grande partie de l'année, puisque Ammien Marcellin qualifie les bateaux qui naviguaient sur le Rhône de *grandissimæ naves*.

Cette navigation a dû se développer pendant le moyen âge, mais on ne possède de renseignements précis sur sa marche qu'à partir du XIXᵉ siècle.

Ce que l'on peut affirmer, c'est qu'en 1830, le Rhône était, au point de vue navigation, à peu près à l'état sauvage. On avait effectué, il est vrai, quelques travaux, mais ayant surtout pour but la défense de la vallée contre les corrosions ou les débordements. Ils étaient entrepris sur des sections isolées, sans plan ou programme général, et n'ont produit que rarement des résultats utiles à un bon mouillage. Il en est résulté cependant, dans certains cas, une fixité relative des rives; les divagations du fleuve avaient été sensiblement réduites.

Mais sur bien des hauts-fonds le mouillage descendait à l'étiage jusqu'à 0ᵐ,50 et même 0ᵐ,40, ce qui rendait pratiquement impossible le passage des bateaux même à très faible charge. Le chemin de halage était interrompu au passage des faux bras, lisses et affluents et rendait très difficile la navigation à la remonte.

Malgré ces conditions défectueuses, la navigation avait, vers 1830, une très grande activité; le trafic de remonte représentait environ 120.000 tonnes transportées par quarante équipages de halage; on évaluait à 300.000 tonnes le trafic de descente, dans lequel la houille du bassin de la Loire entrait pour une bonne part.

Les bateaux qui fréquentaient le Rhône avaient un tirant

d'eau variant de 1^m,30 à 1^m,80 suivant leur type et pouvant transporter de 75 à 100 tonnes à la remonte et de 100 à 150 tonnes à la descente. En basses eaux, les chargements étaient réduits respectivement jusqu'à 55 et 70 tonnes avec un tirant d'eau de 0^m,70. La remonte s'effectuait au moyen d'équipages de halage ; le prix du fret pour l'équipage seulement oscillait entre 0 fr. 10 et 0 fr. 77 par tonne kilométrique.

La navigation à vapeur fit son apparition sur le fleuve en 1829. Les bateaux, longs de 41^m,70, larges de 6 mètres et calant 1^m,08, avaient une puissance de 50 chevaux. Ils faisaient un service régulier de Lyon à Avignon, descendant des voyageurs (150 à 200) et remontant en général 35 à 40 tonnes de marchandises ; par eaux moyennes, la descente se faisait en douze heures, la remonte en demandait soixante-quinze à quatre-vingt-dix.

En 1833, à la suite d'une demande de l'Administration, les ingénieurs proposèrent la construction d'un canal latéral, sans toutefois abandonner toute amélioration du chenal ; ils envisagèrent la réunion de toutes les eaux basses ou moyennes dans un lit mineur d'une largeur proportionnée au débit, au moyen de digues à 4 mètres sur les basses eaux servant au halage ; les eaux d'inondation devaient être contenues par des levées insubmersibles placées plus ou moins loin du lit mineur.

Un premier crédit de 400.000 francs fut accordé à cet effet, mais il était notoirement insuffisant. Ce ne fut qu'en 1843 qu'un projet général et d'ensemble de perfectionnement du fleuve fut présenté ; il comportait une dépense de 25 millions.

Les ingénieurs partaient de cette donnée que, avec un débit d'étiage de près de 400 mètres cubes, un lit de 180 mètres de large offrant une pente de 0^m,60 par kilomètre, devrait avoir moyennement une profondeur de 1^m,50 strictement nécessaire pour les bateaux à pleine charge ; et ils se proposaient de réunir toutes les eaux dans un seul lit d'une largeur exactement déterminée, afin de les obliger à le creuser elles-mêmes ; c'est l'amélioration par resserrement.

Dans cet ordre d'idées, de nombreux projets furent présentés, approuvés et exécutés à partir de 1844 ; ils avaient en général encore pour objet de faciliter le halage, de réunir les eaux dans un même bras, de redresser certaines courbes, d'extraire des écueils dangereux, et, dans bien des cas, de défendre les plaines contre les inondations ou les rives contre les corrosions.

Malgré tout, et bien que ces derniers travaux fussent les plus fréquemment exécutés, la navigation était toujours en progrès; les équipages de halage avaient à peu près complètement disparu dès 1853, et la batellerie à vapeur s'était développée principalement au moment de la disette des blés en 1846-1847. Des quantités considérable de grains arrivèrent de Russie directement jusqu'à Arles et furent remontées à Lyon soit par des vapeurs porteurs, soit par des barques remorquées par des vapeurs à grappins, à des prix qui, paraît-il, auraient varié entre 14 et 20 francs les 100 kilogrammes. A cette époque les Compagnies de navigation possédaient 64 vapeurs d'une puissance totale de 14.000 chevaux.

Le succès de ces opérations fit que les mariniers se désintéressèrent de la situation du chemin de halage, et demandèrent l'amélioration du mouillage et de la direction des courants. En même temps ils cherchèrent à mieux utiliser les conditions de navigabilité du fleuve et à réduire les périodes de chômage forcé au moyen d'un matériel mieux approprié. Les bateaux de 110 mètres furent allongés à 133 mètres en 1850 et à 153 mètres en 1857, ce qui fit passer leur tonnage maximum pour un même enfoncement de $1^m,40$ de 400 à 700 tonnes.

Malgré tout, les améliorations du chenal navigable n'étaient pas sensibles. Les travaux exécutés sur certaines sections, notamment entre Donzère et Saint-Montant, étaient inefficaces, parce que la direction des eaux n'était pas suffisamment assurée tant en amont qu'en aval du passage amélioré.

L'ouverture de la voie ferrée d'Avignon à Marseille en 1848, du chemin de fer de Lyon à Avignon en 1855, porta un gros préjudice à la navigation. Le tonnage transporté passa de 559.000 tonnes en 1855 à 210.000 tonnes en 1859.

Programme de 1858-1860. — Alarmé de cette décadence de la navigation, on rédigea en 1860 un programme général d'amélioration du fleuve au moyen d'un endiguement longitudinal rectifiant les irrégularités du lit naturel. Il s'agissait en réalité du resserrement du lit des basses eaux entre des digues élevées à 2 mètres au moins au-dessus de l'étiage.

Programme de 1865. — Un second programme fut présenté en 1865 en vue d'obtenir dans toute l'étendue du bas Rhône un tirant d'eau normal de $1^m,60$. Il maintenait les dispositions principales du programme précédent, sauf quelques modifications de détail, et était basé sur l'inconvénient d'un lit rectiligne sur de grandes longueurs, « le chenal ne pou-« vant alors se fixer d'une manière permanente contre « l'une des rives et présentant, nécessairement, dans le lit « mineur lui-même, des divagations qui obligeraient à endi-« guer les deux rives, et à rétrécir outre mesure le lit « mineur. »

Les travaux furent exécutés par parties ; les résultats furent insuffisants, et on fut conduit à envisager l'amélioration du Rhône sous un nouvel aspect, en reconnaissant que pour la mener à bonne fin, il ne suffisait pas de rectifier les uns après les autres les passages signalés comme mauvais à un moment donné, mais qu'il fallait indispensablement régulariser et fixer le cours entier du fleuve.

Programme de 1876. — En conséquence, un avant-projet général fut présenté en 1876 suivant les dispositions d'ensemble des programmes antérieurs : digues discontinues pour jeter successivement le courant dans les concavités offertes alternativement par les deux rives, à la condition que ces digues soient bien tracées et aient une courbure moyenne ni trop grande ni trop petite, évitant autant que possible les rayons inférieurs à 1.000 mètres et supérieurs à 3.000 mètres.

On faisait remarquer l'intérêt qu'il y avait à réaliser le passage d'une rive à l'autre par des inflexions très allongées, pour que le haut-fond, qui se présente au droit de l'inflexion, ne se présente pas en écharpe et que le resserrement soit suffisant pour que la profondeur réalisée soit en harmonie avec les conditions de pente et de débit. Pour obtenir la bonne direction de l'inflexion, on pensait qu'il suffirait d'un tracé parfaitement régulier des courbes concaves d'amont et d'aval, laissant entre les deux courbes opposées une largeur rectiligne suffisante pour le jeu de l'inflexion.

Ce programme de travaux fut approuvé par la loi du 13 mai 1878 ; les dépenses étaient évaluées à 45 millions.

M. l'ingénieur en chef Jacquet qui avait présenté ce programme est le premier qui ait posé les principes de la méthode d'amélioration à suivre sur le Rhône. Il a, en effet, émis l'avis qu'il y avait lieu de régulariser la pente. Dans un rapport du 1er juillet 1878, il a posé en principe que « l'amélioration du fleuve ne peut pas s'obtenir par le simple « dérasement ou abaissement successif de tous les hauts-« fonds, soit que ce dérasement ait été effectué par des dra-« gages, soit qu'il ait été provoqué par un resserrement sur « le seuil à faire disparaître ; que l'amélioration d'un « maigre par simple abaissement du fond aurait pour con-« séquence certaine l'aggravation du maigre supérieur ».

M. Jacquet se proposait donc de rectifier le lit, non seulement dans l'étendue du rapide à améliorer, mais aussi dans les mouilles aux abords ; de chercher à compenser l'abaissement du plan d'eau résultant de l'amélioration du maigre, soit par l'allongement du rapide, soit par l'accroissement de la pente dans les parties à faibles pentes ; de tendre à diminuer les écarts existants dans le profil en long des basses eaux, et à rapprocher la ligne d'étiage de la ligne de pente moyenne, sans prétendre, toutefois, transformer le fleuve en une sorte de canal à pente rigoureusement constante.

Cette conception de la nécessité de régulariser la pente était basée sur les constatations faites à la suite de divers travaux de resserrement antérieurs, et notamment sur un abaissement de 1m,40 environ du plan d'eau d'étiage à la Mulatière, à la suite des travaux effectués en aval pour l'amélioration des hauts-fonds aux passages de Saint-Fons, Oullins, Isigny et Solaize, ainsi que sur un abaissement comparable en aval de Condrieu, par l'écrêtement des hauts-fonds de Bœuf, des Dames et de Chavanay.

EMPLOI DES DIGUES BASSES. — La régularisation de la pente fut cherchée :

1° En opérant le resserrement au moyen de digues basses, inférieures au niveau des eaux régulatrices, de manière à augmenter aussi peu que possible, juste dans la mesure nécessaire, la puissance affouillante des eaux, à diminuer très peu la pente sur les hauts-fonds, et à réduire par suite l'abaissement du plan d'eau qui en est la conséquence à l'extrémité aval de la mouille supérieure ;

2° En marquant par des digues basses concaves les mouilles profondes et les rives escarpées, de manière à réduire la section offerte à l'écoulement des eaux ; à accroître ainsi la pente nécessaire à cet écoulement et à relever le plan d'eau à l'amont de la mouille au pied du rapide qui la précède.

Les procédés de rectification étaient d'un maniement délicat. Il était difficile de déterminer la hauteur convenable aux digues de resserrement, pour qu'elles aient sur les hauts-fonds une action suffisamment énergique, mais sans excès; et si l'on dépassait le but, on provoquait un abaissement du plan d'eau, auquel on ne pouvait plus remédier. D'autre part, des approfondissements pouvaient et devaient même se manifester au pied des digues concaves établies pour masquer les anciennes mouilles; la section du nouveau lit tendait alors vers celle de l'ancien, et l'on perdait en majeure partie le bénéfice du travail.

Emploi des épis noyés. — C'est à la suite d'une mission qu'il fit en 1879, que M. Jacquet eut l'idée d'appliquer sur le Rhône un système d'ouvrages, jusqu'alors inappliqué en France, mais très employé sur le Rhin, l'Elbe et d'autres rivières allemandes, pour la suppression des trop grandes profondeurs en vue d'une meilleure répartition des pentes ; c'est le système des seuils de fond (Grundschwellen) ou épis noyés, ouvrages transversaux construits sous l'eau et divisant les grandes profondeurs en cases plus ou moins grandes, suivant l'espacement des seuils, dans lesquelles les graviers viennent se déposer.

L'exemple le plus ancien des seuils de fond se rencontre sur la Ruhr et remonte à 1848. Mais on doit revendiquer pour un Français M. Goux, alors ingénieur du Service spécial du Rhône, la première idée de l'application de ces ouvrages dans le but de provoquer un relèvement du plan d'eau auprès des rapides dangereux du Sault sur le haut Rhône à 60 kilomètres en amont de Lyon. Elle a été émise dès 1842, dans un projet très complet.

Ce n'est que trente ans plus tard que ces mêmes ouvrages perfectionnés et utilisés dans d'autres vues ont été employés avec succès pour améliorer la navigabilité du Rhône. On décida dès 1879 d'expérimenter sur le Rhône le système des épis noyés ou seuils de fond ; et on utilise non seulement des épis noyés à couronnement horizontal pour réduire la profondeur dans les mouilles, mais aussi des épis noyés avec couronnement en pente de la rive vers l'axe de la rivière de manière à guider de très près le courant dans les inflexions, et à rectifier le thalweg pour que la navigation profite utilement de toute la profondeur réelle et n'ait plus à lutter péniblement contre des courants obliques. Mais on n'abandonnait pas les digues longitudinales, qui devaient rester toujours la base de l'amélioration du Rhône.

En 1882 on constatait l'influence directrice des épis noyés tels qu'ils avaient été conçus avec couronnement en pente, et qui dans les courbes concaves éloignent de la rive les bateaux et radeaux.

Mais l'action des mêmes ouvrages pour le relèvement du plan des basses eaux et la régularisation de la pente ne semblait pas être aussi manifeste. Les atterrissements dans les cases formées par les épis marchaient moins vite qu'on ne l'avait espéré.

On ne pouvait pas songer à transformer le Rhône en une sorte de canal à pente absolument régulière. Il fallait une autre conception et une autre application du système des épis noyés, dont l'utilité avait été démontrée. M. l'ingénieur en chef Girardon a apporté à ce sujet un changement radical aux méthodes d'amélioration antérieures.

On a fait connaître antérieurement les lois qui président à l'écoulement dans un cours d'eau naturel. On peut les rappeler sommairement une dernière fois.

1° Écoulement simultané de l'eau et d'une certaine quantité de matériaux solides, variable notamment avec la grosseur de ces matériaux, le débit et la pente de la rivière ;

2° Forme sinueuse des cours d'eau en plan et constituée

par une série de courbes et de contre-courbes plus ou moins régulières, qui se succèdent en sens inverse réunies par des raccordements plus ou moins brusques.

Sinuosité du profil en long, formé d'une série de fosses ou mouilles, séparées les unes des autres par des seuils ou maigres, ou hauts-fonds.

Forme en escalier du profil en long de la surface des eaux ; pente faible dans les fosses à grande section mouillée et beaucoup plus forte sur les seuils, où se rencontrent quelquefois de vrais rapides.

Répartition inégale de la profondeur dans l'étendue d'un même profil en travers ;

3° Dépendance de la position des profondeurs et des reliefs d'après la distribution des résistances dans l'étendue du lit ; la répartition du régime et de l'orientation du confluent des affluents et des bras secondaires ; toutes les circonstances de forme et de nature de rives qui agissent sur la grandeur et la puissance d'affouillement et sur la répartition des vitesses ;

4° Appel du courant et maintien des profondeurs contre un obstacle résistant et fixe, une rive concave et solide ;

5° Renouvellement par chaque crue, tout au moins en partie, des matériaux qui tapissent le lit, et modification de sa forme, modification qui est d'autant moins importante que les rives sont solidement fixées par des ouvrages judicieusement établis.

Les lois sont absolument générales pour l'écoulement simultané de l'eau et des matériaux dans les rivières.

On trouve, en effet, dans une rivière à fond mobile, nécessairement sinueuse, dont la courbure entre deux inflexions successives va d'abord en croissant, puis en décroissant, le tout d'une façon suffisamment progressive, une mouille à chaque sommet de courbure, un seuil à chaque inflexion, ou plutôt un peu en aval de chacune de ces deux positions, suivant la loi de l'écart donné par M. l'inspecteur général Fargue.

Mais le passage d'une mouille à l'autre se présente sous des formes bien diverses, mais qui, en faisant abstraction des détails, sont toutes comprises entre les formes extrêmes ci-après, qui constituent l'une un bon passage, l'autre un mauvais passage.

Dans la première forme, la mouille d'amont dont le fond se relève peu à peu s'écarte progressivement de la rive concave depuis le sommet de courbure jusqu'à l'inflexion ; et sur cette dernière l'extrémité aval de la mouille est sensiblement dans l'axe du lit mineur. La mouille d'aval a son extrémité amont dans le prolongement de la mouille d'amont et à peu près suivant l'axe du lit ; cette mouille

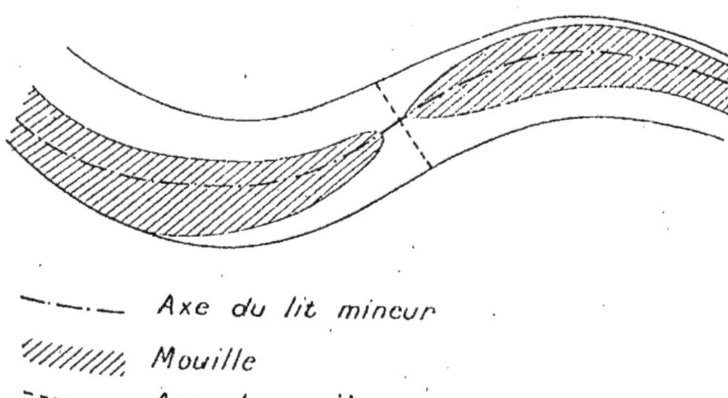

Fig. 175.

d'aval se rapproche ensuite progresssivement de la rive concave en augmentant de profondeur, depuis l'inflexion jusqu'au sommet de courbure aval. Le passage d'une rive à l'autre se fait par déversement sur un seuil dont la direction est presque normale à l'axe du lit, et, par suite, dont la longueur est minimum ; le tirant d'eau sur le seuil est, dans ces conditions, aussi grand que le permettent la pente et le débit.

Sur le Rhône les passages qui se rapprochent de ce type offrent en général un tirant d'eau d'étiage de 1^m,50 à 2 mètres ; le chenal n'y présente pas de changement brusque de direction ; le courant est modéré sur le seuil, parce que celui-ci forme un barrage très noyé et que la chute y est allongée ; ce sont là toutes circonstances favorables à une facile navigation.

La seconde forme est caractérisée par ce fait que la mouille amont reste attachée à la même rive et la longe jusqu'au delà de l'inflexion ; que, sur la rive opposée, la mouille aval commence à se former en amont de l'inflexion ; que les deux mouilles chevauchent ainsi l'une sur l'autre et que le passage des eaux de la première à la seconde se fait par un déversement à peu près normal à l'axe du lit. Le

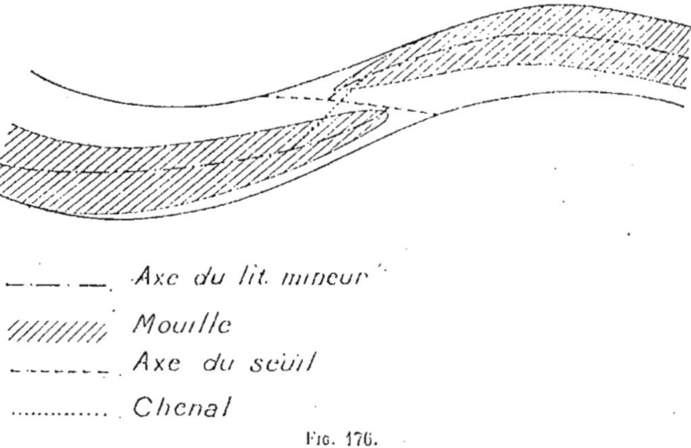

Fig. 176.

seuil très oblique a une grande longueur ; la lame déversante y est mince et de chute brusque.

Le tirant d'eau sur le seuil est donc faible et s'abaisse parfois sur le Rhône jusqu'à $0^m,40$; le chenal présente deux coudes brusques successifs, et le courant est rapide. On trouve concentrées sur ce passage toutes les difficultés de la navigation, et, en raison de la direction trop oblique du chenal au droit du seuil, la batellerie ne peut même pas profiter de tout le tirant d'eau réel, déjà insuffisant.

TRANSFORMATION D'UN MAUVAIS PASSAGE EN BON PASSAGE. — Ces deux types de passages, ainsi que les formes intermédiaires qui les relient, existaient simultanément sur le fleuve avant tout travail d'amélioration et présentaient une stabilité suffisante ; aucun d'entre eux n'était donc incompatible avec les conditions naturelles de l'écoulement dans un lit à fond mobile.

On a pensé qu'on améliorerait les conditions de navigabilité du Rhône, en ramenant tous les passages aux formes du premier type, qui donnent à la batellerie toutes les facilités compatibles avec le régime du fleuve.

Dans ce but il fallait chercher à reproduire les circonstances qui déterminent les formes de ce type, c'est-à-dire employer des ouvrages susceptibles de distribuer les vitesses et les profondeurs comme elles le sont sur un bon passage. Ce dernier est toujours formé de deux courbes de sens contraire réunies par une inflexion plus ou moins longue ; le thalweg est, au sommet de courbure, voisin de la rive concave, et il s'en éloigne progressivement pour occuper le milieu du lit à l'inflexion, et se rapprocher ensuite de la rive concave opposée.

OUVRAGES DE LA LIGNE CONCAVE. — On établira donc, sur la rive concave, les ouvrages les plus aptes à déterminer la formation et le maintien des profondeurs, et les disposer de telle façon que leur effet aille en décroissant en se rapprochant de l'inflexion. La rive concave sera donc généralement constituée par une digue dont la courbure et le relief varieront d'une façon continue ; le maximum de courbure correspondra au point où le thalweg devra être le plus voisin de la rive et cette courbure ira en décroissant jusqu'à l'inflexion, pour diminuer l'appel de la digue à mesure que le thalweg doit se détacher de la rive ; de même la hauteur de la digue aura son maximum au sommet de la courbure et ira en diminuant vers l'inflexion.

Tant que les eaux sont basses, un ouvrage ainsi établi aura une action efficace sur la bonne direction des eaux et la régulière direction des profondeurs ; il est indispensable que cette action ne soit pas modifiée quand les eaux s'élèvent, et que la digue est surmontée ; et il ne faut pas que les eaux moyennes ou les crues aient, sur la marche et le dépôt des graviers, une influence trop différente de celle des basses eaux, afin que le chenal d'étiage se maintienne

autant que possible pendant les hautes eaux, et que sa
reconstitution naturelle au moment de la baisse ne soit pas
trop difficile. Dans ce but, il est nécessaire d'assurer autant
que possible la coïncidence du thalweg des hautes eaux et
du thalweg des basses eaux, et quand le niveau s'élève, de
ramener le courant principal dans le lit d'étiage [1]. Ce
résultat s'obtient en rattachant la digue à la rive en arrière
par des ouvrages transversaux, dits tenons ou traverses
dont la direction et la pente sont disposées à cet effet; c'est
au sommet de courbure que les eaux tendent davantage à
s'écarter du chenal ; c'est là que la pente des travaux vers
le chenal devra être la plus forte, et, de part et d'autre de
ce maximum, elle diminuera en allant vers l'inflexion.

Bien souvent, quand la courbure est suffisamment douce,
on peut se dispenser d'établir une digue, et les eaux sont convenablement dirigées par les traverses dont les extrémités du
côté du chenal jalonnent l'emplacement théorique de la digue.

Ouvrages de la rive convexe. — Au contraire, sur la rive
gauche convexe, il faut éviter avec le plus grand soin tout
ouvrage susceptible d'altérer ou de provoquer les profondeurs, et l'on doit chercher à obtenir une plage en pente
douce sur le fleuve. Cette plage existe souvent naturellement et à un niveau convenable ; si elle est assez résistante,
elle conservera sa forme et aucun ouvrage n'est à prévoir
Si sa résistance est insuffisante, on l'augmentera en établissant à sa surface des ouvrages transversaux, appelés épis
plongeants, sans relief sur le sol, qui en formeront en
quelque sorte le squelette, et assureront la stabilité des
matériaux qui la composent. Si la plage n'existe pas, ou si
elle est à un niveau trop bas, on en constituera de même
l'ossature avec des épis plongeants élevés au niveau convenable, qui dirigeront les eaux, comme le ferait la plage

1. Ces considérations fort intéressantes sont tirées du mémoire
de M. l'ingénieur en chef Armand, *Annales des Ponts et Chaussées*, 1911. VI, p. 544. Elles semblent trop absolues ; l'expérience de
la Loire montre que les deux lits mineur et majeur subsistent
indépendamment l'un de l'autre et que l'action des hautes eaux se
produit en vue de la reconstitution ou de la conservation du lit
mineur.

elle-même, et provoqueront sa formation. Comme pour les traverses en arrière des digues, ces épis plongeants doivent continuer à agir en eaux moyennes ; ils seront prolongés suffisamment pour cela et tendront toujours à ramener les eaux dans le chenal principal.

Orientation du seuil. Épis noyés. — Cet ensemble d'ouvrages tend à bien placer les mouilles successives, mais il faut le compléter par d'autres destinés à assurer la position de l'inflexion et l'orientation du seuil. Si l'on se reporte à ce qui a été dit plus haut sur la forme d'un bon passage, on voit que, au maximum de courbure, la section transversale du lit se rapproche d'un triangle, dont la surface des eaux serait la base, et dont le sommet serait voisin de la rive concave ; qu'un sommet de courbure suivant la forme est analogue mais symétrique, et que cette section passe graduellement d'une forme à l'autre en se rapprochant à l'inflexion du triangle isocèle ; on facilitera cette forme en disposant des ouvrages noyés qui provoqueront la déformation progressive du profil.

Dans ce but, on dessine, à des intervalles à peu près réguliers, les formes successives du profil en travers triangulaire au moyen d'épis noyés, ouvrages transversaux établis dans les profondeurs à un niveau assez bas pour ne pas gêner la navigation et ne causer à la surface aucune perturbation. Les deux épis d'un même profil se rencontrent en un point d'autant plus voisin de la rive concave et d'autant plus profond au-dessous de la ligne d'étiage que ce profil est plus près du sommet de courbure ; à l'inflexion le point de concours des deux épis est, au contraire, à peu près dans l'axe du lit et à un niveau moins bas. La ligne des points de concours détermine la position des plus grandes vitesses et des plus grandes profondeurs, c'est-à-dire l'axe du chenal ; et les épis successifs constituent les génératrices d'une surface gauche qui se déforme progressivement jusqu'au profil isocèle de l'inflexion pour présenter au delà des dispositions inverses.

DIRECTION DES OUVRAGES TRANSVERSAUX. — Comme on le voit, tous les ouvrages transversaux, épis noyés, épis plon-

geants, tenons ou traverses, doivent combiner leurs effets
pour ramener vers l'axe du chenal les eaux qui tendraient
à s'en écarter. Ce résultat est obtenu d'abord par la pente
que présentent tous ces ouvrages, pente variable suivant la
nature de l'ouvrage et sa position par rapport à l'inflexion
ou au sommet de courbure, mais toujours dirigée de la rive
vers l'axe du chenal; et ensuite par la direction donnée à
ces ouvrages. Quand ces ouvrages sont surmontés par les
eaux, le déversement tend à se faire normalement à leur
direction; et s'ils sont orientés vers l'amont, ils concourent
efficacement au but poursuivi. Les ouvrages d'un même
profil sont donc implantés en chevron, dont le sommet est
sur l'axe ligne d'axe du chenal, et l'inclinaison d'un épi sur
cette ligne d'autant plus prononcée que l'on a à combatire
une force centrifuge plus grande. A l'inflexion les deux épis
d'un même profil seront symétriquement inclinés; en se
rapprochant du sommet de courbure, on augmentera progressivement l'inclinaison des épis ou traverse de la rive concave, tandis qu'on diminuera celle des épis de la rive convexe.

EFFETS PRINCIPAUX DE L'ENSEMBLE DES OUVRAGES. — Tel est
l'ensemble des dispositions appliquées depuis 1884 dans les
travaux d'amélioration du Rhône. On voit, en résumé, que
les ouvrages employés pour le tracé du lit dans les parties
courbes ont pour effet d'y assurer la fixité du chenal et la
position des profondeurs, de préparer et de faciliter la
bonne direction de l'inflexion; que le tracé des profils en
travers par des épis noyés complète cette action directrice
et assure la continuité des formes, la résistance du fond, la
conservation et la bonne orientation des seuils.

On ne saurait trop insister sur ce point :

Il ne s'agit plus, comme dans la méthode du resserrement
ou de la normalisation, de transformer le fleuve en un
canal artificiel, comportant une régularité et une uniformité
absolues tant dans le profil en long que dans le profil en
travers. On conserve au contraire les formes naturelles des
cours d'eau, compatibles avec les lois qui régissent l'écoulement de l'eau et des matériaux; mais on s'efforce d'établir la continuité dans la variation de ces formes. On ne

leur fait donc subir aucune transformation profonde, et l'on se borne à les modifier sur le modèle de celles qui assurent naturellement une bonne navigabilité; on substitue aux causes accidentelles et nullement nécessaires des irrégularités gênantes pour la navigation, des résistances convenablement disposées, causes permanentes du retour périodique des conditions qui lui sont favorables.

Comme on l'a vu dans un chapitre précédent, un lit ainsi aménagé n'est pas immuable par tout état des eaux ; et une crue en modifiera la forme dans le sens même où elle le ferait dans un cours d'eau à l'état naturel, mais dans des proportions beaucoup moins importantes en raison de la plus grande résistance du fond et de la bonne direction donnée aux courants, même par les eaux de pleins bords. De sorte que quand les eaux baissent et rentrent dans leur lit, elles y trouvent un ensemble de dispositions qui contribuent à déterminer le retour des profondeurs et des seuils aux emplacements qu'ils occupaient avant la crue, et la reproduction de formes sinon identiques, du moins tout à fait analogues à celles qui existaient avant son passage.

ÉTUDES DES PROJETS DE RÉGULARISATION. — *Concentration des eaux.* — Il est évident qu'on obtiendra le maximum d'effet utile en réunissant dans un seul bras toutes les basses eaux.

Dans cette opération, il faut choisir convenablement le bras à conserver et déterminer jusqu'à quelle hauteur les eaux y seront concentrées.

Le bras à conserver n'est pas toujours le plus important ni celui qui offre, avant les travaux, le meilleur chenal. Il y a intérêt à rapprocher, autant que faire se peut, la direction du chenal de celle du courant des hautes eaux contenues dans les berges du lit majeur, afin que les hautes eaux n'exercent pas sur ce chenal une action perturbatrice trop marquée.

D'autre part, il n'est jamais avantageux de réduire le développement d'un fleuve à forte pente, et, sauf circonstances particulières, il faut préférer un bras présentant des sinuosités bien marquées, sans être excessives, à un autre bras presque rectiligne.

Enfin, il faut quelquefois desservir le port d'une ville importante, un centre industriel ou le débouché d'une voie affluente. Le choix à faire entre deux bras est donc très souvent bien délicat, car on doit concilier, dans la mesure du possible, diverses considérations qui, prises isolément, conduiraient à des solutions différentes.

Sur le Rhône, le bras à améliorer était déjà déterminé sur la plupart des points, car les principaux faux bras avaient été barrés par des travaux faits en suite du programme de 1865 ou pendant les premières années de l'exécution de la loi de 1878. Les solutions avaient été naturellement adaptées à l'amélioration par resserrement ; dans certains cas elles répondaient mal à ce qu'avait demandé la nouvelle méthode de régularisation ; mais on ne pouvait songer à enlever à grands frais des ouvrages dont la plus grande partie était sous l'eau.

En ne tenant compte que des conditions les plus avantageuses à la navigation après réalisation de l'amélioration, il faudrait limiter la concentration des eaux au débit d'étiage ; c'est ainsi que l'on assurerait le tirant d'eau cherché, avec, pour un débit donné, le minimum de vitesse dans le chenal. A un autre point de vue, il y a intérêt à maintenir, aussi longtemps que possible, un débit important dans les bras secondaires, afin de lutter contre leur atterrissement, et de les conserver libres pour l'écoulement des crues.

Mais à l'étiage, le courant n'a qu'une faible puissance d'érosion et de transport qui, dans la plupart des cas, serait insuffisante pour rétablir le chenal déformé par les crues ; on est donc conduit à concentrer les eaux jusqu'à ce que, la profondeur augmentant, la puissance d'affouillement soit assez grande pour produire et maintenir la régularisation du lit que l'on a en vue. En général, sur le bas Rhône, la fermeture du bras secondaire doit être faite jusqu'à une hauteur variant entre un minimum de 1 mètre et un maximum de 2 mètres environ au-dessus de l'étiage. En année moyenne, les eaux du Rhône se tiennent au-dessous de la cote 1 mètre pendant environ 100 jours, au-dessous de la cote 2 mètres pendant environ 240 jours ; mais ces durées ne correspondent pas à celles pendant lesquelles les bras secondaires sont privés d'eau, car les ouvrages sont loin d'être étanches, et, même à l'étiage, bien peu de bras sont entièrement à sec.

La fermeture d'un bras secondaire s'obtient en établissant en tête un barrage, généralement oblique à la rive continentale et presque parallèle au chenal d'étiage, qui le sépare du bras principal. Quand le bras secondaire est long, et quand, par suite, la différence des niveaux des eaux à l'entrée et à la sortie est considérable, on complète la fermeture par d'autres barrages, dits « traverses », répartis dans l'étendue du bras secondaire ; ces traverses divisent la chute totale et réduisent ainsi la charge que supporte le barrage de tête, quand les eaux le surmontent.

Ces traverses sont établies dans une direction à peu près normale à l'axe du bras qu'elles doivent barrer.

Plan de sondages. — On a vu précédemment que, pour connaître la situation exacte de la section que l'on se propose d'améliorer, il faut dresser un plan de sondages, qui donne, au moyen de courbes d'égale profondeur, l'état du lit au-dessous d'un plan d'eau déterminé. On a vu aussi que, pour que ce plan de sondages soit comparable aux plans qui seront levés ultérieurement, pendant et après les travaux, il est nécessaire que tous ces plans soient reportés à un état semblable des eaux, état qui prend le nom d'étiage conventionnel.

On ne peut définir cet étiage par une cote lue à une échelle, que si cette échelle se trouve placée en un point où la section et la pente du fleuve sont invariables. Ces circonstances ne se rencontrent que très exceptionnellement sur une rivière à fond mobile, et des états identiques des eaux ne peuvent alors être reconnus que par l'égalité des débits.

Sur le Rhône, l'invariabilité de section de la pente ne se rencontre avec une approximation suffisante qu'à Arles, où le lit, enfermé entre des quais très anciens, présente des profondeurs de 7 à 8 mètres, et où la pente déjà très faible ne saurait être modifiée d'une façon appréciable, à cause du voisinage de la mer et du voisinage plus proche encore d'un banc de poudingue inaffouillable. Partout ailleurs, le niveau des eaux, pour un même débit, est continuellement variable.

On a pris pour étiage conventionnel les eaux exceptionnellement basses de 1874, qui ont précédé de très peu la préparation de l'avant-projet qui a servi de base à la loi de 1878 ; cet étiage correspond à la cote — $0^m,70$ à Arles et à un débit de 365 mètres cubes à Valence. Il est d'ailleurs entendu que le chiffre de ce débit n'a de valeur que si, dans les comparaisons ultérieures, les jaugeages à Valence sont faits par les mêmes méthodes et calculés par les mêmes formules qui ont été employées en 1874 ; et, d'après la revision des calculs de ces jaugeages, il semble que cet état-type des eaux correspondrait plutôt à un débit réel de 400 mètres cubes à Valence.

Cette détermination de l'étiage en deux points principaux permet, par des observations suivies, de connaître son altitude pour une année donnée dans toute l'étendue du fleuve.

Il existe tout le long du fleuve un grand nombre d'échelles, de deux à quatre, en général, par kilomètre. Les principales, distantes de 20 à 25 kilomètres, sont observées trois fois par jour ; les autres, tous les huit jours en basses eaux, tous les quinze jours en eaux moyennes. A l'aide de ces observations, on établit une relation graphique entre les cotes de chaque échelle principale et celles de Valence ou Arles, relation qui fait connaître la cote à chacune de ces échelles, quand l'étiage se réalise à Valence et à Arles ; les échelles intermédiaires sont comparées de même, au moyen de graphiques, aux échelles principales les plus voisines.

La concordance des cotes obtenues en partant d'une extrémité ou de l'autre est une première vérification ; on en obtient une seconde en comparant les durées pendant lesquelles les eaux se tiennent au-dessous de ces cotes à chacune des échelles, quand accidentellement elles descendent au-dessous de l'étiage ; la méthode élimine d'ailleurs toute observation entachée d'erreur ; et la détermination détaillée de l'étiage annuel est ainsi obtenue avec toute la précision possible dans une recherche de ce genre.

Le plan de sondage est dressé au moyen de profils en travers distants de 100 mètres environ, levés à la sonde à l'aide d'un batelet guidé par une maillette graduée, tendue en travers du lit. En même temps qu'on lève un profil, on lit la cote des eaux aux deux échelles les plus voisines, et les profondeurs constatées, corrigées de la différence entre ces cotes et les cotes calculées d'étiage conventionnel, servent à établir les courbes d'égales profondeurs du lit sous ledit étiage.

On n'a là, toutefois, qu'une approximation, à moins que le levé des profils en travers ait été fait par des eaux d'étiage, ou très voisines de ce niveau. La forme du fond du lit n'est pas la même en effet par tout état des eaux, et si les changements successifs de ce lit ont, en pratique, peu d'intérêt dans les mouilles, où le tirant d'eau est toujours très supérieur à celui demandé par la batellerie, il n'en est pas de même sur les seuils, dont la situation doit être définie par le tirant d'eau qui s'y réalise au moment de l'étiage. On en a donné la raison plus haut.

La profondeur d'eau sur un haut fond, correspondant à une cote x, lue à une échelle voisine, est donnée en général, d'une manière plus ou moins approximative, par une équation de la forme :

$$Y = a + bx,$$

La constante a est positive, nulle ou négative, et sa valeur ne dépend que du point pris comme origine de la graduation de l'échelle considérée ; la valeur du coefficient b définit au contraire les conditions du seuil. Si $b > 1$, le gravier se dépose sur le seuil quand les eaux montent, il est dragué quand les eaux baissent ; quand $b = 1$, le fond du lit est à peu près invariable ; enfin si $b < 1$, le seuil se creuse à la montée des eaux, et s'exhausse au contraire quand les eaux baissent. Pour les seuils du Rhône, le coefficient b a actuellement une valeur variable généralement entre 0,80 et 1,30 ; ces variations étaient plus étendues à l'origine des travaux d'amélioration. Il en résulte que le plan de sondages, levé habituellement par des eaux supérieures à l'étiage, fait ressortir une situation moins favorable pour certains seuils, plus favorable pour d'autres que celle qui se réalise effectivement avec l'étiage ; il est donc nécessaire de mentionner sur le plan de sondages par quel état des eaux ont été faites les opérations, et, pour l'étude d'un seuil, de tenir compte de son équation.

Tracé de l'axe du chenal et des rives du lit mineur a réaliser. — L'axe du chenal doit être tracé de manière à respecter autant que possible les conditions navigables du fleuve, en assurant seulement la continuité aux changements de formes du lit ; il doit donc présenter une inflexion un peu en amont de chaque seuil (pour obéir à la loi de l'écart), un sommet de courbure un peu en amont de chaque mouille, et sa courbure doit croître ou décroître régulièrement de l'inflexion au sommet de courbure, ou du sommet de courbure à l'inflexion suivante.

Les inflexions et les sommets de courbure, points principaux de l'axe, seront donc placés d'après les seuils et les mouilles du fleuve ; mais leur emplacement exact exige la détermination préalable de la longueur à donner au lit mineur, de manière à pouvoir ensuite tracer les rives de celui-ci, sans empiéter sur les berges naturelles. Cette largeur se calcule approximativement par la formule du mouvement permanent [1];

$$Ri = b_1 u^2$$

que l'on peut écrire :

$$L = \sqrt{\frac{b_1 Q^2}{R^3 i}}$$

$$Q = LRu$$

en admettant que le rayon moyen R est égal à la profondeur moyenne du lit.

En raison de la forme du profil en travers, la largeur du lit mineur ne devrait pas être la même à l'inflexion qu'au sommet de courbure ; mais on peut, dans la pratique, admettre une largeur uniforme et des rives parallèles ou concentriques. Une erreur de quelques mètres n'a d'ailleurs pas d'inconvénients graves, car l'une au moins des rives du fleuve amélioré sera formée d'une plage en pente douce sur laquelle la nature effectuera d'elle-même la correction de largeur nécessaire.

1. M. l'ingénieur en chef Girardon a souvent répété que l'emploi de cette formule forcément inexacte était fait à titre de simple indication.

En général même, et sauf circonstances locales particulières, la largeur adoptée pour le lit mineur varie peu entre deux affluents importants ; les chiffres adoptés le plus souvent sont les suivants :

Entre la Saône et l'Isère, 130 à 140 mètres pour un débit d'étiage allant de 200 à 310 mètres cubes. Entre l'Isère et l'Ardèche, 140 à 160 mètres en amont de la Drôme; 160 à 170 mètres en aval pour un débit d'étiage de 420 à 425 mètres cubes.

Entre l'Ardèche et la Durance, 170 à 180 mètres pour un débit de 440 à 460 mètres cubes.

En aval de la Durance, où le débit d'étiage s'élève à 500 mètres cubes, les largeurs sont de 180, 200 et même 250 mètres dans la région voisine d'Arles où la pente devient très faible.

Dans ce lit de largeur constante, l'axe du chenal doit être, à l'inflexion, à peu près à égale distance des deux rives ; il se rapproche ensuite de la rive concave, et, au sommet de courbure, il n'en est plus distant que du tiers ou du quart de la largeur, suivant l'importance de la courbure. On placera donc l'inflexion au milieu du lit ou environ, et le sommet de courbure à une distance de la rive concave entre le tiers et le quart de la largeur L si cette rive est conservée, à une distance supérieure si le coude du fleuve doit être rectifié ou adouci.

Ces deux points et les tangentes en ces points fixent d'une manière à peu près complète le tracé de l'axe du chenal. La continuité mathématique de la courbure exigerait l'emploi de courbes spéciales, sinusoïdes, lemniscates, spirales volutes ou autres ; leur tracé serait assurément facile sur le plan, mais assez laborieux sur le terrain, et, dans la pratique, on peut leur substituer une série d'arcs de cercles tangents entre eux, et à rayons croissants depuis le sommet de courbure jusqu'à l'inflexion. L'inflexion mathématique est alors remplacée par un alignement dont la longueur est, en général, voisine de 200 mètres.

Le tracé du chenal se résume dans les principes suivants :

1º Placer les sommets de courbure et les inflexions aux points où ils se trouvent naturellement;

2º Autant que faire se peut, conserver le nombre de seuils pour éviter les abaissements du plan d'eau, qui seraient la conséquence de leur suppression;

3º Assurer la continuité des courbes;

4º Éviter les courbes trop raides, qui rapprochent trop les profondeurs de la rive, et créent un chenal profond et étroit, où les convois s'inscrivent difficilement. Le plus petit rayon est, en général, compris entre 500 et 1.000 mètres;

5º Éviter également les longs alignements droits, qui n'assurent pas suffisamment la direction et la fixité du thalweg. Les alignements ne doivent pas, autant que possible, dépasser 300 à 400 mètres; et les courbes de trop grand rayon, 5.000 mètres et au-dessus, agissant à peu près comme des alignements, ne doivent être adoptées qu'exceptionnellement.

Pour tracer l'une des rives du lit mineur entre deux sommets de courbure consécutifs, on dispose de trois points et des tangentes à la rive en ce point :

1º Au sommet de courbure amont, sur la rive concave, un point situé à une distance de l'axe du chenal comprise entre le tiers et le quart de la largeur du lit, avec tangente parallèle à l'axe du chenal ;

2º A l'inflexion, un point situé à une distance de l'axe du chenal égale à la moitié de la largeur du lit, avec tangente légèrement oblique à l'alignement remplaçant l'inflexion, qui doit dessiner le commencement du passage du chenal d'une rive à l'autre ;

3º Au sommet de courbure aval, sur la rive convexe, un point situé à une distance de l'axe du chenal comprise entre les deux tiers et les trois quarts de la largeur du lit, avec tangente parallèle à la tangente à l'axe du chenal.

La rive est tracée d'après ces trois points, au moyen d'axes de cercle à courbures successivement décroissantes et croissantes, en ayant soin de l'éloigner progressivement de l'axe du chenal, depuis la rive concave du sommet de courbure amont jusqu'à la rive convexe de courbure aval.

La rive opposée se trace parallèlement ou concentriquement à la première.

Ce sont là les règles générales pour la préparation du plan des travaux d'amélioration ; elles ne déterminent que les conditions générales des tracés, et leur application à une section donnée, en vue de réaliser le meilleur chenal possible, demande de l'expérience et souvent plusieurs tâtonnements.

Ainsi la sinuosité des lieux s'oppose à ce que l'on puisse faire se succéder des sinuosités alternatives avec des courbures suffisamment accentuées. Dans ce cas, au lieu d'intercaler entre deux courbures de même sens une courbe de sens contraire trop aplatie, et cela dans le but de conserver les deux inflexions qui doivent exister normalement, on se contente d'une surflexion, tracé évidemment imparfait au point de vue de la fixité du chenal par la direction des rives, mais que des ouvrages noyés, convenablement disposés, rendent cependant très acceptable.

PROFILS EN TRAVERS. — Les profils en travers vont représenter les points du fleuve sur lesquels sont établis les ouvrages transversaux constituant le squelette du lit théorique.

Ces ouvrages seront plus ou moins rapprochés, suivant qu'il sera nécessaire d'exercer sur la direction des courants une action plus ou moins énergique et soutenue ; l'espacement minimum correspond aux plus mauvais passages et aux sections du fleuve où le courant est le plus rapide ; et les ouvrages s'écartent, au contraire, quand il y a lieu simplement de consolider un bon passage, ou quand on travaille dans des parties à très faible pente. En pratique, l'espacement des profils, mesuré suivant la ligne d'axe du chenal théorique, varie de 60 à 150 mètres, et ces limites ne sont que rarement dépassées en plus ou en moins.

Il est avantageux d'espacer uniformément tous les profils successifs d'un même passage, car il en résulte des facilités dans la préparation de la suite du projet ; et l'on procède toujours ainsi quand on opère sur une partie du fleuve où il n'existe pas d'ouvrages anciens. Mais ce n'est pas une nécessité absolue, et quand il s'agit de compléter l'amélioration d'un passage sur lequel il a été précédemment travaillé, on adapte souvent des écartements inégaux, afin de faire coïncider les profils en travers avec les ouvrages antérieurs qu'il est possible d'utiliser.

Comme on l'a vu plus haut, les ouvrages transversaux doivent être orientés vers l'amont en partant de la rive, afin que leur action tende plus efficacement à ramener les eaux vers l'axe du chenal théorique; un profil en travers, comprenant les ouvrages transversaux se correspondant sur les deux rives, doit donc former un chevron dont le sommet est sur l'axe du chenal, et ouvert sur l'aval.

L'ouverture de ce chevron a une valeur à peu près constante, voisine de 100° ; et à l'inflexion sa bissectrice est tangente à l'axe du chenal. Mais, au fur et à mesure que la courbure du chenal augmente, il faut lutter de plus en plus contre la force centrifuge, et, pour cela, l'épi de rive concave doit s'incliner davantage sur l'axe du chenal, alors que l'épi de rive convexe se rapproche de la normale à cet axe ; la bissectrice passe donc à l'intérieur de la courbe, faisant avec la tangente à cette courbe un angle d'autant plus grand que la courbure est plus prononcée.

Dans la pratique, cet angle peut s'élever de 5 à 6° ; l'inclinaison des ouvrages sur l'axe du chenal est alors de 75 à 74° sur la rive concave, et de 85 à 86° sur la rive convexe. Dans la variation de l'inclinaison des profils sur l'axe, il faut respecter la continuité ; on emploie pour cela le procédé graphique qui sera décrit ci-après.

Chaque profil en travers est ensuite relevé, d'après les courbes de profondeur du plan de sondages, et rapporté à l'horizontale du plan d'eau d'étiage au point considéré. On marque sur le profil la position de l'axe du chenal et celle des deux rives du lit mineur.

Le profil en travers, que l'on cherche à réaliser en chaque point, sera formé de deux arcs de parabole, ayant leur sommet commun sur l'axe du chenal, à une profondeur au-dessous du plan d'eau d'étiage variable suivant la position du profil par rapport à l'inflexion et au sommet de courbure voisin, et coupant l'horizontale de l'étiage chacun au droit d'une des rives du lit mineur.

Les ouvrages en enrochements destinés à assurer ce profil et à permettre la réalisation par l'effet des courants sont en principe :

1° Des épis établis sur chaque rive, et dont le couronne-

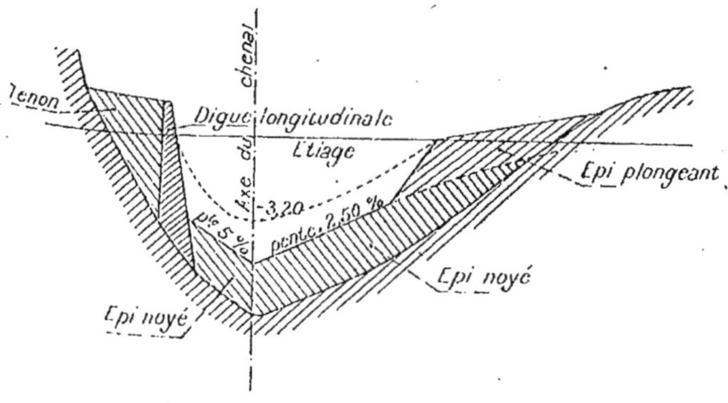

Fig. 177. — Profil au sommet de courbure.

ment concourt en un point commun sur la verticale de l'axe du chenal. Chacun de ces épis doit laisser complètement libre le demi-profil correspondant du lit théorique, et même

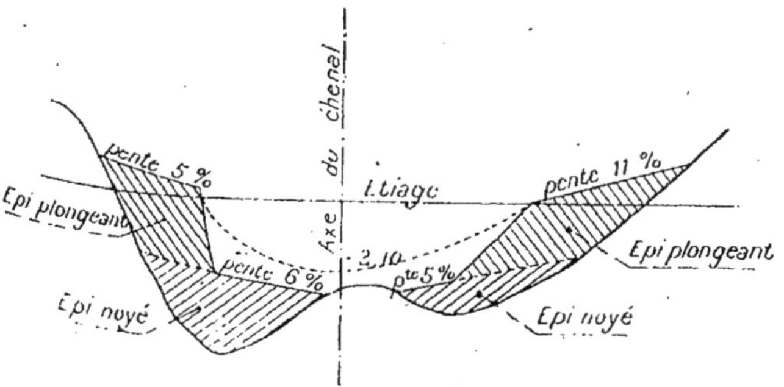

Fig. 178. — Profil à l'inflexion.

être établi sensiblement au-dessous, pour qu'une erreur d'exécution ne risque pas de créer des écueils dangereux pour la navigation ;

2° Des épis plongeants, dont le couronnement est formé

de deux droites se raccordant au niveau d'étiage sur la limite du lit mineur. La partie du couronnement de ces épis située au-dessus du niveau de l'étiage a toujours une pente inférieure à celle de l'épi noyé correspondant; dans la partie de ces mêmes épis noyés à l'étiage, le couronnement est tracé en dehors du lit mineur parabolique;

3° Quelquefois, sur la rive concave, une digue placée sur la limite du lit mineur est reliée de distance en distance par des tenons à la rive continentale; dans ce cas, il n'existe pas d'épi plongeant sur la rive convexe. L'altitude du couronnement de la digue varie suivant la position du profil par rapport au sommet de courbure; les tenons s'amorcent à la digue au niveau de son couronnement, et montent sur la rive suivant une pente toujours inférieure à celle de l'épi noyé correspondant.

Les ouvrages à exécuter sur un profil seront entièrement déterminés quand on connaîtra :

L'inclinaison de chacun des deux demi-profils sur la tangente à l'axe du chenal ;

La profondeur du lit théorique, suivant l'axe du chenal ;

La profondeur du point de concours des épis noyés ;

Les pentes des deux épis noyés ;

Les pentes du ou des épis plongeants, tant au-dessus qu'au-dessous du niveau de l'étiage ;

S'il y a lieu, la hauteur du couronnement de la digue et la pente du tenon.

Tous ces éléments sont étudiés sur un profil en long, de manière à les faire varier dans le sens voulu, et de façon progressive et continue en passant d'un profil en travers au suivant.

Les valeurs de l'un quelconque de ces éléments passent, en des points connus, généralement à l'inflexion et au sommet de courbure, successivement par des maxima et des minima ; les valeurs extrêmes sont données par l'expérience, et les valeurs intermédiaires sont déterminées ainsi qu'il suit :

Les valeurs maximum et minimum de cet élément, soit a et b, sont portées en ordonnées aux points correspondants d'abscisses M et N du profil en long; ce report est fait soit par rapport à la ligne inclinée figurant l'étiage, s'il s'agit de profondeurs au-dessous de cet étiage, soit par rapport à un axe horizontal des abscisses, s'il s'agit de tout autre élément. Entre les points M et N, les valeurs successives de l'élément seront représentées par les ordonnées d'un arc de sinusoïde, dont le centre O a pour abscisse $\frac{M+N}{l}$ et pour ordonnée $\frac{a+b}{2}$; et dont les tangentes aux points d'abscisses M et N sont parallèles à l'axe des abscisses.

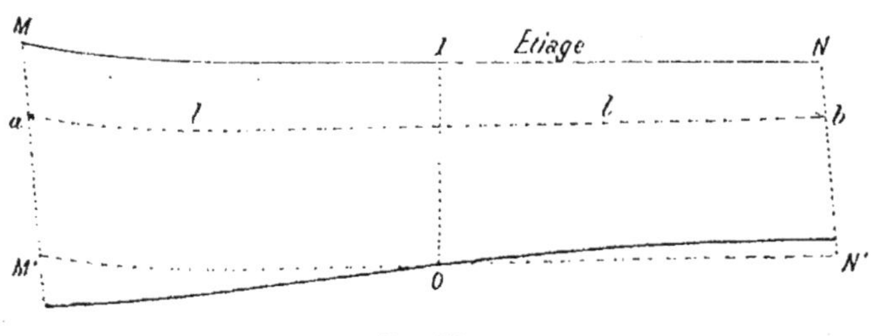

Fig. 179.

L'équation de cette courbe rapportée à la ligne M¹ N¹ passant par le point O et parallèle à MN, comme axe des abscisses, et à la verticale OP comme axe des ordonnées, est

$$y = \frac{a-b}{2} \sin \frac{\pi x}{2l},$$

l étant égal à la moitié de la longueur MN.

Dans la pratique, et pour simplifier le calcul, on divise la longueur l en neuf parties égales, correspondant pour $\frac{\pi x}{2l}$ à des valeurs de 10°, 20°, — 90°, on calcule très simplement les valeurs de y correspondant à ces divisions et, une fois la courbe tracée, on relève graphiquement les valeurs de l'élément cherché en tous les points du profil en long, où cela est nécessaire.

Théoriquement, les variations des divers éléments devront être fonction des variations de courbure de l'axe du chenal; et le mode de calcul ci-dessus décrit ne conduit à des résultats rigoureux que dans le cas où la courbure du chenal entre les points M et N peut être elle-même définie en chaque point par l'ordonnée d'un arc de sinusoïde.

Il en est rarement ainsi dans la réalité, et l'on n'obtient par suite pour les divers éléments que des valeurs approximatives; mais, il faut considérer que les ouvrages seront exécutés à pierres perdues avec des blocs d'assez fortes dimensions, et qu'aucune des caractéristiques de ces ouvrages, direction, pente, etc., n'est susceptible d'une précision plus grande que celle qui résulte de ce calcul.

Ce n'est que dans des cas exceptionnels, par exemple si l'on est obligé d'introduire des variations brusques dans les courbures successives, que l'on s'écarte des règles ci-dessus et que l'on cherche à mieux faire cadrer les variations des divers éléments avec les variations de la courbure.

PROFIL EN LONG. — Le profil en long est établi suivant l'axe développé du chenal à réaliser. On y reporte :

Le profil de l'étiage ;

Le profil du fond du lit suivant l'axe du chenal ;

Le profil du thalweg actuel ou des plus grandes profondeurs ;

L'indication des courbes successives de l'axe du chenal;

Les tracés des profils en travers.

La ligne d'étiage servira d'axe des abscisses pour les courbes des profondeurs du lit théorique sur l'axe du chenal et les courbes des profondeurs des points de concours des épis noyés ; une horizontale tracée vers le milieu de la hauteur du profil sert d'axe des abscisses pour les courbes des variations de tous les autres éléments, les données relatives à la rive droite étant portées au-dessous de cet axe, celles relatives à la rive gauche au-dessus.

Calcul de l'étiage rectifié. — La profondeur du lit théorique est maximum un peu en aval du sommet de la courbe, et minimum un peu en aval de l'inflexion (loi de l'écart); dans la pratique, on porte ce maximum ou ce minimum à 80 mètres environ en aval du milieu de l'arc de cercle du plus petit rayon, ou du milieu de la ligne droite figurant l'inflexion.

Le minimum de profondeur que l'on cherche à obtenir

sur le seuil varie de $1^m,60$ à $2^m,50$, suivant les circonstances ; le maximum de profondeur dans la mouille va, en général, de $2^m,50$ à 4 mètres, et est d'autant plus grand, toutes choses égales d'ailleurs, que la courbure du chenal est plus prononcée.

Les minima et maxima des profondeurs étant arrêtés pour tout le passage dont on projette l'amélioration et raccordés entre eux par des arcs de sinusoïdes, comme on l'a dit ci-dessus, il convient de rechercher les changements qui résulteraient pour la ligne d'eau d'étiage de la réalisation de ce lit théorique. C'est dans cette recherche seulement qu'intervient une formule d'hydraulique dérivée de la formule simple bien connue :

$$Ri = b_1 u^2.$$

Dans un lit régulier de largeur L au plan d'axe, dont le fond est formé de deux arcs de parabole, symétriques ou non, et dont la profondeur maximum h est très petite par rapport à L, le périmètre mouillé est sensiblement égal à L ; et, Q étant le débit d'étiage et Ω la section mouillée correspondante, on peut écrire

$$R = \frac{\Omega}{L},$$

$$\Omega = \frac{2}{3} Lh,$$

$$Q = \Omega u.$$

Éliminant R, Ω et u entre ces trois équations et l'équation fondamentale $Ri = bu^2$, il vient

$$i = \frac{27}{8} b_1 \frac{Q^2}{L^2 h^3},$$

Q et L sont des constantes dans l'étendue d'une même section, et la pente élémentaire de la surface en chaque point est proportionnelle à $\frac{1}{h^3}$.

On calcule la pente élémentaire sur un certain nombre de points convenablement rapprochés, en fonction de la

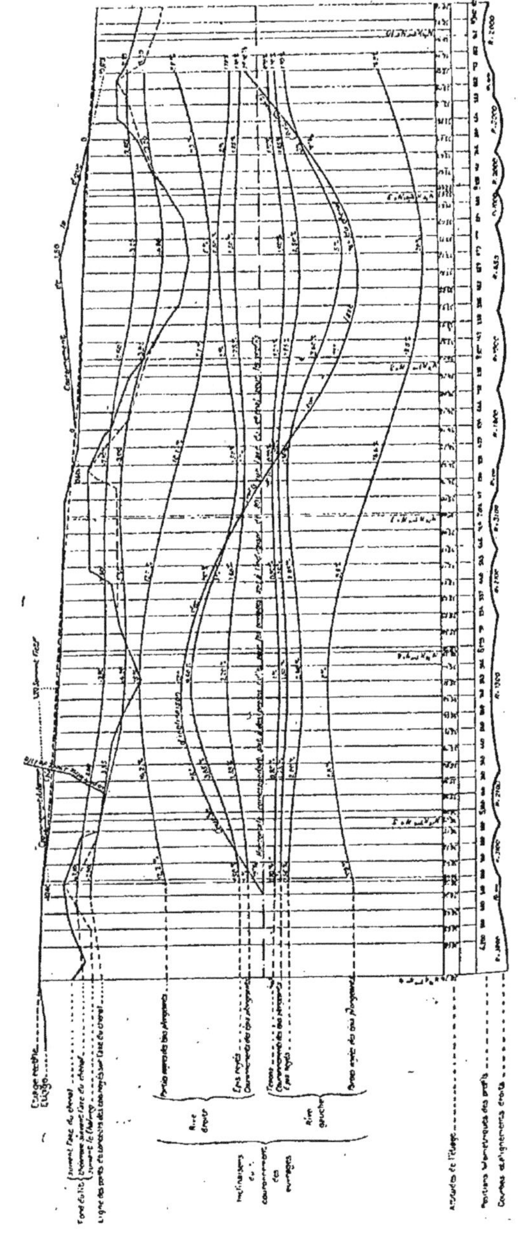

Fig. 180.

profondeur que l'on a prévue en chacun de ces points pour le lit théorique ; et cette pente est appliquée à la demi-somme des distances de chaque point aux deux points voisins, pour déterminer la chute du plan d'eau d'étiage nécessaire à l'écoulement du débit Q.

La somme de ces chutes partielles, pour toute l'étendue de la section à améliorer, doit être égale, à très peu près, à la pente totale que, avant les travaux, le fleuve présente à l'étiage sur la même section : s'il en était autrement, l'amélioration aurait pour effet, ce qu'il faut éviter, de modifier le niveau des eaux dans les sections voisines, en amont ou en aval. Dans la plupart des cas, cette égalité n'est pas réalisée du premier coup, et la pente totale du lit rectifié est trouvée plus forte, ou moins forte que celle du lit naturel ; on corrige alors les profondeurs que l'on s'était données pour les seuils et les mouilles, les augmentant si la pente est trop forte, les diminuant si la pente est trop faible, et après quelques tâtonnements que la pratique rend rapides on obtient une ligne d'étiage rectifié concordant suffisamment avec la ligne de l'étiage connu, et se raccordant avec elle aux deux extrémités de la section.

La profondeur du lit théorique, ainsi déterminée en chaque point, et relevée graphiquement entre la ligne de l'étiage rectifié et la sinusoïde du fond du lit, permet de tracer, sur chaque profil en travers, les deux arcs de paraboles définissant le lit mineur théorique.

Éléments des épis noyés. — Chaque profil en travers comporte en principe deux épis noyés dont les couronnements se rencontrent, tant en direction qu'en profondeur, sur la verticale de l'axe du chenal théorique.

Chaque épi noyé, devant former l'ossature du lit à réaliser, devrait avoir pour couronnement la demi-parabole correspondante du lit mineur théorique ; comme la construction d'un ouvrage noyé de cette nature, exécuté à pierres perdues, serait absolument impossible, on lui substitue un ouvrage à couronnement rectiligne, dont la pente se rapproche de la corde de la demi-parabole ; cet ouvrage est tenu un peu en contre-bas du lit, de sorte qu'une erreur de construction, un bloc accidentellement trop élevé ne puissent créer un danger pour la navigation.

Les couronnements des deux épis se rencontrent sur l'axe, à une profondeur au-dessous du fond du lit qui est en moyenne de 1 mètre au seuil, de 1^m,50 à la mouille ; entre ces deux points, la profondeur est donnée par une sinusoïde de continuité. Ces profondeurs des points de concours des épis sont reportées sur chaque profil en travers, sur la verticale de l'axe du chenal.

De ces points, on trace des lignes passant à une distance convenable au-dessous des arcs de parabole, 1^m,50 à 1 mètre environ ; on en relève les pentes, que l'on reporte schématiquement sur le profil en long. Les points figurant, pour une même rive, ces pentes successives, sont reliés par une courbe, que l'on rectifie par continuité ; et les pentes figurées par la courbe ainsi rectifiée sont reportées sur les profils en travers.

On peut aussi se donner, par l'examen du profil en travers, les pentes au sommet de courbure et à l'inflexion, et déterminer les pentes aux profils intermédiaires par une sinusoïde de continuité.

Si, dans un premier essai, les couronnements des épis noyés passaient, à certains profils, trop près ou trop loin des arcs de parabole, il faudrait recommencer l'opération après avoir modifié la ligne de profondeur des points de concours de ces épis, et changé, dans le sens convenable, la valeur de cette profondeur au seuil et à la mouille.

Avec cette disposition les pentes sont égales pour les deux épis noyés se correspondant à l'inflexion, en raison de la symétrie du profil en travers ; cela n'est toutefois rigoureusement exact que lorsque la disposition des lieux n'oblige pas à placer l'axe du chenal à une distance plus ou moins grande du milieu de la distance séparant les rives. De l'inflexion au sommet de courbure, les pentes des épis augmentent sur les deux rives, mais plus rapidement sur la rive concave en raison de la dissymétrie du profil en travers ; la pente maximum est au sommet de courbure.

Les pentes des épis sont, en général, comprises entre 1,25 et 1,75 0/0 à l'inflexion ; au sommet de courbure, elles s'élèvent à 4 et même 5 0/0 sur la rive concave, et 2,5 à 3 0/0 sur la rive convexe.

Éléments des épis plongeants. — Les épis noyés dessinent le fond du lit théorique ; reste à en former les flancs, et à empêcher les courants de se créer en dehors de ce lit : c'est le rôle de l'épi plongeant.

Celui-ci a son couronnement formé de deux pentes, très différentes, qui se rencontrent à la limite du lit mineur, généralement au niveau de l'étiage.

La partie située au-dessous du niveau de l'étiage complète la forme du lit mineur. Sa pente ne doit pas être inférieure à celle de la tangente à la parabole au point où celle-ci coupe la ligne d'étiage ; elle va en décroissant du sommet de courbure sur la rive concave au sommet de courbure suivant sur la rive convexe et varie en général d'un maximum de 15 à 20 0/0 à un minimum de 6 à 8 0/0. Sa continuité est d'ailleurs assurée par un tracé graphique sinusoïdal.

La seconde partie de l'épi plongeant relie la rive du lit mineur à la berge naturelle, et a pour effet de rejeter dans ce lit mineur les courants qui tendent à s'en écarter quand les eaux s'élèvent au-dessus de l'étiage. Elle part de la rive du lit mineur sensiblement au niveau de l'étiage et s'élève vers la berge avec une pente qui varie dans le même sens que celle des épis noyés correspondants, et est, en général, comprise entre les deux tiers et la moitié de celle-ci.

Digues et tenons. — Les épis plongeants suffisent toujours à fixer les rives, à l'inflexion, sur la rive convexe, et, dans bien des cas aussi, sur la rive concave.

Mais si la courbure est accentuée, si la rectification de la courbe formée par la rive naturelle est considérable, des épis isolés et bas seraient insuffisants pour diriger convenablement les courants.

La rive concave est alors tracée par une digue établie de telle sorte qu'elle retienne les eaux au sommet de courbure, et permette au chenal de se détacher d'elle progressivement à mesure qu'on s'éloigne de ce point. Cette diminution dans l'attraction des profondeurs résultera à la fois de la diminution de la courbure et de la diminution de la hauteur. La digue doit donc avoir son maximum de hauteur au sommet de courbure et, de ce point aux deux inflexions voisines, s'abaisser progressivement.

La hauteur convenable de la digue est en général de 1 mètre à $1^m,50$ sur l'étiage au point le plus haut; elle s'abaisse de là jusqu'à l'étiage et même au-dessous, pour éviter une terminaison brusque, dont l'effet serait d'appeler les profondeurs en un point où elles ne doivent pas exister.

Si une digue de cette nature restait isolée de la rive naturelle qu'elle couvre, des courants parasites se créeraient en arrière dès que les eaux en surmonteraient le couronnement; il n'y aurait plus concordance suffisante dans la direction des courants à l'étiage et en hautes eaux, et il en résulterait des troubles dans la distribution des graviers dans le lit mineur.

Pour prévenir ces courants, et ramener les courants de hautes eaux dans la direction voulue, la digue est rattachée de distance en distance à la rive naturelle par des tenons. Ces tenons sont établis sur les emplacements et dans les directions où, si la digue n'existait pas, on aurait construit des épis plongeants, mais, en général, à raison d'un seul tenon pour deux épis plongeants; chaque tenon part du couronnement de la digue au point où il s'enracine à elle, et s'élève vers la berge avec une pente en général peu inférieure à celle qu'aurait l'épi plongeant dont il tient la place.

Ces tenons contribuent à l'effet cherché à la fois par leur orientation et par la pente de leur couronnement.

Exemple d'un projet. — Telles sont les opérations successives de la préparation du projet d'amélioration d'un passage. Les dessins ci-joints donnent, à titre d'exemple, le plan, le profil en long et quelques profils en travers d'un de ces projets. On a choisi un point du fleuve, où, sur une étendue réduite, peuvent figurer toutes les natures d'ouvrages d'amélioration : barrage d'un faux bras, digue et tenons, épis plongeants et noyés; et cet exemple permettra

de suivre et de mieux comprendre les explications données
ci-dessus.

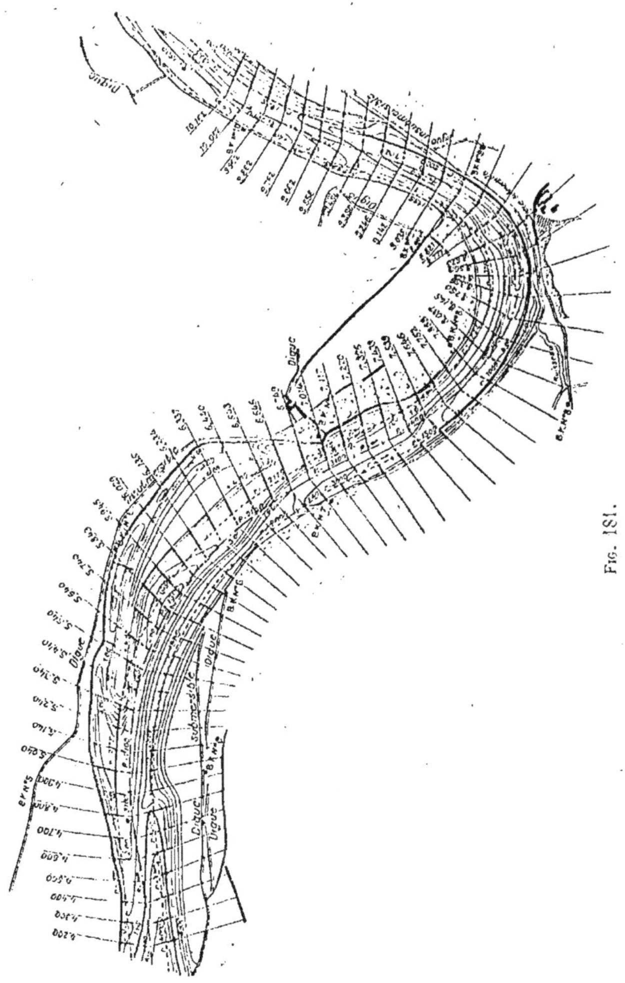

Fig. 181.

Sur les profils en travers, le couronnement des ouvrages
noyés est indiqué en trait plein dans la partie où l'état

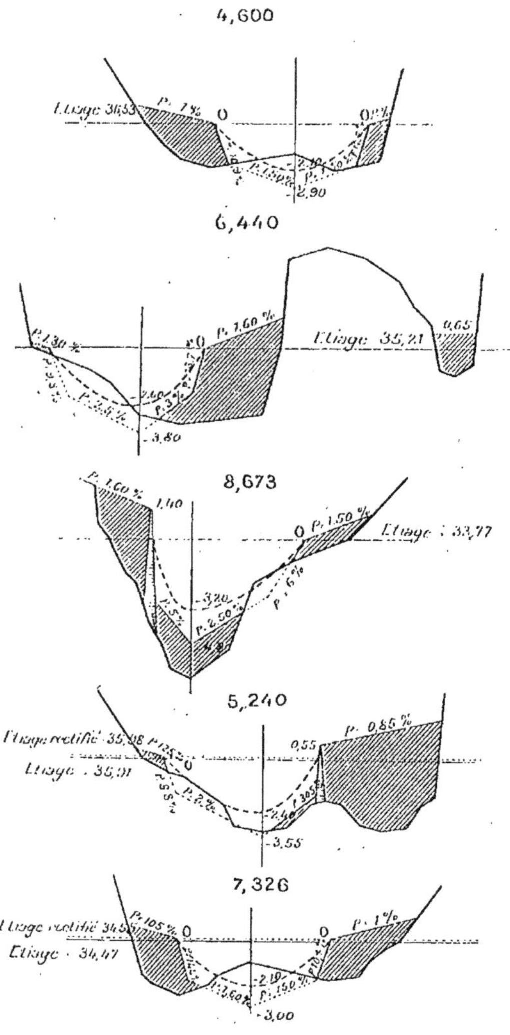

Fig. 182.

du lit permet actuellement leur exécution. Mais, en cours de travaux, le fond se modifiera plus ou moins : il se

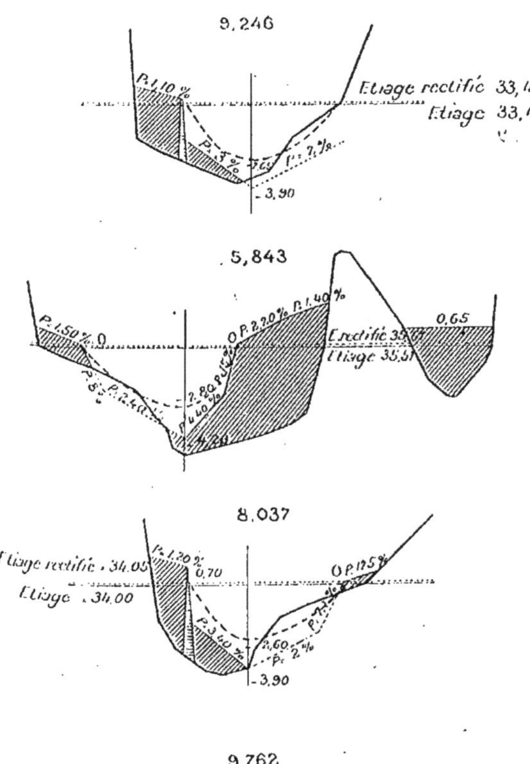

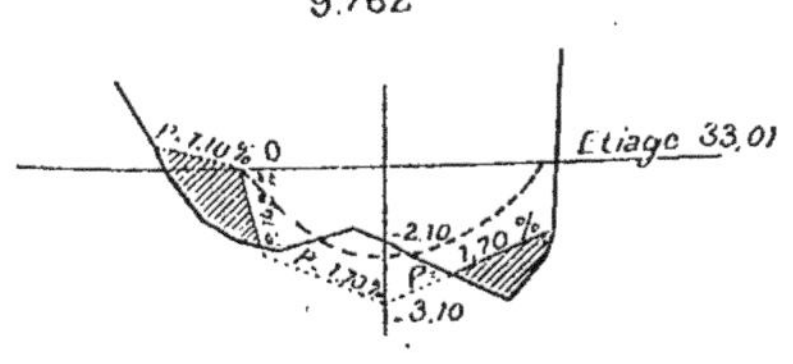

FIG. 183.

creusera ou se remblaiera suivant les circonstances, et les ouvrages noyés ne seront à peu près jamais construits dans les conditions mêmes où ils ont été projetés. C'est pour cela que leur ligne de couronnement est prolongée en pointillé au delà même du fond du lit; et on devra la suivre pour le règlement des ouvrages, quelles que soient les conditions de fond qui se présenteront au moment de leur exécution.

Exécution des travaux. — Dans la presque totalité des cas, les ouvrages d'amélioration du Rhône s'exécutent en enrochements échoués. Cette nature de matériaux, que l'on trouve presque partout sur les rives, à une faible distance du lieu d'emploi, convient très bien à ce genre de travaux, parce qu'elle se prête facilement à une exécution progressive, et aux modifications de tracé ou de profil qui peuvent être reconnus nécessaires.

Dans la partie aval du fleuve, où la pente est très réduite, on a cependant construit, souvent avec succès, en pieux et clayonnages, des ouvrages dont le couronnement était supérieur au niveau de l'étiage. Pour cela, des pieux étaient battus à la masse ou avec une sonnette légère, sur l'alignement de l'ouvrage, à l'écartement moyen de 1 mètre ; des cadres en bois de 2 mètres de longueur et de $0^m,80$ à 1 mètre de hauteur, clayonnés en osiers, étaient attachés à ces pieux au moyen de colliers en fil de fer, qui permettaient de les faire descendre à la profondeur voulue, même au-dessous du niveau de l'eau, et l'on superposait le nombre de cadres voulu suivant les profondeurs ; un léger tapissage d'enrochements empêchait l'approfondissement du lit au pied des cadres. Des colmatages très rapides dus au ralentissement de la vitesse des eaux se produisent généralement aux abords des tenons où épis plongeants de ce système, et constituent la plage dont la formation est précisément le but de ces ouvrages.

Dans la construction des ouvrages en enrochements, il n'y a pas de précaution spéciale à prendre, s'il s'agit de digue, de tenon, ou d'épi plongeant. L'exécution des épis noyés est plus délicate, surtout dans les grands courants.

Si l'on opère à pierres perdues, il faut jeter les enrochements à une certaine distance en amont du point où ils doivent se déposer ; cette distance est fonction du courant, de la profondeur et de la grosseur des matériaux ; on la détermine expérimentalement dans chaque cas, et, avec de l'habitude et du soin, un bon constructeur de travaux peut arriver à une exécution satisfaisante.

On a amélioré le procédé par l'emploi d'un tube en fer à treillis fixé à la bande d'un petit bateau ou sapine, qu'on vient accoler au ponton portant les enrochements. Le tube est abaissé jusqu'à une certaine distance du fond, et sert ainsi à guider, pendant la majeure partie de la descente, les enrochements qui y sont introduits : la dérive est moindre et l'exécution plus précise.

Dans d'autres cas, on a employé une caisse analogue aux caisses à renversement pour l'immersion du béton. Cette caisse, montée sur un bateau spécial, est remplie d'enrochements et descendue au moyen d'un treuil ; pendant cette descente, la caisse est maintenue en position par une chaîne passant sous l'avant du bateau et se déroulant de manière à assurer la verticalité du mouvement; quand la profondeur voulue est obtenue, on provoque le mouvement de bascule. L'expérience a démontré que la dépense supplémentaire dans la main-d'œuvre d'échange était facilement compensée par l'économie dans le cube des matériaux.

Il va sans dire que tout le travail doit être attentivement suivi par le chef de chantier, la sonde à la main.

L'exécution des ouvrages doit suivre une marche progressive.

Tous les ouvrages d'un même passage forment un ensemble; l'action des uns est complétée ou atténuée par celle des autres, et si l'un d'eux était exécuté seul, il produirait souvent des effets bien différents de ceux qu'il donne par son association aux autres; un groupe isolé pourrait ainsi travailler dans un sens défavorable.

Il est donc nécessaire de les ébaucher d'abord pour provoquer une action réduite, de les exécuter en séries, d'y revenir par tranches successives, et, à mesure que l'exécution avance, d'observer les effets qui se produisent. On sait dans quel sens il faut modifier la forme du lit, et il est facile, d'après les résultats constatés, de se rendre

compte à chaque instant de la bonne ou de la mauvaise
direction donnée aux travaux, de rectifier la marche suivie,
de ralentir l'exécution de certains ouvrages, d'en activer
d'autres, de rester maître de l'action qu'on exerce et d'en
diriger le sens, et, en même temps, s'il en est besoin, de
corriger les données du projet et de les modifier pour
obtenir le résultat cherché.

Il faut encore, pendant l'exécution, comme après l'achèvement, éviter toute saillie brusque et toute modification
rapide de section, allonger les ouvrages vers l'aval par un
tapissage protecteur (qui se produit presque naturellement dans l'exécution à pierres perdues), épanouir les épis
à leur rencontre avec les digues, adoucir leur pente à la
rencontre avec le sol et la relever au voisinage des digues,
en un mot, arrondir tous les contours, préparer les efforts
et ne les exercer qu'en les graduant et les superposant.
Il y a là une question d'expérience et d'observation ; et la
réussite est plus ou moins parfaite suivant l'habileté dans
la conduite du travail.

Résultats techniques des travaux. — Sans être entièrement terminés, les travaux d'amélioration du Rhône sont
actuellement très avancés ; ils ont été entrepris sur toute la
longueur du fleuve entre Lyon et la mer, et leur achèvement ne demandera plus qu'un petit nombre d'années.

Pour se rendre compte des résultats acquis à ce jour, il
faut comparer les états du fleuve avant les travaux et actuellement, et cette comparaison peut se faire à différents
points de vue, qui vont être successivement examinés.

Tirant d'eau minimum a l'étiage. — Le graphique ci-après
donne la profondeur minimum du fleuve à l'étiage, c'est-à-
dire le tirant d'eau d'étiage sur le haut-fond le plus mauvais, pour celles des années antérieures à 1884 où le chiffre
a pu en être retrouvé, et pour chaque année écoulée
depuis 1884, l'année étant comptée à partir du 1ᵉʳ juillet de
manière à ne pas couper en deux chaque période de basses
eaux d'hiver (*fig.* 184).

On voit que le progrès est régulier et continu.

Il est d'abord rapide dans la période de 1878 à 1882, au

cours de laquelle ont été poursuivis avec une très grande activité les travaux d'amélioration par resserrement. On a fermé les faux bras, réuni toutes les eaux dans un chenal d'une largeur déterminée ; le ralentissement qui s'est produit dans l'amélioration, de 1882 à 1884, semble indiquer que l'on n'était pas très éloigné à ce moment de la limite que permettait le système.

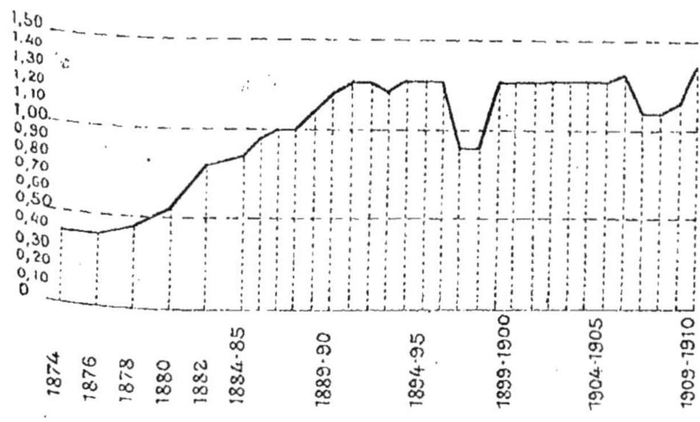

Fig. 184.

A partir de 1884 et jusqu'en 1889-1890, les progrès reprennent rapides ; c'est la première période de l'emploi des épis et les crédits alors affectés annuellement aux travaux étaient relativement importants, quoique beaucoup moins élevés que ceux de la période de 1878-1884.

Puis l'amélioration se ralentit, et cela pour deux causes : d'une part, les crédits sont considérablement réduits ; et d'autre part, si, pendant les premières années, on a pu améliorer assez rapidement le petit nombre de seuils qui présentaient un tirant d'eau exceptionnellement faible, l'amélioration, sous le point de vue où on l'examine en ce moment, devenait de plus en plus difficile et laborieuse, à mesure que l'on s'attaquait aux seuils plus nombreux offrant déjà un tirant d'eau meilleur, et dont un seul non amélioré suffit pour réduire le tirant d'eau minimum absolu.

Les points bas se présentent également dans les périodes 1896-1898 et 1906-1909 ; ils sont dus à des crues extraordinaires et prologées, qui ont causé des avaries sérieuses aux ouvrages encore inachevés, et ont mis en mouvement de très grandes masses de graviers. Les réparations faites aux ouvrages ont remis les choses au point et ont rétabli la situation antérieure.

Il est certain qu'un fleuve amélioré ne sera jamais à l'abri d'accidents généraux de cette nature ; de même que toute autre voie, route, chemin de fer ou canal peut être avariée à la suite d'un cataclysme.

Les régressions subies sont dues également aux mauvais tracés que l'on avait adoptés tout d'abord, et à des dispositions dont les effets s'exerçaient souvent en sens inverse du sens désirable. Ainsi on a souvent rectifié le lit, en raccourcissant le parcours du fleuve, et en supprimant un certain nombre de sinuosités ; ces sinuosités ont presque toujours reparu entre les nouvelles rives.

Des accidents analogues locaux peuvent encore se produire, soit par la raison donnée ci-dessus, soit aussi à la suite de la crue d'un affluent torrentiel qui, en basses eaux du fleuve, aura jeté dans son lit une masse de graviers. Ils n'auront jamais une longue durée, mais ils pourraient cependant causer une gêne sérieuse à la navigation pendant une période de basses eaux. A ces événements exceptionnels, il faut opposer des moyens d'entretien exceptionnels, c'est-à-dire des dragages, qui ne seront nécessaires que sur des points limités, à des intervalles de temps assez grands, et qui ne porteront jamais que sur de faibles cubes. Ces dragages ne devront jamais avoir pour objet d'ouvrir un lit contrairement aux tendances générales du fleuve, mais seulement de renforcer l'action des ouvrages d'amélioration, momentanément insuffisants pour des raisons spéciales.

NOMBRE DE MAUVAIS PASSAGES. — Si important que soit le gain dans la profondeur à l'étiage, état des eaux qui ne se réalise qu'accidentellement et dure peu, il ne donne qu'imparfaitement la mesure de l'amélioration obtenue et ne fait aucunement connaître le nombre des passages, sur lesquels cette amélioration est complète.

Le tableau ci-après donne, à la fin de chacune des périodes quinquennales, le nombre des seuils, classés d'après leur

PASSAGES présentant les tirants d'eau ci-dessous à l'étiage conventionnel	AVANT les TRAVAUX	EN 1884-1885	EN 1889-1890	EN 1894-1895	EN 1899-1900	EN 1904-1905	EN 1909-1910
Moins de 0m,40	»	»	»	»	»	»	»
De 0m,40 à 0m,50	5	»	»	»	»	»	»
Moins de 0m,50	5	»	»	»	»	»	»
De 0m,50 à 0m,60	3	»	»	»	»	»	»
Moins de 0m,60	8	»	»	»	»	»	»
De 0m,60 à 0m,70	11	»	»	»	»	»	»
Moins de 0m,70	19	»	»	»	»	»	»
De 0m,70 à 0m,80	2	»	»	»	»	»	»
Moins de 0m,80	21	»	»	»	»	»	»
De 0m,80 à 0m,90	13	1	»	»	»	»	»
Moins de 0m,90	34	1	»	»	»	»	»
De 0m,90 à 1m,00	9	4	»	»	»	»	»
Moins de 1m,00	43	5	»	»	»	»	»
De 1m,00 à 1m,10	27	3	»	»	»	»	»
Moins de 1m,10	70	8	»	»	»	»	»
De 1m,10 à 1m,20	20	2	»	»	»	»	»
Moins de 1m,20	90	10	»	»	»	»	»
De 1m,20 à 1m,30	18	10	6	5	2	1	»
Moins de 1m,30	108	20	6	5	2	1	»
De 1m,30 à 1m,40	18	17	8	1	3	5	1
Moins de 1m,40	126	37	14	6	5	6	1
De 1m,40 à 1m,50	17	22	4	6	5	0	4
Moins de 1m,50	143	59	18	12	10	6	5
De 1m,50 à 1m,60	13	19	13	12	6	7	4
Moins de 1m,60	156	78	31	24	16	13	9
Plus de 1m,60	33	111	158	165	173	176	180

profondeur sous les eaux d'étiage ; il montre que la diminution du nombre de mauvais passages a été régulière et continue.

Diminution des chômages et allongement des périodes de basse navigabilité. — Ces améliorations progressives se sont immédiatement traduites par la diminution des chômages de navigation causés par les basses eaux, et, peu à peu, par leur suppression presque totale. Les chômages, autrefois très fréquents et très prolongés, étaient déjà une gêne considérable pour la navigation, quand elle n'avait d'autre concurrence que la route de terre ; quand elle a dû lutter contre les chemins de fer, ils ont été la cause de sa décadence rapide, et leur persistance eût amené sa complète disparition.

De 1853 à 1877, la navigation devait chômer toutes les années, et en moyenne 70 jours par an ; en 1857, le chômage a duré 171 jours, soit près de six mois. Aujourd'hui, la durée moyenne annuelle des chômages des basses eaux est réduite à 4 jours et demi.

En même temps, on obtenait un accroissement très sensible du nombre de jours moyen annuel, pendant lesquels le mouillage était supérieur à une valeur déterminée, comme le montre le tableau ci-dessus.

	NOMBRE DE JOURS CORRESPONDANT EN ANNÉE MOYENNE à des mouillages supérieurs aux chiffres ci-dessous								
	$0^m,40$	$0^m,60$	$0^m,80$	$1^m,00$	$1^m,20$	$1^m,40$	$1^m,60$	$1^m,80$	$2^m,00$
État actuel (Moyenne des dix dernières années)	365	365	364	361	355	341	318	291	265
Avant les travaux....	360	345	321	290	254	211	165	127	96
Nombre de jours gagnés	5	20	43	71	104	130	153	164	169

Les chiffres précédents, relatifs à la durée moyenne tant des chômages que des divers mouillages, sont donnés non pas par rapport à l'étiage, à un état des eaux choisi plus ou moins artificiellement, mais bien par rapport à la tenue réelle du fleuve telle qu'elle est constatée journellement par la lecture des échelles hydrométrique. Ils représentent donc exactement les conditions offertes à la batellerie.

Actuellement donc la navigation dispose sur le Rhône d'un tirant d'eau effectif d'au moins 2 mètres pendant près de neuf mois au lieu de trois mois environ avant les travaux. La durée du mouillage égal ou supérieur à $1^m,40$ est celui qui permet au matériel actuellement utilisé une navigation encore facile, avec des chargements seulement un peu réduits.

Les améliorations ainsi réalisées ont permis une transformation complète du matériel de la batellerie.

La presque totalité des transports se faisait, il y a 25 ans, par des bateaux à vapeur porteurs, longs et étroits, à faible tirant d'eau, mus par des machines de 500 à 700 chevaux. On ne voyait des barques chargées qu'à la descente, qui se faisait alors à gré d'eau ; et ces barques étaient ou démolies à leur point d'arrivée, ou péniblement remontées par des remorqueurs d'un type tout spécial, munis d'une grande roue à fortes dents, dite « grappin », mordant sur le fond du lit.

Aujourd'hui la navigation se fait à peu près exclusivement par remorque libre, soit à la remonte, soit même à la descente, ce que l'on considérait autrefois comme absolument impraticable.

Les remorqueurs employés ont une longueur de 60 mètres, une largeur de $15^m,80$ hors tambours, un tirant d'eau de 1 mètre ; ils comportent une machine à triple expansion d'une puissance normale de 750 chevaux, pouvant donner jusqu'à 1.200 chevaux.

Les barques les plus récentes sont en tôles d'acier, et atteignent une longueur de 60 mètres environ sur une largeur de 8 mètres. Elles peuvent porter 400 tonnes au tirant d'eau normal de $1^m,40$, et encore 290 tonnes au tirant d'eau réduit de $1^m,10$.

Dans la section comprise entre l'Isère et l'Ardèche, et pour des raisons spéciales, qui ne tiennent pas exclusivement aux conditions du fleuve, la traction de ces barques se fait par un système spécial de touage dit « touage en relais ». A chaque section de 12 à 14 kilomètres, est affecté un toueur : celui-ci descend en déroulant un câble amarré à l'extrémité amont de la section; il remonte ensuite en se halant sur ce câble qu'il emmagasine sur un tambour. Ce système permet de ne pas laisser le câble à demeure au fond du lit, où il serait rapidement recouvert de graviers, et entièrement perdu à chaque crue [1].

Résumé et conclusions. — On a vu plus haut les résultats remarquables obtenus sur le Rhône par l'application de la méthode française de régularisation. Sans doute tout n'est pas parfait, mais fait espérer que les difficultés restantes seront surmontées dans un avenir prochain. On doit se rappeler qu'actuellement le mouillage de 2 mètres est réalisé pendant 265 jours au lieu de 96 avant les travaux, et que celui de $1^m,40$ permettant encore une navigation facile est obtenu presque pendant toute l'année. Il est certainement plus facile d'améliorer le matériel que de créer un canal comme quelques-uns l'ont demandé. Le résultat à espérer serait hors de proportion avec la dépense à exposer. Est-on bien sûr d'ailleurs d'assurer en tout temps la navigation sur le canal avec l'utilisation maximum du matériel affecté à cette navigation? L'exemple des canaux conduirait presque à une conclusion contraire; peut-on empêcher les chômages résultant de mille causes, parmi lesquelles il faut compter les embâcles provenant de la glace?

C'est, semble-t-il, la manière de voir du jury chargé par l'Office des Transports des Chambres de Commerce du Sud-Est de se prononcer sur un concours d'avant-projet de canal latéral au Rhône ou d'aménagement du Rhône. Ce jury était présidé par un spécialiste de la navigation, l'éminent Inspec-

1. Ces renseignements si intéressants sont extraits de l'étude publiée par M. l'Ingénieur en chef Armand sur les travaux d'amélioration du Rhône dans les *Annales des Ponts et Chaussées* (1911, novembre-décembre).

teur général des Ponts et Chaussées, Barlatier de Mas ; c'est dire que ses conclusions s'imposent au point de vue technique comme au point de vue du bon sens.

Dans le rapport du jury, dont des extraits ont été publiés dans les numéros du *Génie Civil* des 28 septembre, 5 octobre 1912, on lit ce qui suit :

« Cependant, malgré le succès complet des travaux au point de vue technique, malgré la transformation du matériel de batellerie, le mouvement commercial était loin de se développer dans les proportions attendues ; le désappointement fut grand. Il y aurait sans doute beaucoup à dire sur les causes de cette quasi-stagnation du trafic. Il ne faut pas oublier que le Rhône est jusqu'ici dépourvu de jonctions commodes avec nos deux grands ports méditerranéens, Marseille et Cette ; que son complet isolement des voies ferrées parallèles ou transversales est maintenu avec un soin jaloux ; que Lyon ne possède pas encore un port fluvial public convenablement aménagé. Quoi qu'il en soit, on incrimine l'insuffisance de l'amélioration obtenue par les travaux de régularisation, et l'idée de l'établissement d'un canal latéral prit corps de nouveau. »

L'idée vint que l'on pourrait utiliser simultanément le fleuve au triple point de vue de la Navigation, de l'Agriculture et de l'Industrie [1]. C'est ce qu'on a appelé l'aménagement intégral du Rhône. La question fut soumise à une Commission interministérielle, qui formulait les conclusions suivantes :

1° Les intérêts de la Navigation, de l'Agriculture et de l'Industrie devront être envisagés séparément ;

2° En ce qui concerne la Navigation, elle recommandait : de terminer au plus vite la régularisation du Rhône ; de réaliser le plus tôt possible la jonction du fleuve avec Marseille et Cette ; de faire étudier, sans plus attendre, les mesures qui pourraient être prises pour permettre l'accès au Rhône du trafic des régions avoisinantes ; enfin de faire dresser, suivant une direction indiquée, l'avant-projet régulier d'un

---

1. M. l'ingénieur en chef Tavernier évalue à 1.700.000 poncelets la force brute disponible.

canal latéral à grande section, spécial à la navigation entre Lyon et Arles.

Au point de vue agricole, elle indiquait la réduction du débit des canaux dérivés du Rhône comme l'unique moyen de diminuer leur coût [1].

Pour ce qui est de l'Industrie, elle exprimait l'avis qu'il fallait laisser à cette dernière le soin de réaliser la création des forces motrices dont elle pourrait avoir besoin, l'État ne devant prendre à cet égard aucune initiative.

Le Jury constate que la situation s'est beaucoup simplifiée. L'Agriculture a complètement abandonné l'idée des canaux dérivés. Elle s'est ralliée au système qui consiste à effectuer des pompages directement dans le fleuve, aux points les plus favorables, en utilisant à cet effet l'énergie électrique fournie par des usines à établir sur la Durance entre le confluent du Verdon et le pont de Pertuis. Le projet de loi portant déclaration d'utilité publique venait d'être déposé.

Au point de vue industriel, la question reste entière. En ce qui concerne la navigation, la régularisation du Rhône peut être considérée comme terminée; les jonctions entre Marseille et Cette sont en voie de réalisation; des efforts ont été faits, à Lyon notamment, pour le raccordement de la voie d'eau avec le réseau des voies ferrées; enfin les ingénieurs du service du Rhône ont produit en 1907 l'avant-projet d'un canal latéral à grande section spécial à la navigation, entre Lyon et Arles; l'évaluation est de 505.850.000 francs.

Devant l'énormité de cette dépense et les résultats problématiques à obtenir, le Conseil général des Ponts et Chaussées a émis l'avis qu'il n'y avait, quant à présent, aucune suite à donner à cet avant-projet [2].

Le Jury estime qu'au moment où on engage une dépense de près d'une centaine de millions pour la construction du

1. 188 millions de dépenses pour une recette maximum de 3 millions !

2. M. Barlatier de Mas fait remarquer qu'à raison de l'augmentation des prix et de certaines additions indispensables, il faudrait aujourd'hui au moins 650 millions. Cette évaluation date de 1912; actuellement on doit envisager une dépense d'au moins 700 millions.

canal de Marseille à Arles et la transformation du canal du Rhône à Cette, on n'a pas pu avoir une autre pensée que celle d'amener de nouveaux éléments de trafic sur le fleuve. Mais on ne doit chercher à réaliser un développement du trafic qu'en restant dans les limites de conditions financières raisonnables.

Le concours qui a eu lieu n'a donc pas eu pour objet de proposer des modifications importantes à la situation existante, mais de formuler, au moyen des idées exposées par les concurrents, un programme de travaux réalisable immédiatement ou à court terme, un programme satisfaisant à cet effet aux conditions suivantes :

1º Ne comporter qu'une dépense relativement modérée ;

2º Offrir comme contre-partie des avantages immédiats sérieux ;

3º Réserver l'avenir.

Les projets présentés au jury au nombre de treize ont eu principalement pour objet l'utilisation industrielle de la force motrice du Rhône, la création à Lyon d'un grand port fluvial, enfin l'amélioration de la région des rapides entre le confluent de l'Isère et celui de l'Ardèche, sur 87 kilomètres, où la pente est de $0^m,77$ par kilomètre. Le jury a estimé, et cela vient à l'appui des considérations développées plus haut, que les travaux doivent être exécutés aux abords de Lyon, d'une part, et, d'autre part, dans la région des rapides, soit sensiblement entre les confluents de l'Isère et de l'Ardèche ; mais que sur tout le reste du parcours le *Rhône amélioré par les travaux de régularisation complètement terminés devrait être utilisé sans modification*.

Elle a recommandé, ce qui n'engage aucunement l'avenir, l'établissement d'une dérivation mixte à l'aval de Lyon, et d'une série de dérivations dans la région des rapides, ces dérivations pouvant servir à la création d'usines hydro-électriques.

La dépense totale pour les travaux recommandés s'élèverait à 160 millions ; elle serait engagée par parties et progressivement ; elle serait couverte par les produits du nouveau port de Lyon, et éventuellement par ceux d'usines hydro-électriques.

Application de la méthode française à la régularisation de la Loire. — On rappellera que les conditions naturelles de la Loire sont des plus défectueuses : la pente est forte, le débit d'étiage est extrêmement faible; alors que le débit pendant les hautes eaux est considérable, les sables sont abondants et mobiles.

La Loire, surtout dans sa partie haute, affecte les allures d'un torrent; la pente kilométrique est de 0^m,45 entre Briare et Orléans, de 0^m,41 entre Orléans et Blois, de 0^m,35 entre Blois et la Vienne, de 0^m,225 entre la Vienne et la Maine, de 0^m,145 de la Maine à Nantes. Il en résulte des vitesses de courant variables, suivant les sections considérées et suivant la hauteur des eaux. De la Maine à Nantes, la vitesse moyenne oscille entre 0^m,35 à la seconde (cote 0 à l'échelle régulatrice de Montjean), et 1^m,15 (cote 3 mètres à cette échelle); à l'amont elle prend des valeurs beaucoup plus élevées qui ne sont pas sans apporter parfois une gêne sensible à la navigation.

SITUATION des POINTS de constatation	DISTANCES KILOMÉTRIQUES	VOLUMES		RAPPORT des volumes des crues à ceux d'étiage
		d'étiage ordinaire	d'une crue égale à celle de 1856	
Briare...............	87	35	8.865	253
Orléans...............	129	12[1]	8.485	707
Confluent du Cher.....	26	37	7.925	214
— de l'Indre...	9	52	8.950	172
— de la Vienne.	62	55	9.250	168
— de la Maine..	84	72	9.035	125
Nantes	»	100	8.180	82
	397			

OBSERVATIONS. — Les étiages s'abaissent souvent bien au-dessous des volumes indiqués. Le 10 octobre 1855, on constatait à Gien, à 10 kilomètres en aval de Briare, un débit de 25 mètres.

1. Ce bas étiage tient à une fuite latérale des eaux vers les sources du Loiret. Le 5 juillet 1870, on constatait, à Orléans, un débit de 5^m,50 seulement.

Les crues sont énormes, les débits d'étiage excessivement faibles ; d'après M. Vauthier, le régime de la Loire peut être caractérisé par le tableau précédent.

La disette d'eau est surtout sensible entre le bec d'Allier et Tours, parce que la Loire et l'Allier, ayant un régime presque identique, ne se portent aucun appui réciproque. A l'aval de Tours, la situation est meilleure, grâce au Cher, à l'Indre, à la Vienne et à la Maine, qui apportent, aux mauvaises périodes, un contingent appréciable et soutiennent le débit.

Enfin le fleuve charrie une masse importante de sables, qui lui viennent de la vallée supérieure ou qu'il arrache aux rives. Chaque année une masse considérable de matières est poussée par le fleuve à la mer ; M. Comoy évaluait à un million de mètres cubes ce débit solide annuel, immédiatement en aval du bec d'Allier. Dans cette marche incessante dont la vitesse a été évaluée par M. Collin à 5^m,62 par jour en eaux moyennes et à 3^m,27 en basses eaux, le lit se déforme, le chenal se déplace mais dans une mesure limitée, les mouilles et les hauts-fonds occupant à peu près le même emplacement. Il est néanmoins nécessaire de baliser le chenal pour rendre possible la navigation.

Ainsi pente excessive, insuffisance des eaux d'étiage, excès de débit en temps de crue, mobilité des sables, telles sont les difficultés auxquelles on se heurte et qu'il faut vaincre.

Pour remédier à cette situation fâcheuse, et permettre l'utilisation de la Loire d'Orléans à Nantes, utilisation qui présente un intérêt si grand tant au point de vue régional qu'au point de vue national, on a proposé différents procédés, savoir :

1° L'établissement d'un canal latéral ;

2° Le dragage du lit actuel ;

3° La canalisation au moyen de barrages mobiles ;

4° La régularisation par un système de digues et d'ouvrages en rivière.

Évidemment, l'établissement d'un canal latéral entre Briare et Nantes est chose aisée, mais la dépense à effectuer, environ 150 millions, les protestations des riverains lésés dans leurs droits acquis firent abandonner cette solution tout au moins sur toute l'étendue du parcours.

Les dragages peuvent être un palliatif, constituer un moyen de circonstance, mais ne sauraient être retenus pour améliorer la situation de la navigation. La moindre crue, sinon le courant ordinaire nivellerait le fond du lit dragué et ramènerait l'état ancien. D'autre part, un approfondissement général ne ferait qu'abaisser le plafond parallèlement à lui-même et, ne modifiant ni la pente, ni le débit, ni la largeur de la section d'écoulement, ne changerait pas le mouillage et n'améliorerait que médiocrement les conditions de la navigation.

La canalisation du fleuve par barrages mobiles fut également abandonnée d'abord à cause de la dépense énorme qu'il fallait exposer (250 millions au moins) et ensuite à cause des graves inconvénients qu'entraînaient la multiplicité des ouvrages en rivière et la faible longueur des biefs apportant une gêne notable pour la navigation.

On est donc amené à recourir à la régularisation au moyen d'ouvrages en rivière.

Une commission présidée par M. Fargues, et comprenant notamment M. l'ingénieur en chef Girardon, reconnut malgré les apparences contraires l'analogie entre le régime de la Loire et celui des rivières sur lesquelles des travaux d'amélioration ont été efficacement entrepris. Elle se crut dès lors fondée à admettre qu'en réunissant toutes les eaux d'étiage dans un lit mineur aménagé pour soutenir ou réaliser les profondeurs, on obtiendrait une amélioration semblable à celle qui est résultée sur les autres cours d'eau d'ouvrages de même nature.

Le programme admis fut le suivant :

1° Concentration dans un bras unique du volume total des eaux ;

2° Constitution dans ce bras unique d'un lit mineur en rapport avec le débit d'étiage ;

3° Tracé du lit d'après les règles classiques de l'alternance et de la continuité des courbes ;

4° Fixation au moyen d'ouvrages appropriés des formes de ce lit en plan, en profil en long et en profil en travers.

Ce programme, qui est conforme aux théories qui ont été mises en pratique sur le Rhône, a été réalisé grâce à l'action persévérante et tenace de la Société de la Loire navigable et en particulier de son éminent président M. Linyer, qui s'est dépensé sans compter pour la réussite d'une cause non seulement régionale, mais aussi nationale. On ne pouvait pas songer à régulariser le cours de la Loire sur une étendue considérable; l'expérience aurait pu paraître risquée. Il fallait nécessairement la limiter à une section restreinte dans une région où le cours d'eau présentait des conditions favorables. On a choisi la section qui s'étend de l'embouchure de la Maine à Nantes (84 kilomètres environ), et comme cette section était encore trop longue, on a décidé de restreindre l'opération à la partie qui s'étend entre l'embouchure de la Maine et Montjean, sur 24 kilomètres environ.

Les adhérents de la Société de la Loire navigable se sont multipliés de toutes les façons et ont obtenu des concours financiers, dont le montant s'est élevé à 830.028 francs. L'État ayant promis une subvention égale, la somme à dépenser pour l'expérience en question s'élevait à 1.660.056 francs.

Les ressources limitées mises à la disposition du service de la Loire, la conception que l'on s'était faite du régime du fleuve, obéissant à des lois spéciales (déplacement incessant des mouilles et des maigres, autrement dit instabilité des formes), n'ont pas permis de donner au projet toute l'ampleur que l'on aurait désirée, ni de poursuivre sa réalisation suivant les procédés usités sur le Rhône.

On a proposé de poursuivre l'essai sur 14 kilomètres seulement de l'embouchure de la Maine jusqu'au port de Chalonnes, en abandonnant le bras de la Guillemette naturellement navigable, et celui de Saint-Georges que suivait la navigation, ainsi que le montre le plan ci-joint (*fig.* 185). On a d'ailleurs peu tenu compte des formes naturelles du fleuve, et on a suivi un tracé rationnel composé de longs alignements raccordés de distance en distance par des courbes de grand rayon. Suivant les mêmes idées, on a donné aux ouvrages composés de charpente et d'enrochements un relief moyen. Il s'agissait en résumé d'une canalisation des eaux moyennes plutôt que d'une régularisation

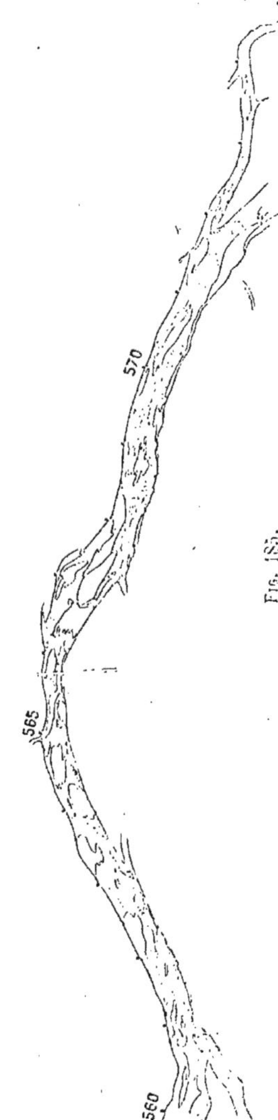

en vue des basses eaux suivant les idées admises en France. C'est ce que M. l'ingénieur en chef Girardon a fait connaître dans son rapport du 20 mai 1904 précédemment analysé.

Ce qui caractérise ce projet, en dehors des considérations exposées plus haut, c'est l'acquisition d'un matériel de dragage important (405.000 francs) à prendre sur le crédit limité consacré à l'essai (1.660.056 francs), et la somme relativement faible réservée pour les ouvrages proprement dits 801.285 francs. Il semble qu'on ait voulu abandonner les principes qui avaient été posés par la Commission, et faire une expérience spéciale, où les dragages auraient eu une importance prépondérante. C'était peu croire à l'efficacité des ouvrages, mais bien plutôt tout attendre du creusement du chenal au moyen d'outils spéciaux. Cette expérience avait, en outre, un grand inconvénient, celui de supprimer en fait pendant une période indéterminée la navigation de la Loire entre la Maine et Nantes. Cela n'était évidemment pas le but que l'on se proposait d'atteindre, mais c'était le résultat auquel on arrivait forcément eu égard à l'exiguité des ressources dont on disposait parce que l'on avait méconnu complètement les principes qui régissent le régime des rivières à fond mobile.

On partait, sans observation suffisante, de cette idée préconçue que la Loire avait un régime particulier, que l'instabilité de son lit, de ses formes était la règle, que les mouilles et les maigres se déplaçaient constamment, les unes remplaçant les autres et réciproquement. On avait donc canalisé le fleuve et demandé aux dragages un secours important, qui aurait dû être continuel.

M. l'ingénieur en chef Cuënot, chargé de la direction du service en 1904, fit procéder à une étude plus complète de la question et à un examen plus sérieux et plus suivi des plans de sondage levés depuis 1897 [1].

On constata sans doute qu'il existait pendant la période envisagée une certaine instabilité, des déplacements tantôt en amont, tantôt en aval des mouilles et des maigres ; mais cette instabilité n'était que relative. Les caractéristiques du fleuve se retrouvaient autour d'un même point, qui était comme un centre d'oscillation. Cela était tout simple, parce que les lois qui régissent la nature sont aussi très simples. Le lit de la Loire comme celui de toute rivière est formé par une succession de fosses suivies de maigres en forme de dune, talus à pente douce du côté du courant, talus raide presque vertical en aval [2].

Lorsque les eaux sont fortes, les sables arrachés du fond de la mouille sont entraînés sur le plan incliné, et lorsque la force d'entraînement est insuffisante par suite du manque de pression, ils s'arrêtent, engraissent le maigre et retombent dans la mouille suivant la paroi verticale de la grève, qui est ainsi maintenue par la pression de l'eau. Lorsque les eaux sont basses, la situation inverse se produit, la grève s'élime ; la pression de l'eau, la vitesse du courant ne sont plus suffisants pour provoquer l'entraînement du sable ; la pression de l'eau dans la fosse qui suit le cul-de-grève n'est plus capable de soutenir la paroi verticale de la dune. Celle-ci s'effondre petit à petit, et le sable qui la forme tombe dans la mouille, et va se déposer en aval, d'autant plus loin que la faculté d'érosion est plus forte. Le

1. Cette étude fut faite par M. l'ingénieur Philippe.
2. C'est ce qu'on appelle dans le pays le cul-de-grève.

maigre peut ainsi avancer par l'amont. C'est de l'ensemble des phénomènes que l'on vient d'analyser que résulte l'état du lit à un moment donné. Si l'on entreprend un plan de sondages après une succession de hautes eaux, le maigre semblera s'être déplacé vers l'aval ; si au contraire on fait la même opération après une période de basses eaux, le maigre semblera s'être reporté vers l'amont.

Il a donc paru nécessaire à l'Ingénieur en chef du service de tenir compte de ces faits, qui avaient échappé jusqu'alors et de faire exécuter un projet en respectant autant que possible les lois naturelles qui régissent le régime des rivières à fond mobile. On doit faire remarquer qu'en dehors de ce principe qu'on s'est efforcé de suivre, on a pratiqué l'expérience proposée sur une longueur de 24 kilomètres entre l'embouchure de la Maine et Montjean après avoir traversé tout le bras de Chalonnes, c'est-à-dire jusqu'au point où la navigation pouvait continuer dans les conditions naturelles antérieures, et que l'on a utilisé la boire de la Guillemette naturellement navigable. Le plan qui est ci-joint montre les formes incertaines du fleuve avant l'exécution des travaux. On remarque que le bras de Chalonnes que l'on a décidé de suivre est particulièrement mauvais et qu'il est presque guéable sur une grande partie de son parcours, la plus grande partie du débit de la Loire passant en temps ordinaire par le bras de droite, dit bras de Saint-Georges. Le bras de Chalonnes ne servait en réalité que pour l'écoulement des crues ; le port de Chalonnes était inaccessible (*fig. 186*).

Il serait évidemment trop long et sans intérêt d'exposer en détail l'expérience qui a été pratiquée, et qui a commencé en 1905. Il suffit d'exposer les lignes générales qui ont été suivies.

On est parti de ces idées principales et directrices :

1° Coexistence de deux lits nettement distincts ; l'un pour les hautes eaux à sinuosités amples et peu accentuées ; l'autre pour les basses eaux serpentant de fosses en fosses à travers les sables ;

2° Stabilité relative dans le temps du lit mineur ; nombre de biefs constant, déplacement limité des mouilles.

Comme il s'agit d'améliorer le lit mineur, c'est de ses

575
570
St Jean-la-Croix
560
la Pointe
Savennières
Ses les Lambardières
Île de Behuard
565
580
595 Montjean
575
Grande Île de Chalonnes
575
570
560
Chalonnes

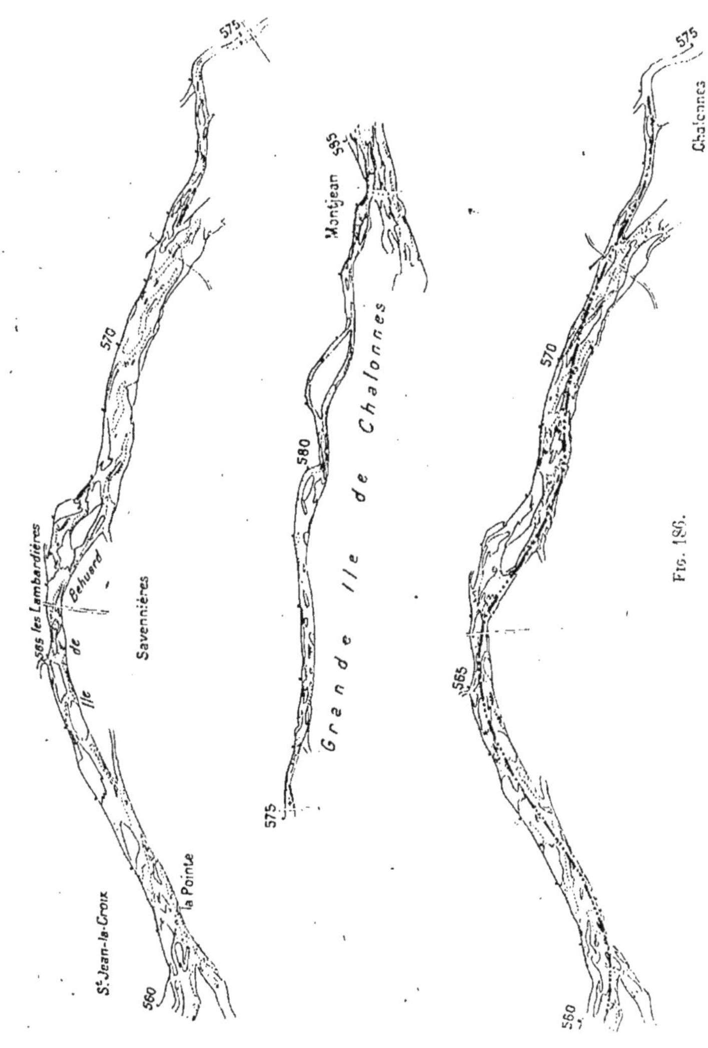

Fig. 186.

formes moyennes qu'on s'inspire et non de celles du lit majeur en cherchant à la fois à les fixer et à les améliorer.

Tout le projet tient alors dans cette formule : aider la nature puis la corriger en la suivant dans ses indications. On est ainsi amené à chercher les centres de corrosion actuels en y accumulant les éléments propres à en accentuer le caractère : ouvrages à fort relief, à pentes marquées, section mouillée réduite en hautes eaux ; et à conserver de même les points naturels de décantation en les développant par des

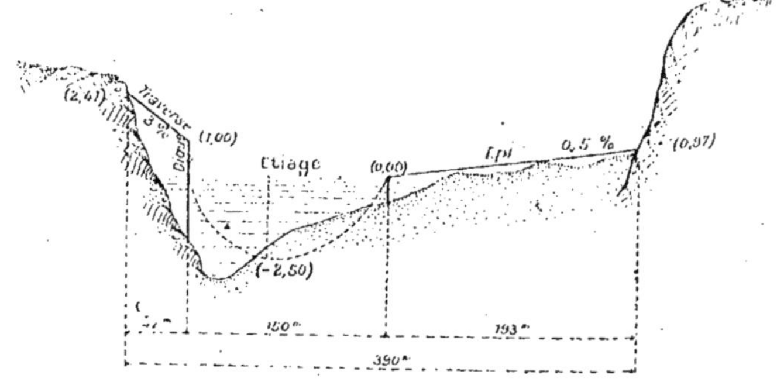

Fig. 187.

ouvrages à pentes douces et à faible relief et des sections en hautes eaux épanouies.

Après avoir fixé les sinuosités du chenal commandées par la position moyenne du thalweg, il ne s'agit plus que de les améliorer en tenant compte bien entendu du débit des hautes eaux et de la nécessité de leur assurer un passage d'autant plus suffisant que les levées insubmersibles protégeant les vals sont plus faibles et moins élevées.

Le chenal a 150 mètres de largeur uniforme ; son tracé est inspiré du nombre et de l'emplacement moyen des biefs ; les rayons de courbure du thalweg théorique varient de 500 à 4.500 mètres ; ceux des rives sont compris entre 650 et 5.000 mètres. Il n'y a nulle part d'alignements droits ; toutes les lignes sont des courbes élastiques.

En plan les ouvrages sont orientés vers l'amont et font entre eux un angle de 160° environ ; leur inclinaison est légèrement variable sur le thalweg théorique supposé passer au 1/3 de la largeur du chenal aux sommets de courbure et à la moitié aux inflexions ; leur espacement est de une fois la longueur avec maximum de 125 mètres.

Les digues longitudinales des rives concaves partent du zéro, s'élèvent progressivement jusqu'à 1 mètre au sommet de courbure et redescendent au zéro. Les traverses ont leur origine à la digue et gagnent la berge par des pentes de 1 à 30/0 ; les épis plongeants de la rive concave arasés au niveau

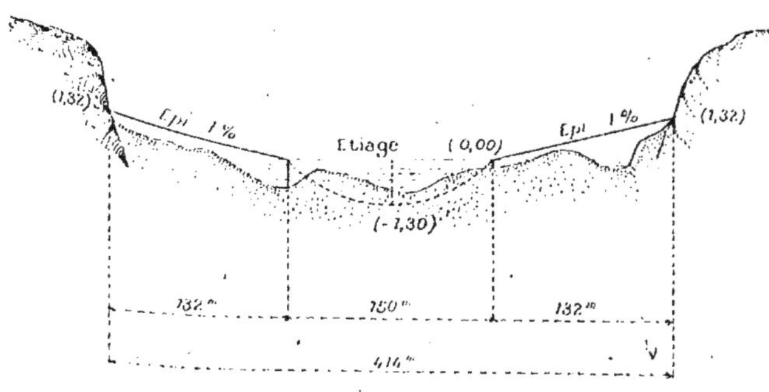

Fig. 188.

de l'étiage ont une pente de 0,5 à 1 0/0 (Voir *fig.* 187-188).

La symétrie dans les profils en travers n'existe qu'à l'inflexion, le maximum de dissymétrie se trouve aux sommets de courbure.

Les ouvrages dessinent ainsi une surface gauche imitée de la forme du lit mineur moyen du fleuve ; seule la crainte de réduire trop considérablement les sections mouillées a limité la valeur des pentes qu'il y eût eu intérêt à accentuer davantage. En moyenne la réduction de section mouillée par 3m,50 d'eau est :

Au sommet de courbure de........   10 0/0
A l'inflexion de.................   5 0/0

Les ouvrages sont en bois ; ils sont formés de pieux en

sapin espacés de 1m,50, battus avec une fiche de 4m,50 au moins, et sur lesquels on fixe, à l'amont, des panneaux préparés d'avance avec des perches horizontales clouées à espacement variable sur des montants verticaux (*fig.* 189).

Sur les points où le fond est solide, on emploie comme support des vieux rails de 12 à 15 kilogrammes le mètre courant enfoncés de 1 mètre à 2 mètres. Exceptionnellement on a exécuté des enrochements de consolidation pour les ouvrages les plus menacés, et on a effectué des dragages au moyen d'une suceuse, dont on parlera plus loin, pour assurer la continuité de la navigation et pour accentuer l'action des ouvrages.

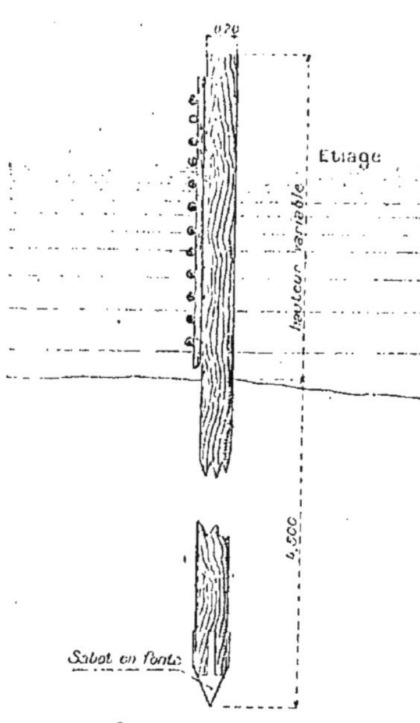

Fig. 189.

A la fin de 1909, le crédit de 1.660.050 francs était à peu près absorbé, ce qui faisait ressortir la dépense kilométrique à 60.000 francs environ [1].

Les résultats obtenus semblent très satisfaisants et donner raison à ceux qui ont préconisé l'emploi des méthodes usitées sur le Rhône.

1. M. l'ingénieur en chef Kauffmann estime dans un rapport fait au XII° Congrès international de Navigation de Philadelphie 1912, le prix de revient kilométrique à 100.000 francs. Ce chiffre comprend certains travaux accessoires, notamment ceux qui étaient nécessaires pour aménager la Maine à son embouchure dans la Loire.

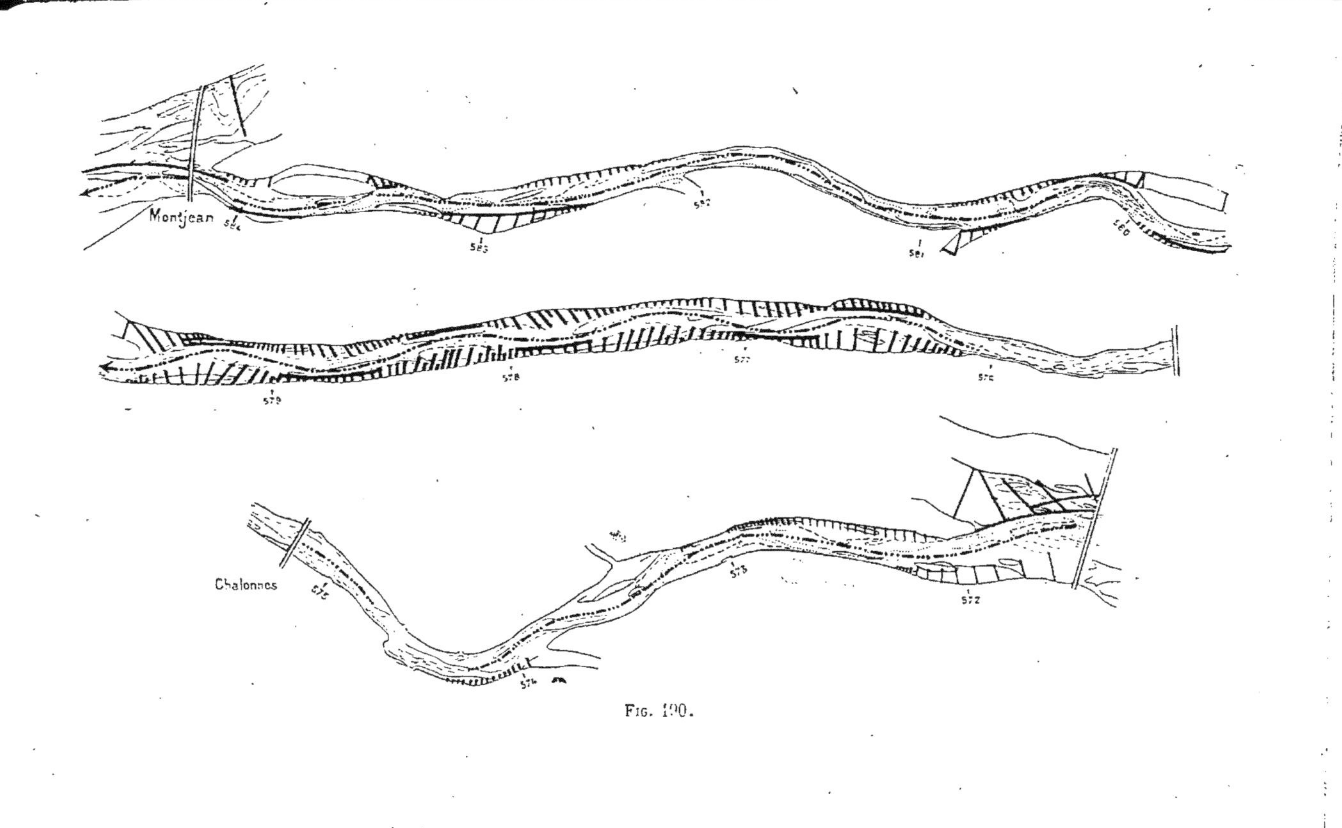

Fig. 190.

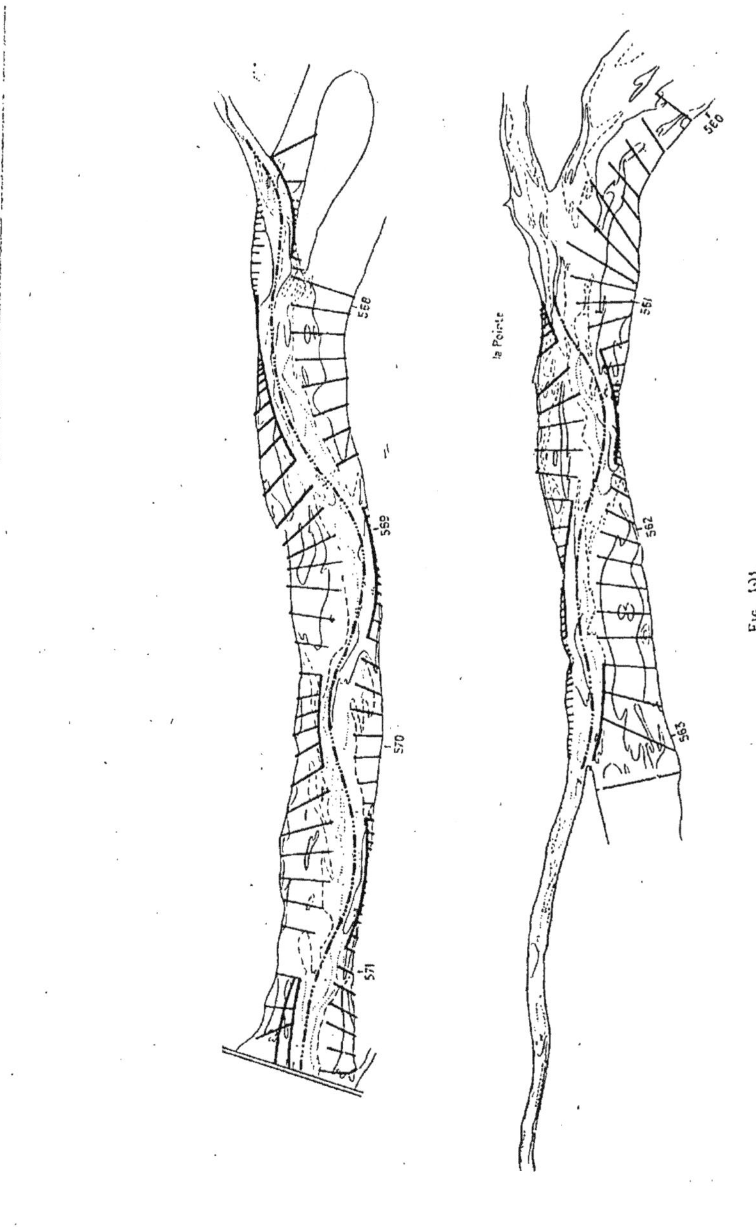

Fig. 131.

Le plan de sondages ci-joint dressé en 1909 montre quelle était la situation à la fin des travaux.

Si on se reporte au plan initial, on remarque que l'état des lieux a complètement changé ; le chenal primitif était tout à fait incertain. Il s'organise : le mouillage que l'on cherchait à réaliser était de 1^m,20 à l'étiage ; il dépassait, presque partout, excepté sur certains points, 1^m,50.

M. l'ingénieur en chef Kauffmann, dans son rapport au Congrès de navigation de Philadelphie 1912, a ainsi résumé la situation, et son témoignage a une grande valeur :

« Le plan annexé au présent rapport montre la situation existant en 1904 dans une région d'une longueur de 3 kilomètres de la section d'essai, le tracé peu satisfaisant du chenal et les cotes existant dans les points les plus hauts. La profondeur minimum constatée était de 10 centimètres au-dessous de l'étiage. Dans une année moyennement sèche, comme 1907, le passage des bateaux de 1 mètre de calaison maximum avec 0^m,20 de pied de pilote n'aurait été possible que pendant 227 jours, soit un peu moins de 2 jours sur 3.

« Si l'on compare ce plan de sondages avec celui levé en mai 1911 après la grande crue de décembre 1910, où le niveau des eaux a dépassé de près de 0^m,70 celui des plus hautes eaux connues, on ne peut s'empêcher de reconnaître l'influence heureuse des travaux d'amélioration exécutés, qui ont été en fait achevés à la fin de 1908. Les formes du thalweg se dessinent d'une façon convenable.

« La courbe de 1^m,50 est ouverte de bout en bout, sauf sur une longueur de 250 mètres où la profondeur maximum est de 0^m,80 au-dessous de l'étiage ; un chenal de navigation avec une largeur de 30 mètres peut être facilement tracé ; la dépense nécessaire pour lui donner partout la profondeur de 1^m,50 au-dessous de l'étiage serait insignifiante. Il est d'ailleurs possible qu'à la suite des modifications qui se produiront certainement au moment de la baisse des eaux, les sections arrivent peu à peu d'elles-mêmes aux largeurs et aux profondeurs désirées (*fig.* 192).

« D'un autre côté, les remblais de sable entre les ouvrages établis dans le lit ont une tendance très nette à augmenter.

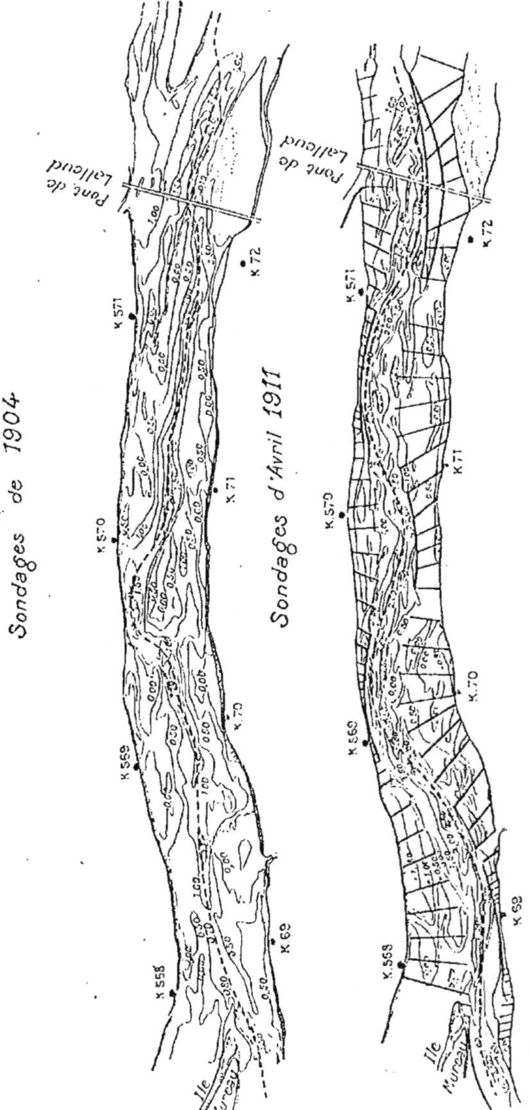
Sondages de 1904
Sondages d'Avril 1911
Pont de Lalleud
Pont de Lalleud
Ile Mureau
Fig. 193.

« Ces constatations permettent de conclure *au succès complet* de la méthode employée pour l'amélioration de la section d'essai. »

L'expérience qui a été relatée ci-dessus s'est poursuivie de 1904 à 1909 sous l'égide d'une société régionale « La Loire navigable », dont le siège était à Nantes. Cette société a su grouper toutes les bonnes volontés, toutes les initiatives dans toute la vallée de la Loire, donnant un exemple de patriotisme éclairé, et voulant faire participer tous les intéressés au succès de l'œuvre qu'elle avait en vue : rendre la Loire navigable sur tout son parcours par tous les moyens possibles avec le concours de l'État et avec le conseil de ceux qui représentaient l'Administration des travaux publics. Cette société a non seulement prêché l'union nécessaire pour le succès d'une si grande œuvre, par l'organe de son éminent président M. Linyer, de son secrétaire dévoué M. Maurice Schwob, et de tant d'autres, dont le regretté M. Laffitte, secrétaire général de la Chambre de Commerce de Nancy, tué devant l'ennemi dès les premiers jours de la guerre, mais elle a prêché d'exemple, et elle a réuni un fonds de concours égal à la moitié de la dépense qui a été exposée. De pareils dévoûments doivent être cités en exemples ; le découragement n'a jamais atteint ces hommes de cœur depuis près de vingt années. Ils veulent aller jusqu'au bout de leur tâche, estimant que leur devoir va avant leur tranquillité, et qu'ils n'auront le droit de se reposer que quand la voie Orléans-Nantes sera ouverte à la navigation sur tout son parcours, L'éminent président de cette société écrivait récemment [1] les lignes suivantes : « La guerre a nécessairement suspendu les travaux de la Loire navigable ; ceux qui ont été faits ont admirablement résisté, et le chenal s'approfondit de jour en jour.

« Quand la guerre sera finie, l'on continuera les travaux si bien commencés, et, je n'en doute pas, le succès sera complet. »

---

1. M. Linyer est mort à la peine, il y a quelques mois. Sa perte est considérable, mais son œuvre lui survivra.

Régularisation des grands fleuves par le dragage mécanique des passes et l'appel des eaux. — M. de Timonoff, directeur des voies de communication de la région de Saint-Pétersbourg, ingénieur de grande valeur, après avoir étudié dans tous les pays du monde les différentes méthodes employées pour parvenir à la régularisation des fleuves et à l'amélioration des conditions de navigabilité, s'est rendu compte que les moyens employés d'établissement de digues longitudinales, épis transversaux, etc., ne pouvaient pas être appliqués sur les fleuves à grande largeur comme le Mississipi et le Volga, du moins sans occasionner des dépenses excessives, au moins 500.000 francs par kilomètre, et sans résultats bien certains.

Aussi, dès 1897, l'éminent ingénieur a-t-il formulé et proposé une méthode qu'il a appelée *la régularisation par le dragage et l'appel des eaux*, méthode inspirée surtout par les recherches théoriques des savants français et des expériences des ingénieurs américains.

Le principe de la méthode préconisée par l'auteur consiste à n'opérer sur les seuils aucune contraction ou resserrement du courant par des ouvrages fixes mais à creuser et maintenir, au moyen de puissantes dragues, le chenal demandé par la navigation. La direction la plus stable de ce chenal, une fois déterminée par l'expérience directe, on fixe le chenal au moyen d'ouvrages simples et économiques. L'appel des eaux produit par ce chenal profond creusé dans le seuil exerce son influence sur le courant en amont du seuil et produit une régularisation graduelle de ce courant et du lit fluvial. Une fois la direction et les formes du lit désirées acquises, elles peuvent également être fixées par des ouvrages. D'après ce système, aucune contrainte n'est imposée au fleuve, aucune hypothèse n'est avancée sur le résultat de la régularisation. Bien au contraire, le résultat réel, sous la forme d'un chenal profond, est obtenu dès le début, et le fleuve maintient progressivement ce résultat.

Le lit d'un fleuve coulant dans des terrains affouillables est sinueux en plan ; il présente des hauts-fonds alternant avec des mouilles ; le lit descend le long de la pente générale de la vallée [1], enfin les pentes de la surface de l'eau et les vitesses sont variables d'un point à un autre.

La régularisation des fleuves par rétrécissement, de manière à en faire un canal avec pente, vitesse, largeur et profondeur uniformes n'a donné que des résultats médiocres; c'est ce qu'on a désigné plus haut par la canalisation ou normalisation du fleuve.

L'eau du fleuve continue, malgré la création d'un fond inaffouillable à l'aide d'épis noyés, à charrier des particules solides.

Le débit du fleuve continue à varier dans de larges limites dépassant de beaucoup celles dans lesquelles peuvent fonctionner les ouvrages de régularisation. Et ces deux faits que l'on ne peut écarter entraînent avec eux la sinuosité du chenal, l'inégalité des profondeurs et des vitesses et la nécessité de recourir sur les passes à un dragage mécanique continuel pour exécuter artificiellement le travail que le fleuve faisait lui-même, avant que l'on eût compromis son régime par des ouvrages ne correspondant pas à sa nature même.

La régularisation partielle des seuils isolés à l'aide d'ouvrages fixes rétrécissant le passage est encore plus néfaste que la régularisation sur la totalité ou sur une grande partie du cours du fleuve. Elle constitue une sorte de dragage qui, au lieu de se faire à l'aide de machines, est produit par le courant lui-même. Ce dragage présente les inconvénients suivants :

1° Le dragage est exécuté à l'aide d'instruments très coûteux, adaptés à un seuil donné et ne pouvant être transportés sur un autre, tels que digues, épis, etc. ;

2° Les limites du dragage en hauteur, largeur, longueur sont indéterminées; il peut arriver par suite que la quantité de déblais enlevés sur une partie du seuil soit trop considérable, tandis que sur une autre partie cette quantité soit trop faible, et il faudra nécessairement recourir à un dragage mécanique artificiel;

1. C'est là une opinion personnelle de M. de Timonoff dont on a fait justice plus haut.

3° Au lieu d'être déposés là où ils ne gêneraient pas la navigation, les déblais transportés par le courant ne peuvent se déposer que dans le chenal lui-même, en aval de l'endroit régularisé, et en quantité souvent suffisante pour former un ou plusieurs nouveaux seuils;

4° Un approfondissement trop considérable du seuil peut provoquer un abaissement de niveau dans le bief supérieur, tandis que les déblais peuvent former de nouveaux seuils en aval de la section régularisée.

En résumé, les principes de la régularisation des fleuves par voie de rétrécissement conduisent à des résultats contraires à ceux que l'on s'efforçait d'obtenir.

Le barrement des bras secondaires et la concentration d'un débit considérable dans un lit unique augmente la puissance d'érosion du courant, et la quantité des alluvions entraînées par ce dernier ; il en résulte immédiatement une plus grande différence de profondeurs dans les biefs et sur les seuils.

La rectification des courbes augmente les pentes locales et les vitesses, et par conséquent la puissance d'érosion et de transport du courant.

Le rétrécissement du fleuve à l'aide d'épis ou de digues dirige toute la force de ce dernier sur le creusement des seuils, qui, cependant, pendant les basses eaux, contribuent à maintenir une plus grande profondeur dans les mouilles. En outre, les produits de ce creusement s'accumulent dans le chenal.

Les épis noyés, tout en restreignant les limites du creusement, et en rectifiant les pentes, peuvent être par eux-mêmes de sérieux obstacles à la navigation, si les eaux deviennent plus basses qu'on ne le supposait.

Tous les moyens dont on se sert pour la rectification des fleuves semblent ainsi être défavorables au régime du fleuve et à la navigation. On peut espérer que, malgré l'accumulation des déblais dans le chenal, le nouveau seuil ne s'élèvera pas au-dessus de la limite que l'on s'est tracée. Aucun calcul ne peut renseigner avec une certitude quelconque sur les résultats que l'on peut obtenir, surtout lorsque les dimensions du fleuve sont très grandes. Les calculs que permet l'état actuel de l'hydraulique sont dérisoires, et les rétrécissements basés sur ces calculs sont un défi à la nature du fleuve, défi auquel ce dernier répond d'ailleurs par une insubordination complète.

La lenteur avec laquelle se manifestent les effets de la régularisation, la complexité des phénomènes se produisant dans le fleuve, et surtout la foi absolue en la toute-puissance des théories hydrauliques abstraites, tout cela empêche et empêchera encore de juger ce système de régularisation (par rétrécissement) à sa juste valeur. Les énormes frais qu'il entraîne, les dommages qu'il cause fréquemment, principalement pour les fleuves considérables ayant un débit très variable et une quantité d'alluvions, le rendent à peu près inapplicable dans l'espèce.

La méthode de régularisation du Rhône proposée par M. l'ingénieur en chef Girardon procède d'une conception toute différente, et a pour base le maintien des seuils qui sont non seulement indestructibles, mais utiles à la navigation, en tant que concourant au maintien des profondeurs dans les mouilles. Il faut les orienter, sans resserrer le courant, dans le sens de l'écoulement des eaux, de manière que la lame d'eau qui les traverse ait le maximum de hauteur. Il faut distribuer avec des ouvrages appropriés la pente entre deux seuils, qui forment un bief, de manière à l'atténuer sur le seuil et à l'accroître sur la mouille d'amont. La régularisation se fait ainsi par bief au lieu de se poursuivre sur une section de plus ou moins grande longueur; on modifie sur place les profondeurs dans les profils transversaux et longitudinaux en établissant des ouvrages bien conçus, qui forment les arêtes de la surface gauche du lit, devant assurer la stabilité et la profondeur du chenal.

M. de Timonoff [1] estime que ce système très ingénieux et très rationnel a pourtant des inconvénients, lorsqu'il s'agit de l'appliquer aux grands fleuves tels que le Mississipi et le Volga notamment.

1° La direction forcée et artificielle des eaux et des allu-

1. Régularisation des grands fleuves — Rapport au VIIIe Congrès international de navigation, Paris, 1900.

vions dans le chenal même que ces eaux doivent créer;

2° L'influence utile de la régularisation limitée par suite de la nécessité de ne pas dépasser les profondeurs naturelles, que le fleuve fournit lui-même, sur les seuils ayant un bon chenal;

3° La construction d'ouvrages fixes sur les rives et le fond, dans le but de produire les modifications désirables, sans que l'on possède la certitude absolue que l'action de ces ouvrages produise précisément les changements auxquels on désire arriver;

4° La nécessité pour acquérir cette certitude de régulariser également le lit majeur du fleuve, afin que les changements ultérieurs de ce lit ne viennent pas troubler l'action des ouvrages du lit mineur;

5° Les grands frais pécuniaires que ces travaux entraînent, quand les dimensions et le débit du fleuve sont considérables.

C'est pourquoi M. de Timonoff a proposé pour ces fleuves la méthode de régularisation par le dragage mécanique des passes et l'appel des eaux.

Voici en quoi elle consiste :

Les eaux ne sont pas dirigées de force sur les seuils à améliorer; au contraire, on évite, autant que possible, le danger de les trop creuser. On ne barre pas au début tous les bras secondaires, et on ne commence pas non plus immédiatement la construction d'ouvrages fixes destinés à diriger les eaux sur un point donné ou dans un lit donné. On exécute d'abord sur les seuils, après une étude très approfondie des circonstances locales, un dragage mécanique énergique dans la direction la plus stable et la plus commode possible. La largeur de la coupure est minimum, la profondeur, au contraire, la plus grande possible, et cette dernière peut être de beaucoup supérieure à celle qui se maintient naturellement sur les seuils les plus profonds.

Le dragage mécanique est par lui-même un moyen de régularisation, indépendamment de son importance, en tant que capable de procurer immédiatement la profondeur nécessaire à la navigation.

En effet, la coupure faite à travers le seuil modifie les

conditions du mouvement des eaux, en vertu de la loi dite de l'appel des eaux mise particulièrement en évidence par M. l'ingénieur en chef Pasqueau. Cet éminent ingénieur, dans un rapport au Congrès maritime de 1889, avait ainsi défini cette loi :

« On fait une généralisation tout à fait abusive des lois de l'hydraulique quand on raisonne sur ces rivières (la Garonne et d'autres analogues) comme sur de véritables fossés à sections trapézoïdales dont une rive peut influencer la rive opposée. En fait, ces nappes d'eau sont tellement minces, que l'action des rives sur la fixation de la ligne du thalweg peut être encore entièrement négligeable. Le thalweg chemine dans cette nappe mince sans se préoccuper des rives et en obéissant seulement à une autre loi générale, qu'on perd souvent de vue et qui est la loi de *l'appel des eaux*. »

On l'explique ainsi qu'il suit :

Si on suppose qu'il se trouve une fosse sur la rive droite, fosse suivie d'une mouille sur la rive gauche, il se produira un courant oblique qui portera une partie des eaux de la rive droite sur la rive gauche. Le chenal de rive gauche *appellera* les eaux sur cette rive, et les eaux une fois jetées sur cette rive y resteront, quelle que soit la forme de la rive, tant qu'elles ne seront pas *appelées*, c'est-à-dire sollicitées dans une autre direction par un chenal naturel ou artificiel établi sur l'autre rive. La conclusion en est qu'on peut dans ces rivières obtenir des *résultats permanents* par des dragages dirigés avec intelligence. Ces dragages ont alors pour effet non seulement d'enlever un dépôt susceptible de se reformer, mais bien de provoquer une *modification permanente du lit lui-même*[1].

M. de Timonoff en déduit que le passage profond créé par le dragage mécanique devient le lieu de la plus faible résistance au mouvement ; les vitesses y augmentent, le débit également, mais cette augmentation se fait graduellement

[1]. L'auteur n'accepte pas d'une manière complète la théorie exposée ci-dessus, et qui ne tient aucun compte des formes du lit et des causes qui ont pu les occasionner.

et naturellement et non pas par force, comme lorsqu'on a opéré un rétrécissement.

L'eau est attirée vers la coupure venant des parties voisines. Si ce phénomème dure longtemps, il se produit des modifications dans le lit, dépassant de beaucoup les limites de la coupure ; en d'autres termes, c'est un véritable travail régularisateur qu'accomplit le courant.

En reconstituant cette coupure lors de chaque période de navigation, on peut, sans aucun doute, provoquer par cette action seule des modifications du lit, modifications qui pourront concourir à la conservation de la profondeur nécessaire dans la coupure. Par conséquent, cette dernière, tout en servant à la navigation, exerce une influence sur la direction des eaux du bief supérieur et régularise le fleuve graduellement, uniformément dans la partie de ce bief la plus proche du seuil. Si la direction a été bien déterminée, ne fût-ce qu'après plusieurs essais, la passe se maintient durant toute la période de navigation tout en étendant toujours plus loin son influence de rectification sur le lit des basses eaux.

Lorsque les formes du lit auront atteint un état favorable à la navigation, on pourra les fixer à l'aide d'ouvrages plus ou moins mobiles, faciles à enlever en cas d'erreurs, tels que des digues élevées avec les déblais dragués. A mesure que la passe, draguée à travers le seuil, atteint un degré toujours plus grand de stabilité, les ouvrages deviennent plus solides ; et enfin il arrive un moment où le seuil présente le mouillage que l'on avait en vue, et où les ouvrages exécutés maintiennent cet état.

M. de Timonoff résume ainsi les avantages du système qu'il a préconisé et appliqué :

1° Les exigences de la navigation sont satisfaites d'emblée par la création d'une passe à travers le seuil, et non pas après une longue période de temps qui est nécessaire lorsqu'on établit des ouvrages fixes ;

2° La direction de cette passe peut être modifiée à volonté jusqu'à ce que l'on ait trouvé celle qui correspond aux conditions naturelles du fleuve ;

3° On peut obtenir dans la coupure la profondeur maximum que comporte le fleuve, tandis qu'elle est limitée par l'emploi des épis noyés;

4° L'eau arrive à la coupure naturellement avec le débit qui correspond au débit du fleuve, et n'est pas emprisonnée par les ouvrages qui sont souvent établis d'une manière arbitraire;

5° Tous les ouvrages exécutés dans le but de fixer les résultats obtenus par le dragage correspondent réellement au régime le plus favorable à la navigation et non pas à un régime théorique déterminé *a priori*;

6° Les frais exigés par la régularisation au moyen du dragage mécanique sont moins élevés qu'avec toute autre méthode;

7° Enfin, il est impossible, en appliquant cette méthode, de modifier d'une façon fâcheuse, au point de vue de la navigation, le régime du fleuve, ce qui pourrait se produire avec les méthodes de régularisation exposées plus haut.

Mais l'application de cette méthode exige des appareils de grande puissance et très économiques, capables d'enlever et de transporter des volumes considérables de déblais sans porter préjudice à la navigation pendant leur mise en œuvre. Pour arriver à ce résultat, on s'est muni, en Russie, d'un grand nombre de dragues puissantes, et entre autres, d'une drague suceuse capable d'extraire de 3 à 6 000 mètres cubes par heure (*fig.* 193).

Cette nouvelle méthode appliquée sur le Volga, le Dniéper et la Duna produira des résultats importants et décisifs, permettant d'utiliser les voies navigables naturelles à faible mouillage en dehors de leur partie maritime, quand ces voies sont de grands fleuves.

M. de Timonoff concluait donc en exposant le nouveau système qu'il proposait :

1° L'amélioration des grands fleuves coulant à travers des pays à la population peu condensée, au milieu de terres n'ayant pas une valeur exceptionnelle, tels que le Mississipi, le Volga, où la protection des berges, dans l'intérêt de la culture, n'est pas indispensable, ne saurait être faite sans dépasser les limites de dépense de temps et d'argent possibles par les méthodes appliquées aux fleuves de l'Allemagne et au Rhône;

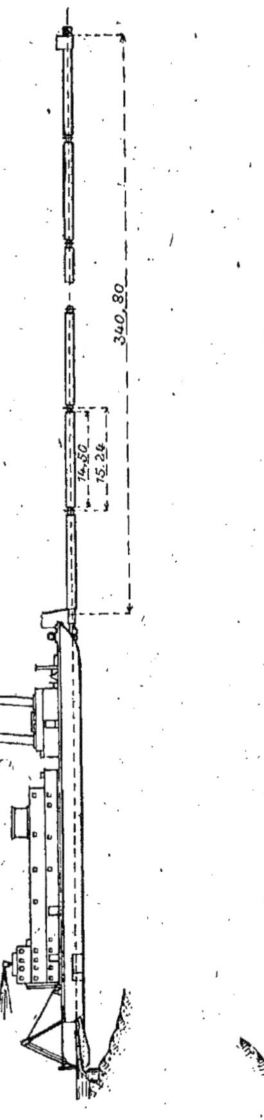
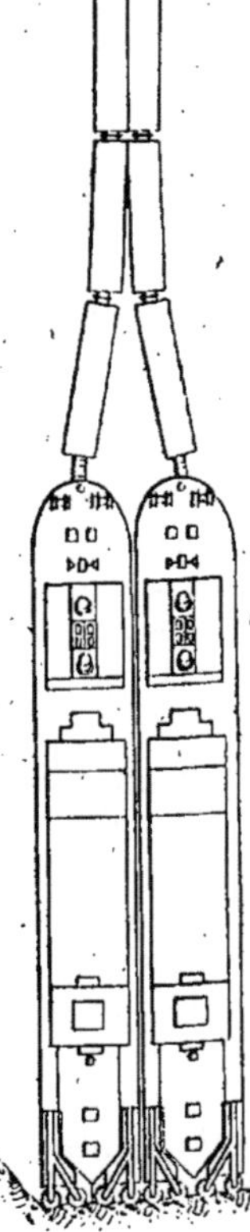

Fig. 193.

2° Les gouvernements ayant charge de tels fleuves doivent consacrer leurs efforts principalement à assurer à la navigation existante la possibilité d'exploiter sans interruption son matériel pendant toute la période où le fleuve est libre de glaces dans des conditions commercialement avantageuses. L'excédent des crédits disponibles pour les fleuves sur les travaux de première nécessité doit être employé à augmenter graduellement le mouillage de ces fleuves ;

3° Les deux problèmes ci-dessus, tant en ce qui concerne la satisfaction immédiate des besoins pressants de la navigation, que l'assurance de son développement futur, se résolvent actuellement pour les grands fleuves de la façon la plus sûre et la plus avantageuse par l'organisation sur les seuils de ces fleuves de dragages systématiques à l'aide d'appareils de grande puissance, avec la fixation ultérieure des résultats de ces dragages et de l'action de l'appel des eaux par des ouvrages fixes du type léger, c'est-à-dire par la méthode de la régularisation des fleuves par le dragage et l'appel des eaux.

L'application de cette méthode doit être précédée et suivie d'une étude hydrographique très complète et très détaillée des seuils à creuser. C'est ce que l'on a fait sur le Mississipi, et c'est à la suite de cette étude que l'on a choisi la direction de la coupure que l'on devait exécuter. Le choix de cette direction peut d'ailleurs être grandement facilité par l'application des principes d'amélioration des passes sur les seuils, si remarquablement étudiés et exposés par M. l'ingénieur en chef Girardon.

La méthode d'amélioration par dragages proposée par M. de Timonoff en 1897, et défendue par lui à divers Congrès de Navigation, a été appliquée pour la première fois par M. Kleiber sur une section d'essai du Volga en 1901 et a conduit à des résultats très satisfaisants.

Elle a été étendue depuis à d'autres rivières et a produit aisément les résultats que l'on avait en vue, de sorte qu'elle est actuellement considérée comme le principal moyen d'assurer la navigabilité des rivières russes. En amont de Rybinsk, le débit du Volga étant faible, l'amélioration des conditions de navigabilité est obtenue par l'action combinée des ouvrages fixes de régularisation, des dragages et de l'alimentation supplémentaire au moyen de l'eau emmagasinée dans des réservoirs; mais entre Rybinsk et Astrakan (2.663 kilomètres), ainsi que sur les deux principaux affluents l'Oka (704 kilomètres) et la Kama (1.203 kilomètres), le dragage reste le seul moyen employé et suffit à écarter entièrement les obstacles, qui entravaient la navigation. De Rybinsk à Nijni-Novgorod, au confluent de l'Oka, le Volga a une pente de 4 centimètres par kilomètre, un débit minimum de 238 mètres cubes par seconde et la profondeur maximum que l'on se proposait de réaliser était de 1^m,42. Entre l'Oka et la Kama, la pente est de 5 centimètres par kilomètre, le débit minimum de 742 mètres cubes par seconde, et le mouillage à réaliser de 1^m,78. De la Kama à Astrakan, on trouve une pente de 5 centimètres par kilomètre, un débit minimum de 2.752 mètres cubes par seconde; le mouillage à réaliser était de 2^m,13. Le débit du fleuve se partage fréquemment entre plusieurs bras. Tous les seuils sauf un sont constitués par du sable fin. L'arrivée et la baisse de la crue principale du printemps s'effectuent insensiblement, et les eaux, qui ne sont retenues par aucune digue ne montent pas à plus de 12 mètres au-dessus de l'étiage. La vitesse maximum du courant même pendant les crues dépasse à peine 2 mètres par seconde. Pendant la période favorable, le chenal permet la circulation des bateaux pouvant porter jusqu'à 8.000 tonnes avec un tirant d'eau de 3^m,30.

Le travail exécuté par les dragues commence peu après le passage de la crue du printemps, de manière que le chenal offre au droit de tous les seuils un mouillage suffisant au moment de l'étiage, et que les dragues puissent être utilisées d'une autre façon. On n'a pas encore obtenu les résultats que l'on voulait atteindre dans les sections supérieure et inférieure, mais dans la section médiane le mouillage de 1^m,78 s'est maintenu depuis neuf ans. L'approfondissement obtenu par le dragage peut être évalué de 0^m,80 à 1 mètre. On a exécuté quelques ouvrages fixes de régularisation, mais ces ouvrages ont exercé plutôt une action nuisible et doivent être abandonnés.

Les conditions spéciales qui favorisent particulièrement

l'application du dragage à l'entretien du chenal du Volga sont la faible pente, le grand débit moyen, et le caractère des variations des hauteurs du fleuve. En règle générale, les coupures ne doivent pas être refaites chaque année. Le nombre des seuils dragués dans la seconde section n'atteint jamais la moitié du nombre total des seuils de cette section, et la baisse lente de la crue permet le dragage successif des seuils les plus difficiles.

Le coût moyen annuel des travaux de dragage ne dépasse pas 1.150 francs par kilomètre.

Aussi MM. de Timonoff et Kleiber, dans le rapport qu'ils ont présenté du XII⁰ Congrès international de Navigation de Philadelphie 1912, ont-ils conclu que pour les fleuves à grand débit et à faible pente, la méthode des dragages est le seul moyen d'amélioration de navigabilité réellement pratique et susceptible de satisfaire à toutes les exigences de la navigation sans entraîner des dépenses de temps et d'argent excessives.

En Amérique, cette méthode a été appliquée surtout dans la section du Mississipi s'étendant entre l'embouchure de l'Ohio et celle de la rivière Rouge, section d'environ 1.350 kilomètres de longueur. La plupart des travaux ont été cependant effectués dans la partie du fleuve qui s'étend à l'aval de l'embouchure de l'Ohio sur une longueur de 450 kilomètres. La période d'étiage a une durée moyenne de quatre mois, et se produit généralement du 1ᵉʳ août au 1ᵉʳ décembre.

En règle générale, la navigation dispose pendant huit mois de l'année d'un mouillage de 3 mètres au moins. En aval de la rivière Rouge jusqu'au golfe du Mexique, sur une longueur de 560 kilomètres environ, il existe un chenal idéal offrant un mouillage suffisant en tout temps.

Mais il existe un certain nombre de seuils formés par des bancs de sable, qui constituent des obstacles pour la navigation, et qui se reforment constamment en raison des érosions considérables qui se produisent sur les rives du fleuve.

Le débit du Mississipi à l'embouchure de l'Ohio varie depuis un minimum de 1.800 mètres cubes par seconde en étiage jusqu'à un maximum de 54.000 mètres cubes par seconde au moment des crues. Les dépôts qui se produisent à ce moment sont si considérables que le niveau du lit du fleuve dépasse souvent de plusieurs pieds (0ᵐ,30) la cote de l'étiage.

Ces dépôts jouent le rôle de barrages, et lorsque le niveau du fleuve se rapproche de nouveau de l'étiage, ces barrages sont coupés par le courant, et les matériaux qui les constituaient sont entraînés à nouveau dans les parties profondes, en rétablissant le régime normal.

Il arrive de la sorte que de nombreux seuils sont emportés par le courant, mais fréquemment aussi ce curage naturel du lit ne marche pas de pair avec la baisse des eaux, et les obstacles à la navigation subsistent pendant un temps plus ou moins long.

On a dû abandonner le procédé consistant dans la consolidation des rives et la réduction de la largeur du chenal, qui exigeait des dépenses élevées et un long laps de temps, et on a poursuivi l'enlisement des seuils surélevés au moyen de dragues puissantes (suceuses).

Les premières dragues employées nécessitaient pour leur déplacement l'aide d'un remorqueur; après l'expérience faite depuis 1892, on s'est servi de dragues munies d'appareils de propulsion et de roues latérales, et munies des appareils permettant le fonçage de pieux.

On n'avait pas encore fait d'essais en vue de déterminer les rendements respectifs des différents types de dragues. Les pompes présentaient un plus ou moins grand nombre d'aubes de forme variable, avec une ou deux bouches d'aspiration, avec orifice de sortie vers le haut ou le bas de l'enveloppe; la forme des crépines était d'apparences variées; les tuyères de chasse servant à détacher le sable étaient alimentées au moyen de pompes centrifuges ou à mouvement alternatif; les machines et chaudières étaient de types différents; il en était de même pour les treuils servant au déplacement de la drague pendant les opérations de dragage; les pontons supportant la conduite de décharge et les joints flexibles étaient tous d'un modèle dissemblable.

La Commission du Mississipi a entrepris une série d'expériences très sérieuses pour obtenir les meilleurs rendements. Elle a formulé ainsi les conclusions qui résultent de ces expériences :

1° La pompe centrifuge pour le dragage du sable ayant le rendement le plus élevé doit avoir une vitesse circonférencielle d'environ 1ᵐ,50 par seconde. La roue devrait avoir de préférence six aubes renfermées dans une enveloppe avec tôles remplaçables et de forme rectangulaire ;

2° On peut obtenir un effet plus considérable en augmentant le nombre de tours de la pompe au delà de la vitesse définie plus haut, mais au détriment du rendement mécanique ;

3° L'emploi d'une double bouche d'aspiration présente un certain avantage au point de vue mécanique et augmente le rendement ;

4° La section libre de la crépine doit être égale à celle du tuyau d'aspiration ;

5° Des coudes brusques dans les tuyaux d'aspiration ou de décharge doivent être rejetés. La perte de charge due aux courbes atteint de 10 à 20 0/0 de la charge totale ;

6° Le sable qui passe dans le tuyau de charge est réparti à peu près uniformément dans toute la section du tuyau, s'accumule plutôt vers la partie inférieure. La proportion de sable évacué varie entre 10 et 30 0/0 du débit, la vitesse d'écoulement dans le tuyau de décharge variant de 4 mètres à 6ᵐ,50 par seconde ;

7° Les pompes centrifuges de chasse servant à désagréger les matériaux de dragage sont plus avantageuses que les pompes à mouvement alternatif ;

8° Les machines horizontales compound à condensation sont préférables pour actionner les pompes ;

9° Les chaudières à cinq et six carneaux de flammes en usage sur le Mississipi sont préférées aux chaudières tubulaires à cause de la facilité de leur nettoyage.

Les conclusions précédentes sont basées sur des expériences faites au moyen de deux dragues sur une partie du fleuve, où il n'existait pas de courant capable, soit d'enlever, soit de former des dépôts. Le produit des dragages était refoulé dans une conduite de décharge de 300 mètres de longueur.

Le résultat de ces expériences est donné dans le tableau ci-après :

	Drague Delta	Drague Gauson
Durée effective du dragage-heure..	$27^h 1/3$	$45^h 1/2$
Longueur totale de l'excavation pratiquée......................	815 m.	1.370 m.
Profondeur moyenne du dragage..	2 m.	$2^m,10$
Avancement moyen par heure.....	30 m.	30 m.
Volume total enlevé..............	25.846 m³.	34.291 m³.
Rendement moyen horaire........	944 m³.	756 m³.
Dépense moyenne par mètre cube.	$0^f,048$	$0^f,06$

En 1905, le service du Mississipi disposait d'un important matériel de dragage comprenant:

> 5 dragues sans auto-propulsion ;
> 3 dragues à auto-propulsion ;
> 7 grands remorqueurs ;
> 1 bateau d'inspection ;
> 4 petites allèges ;
> 6 bateaux sonnettes ;
> 4 chalands.

Une troisième drague à auto-propulsion était en construction. La pompe centrifuge de 1 mètre de diamètre restera actionnée par deux machines tandem compound horizontales. L'appareil servant à désagréger le sable sera du type à chasse d'eau ; il sera alimenté au moyen d'eau à la pression de 10 kilogrammes environ par une pompe centrifuge de $0^m,56$ actionnée au moyen d'une turbine à vapeur. Le mouvement d'avancement dans l'excavation sera obtenu par halage au moyen de câbles métalliques, et la drague fonctionnera à la remonte et à la descente, la crépine étant d'un type spécial. Les machines servant à la propulsion seront du type compound conjugué et seront accouplées aux roues à aubes au moyen d'engrenages à roues droites. Toutes les machines seront, autant que possible, à condensation, et le condensateur sera du type employé dans la marine, c'est-à-dire un condensateur par surface avec pompes indépendantes à air et à circulation. Le générateur à vapeur comportera neuf chaudières à cinq carneaux du type adopté sur le Mississipi, disposées en trois batteries. La drague sera munie d'une machinerie auxiliaire pour l'éclairage électrique, d'appareils réfrigérants et de machines à fabriquer la glace ainsi que de cabestans à vapeur, d'un gouvernail à vapeur, d'un petit atelier de mécanique, et de diverses pompes à vapeur.

La conduite de décharge comportera cinq sections de tuyaux de 1 mètre de diamètre, chacune des sections ayant 30 mètres de longueur et devant être supportée par deux pontons, les assemblages étant assurés au moyen de joints sphériques ou à boulets.

Les principales dimensions seront les suivantes :

Largeur totale au-dessus des tambours. .	13^m,50
Longueur	63 mètres
Profondeur	2^m,85
Longueur du puits d'aspiration	10^m,50

La figure ci-dessous montre le type de drague usitée sur le Mississipi.

Les dragues restent inutilisées pendant environ huit mois par an ; pendant cette période on opère les réparations et les renouvellements que l'on juge nécessaires.

Tant que les dragues fonctionnent, elles travaillent jour et nuit, jusqu'à ce que le chenal ait été ouvert.

Il est généralement nécessaire de pratiquer sur chaque seuil plusieurs excavations parallèles. Le travail de dragage est commencé bien avant que la hauteur minimum soit réalisée, de telle sorte que l'excavation est achevée avant que les seuils naturels ne deviennent un obstacle à la navigation.

Les passes ainsi ouvertes se maintiennent généralement dans de bonnes conditions, à moins qu'il ne se produise de grandes variations dans le niveau du fleuve, auquel cas la passe est susceptible de se combler. Une excavation une fois creusée peut se maintenir pendant toute la saison d'étiage. Il peut se faire aussi qu'une excavation entièrement comblée à la suite d'une hausse des eaux se rouvre à nouveau suivant le même tracé par des causes naturelles lors de la baisse du fleuve. La période des crues détruit évidemment

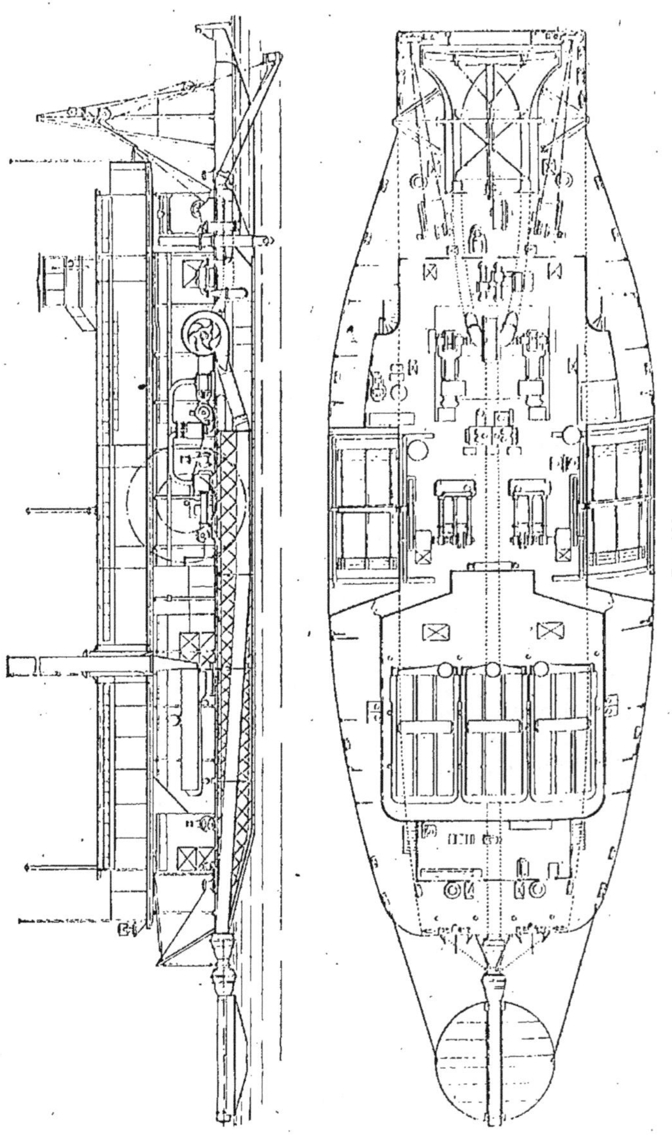

Fig. 194.

tout le travail effectué par les dragues, de telle sorte que le problème des dragages à exécuter se représente chaque année sous une forme nouvelle.

En 1900, avec 6 dragues, on a dragué 12 seuils sur une profondeur moyenne de 1^m,20 et une longueur de 60.500 mètres; en 1904, on a opéré sur 20 seuils sur une profondeur moyenne de 1^m,60 et une longueur de 127.136 mètres.

La première opération à effectuer en vue du dragage consiste à foncer deux pilots hydrauliques en amont et en aval du seuil, distants d'environ 15 mètres. Pour la drague à auto-propulsion, on amène l'engin à l'emplacement exact et on laisse tomber le spud (pilot spécial). Le fonçage des pilots au moyen de la chasse d'eau est alors rapidement terminé. On fixe aux pilots les câbles de halage, le spud est relevé et on laisse la drague descendre lentement vers l'aval en conservant les câbles

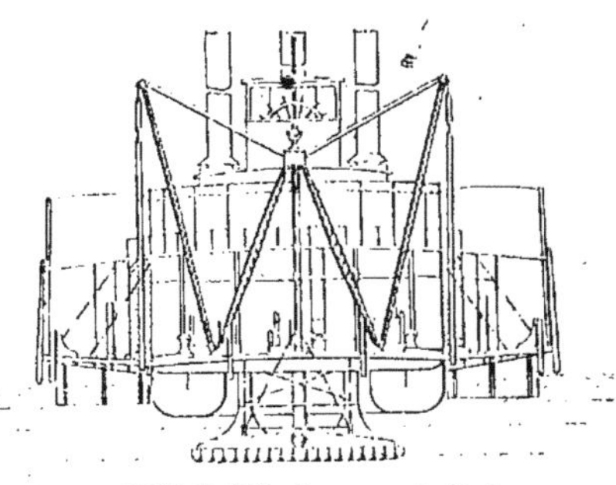

Fig. 195.

de halage bien tendus, jusqu'à ce que l'on ait atteint la partie inférieure ou d'aval du seuil. On descend la crépine, on met la pompe en marche, et on fait avancer la drague à une vitesse variant de 12 mètres à 130 mètres par heure, cette vitesse dépendant de la profondeur de l'excavation et de la nature des matières à draguer; la vitesse normale est d'environ 40 mètres par heure pour une excavation de 1^m,20 de profondeur. Les produits du dragage passent dans la conduite de décharge et sont soit rejetés dans les eaux profondes à l'amont, soit déviés au moyen d'une tôle de déversement vers les bords de l'excavation à une distance suffisante pour ne pas pouvoir être ramenés par le courant.

Quand la drague a été ainsi halée jusqu'aux pilots de tête, on la ramène de nouveau vers son point de départ, et on recommence la manœuvre qui vient d'être décrite, les pilots de tête étant déplacés à mesure que la largeur du chenal augmente, les diverses excavations à creuser étant sensiblement parallèles.

Le dragage effectué à la descente est un peu plus efficace que celui qui est exécuté à la remonte, car il produit un meilleur curage de l'excavation, chassant les matières qui auraient pu se détacher et qui ont une tendance à venir se loger sous la drague. Comme il n'est pas possible de faire travailler la drague avec son avant tourné vers l'aval, il faut un type spécial de crépine pour permettre de draguer avec la même facilité à la remonte comme à la descente.

On constata qu'il n'était pas nécessaire d'employer des câbles transversaux pour maintenir la drague dans une direction déterminée et neutraliser l'effet des vents et des courants transversaux. Quand on laissait descendre la drague de toute la longueur des câbles de halage, elle suivait une direction parallèle au courant, et la crépine, une fois abaissée, empêchait toute déviation, excepté dans le cas de vents violents. En pratique on constata qu'en croisant les câbles, on pouvait avec beaucoup plus de facilité déplacer latéralement la drague.

Les résultats du dragage sont représentés ci-dessous en ce qui concerne trois seuils, et donnent à penser qu'on pourra obtenir un chenal suffisant ayant une profondeur de 3 mètres (*fig.* 196).

D'après les derniers renseignements donnés au XII° Congrès international de Navigation, Philadelphie 1912 (Rapport de M. Harts, major du corps des ingénieurs), il semble que l'on ait complété le système employé des dragages par des ouvrages de protection des rives, afin de les protéger contre l'érosion par l'usage de fascinages et de pierres perdues, et de limiter ainsi les thalwegs à une largeur déterminée d'avance.

Dix dragues à succion sont employées aux dragages, mais on se propose en même temps de régulariser la pente de l'étiage au moyen d'épis transversaux combinés avec un resserrement des rives.

En dehors des essais relatés plus haut et qui ont eu une

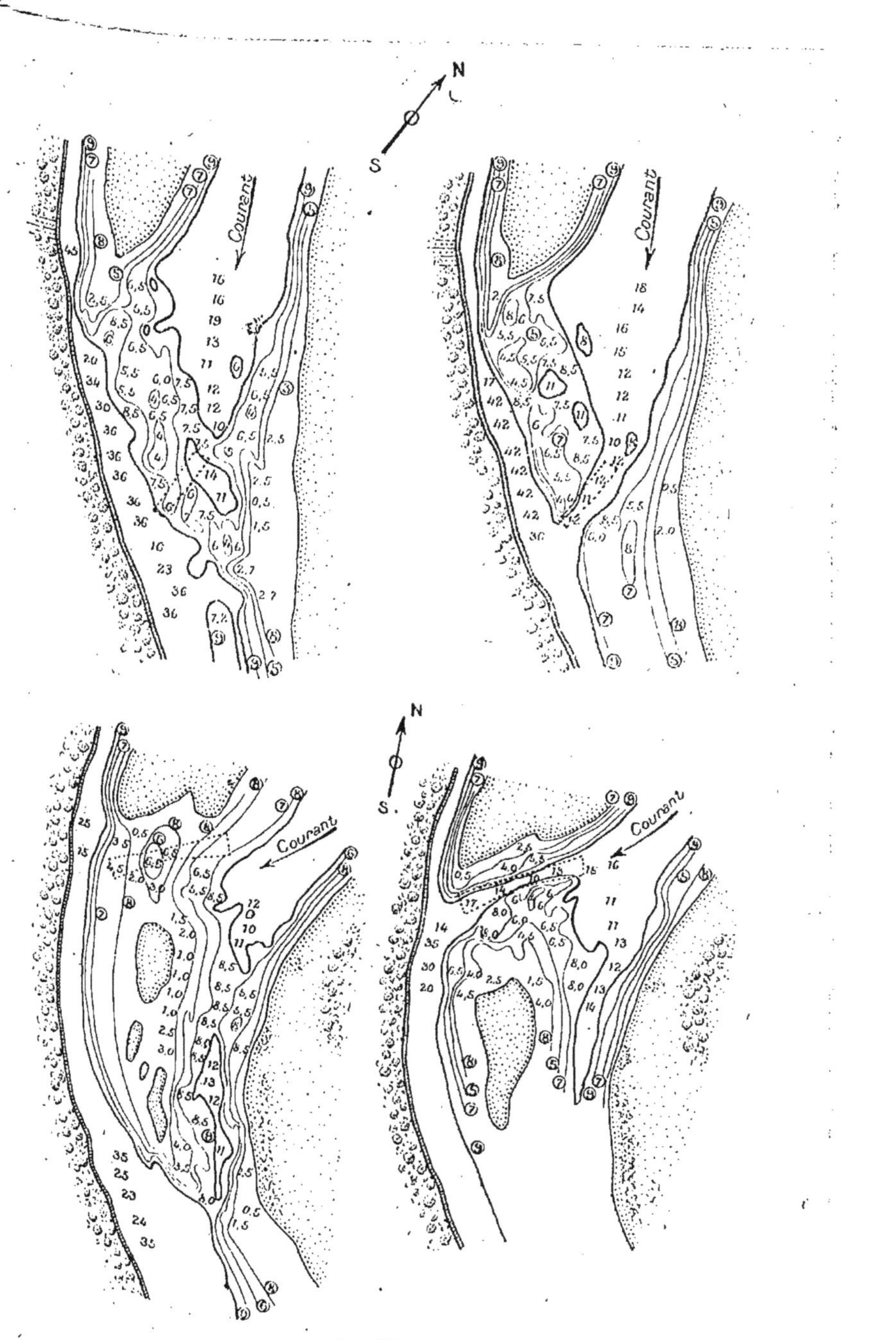

Fig. 196.

grosse importance tant sur le Volga que sur le Mississipi, la méthode des dragages a été employée avec succès pour faciliter les travaux de régularisation et déterminer plus rapidement la situation que l'on se proposait d'atteindre. C'était un adjuvant dont on s'est servi sur le Rhône et sur la Loire. Le tracé que l'on veut suivre se trouve dans une partie du lit du fleuve colmatée depuis longtemps, et sur laquelle le courant n'a plus aucune action efficace. On recourra à la drague ou à la suceuse pour tracer un sillon, dans lequel le courant viendra se jeter et hâter le moment où le tracé définitif dessiné par des ouvrages sera réalisé. Il suffit souvent d'un simple sillon ; le courant appelé par l'excavation qui est creusée termine lui-même l'opération qui est simplement ébauchée par la drague ou la suceuse.

Sur le Rhône on avait recours à une drague à godets, qui ne présentait aucune particularité. Sur la Loire on s'est servi avec succès d'une suceuse d'un type spécial, qui était plutôt un instrument de fortune qu'un appareil proprement dit. Il fallait aboutir rapidement sans engager de fortes dépenses.

L'appareil moteur consiste en une locomobile de 35 chevaux de force. La pompe employée est une pompe centrifuge à sable « E. Salmson » de 250 millimètres de diamètre capable de débiter 500 mètres cubes à l'heure avec amorçage à vapeur. La crépine affouilleuse d'un type spécial, système « E. Salmson », était formée d'une cloche, entourée d'une couronne reliée à ladite cloche par des cloisons verticales formant des alvéoles, le tout en fonte et coulé d'un seul bloc ; il en résulte que l'aspiration provoque un appel d'eau qui passe de haut en bas dans ces alvéoles et entraîne à son entrée dans la cloche le sable sur lequel repose la crépine.

Ce matériel était monté sur un chaland n'ayant pas plus de 0ᵐ,40 à 0ᵐ,50 de tirant d'eau pour lui permettre de passer sur les seuils du chenal. Le bateau porteur de 16 mètres de longueur, 5 mètres de largeur et de 0ᵐ,95 de hauteur de bord présentait un pont avant et un pont arrière, entre lesquels était placée la locomobile. Il était muni de sept treuils de manœuvre : deux pour les déplacements avant et arrière et pour les déplacements latéraux, un pour la manœuvre du mât de charge commandant le déplacement de la crépine. Les deux premiers étaient des treuils semblables à ceux qui sont employés dans la marine fluviale. Les quatre autres étaient formés par de simples tambours, dont l'axe reposait sur deux montants et munis d'une roue d'engrenage actionnée par un petit pignon. Le septième, du même genre que ces derniers, avait un tambour de longueur réduite, $0^m,30$: il ne recevait, en effet, que trois ou quatre tours (dits tours morts) du cordage de manœuvre de la crépine.

Le mât de charge était installé comme ceux qui sont en usage dans la marine et pouvait porter environ 1.500 kilo-

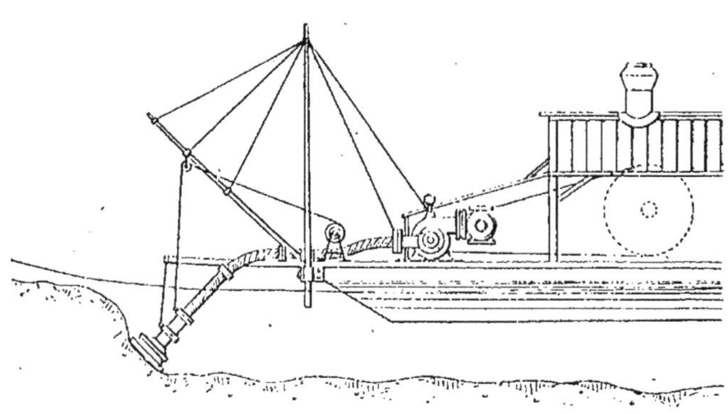

Fig. 197.

grammes crépine et tuyaux d'aspiration. Il était très sérieusement haubanné. Trois palans différents étaient fixés sur le mât de charge : l'un était relié au tuyau d'aspiration en son milieu, les deux autres à la crépine de chaque côté. Ces trois palans avaient pour but de placer la crépine par rapport au sable dans toutes les positions possibles. Le chef d'équipe, sur une passerelle légère, effectuait toutes les manœuvres, notamment l'immersion de la crépine à l'endroit voulu, son déplacement latéral sur une largeur d'environ 4 mètres, enfin son relèvement au-dessus de la nappe pour permettre son nettoyage (*fig.* 197).

La colonne de refoulement formée de tuyaux rigides assemblés avec joints flexibles était portée par des radeaux de 5 mètres de longueur, $2^m,50$ de largeur et $0^m,80$ de creux, espacés de 15 mètres et soigneusement ancrés, pour donner une sécurité suffisante et permettre une manœuvre facile de la colonne. Les figures montrent l'installation du chantier qui a été faite par M. Sahnson, ingénieur constructeur à Paris (*fig.* 198-199).

Les résultats obtenus ont été très satisfaisants. Pendant la première campagne, qui a duré soixante-cinq jours, l'avancement total a été de 2.000 mètres sur une largeur de 16 mètres, et une profondeur de 1 mètre correspondant à un dragage de 32.000 mètres cubes.

Fig. 198.

La moyenne journalière était de 500 mètres cubes : avec une colonne de refoulement de longueur variant entre 50 et 80 mètres le rendement en sable atteignait 20 0/0 ; avec une colonne de 130 à 150 mètres, le rendement tombait à 13 0/0.

Cette réduction est évidemment produite par l'augmentation de la perte de charge résultant de l'accroissement de la longueur de la colonne. Il faut donc une machine de puissance suffisante pour parer à cet inconvénient et pour éviter la formation dans la colonne de bouchons de sable, qui obstruent complètement les tuyaux.

Pour suivre avec profit l'étude du mouvement du sable dans la colonne, on avait fait placer un manomètre sur le clapet de retenue. Pendant le fonctionnement normal de la suceuse avec une colonne de 60 mètres, ce manomètre indiquait une pression de $0^{kg},600$; avec une colonne de 130 à 140 mètres, la pression montait parfois jusqu'à $1^{kg},800$. Mais de nombreuses observations ont permis de fixer à $0^{kg},100$ par 10 mètres de colonne la pression correspondant à la perte de charge. Il en résulte que pour une colonne de 160 à 170 mètres de longueur, la hauteur d'élévation totale est de 20 mètres, et qu'avec une pompe de 250 millimètres de diamètre, il faut une machine ayant une puissance minimum de 60 chevaux.

Fig. 199.

Le prix de revient dans les conditions de l'expérience effectuée pour un rendement journalier de 500 mètres cubes extraits et mis en remblai s'est élevé à $0^{fr},60$. Il pourrait être réduit à $0^{fr},40$ avec un matériel appartenant à l'État [1] ; mais avec une machine plus puissante, capable de fournir un rendement de 800 mètres cubes, le prix de revient pourrait être abaissé à $0^{fr},30$.

L'expérience a donc prouvé qu'il fallait augmenter sensiblement la puissance de la machine, qui de 35 chevaux serait portée à 70 chevaux, et aménager spécialement la pompe dont l'usure par les sables siliceux se faisait avec une rapidité extraordinaire.

[1]. L'amortissement de ce matériel étant effectué en quatre ans.

On a mis en service en conséquence, pendant la campagne suivante (1907), un matériel plus puissant comprenant une locomobile de 70 chevaux, une pompe de 250 millimètres de diamètre et de 500 mètres cubes de débit d'eau à l'heure. Ce matériel était monté sur un ponton flottant de plus grandes dimensions, double de surface, soit 25 mètres de longueur, 6^m,50 de largeur et 1^m,20 de creux, pourvu d'un pont spacieux à chaque extrémité pour la manœuvre des treuils.

La force motrice dont on disposait permettait d'augmenter la vitesse de la pompe et la densité du mélange dragué, et par suite d'obtenir un rendement bien supérieur à celui que l'on avait eu pendant la campagne précédente.

On est arrivé dans certaines circonstances exceptionnelles à un rendement horaire de 160 mètres cubes de sable dragué; la moyenne obtenue a été de 100 mètres cubes à l'heure. Le tableau qui suit fait connaître les rendements que l'on a réalisés, en fonction de la longueur de la colonne de refoulement et de la vitesse de rotation de la pompe. En même temps, on a expérimenté l'adjonction d'une pompe d'irrigation d'eau claire dans la tuyauterie de refoulement pour éviter les bouchons de sable qui se produisent quand la longueur de la colonne dépassait 120 mètres. Le résultat a été satisfaisant et a permis d'augmenter la longueur de la colonne jusqu'à 160 mètres.

L'injection était faite au moyen d'une pompe centrifuge de 120 millimètres de diamètre, envoyant 80 mètres d'eau claire dans la colonne de refoulement.

Suceuse de 70 HP. — Pompe de 250 millimètres. — Les résultats obtenus avec ce nouvel engin ont été extrêmement satisfaisants. On a pu draguer, pendant les cinq mois qu'a duré la campagne, environ 300.000 mètres cubes, et hâter la réalisation du plan d'amélioration que l'on avait conçu. Le prix de revient moyen a été de 0^{fr},35 environ, le matériel flottant appartenant à l'administration, et les appareils de dragage utilisés étant livrés par l'entrepreneur.

ESSAIS DE RENDEMENT SUR DIFFÉRENTES LONGUEURS
DE TUYAUTERIE AU REFOULEMENT

LONGUEUR DE TUYAUTERIE au refoulement	VITESSE DE LA POMPE		CUBE DU SABLE DRAGUÉ à l'heure
	AVEC EAU	AVEC MÉLANGE	
50 mètres	850 tours	820 tours	108 mètres cubes
60 —	850 —	820 —	108 —
70 —	850 —	820 —	108 —
80 —	850 —	810 —	100 —
90 —	850 —	810 —	100 —
100 —	840 —	800 —	98 —
110 —	830 —	800 —	97 —
120 —	830 —	800 —	97 —
130 —	820 —	800 —	86 —

Conclusion. — Amélioration des rivières par régularisation et par dragages, et le cas échéant par réservoirs. Détermination du cas où il convient de recourir à des travaux de l'espèce, de préférence à la canalisation de la rivière ou à l'établissement d'un canal latéral.

Telle est la question qui a été soumise au XIIe Congrès international de Navigation tenu à Philadelphie en 1912, et qui peut résoudre au moins partiellement les différents problèmes que l'on a posés et que l'on a étudiés précédemment.

Il est intéressant de reproduire ici, avant de donner des conclusions définitives, l'avis qui a été émis par le Congrès, faisant siennes les idées exposées par M. de Timonoff :

« 1° *Absence de méthode générale.* — La navigabilité des rivières à un courant peut être améliorée par diverses méthodes, telles que régularisation dite par ouvrages fixes, régularisation du lit par dragages mécaniques, augmentation des profondeurs par l'alimentation additionnelle à l'aide des réservoirs d'emmagasinement, canalisation du lit, action combinée des procédés ci-dessus, établissement d'un canal latéral.

« L'emploi d'une de ces méthodes de préférence à une

autre dépend dans chaque cas particulier des circonstances spéciales où l'on se trouve, parmi lesquelles ont une importance capitale la nature de la rivière, la présence d'autres buts d'amélioration outre la navigabilité (fixation des rives dans l'intérêt de l'agriculture ou des villes, défense contre les inondations), l'argent et le temps dont on dispose pour assurer à la batellerie sur la voie en question des conditions de navigabilité visées, etc.

« 2° *Impossibilité d'établir dès maintenant des règles fixes indiquant a priori la méthode qui doit être préférée pour un cas donné.* — Constatant que les diverses méthodes employées pour l'amélioration de la navigabilité des rivières ont donné satisfaction et atteint le but dans les circonstances spéciales où elles ont été employées, le Congrès trouve qu'il serait prématuré d'essayer d'établir, dès maintenant, des règles fixes indiquant *a priori* la méthode qui doit être préférée pour un cas donné, d'autant plus que la classification des rivières au point de vue de leur régime et de leur navigation est encore à faire.

« 3° *Nécessité d'études.* — S'il n'y a pas de méthode générale d'amélioration de navigabilité des rivières applicable dans tous les cas, et si le choix à faire est toujours commandé par les circonstances et reste une question d'espèce, chaque procédé est susceptible de perfectionnement et de meilleures adaptations aux rivières d'un régime déterminé, ce qui fait désirer :

« *a*) Que des études spéciales ayant une organisation scientifique soient entreprises par divers pays sur des rivières à régime différent, pour constater le degré de navigabilité qu'il est possible d'atteindre par l'application de diverses méthodes d'amélioration et pour déterminer les facteurs réglant le prix de revient des travaux correspondants;

« *b*) Que les laboratoires hydrotechniques destinés à étudier sur des modèles à échelle réduite les phénomènes de la vie des rivières se propagent de plus en plus et soient pourvus des moyens nécessaires pour expérimenter les divers procédés d'amélioration de la navigation des rivières, autant que possible en corrélation avec les études et travaux exécutés sur les rivières elles-mêmes;

« c) Que soit exécutée la résolution du VI° Congrès de Navigation intérieure, prise à la Haye en 1894, et demandant la mise à l'étude pour les rivières à un courant d'un formulaire clair, court, mais cependant suffisamment complet, qui renfermerait les renseignements nécessaires pour définir les caractéristiques de chaque rivière étudiée au double point de vue de son régime et de sa navigation ;

« d) Que la question de l'amélioration de la navigabilité des rivières à un courant complétée par celle des expériences de laboratoire et du formulaire soit maintenue à l'ordre du jour du prochain Congrès de Navigation.

« 4° La méthode d'amélioration de la navigabilité des rivières par la régularisation à l'aide d'ouvrages fixes ne saurait plus être appliquée avec succès en présence des besoins de la navigation actuelle sans l'emploi intensif des dragages, tant lors de la création du lit régularisé par la méthode indiquée que pendant l'entretien ultérieur des profondeurs obtenues. La méthode de la canalisation des rivières implique la régularisation du lit par ouvrages fixes et l'emploi des dragages, ainsi que la méthode de l'augmentation du débit d'étiage et des profondeurs à l'aide des réservoirs d'emmagasinement ; toute amélioration de la navigabilité d'une rivière doit donc commencer, en thèse générale, par la fourniture d'un matériel de dragage bien approprié aux circonstances locales et par l'exécution des dragages qui, d'ailleurs, souvent peuvent à eux seuls résoudre rapidement et économiquement le problème de l'amélioration de la rivière en question, si ce problème n'est pas compliqué par les exigences d'un autre ordre.

« 5° Pour les fleuves à grand débit et à faible pente, la méthode des dragages est le seul moyen d'amélioration de navigabilité réellement pratique et susceptible de satisfaire toutes les exigences de la navigation sans entraîner des dépenses de temps et d'argent excessives. »

La constatation de toute méthode générale n'est peut-être pas exacte ; il existe, en effet, une méthode générale qui consiste, par des procédés appropriés, à suivre les lois posées par la nature, par exemple en traçant le lit mineur suivant des courbes sinusoïdales plus ou moins aplaties, d'après les circonstances locales, en se basant sur l'observation directe des cours d'eau, et en tenant compte de leurs caractéristiques, de la distribution des mouilles et des seuils et en appliquant le principe de continuité posé par M. l'ingénieur en chef Girardon pour l'établissement des ouvrages. Il semble que la normalisation, procédé employé en Allemagne, qui a pour conséquence de vouloir faire un canal d'un cours d'eau, de chercher à uniformiser ce qui est essentiellement variable, doive être abandonnée, parce qu'elle va à l'encontre des lois naturelles.

Les dragages dont on ne doit pas méconnaître le rôle important, ne constituent pas une méthode, excepté peut-être pour les cours d'eau importants comme le Mississipi et le Volga ; ils doivent être employés soit pour accélérer la formation du chenal et couper les seuils inaffouillables au courant, soit pour entretenir le chenal en faisant disparaître périodiquement les hauts-fonds rebelles, soit même pour obtenir un approfondissement supplémentaire, quand la régularisation seule ne procurerait pas le mouillage nécessaire. Tantôt ils ont été l'accessoire de la régularisation par ouvrages fixes, tantôt c'est la consolidation du chenal et des rives qui a été l'accessoire des dragages.

On ne peut donc que se ranger aux conclusions du rapport de M. l'inspecteur général Bouvaist, rendant compte des rapports et des délibérations du Congrès de Navigation de Philadelphie [1].

« Il semble donc bien qu'on se trouve en présence d'une méthode générale. Les ouvrages fixes : digues longitudinales ou transversales, épis, seuils noyés, défense de toute nature, présentent maintenant partout les plus grandes analogies.

« La variation dans l'importance relative de ces ouvrages et des dragages résulte des circonstances locales et n'infirme en rien les principes fondamentaux. »

Il est certain, et c'est là ce que le Congrès a proclamé, qu'on ne peut pas fixer par des règles fixes indiquant a priori le procédé qui doit être préféré, ou prédominer

---

1. *Annales des Ponts et Chaussées*, 1913, VI, p. 518-556.

pour un cas donné ; celui-ci est toujours commandé par les circonstances et reste une question d'espèce.

Mais chaque procédé est susceptible de perfectionnements et de meilleures adaptations aux rivières d'un régime déterminé ; de là la nécessité de recourir à des expériences nombreuses sur les rivières à régime différent de tous les pays, et d'étudier sur des modèles à échelle réduite, comme il a été dit plus haut, les phénomènes de la vie des rivières. M. l'inspecteur général Bouvaist ne croit pas à l'efficacité de ces dernières études et préfère les expériences directes exécutées sur une ou plusieurs sections de la rivière à améliorer. Sans doutes ces expériences sont préférables, mais coûteuses, mais elles devraient toujours être précédées d'études scientifiques, comme l'on a fait avec succès pour l'amélioration de l'estuaire de la Seine. Faute de ces études, qui valent infiniment mieux que l'application de toutes les formules en usage, et qui permettraient de les rectifier, de les compléter, on a souvent commis de lourdes fautes. Il est peut-être possible d'améliorer la régularisation en pourvoyant le cours d'eau envisagé d'une alimentation supplémentaire au moyen d'eaux emmagasinées dans de vastes réservoirs de retenue. Cette eau supplémentaire d'alimentation serait approvisionnée en temps ordinaire pour n'être envoyée au cours d'eau que lorsque le mouillage devient insuffisant.

Ce système a été employé en France au commencement du siècle dernier surtout en vue de pallier les effets désastreux des crues. Il a été établi particulièrement après la crue exceptionnelle de 1856, et on a envisagé la possibilité de l'appliquer au Rhône, à la Seine, à la Garonne et à la Loire. Le résultat de l'étude n'a pas été satisfaisant, puisqu'on a abandonné définitivement l'application de ce système séduisant *a priori*. Qu'il suffise d'indiquer qu'il fonctionne en quelque sorte sur le Rhône, pour lequel le lac de Genève constitue un réservoir naturel d'une importance considérable. L'onde, qu'envoie ce réservoir, met environ vingt-quatre heures pour parvenir à Lyon ; on a remarqué que tous les lundis, lorsque les usines de Genève sont arrêtées, à partir du samedi soir, le mouillage du fleuve est inférieur de 0m,30 environ à celui qu'il avait la veille, et se relève vingt-quatre heures plus tard. L'influence de la retenue opérée grâce au lac de Genève s'exerce jusqu'à Valence, à 60 kilomètres environ en aval de Lyon.

En Allemagne on a eu recours dans ces dernières années à l'alimentation des fleuves dans leur partie inférieure au moyen de vastes réservoirs. On sait que les grands fleuves de ce pays, notamment le Rhin, le Weser et l'Elbe, ont toujours été améliorés par voie de régularisation. Néanmoins, dans leur partie supérieure, ainsi que sur les cours d'eau d'ordre secondaire, comme le Mein entre Offenbach et son embouchure dans le Rhin, la Fulda de Cassel à Münden, l'Oder supérieur de Kosel à la Neisse, on a dû recourir à la canalisation.

Mais les ingénieurs allemands estiment avec raison que la canalisation revient à un prix trop élevé et cause des retards au passage des écluses. Ainsi l'un d'entre eux, M. Sympher, calcule que les cinquante et une écluses qu'on aurait dû construire pour la canalisation de la Weser entre Münden et Brême auraient allongé de 105 0/0 la durée d'un parcours de 366 kilomètres et dans une proportion presque aussi forte les frais de transport.

On a donc eu l'idée d'améliorer les parties inférieure des grands fleuves au moyen de vastes réservoirs, dont l'établissement se poursuit sur l'Oder et le Weser.

a) Oder. — En 1888, la navigation s'arrêtait à Breslau. De 1888 à 1892, on a canalisé le fleuve sur 160 kilomètres à l'amont de Breslau, avec écluses de 180 mètres de longueur utile et mouillage de 1m,50, moyennant une dépense kilométrique de 367.000 marks environ[1]. De Breslau à Fursternberg, origine du canal de l'Oder à la Sprée, en aval, le mouillage descend à 1 mètre, et même en quelques points à 0m,80.

On se propose de relever ce tirant d'eau à l'aide de réservoirs augmentant le débit d'étiage. Il semble résulter d'expériences faites sur des sections d'essai de 10 kilomètres, qu'en emmagasinant 150.000.000 de mètres cubes, on obtiendrait un mouillage de 1m,40, permettant aux bateaux de

—————

1. 458.750 francs.

400 tonnes de circuler chargés aux trois quarts. La dépense prévue de 188.000 francs par kilomètre serait notablement inférieure à celle de la canalisation de Breslau à Kosel.

b) WESER. — Le Weser est formé à Fulda par la jonction de la Fulda et de la Werra. Son cours a été régularisé sur 367 mètres de Fulda à Brême, où commence la navigation maritime. Sur cette section régularisée, le tirant d'eau varie de 0^m,65 en amont à 1 mètre en aval.

Le canal projeté du Rhin à l'Elbe avec 1^m,75 de mouillage rencontrera le Weser à Minden à 21 kilomètres, en aval de Hameln. La canalisation du Weser de Hameln à Brême faisait partie intégrante du projet et on n'avait renoncé à pousser la canalisation en amont de Hameln que par raison d'économie. En 1905, on abandonna la jonction avec l'Elbe et toute idée de canalisation pour s'arrêter à Hanovre ; et on décida d'établir deux réservoirs sur l'Eder à Heimfurt (202.000.000 de mètres cubes) et sur la Diemel à Helmingausen (20.000.000 de mètres cubes) en vue de pouvoir : 1° à l'alimentation à Minden du canal du Rhin au Weser ; 2° à l'amélioration du Weser de Münden à Brême ; 3° à la régularisation des crues ; 4° à la création d'énergie électrique.

Les débits d'étiage tombent à 9 mètres cubes à Münden, 34 mètres cubes à Minden, 47 mètres cubes à l'amont et 73 mètres cubes à l'aval de l'embouchure de l'Aller. Au vu des résultats obtenus sur les stations d'essais, on compte grâce aux réservoirs les relever de au moins 40 mètres cubes à Münden, 60 mètres cubes à Minden et 100 mètres cubes à l'embouchure de l'Aller. Les résultats escomptés sont donnés dans le tableau de la page suivante.

Les travaux de régularisation ne diffèrent pas de ceux qu'on applique ordinairement : les profils adoptés ont été établis de manière à ne pas dépasser comme pente maximum par kilomètre 0^m,50 entre Münden et Minden, et 0^m,18 en aval de l'Aller ; les vitesses varieront entre 0^m,94 et 0^m,64 en basses eaux moyennes. La dépense totale est évaluée, à 33.526.000 marks, dont 23.000.000 de marks pour les réservoirs ce qui, en nombre rond, pour 364 kilomètres correspond à 116.000 tonnes par kilomètre.

SECTIONS	DISTANCES en kilomètres	MOUILLAGES		
		Actuels	Après régularisation complémentaire	Après régularisation et réservoirs
1 Münden à Carlshafen.	45	0,65	0,75	1,10
2 Carlshafen à Hameln.	90	0,80	0,95	1,25
3 Hameln à Minden...	66	0,80	1,00	1,25
4 Minden à l'Aller.....	125	0,90	1,25	1,40
5 De l'Aller à Hemlingen par Brême	26	1,00	1,70	1,75

Les ouvrages adoptés consistent principalement en épis, en digues parallèles, en défenses de rives, enfin en seuils de fond dont le but est :

1° De réduire de trop grandes profondeurs en vue de l'élargissement du chenal navigable ;

2° De réduire de trop grandes profondeurs en vue d'un relèvement du niveau de l'eau, notamment pour la régularisation de la pente superficielle ;

3° De défendre le plafond de la rivière contre tout nouvel approfondissement et abaissement du niveau des basses eaux. M. Sympher fait remarquer avec infiniment de raison que les seuils de fond exercent un effet efficace sur la régularisation de la pente superficielle, que le niveau de la flottaison se trouve relevé au droit de ces ouvrages.

On doutait autrefois que les seuils de fond eussent pu avoir une action appréciable de ce genre. Mais les soi-disant mauvais résultats obtenus tenaient à ce que ces ouvrages avaient été placés à de trop grandes distances les uns des autres. Après en avoir établi sur le Weser à des intervalles d'environ 12^m,5, on a constaté que le niveau de flottaison subissait un relèvement en rapport avec la section réduite du cours d'eau. Des essais effectués à Berlin dans les laboratoires de Prusse pour travaux hydrauliques et constructions navales ont même montré que des seuils de fond, placés à de faibles distances les uns des autres, produisaient plus d'effets que l'établissement d'une digue continue le long de la rive concave où se rencontrent de grandes profondeurs. Les seuils de fond ont enfin une grande efficacité pour la fixation du plafond des cours d'eau. Si on a soin de les maintenir à la hauteur qui leur est assignée, on n'aura aucune crainte en ce qui concerne les affouillements d'une part et tout nouvel abaissement du niveau des basses eaux d'autre part. Les seuils de fond sont généralement disposés de façon que leur point culminant, au droit des consolidations de rive ou au droit des têtes d'épis, se trouve à 0^m,30 au-dessous du niveau normal du plafond, et que leur inclinaison à partir de ce point est de 1/40 environ vers l'axe des cours d'eau.

M. Sympher conclut, d'après les résultats obtenus sur le Weser notamment, qu'avant de canaliser une rivière, il convient d'examiner s'il est possible et dans quelles proportions il est possible de recourir à une régularisation et à une alimentation supplémentaire. C'est là une conception extrêmement juste et qui, malheureusement, a été perdue de vue dans bien des cas.

Est-il possible de déterminer d'une façon générale les cas où il convient de recourir à des travaux de régularisation de préférence à la canalisation de la rivière ou à l'établissement d'un canal latéral ?

D'une manière générale, les ingénieurs, qui ont répondu à cette question, ont conclu d'une façon vague et abstraite, sans essayer de généraliser et de donner une solution complète. Ils ont admis que l'on devrait recourir à la canalisation ou canal latéral si la pente et le débit ne remplissaient pas les conditions voulues, ou si le mouillage permanent qu'on obtiendrait par régularisation ou dragages sous tout ou partie du cours d'eau était inférieur à celui qu'on jugerait nécessaire.

Le passage d'un système à l'autre, qui a été pratiqué notamment sur le Weser, pourrait être avancé si l'importance du trafic ou le besoin d'uniformiser les tonnages sur un réseau navigable dont le cours d'eau ferait partie, justifiait, au point de vue économique, l'écart de la dépense entre l'aménagement en courant libre et la navigation. Il pourrait, au contraire, être retardé si, au moyen d'une alimentation supplémentaire pour réservoirs, on arrivait à procurer au mouillage un relèvement qui, en tous cas, ne saurait jamais être très important.

Seul M. l'ingénieur en chef Kauffmann a essayé de résoudre la question au moyen de considérations théoriques, qui sont les suivantes. Le canal est plus sûr, mais sa capacité de trafic est moindre, et il ne dessert qu'une rive. Toutefois l'aménagement du fleuve ne peut être poussé indéfiniment vers l'amont. La vitesse du courant ne peut dépasser certaines valeurs :

1° Au point de vue de la traction à la remonte $1^m,50$;

2° Au point de vue du régime du lit : des vitesses supérieures à $0^m,90$ élargiraient les sections et affaibliraient les pentes superficielles ;

3° Au point de vue des tracés, dans l'égalité u [1] $= \dfrac{Q}{lh}$, on connaît Q, on se donne h, la largeur à l'étiage ne doit pas descendre au-dessous d'une certaine limite pour que les bateaux puissent s'inscrire dans les courbes et se croiser, au-dessous d'un minimum, duquel résulte pour u un maximum qui, dans l'espèce, est égal à $0^m,90$. En reportant la plus faible des trois valeurs de u dans la formule classique $i = \dfrac{b_1 u^2}{R}$ et en déterminant b_1 par l'observation directe sur une section en bon état, M. Kauffmann a fixé à $0^m,225$ la pente kilométrique maximum admissible sur la Loire, ce qui conduirait au plus à Saumur, c'est-à-dire à 50 kilomètres seulement en amont de l'embouchure de la Maine.

Ces considérations sont évidemment très intéressantes, mais elles ne semblent pas décisives. Et d'abord, pourquoi limiter à $1^m,50$ la vitesse du courant admissible pour le remorquage? Sur le Rhône notamment, où le remorquage se fait dans des conditions satisfaisantes, la vitesse du courant en eaux moyennes varie entre $1^m,50$ et $3^m,50$. Sur le Rhin, cette vitesse atteint $3^m,45$ un peu en aval de Bingen, au Bingerloch, près du confluent de la Nahe, et cependant la navi-

___
1. u est la vitesse du courant.

gation y est très active, aussi bien à la remonte qu'à la descente. Il semble qu'il suffise, au lieu d'appliquer une formule quelconque, d'augmenter la puissance du remorqueur.

Des réserves doivent être faites également au sujet de la limite de la vitesse posée au point de vue du régime du lit. On sait, en effet, que les épis noyés et le tapissage du fond du lit remédient efficacement aux corosions et à l'affaissement général de la pente.

Enfin les mêmes réserves doivent être formulées en ce qui concerne la limitation de la vitesse au point de vue des tracés. Sur le Rhône notamment, où le rayon des courbes descend quelquefois à 500 mètres, où la largeur des sections est réduite à 150 mètres, la vitesse du courant est portée à $3^m,50$, le croisement des bateaux se fait très aisément.

En résumé, il n'y a pas de formule générale permettant de fixer d'avance le point où le canal doit être substitué aux travaux de régularisation. C'est là une question d'espèce et d'expérience; on peut proclamer seulement que les rivières à pente modérée et ayant encore un débit suffisant en étiage, peuvent être améliorées par régularisation au moyen d'ouvrages fixes et par dragages exécutés séparément ou combinés ensemble dans des proportions variables. En dehors de ce principe, il ne peut pas y avoir de règle générale.

On ne peut que s'en rapporter aux conclusions du Congrès de Navigation intérieure de La Haye (1894) formulées par M. l'ingénieur en chef Girardon.

Tout d'abord, il semble que la confiance dans les formules de l'hydraulique est singulièrement ébranlée. Sans nier la valeur que peuvent avoir ces formules, comme résultat d'expériences souvent très considérables et très précises, la plupart des ingénieurs ont eu à constater les graves mécomptes qui résultaient de leur extension et de leur emploi dans des circonstances trop différentes de celles dans lesquelles elles avaient été établies. Elles donnent des résultats plus ou moins exacts, mais ordinairement suffisants pour la pratique quand il s'agit exclusivement de l'eau seule; mais nos rivières ne sont pas seulement des cours d'eau comme on les appelle ordinairement: elles débitent à la fois de l'eau et des matériaux solides; c'est précisément le *mouvement des matériaux solides* qui cause toutes les difficultés contre lesquelles nous avons à lutter, et c'est mal prendre le problème que de chercher à le résoudre en réglant l'écoulement de l'eau, sans chercher à régler aussi celui des matériaux. Et c'est le prendre d'autant plus mal que ces deux mouvements réagissent l'un sur l'autre et que, très fréquemment, les effets qui se produisent sur une rivière à fond mobile sont, non seulement différents, mais souvent contraires à ceux qu'on avait prévus et qui se seraient réalisés si l'on n'avait eu à tenir compte que de l'écoulement de l'eau sur un fond solide. La conséquence de cette constatation est qu'il *n'y a qu'un guide sûr, l'observation directe des faits* qui se produisent dans des conditions analogues à celles dans lesquelles on doit agir, non pas sur des canaux artificiels qui ne roulent que de l'eau, mais sur les rivières mêmes, où se réalisent les phénomènes avec lesquels nous avons à compter. Ces phénomènes sont assurément très complexes et nous les connaissons mal ; c'est en réunissant beaucoup d'observations et en tâchant de les rendre comparables que nous les connaîtrons mieux ; nous pouvons cependant dès maintenant en relever un certain nombre dont la répétition et la généralité impliquent la nécessité ; et d'autres, au contraire, qui sont exceptionnels et ne semblent dus qu'à des causes accidentelles. On peut éviter ces derniers. Quant aux autres, il est inutile de lutter contre eux ; il faut les subir ; il faut faire mieux encore : il faut en tirer parti.

Dans l'infinie variété des formes qu'elle nous présente, la nature nous en montre dans lesquelles se trouvent réalisées les conditions que nous cherchons à obtenir et d'autres où se trouvent réalisées des conditions qui nous sont nuisibles.

Il faut étudier les circonstances dans lesquelles se produisent les unes et les autres et s'efforcer de reproduire celles qui nous sont favorables et d'écarter les autres.

L'éminent rapporteur du Congrès rappelle notamment l'influence qu'exerce le tracé des rives, qui est un facteur très important de la distribution des profondeurs, mais qui n'est pas le seul ; la profondeur dépend aussi de la pente, de la largeur et de la résistance du lit ; elle dépend de la nature des rives et des rivages ; elle dépend enfin de la concordance ou de la discordance entre le chenal des hautes eaux et le chenal des basses eaux. *Des observations multipliées seraient nécessaires sur tous ces points.*

De même, le principe de la continuité dans la forme du plan, dans celles du profil en long et du profil en travers et dans le passage du lit mineur au lit majeur doit être suivi avec soin.

On doit aussi l'appliquer dans l'exécution des ouvrages, et éviter de vouloir opérer d'un seul coup des modifications trop profondes.

Les formules générales applicables dans tous les cas sont donc très dangereuses et doivent être écartées d'une façon complète. Il s'agit de procéder par expérience et observation dans chaque cas particulier ; c'est la seule méthode qui convienne et qui n'apporte pas de déceptions.

Il est bien certain que l'établissement d'un canal ou d'un canal latéral est toujours possible et semble apporter une solution plus simple et plus satisfaisante que la régularisation d'un fleuve, qui comporte sans doute un certain aléa, mais on ne doit se résoudre à cet établissement qu'autant que l'expérience aura démontré l'impossibilité de la régularisation, et que les intérêts à desservir seront assez importants pour justifier une dépense élevée. Une régularisation même imparfaite pendant les premières années qui suivent l'exécution des travaux est certainement préférable à la canalisation qui entraîne des dépenses de construction et d'entretien très élevées. En dehors de cette considération faut-il encore rappeler que le fleuve régularisé possède une souplesse très grande au point de vue de l'exploitation et peut porter sans modification aucune des bateaux, dont le tonnage peut ainsi croître à volonté? Le gabarit du canal étant fixé, la voie d'eau ne peut recevoir que des bateaux d'un type déterminé, et doit être transformée, si l'on veut augmenter le mouillage utilisable. C'est une grosse opération, qui devient très onéreuse. Il est plus simple de modifier le type du bateau que de changer les caractéristiques de la voie d'eau.

Les bateaux doivent être appropriés à cette voie et restent d'un type uniforme et interchangeable, lorsqu'il s'agit d'un canal. Ils peuvent, au contraire, être de plus en plus puissants sur un fleuve régularisé, à mesure que croissent les besoins du commerce et de l'industrie.

S'il est nécessaire d'augmenter sur certains points le mouillage du fleuve, on aura recours à des dragages, dont l'importance et le coût ne seront jamais très élevés.

Donc très grande souplesse, très grande élasticité du côté de la rivière canalisée, avenir complètement réservé ; du côté du canal, uniformité, avenir engagé pour de nombreuses années. Rappellera-t-on que sur la Loire maritime on a exécuté un canal de 15 kilomètres de longueur, en aval de Nantes, entre la Martinière et le Carnet, canal qui a été ouvert en 1892 et qui a nécessité une dépense de 26.700.000 francs, pour contourner les hauts-fonds gênants ? Ce canal, qui ne pouvait assurer que le passage des navires calant 5 mètres, a été pour ainsi dire abandonné quelques années après sa construction, parce qu'il aurait été très difficile d'abaisser le seuil des écluses du canal et de modifier leur forme. On en est revenu à la régularisation de la Loire, et à l'exécution de dragages pour assurer en tout temps le passage des navires calant 7 mètres.

On a objecté pour justifier l'exécution d'un canal de préférence à la régularisation que les transports pourraient se faire de bout en bout du réseau navigable sans aucun transbordement. La péniche flamande de 300 tonnes que l'on avait en vue aurait ainsi circulé sans difficulté. Le transbordement de bateau à bateau est sans doute un inconvénient, mais ne doit pas être retenu ; on peut, avec un matériel approprié placé aux points de transbordement, faire l'opération avec une dépense minime ne dépassant pas 0ᶠ,20. Cela majore le prix du fret, comme si le parcours était allongé de 10 kilomètres. Les pertes de temps aux écluses sont autrement importantes et majorent le prix du fret dans une autre mesure.

Les canaux sont aussi souvent soumis à des chômages par suite des réparations, et la navigation est interrompue par les glaces. Il en est de même sur les fleuves régularisés ; la période d'interruption sur un canal doit être plus longue à cause du calme des eaux et de l'absence de courant. On peut donc dire que d'un côté comme de l'autre, il y a interruption forcée de la navigation, mais que cette interruption est plus longue sur un canal.

Voici d'ailleurs le bilan de la situation sur le Rhône, avant les travaux et actuellement après leur exécution :

1º Avant les travaux :

Trois mois de chômage, quatre mois de difficultés, cinq mois de navigation facile ;

2º Après les travaux :

Quatorze jours de chômage, quatorze jours de difficultés moindres qu'autrefois, en tout un mois environ, et onze mois de navigation facile et à pleine charge.

On en conclut que le succès au point de vue de l'hydraulique fluvial est complet. Le matériel usité sur le Rhône parvient à triompher des difficultés que crée la vitesse du courant.

Pour terminer et donner une idée exacte des frais d'établissement et d'entretien des diverses voies navigables, on donne ci-après un tableau qui résume la situation aussi complètement que possible. C'est la meilleure conclusion que l'on puisse apporter.

TABLEAU A. — Coût de la régularisation

FLEUVES	PROFONDEUR	KILOMÈTRES	COUT	COUT MOYEN par KILOMÈTRE	CHUTE MOYENNE par KILOMÈTRE
États-Unis					
Mississipi supérieur de Saint-Paulan :					
Missouri	1ᵐ.40	1.017.320	51.263.268.30	50.356	0ᵐ.025
Hiwassee	0 .70	30.500	371.380.30	12.115	0 .10
France					
Rhône (de Lyon à la mer)	1ᵐ.33	330.050	67.225.000	203.712	0ᵐ.32
Loire¹	1 .50	160 (env.)	7.200.000	120.000	0 .18
Allemagne					
Rhin	1ᵐ.32-3ᵐ.30 / 0 .99-1 .35	344.540	65.910.000	191.310	ᵐ.23
Weser (près de l'embouchure)	1 .65-3 .30 / 1 .19-1 .52	338.100	11.582.500	35.828	0 .34
Elbe (près de l'embouchure)	1 .98-3 .30 / 0 .86-1 .40	405.720	51.007.500	125.040	0 .20
Oder (près de l'embouchure)	1 .65-2 .76	542.570	30.740.000	56.656	0 .27
Worthe	1 .00-1 .32 / 1 .09-1 .65	346.150	12.545.000	36.241	0 .17
Vistule	1 .65-7 .59	283.360	123.645.000	436.350	0 .17
Pregel	»	125.580	2.995.000	18.275	»
Memel	1 ,73-2 .18	111.090	14.510.000	130.620	0 .10

1. Les dépenses d'entretien sont évaluées à 1.200 francs par kilomètre.

TABLEAU B. — COUT DE LA CANALISATION

RIVIÈRE	LONGUEUR de la partie canalisée	NOMBRE d'écluses	PROFONDEUR en mètres	COÛT TOTAL	COÛT par kilomètre	LONGUEUR moyenne de la mouille	COÛT par bief	OUTILLAGE ET ENTRETIEN (1909) Coût	Coût par kilom.	Coût par écluse	CHUTE par kilomètre
France											
Saône	373km.520	30	2.71	43.825.000	107.290	12km.397	1.460.000	302.500	8.106	10.085	
Seine de Montereau à Paris	98 .210	12		24.775.000	252.260	8 .211	2.065.000	271.750	2.767	22.640	0.17
Seine de Paris à Rouen	233 .450	9	3.46	87.500.000	374.810	26 .726	9.725.000	161.250	1.975	51.250	0.17
Seine (nouveaux travaux)	225 .400	9		63.375.000	281.170	24 .955	7.050.000				
Yonne	107 .870	26		27.950.000	258.600	4 .181	1.075.000	168.250	1.558	6.470	0.50
Marne	182 .735	19	2.40	26.175.000	143.230	9 .660	1.375.000	199.500	1.093	10.500	0.24
Aisne	57 .135	7		4.850.000	8.486	8 .211	692.500	53.250	932	7.605	
Scarpe	8 .050	2		3.875.000	481.400	4 .025	1.937.500	25.000	3.102	12.500	
Moyenne pour la France					240,559		3.172.500	211 645	1.750	17.295	
Allemagne											
Saar	314km.395	6	1.40-2.60	8.860.000	282.140	31km.520	1.476.500	160.250	5.124	26.750	0.44
Main	37 .835	5	1.95-2.95	11.205.000	296.118	75 .670	2.241.000	200.250	5.281	40.000	0.29
Fulda	27 .370	7	2.18-3.93	3.925.000	143.478	38 .640	560.750	109.625	4.037	15.625	0.68
Salle	144 .095	15	1.45-2.90	9.585.000	66.460	9 .660	639.000	227.000	1.553	15.125	0.26
Unstrut	65 .205	12	0.83-2.80	2.640.000	40.371	54 .740	220.000	71.000	1.087	5.875	0.35
Oder	85 .652	14		30.295.000	350.931	61 .180	2.164.000	1.085.500	12.635	85.000	0.39
Moyenne pour l'Allemagne					197.050		1.216.875	308.935	4.957	31.395	

Tableau B. — Coût de la canalisation (Suite)

RIVIÈRE	LONGUEUR de la PARTIE CANALISÉE	NOMBRE D'ÉCLUSES	PROFONDEUR en MÈTRES	COÛT TOTAL JUSQU'EN 1907	COÛT par KILOMÈTRE	LONGUEUR moyenne DE LA MOUILLE	COÛT par BIEF	OUTILLAGE ET ENTRETIEN Coût	Coût par kilom.	Coût par écluse	CHUTE par KILOMÈTRE
						États-Unis					
Black Warrior...	146km.510	7	1.98	12.701.985	86.695	20km.930	1.814.570	630 170	4.302	48.509	0.57
Coosa...	40 .250	3	0.99	5.242.190	130.226	13 .363	1.747.395	39.670	984	13.225	0.53
Allegheny...	40 .250	3		6.689.345	166.192	13 .363	2.229.780	233.195	5.702	77.730	0.42
Monongahela...	210 .910	15	2.31-2.54	34.229.285	162.202	14 .007	2.281.950	866.820	4.109	57.785	0.49 (e)
Muskingum...	135 .240	10	1.98	9.188.125 (a)	67.938	15 .524	918.810 (a)	250.650	1.854	25.065	0.32
Little Kanawka...	77 .280	5	1.32	1.940.100 (b)		15 .456	388.020 (b)	40.200	519	8.040	0.25 (f)
Great Kanawka...	144 .900	10	1.98	21.119.150	145.869	14 .490	2.111.915	421.575	2.910	42.155	0.17
Buig Sandy...	43 .470	3	1.98	6.029.770 (c)	138.711	14 .490	2.009.925 (c)	79.240	1.820	23.080	0.29
Kentucky...	363 .860	11	1.98	14.516.545	40.031	33 .005	1.319.230	798.220	2.193	72.565	0.18
Green and Barren.	305 .900	7	1.65	8.192.050	26.780	43 .631	1.170.295	379.420	1.239	54.200	0.10
Cumberland...	211 .554	8	1.98	13.126.900 (d)	62.049	29 .785	1.640.860 (d)	165.275	783	27.545	0.14
Illinois...	312 .340	2	2.31	7.578.505	24.264	78. .085	3.789.305	74.200	2.376	37.100	0.01
Moyenne pour les États-Unis...					93.534		1.785.170		2.407	40.745	

(a) Réparations seules. — (b) Coût du travail seul. — (c) Y compris l'outillage. — (d) Statistiques au bureau. — (e) En Virginie occidentale. — (f) Environ.

TABLEAU C. — CANAUX LATÉRAUX

ENDROIT	LONGUEUR en KILOMÈTRES	ÉCLUSES	COUT	COUT par KILOMÈTRE	COUT par BIEF	OUTILLAGE ET ENTRETIEN	
						Coût	Coût par kilomètre
France							
Loire (Dijon à Briare)...	195.937	37	51.775.000	263.975	1.400.000	158.250	
Garonne.............	193.200	53	62.400.000	321.428	1.175.000	187.500	970
États-Unis							
Saint-Marys-Falls.......	1.771	2	40.286.260	22.747.750	40.286.250	515.480	291.065
Des Moines Rapides.....	12.880	3	7.915.230	614.534	3.957.615	193.860	15.049
Muscle Shoals.........	28.980	11	15.958.630	550.677	1.450.785	257.100	8.869
Colbert Shoals.........	12.880	1	11.039.705	857.121	11.039.705		
Cascades Canal........	0.805	2	19.104.625	23.728.730	9.550.810	71.895	89.311

CHAPITRE VII

MATÉRIEL ET PROCÉDÉS DE LA NAVIGATION FLUVIALE

Objet de ce chapitre. — On a vu dans les chapitres qui précèdent comment sont constitués les cours d'eau et quel est leur régime. On a montré comment il était possible d'améliorer d'abord, de régulariser ensuite les fleuves et rivières, afin de tirer le meilleur parti possible de leur cours. Il reste à montrer de quelle manière on peut les utiliser pour obtenir le rendement maximum.

Flottage. — La navigation au moyen de radeaux a dû certainement être la première pratiquée; elle est encore employée sous le nom de flottage pour le transport des bois.

Le flottage à bûches perdues, qui fonctionne depuis un temps immémorial, a été réglementé par des ordonnances, dont on retrouve les traces dès le xvᵉ siècle. C'était le seul moyen d'approvisionnement en combustible de la ville de Paris; aussi les marchands de bois de cette ville, qui s'approvisionnaient dans le Nivernais, la Bourgogne et la Champagne, avaient-ils obtenu des privilèges spéciaux et notamment celui de confier aux petits cours d'eau les bois de leurs exploitations. Les bûches lâchées isolément sur les cours d'eau avaient une longueur fixe de 3 pieds et demi; elles devaient être frappées de la marque de leur propriétaire, moyennant quoi ils pouvaient les suivre dans leur trajet à travers les propriétés particulières, les déposer sur les bords, sauf paiement d'une indemnité fixe, et faire lever les vannes des pertuis des moulins pour assurer leur passage. Tous ces droits sont codifiés dans une ordonnance de décembre 1672, qui s'applique à la Seine et aux rivières navigables et flottables, et aux ruisseaux qui y affluent.

L'opération du flottage à bûches perdues est assez complexe : les bois amenés des coupes au bord des ruisseaux sont marqués puis jetés à l'eau dont ils suivent le fil grâce à une crue naturelle, ou le plus souvent à une crue artificielle appelée *flot*. Ce flot est obtenu en faisant écouler soudainement, en *lâchant* l'eau des étangs placés sur la route moyennant une indemnité à leurs propriétaires. Les bûches ainsi emportées isolément par le flot de ruisseau en ruisseau et de rivière en rivière, sous la conduite d'ouvriers nommés *écouleurs*, parviennent enfin en un point où le cours d'eau est susceptible de porter bateaux ou trains. Elles trouvent là un barrage de chevalets (arrêt), sorte d'estacade en charpente qui les arrête. Des ouvriers spéciaux, appelés *flotteurs*, les sortent de l'eau (*tirage*), les séparent par marque de marchand (*tricage*), et les mettent en piles de dimensions déterminées (empilage) sur les propriétés riveraines situées aux abords de l'arrêt, frappées de servitude, à cet effet, et affectées à l'usage de ports. Les bûches coulées à fond d'eau, dites bois canards, doivent être repêchées dans un délai de quarante jours.

Ces opérations sont assez compliquées, ainsi qu'on peut en juger par l'exposé qui précède, et donnent lieu à des dépenses importantes, notamment pour les manœuvres, mais encore pour l'entretien des ouvrages, des ruisseaux et des rivières. Aussi les intéressés se sont-ils associés, reconnaissant ainsi la grande difficulté des opérations individuelles.

Cependant le flottage à bûches perdues diminue chaque année d'importance, au fur et à mesure que les voies de transport par terre se développent et se perfectionnent. Le bois flotté présente par ailleurs un inconvénient sérieux ; il a perdu sa sève par suite de son long séjour dans l'eau, sèche plus complètement que le bois non flotté et brûle avec une plus grande rapidité, ce qui lui enlève un peu de sa valeur marchande. Autrefois les flots de la haute Yonne déversaient sur les ports de Clamecy et de Coulanges de 20 à 25.000 décastères de bois par année ; ceux des petites rivières amenaient 11.000 décastères à Clamecy et ceux de la Cure 15.000 à Vermenton. En 1910 le total des bois flottés n'a pas dépassé 10.000 décastères dont 4.162 amenés pas la haute Yonne et 1.451 par la Cure.

Trains de bois à brûler. — Les bois à brûler flottés ou non déposés sur les ports de l'Yonne sont aujourd'hui transportés exclusivement par bateaux. Autrefois les bûcher étaient assemblées d'une façon très compliquée, et formaient un train de 41 mètres de longueur, qu'on réunissait, dès que la largeur de la rivière le permettait, pour former un couplage, que deux mariniers et un aide suffisaient à diriger, et qui représentait une masse de 200 tonnes environ.

Les bois arrivés à Paris pouvaient être utilisés immédiatement et vendus pour le chauffage; il suffisait de défaire le train. Les bois les plus légers étaient placés à l'avant et les plus lourds à l'arrière; tous les assemblages étaient assez élastiques pour permettre au train de s'infléchir comme la rivière dans ses parties sinueuses.

Le prix du flottage en trains d'une tonne de bois ressortissait à $0^{fr},013$ par tonne kilométrique entre Clamecy et Paris. Ce prix serait certainement majoré aujourd'hui à raison du renchérissement de la main-d'œuvre et surtout en raison de la canalisation de la Seine et de ses affluents, qui imposerait aux trains de bois une marche fort lente et une traction coûteuse.

Trains de bois de charpente. — Le flottage en trains des bois de charpente se fait encore avec une certaine activité. Les radeaux composés de bois de sapin n'offrent aucune particularité digne d'être signalée; ceux qui sont constitués par des bois de chêne doivent recevoir de distance en distance des barriques vides pour soutenir les parties les plus lourdes et équilibrer la masse.

L'inconvénient de ces trains, quand ils sont destinés à naviguer sur des voies d'écluses, c'est qu'ils doivent pouvoir se décomposer en parties de manière à pouvoir être contenus dans le sas des écluses. Sur les rivières à courant libre il n'existe plus et les trains peuvent avoir des dimensions énormes. Sur le Rhin notamment les trains de charpente ont des dimensions énormes, 1 mètre de tirant d'eau environ avec une surface de 30 ares, ce qui représente 1.340 tonnes, environ 2.680 stères de bois. Le personnel assez nombreux nécessaire pour diriger une pareille masse est installé dans des cabanes en bois disséminées sur le train. Le flottage du bois sur le Rhin a une réelle importance. En 1896 le total des bois flottés entrés dans les ports prussiens seulement s'est élevé à 319.816 tonnes.

En France, d'après la statistique du Ministère des Travaux publics, le total des bois flottés en France en 1913 a été de 104.922 tonnes, soit moins de 0,3 0/0 du tonnage effectif du réseau national (42.038.695 tonnes), et un peu moins de 7 0/0 des bois de toute nature transportés par eau (1.657.042 tonnes). Il y a une tendance très marquée et bien naturelle à la réduction de ce mode de transport. En 1897, le total des bois flottés était de 207·918 tonnes pour un tonnage effectif du réseau national de 30.609.226 tonnes.

MATÉRIEL DE LA BATELLERIE

Recensement de la batellerie en France. — Lors du dernier recensement de la batellerie en 1912 on a constaté la présence sur le réseau français :

1° De 15.144 bateaux ordinaires, sans vapeur, pouvant porter ensemble à pleine charge 4.035.199 tonnes de 1.000 kilogrammes ;

2° De 738 bateaux à vapeur répartis comme il suit :

Bateaux à voyageurs	205
Bateaux porteurs	114
Remorqueurs	361
Toueurs	58
Total	738 [1]

[1] En 1896, le recensement avait permis de constater 15.793 bateaux ordinaires sans vapeur pouvant porter à pleine charge 3.442.250 tonnes et 651 bateaux à vapeur.

Ces chiffres, qui peuvent varier d'une année à l'autre, donnent une idée de l'importance du matériel de la batellerie dans son ensemble et de la vapeur respective des divers groupes, entre lesquels se partage ce matériel[1].

DIVERSITÉ DES TYPES. — Les bateaux sans vapeur, qui en constituent la partie prépondérante, appartiennent à des types excessivement nombreux, présentant les formes et les dimensions les plus diverses, depuis la barque de 3 tonnes des petites rivières du bassin de la Charente, jusqu'au chaland de 1.000 tonnes qui circule sur la Seine, de Paris à Rouen. Cette extrême variété de types est justifiée par les habitudes, les traditions, les besoins locaux, le mouillage de chacune des voies de navigation. Il est inutile pour ne pas dire impossible d'uniformiser tout le matériel qui doit être adapté à la voie de navigation sur laquelle il circule. On doit, dans tous les cas, distinguer les bateaux de rivières des bateaux de canaux.

Les premiers sont généralement plus longs, plus larges, avec un tirant d'eau susceptible de varier suivant le mouillage de la rivière. Ils étaient généralement assez robustes pour pouvoir résister à ces variations, et supporter les efforts de traction et les manœuvres que comporte une navigation en rivière, surtout à la remonte. Cependant, à une époque où la main-d'œuvre et les matériaux étaient encore à bon marché, on construisit sur certains cours d'eau, la Loire et la Saône par exemple, des bateaux légers et peu coûteux qui ne faisaient qu'un voyage à la descente; au bout de ce voyage ils étaient vendus pour le bois et dépecés. Cette manière de faire ne se pratique plus en France; elle est encore usitée sur les grands cours d'eau de la Russie.

Les bateaux de canaux destinés à une navigation facile et exempte de dangers étaient trop souvent dépourvus d'agrès suffisants et étaient construits par trop économiquement. Ils avaient d'ailleurs un gabarit conforme à celui des écluses, qui présentaient les dimensions les plus différentes, de telle

1. En regard des chiffres qui précèdent, il est intéressant de faire connaître la composition de la flotte allemande de navigation intérieure en 1907 : 26.235 voiliers, chalands et vapeurs d'un tonnage total d'environ 5.900.000 tonnes.

sorte que cette diversité obligeait les bateaux à limiter leurs
dimensions ou leur tirant d'eau à celles des écluses les plus
petites qu'ils eussent à traverser sur leur parcours, ou à rester cantonnés dans une voie déterminée.

Effets de la loi du 5 août 1879.— La loi du 5 août 1879 a eu
pour but d'assigner à toutes les écluses des lignes principales de navigation des dimensions suffisantes pour assurer
le passage de bateaux longs de $38^m,50$ et larges de 5 mètres,
avec un tirant d'eau de $1^m,80$. Des travaux considérables ont
été exécutés pour transformer les écluses et arriver à l'uniformité qui, dès à présent, est réalisée sur une grande partie
du réseau, notamment dans le Nord et l'Est, où a lieu la
navigation la plus active. La batéllerie trouve donc actuellement dans la plupart des directions et sur de longs parcours
les mêmes conditions de navigabilité. Elle est constituée par
un type uniforme, usité sur les canaux du Nord, et désigné
sous le nom de *péniche flamande*, ayant les dimensions re-
latées ci-dessus, et susceptible de prendre un chargement
utile de 300 tonnes environ. La péniche est un bateau ponté
au moyen de panneaux mobiles, dont la forme massive est
caractéristique. Elle se rapproche autant que possible du
parallélipipède rectangle susceptible d'être inscrit dans le
gabarit des écluses, de manière à utiliser toute la capacité
de ces ouvrages. Cet avantage est compensé par l'inconvénient d'une traction plus difficile.

Mais là navigation ne se fait pas seulement sur les canaux, mais encore sur les rivières qui sont en communication avec les canaux. Il serait évidemment désirable, au point
de vue de l'exploitation du réseau, qu'elle puisse passer alternativement des uns sur les autres; mais il semble impossible
d'arriver à ce résultat sans exposer à des dépenses hors de
proportions avec le but à atteindre, et sans méconnaître le
principe même de la navigation, qui consiste à tirer le
meilleur parti possible des conditions naturelles des fleuves
et rivières. Pourrait-on imaginer la circulation, sur le
Rhône, sur la Seine, sur la Loire et d'autres rivières encore,
de la péniche flamande à l'exclusion de tout autre type de
bateaux? Outre que la péniche ne serait pas assez robuste

pour résister au courant, elle paralyserait la navigation e empêcherait de profiter des conditions de navigabilité du fleuve. Avec 1m,50 de mouillage, on peut arriver à transporter 600 tonnes au moins avec un matériel approprié ; avec 2 mètres sur les canaux, on ne dépasse pas 300 tonnes. C'est ce que l'on a si bien compris en Allemagne, où sur chaque rivière, ainsi qu'on le verra plus loin, on trouve des bateaux de types différents, faisant produire à la voie navigable le maximum de rendement. Tel doit être le programme à suivre : l'uniformité n'existe nulle part dans la nature, la diversité est la règle générale ; vouloir méconnaître cette loi, c'est aller au-devant des plus graves déconvenues. Au surplus, ce qui a poussé dans cette voie néfaste, c'est la crainte des transbordements, qui sont la règle presque générale en matière d'exploitation des chemins de fer, et qui s'effectuent actuellement avec la plus grande facilité et dans les meilleures conditions économiques, grâce aux engins économiques dont on dispose à présent. Le passage aux écluses est autrement onéreux à tous les points de vue. En résumé, on peut et on doit considérer la loi du 5 août 1879 comme constituant un grand progrès dans l'exploitation des canaux, qui communiquent entre eux, et qui constituent un réseau continu ; mais on doit en restreindre l'application à ces voies, en laissant sur les fleuves et rivières les types de bateaux usités, et qui rendent les meilleurs services au point de vue de leur rendement maximum.

Tirant d'eau, mouillage. — On a parlé bien souvent, dans les chapitres qui précèdent, sans en donner une définition nécessaire, du tirant d'eau et du mouillage. Le *tirant d'eau* d'un bateau est la distance entre le plan d'eau et le fond ; le *mouillage* est la profondeur de l'eau dans le chenal. Il est évident que, pour que la navigation soit possible, il doit exister une notable différence entre le mouillage et le tirant d'eau.

Mode de représentation des coques. — Il est d'usage de représenter les coques par leurs projections sur trois plans rectangulaires ; l'une faite sur un plan horizontal et appelée *horizontale*; la deuxième faite sur un plan vertical passant par l'axe du bateau et dénommée *longitudinale*; la troisième faite sur un plan perpendiculaire audit axe et appelée *verticale*. Cette dernière comprend les deux demi-projections obtenues en considérant d'un côté l'avant, d'autre côté l'arrière du bateau, d'où les dénominations de vertical avant (*AV*) et vertical arrière (*AR*) (*fig.* 200).

Cette figure représente le type de bateau dit à *cuiller*, étudié par M. l'inspecteur général de Mas. Sur les projections sont représentées les courbes obtenues en coupant les coques par trois séries de plans respectivement parallèles, à savoir : des plans horizontaux, des plans verticaux perpendiculaires à l'axe du bateau, et des plans verticaux parallèles audit axe.

Les premières courbes dites *lignes d'eau* se projettent en vraie grandeur sur l'*horizontal*, et suivant des lignes droites horizontales, tant sur le *longitudinal* que sur le vertical.

Les dernières qui dessinent les courbes, les membrures du bateau se projettent en vraie grandeur, sur le *vertical*, et suivant des lignes droites sur les deux autres plans.

Les deuxièmes se projettent en vraie grandeur sur le *longitudinal*, et suivant des lignes droites tant sur l'*horizontal* que sur le *vertical*.

Jaugeage des bateaux. — Le jaugeage a pour objet de déterminer le poids de la cargaison d'un bateau d'après son enfoncement.

Le poids total d'un bateau étant égal à celui du volume d'eau qu'il déplace, le poids de la cargaison est égal au poids du volume d'eau déplacé par le bateau chargé, diminué du poids du volume d'eau déplacé par le bateau vide. Le nombre qui exprime en mètres cubes la différence des déplacements exprime, en tonnes de 1.000 kilogrammes, le poids de la cargaison du bateau.

L'unité de jauge des bateaux de la navigation intérieure est la *tonne* qui n'a aucun rapport avec le *tonneau* s'appliquant à la jauge des bateaux de mer.

Le volume à mesurer est le volume intérieur de la portion de la coque comprise entre : 1° le plan du plus grand enfoncement autorisé par les règlements sur les différentes voies navigables que le bateau est destiné à fréquenter;

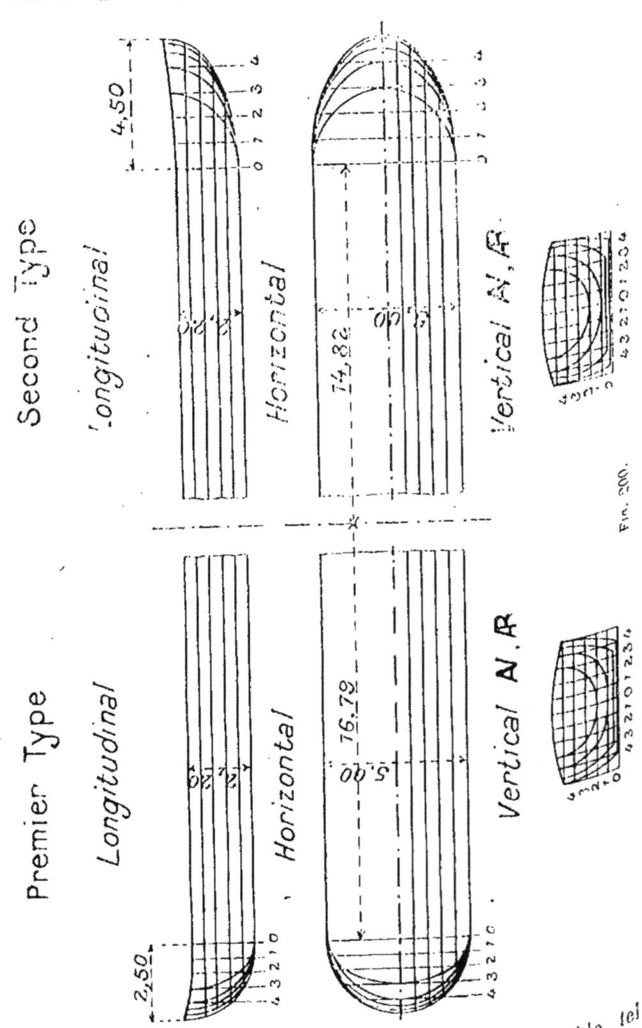

2° un plan pris soit au niveau de la flottaison à vide, tel qu'il est défini ci-après, soit au niveau du dessous du bateau.

Est considéré comme plan de flottaison à vide, celui qui correspond à la position que prend le bateau, lorsqu'il porte : 1° les agrès, les provisions et l'équipage indispensables pour lui permettre de naviguer ; 2° l'eau qu'il est impossible d'enlever de la cale par les moyens ordinaires d'épuisement ; 3° si c'est un bateau à vapeur, l'eau remplissant la chaudière jusqu'au niveau normal.

La portion de la coque à mesurer est divisée en tranches par des plans horizontaux. Le volume de chaque tranche s'obtient en multipliant la demi-somme des aires des sections supérieure et inférieure par la hauteur.

Le quotient du volume d'une tranche par le nombre de centimètres qui exprime sa hauteur est considéré comme donnant le déplacement du bateau pour chaque centimètre d'enfoncement de cette tranche.

Des échelles de jauge sont placées sur les flancs du bateau ; leur zéro doit correspondre au plan limitant inférieurement le volume à mesurer, c'est-à-dire soit au plan de flottaison à vide, soit au niveau du dessous du bateau. On admet que la hauteur du plan de flottaison au-dessus du plan limitant inférieurement le volume à mesurer est égale à la moyenne arithmétique des cotes lues sur toutes les échelles.

Dans le premier cas (zéro des échelles au plan de flottaison à vide), une lecture suffit pour déterminer le poids de la cargaison, mais le résultat peut être entaché d'erreur par suite des variations du plan de flottaison à vide ; dans le second cas (zéro des échelles au niveau du dessous du bateau), deux lectures sont nécessaires, mais le résultat est toujours exact.

La définition et la règle ci-dessus énoncées sont empruntées à la convention internationale pour l'unification des méthodes de jaugeage en Allemagne, en Belgique, en France et en Hollande, qui a été signée à Bruxelles, le 4 février 1898, par les représentants des pays intéressés.

Coefficient de déplacement. — Les types de bateaux présentent une extrême variété de formes, qu'il est impossible de classifier ; on peut cependant les distinguer par leur *coefficient de déplacement.*

Ce coefficient est le quotient du déplacement réel du bateau par le volume du parallélipipède rectangle circonscrit à la partie immergée de la coque. Ce volume est le produit de la plus grande longueur immergée par la plus grande largeur (largeur au maître couple) et par le tirant d'eau. Pour la péniche flamande, dont la forme est massive, le coefficient de déplacement atteint 0,99.

Ce type de bateau susceptible de naviguer alternativement sur les rivières et les canaux en France (38m,50 de longueur, 5 mètres de largeur et 1m,80 de tirant d'eau), jauge au maximum 350 mètres cubes. C'est là le maximum possible de leur déplacement, poids mort et poids utile ensemble. Comme d'ailleurs, dans les limites où peut varier la forme des coques, leur poids doit être considéré comme à peu près constant, on peut admettre que la réduction du déplacement porte tout entière sur le chargement, et que celui-ci diminue de 3,50 par chaque centième de diminution dans le coefficient de déplacement. On peut donc apprécier au point de vue de leur capacité les conséquences d'un sacrifice fait à la forme de ces bateaux.

RÉSISTANCE A LA TRACTION DES BATEAUX

Résistance propre des bateaux. — Coefficient de résistance de la voie. — Sur une nappe d'eau douce indéfinie dans tous les sens, la résistance totale à la traction d'un bateau dépend d'éléments multiples, de ses dimensions, de ses formes, de la nature et de l'état de sa surface, de sa vitesse relativement à l'eau ; tous ces éléments appartiennent en propre au bateau lui-même. S'il se retrouve dans des conditions identiques, la résistance totale sera la même ; elle constitue la *résistance propre* du bateau.

Sur une voie navigable de dimensions limitées, comme un canal, la résistance à la traction se modifie ; elle augmente et devient fonction à la fois d'éléments qui sont propres à l'embarcation et d'éléments qui dépendent de la voie particulière dans laquelle celle-ci se trouve. On compare les résultats ainsi constatés avec ceux que l'on a obtenus en eau indéfinie, et on considère la résistance du bateau dans une voie de dimensions limitées comme égale à sa résistance propre multipliée par un coefficient qui représente l'influence spéciale de la voie ; c'est le coefficient de résistance particulier à cette voie.

Si on désigne le coefficient par C, par R la résistance à la traction d'un bateau sur la voie considérée, et par r la résistance propre du bateau, on a :

$$R = Cr.$$

Résultats des expériences sur la résistance à la traction des bateaux. — M. l'inspecteur général de Mas est le premier qui ait entrepris des expériences méthodiques sur la résistance des bateaux à la traction. Les expériences ont été effectuées pendant huit années consécutives, de 1890 à 1897[1]. Il en a rendu compte dans un ouvrage publié sous le titre de : *Recherches expérimentales sur le matériel de la batellerie.*

Ces expériences ont été faites au moyen d'un remorquage direct avec un soin tel qu'elles ne peuvent donner lieu à aucune critique. Les instruments employés sont, en effet, si bien combinés qu'ils donnent à chaque instant, d'une part, l'effort de traction exercé sur le bateau remorqué ; d'autre part, la vitesse relative réelle du bateau et de l'eau.

L'effort de traction est exercé par l'intermédiaire d'un dynamomètre hydraulique ; la pression de l'eau, et par conséquent l'effort, sont mesurés avec un manomètre enregistreur.

Le dispositif, employé pour mesurer la vitesse de l'eau par rapport au bateau, comporte un moulinet relié électriquement avec un enregistreur de vitesses (cinémographe) sur lequel s'inscrivent immédiatement les vitesses relatives réelles.

MANOMÈTRE ET CINÉMOGRAPHE ENREGISTRENT SIMULTANÉMENT TOUTES LES VARIATIONS DE L'EFFET ET DE LA VITESSE. — Lorsque, pendant un temps suffisamment long, l'un et l'autre sont restés constants, ce qui se manifeste par l'horizontalité des lignes tracées sur les enregistreurs, on peut conclure que

1. Édité à l'Imprimerie Nationale 1891-1897, en vente chez Baudry et Cⁱᵉ, Chaix et Cⁱᵉ, Vicq-Dunod et Cⁱᵉ, éditeurs.

l'effort est bien celui qui correspond à la vitesse. On a donc les coordonnées d'un point de la courbe de résistance totale, courbes construites avec les vitesses comme abscisses et les efforts de traction comme ordonnées.

La comparaison des courbes de résistance totale obtenues permet de constater immédiatement comment la résistance varie suivant les circonstances.

Expériences sur la résistance propre des bateaux. — Les expériences exécutées par M. l'inspecteur général de Mas au sujet de la résistance propre des bateaux ont eu lieu sur la Seine, en amont du barrage du port à l'Anglais. Elles ont porté sur une série de bateaux de types différents usités sur les voies navigables. On peut considérer que, dans cette section de la Seine, qui est très importante par rapport à la surface de la portion immergée du maître-couple des bateaux expérimentés (de 70 à 120 fois), et où la profondeur atteint 5 mètres au moins dans le chenal, le coefficient de résistance de la voie est extrêmement voisin de l'unité, et qu'on peut prendre pour résistances propres des divers bateaux les résistances relevées dans la partie de la Seine considérée.

La résistance totale de l'eau est due d'une part à la pression de l'eau refoulée par le bateau, d'autre part au frottement de l'eau sur les parois de la coque. La résistance de forme est due à la pression de l'eau et dépend de la section immergée du maître-couple et des formes du bateau ; la résistance de surface est due au frottement, qui s'exerce sur la surface mouillée totale et qui dépend de la nature de cette surface. La résistance totale serait la somme de la résistance de forme et de la résistance de surface. Celle-ci est importante et peut atteindre pour une coque en bois maintenue dans un bon état de propreté un tiers de la résistance totale.

On a remarqué aussi que, malgré cette influence du frottement et par conséquent de la surface mouillée totale, la résistance d'un bateau était, dans de certaines limites, indépendante de la longueur, toutes choses étant égales d'ailleurs. Ce résultat d'apparence paradoxale s'explique si on admet avec Buat que la résistance de forme est égale à la somme de la *pression vive* exercée sur l'avant et de la non-

pression exercée sur l'arrière du bateau, la première indépendante de la longueur du bateau, la seconde variant en sens inverse de cette longueur ou plutôt du rapport de ladite longueur à la largeur.

Ainsi, pour des bateaux de même forme et de longueurs différentes, la *pression vive* est la même pour tous; mais pour les plus courts, la *non-pression* est la plus considérable, par conséquent aussi la *résistance de forme*. L'augmentation de cette résistance résultant de la moindre longueur serait précisément compensée par la diminution dans la *résistance de surface* résultant de la même cause.

D'autre part des changements, en apparence peu importants, apportés aux formes de la proue et de la poupe, sans affecter grandement le coefficient de déplacement des bateaux, et, par conséquent, leur capacité, peuvent faire varier leur résistance à la traction dans des proportions considérables. C'est ce qu'ont montré les expériences faites par M. l'inspecteur général Barlotier de Mas et qui ont porté sur des bateaux de cinq types différents : péniche, flûte, toue, bateau prussien et margotat.

Le coefficient de déplacement de la péniche atteint 0,99; sa forme se rapproche autant que possible du parallélipipède rectangle.

La flûte est caractérisée par la forme de l'avant, ogival et plan, avec étrave légèrement convexe un peu inclinée sur la verticale, et léger relèvement du fond ; son coefficient de déplacement est de 0,95.

La toue, absolument carrée à l'arrière, présente à l'avant un relèvement curviligne très prononcé du fond ; son coefficient de déplacement s'élève à 0,97.

Le bateau prussien a les deux extrémités à peu près pareilles, comportant un relèvement curviligne du fond analogue à celui de l'avant de la toue ; son coefficient de déplacement est d'environ 0,94.

Le *margotat* a l'avant et l'arrière pareils, presque sans aucun affinement, mais avec relèvement du fond suivant un plan doucement incliné ; le coefficient de déplacement tombe à 0,82. La figure qui suit met en évidence les caractéristiques de ces différents bateaux (*fig.* 201).

Péniche
1,93
5,00
38,50
Flûte
1,80
5,00
38,50
Toue
1,80
5,00
38,50
Bateau prussien
1,65
5,00
34,50
4,74
Margotat
1,42
5,00
21,80
4,80

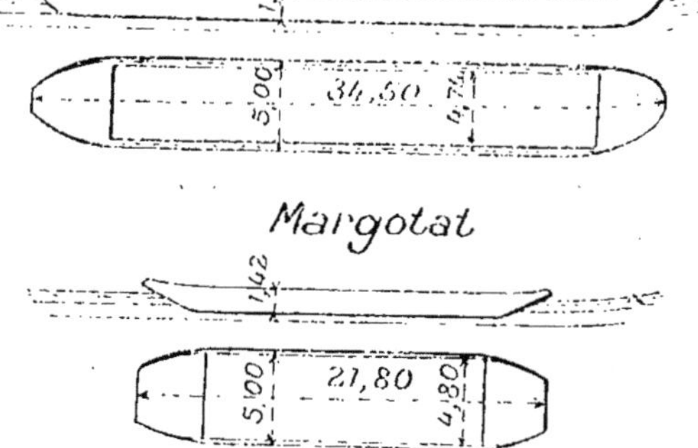

Fig. 201.

Il résulte des expériences qui ont été faites sur ces différents types de bateaux que la résistance totale varie d'une
manière très appréciable avec un enfoncement de 1m,60 et
une vitesse de 1m,50 par seconde. La résistance de la flûte
étant prise pour unité, celle de la péniche est 1,96 et celle
de la toue de 0,75. La toue n'a aucune forme à l'arrière,
mais est très relevée à l'avant, ce qui fait ressortir l'avantage de ce relèvement. Le margotat, à la même vitesse de
1m,50 par seconde et un enfoncement de 1m,30, a une résistance de 0,44 par rapport à celle de la flûte prise pour unité.
Cette constatation montre que le relèvement du fond aux
deux extrémités produit le meilleur effet au point de vue de
la réduction de la résistance.

Dans cet ordre d'idées, on peut être tenté, soit de donner
au bateau des extrémités effilées de manière à lui permettre
de *fendre l'eau*, soit de relever ces mêmes extrémités de
manière qu'il puisse *monter sur l'eau*. Ce dernier système
permet de réduire à peu de chose le sacrifice fait à la forme,
ce qui a une importance capitale au point de vue des bateaux
appelés à naviguer alternativement sur les canaux et les
rivières.

Il résulte d'études sommaires faites par M. l'inspecteur
général de Mas qu'en conservant des coefticients de déplacement supérieurs à 0,90 (variant de 0,90 à 0,95), on peut
donner aux deux extrémités un relèvement susceptible de
réduire déjà considérablement la résistance à la traction.
Les extrémités ainsi relevées présentent une conformation
qui rappelle assez celle d'une *cuiller* (voir *fig.* 204, page 598).
En adoptant ce type de bateaux appelés à naviguer alternativement sur les canaux et les rivières, on pourrait sans
doute réduire la résistance propre à 0,30 et même 0,25 de ce
qu'elle est pour les péniches flamandes.

Quelques applications de ce type ont été faites et ont
montré que pour le même chargement et à la même vitesse
de 1m,50 par seconde, la résistance est d'environ les 2/3
de celle des flûtes usitées jusqu'alors.

**Expression de la résistance propre en fonction de la vi-
tesse et de l'enfoncement.** — Les expériences faites par

M. l'inspecteur général de Mas ont montré l'inexactitude de la formule généralement admise pour représenter la résistance propre des bateaux servant à la navigation fluviale :

$$r = K\omega V^2$$

dans laquelle ω désigne la surface de la portion immergée du maître-couple, V la vitesse relative du bateau et de l'eau et K un coefficient constant pour un bateau de forme déterminée. Ces expériences ont permis en effet de vérifier : 1° que pour un bateau animé d'une vitesse donnée la résistance n'est pas proportionnelle à la surface ω, elle croît moins vite; 2° que pour un bateau immergé d'une quantité donnée la résistance n'est pas proportionnelle au carré de la vitesse, elle croît plus vite; 3° que pour un bateau donné, le rapport $\dfrac{r}{\omega V^2}$ n'est pas constant.

M. l'inspecteur général de Mas a fait une série d'expériences de manière à substituer à cette formule une autre expression donnant la résistance propre d'un bateau de type déterminé en fonction de la vitesse et de l'enfoncement. Ces expériences portent sur un certain nombre de bateaux de divers types pour des vitesses variant de 0^m,25 en 0^m,25 jusqu'à 2^m,50 par seconde, et aux enfoncements successifs de 0^m,60, 0^m,80, 1 mètre, 1^m,30, 1^m,60 et 1^m,83.

En même temps la société I. R. P. de navigation sur le Danube faisait des expériences pour déterminer la résistance à la traction des divers éléments qui constituent son matériel flottant en faisant varier les vitesses entre 2^m,50 et 5 mètres par seconde. Les ingénieurs de cette société de navigation ont adopté comme représentant les résultats obtenus par eux, avec une exactitude suffisante, la formule :

$$r = KV^{2,25}$$

r étant la résistance à la traction en kilogrammes ; V, la vitesse relative du bateau et de l'eau, en kilomètres par heure; K, un coefficient variable, suivant le type et l'enfoncement du bateau.

On doit noter, toute réserve étant faite sur les résultats de ces expériences, que la résistance croît plus vite que le carré de la vitesse, ce qui est conforme aux lois trouvées par M. l'inspecteur général de Mas. Cet éminent ingénieur ayant trouvé que, pour un bateau animé d'une vitesse donnée, la résistance croît moins vite que la surface ω de la portion immergée du maître-couple, c'est-à-dire pour des bateaux à maître-couple rectangulaire (ce qui est le cas général pour les bateaux de navigation intérieure), moins vite que l'enfoncement t, a pensé que la résistance pourrait être représentée par l'expression :

$$r = (a + bt)^{2,25}$$

dans laquelle a et b seraient des constantes caractéristiques de chaque bateau ou de chaque type de bateau.

La vitesse V étant exprimée en mètres par seconde, et l'enfoncement f en mètres, les valeurs des coefficients a et b ont été calculées par la méthode des moindres carrés; on a trouvé :

Pour une péniche... $a = 21,3$ $b = 123,6$
Pour une flûte...... $a = 24,5$ $b = 78,1$
Pour une toue ...... $a = 14,2$ $b = 52,4$

Les valeurs données par la formule concordent d'une manière très satisfaisante avec les résultats de l'observation pour les vitesses de 1 mètre et au-dessus. Les différences en plus et en moins n'atteignent que tout à fait exceptionnellement 10 0/0, ce qui est tout à fait remarquable.

Aux vitesses de $0^m,50$ et surtout de $0^m,25$, les résistances calculées restent fort au-dessous des résistances observées ; les écarts *en moins* sont encore notables à la vitesse de $0^m,75$ pour les bateaux les plus légers, la flûte et la toue. Ces écarts sont faciles à expliquer.

Le bateau n'obéit plus bien au gouvernail quand son enfoncement est faible ou quand celui-ci atteint la limite de son tirant d'eau. Il est, dans l'un et l'autre cas, très difficile de maintenir exactement l'axe du bateau dans la direction de la remorque; l'effort de traction doit vaincre, outre la résistance propre, la pression de l'eau sur le flanc du bateau, et aussi sur le gouvernail, auquel on est obligé d'avoir incessamment recours pour rectifier la direction de l'embarcation.

D'autre part, lorsque la résistance à la traction est faible, la remorque cesse d'être tendue et fait, au point où elle s'attache au bateau remorqué, un angle notable avec l'horizon. Or, ce que l'on observe, c'est l'effort suivant la remorque dont la résistance à la traction n'est en réalité que la composante horizontale.

Les très petites résistances observées sont donc nécessairement exagérées et d'autant plus exagérées qu'elles sont plus petites.

PREMIERS MODES DE PROPULSION ET DE TRACTION

Navigation au fil de l'eau, à l'aviron, à la gaffe. — La descente au fil de l'eau a été le premier mode de navigation adopté, à raison de sa simplicité et de son économie.

Les bateaux avalant au fil de l'eau ont une vitesse supérieure à celle de l'eau. C'est un fait constant, et souvent vérifié, qui n'est pas expliqué d'une manière certaine.

L'action du gouvernail est généralement efficace, mais peut être suppléée au moyen d'avirons ou de gaffes. Ces derniers comprennent toutes les espèces de bâtons ferrés ou non, au moyen desquels le marinier, prenant un point d'appui fixe sur le fond ou sur les berges, peut exercer un effort qui se transmet à l'embarcation où il se trouve. L'aviron et la gaffe ne constituent pas seulement un moyen de direction, mais encore un véritable moyen de propulsion, soit pour accélérer la descente, soit pour remonter le courant.

On peut citer parmi ces engins celui que les mariniers appellent *picart*. C'est un bâton gros et court (sa longueur ne dépasse pas beaucoup le mouillage du cours d'eau) attaché au bateau par une corde d'une certaine longueur. Son extrémité inférieure est ferrée, la tête est taillée de manière à pouvoir s'engager dans les crans de crémaillères fixées aux flancs du bateau à la proue. Le marinier lance cet engin en avant, dans la direction de la marche du bateau, de manière à faire pénétrer la pointe ferrée dans le fond de la rivière, et en même temps il guide la tête de manière qu'elle s'engage dans un des crans des crémaillères, dont il a été question plus haut. A ce moment, le bateau venant, en vertu de sa vitesse, buter contre le bâton fiché dans le sol, est violemlemment repoussé.

Navigation à la voile. — La voile rend certains services même à l'intérieur des terres, sur les lacs ou sur les cours d'eau qui coulent au milieu de vastes plaines comme celles du nord de l'Europe. Elle est fréquemment employée en Hollande ou dans le nord de l'Allemagne ; en France, elle est surtout usitée dans la partie maritime des fleuves. Elle existe encore sur la Loire et est d'un rendement tout à fait aléatoire ; on peut dire qu'elle nuit plus qu'elle ne sert, parce qu'elle fait croire que la navigation est chose incertaine, incapable de desservir la région où elle s'exerce. Le marinier qui l'utilise s'arrête en route, attendant le vent propice qui le mènera plus loin ; il pêche pendant ces arrêts plus ou moins commandés, vivant au hasard de ce que lui procure son séjour. L'inconvénient est donc que le marinier est hostile *a priori* à tout progrès qui lui ferait perdre l'existence oisive qu'il mène.

Le commerçant ou l'industriel qui lui confie le trafic le fait à son corps défendant, ou du moins doit escompter, en dehors des risques de la navigation, les délais plus ou moins longs qui résultent de la navigation ainsi comprise. On craint de mécontenter ceux qui s'y livrent, et on reste dans une mare stagnante faute de l'agiter. C'est à cet ordre d'idées qu'on se heurte, quand on veut améliorer, et qu'on veut tirer du fleuve tout le parti qu'il peut rendre. C'est un monopole à rebours et qui ne devrait durer qu'autant que les intérêts particuliers engagés ne nuisent pas aux intérêts généraux de la région et du pays.

Halage. — Le halage employé de toute antiquité sur les voies de navigation intérieure, soit pour faire mouvoir les bateaux contre le courant, soit pour accélérer leur marche à la descente, consiste dans la traction exercée de la berge au moyen d'une corde, sur laquelle tirent des hommes ou des animaux.

L'effort des haleurs est généralement oblique par rapport à la direction que doit suivre le bateau, d'où une tendance à amener ce dernier à la rive, tendance que l'on doit combattre soit par l'action du gouvernail, soit par un mode particulier d'attache de la remorque à l'embarcation (*fig.* 202).

Fig. 202.

L'axe du bateau est placé dans une direction légèrement inclinée sur la route à suivre. La pression de l'eau développée sur le flanc du bateau par suite de cette inclinaison suffit pour compenser l'attraction à la rive, mais elle augmente d'autant l'effort à exercer par les haleurs.

Bien des circonstances peuvent entraîner des variations dans la résistance au mouvement.

Le vent a une influence considérable. S'il est debout, il agit comme force directement opposée et repousse la coque; s'il souffle de côté, il oblige le bateau à se placer très obliquement sous peine d'être jeté à la rive. La puissance du moteur doit donc être supérieure à la résistance propre du bateau.

À la remonte, le halage est pénible mais sûr; le bateau se guide à volonté. Bien que la vitesse absolue soit faible, le gouvernail a toujours beaucoup d'action, cette action étant due à la vitesse relative du bateau et de l'eau. C'est tout le contraire à la descente pour une raison semblable, et le bateau ne peut bien gouverner que s'il a une vitesse notablement supérieure à celle du courant. Le halage devient donc difficile, et quand on y a recours, on est souvent obligé de suppléer à l'insuffisance du gouvernail en se servant d'avirons, de gaffes, de picarts.

Dans tous les cas, pour favoriser le halage, il est utile de rapprocher, autant que possible, le chenal de la rive, d'allonger la corde qui sert à la traction et de la placer à une hauteur suffisante pour éviter tout frottement sur la berge. C'est pour obtenir ce résultat que nombre de bateaux sont munis de mâts, et que, d'autre part, on coupe soigneusement les accrues qui s'élèvent au-dessus des berges.

Le halage par des hommes (halage à bras ou à col d'homme) n'est pas pratiqué en France, du moins que sur les canaux. Pour le halage sur les fleuves et rivières, les chevaux sont employés d'une façon plus exclusive. On rencontre cependant aussi dans certaines régions des ânes et des mulets.

Les chevaux vont habituellement par *courbes*, c'est-à-dire réunis deux à deux sous la conduite d'un charretier; les uns appartiennent au batelier et sont logés à bord; d'autres sont loués par des charretiers ou des cultivateurs, auxquels on donne le nom de *haleurs aux longs jours* et font avec le même bateau un certain nombre d'étapes; d'autres enfin sont groupés en relais organisés, soit par des industriels, soit par l'État ou ses ayants droit.

Quand les chevaux appartiennent au batelier, il en fait tel usage qu'il veut ; mais il lui est difficile de les bien utiliser en raison des nombreux arrêts que subissent les bateaux du fait des chômages annuels, des crues et des glaces, ainsi que des délais d'embarquement et de débarquement des marchandises.

Le halage aux longs jours a pour inconvénient de laisser planer une grande incertitude sur le prix de la traction, et une certaine insécurité sur la continuité des transports. Les chevaux fournis par les cultivateurs sont repris, lorsque les travaux des champs l'exigent, et les bateliers sont à la merci des haleurs de profession qui ne disposent en général que d'une cavalerie insuffisante. Les prix de halage aux longs jours subissent d'énormes variations suivant la saison, l'activité des transports et le régime de la voie suivie.

Le halage par relais a des avantages qu'on a fait ressortir quand on a traité de l'exploitation des rivières canalisées ou des canaux.

BATEAUX A VAPEUR A PROPULSEUR

Emploi de la vapeur. — L'emploi de la vapeur a permis de résoudre de la façon la plus complète la question de la navigation sur les fleuves et rivières.

Accroissement de la vitesse et du parcours journalier ; navigation indépendante du chemin de halage, quel que soit l'état des eaux ; enfin facilité pour le bateau soit pour suivre le chenal, soit pour se placer dans les meilleures conditions soit pour éviter les forts courants, tout cela constitue des avantages qui permettent à la navigation de rendre les plus grands services.

Bateaux à roues, à aubes ou à hélices. — Les principaux types de propulseurs comportent des roues à aubes ou des hélices.

Les hélices sont employées exclusivement à la mer parce que les roues à aube craignent le roulis, qui fait varier d'un côté à l'autre l'enfoncement des pales et la résistance opposée à l'action de la machine.

En matière de navigation intérieure, il y a matière à discussion, et la solution dépend surtout de la plus ou moins grande régularité du lit. Sur les fleuves et rivières à courant libre, à mouillage médiocre et irrégulier, les roues sont évidemment plus sûres ; elles agissent à la surface, exigent une moindre profondeur d'eau et ne sont pas exposées à des chocs sur les hauts-fonds.

Sur les cours d'eau à grand mouillage, l'hélice prend toute sa supériorité parce qu'elle n'est pas encombrante comme les roues avec leurs tambours, surtout quand il s'agit de rivières canalisées. Les roues à aubes placées à l'arrière, au lieu d'être fixées sur le côté du bateau, remédient à cet inconvénient, mais présentent certains désavantages au point de vue de la propulsion. L'emploi de l'hélice et surtout de deux hélice donne encore aux bateaux de précieuses facilités d'évolution.

L'abondance des herbes flottantes ou des roseaux peut donner lieu à de grosses difficultés ; il est en effet mal aisé de dégager cet engin complètement immergé. La complète immersion de l'hélice est une condition de son emploi ; il est cependant possible d'utiliser cet engin sur des cours d'eau où le mouillage est très variable, comme sur la Loire, au moyen de dispositions spéciales, telles que leur établissement dans une chambre spéciale constamment remplie d'eau (hélice sous voûte).

Le propulseur peut être appliqué soit au bateau même

qui porte les marchandises; c'est alors un *bateau à vapeur porteur*; soit à un bateau spécial qui entraîne à sa suite une ou plusieurs coques porteuses; c'est un *remorqueur*.

Bateaux à vapeur porteurs. — Les bateaux à vapeur porteurs susceptibles d'une marche plus rapide sont surtout usités sur les rivières non canalisées; ils peuvent, en effet, difficilement pénétrer dans les canaux ou les rivières canalisées à moins d'avoir un gabarit spécial, et d'être munis de roues à aubes placées à l'arrière. Ces sujétions qui imposent à la coque des dimensions restreintes laissent peu de place pour les marchandises, étant donné l'espace réservé pour la machine, la chaudière, les soutes à charbon, etc. D'autre part, la machine reste inutilisée pendant le temps souvent fort long consacré aux opérations de chargement et de déchargement. Si on diminue son importance, l'emploi de la vapeur devient onéreux, car, comme on le sait, la force produite par les petites machines est, toutes choses égales d'ailleurs, plus coûteuse que celle qui est donnée par des machines plus considérables.

L'emploi des bateaux à vapeur tend plutôt à se restreindre en France. Le recensement du 15 octobre 1887 avait permis de constater la présence sur les voies navigables françaises de 120 porteurs d'une force totale de 13.695 chevaux. Le 16 mai 1896, on n'en a plus rencontré que 98 ayant ensemble une force de 12.805.

Remorqueurs. — Le nombre des remorqueurs a une tendance à augmenter d'un recensement à l'autre. En 1887, on recensait 184 remorqueurs d'une force totale de 13.278 chevaux; en 1897, on trouvait 222 remorqueurs ayant ensemble 25.850 chevaux de force; le dernier recensement a révélé un accroissement de 217.

Sur les rivières à courant libre, et sur les rivières canalisées qui, comme la Seine et la Saône, ont des écluses assez vastes pour recevoir ensemble le remorqueur et son convoi, ce genre de navigation présente, en effet, le grand avantage de permettre l'utilisation complète de moteurs puissants exigeant une moindre consommation par force de cheval.

Sur la Seine, on voit fréquemment des convois de 10, 12 bateaux et plus.

On peut citer, à titre purement historique, dans le même ordre d'idées un système de remorqueurs qui, à une certaine époque, a rendu de sérieux services sur le Rhône, les *grappins*. C'étaient de grands vapeurs munis de roues à aubes latérales, comme les autres bateaux du Rhône, mais ayant en outre, dans l'axe, montée à l'extrémité d'une élinde, qui permettait de la laisser porter sur le fond du lit, une robuste roue armée de fortes dents en fer, susceptible d'être actionnée par a machine. Dans les mouilles, le grappin se mouvait au moyen de ses roues à aubes; sur les maigres, on laissait descendre la roue à dents, qui, mordant sur les graviers, formait avec le fond du lit un véritable système à crémaillère et déterminait une traction extrêmement énergique.

TOUAGE

Principe du touage. — Les remorqueurs prennent leur point d'appui sur l'eau qui se dérobe; le toueur agit, en réalité sur un point fixe ; il se hale avec le convoi qui le suit, sur une chaîne noyée suivant toute la longueur du chenal. Le toueur est évidemment supérieur au point de vue de l'utilisation de la force motrice.

Si T et T_0 représentent respectivement le travail demandé à un remorqueur et à un toueur pour traîner un même convoi, à une même vitesse contre un même courant, on admet que le rapport entre T et T_0 est donné par la formule :

$$\frac{T}{T_0} = \frac{2\,(V + S)}{V}$$

dans laquelle V est la vitesse absolue du convoi (vitesse par rapport aux berges) et S celle du courant.

Il en résulte qu'en eau morte un toueur de 100 chevaux équivaut à un remorqueur de 200. Si la vitesse absolue du convoi est égale à celle du courant, le remorqueur devra développer 400 chevaux pour équivaloir au même toueur. En général, la vitesse absolue du convoi est très inférieure à celle du courant, quand ce dernier est rapide. Si la vitesse du courant est de 3 mètres à la seconde, et celle du convoi de 0^m,60 seulement, il faudrait un remorqueur de 1.200 chevaux pour le mettre en regard d'un toueur de 100.

Touage sur chaîne noyée de la haute Seine. — Le touage sur chaîne noyée fonctionne sur la haute Seine entre Paris et Montereau, et est une des premières entreprises de ce genre qui aient été organisées en France.

Le bateau toueur est symétrique aussi bien par rapport à un plan vertical médian transversal que par rapport à un plan vertical médian longitudinal; il a deux gouvernails et peut marcher de l'avant comme de l'arrière.

La chaîne immergée a un peu plus de longueur que le chenal, de manière à pouvoir prendre du mou partout où il en est besoin. Elle est supportée par le toueur en marche qui la reçoit par une extrémité et la file par l'autre, se glissant ainsi sur elle dans toute l'étendue du trajet. Le toueur se relie à la chaîne par deux poulies folles placées aux extrémités du bateau, et surtout par deux tambours ou treuils situés au milieu du pont. Ces tambours portent cinq gorges, dans lesquelles la chaîne se place pour faire quatre tours du système conjugué, c'est-à-dire pour contourner quatre fois les deux tambours, en ne touchant que la moitié extérieure du périmètre de chacun d'eux. En actionnant les deux tambours à la fois par la machine et en la faisant tourner comme les aiguilles d'une montre, la chaîne se tend sur la gauche et fournit un point d'appui constant, tandis qu'elle se dépose librement à droite. Une rotation en sens contraire déterminerait le mouvement inverse (fig. 203).

Les tambours à gorge sont indispensables pour maintenir constamment la chaîne dans le même plan ; l'enroulement sur un treuil unique actionnerait le chevauchement des tours les uns sur les autres, si la chaîne ne se déplaçait pas latéralement. Les quatre circuits ont pour but de développer sur les tambours un frottement suffisant, pour qu'il n'y ait pas de glissement. Ces tambours sont d'ailleurs en porte-à-faux, soit soutenus latéralement par un appui mobile, afin que l'on puisse, par le côté, à l'aide d'un mou suffisant, enrouler ou dérouler la chaîne, c'est-à-dire la prendre ou la laisser.

Les poulies, placées aux deux extrémités, sont portées par

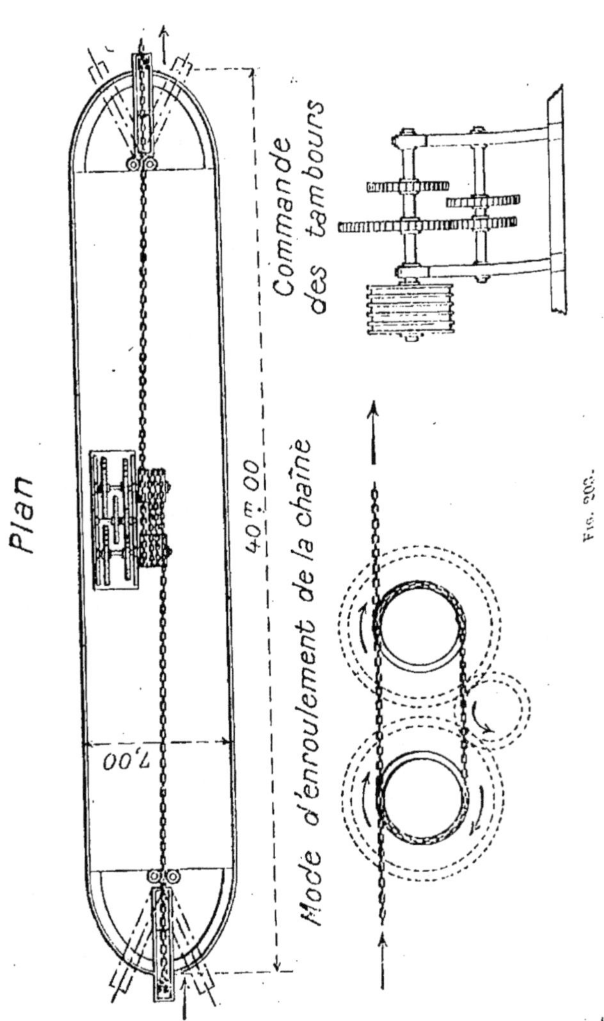

des aiguilles mobiles autour d'un axe vertical. Elles peuvent
décrire un arc de cercle qui les transporte à droite ou à

gauché suivant les besoins. Cette disposition est destinée à corriger dans les courbes l'appel fait par la chaîne vers la rive convexe. Sur son étendue soulevée, la chaîne se tendant en ligne droite dessine toujours une corde de l'arc décrit par le chenal, et par suite, si le bateau obéit, il la laisse toujours, lorsqu'il la dépose, un peu plus près du centre qu'il ne l'avait prise.

L'orientation variable des poulies extrêmes permet au toueur de suivre une direction oblique à l'appel ; le déplacement est diminué au prix d'un effet utile de la machine. Le remède n'est généralement pas complet ; la remise en place de la chaîne est faite par les toueurs qui descendent à vide.

Lorsque la chaîne casse, le convoi mouille et l'équipage du toueur procède lui-même à la réparation en remplaçant le maillon brisé par une maille du même gabarit.

Le touage est installé et fonctionne en vertu d'une autorisation administrative aux conditions fixées par un cahier des charges. Les taxes maxima que la Compagnie peut percevoir sont les suivantes :

Pour un bateau vide ou chargé à la remonte :

Par tonne de jauge possible et par kilomètre.. 0 fr. 0028
Par tonne de jauge effective et par kilomètre.. 0   0120

Pour un bateau vide ou chargé, à la descente, le quart des prix ci-dessus.

Ces taxes correspondent, pour un bateau à pleine charge, au prix de 14mill,8 à la remonte et de 3mill,7 à la descente par tonne kilométrique.

Le touage sur chaîne noyée est pratiqué en outre sur la basse Seine entre Paris et Conflans, entre Conflans et Rouen et sur l'Yonne.

Il est également employé à l'étranger sur la partie bavaroise du Danube, entre Ratisbonne et Hofkirchen, sur l'Elbe, sur la Saale, sur le Necker et sur le Mein. Sur l'Elbe, il s'étend sans solution de continuité, depuis Hambourg jusqu'au grand port fluvial d'Aussig en Bohême, sur un parcours de plus de 600 kilomètres. C'est là l'application la plus importante qui ait été tentée, puisque sur la Seine la longueur de la section sur touage n'est que de 344 kilomètres.

Système Bourdon. — Ce système a pour but de substituer la roue à empreintes avec chaîne calibrée au double tambour à gorges dont il a été question plus haut. Il dispense des quatre tours nécessaires pour assurer un frottement énergique, ce qui simplifie la manœuvre pour prendre ou laisser la chaîne. Il est appliqué sur le quatrième bief du canal de Saint-Martin et en Belgique sur le canal de Bruxelles au Rupel.

Touage sur câble noyé. — L'application de ce système, qui a été faite en Belgique sur la Meuse, n'a pas donné les résultats que l'on attendait. On se proposait de substituer à la chaîne un câble en fil de fer et au double tambour à gorges la poulie à mâchoires dite poulie Fowler. Mais la légèreté du câble a présenté de graves inconvénients ; ainsi, dans les courbes, il y a intérêt à avoir une lourde chaîne pour que la longueur soulevée soit la moins longue possible, et qu'ainsi le convoi soit moins entraîné vers la rive convexe. Il est également difficile d'accommoder la longueur du câble à celle des courbes. Avec une chaîne, il suffit d'ajouter ou de retirer quelques maillons ; avec un câble la chose est beaucoup plus difficile. En cas de rupture, la chaîne se répare aisément ; il n'en est pas de même avec le câble.

On a donc abandonné les essais de touage sur câble noyé.

Avantages et inconvénients du touage. — Les toueurs sur chaîne noyée, qui présentent en principe sur le remorquage une incontestable supériorité, au point de vue de la meilleure utilisation de la force motrice, ne conservent cet avantage que dans les cours d'eau à courant très rapide et à faible mouillage.

Sur les rivières canalisées, même lorsque les biefs sont longs et que les écluses présentent des dimensions suffisantes pour recevoir tout un convoi, le touage est inférieur au remorquage puisque l'on trouve sur ces cours d'eau, pendant la plus grande partie de l'année, un mouillage important et un courant insensible. Pendant la période des hautes eaux, le touage reprend son avantage à la remonte, en raison du courant rapide ; mais à la descente, il devient malaisé, sinon impossible.

D'autre part, le mode d'entraînement sur la chaîne universellement adoptée, l'emploi des tambours ou treuils à gorges conjugués présente de graves inconvénients. La chaîne se conserve difficilement, les voies des gorges des tambours ne sont pas, et ne restent pas, malgré l'usure, de diamètres identiques, les enroulements d'une gorge à l'autre devenant différents, il faut que la chaîne glisse. Les brins intermédiaires subissent de ce fait des tensions anormales, supérieures à celles que subit le brin tendu à l'avant du toueur. Il en résulte des ruptures de la chaîne, qui se produisent sur le treuil. Le mode d'enroulement rend aussi très difficile l'enlèvement de la chaîne pour la séparer du toueur. Aussi doit-on recourir au touage par relais, chaque toueur restant sur la chaîne aussi bien à la descente qu'à la remonte et faisant la navette entre celui qui le précède et celui qui le suit. Il y a échange de convois entre les toueurs ; cette opération, à laquelle on donne le nom de *troquage*, cause de sérieuses pertes de temps et n'est pas sans danger.

Remorqueurs-toueurs. — Poulie magnétique de Bovet. — Ces inconvénients ont fait adopter des remorqueurs-toueurs, c'est-à-dire des bateaux munis à la fois d'un propulseur et d'un appareil de touage, ce dernier ne devant être utilisé qu'à la remonte. Le service en navette et en relais serait supprimé. A la remonte, les toueurs conduiraient leur convoi à destination sans troquage ; à la descente, ils fonctionneraient comme les remorqueurs libres. Le service se ferait ainsi à deux voies ; il gagnerait, par conséquence, en régularité, en célérité, en puissance de trafic et en économie.

Il fallait donc trouver un appareil de touage simple, non susceptible de détériorer la chaîne, et permettant de la jeter à l'eau sans difficulté en tout point du parcours ; cette dernière condition suppose nécessairement un système d'entraînement qui soit efficace avec une très faible longueur de chaîne.

M. de Bovet, directeur de la Compagnie du touage de la

basse Seine entre Paris et Conflans, a résolu le problème d'une manière aussi pratique qu'ingénieuse. Il a substitué aux treuils à gorges une poulie magnétique. L'aimantation de cette poulie, obtenue au moyen d'une dynamo installée à bord du toueur, détermine l'adhérence de la chaîne. Celle-ci fait seulement trois quarts de tour sur la poulie, et peut, dans ces conditions, s'en détacher avec la plus grande facilité.

La chaîne est guidée par deux petites poulies ou galets, à l'entrée et à la sortie de la poulie de touage. La poulie de sortie B est aimantée légèrement, de manière à arracher la chaîne de la poulie de touage A. Un doigt en bronze D contribue, en cas de besoin, à assurer le décollement, mais, en général, il ne sert pas. Quant à la poulie d'entrée C, c'est le plus souvent un simple galet porteur, qui peut être transformé en poulie aimantée, dans les cas où on a besoin d'un supplément d'adhérence totale.

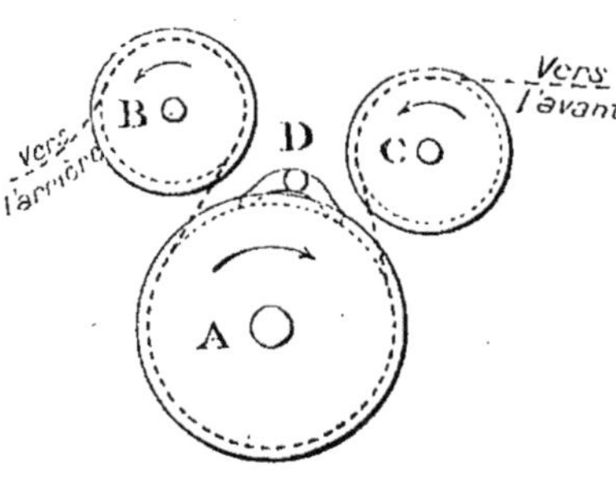

Fig. 204.

Le premier bateau mis en service à Paris en 1893 a fonctionné d'une manière satisfaisante. Depuis on a construit un certain nombre de toueurs, suivant les mêmes types, en perfectionnant certains détails de construction. Les résultats obtenus ont confirmé l'excellence de la méthode (*fig.* 204).

Touage sur câble par relais. — On a fait sur le Rhône un essai d'un nouveau mode de touage sur câble, afin d'effectuer économiquement le transport des enrochements destinés à l'établissement des ouvrages de régularisation.

Les bateaux vides étaient remontés, sur un parcours de quelques kilomètres, par de petits toueurs à vapeur qui se halaient sur un léger câble métallique, mais qui, au lieu de le déposer par l'arrière, l'emmagasinaient à bord ; lors de la descente, le câble se déroulait et retombait à l'eau : ainsi le câble n'est immergé que d'une façon intermittente, seulement pendant le temps qui sépare la descente de la remonte ; le danger d'ensablement se trouve complètement écarté ; au point de vue de l'emmagasinement à bord, la légèreté du câble lui donne une grande supériorité sur la chaîne.

Ce système a été appliqué avec succès par la Compagnie de navigation qui dessert le Rhône dans les parties les plus rapides de ce fleuve.

CHAPITRE VIII

EXPLOITATION

On a vu dans les chapitres qui précèdent comment est constitué un cours d'eau à l'état naturel, de quelle manière il peut être amélioré et régularisé afin de pouvoir rendre à la navigation les meilleurs services possibles, il reste à montrer comment ces cours d'eau sont exploités en vue de leur rendement maximum. Il en est des voies navigables comme des voies ferrées; il ne suffit pas de les construire, de les aménager, il faut aussi les entretenir, les pourvoir d'un matériel approprié, enfin les exploiter tant au point de vue technique qu'au point de vue commercial. Les résultats obtenus ressortiront de la comparaison qui sera faite entre les dépenses de premier établissement et les prix de transport.

Cette comparaison établira le rendement économique de l'outil créé.

Entretien de la voie. — En France, l'État a la charge entière de l'entretien des voies navigables qu'il administre. Dans cette catégorie on peut ranger tous les fleuves et rivières à courant libre, dont l'entretien est payé par le Trésor et dirigé par le personnel des Ponts et Chaussées.

Les travaux sont exécutés soit en régie, soit par un entrepreneur, sur série de prix. Ce dernier mode est surtout usité pour les travaux de grosse réparation.

Entretien des berges. — La conservation des berges doit être considérée comme de très grande importance; car leur destruction peut avoir des conséquences très graves, telles que le déplacement du chenal, quelquefois même son obstruction, la réduction du mouillage d'une part, et, d'autre part, l'interruption du halage, ou au moins une gêne apportée à la traction des bateaux. Il s'agit, bien entendu, des berges à l'état naturel, et qui ne sont pas défendues par des murs, des perrés ou d'autres ouvrages spéciaux ; dans ce dernier cas, on a affaire à des ouvrages d'art, et l'on verra plus loin les mesures qu'il convient de prendre.

Dans l'espèce où on s'est placé, le procédé le plus pratique, sur les cours d'eau naturels, consiste à adoucir les berges, de manière à éviter les éboulements, à leur donner l'inclinaison qui convient à la nature particulière du sol en contact avec l'eau, et à y développer la végétation.

On obtient aussi de très bons résultats en recouvrant les talus des berges d'une couche de matériaux offrant plus de résistance que le sol naturel à l'action de l'eau et susceptibles de se tenir sous une plus grande inclinaison. C'est ainsi que sur la haute Seine on a déposé des cailloux le long des berges aux endroits menacés sous une inclinaison de 2 de base pour 1 de hauteur. Cette consolidation, qui a été effectuée presque sans bourse délier, puisque les cailloux provenaient du criblage du sable, a produit les meilleurs résultats.

Entretien du chenal. — Quelque développement qu'on ait donné aux travaux de défense des berges, le chenal est susceptible de s'obstruer plus ou moins grâce aux matériaux amenés par les crues de la partie supérieure de son cours ou provenant des affluents. On peut, comme on l'a vu précédemment, par des ouvrages appropriés, fixer les points où ces matériaux se déposent, régler dans une certaine mesure la hauteur et l'orientation des dépôts ; mais, quoi qu'on fasse, on n'arrivera pas à maintenir sur toute l'étendue du chenal une uniformité qui serait évidemment désirable. Certains seuils s'engraisseront; d'autres, au contraire, se creuseront; les plus élevés régleront les chargements. Il y aura donc intérêt à recourir à des dragages pour écrêter les seuils les plus saillants à l'origine de chaque période de basses eaux. Il faudra, comme on l'a établi plus haut, avoir un matériel de dragages puissant capable d'abaisser dans un temps très court les hauts-fonds les plus saillants.

En dehors des dragues soit à godets soit à succion, qui enlèvent les matériaux et sont capables de les envoyer en dehors du chenal, il existe certains artifices, certains engins plus ou moins perfectionnés qui ont pour but de déblayer le chenal, sans enlever les matières, en les dispersant simplement dans le lit, et qui utilisent, à cet effet, la force du courant. On peut citer dans cet ordre d'idées:

Les chasses mobiles de la Garonne;

Les chevalages de la Loire;

Le bac à râteau de la Charente;

Le vannage ou radeau dragueur de la Somme;

Les excavateurs du colonel Long et du général Mac-Alester employés sur le Mississipi;

La drague Kretz, etc., etc.

Ces procédés, et les engins qui permettent d'y recourir, ne sont, en réalité, que des expédients et ne sauraient aboutir à des améliorations sérieuses et durables. Rien ne peut valoir l'établissement d'ouvrages fixes placés aux points déterminés par la configuration des lieux et ayant le relief convenable.

Entretien des ouvrages d'art. — L'entretien des ouvrages d'art a pour objet d'assurer leur conservation et de rétablir dans leur état primitif toutes les parties de ces ouvrages qui viendraient à être avariées, détruites et emportées.

Ainsi les massifs d'enrochements seront rechargés au fur et à mesure que les enrochements auront été entraînés par les eaux ou se seront enfoncés dans le sol.

Les maçonneries à pierres sèches seront relevées et rétablies suivant les profils primitifs, dès qu'elles accuseront des mouvements de suffisante importance.

Les maçonneries à bain de mortier seront reprises de la même façon, en ayant soin de refaire les joints qui devront autant que possible être disposés en creux, de manière à éviter les effets des intempéries.

Toutes les pièces brisées, avariées, hors de service des ouvrages en charpente ou en métal seront remplacées; le goudrommage et la peinture seront fréquemment renouvelés, etc.

En cas d'avaries accidentelles causées, par exemple, par la violence du courant, l'action des vagues, etc., les réparations doivent être faites immédiatement pour éviter l'aggravation du dommage, et la dépense élevée qui s'ensuivrait. C'est la méthode du *point à temps*.

En cas d'usure normale, il est peut-être plus avantageux de réduire au plus strict nécessaire les réparations courantes et de procéder par réfections périodiques, par aménagement en quelque sorte; c'est ce qui se pratique sur les routes, dont les rechargements en macadam se renouvellent au bout d'une certaine période.

Ces réparations périodiques amènent naturellement l'enlèvement de toute végétation et surtout des arbustes, qui ont quelquefois tendance à se développer dans les joints. Les racines les disloquent et produisent des boursouflements, qui sont préjudiciables à la bonne tenue de l'ouvrage.

Action des glaces. — Précautions à prendre. — La formation et surtout les mouvements des glaces peuvent avoir une action funeste, notamment sur les berges et sur les ouvrages d'art. La première mesure de précaution qui s'impose, lorsqu'une rivière est prise est, autant qu'on le peut, de casser la glace autour des ouvrages.

Si on ne prend pas en temps utile cette mesure, les ouvrages en charpente faisant partie de la masse congelée peuvent être soulevés au moment de la débâcle, et les pieux seront arrachés. Le même effet se produira sur les perrés de défense de rives, sur les perrés à pierres sèches notamment.

Les effets les plus dangereux sont produits lorsque les glaces sont en mouvement, entraînées par le courant, soit avant la prise complète du cours d'eau, soit surtout au moment de la débâcle. Ces effets sont atténués par l'usage d'ouvrages appelés brise-glaces. Les blocs de glace très résistants, tant qu'ils reposent sur l'eau, deviennent très fragiles, dès qu'ils sont en porte-à-faux.

S'ils rencontrent, entraînés par le courant, une arête inclinée, le long de laquelle ils s'élèvent en vertu de la vitesse acquise, ils se rompent, quelle que soit leur épaisseur, dès qu'ils auront suffisamment émergé. C'est pour cette raison que, dans les pays du Nord, les avant-becs des piles des ponts présentent tous une arête doucement inclinée vers l'amont constituée par la maçonnerie ou des pièces métalliques.

L'*embâcle* produit des effets encore plus redoutables que la débâcle.

Les glaçons s'accumulent les uns contre les autres, et finissent par former, en raison de leur poids spécifique peu différent de celui de l'eau, un véritable barrage, auquel on donne le nom d'embâcle, et qui se forme en amont des ponts en raison de leurs piles et de leurs substructions massives. L'eau, retenue par le barrage se gonfle ; elle peut produire des inondations à l'amont et des affouillements à l'aval.

Lorsque la masse ainsi retenue finit par céder à la pression de l'eau, elle est susceptible de tout emporter sur son passage. Aussi, lorsqu'une embâcle se forme, il faut faire tout son possible pour la détruire ; à cet effet les explosifs rendent de grands services.

Déglaçage du chenal. — Les glaces sont une cause d'interruption de la navigation ; on doit donc se préoccuper des moyens de les évacuer, car la régularité des transports n'est pas moins désirable sur les voies d'eau que sur les chemins de fer. Ce problème à résoudre présente surtout de l'intérêt sur les canaux et les rivières canalisées ; il n'en est pas moins vrai qu'il existe, surtout dans certains pays, sur les rivières à courant libre.

Les moyens à employer pour le résoudre sont naturellement subordonnés à l'importance des intérêts en jeu, c'est-à-dire à l'activité du mouvement commercial, à la durée et à l'intensité des gelées.

Il faut aussi tenir compte de la nature du matériel flottant qui, dans certains cas, peut affronter les glaçons épars, qui dans d'autres est incapable de se frayer un chemin à travers ces glaçons.

Il est certain que lorsqu'un port de l'importance de Hambourg se trouve séparé de la mer libre par une zone de glaces fluviales relativement peu étendue, il faut à tout prix rompre cette barrière. On emploie à cet effet des bateaux-béliers, robustes bateaux à vapeur qui d'ailleurs ne diffèrent que par la puissance des autres bateaux brise-glaces. Très enfoncé à l'arrière, le bateau émerge à l'avant; quand il est lancé contre un banc de glace, il monte dessus et s'y engage d'une partie de sa longueur; la glace s'effondre sous le poids.

La mise en mouvement des glaces sur une certaine étendue ne peut se faire qu'avec une extrême prudence. On peut en effet provoquer de cette manière une débâcle locale avec ses dangers et comme conséquence une embâcle.

En dehors des bateaux brise-glaces, que l'on ne possède pas toujours, on peut se servir avec succès des explosifs, dont les effets sont d'autant plus avantageux que la charge est placée au-dessous de la glace et même à une assez grande profondeur.

M. l'inspecteur général Caméré a fait sur la basse Seine des essais de sciage de la glace. Les glaces sciées étaient brisées à l'aide de pilons manœuvrés à la main, puis refoulées sous les glaces latérales au chenal, de manière à dégager complètement ce dernier de tout glaçon flottant. Ce procédé, très intéressant, n'est pas susceptible d'une application pratique.

Police de la conservation des voies navigables. — La police de la conservation des voies navigables incombe à l'Administration, qui est chargée de la poursuite et de la répression des entreprises illicites, de la fixation des conditions auxquelles peuvent être autorisées les entreprises licites.

Les règles relatives à la police de la conservation des voies navigables se trouvent, pour une large part, dans des règlements antérieurs à la Révolution, mais confirmés par l'article 29 de la loi des 19-22 juillet 1791. Parmi ceux qui sont encore d'une application journalière, on peut citer :

L'ordonnance du roi pour les eaux et forêts d'août 1669 ;

L'ordonnance royale de décembre 1672 sur la juridiction des prévôts des marchands et échevins de la ville de Paris, ordonnance spéciale à la Seine et à ses affluents ;

L'arrêt du Conseil d'État du roi du 24 juin 1777, portant règlement de la rivière de Marne et autres rivières et canaux navigables.

La plupart des dispositions de ces anciens règlements se trouvent reproduites dans le titre IV de la loi du 8 avril 1898 sur le régime des eaux.

MATÉRIEL ET TRACTION

Matériel normal en France. — Tout ce qui concerne le matériel et la traction est, en général, exclusivement du ressort de l'industrie privée.

Le matériel normal en France est celui qui est susceptible de passer par les écluses des canaux, et, par conséquent, de circuler sur tout le réseau des voies principales. Le réseau de navigation est essentiellement mixte, c'est-à-dire que la batellerie doit comprendre les canaux sur une longueur plus ou moins importante.

Les dimensions de ce matériel, telles qu'elles sont inscrites dans la loi du 5 août 1879, sont les suivantes :

> Longueur........................ 38^m,50
> Largeur......................... 5^m,00
> Tirant d'eau.................... 1^m,80

Le déplacement d'un bateau de ce matériel, que l'on obtient en multipliant ces trois dimensions, est de 350 mètres cubes, comprenant le poids mort et le poids utile. Le poids des coques pouvant être considéré comme sensiblement constant et égal à 50 tonnes environ, le chargement utile ne peut guère dépasser 300 tonnes ; chaque centième de diminution dans le coefficient de déplacement correspond à une réduction de 3 t. 50 dans le chargement.

MATÉRIEL SPÉCIAL. — La limitation des dimensions des bateaux, qui s'explique sur les canaux, et qui est une nécessité, n'est aucunement justifiée sur les fleuves et rivières à courant libre et même sur les cours d'eau canalisés à grandes écluses. Elle irait même à l'encontre du but que l'on se propose d'atteindre et qui est de tirer d'un fleuve ou d'une rivière le maximum de rendement possible. On a vu, on verra plus loin encore le parti que les Allemands ont su tirer de cette conception très simple : faire rapporter à chaque organe de la vie nationale le maximum possible, écarter les formules qui compliquent le problème au lieu de le simplifier. Donnée réaliste sans doute, mais pratique, qui se traduit dans l'espèce par une tendance à augmenter les dimensions du matériel spécial destiné à naviguer sur les fleuves et rivières à courant libre.

Grâce à cette augmentation, les formes s'affinent, ce qui diminue la résistance à la traction et facilite l'action du gouvernail, tout en permettant le transport d'un tonnage important. La réduction du fret s'ensuit, car les frais de premier établissement, les frais d'armement et d'équipage, les frais de traction ne croissent pas proportionnellement aux dimensions, à la jauge d'un bateau.

Il ne semble pas, malgré les apparences contraires, qu'il y ait lieu à limitation, au moins au point de vue des conditions de navigabilité ; tout au plus pourrait-on l'admettre par des considérations commerciales. Car il est certain que chaque fleuve, qui a son régime particulier au point de vue navigabilité, a aussi son régime au point de vue économique et commercial.

Tel bateau qui conviendra au Mississipi ou au Rhin, en raison du trafic énorme qui s'y pratique, serait déplacé sur la Seine ou sur la Loire. C'est ainsi que sur la basse Seine, entre Paris et Rouen ou le Havre, les plus grands chalands ne dépassent guère 1.000 tonnes ; sur le Rhin, sur le Mississipi, on établit des bateaux de 3.000 tonnes avec un enfoncement de 3 mètres. Ces dimensions se justifient parce que ces bateaux sont toujours assurés de trouver rapidement leur chargement complet, sur le Rhin, soit de houille dans les ports de la Westphalie, soit de céréales ou de minerais à Anvers ou Rotterdam.

Matériel désirable. — Le matériel désirable n'est pas celui qui s'appliquerait automatiquement à toutes les voies navigables, et qui les desservirait également. Ce serait une erreur de le penser, et ceux qui ont interprété la loi de 1879 dans un sens absolu, comme un dogme, ceux-là sont très coupables, empêchant tout progrès, subordonnant à une formule la loi même de l'avenir. Créer un matériel approprié à chaque voie de navigation, en profitant des données de l'expérience, outiller les ports où se produisent les transbordements nécessaires, au passage d'une voie navigable à une autre, tel est le programme que l'on doit suivre et réaliser. On est obligé de dire que sur ce point nous avons été devancés, et que nous n'avons rien fait, ou pas grand'chose, pour rattraper l'avance perdue.

Il faut donc entrer résolûment dans une nouvelle voie, se détacher des formules et tenir compte de l'expérience seulement. En fait de matériel à utiliser sur les canaux, on doit faire état des expériences si intéressantes et si décisives de M. l'inspecteur général de Mas. Peut-on trouver un meilleur guide, un conseiller plus avisé?

Mais on ne doit pas toujours appeler l'avenir; il faut tenir compte du présent, de ce qu'il offre et tâcher d'en tirer le meilleur parti possible. Cela est souvent difficile; ainsi les entreprises de traction sont généralement distinctes des entreprises de transport, c'est là un inconvénient parce que chacune étant indépendante de l'autre ne se porte pas réciproquement l'appui qui lui est nécessaire. Il n'y a pas de coordination dans l'exploitation; et c'est tantôt le remorquage, tantôt le touage qui a la préférence. Le remorquage est libre, les prix de traction sont librement débattus entre remorqueurs et bateliers.

Au contraire, les entreprises de touage sur chaîne noyée ne peuvent s'installer qu'en vertu d'une autorisation, et leurs prix de traction sont réglés par un tarif officiel. Ce tarif a un caractère de maximum; l'entrepreneur de traction peut proportionner la rémunération qu'il demande au service qu'il rend et faire des avantages aux bateaux qui présentent une moindre résistance à la traction.

Traction. — La traction à la vapeur a résolu le problème des transports sur les fleuves et rivières de la façon la plus heureuse, qu'il s'agisse des bateaux porteurs pour les marchandises qui réclament avant tout la vitesse, ou bien des remorqueurs ou des toueurs qui convoient un certain nombre de bateaux et dont l'usage devient tout à fait économique.

Ainsi sur le Rhin, en huit ou dix jours, d'Anvers ou de Rotterdam à Mannheim (565 ou 671 kilomètres), un seul remorqueur traîne jusqu'à 4.500 tonnes de marchandises, les frais de traction ne dépassant pas 3 millimes par tonne kilométrique, y compris le bénéfice des entrepreneurs de remorquage.

Composition des convois. — Mode d'attelage des bateaux. — Les bateaux amarrés à la file des uns des autres et remorqués peuvent éprouver des avaries, du fait de cette solidarité, et d'un accident arrivé à l'un d'entre eux. Ces inconvénients sont particulièrement graves à la descente, sur une rivière rapide. Car la marche du convoi doit être notablement supérieure à la vitesse du courant, pour que le remorqueur et les bateaux qui suivent puissent gouverner. Mais le bateau de tête peut être forcé de s'arrêter ou de ralentir, et les autres bateaux peuvent être jetés les uns sur les autres ou sur l'obstacle qui a causé l'arrêt; de graves avaries en peuvent résulter. L'effort dans les courbes est considérable par suite de la nécessité de faire jouer tous les gouvernails.

On a donc cherché par le mode d'attelage à éviter ou à atténuer les inconvénients signalés.

Sur le Rhin, où les remorqueurs, munis de roues à aubes ou d'une double hélice, traînent des bateaux de grandes dimensions, l'attelage se fait à remorques indépendantes. Autant de remorques différentes que de bateaux, ce qui conserve à chacun d'eux l'indépendance de manœuvre.

Sur la Seine, ce système serait impraticable à raison de la largeur du chenal; aussi emploie-t-on le mode d'attelage dit à *longues remorques*, dans lequel chaque embarcation est distante de la précédente d'au moins une longueur de bateau (40 mètres environ); les points d'attache des remorques se trouvent dans l'axe longitudinal des bateaux et laissent à ceux-ci une certaine indépendance de manœuvre.

On emploie aussi l'attelage à remorques croisées, ou bien

celui de nez sur cul. Avec ce dernier dispositif, l'ensemble du convoi ne forme plus en réalité qu'une seule embarcation, ce qui rend possibles des réductions importantes dans l'effectif des équipages (un homme pour trois bateaux).

Les dispositions de ces différents modes d'attelage sont représentées dans la figure ci-contre (*fig.* 205).

Les dernières combinaisons ont pour effet de réduire dans une proportion notable la résistance à la traction du convoi.

Avec l'attelage à longues remorques, la résistance totale du convoi est sensiblement égale à la somme des résistances totales des embarcations qui le composent.

Avec remorques croisées, la somme des résistances des bateaux subit une réduction de 0,10 à 0,16 suivant la vitesse. Avec l'attelage nez sur cul, la réduction s'accentue encore et varie de 0,15 à 0,24.

Sur le Danube, la question présente un intérêt très grand et a fait l'objet d'études nombreuses et suivies.

Parmi les nombreuses combinaisons qui sont en usage sur les différentes sections du grand fleuve (13 pour la remonte et 6 pour la descente), les trois les plus intéressantes sont représentées dans la figure 206.

Les deux premières sont employées à la remonte ; on y rencontre alliés dans une certaine mesure l'attelage à remorques indépendantes du Rhin et l'attelage à longues remorques de la Seine. La troisième est usitée à la descente ; les bateaux sont autant que possible solidarisés entre eux et avec le remorqueur.

Sur le Mississipi on réunit entre eux les bateaux de manière à former une seule masse flottante.

Ces bateaux servent au transport des charbons destinés à la Nouvelle-Orléans. Un seul remorqueur peut servir de propulseur pour une véritable flotte ; les conditions de transport sont exceptionnellement économiques.

Des convois composés de 26 bateaux contenant ensemble 20.700 tonnes de houille sont transportés sur un parcours de 3.110 kilomètres pour un fret total de 18.000 dollars. Il en résulte un fret de 0 fr. 0015 par tonne kilométrique. En regard de ces avantages certains, on doit reconnaître qu'en

Remorqueur
90 m
40 m
40 m
Remorqueur
90 m
12 m
12 m
Remorqueur
90 m

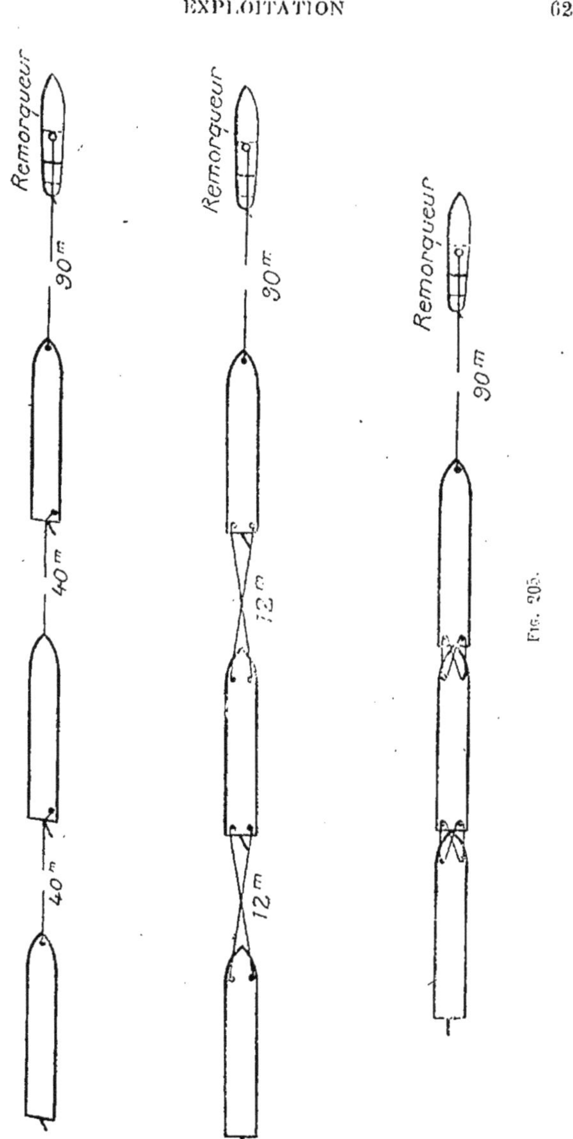

Fig. 205.

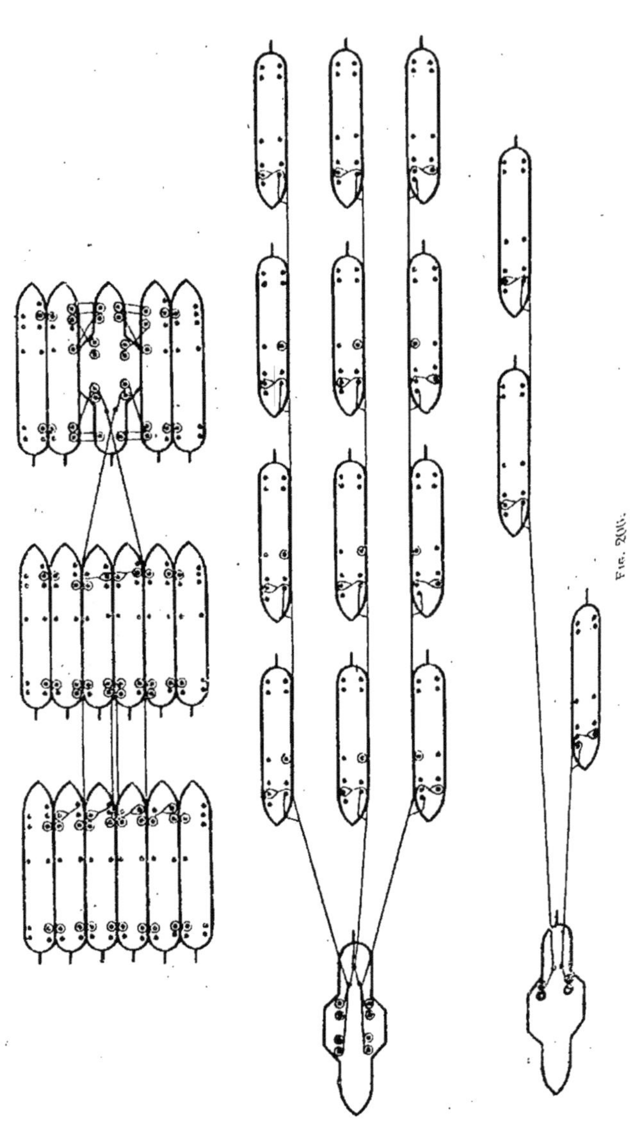

Fig. 206.

cas de choc contre d'autres masses flottantes ou contre des obstacles fixes, une combinaison de ce genre peut donner lieu à de graves accidents.

Matériel de traction sur le Rhône. — En France, il y a en particulier un matériel spécial sur le Rhône, qui est jusqu'à présent le seul fleuve à courant libre, où la navigation a conservé une certaine importance sur un long parcours, et qui présente des difficultés spéciales, qu'on a déjà fait connaître. La Compagnie générale de navigation, qui a en fait le monopole des transports sur le Rhône entre Lyon et Saint-Louis, a établi un matériel nouveau qui paraît avoir rendu les meilleurs services.

Il y a quelques années à peine, ces transports se faisaient pour la plus grande partie au moyen d'immenses bateaux à vapeur porteurs à roues à aubes, longs de 120 à 135 mètres, larges de 7^m,50 seulement, actionnés par des machines de 800 à 900 chevaux. Ces bateaux portaient de 400 à 500 tonnes à leur enfoncement maximum de 1^m,30. Ce type de bateaux a disparu, on ne rencontre plus que des coques porteuses remorquées ou touées.

Les remorqueurs à aubes doivent être pourvus de chaudières et de machines lourdes, de roues de grande largeur, d'arbres de gros diamètres, ce qui conduit à une surface considérable à la flottaison.

Il a été facile de résoudre le problème sur le Rhin, et l'on y rencontre des remorqueurs dont la puissance augmente au fur et à mesure du développement du trafic, et qui ont 85 mètres de longueur sur 24 mètres de largeur, capables d'entraîner 4.500 tonnes dans la région de Dusseldorf.

Il est compliqué sur le Rhône, car le port de Lyon n'est pas sur le Rhône, mais sur la Saône, et les bateaux doivent emprunter l'écluse de la Mulatière, qui se trouve au confluent de la Saône et du Rhône. La largeur de cette écluse n'est que de 16 mètres, sa longueur de 160 mètres, de telle sorte qu'elle ne peut recevoir qu'un convoi composé d'un remorqueur de 65 mètres sur 15^m,80 et deux barques de 60 mètres, dont la largeur totale doit être inférieure à 16 mètres.

En résumé, le passage obligatoire dans l'écluse de la Mulatière limite les dimensions du remorqueur et celles des bateaux remorqués. Il est un obstacle au développement du trafic, et il faut souhaiter que l'on établisse un port en dehors de l'agglomération lyonnaise, dans la plaine qui se trouve en aval du confluent.

Il n'est pas besoin de dire que les péniches flamandes ne peuvent pas circuler sur le Rhône, en raison de leur forme, qui offre une résistance considérable à la remonte. Il faut donc que les bateaux qui circulent sur le Rhône soient assez robustes pour résister à l'effort que leur oppose le courant, et pour affronter la mer et parvenir à Marseille, qui est le point d'aboutissement nécessaire de la voie navigable tant au point de vue du fret de descente que de celui de remonte. La mise en exploitation du canal de Saint-Louis à Marseille changera peut-être la situation et permettra l'utilisation d'un matériel moins robuste. Il semble que le transbordement de Saint-Louis à Marseille aurait amélioré l'état de choses actuel, et aurait occasionné une dépense moindre que celle qui résulte de l'intérêt et de l'amortissement du capital engagé dans la construction du nouveau canal. C'est là une considération toute personnelle, les pouvoirs publics ont dû se décider en toute connaissance de cause. Quoi qu'il en soit, la Compagnie générale de navigation dispose d'un matériel puissant affecté à la navigation du Rhône, et au service par mer entre Saint-Louis et Marseille.

Il comprend en particulier :

1° Huit remorqueurs à roues, pourvus de machines à triple expansion, dont la puissance varie entre 800 et 1.000 chevaux, ainsi caractérisés :

Longueur 60 à 64 mètres ; largeur de la coque 8 mètres ; largeur hors tambours 15^m,80 ; hauteur de bande 2^m,82 ; calaison 1^m,05 à 1^m,10 ;

2° Deux remorqueurs à hélice spécialement affectés aux remorquages en mer, l'un de 300 chevaux, l'autre de 120 ;

3° Dix toueurs, dont on verra le rôle plus loin, pourvus chacun d'une machine de 225 chevaux, actionnant le tambour sur lequel le câble s'enroule : longueur 52^m,40, largeur hors membrures 7ᵐ,50, hauteur de bande 2ᵐ,25, calaison 0ᵐ,50 ;

4° Soixante-quatre barques en tôle, dont les dimensions sont les suivantes :

Longueur	60ᵐ,00
Largeur hors membrures	7ᵐ,50
Hauteur de bande	2ᵐ,70
Enfoncement à vide	0ᵐ,40

A l'enfoncement de 1ᵐ,40, elles peuvent porter 357 tonnes.

A l'enfoncement de 1ᵐ,80, elles porteraient 500 tonnes.

Et si elles circulaient sur la Seine à l'enfoncement de 2ᵐ,60, elles pourraient recevoir 800 tonnes ;

5° Six chalands de mer en tôle de 59 mètres de longueur, 7ᵐ,50 de largeur hors membrures, 3ᵐ,20 de hauteur de bande.

A l'enfoncement de 2ᵐ,80 ils porteraient 600 tonnes ;

6° Cent soixante-trois chalands de mer en tôle de 47 à 56 mètres de longueur, 6ᵐ,30 à 7 mètres de largeur hors membrures, 2ᵐ,90 à 2ᵐ,95 de hauteur de bande.

Les barques et les chalands naviguent indifféremment sur le fleuve et en mer. Mais les chalands plus robustes et plus lourds que les barques sont spécialement affectés aux transports de Marseille à destination des ports du bas Rhône.

L'ensemble de ce matériel, y compris la valeur des grues, hangars, ateliers nécessaires à l'exploitation ou à l'entretien, a occasionné une dépense de plus de 15 millions.

Parmi les pontons-grues à vapeur, quelques-uns sont pourvus à l'arrière d'une roue à aubes qui leur permet de se déplacer facilement soit seuls, soit même avec un bateau. En cas d'accident, ils peuvent être utilisés, en même temps que le bateau-pompe, aux travaux de sauvetage.

Les deux types de barques et de chalands usités sur le Rhône, le premier naviguant exclusivement sur le fleuve, le second pouvant aller en mer, sont représentés (*fig.* 208).

Comme on l'a vu plus haut, le Rhône, qui a une longueur totale de 323 kilomètres entre Lyon et Saint-Louis, est divisé en quatre sections :

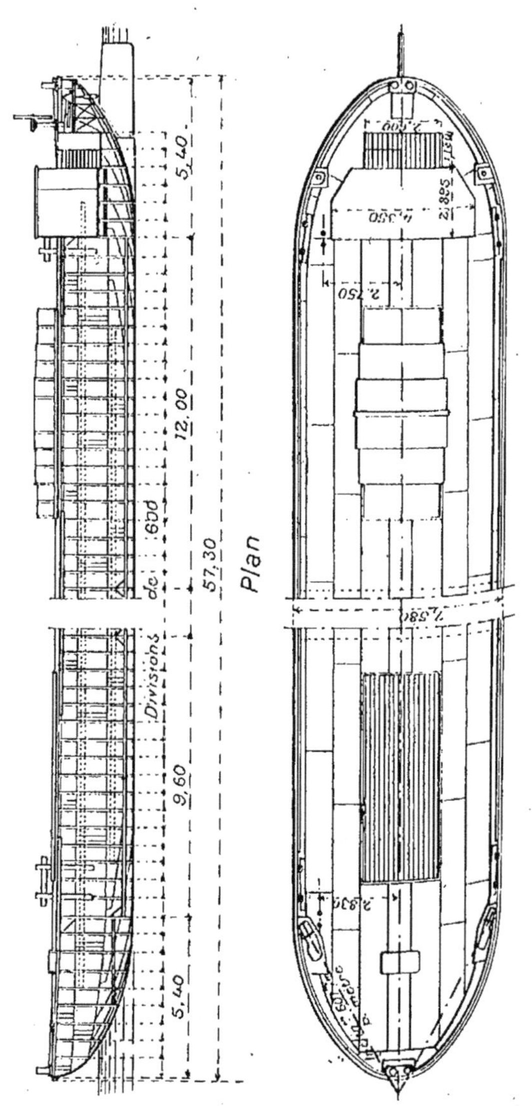

Coupe longitudinale
Plan
Divisions de 6,00
5,40
12,00
57,30
9,60
5,40
Fig. 207.

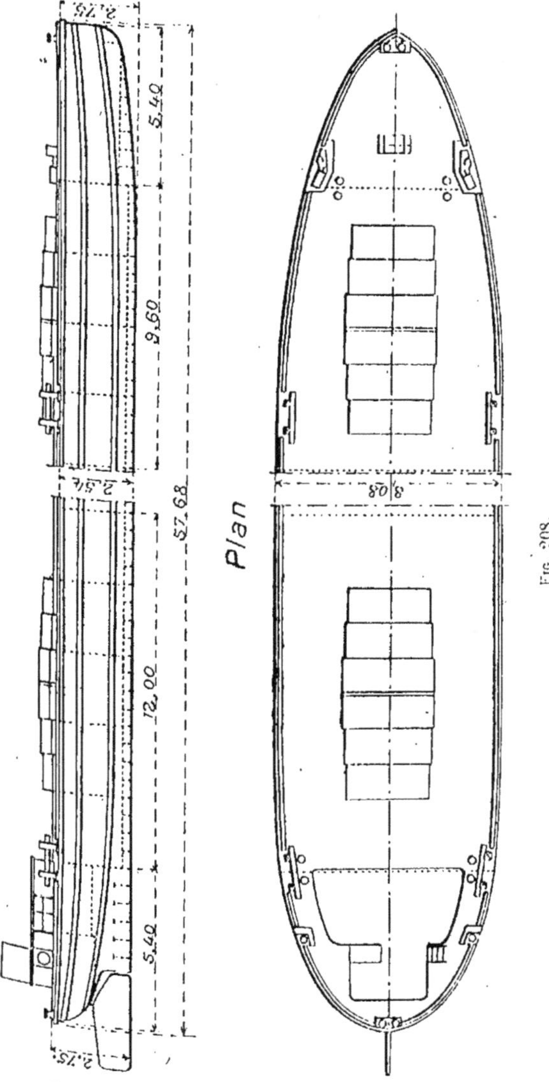

Élévation
Plan
2.75
5.40
9.60
2.54
57.68
12.00
5.40
2.75
8.08
Fig. 208.

Dans la première et la troisième section, où la pente ne dépasse guère 0^m,50 par kilomètre, la traction se fait au moyen des remorqueurs puissants de 750 chevaux de puissance indiquée.

Sur la quatrième section, où la pente moyenne tombe à 0^m,023 par kilomètre, on emploie un remorqueur quelconque.

Sur la deuxième section, où la pente moyenne atteint 0^m,775 par kilomètre, on emploie le touage par relais, dont on a parlé plus haut.

La section ayant une longueur de 111 kilomètres et le nombre des toueurs étant de 9, la longueur moyenne du relai est d'environ 12 kilomètres.

La figure ci-contre fait connaître le schéma de ces toueurs (*fig.* 209).

Le câble en acier est construit avec un métal extrêmement résistant pour réduire autant que possible son poids et faciliter ainsi son emmagasinement à bord. Il pèse 2^{kg},750 au mètre courant; il a 0^m,0228 de diamètre et sa charge de rupture est de 36.000 kilogrammes. Autour d'un fil d'âme central de 0^m,0027 de diamètre s'enroulent :

1° Six fils de 0,00246 de diamètre ;

2° Onze fils de 0,00246 de diamètre ;

3° Seize fils de 0,00246 de diamètre ;

4° Vingt-cinq fils enclavés n° 118 (type excelsior).

La section totale du métal est d'environ 335 millimètres carrés. La résistance à la rupture est de 150 kilogrammes par millimètre carré pour les fils intérieurs et de 115 pour les fils d'enveloppe.

Ces derniers n'ont pas une section circulaire, ils s'enclavent les uns dans les autres et donnent une surface extérieure tout à fait lisse, ce qui est important pour un bon enroulement.

Le câble entre sur le toueur par l'avant, passe dans un guide G, essentiellement composé d'une poulie à axe horizontal et de deux cylindres verticaux; il est ensuite porté par des rouleaux horizontaux A, au nombre de quatre, jusqu'à un second guide B et vient s'enrouler sur un treuil T, dont le diamètre est de 1^m,50 et la longueur de 3^m,50. Le treuil est commandé par les machines principales ainsi que

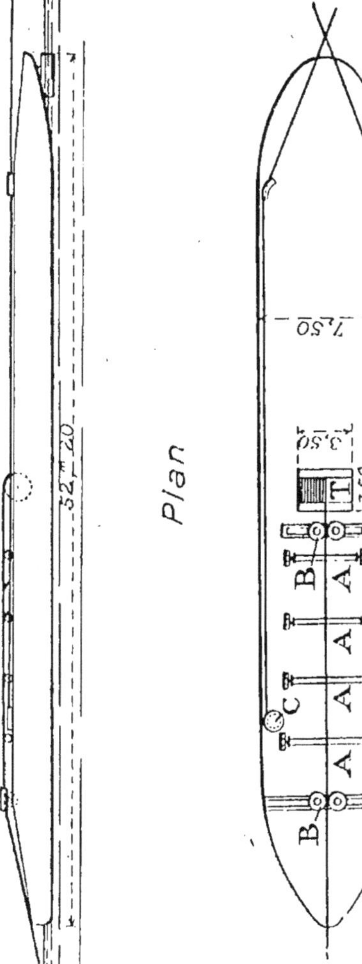

Elévation
32ᵐ20
Plan
7,50
3,50
1,50
A
B
A
C
A
A
A
C
A
A
B
Fig. 500.

le guide B, qui se déplace automatiquement, tantôt de tribord vers bâbord, tantôt de bâbord vers tribord.

Le déplacement correspondant à chaque tour du treuil est précisément égal au diamètre du câble, de telle façon que celui-ci soit toujours bien placé et bien serré sur le treuil.

Le guide G est commandé par une machine spéciale et peut se déplacer d'un bord à l'ordre à la demande du pilote. Le point d'attache du toueur au câble, sur lequel il se hale, peut donc à volonté être maintenu sur l'axe du toueur, porté à tribord ou porté à bâbord. Dans ces deux cas, la coque prend une direction oblique par rapport au câble et l'action du courant sur le flanc du toueur seconde l'action du gouvernail.

Dans le but de faire concourir à la manœuvre l'action du courant, les remorques croisées qui relient le convoi au toueur s'enroulent sur des cabestans C, commandés aussi par des machines spéciales, de telle sorte que l'attelage peut être resserré ou relâché d'un côté ou de l'autre à la volonté du pilote. Le toueur et le convoi ont aussi les moyens de se rendre, autant que possible, indépendants du câble en ce qui concerne la direction et les évolutions.

L'enroulement du câble sur le tambour se fait à la remonte ; à la descente, le câble se déroule et s'immerge dans le lit du fleuve. Lorsque le toueur seul arrive ou avec une barque à l'extrémité de sa section, on l'arrête ; il laisse sa barque qui est prise par le toueur de la section suivante, et il remorque celle que ce toueur a amenée. Il suffit pour remonter, de mettre en marche la machine qui actionne le tambour, le câble s'enroule doucement et le convoi se déplace à la vitesse de 4 à 5 kilomètres à l'heure environ.

Pendant les crues, les toueurs passent la nuit à l'extrémité amont de leur section ; car si les câbles séjournaient dans le lit du fleuve, ils courraient le risque d'être recouverts par les graviers et de ne plus pouvoir en sortir.

Une expérience de plus de vingt ans a démontré que ce système de traction fonctionne d'une manière satisfaisante.

MATÉRIEL USITÉ EN ALLEMAGNE

Matériel remorqué. — On a compris en Allemagne que le moyen de tirer le meilleur parti possible des voies fluviales, malgré tout imparfaites, était de créer un matériel spécial, capable de naviguer malgré ces imperfections et d'en atténuer les conséquences. Dans un ouvrage qui a largement contribué aux progrès de la navigation intérieure, M. Bellingrath écrivait en 1879[1] : *« C'est une erreur de croire qu'un fleuve pauvre en eau doive être utilisé par de petits bateaux. »* L'auteur formulait ainsi le principe qui a guidé les constructeurs allemands dans leurs recherches. On observait, en effet, que, sur l'Elbe, l'exploitation de chalands de 300 à 450 tonnes assurait quelques bénéfices, tandis que les bateaux de 150 à 200 tonnes chargés pendant les basses eaux, à la moitié ou au tiers de leur capacité, n'avaient pas une contenance assez grande pour que le fret payât le remorquage.

Il fallait donc construire des chalands larges et longs, de fort tonnage mais de peu d'enfoncement, et des remorqueurs de faible tirant d'eau et d'une très grande puissance, afin de remédier à l'insuffisance générale des mouillages. De cette façon la batellerie, adaptée aux milieux divers que lui créent d'incessantes variations du plan d'eau, pouvait être rémunératrice en tout temps.

A voir le degré de prospérité où elle est parvenue, il semble que le problème soit aujourd'hui résolu.

Les Allemands possèdent, en dépit de conditions hydrographiques généralement défavorables, un matériel fluvial qui semble répondre parfaitement aux exigences économiques présentes. Cependant ils ne se tiennent pas pour satisfaits, et travaillent sans cesse à réaliser des améliorations nouvelles. Le progrès de la construction, dans ces dernières années, a été marqué en Belgique, en Hollande et en Allemagne par la substitution, de plus en plus générale, du fer ou de la tôle d'acier au bois, et comme conséquence, par l'accroissement du tonnage. Ces deux phénomènes sont

1. *Studien über Bau und Betriebsweisse eines deutchen Kanal-netzen.* Berlin, Ernst et Korn, 1879.

surtout sensibles sur le Rhin et sur l'Elbe, où, grâce aux ingénieurs des chantiers de Duisburg-Ruhrort, Kastel, Dresde, Uebigau, Rosslau, la construction fluviale a réalisé de très grands progrès.

Dès 1881, on constatait que la construction en bois était de plus en plus abandonnée. Avant de passer à la construction en fer, on essaya d'un genre mixte, mi-partie bois et fer, mais les bateaux ainsi construits n'ont pas présenté des qualités suffisantes de durée. On a donc renoncé à la construction mixte pour s'en tenir à la tôle de fer ou d'acier.

Bateaux du Rhin. — Le bateau rhénan moderne (rheinschiff) se distingue par ses dimensions, son élégance, sa solidité, la simplicité de sa construction et la facilité de sa manœuvre. C'est un bateau remorqué; ses panneaux sont posés à plat sur les hiloires. Il a deux ou trois mâts de chargement et un gouvernail à roue.

En 1870, la plupart des bateaux rhénans étaient encore en bois; les plus grands portaient de 5 à 600 tonnes. Depuis cette époque, leur tonnage a augmenté suivant une progression constante; on en a construit en :

1890 de.....................	1.400 tonnes
1892 de.....................	1.560 —
1894 de.....................	1.740 —
1896 de.....................	2.170 —

Depuis et sans qu'on puisse spécifier, faute de renseignements, les transformations successives qui se sont produites, on est arrivé à des bateaux de 4.000 tonnes.

Un des plus grands rheinschiff existant en 1897 était le bateau hollandais *Marianne*; il mesurait 89 mètres de long, 12 de large, avec 2^m,90 d'enfoncement à pleine charge et portait 2.125 tonnes. Mais depuis, on a mis en exploitation des bateaux de 100 mètres de longueur, de 15 mètres de largeur, et de 3^m,40 de creux susceptibles de porter 4.000 tonnes. Les plus grands bateaux rhénans allemands appartenaient en 1900 à la Compagnie de remorqueurs à vapeur de Mannheim; ils avaient 88 mètres de long, 12 mètres de largeur, 2^m,66 de tirant d'eau à pleine charge, avec 250 tonnes et 0^m,45 de tirant d'eau à vide.

BATEAUX SUR LA WESER. — Les bateaux de la Weser et de l'Elbe sont loin d'avoir d'aussi fortes dimensions. Leur forme est plus massive. Ils ont un gouvernail à barre franche, des panneaux formant tunnel.

Ils sont construits en fer, en tôle d'acier ou en bois. Ils ont le fond fait de planches de sapin de Bohème, de $0^m,10$ d'épaisseur, aussi les qualifie-t-on de « eisenbordig » (à bordage de fer). D'autres ont le fond en fer doublé extérieurement d'une semelle de bois. Cette particularité a pour effet d'atténuer l'effet des frottements sur fonds de graviers ou des échouements sur des pierres.

Les plus grands bateaux de la Weser avaient, en 1890, 48 mètres de long, $6^m,90$ de large, $1^m,70$ de creux, $1^m,40$ de tirant d'eau. En 1897, ils atteignaient 54 mètres de longueur, 6 à $8^m,50$ de largeur, $1^m,80$ à 3 mètres de creux, et portaient 500 tonnes avec un tirant d'eau de $1^m,65$. Grâce aux travaux de régularisation, la moyenne du chargement des bateaux a augmenté comme il suit :

		A la remonte	A la descente
En 1893 le chargement était de	121 tonnes et de	146 tonnes	
— 1894	—	167 —	— 162 —
— 1895	—	186 —	— 192 —
— 1896	—	229 —	— 230 —

BATEAUX SUR L'ELBE. — Les bateaux de l'Elbe descendent le fleuve à la voile ou en dérivant vers le courant, et sont remorqués à la remonte par des toueurs ou par des vapeurs en raines de dix à quinze chalands. La plupart sont construits en tôle d'acier.

Les chalands de bois deviennent de plus en plus rares comme bateaux de long parcours. Néanmoins les forêts de la Bohème fournissent du bois à bon marché, avec lequel on construit des embarcations légères appelées « Zillen » qui descendent la haute Elbe, venant d'Aussig et de Tetschen, chargés de fruits, puis gagnent la Havel, la Sprée et même l'Oder. Quand leur cargaison est vendue on les consolide, et ils servent sur la Sprée à un trafic local.

Le tonnage des bateaux de l'Elbe s'est considérablement accru depuis un demi-siècle.

En 1842 les plus grands bateaux de l'Elbe portaient 150 tonnes
— 1858   —   —   —   200 —
— 1866   —   —   —   250 —
— 1873   —   —   —   400 —
— 1877   —   —   —   500 —

Aujourd'hui des chalands de 600, 700 et 800 tonnes naviguent sur ce fleuve; mais on y trouve aussi des bateaux de 1.000 tonnes pour les transports de charbons. C'est là une exception, et le bateau le plus pratique pour la navigation de l'Elbe est celui qui porte 650 tonnes avec les dimensions suivantes : 68 mètres de long, 9^m,20 de large, 1^m,60 de tirant d'eau à charge complète, 0^m,35 à vide.

Saal. — Cours d'eau de la Marche-Oder. — Les bateaux de la Saale, de la Havel, de la Sprée, de l'Oder, ne diffèrent des bateaux usités sur l'Elbe que par leurs dimensions. Sur la Saale inférieure, les bateaux en bois sont très effilés. Cette construction également propre jadis aux bateaux de l'Elbe avait pour effet de faciliter la manœuvre à la perche. Elle permettait au batelier de pousser plus longtemps son bateau. Le remorquage à vapeur a fait disparaître en grande partie ces formes anciennes.

TRACTION. — Pour un semblable matériel, il fallait de puissants remorqueurs. On a organisé la traction en adoptant, selon les exigences du milieu, la vapeur à roues, à hélice, ou le touage sur chaîne mouillée.

REMORQUAGES. — Les remorqueurs à une ou deux hélices ont joui d'une grande vogue jusqu'en 1886, mais on a reconnu qu'ils ne peuvent être avantageusement employés qu'avec des profondeurs de 2^m,50 à 3 mètres. Or cette condition n'est réalisée d'une façon à peu près constante que dans le cours inférieur des fleuves. On a donc dû revenir aux remorqueurs à roues, bien que la construction en soit plus coûteuse, et ils jouent le rôle principal dans les transports fluviaux de l'Allemagne. Ces bateaux sont pourvus de roues latérales, sur le Rhin et sur l'Elbe. Ils sont généralement à roue arrière sur les cours d'eau plus étroits, dont la rapidité est de 0^m,75 à 1^m,50 à la seconde et la profondeur de

1 mètre tels que la Wesel et l'Oder par exemple. Avec un tirant d'eau de 1ᵐ,10, ils peuvent donner tout leur effet.

Un remorqueur de 68 mètres de longueur, 8ᵐ,40 de largeur, 1ᵐ,24 de tirant d'eau, de 325 chevaux de puissance indiquée, remorque en 65 heures de Ruhrort à Mannheim 4.200 tonnes réparties dans quatre chalands. Avec un tirant d'eau de 0ᵐ,70, il peut encore remorquer 450 tonnes.

Des bateaux à roues de moindre enfoncement naviguent sur le Rhin supérieur. Ces remorqueurs ont 69ᵐ,60 de longueur, 8ᵐ,40 de largeur, 17ᵐ,80 y compris la largeur des doubles roues. Leur puissance est de 250 chevaux indiqués. Avec 15 tonnes de charbon, ils ne calent que 1ᵐ,05. Ils traînent 2.000 tonnes sur deux chalands, de Mannheim à Strasbourg en 15 heures.

Il existe en outre des remorqueurs ne calant que 0ᵐ,80 de tirant d'eau, et qui rendent des services inappréciables sur le Rhin supérieur, en basses eaux, notamment entre Saint-Voar et Bingen.

Les remorqueurs de l'Elbe ont également un faible tirant d'eau. Les plus grands que possède la Société la Kette ont 68 mètres de long, 8ᵐ,80 de large, 17 à 18 mètres y compris les tambours, 2ᵐ,60 à 2ᵐ,80 de creux, 0ᵐ,90 de tirant d'eau quand ils sont chargés de 20 tonnes de charbon, 0ᵐ,86 quand ils ne portent que 3 tonnes. Un remorqueur de ce type, qui coûte 300.000 francs, remonte 4.000 tonnes réparties sur 10 bateaux. Un remorqueur de grandeur moyenne a 68 mètres de long, 7 mètres de large, 2ᵐ,40 de hauteur, 0ᵐ,80 de tirant d'eau, et traîne 2.000 tonnes réparties sur 6 chalands. Les remorqueurs les plus forts peuvent entraîner 5.000 tonnes.

Les remorqueurs employés sur l'Oder et ses affluents, ou sur la Vistule ont généralement des dimensions moindres. Néanmoins on voit sur la Vistule des remorqueurs capables de haler 1.500 tonnes, et de porter de 200 à 250 tonnes.

TOUAGE. — La traction par faibles mouillages a été facilitée sur les fleuves ou sections de fleuves à courant rapide par le touage sur chaîne ou sur câble d'acier.

On admet en Allemagne que le touage peut se pratiquer sur des courants de 2 à 3 mètres de vitesse à la seconde, et des profondeurs d'étiage de 0ᵐ,60 à 1ᵐ,50. Ce sont les conditions que présentent le Rhin, de Bingen à Bonn, le Main, le Neckar et l'Elbe. Certaines sections de la Weser avaient été pourvues d'une chaîne de touage ; elle a disparu depuis la correction du fleuve. Un câble d'acier a été tendu, il y a quelques années, de Rotterdam à Mayence, mais les dépôts de sable et de gravier en rendaient l'usage difficile, sinon impossible ; on le supprima.

Le remorquage avec toueurs est pratiqué sur le Rhin, au moyen de bateaux ayant 50 mètres de long, 10 mètres de large, un tirant d'eau de 0ᵐ,60 et une puissance de 900 chevaux. Ils remontent le courant à l'aide d'un câble d'acier de 43 millimètres de diamètre.

Une chaîne de touage posée dans le Main et appartenant à une société privée a une longueur de 281 kilomètres. Les toueurs du Main ont 15 mètres de long, 7 mètres de large, 0ᵐ,52 de tirant d'eau. Leur puissance est de 60 chevaux indiqués. Ils remontent de Mayence ou de Francfort par le Main supérieur des trains de 20 à 40 bateaux en bois vides ou peu chargés, dont le touage varie de 50 à 150 tonnes.

C'est dans le bassin de l'Elbe que le touage sur chaîne mouillée a pris son plus complet développement ; la chaîne s'étendait primitivement de la frontière bohémienne jusqu'à Hambourg ; mais aujourd'hui, on considère que le remorquage libre est plus économique que le touage entre Magdebourg et Hambourg et la chaîne a été supprimée sur l'Elbe inférieure. La Société la Kette possède 31 toueurs qui font la traction des chalands sur la haute Elbe, l'Elbe moyenne et la Saale.

Leurs dimensions varient entre 32 et 45 mètres de long, 4ᵐ,57 et 8ᵐ,20 de large ; chaque toueur a 7 hommes d'équipage. Ceux qui sont munis de propulseurs à turbines ont 55ᵐ,40 de long, 10ᵐ,50 de plus grande largeur, 2ᵐ,45 de creux au milieu et 0ᵐ,70 de tirant d'eau avec un approvisionnement de 10 tonnes de charbon. Ils remorquent 2.500 tonnes.

La batellerie a donc à sa disposition de puissants moyens de traction, et il faut voir dans ce fait l'une des causes de sa prospérité. Les remorqueurs à hélice, à roues et les toueurs lui permettent d'utiliser de la façon la plus complète et la mieux entendue, les hautes eaux, les eaux moyennes, comme les plus faibles mouillages.

Les principales sociétés de transport ont des remorqueurs pour toutes les profondeurs. Des 13 remorqueurs que possède la Société de Mannheim, 7 sont à roues et 6 à hélice. La Société de touage de Ruhrort possède 6 bateaux à roues, 2 à hélice et 8 toueurs. La Société la Kette a 31 toueurs, 10 remorqueurs à roues et 6 bateaux à hélice.

Si, en 1897, les bateaux de l'Elbe ont pu naviguer pendant 203 jours à charge pleine, 73 jours à 3/4 de charge, et 73 jours avec une charge variant de la moitié aux trois quarts de la charge entière, on peut dire que ce résultat ne s'explique pas seulement par l'amélioration du fleuve, mais encore par l'emploi d'un matériel transformé et parfaitement adapté aux conditions hydrographiques.

Si on s'en tient seulement à la période de 1887 à 1897, qui semble être la plus intéressante, puisque c'est pendant cette période que s'est produit le plus fort développement de la navigation intérieure en rapport avec celui de la richesse économique du pays, on constate les résultats suivants:

ANNÉES	NOMBRE DE VAPEURS DE PLUS DE 10 TONNES		
	REMORQUEURS	A MARCHANDISES	A VOYAGEURS
1887........	229	127	459
1892........	446	140	593
1897........	677	184	686

ANNÉES	CHALANDS DE PLUS DE 160 TONNES		
	NOMBRE	TONNAGE TOTAL	TONNAGE MOYEN
1887........	19.168	2.049.413	107
1892........	21.163	2.688.546	127
1897........	20.360	4.266.087	160

Ces tableaux montrent d'une façon bien claire les conséquences qui résultent de l'amélioration des voies d'eau, à savoir : la transformation du matériel et sa meilleure exploitation au point de vue économique.

Le nombre des chalands décroît de 1892 à 1897, mais leur tonnage augmente ; et bien que le tonnage moyen ne soit qu'un indice très imparfait de ce phénomène, il révèle néanmoins une augmentation moyenne de la capacité des bateaux, de 50 0/0 en 10 ans.

Le nombre des remorqueurs dans la dernière décade a presque triplé ; celui des vapeurs à marchandises a augmenté de 45 0/0 et celui des vapeurs pour le transport fluvial des voyageurs de plus de 53 0/0.

Organisation de la batellerie en Allemagne. — Pour comprendre l'organisation actuelle de la batellerie en Allemagne, il faut voir comment elle fonctionnait antérieurement. C'est une bonne leçon et dont y il a lieu de profiter ; à l'inorganisme qui existait s'est substitué, avec une méthode admirable, un organisme puissant, capable du plus grand effort.

La situation de la navigation en Allemagne était au commencement du xix⁹ siècle ce qu'elle était en France ; la batellerie était le seul moyen de transport tant pour les marchandises que pour les voyageurs, et était aux mains de corporations.

La navigation était assurée sur le Rhin par des compagnons (*Rhein Genossen*), avec des horaires fixes suivant la période de l'année. On se servait cependant du fleuve dans les conditions les plus difficiles pour expédier du Haut-Rhin, c'est-à-dire des villes de Schaffouse, Zurich, Lucerne, Berne, Bâle, Strasbourg, Laufenburg, des marchandises à destination de Francfort et de la Hollande.

Sur le Rhin moyen inférieur, au commencement du siècle, les places principales étaient régulièrement desservies par la batellerie.

En 1824, les 10, 20 et 30 de chaque mois, un bateau partait de Cologne pour Trèves. Ce « voyage rapide » devait être accompli en 12 jours. Le trajet d'Anvers à Cologne durait 16 jours.

Entre Mayence et Cologne (190 km.) circulaient les diligences d'eau pour le transport des voyageurs. C'est ce qui se passait aussi sur le Rhône.

Du 15 mars au 1er novembre, le voyage durait deux à trois jours. Du 1er novembre au 15 mars, quand la glace le permettait, il durait trois à quatre jours.

Quant au transport des marchandises, il était beaucoup plus lent. Il fallait de 8 à 12 jours pour descendre de Düsseldorf à Rotterdam et de 12 à 15 jours au moins pour remonter. Les bateliers partaient à tour de rôle dans un ordre tel qu'un batelier ne pouvait accomplir plus de 5 fois dans l'année le voyage de Wesel à Rotterdam. Ce système, évidemment, n'allait pas sans le monopole propre aux organisations corporatives.

Sur l'Elbe et sur les cours d'eau de la Marche, les voyages à tour de rôle existaient aussi dès le xviiie siècle. Ils furent institués également afin de donner au commerce entre Berlin et Hambourg plus de sûreté et de régularité. La corporation des bateliers de la Marche limitait à 25 le nombre de ses membres.

Ce régime corporatif très limité, très réglementé, ne donnait pas au commerce une satisfaction bien grande. On reprochait aux bateliers leur paresse, leur insouciance, leur routine, mais surtout un monopole qui, en 1769, rapportait au maître batelier un revenu de 18.750 francs par an. Aussi leur était-il indifférent de mettre, pour aller de Hambourg à Berlin, un mois, ou d'en mettre trois. Les marchandises s'avariaient dans leurs bateaux mal fermés, trop petits et trop lourdement chargés. Les gens à leur service prenaient dans la cargaison le large complément d'une solde qu'ils trouvaient toujours insuffisante et s'abouchaient avec des recéleurs. La concurrence des chemins de fer et le développement de la navigation à vapeur provoquèrent, en même temps qu'une modification du rôle de la batellerie, une amélioration sensible dans la condition morale du batelier. Celle-ci ne s'est pas encore produite malheureusement en France ; aussi est-il intéressant de reproduire ce qu'écrivait un historien de la navigation du Rhin, qui raconte ainsi la transformation qui s'est effectuée :

« Avec la réforme que le tarif des frets a subie depuis l'application de la vapeur, le batelier est obligé de compter. Ce n'était pas son fort autrefois. Comme l'ancien messager, le batelier était ami des haltes. On vivait bien sur les bateaux. Le mousse pouvait consommer, sans économie, la viande et le beurre. Les gens du bord étaient habitués à bien boire et à bien manger[1]. Ils faisaient couler dans le Rhin le contenu aigri des tonneaux et engraissaient les poissons avec les restes de repas du matin, du midi et du soir. On dépensait à payer l'équipage une bonne partie du fret. Le salaire des gens du bord n'est pas aujourd'hui la moitié de ce qu'ils recevaient autrefois, et néanmoins, dans la plupart des cas, la vie du batelier n'était qu'une brillante misère, brillante tant qu'il voyageait, misère le reste du temps : criblés de dettes, privés de la vie de famille qu'ils ne connaissaient guère, ils quittaient la maison et trouvaient dans l'agitation du voyage une triste compensation à la perte de leur crédit.

« Depuis l'application de la vapeur, le travail est fait sur le Rheinschiff par des manœuvres professionnels, instruits, et leur salaire est en rapport avec leur activité. Le patron, qui lui-même n'était pas un grand ami du travail, se contentait jadis de veiller sur ses gens et sur sa barque. Depuis l'invention et la concurrence des bateaux à vapeur, un nouvel esprit l'anime. Il travaille, il a appris à compter et à profiter de toutes les occasions. Il saisit le moment où il peut hisser la voile, et il sait en tirer tout le parti possible par tous les vents. Il ne se contente pas de parcourir du regard son bateau, il s'efforce d'économiser à la fois le temps et l'espace. Dans cette tâche, un être est venu l'aider qui n'avait sa place sur aucun manifeste douanier ni sur aucun registre de

1. On croirait lire une description de ce qui passe sur la Loire, où les mariniers vivent à bord, en pêchant, etc., et en se reposant la plupart du temps dans des anses où ils sont à l'abri du vent. Leur moindre souci est celui du trafic qu'ils font : deux ou trois voyages de Nantes à Angers suffisent à leur existence indolente. Aussi n'est-il pas besoin de dire qu'en principe ils sont opposés à tout progrès et à toute amélioration qui se produiraient sur le fleuve où ils détiennent une sorte de privilège. La rivière est à eux, et ils considèrent comme un ennemi ceux qui voudraient l'utiliser en dehors d'eux.

bateliers, mais qui cependant commence à jouer, dans la batellerie du Rhin, un rôle si important que nous aurions tort de ne pas lui consacrer quelques mots d'éloge : c'est la femme, nouveau *Genius Nautarum*. Sur les bateaux hollandais, la femme appartenait depuis longtemps à l'équipage. Sur le Rheinschiff allemand, elle partage avec son mari le commandement et le travail. Les anciens bateliers rhénans avaient coutume de dire : une femme à bord signifie vent debout et apporte le malheur.

« Aujourd'hui, avec la femme, l'esprit d'ordre, d'économie, de propreté est entré dans l'habitation flottante. Il y a moins de bombance à bord, mais plus d'ordre. L'influence que la compagne de l'homme exerce sur lui profite à l'un et à l'autre. Les grossièretés du matelot, le gaspillage insensé de l'argent et des provisions ont fait place à un meilleur ton et à une économie domestique réfléchie. Comme en Hollande, depuis longtemps, apparaît sur le Rhin moyen la famille dont les membres ne veulent plus abandonner l'habitation commune. Le batelier qui emmène avec lui femme et enfants soignera son bateau comme lui-même. Avec ce surcroît d'équipage, le commerce prend une sûreté dont il a lieu d'être satisfait. Jadis le batelier annonçait son départ plusieurs semaines à l'avance. On lit dans un vieux journal de Mannheim de 1784 : « *A la fin du mois*, le batelier Martin Spatz part pour Cologne; qui veut l'accompagner ou lui confier quelque chose peut s'adresser à lui. » Aujourd'hui il y a, entre Mannheim et Rotterdam, à peine autant d'heures qu'il y avait jadis de jours [1]. »

Le développement économique de ce dernier quart de siècle a achevé cette transformation. A la batellerie isolée, caractérisée par l'indépendance du batelier, par l'arbitraire du prix du fret et l'irrégularité du voyage, les compagnies de navigation ont substitué l'exploitation rationnelle et économique par trains remorqués.

Grande batellerie. — Société par actions. — Pour que la

1. Extrait de l'étude sur la navigation intérieure en Allemagne, par M. Louis Laffitte, d'après Georg Schiryer, Mayence, 1857.

batellerie conservât sa raison d'être, il fallait la mettre en état de soutenir victorieusement la lutte contre les chemins de fer. On devait en effet compenser les inconvénients de la lenteur relative du transport fluvial par les avantages des grandes quantités transportées, accroître le volume des convois et donner à la batellerie, en l'organisant, des qualités nouvelles de discipline et de régularité.

Cette œuvre de réforme a été accomplie par des compagnies qui, depuis un demi-siècle, n'ont pas cessé de croître en nombre et en importance. Les plus considérables d'entre elles sont les sociétés par actions.

Sur le Rhin, on trouve treize sociétés, dont le capital social varie entre 3.600.000 marks et 360.000 marks, et qui donnent chaque année des dividendes importants, s'élevant jusqu'à 8 0/0 du capital engagé.

Sur le Main, deux sociétés fonctionnent avec un capital social de 1.000.000 de marks, donnant au moins 5 0/0 d'intérêt.

Sur la Moselle, il existe une société au capital de 120.000 marks, dont la prospérité est attestée par un dividende d'au moins 4 1/2 0/0.

On pourrait citer encore de nombreuses sociétés qui exploitent les différentes rivières et fleuves de l'Allemagne. Cela serait une énumération longue et sans doute fastidieuse, qui démontrerait simplement que les capitaux engagés l'ont été à bon escient, qu'ils sont restés dans le pays, et qu'ils lui ont procuré une prospérité inouïe.

Le capital engagé dans ces sociétés s'élève à près de 75 millions de francs, et est très rémunérateur. C'est sur l'Elbe que la grande batellerie entreprise par des sociétés d'actionnaires paraît avoir reçu le développement le plus complet. Sur le Rhin elle a dû compter avec la concurrence hollandaise, maîtresse des marchés situés à l'embouchure de ce fleuve. Dans les pays de l'Elbe, au contraire, elle a été favorisée par les admirables progrès du port de Hambourg et par l'augmentation du touage sur chaîne.

Les compagnies qui ont entrepris le remorquage et les transports sur l'Elbe sont capables de répondre, par des perfectionnements incessants, aux exigences d'un trafic qui croît toujours. L'Elbe est aujourd'hui une magnifique route fluviale, où les transports sont aussi sûrs et aussi bien réglés que sur une voie ferrée. Ces progrès se sont accomplis grâce à une centralisation qui donna à ces sociétés la force et les apparences de sociétés à monopole.

On conçoit donc que le développement de ces puissantes compagnies de transport ait modifié la physionomie et le caractère de la batellerie privée. Il lui a fallu pour survivre recourir à l'association et s'organiser à l'image de la grande industrie qui menaçait de l'absorber.

Batellerie privée. — Syndicats de bateliers. — L'un des grands maux dont souffrait, il y a trente ans, la batellerie allemande, était la concurrence que se faisaient entre eux les bateliers. La politique de rabais qu'ils pratiquaient à l'insu les uns des autres augmentait encore l'irrégularité du prix du fret due à l'inconstance du régime hydrographique.

M. Bellingrath écrivait en 1879 : « Le batelier conclut des marchés dans des conditions où le transport ne vaut plus la peine d'être entrepris. S'il s'agit de marchandise en cueillette, il attend que son chargement soit complet, et perd des semaines entières. Le destinataire demande où est arrivée sa marchandise et apprend qu'elle n'est pas encore en route. La concurrence des bateliers assure le fret à bon marché, mais aux dépens du délai de livraison et du bon état des marchandises. Elle ne profite pas au commerce, ruine l'activité de la batellerie, anéantit la bienfaisante influence qu'elle peut exercer sur les autres moyens de transport. En outre, quand, à la fin d'un voyage, quelques articles ont perdu de leur poids, on cherche fréquemment à rendre le batelier responsable du dommage. Quelques expéditeurs, sans doute, tiennent compte des difficultés de la navigation et de ses risques inévitables; mais il en est beaucoup d'autres qui exploitent l'infortunée situation du batelier et veulent être dédommagés de la dépréciation des marchandises, même si elle a été prévue. »

M. Bellingrath proposait d'organiser la batellerie de façon à ce qu'elle pût braver « même le rétablissement des péages ». La construction de vapeurs pour le remorquage et l'immersion d'une chaîne de touage dans l'Elbe préparèrent de grands progrès, qui furent complétés par l'enrôlement de la petite batellerie au service de la grande.

Les bateliers privés de l'Elbe se sont groupés autour des industriels qui ont organisé la traction. Ils ont reçu d'eux les moyens de triompher de la concurrence des chemins de fer. En revanche, c'est grâce au concours des bateliers que le développement des grandes compagnies de transport a été aussi rapide. A Dresde, plus de 3.000 d'entre eux s'étaient engagés à confier à la « Kette [1] » le remorquage de leurs chalands.

Sur l'Elbe moyenne, la Compagnie de remorquage à vapeur des bateliers unis de l'Elbe et de la Saale a pour organe connexe un syndicat de bateliers comprenant 900 membres.

Sur la basse Elbe on trouve aussi un syndicat de bateliers, comprenant 600 membres, afin de régler en commun le cours et les conditions du fret.

Les membres des syndicats prennent leur chargement au comptoir de la société de remorquage avec laquelle ils ont passé contrat. Les frais de traction ont été diminués pour eux. Quelquefois les compagnies s'occupent elles-mêmes du fret et paient au batelier la location de son chaland.

Le difficile et intéressant problème de l'organisation de la batellerie a donc été résolu en partie par l'association. La création de syndicats rattachés aux sociétés d'exploitation semble être une des solutions les plus heureuses qu'on ait trouvée jusqu'à ce jour, si l'on en juge par la discipline et la ponctualité avec laquelle les compagnies de l'Elbe accomplissent les expéditions par eau.

Mais tous les bateliers allemands ne sont pas unis en syndicats de ce genre. Il y a des exceptions.

Sur le Rhin, les bateliers ont conservé une certaine indépendance. Sur ce fleuve, le trafic est encore plus intense que sur l'Elbe, les trajets sont plus longs et, grâce à un grand nombre d'agglomérations et de centres industriels importants, le commerce local y est plus développé. Les bateliers

[1]. Chaîne.

particuliers ont donc plus de chances que ceux de l'Elbe de trouver du fret sans recourir aux sociétés de transport. Ils ont néanmoins formé, il y a huit ans, le « Syndicat des bateliers privés, Droit et Justice », dont le siège est à Mannheim. Il comptait, en 1897, 500 bateliers, propriétaires de chalands dont le tonnage était de 400.000 tonnes, et la valeur de 18 millions de marks. Ce syndicat a ses assemblées, un organe spécial, un journal hebdomadaire, où sont publiés tous les renseignements intéressant la navigation du Rhin.

L'activité qu'il déploie prouve que le syndicat est préoccupé de l'amélioration de la batellerie et de celle de l'état social du batelier. Il procède par conférences et pétitions. Il lutte contre l'établissement des péages, réclame une complète régularisation du Rhin et la création de bourses de bateliers, l'abolition du travail de nuit, etc.

En résumé, c'est une association puissante avec laquelle le gouvernement prussien doit compter.

Dans la Marche et dans la région de l'Oder, où les richesses hydrographiques ont une importance considérable, on trouve, en dehors des villes très peuplées, des centres importants de batellerie; ceux de l'Oder ont une physionomie particulière, et sont le siège de corporations professionnelles. Dans celles-ci, on cherche à former des apprentis, qui sont confiés à des bateliers-maîtres, chargés de leur instruction et de leur éducation.

Les bateliers de l'Oder ont entrepris eux-mêmes le remorquage de leurs chalands; ils ont fondé une société au capital de 193.500 marks, qui possède 5 vapeurs, faisant le service entre les ports de l'Oder, Berlin et Hambourg. En 1898, le dividende a été de 24 0/0.

Il serait trop long d'énumérer toutes les sociétés de bateliers qui se sont organisées pour la traction. On est obligé de citer cependant, en Prusse, le Syndicat central des bateliers, composé de 5.000 membres, et qui possédait, en 1897, 12 remorqueurs, faisant le service sur l'Elbe, la Havel, la Sprée, l'Oder, la Netze, la Warthe et les canaux qui s'y rattachent. Cette société a réalisé un bénéfice annuel moyen de 13 0/0. On ne saurait avoir d'exemple plus topique de la puissance de l'association. Si les bateliers privés ont survécu en Allemagne, c'est que les échecs n'ont pas déconcerté leur persévérance ; c'est qu'ils ont su aller au delà des premiers efforts et se résigner à des sacrifices pour sauver l'indépendance de leur industrie.

Associations de bateliers. — En dehors des syndicats professionnels, on trouve aussi des associations pour la défense des intérêts plus généraux de la batellerie, et la recherche de leur amélioration. Elles se sont concertées pour résister à la concurrence des chemins de fer, et ont provoqué la régularisation des cours d'eau. Grâce à elles, la batellerie a été transformée et organisée, et des ports fluviaux ont été construits. Les pouvoirs publics entendent et écoutent ceux qui les représentent. Les ingénieurs de l'État, les représentants de la grande et de la petite industrie, les spécialistes et, en général, tous les amis des canaux et des routes fluviales sont les collaborateurs dévoués de la même œuvre.

Toutes ces associations ont un centre commun à Berlin dans l'association centrale, la première en importance des associations allemandes pour l'avancement de la navigation fluviale. Elle a fait un appel à la formation d'une association libre pour le relèvement de la navigation allemande sur les fleuves et les canaux. Cet appel fut entendu et compris. Il fallait combattre le monopole des chemins de fer et donner au commerce allemand des tarifs de concurrence. Le succès a répondu aux efforts qui ont été faits ; les associations groupées ont non seulement contribué à l'amélioration des voies navigables, mais se sont occupées de rendre meilleures les conditions d'existence et l'état moral du batelier. La plupart ont organisé des caisses de secours.

Enfin, elles favorisent la fondation d'écoles de batellerie et les subventionnent.

Écoles de bateliers. — INSTRUCTION DU BATELIER. — C'est en Saxe que les premières écoles de batellerie ont été fondées ; dès le milieu du XIXe siècle, les propriétaires de bateaux ont démontré au gouvernement la nécessité de créer un enseignement destiné à former de bons bateliers et d'habiles conducteurs de trains de bois. Les résultats obtenus par un premier essai ont été si heureux que les écoles se sont multipliées dans toute l'étendue du pays, sur l'Elbe, la Vistule et le Danube.

Le développement du commerce fluvial, l'augmentation de la flotte intérieure, les conditions économiques nouvelles rendaient d'ailleurs plus impérieuse la nécessité d'avoir des bateliers adroits et instruits.

Le batelier allemand n'est pas un simple manœuvre, c'est aussi un industriel. Il doit connaître non seulement les usages des ports, les règlements de police des fleuves, mais encore les questions d'affrètement, d'assurance, de droit usuel, la législation spéciale qui régit sa profession, et être capable de seconder utilement, par son activité intelligente, l'entrepreneur de transports ou le négociant.

D'ailleurs, on avait pris, depuis longtemps déjà, des mesures propres à assurer son instruction.

Pour être batelier, il faut passer un examen et prouver que l'on possède des connaissances suffisantes. Le brevet de batelier est obligatoire sur tous les cours d'eau de l'Allemagne. Aussi a-t-on créé une série d'écoles, qui sont établies dans les endroits où les candidats bateliers ont l'habitude de passer l'hiver, par conséquent disséminées le long des grands cours d'eau allemands. On en trouve 6 sur le bassin du Rhin, 16 sur le bassin de l'Elbe, etc. Le mérite de ces fondations appartient à la fois aux communes, aux associations, aux simples particuliers et aux États. Les communes donnent, en général, le local où se fait l'enseignement et pourvoient aux frais d'éclairage et de chauffage. Les simples particuliers, constructeurs, propriétaires de bateaux, professeurs des « realschulen » ou des « volkschulen » se chargent de l'enseignement moyennant une faible rémunération.

L'État autorise la création de l'école et accorde ordinairement une très modique subvention. On supplée à l'insuffisance des ressources publiques par une rétribution scolaire.

L'enseignement se donne pendant le chômage d'hiver. Il dure 10 à 12 semaines dans les écoles de l'Elbe, 8 à 10 dans celles du Rhin et comporte de 20 à 25 jours de classe. Il est complet au bout de 2 ans.

Le programme comprend des notions techniques et économiques. L'examen, qui suit les deux années du cours, est très sérieux. Il ne suffit pas de suivre le cours, il faut montrer qu'en fait on connaît suffisamment les matières enseignées.

La valeur d'un diplôme est limitée à un seul fleuve. Cette réserve s'explique par les différences hydrographiques qui distinguent, par exemple, l'Elbe et le Rhin. Tout batelier allemand est en quelque sorte un localiste, et forcément, telle manœuvre propre à la batellerie de l'Elbe est peu pratiquée sur l'Oder. A Magdebourg, par exemple, le courant, resserré par la formation d'un bras, est très rapide. Pour ne pas dériver trop vite et rester dans le chenal, les bateliers doivent opérer, à 1 kilomètre environ en amont de la ville, une manœuvre spéciale dite « sacken ». On évite cap pour cap et l'on parcourt 2 kilomètres en culant, l'ancre prête à mouiller, tandis qu'une chaîne, filée par un écubier avant, traîne au fond du fleuve à la façon d'un guide-rope. Un batelier de la Vistule ou du Rhin pourrait ignorer sans inconvénient cette manœuvre, que l'on apprend dans les écoles de batellerie de Saxe et de Prusse.

En résumé, la création des écoles de bateliers complète l'œuvre d'excellente démocratie commencée par la formation des syndicats et des associations.

En instruisant le batelier, on a élargi le cercle social de son existence ; on l'a fait participer aux progrès qui se sont accomplis autour de lui et on l'a grandi à ses yeux en lui donnant les moyens de faire apprécier son intelligence, son activité, la sûreté de sa manœuvre. Il est devenu, de manœuvre qu'il était autrefois, pour le négociant ou pour l'entrepreneur de transports, un auxiliaire auquel on demande d'autres vertus que des vertus passives. Son expérience et son savoir assurent la prospérité d'une industrie qui peut compter parmi les principaux facteurs du développement économique de son pays.

Ports particuliers. — Il n'y a rien de particulier à dire sur les ports particuliers qui desservent les industries riveraines des voies navigables ; ils sont en effet créés et entre-

tenus par les soins des intéressés, et présentent les dispositions les plus variées. L'administration n'intervient ni dans
les frais de premier établissement ni dans les frais d'entretien ; mais elle exerce un droit de contrôle sur les autorisations qu'elle accorde, et par les facilités qu'elle donne aux
installations.

Il n'est pas besoin de dire que les ingénieurs doivent seconder de leur mieux les efforts des industriels, et prêter
leur concours à la création d'installations qui ont pour conséquence la mise en rapport de la voie navigable et, par
suite, l'augmentation de la richesse publique.

Ports publics. — L'exploitation des voies navigables est
faite gratuitement pour les besoins des usagers de la voie
d'eau, sur laquelle tout péage a été supprimé par les lois du
21 décembre 1879 et du 19 février 1880. Il assure à ses frais
la construction, l'entretien et la manœuvre de tous les
ouvrages que comportent la création et le fonctionnement de
la voie proprement dite.

Il faut distinguer entre l'infrastructure (bassins, quais et
terre-pleins), et l'outillage qui constitue la superstructure.
L'infrastructure est exécutée partie aux frais de l'État, partie
par les collectivités intéressées, dans des proportions variables, de un tiers à la moitié.

L'outillage est payé par les collectivités et les personnalités intéressées, sauf à elles à se rémunérer des dépenses de
premier établissement, d'entretien, d'exploitation et par la
perception de taxes qui ne sont que la représentation du
service rendu. Malheureusement l'outillage des ports en
France laisse beaucoup à désirer.

**Utilisation de la navigation des grands fleuves à faible
mouillage.** — BATEAUX ET PROPULSEURS. — A la question qui
vient d'être étudiée s'en joint une autre qui est le complément de la première, et qui a été posée au XII⁰ Congrès
international de navigation à Philadelphie en 1912. Comment la navigation peut-elle utiliser les grands fleuves à
faible mouillage ? Il était admis couramment autrefois « que
les voies non praticables d'une contrée étaient considérées

comme un bienfait, utile tout d'abord à la défense du pays, et qui ensuite, à cause des entraves apportées à la circulation au travers des pays, était une source de richesse pour les charrons et pour les aubergistes [1] ». On signalait aussi l'égoïsme, qui tenait l'industrie resserrée entre d'étroites limites et l'empêchait de faire des progrès, chacun ne pensant qu'à son propre intérêt, mais — peu confiant dans ses propres forces — attendait beaucoup de la part des autres et de l'État, tout en s'en tenant à l'ancienne routine, et en s'opposant par crainte d'un préjudice quelconque à toute innovation d'un, intérêt général. Il y a toujours eu lutte dans le passé entre l'ancien et le nouvel état de choses, chaque fois qu'il s'est agi d'améliorer une situation existante et, d'une façon générale, ce ne sont que les nécessités de la vie qui ont permis de faire un pas en avant.

Ainsi on sacrifie l'intérêt public au nom d'un intérêt privé, en se plaçant à un point de vue étroit, qui met des entraves à toute amélioration et à tout perfectionnement en opposition avec les anciens errements.

Ce que l'on a vu sur le Rhône, sur la Loire, on l'a également constaté sur le Rhin; il a fallu déplacer et briser une quantité d'obstacles pour arriver à établir la navigation à vapeur sur ce dernier fleuve, et pour la maintenir. Il y avait d'abord les difficultés inhérentes à l'état des cours d'eau, qui n'étaient guère praticables au début; ensuite des conflits ardents avec les mariniers utilisant des bateaux à voiles et les exploitants du halage par chevaux, qui, luttant pour leur existence, allèrent jusqu'à tirer des coups de fusil et même des coups de canon, en 1845, sur le premier remorqueur à vapeur, et cherchèrent par tous les moyens à s'opposer à ce nouveau mode de navigation.

On est parvenu, malgré toutes les difficultés rencontrées, à triompher de l'inertie et de l'égoïsme de ceux qui considéraient la voie navigable comme leur appartenant, sous le prétexte que l'exploitant avait un droit de possession exclusif.

1. Rapport par Blümcke au Congrès de navigation de Philadelphie.

Sur le Rhin on a constaté en 1909 un mouvement de 58.390.068 tonnes, environ la moitié du trafic total de l'ensemble des voiés navigables allemandes (118.498.448 tonnes). En France le trafic à distance entière sur les voies navigables de toute catégorie ne s'élevait en 1909 qu'à 35.624.000 tonnes. On a donné plushaut les raisons qui expliquent cette grande disproportion.

Matériel, mode d'exploitation, union intime de tous les organes servant à l'industrie des transports, tels sont les motifs de la situation qui est mise en évidence. C'est ainsi qu'en 1908, la flotte rhénane comprenait 1.318 vapeurs et 9.759 chalands et autres embarcations d'un tonnage total de 3.577.666 tonnes. La proportion des vapeurs servant au transport des marchandises était de 16 0/0, et sur leur nombre total, 69 0/0 étaient utilisés pour le remorquage. La flotte maritime du Rhin comptait 47 vapeurs jaugeant ensemble 1.770 tonnes; le trafic maritime suivant cette voie d'eau s'élevait à 249.550 tonnes.

Ces chiffres montrent l'effort qui a été accompli, mais qui n'a pas encore donné tous les résultats désirables. Car la situation n'est pas aussi florissante qu'elle paraît au premier abord, peut-être précisément à cause du grand nombre de bateaux dont on dispose, trop grand sans doute par suite des facilités accordées pour l'acquisition de fort tonnage par les banques hypothécaires des Pays-Bas, même aux bateliers ne possédant que de petits capitaux. Le fret était descendu à un taux trop bas, et les hommes compétents écrivaient : « L'ère de la nonchalance est passée, des temps plus durs sont survenus, on ne vit plus aussi commodément, *tout aussi sûrement cependant*, mais non sans se donner de *la peine.* »

Il fallait donc tenter un nouvel effort; aussi les constructeurs de bateaux allemands ont-ils cherché à réaliser un remorqueur à faible tirant d'eau, puissant, tout en restant relativement bon marché.

Comme résultat des études entamées dans cet ordre d'idées, la Schiffs-Maschinenbau Aktien-Gesellschaft de Mannheim a établi un bateau à vapeur à tunnel à double hélice *Geb. Page n° X*, ce bateau profitant de tous les perfectionnements réalisés et de toutes les expériences faites sur une série de petits vapeurs à tunnel construits précédemment. Ce bateau mis en exploitation en 1911 est utilisé sur le Rhin supérieur, comme remorqueur de Mannheim à Strasbourg et à Bâle, et il a donné toute satisfaction. On a fait avec ce bateau une série d'expériences de remorquage sur un certain parcours du haut Rhin, au cours duquel on a mesuré, de kilomètre en kilomètre, la vitesse du courant, la puissance en chevaux indiqués du moteur, et enfin au moyen de dynamomètres convenablement intercalés et donnant des indications exactes, les efforts de traction développés dans les câbles d'attache des bateaux en remorque.

La figure qui suit montre les principales dispositions du bateau dont il est question (*fig.* 210).

Il a été possible ensuite en se servant d'un remorqueur à vapeur à aubes latérales ayant sensiblement les mêmes dimensions, la même puissance et le même tirant d'eau des chalands analogues à la remorque, d'effectuer un essai analogue, en relevant les mêmes données correspondantes, et de comparer les résultats obtenus pour en tirer des conclusions permettant de solutionner la question.

Le nouveau type de bateau pouvant être mis en parallèle avec le premier décrit est un vapeur à aubes *Bavaria* de la Société des entrepôts de Mannheim. Ses formes sont effilées, et sont représentées dans la figure 211.

En résumé, les caractéristiques des deux remorqueurs sont les suivantes :

	Gebr. Page X	Bavaria
Longueur entre l'avant-bec et l'étambot.	47ᵐ,00	68ᵐ,00
Largeur au maître-couple..............	7ᵐ,80	8ᵐ,20
Largeur au droit des tambours des aubes.		17ᵐ,50
Hauteur latérale au droit du maître-couple.................................	3ᵐ,10	3ᵐ,10
Tirant d'eau avec un chargement de 20 tonnes de charbon...............	1ᵐ,25	1ᵐ,10
Tirant d'eau pendant l'essai de remorquage :		
A l'arrière...........................	1ᵐ,50	1ᵐ,20
A l'avant............................	1ᵐ,40	

Poste de
l'équipage
Chambre des
machines
Soute
Soute
Cabines

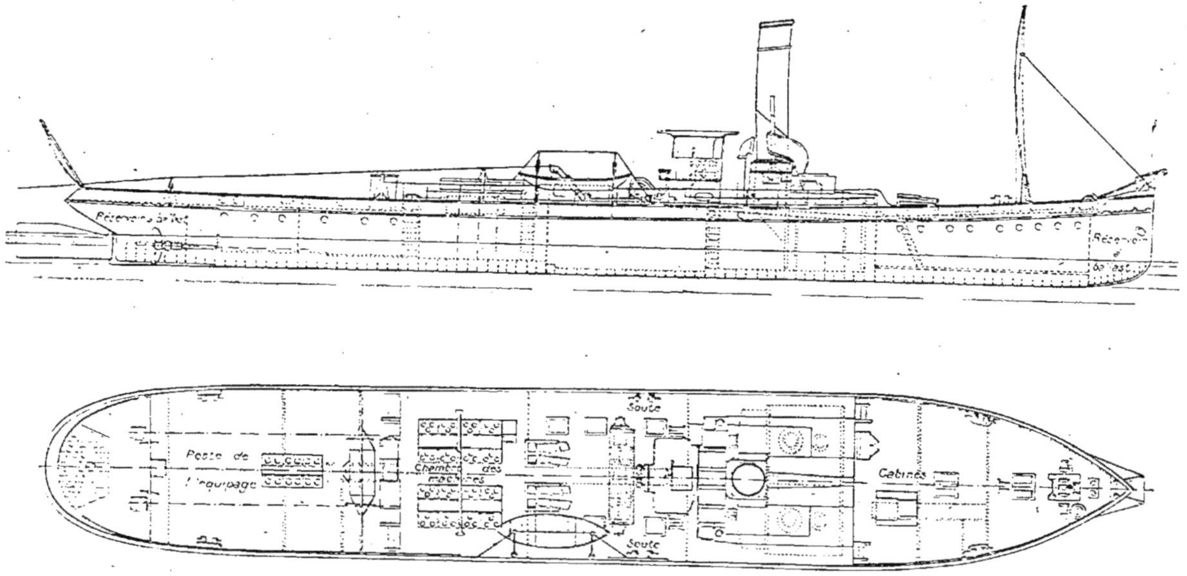

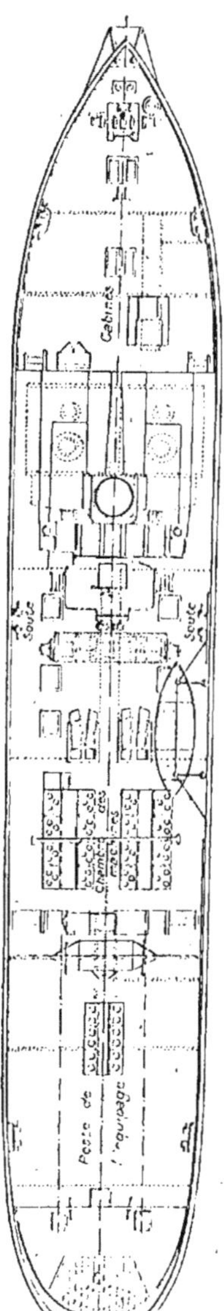

FIG. 210.

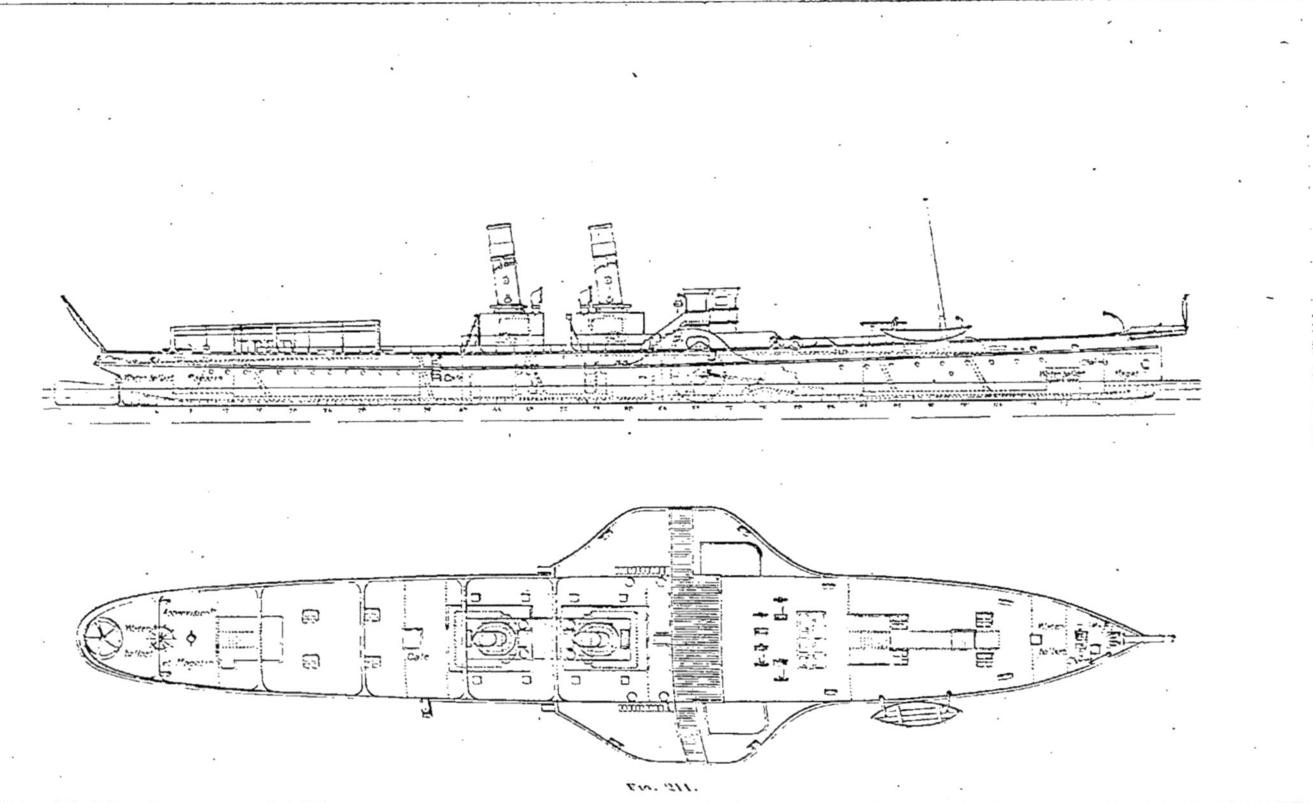

Fig. 311.

Deux moteurs de :

$$\frac{310 \times 475 \times 780^{mm}}{450^{mm} \text{ de course}}$$

$$\frac{520 \times 840 \times 1.300^{mm}}{1.500^{mm}}$$

Générateurs de vapeur :

2 chaudières de 150^{m2} de surface de chauffe, total : 300 m^{m2} ; 14 atmosphères de pression d'épreuve.

2 chaudières de 175^{m2}, total : 350^{m2} ; 13 atmosphères de pression d'épreuve.

Flottaison à Mannheim :

$3^m,98$ (les eaux descendent lentement).

$4^m,75$ (les eaux descendent lentement).

Longueur de la section d'expérience :

32 kilomètres.

24 kilomètres.

Le bateau à tunnel a une puissance moyenne de 840 HP, et celui à aubes de 970 HP.

Les efforts de traction du câble, les vitesses et la puissance instantanée des moteurs étaient enregistrés pendant toute la durée de l'expérience. Le *Page* remorquait 1.450 tonnes et le *Bavaria* 1.800 tonnes. Il serait trop long et hors de propos de donner le détail des expériences et des résultats qu'elles ont permis de constater. Il suffira, si l'on veut avoir des renseignements plus précis, de se reporter au rapport si complet et si documenté de M. Blümcke au Congrès de Philadelphie (1912)[1]. On notera cependant les déductions que cet ingénieur tire des faits d'observation qu'il a constatés, et d'après lesquels le bateau à tunnel est au moins l'équivalent économique du bateau à aubes, et il en signale d'ailleurs les avantages : prix d'acquisition moindre, largeur minima pour l'emploi dans les rivières et les canaux étroits et dépense d'entretien réduite.

1. Les différences signalées ne sont peut-être pas aussi grandes que l'indique M. Blümcke. Il semble, en effet, qu'il ait commis une erreur de principe : il trouve, en effet, que la résistance au mouvement de *Geb. Page X* est plutôt supérieure à la vitesse de $12^{k_m},50$ qu'à celle de $12^{k_m},94$. Cela ne paraît pas admissible.

Voici en résumé les résultats des expériences qui ont été faites.

	GEBR. Page X 840 HP	BAVARIA 970 HP
1 Dépense initiale.........	213.792^f	403.000^f
2 Intérêt amortissement assurance 10,524 0/0....	24.603^f,32	42.548^f,74
3 Charges fixes (ci-dessus) par mois.............	2.050^f,36	3.550^f,04
4 Salaires par mois [1].......	1:304^f,16	2.153^f,58
5 Dépense totale par mois de 300 heures.........	3.354^f,52	5.703^f,62
6 Charges fixes et salaires par heure.............	11^f,18	19^f,03
7 Coût du charbon par tonne à 26 francs la tonne...	21^f,22	24^f,49
8 Lubrifiants et déchets par tonne...............	0^f,83	0^f,98
9 Coût total par heure.....	33^f,23	44^f,51
10 Coût par heure par kilogramme de force de traction au câble à la vitesse de 12^{km},6 à l'heure	0^f,00307	0^f,00291
11 Coût par tonne kilométrique de fret.........	0^f,0015	0^f,0017

[1] Le *Gebr. Page* X emploie 2 chauffeurs et 2 matelots, et le *Bavaria* 6 chauffeurs et 4 matelots.

En Amérique, la question n'a pas été étudiée d'une façon aussi complète et aussi méthodique. Les chemins de fer ont pris une telle importance qu'il semble que la navigation ait renoncé à la lutte, ou du moins qu'elle ne rende pas les services qu'on pourrait en attendre.

Les trains de marchandises de 2.500 tonnes sont la règle presque générale sur les grandes artères, celles qui desservent les grands centres; aussi voit-on la navigation péricliter et abandonner sans lutte aucune la place qui lui est logiquement réservée. Ainsi on voit que le tonnage du port de Saint-Louis, où aboutit un réseau fluvial important (5.053 kilomètres) traversant des régions productrices de grains et de charbon et des districts industriels est descendu en 1910 à 191.965 tonnes ; il se chiffrait encore en 1880 à 2.120.825 tonnes.

La raison en est que les dépenses par tonne-kilomètre et par jour sont respectivement pour un bateau de 14 fr. 22 et pour un train de marchandises de 2.500 tonnes de 0 fr. 97. Il est vrai que les frais fixes du chemin de fer sont 7 0/0 du coût de la voie et de 18 0/0 du coût du matériel roulant, que ceux inhérents au bateau ne représentent que 21 0/0 du prix d'acquisition.

Si l'on suppose qu'un train de marchandises de 2.500 tonnes circule journellement dans chaque sens, les frais fixes seront inférieurs à ceux d'un bateau. Mais il n'est pas toujours possible, même dans les centres importants, de réunir un pareil trafic, et alors la puissance d'attraction du chemin de fer diminue rapidement.

L'utilisation de la navigation sur les grands fleuves à faible tirant d'eau, qui dépend de la densité du trafic et de la population ne peut se faire qu'au moyen de trains de bateaux remorqués, à condition qu'il y ait des installations puissantes aux points terminus.

Ce manque d'installations qui est à peu près général, et qui explique les insuccès de la navigation aux États-Unis, n'a pas empêché les expériences de se poursuivre en Angleterre, notamment sur le fleuve Trent, où le trafic est très intense entre les ports situés sur le Humber et la zone industrielle des Midlands.

Le faible mouillage limite nécessairement le tirant d'eau des bateaux. Pendant trente ans on a fait des expériences avec différents types de remorqueurs. On a écarté les bateaux à aubes et les remorqueurs à hélice du type ordinaire.

On a finalement adopté un remorqueur construit d'après le système connu sous le nom de « système à tunnel », qui est en service depuis plus de dix ans et qui a rendu les meilleurs services.

Sa longueur est de 24^m,40, sa largeur de 4^m,42 ; il est pourvu, à l'avant et à l'arrière, de réservoirs pour lest d'eau, de manière à ce que son tirant d'eau puisse être réglé d'après le mouillage que présente le fleuve pendant les différentes saisons. Il peut naviguer avec un tirant d'eau de 0^m,58, mais quand l'état du fleuve le permet, il est lesté de façon à présenter un tirant d'eau de 0^m,81 et un déplacement d'eau de 40 tonnes. Il est muni de deux tunnels : dans chaque tunnel, il y a une hélice de 1^m,07 de diamètre. Il est à remarquer qu'avec son tirant d'eau normal, la surface de l'eau se trouve sensiblement à la hauteur du centre des arbres de l'hélice, de sorte qu'une moitié de l'hélice est immergée, et l'autre à sec. L'orifice de chaque tunnel à l'étrave du bateau est muni d'un clapet monté sur un pivot; ce clapet peut être levé ou abaissé au moyen de petites roues placées sur le pont et actionne des vis sans fin.

Les machines ont un cylindre de 0^m,25 de diamètre et une course simple de 0^m,25; la pression effective est de 11^{kg},6 par centimètre carré.

Au-dessus de chaque hélice, il y a un trou de visite muni d'un couvercle fixé au ciel du tunnel, qui permet, quand des herbes ou des débris flottants sont accrochés, de dégager l'hélice en arrêtant simplement le moteur correspondant, et en ouvrant le trou de visite sans obliger le remorqueur et son train de s'arrêter.

La caractéristique principale de ces bateaux réside dans l'établissement des clapets, dont il a été question plus haut, et présente les avantages suivants.

Quand les bateaux doivent naviguer sous des tirants d'eau variables, la forme ordinaire des tunnels ne peut pas convenir en tout état des eaux. Si, par exemple, le ciel du tunnel est trop élevé, il sera difficile d'expulser l'air, quand le moteur est mis en mouvement; de plus, la période pendant laquelle le moteur sera en repos et pendant laquelle l'hélice ne sera que partiellement immergée sera prolongée. Si au contraire le ciel du tunnel est trop bas, de manière à éviter ces inconvénients, il y aura une grande perte de rendement pendant le mouvement du bateau à cause de l'augmentation considérable du frottement.

Ces difficultés sont en grande partie surmontées par l'usage des clapets; l'augmentation de vitesse et de puissance est considérable. Des expériences nombreuses ont été faites par

les constructeurs MM. Yarrow et Cᵒ
sur le Trent et sur d'autres rivières.
Elles démontrent que, dans les conditions ordinaires, un bateau muni
de clapets fournira une vitesse supérieure d'un nœud à celle qu'aurait un
bateau muni d'un tunnel ordinaire.

Le clapet peut facilement être placé
à la hauteur qui convient le plus au
tirant d'eau, avec lequel le bateau
doit naviguer ; il semble toutefois désirable de pouvoir remonter le clapet
après l'expulsion de l'air du tunnel.

On a constaté aussi que la présence
du clapet à une hauteur convenable
tend à rendre le bateau plus stable et
à prévenir, comme c'est ordinairement le cas, qu'il ne soit envasé à
l'arrière, quand il marche en pleine
vitesse en remorquant d'autres bateaux.

Des expériences minutieuses ont
été faites dans le but de comparer les
services rendus par le remorqueur en
question, et ceux que l'on peut obtenir avec un bateau muni de roues à
aubes mobiles ; ces expériences ont
démontré que, pour de faibles vitesses, les bateaux à aubes présentent
des avantages, mais que pour des vitesses plus grandes, le bateau à tunnel donne de meilleurs résultats ; en
général, il n'y a pratiquement aucune
différence entre les deux types, mais
le bateau à tunnel a sur le bateau à
aubes le grand avantage de satisfaire
aux exigences de la navigation, quant
aux dimensions et au tirant d'eau.

Le croquis ci-contre montre les ca-

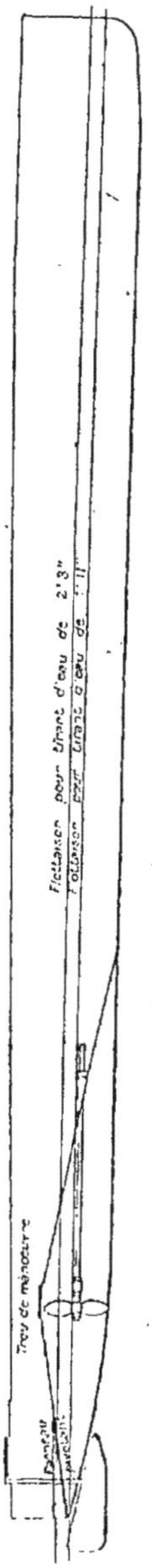

Flottaison pour tirant d'eau de 2'3"
Flottaison pour tirant d'eau de 1'11"
Trou de manœuvre

FIG. 212.

ractéristiques spéciales de ce remorqueur, et l'avantage qu'il y a à avoir le ciel du tunnel dans la position la plus économique (*fig.* 212.)

En Russie, où le développement du réseau fluvial est considérable, mais où les obstacles à la navigation sont considérables par suite de la nature sablonneuse du fond du lit, et des seuils qui en résultent, la question des bateaux à faible tirant d'eau a une importance capitale.

En 1906, sur un total de 4.027 bateaux à vapeur, qui desservaient le réseau fluvial russe, il y avait 471 embarcations ayant un tirant d'eau de $0^m,71$ et même inférieur, ce qui représente environ 1/7 du nombre total de la flotte affectée à la navigation intérieure.

Sur le Volga comme sur la Neva, cette proportion est très inférieure, mais sur le Dniéper et la Vistule, elle se relève, à tel point qu'elle atteint 80 0/0 sur ce dernier fleuve, ce qui s'explique par la mobilité du fond de son lit.

On est parvenu à donner aux bateaux à vapeur le faible tirant d'eau qui leur est nécessaire, en apportant des améliorations aux propulseurs, en diminuant autant que possible le poids des chaudières qui sont devenues généralement multitubulaires, ce qui exige une alimentation d'eau très pure difficile à trouver. On est conduit à recourir comme moyen de propulsion à une roue arrière pour les grands bateaux et à la turbine pour les plus petits. Ces moyens ne sont pas sans présenter des inconvénients sérieux : la roue arrière, parce qu'elle entraîne l'établissement de la chaudière à l'autre extrémité du bateau, et l'obligation de faire traverser à la conduite de vapeur, toute la longueur du bateau ; la turbine, parce qu'elle exige un fond stable, par exemple de nature rocheuse.

On a donc étudié en remplacement des générateurs à vapeur des générateurs, dont le fonctionnement est basé sur la combustion des hydrocarbures du pétrole, de la benzine, du naphte, etc. On arrive ainsi à une réduction notable du poids des bateaux, et, en conséquence, à un tirant d'eau plus faible.

Le service des voies fluviales au ministère des Voies de communication dispose actuellement de plus de 50 bateaux de types différents, et alimentés par des hydrocarbures, ayant des tirants d'eau de 0ᵐ,30 à 1ᵐ,20. Les résultats obtenus sont très satisfaisants.

Pour conclure on est obligé de constater que le matériel nécessaire pour naviguer sur les fleuves et rivières à faible mouillage n'existe pas, et qu'il serait désirable que la question fût étudiée sur les deux fleuves le Rhône et la Loire où elle présente un plus grand intérêt. Seul l'État pourrait poursuivre des expériences assez nombreuses, pour qu'on pût en tirer une solution pratique.

Ports intérieurs et gares fluviales. — Les voies navigables, en général, offrent cet avantage que les embarquements et les débarquements peuvent se faire presque sur tous les points de leur parcours. Chacune de ces voies constitue, pour ainsi dire, un port dans toute son étendue ; c'est là une des différences les plus caractéristiques qu'elles présentent avec les chemins de fer, sur lesquels la manutention des marchandises est impossible en dehors de gares plus ou moins éloignées les unes des autres.

Le chargement, le déchargement des marchandises transportées par la voie d'eau se font sur toute la longueur de cette voie dans l'intérêt du commerce, de l'industrie, de l'agriculture. Mais il faut réglementer cette latitude accordée, pour que la circulation générale ne soit pas gênée. Cette autorisation est donnée par l'ingénieur ordinaire, s'il s'agit d'un bateau isolé, et par l'ingénieur en chef, s'il s'agit de chargements ou de déchargements qui doivent avoir une certaine durée ou une certaine continuité.

Ce mode de chargement et de déchargement en pleine voie constitue en fait une exception. D'une manière générale, la manutention des marchandises se fait dans des ports, qui devraient être organisés et outillés comme les ports maritimes, car les marchandises transportées sur les voies de navigation ou sur mer ont les mêmes besoins au départ et à l'arrivée. Il n'en est malheureusement pas ainsi, et les ports de navigation intérieure sont encore maintenant à l'état rudimentaire.

Un port de navigation intérieure convenablement aménagé doit donc comporter, d'après M. l'inspecteur général de Mas :

1° Un accostage facile et sûr; à cet effet, un développement suffisant de quais établis soit le long de la voie navigable elle-même, soit le long des bassins communiquant avec ladite voie ;

2° En arrière de ces quais, de larges terre-pleins offrent tout l'espace nécessaire pour effectuer dans de bonnes conditions, *l'adduction* et le *conditionnement*, la *reconnaissance*, *l'enlèvement* des marchandises ;

3° Des appareils de levage, grues, élévateurs etc., qui permettent de mettre aisément et rapidement la marchandise du bateau sur wagons ou voitures, ou en dépôt sur le terre-plein et inversement ;

4° Un réseau de voies ferrées reliant le port au chemin de fer le plus voisin et aux établissements industriels de la localité ;

5° Des hangars pour abriter en tant que de besoin les marchandises qui ne peuvent pas être immédiatement transbordées du bateau sur wagons ou voitures et inversement ;

6° Des magasins et entrepôts où les marchandises puissent séjourner tout le temps nécessaire aux opérations commerciales dont elles sont l'objet, et où elles soient assurées de recevoir tous les soins nécessaires à leur sécurité et à leur conservation.

Les installations énumérées sous les articles 3, 4, 5 et 6, constituent plus particulièrement ce que l'on appelle l'*outillage* du port. Cet outillage peut être *privé* ou *public*. L'outillage public doit être mis à la disposition du commerce ou de l'industrie dans des conditions déterminées par un cahier des charges.

Ports sur les rivières à fond mobile. — Il n'existe pas sur les rivières à fond mobile de ports proprement dits, ou du moins ils sont aménagés d'une manière sommaire. A Lyon, sur le Rhône, il n'existe aucun port ; les bateaux doivent se faire charger ou décharger dans les ports qui existent sur la Saône, après avoir traversé une écluse. On trouve cependant quelque embryon de port le long des rives du Rhône au droit des principales localités desservies, à Givors, à Vienne, à Saint-Vallier, à Valence, au Teil, à Avignon, Arles, Saint-Louis ; ils sont généralement constitués par un appontement, un hangar et une voie ferrée en relation avec les chemins de fer d'intérêt local, mais sans correspondance aucune avec la grande Compagnie de chemin de fer. La voie ferrée, la voie d'eau sont indépendantes l'une de l'autre et semblent se bouder. On verra plus loin jusqu'à quel point se poursuit cette situation préjudiciable à l'intérêt général.

Sur la Loire, la situation est encore plus lamentable, s'il est possible ; il n'existe à proprement parler aucun port raccordé avec la voie ferrée ; quelques quais de longueur restreinte, aucun hangar, aucun moyen de chargement ou de déchargement. Il ne faut donc pas s'étonner que la navigation tombe en déliquescence, et tende à disparaître pour céder une place privilégiée au chemin de fer qui suit le fleuve sur tout son parcours.

Ports de la Seine dans la traversée de Paris. — Si les installations manquent complètement sur les fleuves à fond libre, il en existe quelques-unes mais bien restreintes sur rivières canalisées telles que la Seine, notamment dans la traversée de Paris.

Il existe, et on les relate uniquement pour mémoire :

1° Des ports de tirage d'une longueur ensemble de 3.565 mètres avec terre-pleins d'une largeur moyenne de 31 mètres ;

2° Des ports droits d'une longueur ensemble de 8.183 mètres avec terre-pleins d'une largeur moyenne de 32 mètres.

La surface totale des terre-pleins était en 1897 de 419.771 mètres carrés et n'a pas été augmentée depuis.

Ce qui caractérise les ports de la Seine dans la traversée de Paris, c'est l'absence à peu près complète d'outillage public.

Pas de magasins, pas de hangars ; un seul raccordement avec les voies ferrées au port de Javel avec le chemin de fer des Moulineaux du réseau de l'État.

Les appareils de levage
appartiennent en général
à l'industrie privée. Dix-
neuf grues et une cinquantaine de grues flottantes de
1.000 à 5.000 kilogrammes
de puissance constituaient
l'outillage des ports ; l'outillage public ne compre-
nait que deux grues, ins-
tallées sur le port de Javel.
C'est tout le matériel existant pour l'ensemble du
port de Paris, dont le trafic est supérieur à 8.000.000
de tonnes.

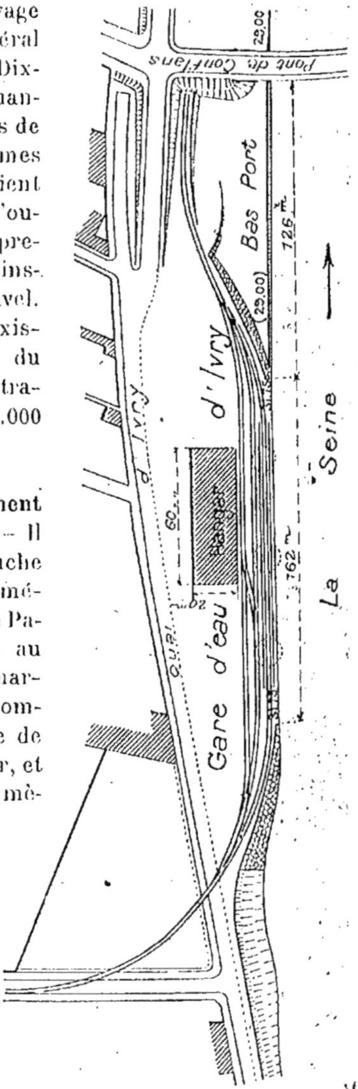

**Quai de transbordement
sur la Seine, à Ivry.** — Il
existe, sur la rive gauche
de la Seine, à Ivry, immédiatement en amont de Pa-
ris, un quai destiné au
transbordement des mar-
chandises. Ce quai com-
porte une partie haute de
162 mètres de longueur, et
une partie basse de 126 mètres de longueur,
avec des terre-pleins
d'une surface totale
de 17.500 mètres car-
rés (*fig.* 213).

L'outillage com-
prend :

Trois grues rou-
lantes de la force de
1.500 kilogrammes ;

Trois voies de quai et un raccordement de 1.200 mètres

Pont de Conflans
Bas Port
Quai d'Ivry
d'Ivry
Gare d'eau d'Ivry
Hangar
La Seine

Fig. 213.

environ de longueur avec la ligne de Paris à Orléans à la station d'Ivry-Chevaleret ;

Un hangar d'une superficie totale de 1.200 mètres carrés.

L'infrastructure (quais, dragages aux abords des terre-pleins) a été exécutée par l'État avec le concours de la commune d'Ivry pour la moitié de la dépense.

L'OUTILLAGE. — L'outillage est établi aux frais de la Chambre de Commerce de Paris, qui reste chargée de l'exploitation des grues et du hangar, tandis que celle du raccordement est faite par la Compagnie d'Orléans[1].

La Chambre de Commerce de Paris, poursuivant l'œuvre qu'elle a ébauchée, a décidé, dans sa réunion du 5 juillet 1916, de demander aux pouvoirs publics de prolonger le port

1. Le décret du 28 juin 1897, qui a autorisé la construction d'un port à Ivry et le raccordement de ce port au réseau d'Orléans, a fixé comme il suit les taxes maxima qui peuvent être perçues pour les différentes parties de l'outillage.

1° Pour l'usage des engins mécaniques de 1.500 kilogrammes :

I. — Taxe payable pour les marchandises prises sur les bateaux et mises à terre ou sur wagon, ou prises à terre ou sur wagon et chargées en bateau par tonne de 1.000 kilogrammes, 50 centimes.

II. — Taxes payables pour la location des appareils, à l'heure ou à la demi-journée.

Demi-journée.....................	35 francs
Demi-nuit.........................	45 —
Heure de jour.....................	10 —
Heure de nuit.	12 —

La demi-journée compte de sept heure du matin à onze heures, ou de midi et demi à quatre heures et demie du 1er novembre au 1er février ; de six heures du matin à onze heures et de une heure à six heures du 1er février au 1er novembre.

2° Pour l'usage des hangars :

Taxes à percevoir pour les marchandises déposées sous les hangars par tonne de 1.000 kilogrammes :

Pour une première période au plus égale à douze jours.....................	50 centimes
Pour chaque jour en sus pendant les six premiers jours.....................	5 —
Pour chaque jour suivant.................	7 —

3° Pour l'usage des voies ferrées :

Tarif pour le transport des marchandises de toute nature, par partie d'un poids égal ou supérieur au chargement d'un wagon

d'Ivry, entre le pont de Conflans et le pont National, avec raccordement aux voies ferrées et outillage à installer par la Chambre de Commerce; et d'étendre la concession à l'aval de Paris sur les quais de Javel et d'Ivry (rive gauche).

Grands ports de l'Europe Centrale et gares fluviales. — En Allemagne, notamment sur le Rhin, il existe de véritables modèles pour l'installation de ports fluviaux.

Les ports intérieurs proprement dits peuvent se répartir en cinq classes, déterminées par le mode d'utilisation des rives :

1° Les rives des cours d'eau servent de ports. Il en est ainsi à Breslau, Francfort-sur-l'Oder et Berlin ;

2° Les ports sont formés par une digue qui isole une partie du courant principal. On établit sur la digue des voies de chargement. C'est le cas pour Schierstein, Francfort-sur-le Main, Worms (rive droite du Rhin) et Bingen ;

3° Le port est établi dans un ancien bras du fleuve parallèle au courant. On lui donne la plus grande longueur possible, afin de faciliter les opérations de chargement et de déchargement. A cette classe appartient le plus grand nombre des ports existants sur le Rhin :

Ludwigshafen	Dusseldorf	Dresde
Worms (rive gauche)	Ruhrort	Wittenberg
Mayence	Minden	Magdebourg
Cologne	Aussig [1]	

Le port le plus important de cette classe est Ruhrort qui, toutefois, par Kaiserhafen, pourrait appartenir à la classe suivante ;

4° Les ports sont établis perpendiculairement au courant : Wallwitzhafen, Duisburg, Riesa ;

(soit 4.000 kilogrammes ou payant ce poids), en provenance ou à destination du réseau d'Orléans, à échanger entre la gare du Chevaleret et un point quelconque des voies nouvelles, 4 centimes par fraction indivisible de 100 kilogrammes.

Au prix de transport fixé ci-dessus, il sera ajouté pour rémunérer le capital dépensé pour l'établissement des voies une taxe de 15 centimes par tonne.

1. Elbe bohémienne.

5° Les ports sont établis dans la langue de terre qui sépare deux cours d'eau à leur confluent : Gustavsburg, Mannheim.

Cette classification explique l'origine des principaux ports intérieurs allemands.

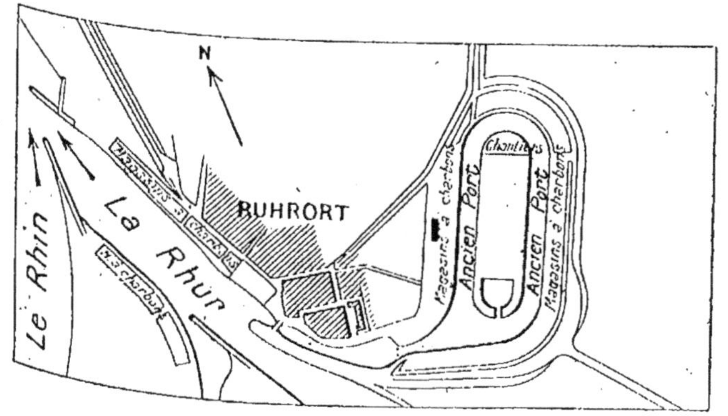

Fig. 214.

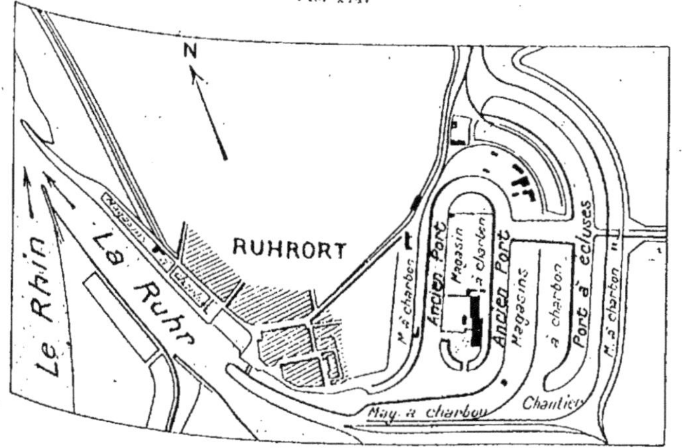

Fig. 215.

Ports du Rhin. — Les ports du Rhin ont été l'objet de magnifiques et coûteux perfectionnements, dont on doit se rendre compte.

Ruhrort-Duisburg. — L'agglomération Ruhrort-Duisburg est en réalité composée de quatre ports: Homberg, Ruhrort-Duisburg et Hochfeld, situés sur une section du Rhin longue de 8 kilomètres à peine.

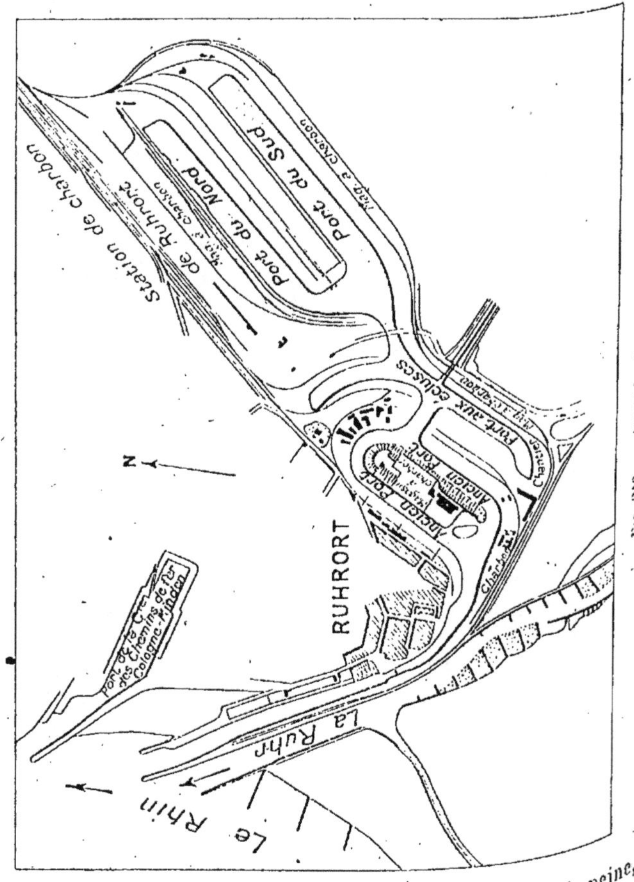

Fig. 216. — Avant les travaux.

'En 1899, leur mouvement dépassait 10 millions à peine, supérieur à celui du plus grand port d'Europe.

Les bassins de Ruhrort et ceux de ses satellites occupent une superficie de plus de 100 hectares; les quais ont une surface de 229 hectares, la longueur des parties accostables est de 30 kilomètres; la superficie des hangars et entrepôts

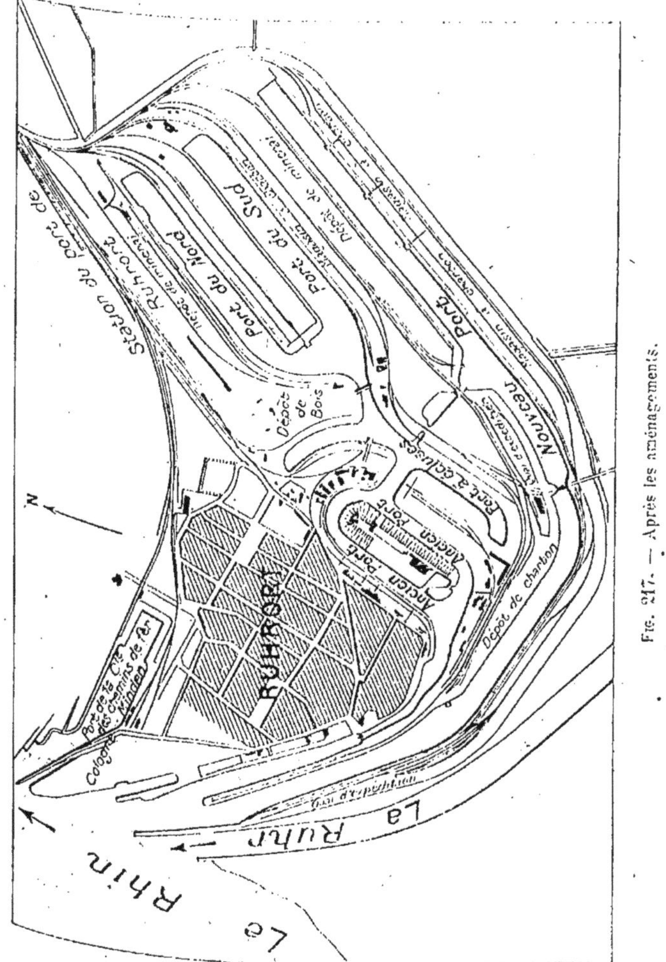

atteint 68.340 mètres carrés. Le long des quais, sont établies des voies ferrées, dont la longueur est de 250 kilomètres,

avec 45 silos à grains, 30 halles et entrepôts. Enfin une vingtaine de culbuteurs ne cessent de vider d'un seul coup, dans les chalands d'acier, des wagons entiers chargés de coke ou de charbon. Le plus perfectionné de ces appareils a été récemment créé par l'usine Krupp, de Magdebourg. C'est un koplenkipp hydraulique qui peut transborder, du chemin de fer dans les bateaux, 150 wagons de 10 à 15 tonnes, soit 2.250 tonnes de charbon dans une journée de dix heures de travail. Ci-joints les différents plans de Ruhrort, qui montrent les transformations effectuées (*fig.* 215, 216, 217).

DUSSELDORF. — Les travaux du port de Düsseldorf, projetés en 1886, ont été entrepris en 1890 et terminés en 1896. Ils ont coûté près de 10 millions de marks (12 millions 500.000 francs), qui ont été payés par la ville. Cinq bassins ont été améliorés ou construits, ce sont : le bassin de refuge, le bassin aux bois, le bassin pour les marchandises en franchise, le bassin pour marchandises soumises à la douane, et le bassin au pétrole. Leur superficie est de plus de 17 hectares ; les

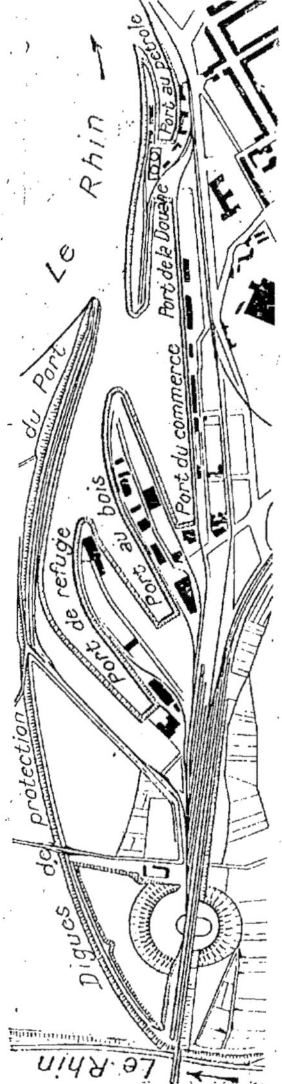

Fig. 218. — Düsseldorf.

quais, y compris les talus des bassins et un quai vertical de 850 mètres, ont ensemble une longueur de 4.750 mètres et une surface, comme celle des bassins de Ruhrort, vers l'aval, à angle très aigu avec le courant, afin d'éviter les ensablements. de plus de 21 hectares. Le développement des voies ferrées est de 4.250 mètres. La plate-forme et le terre-plein de la plus grande partie desmôles s'élèvent au-dessus du niveau des plus hautes eaux. Un entrepôt général mesure 95 mètres de long et 20 mètres de large; sa capacité est accrue par de vastes caves. Les greniers peuvent contenir 70.000 sacs de blé. Les dépôts de pétrole, caves, tanks et citernes sont répartis sur 12.000 mètres carrés. Ils appartiennent à trois sociétés : « Amsterdam Bank-Standard Petroleum Tank Company », « H. Rieth et C⁰. » et « Deutsch Amsterdam Petroleum-Gesellschaft ». La manutention des marchandises s'effectue au moyen de nombreux engins, grues fixes, mobiles, mues par l'électricité. On compte, en effet :

5 grues de 1.500 kilogrammes ;
2 — de 2.200 —
1 — de 4.500 —
1 — de 25.000 —
3 monte-charges de 1.500 kilogrammes ;
2 câbles élévateurs de 1.000 —
98 lampes à arc.
847 lampes à incandescence.

La superficie totale du port et de ses annexes est de 79 hectares.

Pour se rémunérer des dépenses effectuées et en représentation des divers services rendus, la ville de Düsseldorf perçoit des taxes, dont la multiplicité donne une idée de la variété et de l'importance des opérations que comporte l'administration d'un port de cette nature.

En 1880, le mouvement du port était de 238.810 tonnes ; il s'est élevé à 398.071 en 1896 et à 507.261 en 1897. Il dépasse actuellement 800.000 tonnes (1910).

Le port de Düsseldorf est surtout un port d'importation de marchandises destinées au commerce et à l'industrie de la ville, ainsi qu'à la consommation des régions avoisinantes.

Le plan qui précède montre les dispositions qui ont été adoptées (*fig.* 218).

COLOGNE. — L'agrandissement du port de Cologne a coûté 17.500.000 marks. Des installations nouvelles ont été construites sur les deux rives du Rhin à Deutz et à Rheinauhafen, que l'on a créées en rattachant une île à la rive gauche. Cette île est aujourd'hui presque entièrement couverte d'entrepôts et de greniers, dont l'un mesure 122 mètres de long, sur 22 mètres de large. Les quais des deux rives ont une longueur de 11.665 mètres et 481.500 mètres carrés. Ils sont pourvus de pontons d'accostage pour les vapeurs qui font un service régulier, et d'une cinquantaine de grues hydrauliques.

MAYENCE-GUSTAVSBURG. — Le groupe Mayence-Gustavsburg-Castel occupe sur les deux rives du Rhin un cercle de 3 kilomètres de rayon.

Les travaux du seul port de Mayence ont coûté 8.850.000 marks.

Le développement des quais atteint 17.070 mètres, se décomposant de la manière suivante :

Murs de quais verticaux......	2.713 mètres
Escaliers d'embarquement....	420 —
Rampes......................	1.586 —
Talus revêtus de moellons	12.345

Il existe dans le port quatre ponts tournants. Un entrepôt, d'une superficie de 2.776 mètres carrés, peut recevoir, au rez-de-chaussée, aux trois étages et dans les greniers, près de 14.000 tonnes de marchandises. Il a des magasins souterrains. La construction de cet entrepôt a coûté plus de 650.000 marks. Celle de la halle de la douane, d'un magasin à grains de 52 mètres sur 26 mètres et de 48 mètres de hauteur, de la cave aux huiles, avec d'autres bâtiments pour l'Administration et les machines, près de 700.000 marks.

Les tanks à pétrole des maisons H. Deutsch et C° d'Anvers

et Ph. Poth de Mannheim ont une superficie de 21.925 mètres carrés et une capacité de 10.750 mètres cubes.

Gutavsburg est un port charbonnier construit aux frais de l'ancienne Compagnie du chemin de fer Louis de Hesse. On y compte cinq darses. Les rives ont été taillées en talus et revêtues de moellons ; elles supportent des appontements en charpente. Le quai proprement dit a 360 mètres de longueur ; les voies ferrées qui desservent le port, plus de 13 kilomètres. Une vingtaine de hangars en bois servent d'abri temporaire aux marchandises.

Castel est aussi un port de chemin de fer. On y trouve un bassin de refuge, une darse où se fait le transbordement des marchandises et un bassin de flottage.

MANNHEIM-LUDWIGSHAFEN. — C'est l'agglomération Mannheim-Ludwigshafen, réplique géographique et économique de l'agglomération Homberg-Ruhrort-Duisburg-Hochfeld, qui nous donne la plus haute idée des efforts déployés pour favoriser le trafic fluvial.

Mannheim s'est aménagé et installé dans des conditions parfaites et se trouve à la hauteur du progrès. Il s'est armé et outillé, alors qu'aucun des ports du Rhin ne songeait à le faire. Le même honneur revient à Anvers, en ce qui concerne l'outillage maritime. Anvers, en effet, est le premier port du continent installé à la moderne, et c'est ce qui a fait sa fortune.

Les travaux de 1866, 1886, 1893, ont fait de Mannheim un port qui dépasse Rotterdam et Ruhrort-Duisburg par la superficie de ses bassins, la longueur de ses quais, le nombre et la direction de ses hangars.

Voici le tableau des travaux effectués dans les deux places jumelles Mannheim-Ludwigshafen :

	PORTS		TOTAUX
	MANNHEIM	LUDWIGS-HAFEN	
Surface des ports et des bassins (hectares)	218,5	35	253,5
Longueurs des rives accostables (kilomètres)	19,8	6,6	26,4
Longueurs des rives munies de voies ferrées (kilomètres).................	18,2	6,6	24,8
Entrepôts, balles } nombre..	110	19	129
et hangars. } superficie	142.200^{m2}	40.000^{m2}	182.200^{m2}
Nombre de grues..........	60	16	76

L'auteur du mémoire auquel ces chiffres sont empruntés [1] fait remarquer que le port de Rotterdam si étendu, si largement outillé, ne possédait que 115 hectares de bassins, 25 kilomètres de quais, 37 hangars et une superficie totale de 75.418 mètres carrés et 71 grues.

Mannheim possédait 3.500 mètres de rives accostables (c'est la longueur des quais d'Anvers); 2.025 mètres étaient bordés de murs verticaux de 10 mètres de hauteur. Le reste est défendu par des perrés. De 1886 à 1896, on a dépensé, pour ces installations, 44 millions de francs. Les travaux de Ludwigshafen et la construction du port industriel qui complètent ces installations ont absorbé plus de 60 millions.

Les appareils de manutention sont de systèmes très variés. Les grues à vapeur sont des plus nombreuses; quelques-unes sont mues par l'électricité; d'autres se manœuvrent encore à la main.

A l'extrémité aval du port, sur une longueur de 450 mètres, s'étend le quai au pétrole. Les tanks, au nombre de 15, ont une capacité totale de 54.000 mètres cubes. Ils appartiennent à trois Compagnies, dont le siège est à Anvers et à Rotterdam, qui possèdent 13 bateaux réservoirs d'une capacité de

1. M. Dufourny, ingénieur en chef, directeur des Ponts et Chaussées, dans les *Annales des Travaux publics de Belgique*, 1896.

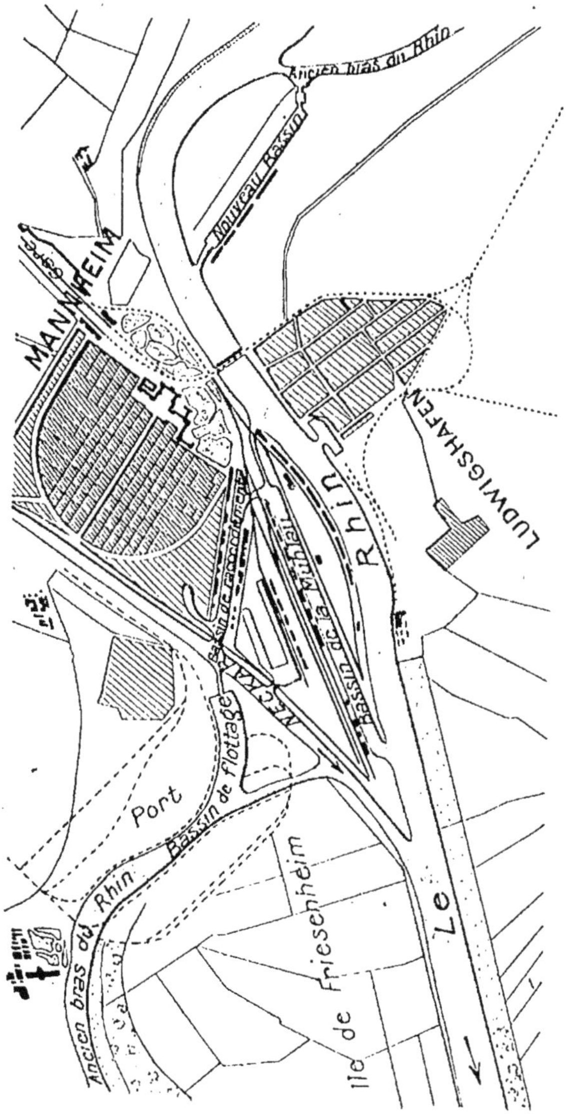
Ancien bras du Rhin
Nouveau Bassin
MANNHEIM
LUDWIGSHAFEN
Rhin
Bassin de la Mühlau
Bassin de raccordement
Bassin de flottage
Port
Ancien bras du Rhin
Ile de Friesenheim
Le

Fig. 219.

17.380 mètres cubes et 115 wagons citernes. Le long du Rhin et du Necker des caves ont été construites pour les pétroles en fûts. Leur superficie est de plus de 7.000 mètres carrés. La manœuvre des fûts se fait à l'électricité. Aucun port intérieur du continent ne présente des installations de cette importance.

Sur la rive droite, presque au confluent du Necker et du Rhin, a été creusé dans un ancien lit de ce fleuve un immense bassin de flottage de 6.600 mètres de longueur et de 112 hectares de superficie; Mannheim est le plus grand port de flottage du Rhin.

Mais Mannheim est surtout un port de transit. La gare centrale a plus de 50 kilomètres de voies ferrées, 219 garages, 6 transbordeurs à vapeur, 4 hangars couvrant chacun 15.000 mètres carrés, pour les marchandises venant de l'intérieur du pays et un entrepôt de 100 mètres de long sur 18 mètres de large, pour les marchandises exotiques.

La Société des entrepôts de Mannheim possède deux grands magasins à silos, qui peuvent contenir 33.000 tonnes, et des élévateurs à grains transportant 80 tonnes par heure. Elle peut encore abriter, sous différents entrepôts et hangars, 15.000 tonnes de marchandises.

La grande darse du bassin Muhlau construite en 1870 est desservie par une gare de marchandises de 30 hectares environ de superficie.

Les installations faites ont été exécutées en vue d'un grand trafic. Mannheim, qui été placé autrefois au point extrême de la navigation régulière du Rhin, est un port d'importation. Dans le mouvement total de 1896, qui s'est élevé à 5.276.079 tonnes, les entrées comptaient pour 4.381.143 tonnes (83 0/0) et les sorties pour 894.936 tonnes, seulement 17 0/0. Mais Strasbourg tend par tous ses efforts à saisir ce privilège, et pourra lui enlever une part de sa prospérité, comme l'a déjà fait Francfort, et comme Mannheim lui-même l'avait fait à Mayence.

Le plan (*fig.* 219) indique les dispositions adoptées.

STRASBOURG. — Le port de Strasbourg qui est redevenu français a été aménagé par les Allemands pendant leur occupation heureusement temporaire. Les travaux d'amélioration et de régularisation du haut Rhin jusqu'à Strasbourg ont amené les intéressés à doter ce port d'établissements importants en vue de le rendre accessible aux grands bateaux rhénans. Ce port est établi dans une île dénommée l'île des Éperons. Une gare de marchandises très vaste est installée pour les chargements et les déchargements. Des trains entiers de bateaux peuvent entrer dans l'avant-port, large de 240 mètres, où débouchent le Petit-Rhin, le canal de l'Ill au Rhin et le canal de ceinture. La profondeur du port est de 2^m,90 en eaux moyennes. Les résultats ne se sont pas fait attendre ; en 1894, le trafic du port était de 83.531 tonnes ; en 1895 de 157.648 tonnes ; il atteindra en 1916 plus de 800.000 tonnes[1]. Cet accroissement d'activité est dû surtout au raccordement du port avec à peu près tous les canaux alsaciens.

KEHL. — On a aménagé à Kehl, en face de Strasbourg, sur le territoire badois, un port de transbordement destiné à lui faire concurrence, moyennant une dépense de 5.500.000 marks.

L'exécution de ces entreprises considérables a eu une influence considérable sur l'activité économique du pays, et sur le développement de la batellerie. Les centres de premier ordre ont provoqué la formation d'agglomérations de moindre importance, mais non sans valeur.

Ports secondaires. — On peut citer dans cet ordre d'idées les ports de Mülheim, en aval et tout près de Cologne, de Karlsruhe, d'Iffezheim, port naturel de 220 mètres de long, entre Karlsruhe et Kehl, de Rhenau établi par une société privée avec ses propres moyens financiers, et qui constitue l'avant-port de Mannheim.

Les ports d'hivernage et de sûreté se sont multipliés. On trouve les principaux, sur le Rhin prussien, à Bingen, Schierstein, Rüdesheim, Bingerbrück, Saint-Goar, Louby, Oberlahnstein, Oberwinter, Coblentz, Cologne, Düsseldorf, Hochfeld, Duisburg, Ruhrort, Wesel et Immerich.

1. Extrait de la *Gazette de Lausanne*, du 13 juin 1916.

Ports du Main. — Entre le Rhin et l'Elbe, les ports intérieurs du Main, de l'Ems et de la Weser prennent une importance croissante.

Francfort. — La canalisation du Main a eu pour résultat immédiat l'agrandissement du port de Francfort. Ce port s'étend sur une longueur de 2.800 mètres et comprend, en outre, un port de refuge de 160 mètres de long, 75 mètres de large, où peuvent trouver place 50 à 60 grands bateaux rhénans. Le plafond en est à 2m,80 au-dessus du niveau des plus basses eaux du Main. Au nord de la rivière, les terrains ont été protégés contre les hautes eaux par une digue insubmersible. On a bâti sur cette digue un entrepôt pouvant contenir 200.000 sacs de céréales.

Les élévateurs, les véhicules et les autres installations pour l'emmagasinage, le pesage et la mise en sacs, ont été établis de façon à décharger 6 sacs de 100 kilogrammes par minute, soit 36 tonnes par heure. Trois grands bateaux du Rhin peuvent être déchargés en même temps.

On rencontre aussi des ports importants à Hanau, à Wurtzburg, à Offenbach, etc.

Ports de l'Ems. — Dans la région de l'Ems et de la Weser, le courant commercial créé par l'ouverture du canal de Dortmund aux ports de l'Ems, et le mouvement de propagande qui entraîne le Hanovre et la Westphalie à réclamer si énergiquement le Mittelland-Canal favorisent les projets de construction ou d'amélioration des ports intérieurs. Papenburg, Leer, Emdem, veulent être à même de tirer grand parti du trafic que l'on attend. L'exemple de Dortmund les encourage.

Dortmund. — Dès que la construction du canal de Dortmund aux ports de l'Ems fut résolue, on réserva au nord de la ville 457 hectares pour des installations. L'industrieuse cité voulait, du premier coup, se mettre au rang des plus grands ports intérieurs de l'Europe, et consentait à payer le quart de la dépense évaluée à 5 millions et demi de marks.

Les premières constructions occupent déjà 80 hectares. Le port est à l'extrémité du canal. Il comprend une série de bassins affectés au minerai, au charbon, au pétrole. Le chargement des charbons se ferait à l'aide d'un culbuteur hydraulique, comme à Ruhrort. La rive seule a déjà plus de 400 mètres de quais verticaux.

Ports de la Weser. — Rinteln, Vlotho, Höxter, Nienburg, Hameln ont quelque importance grâce à leur trafic fluvial. Hameln a un port relié à la voie ferrée.

Ports de l'Elbe. — Sur l'Elbe et sur l'Oder, de nombreux ports ont été créés.

En Bohême, on compte 29 ports fluviaux avec 12.430 mètres de rives utiles, ports reliés aux voies ferrées.

En Saxe, on trouve 67 ports ou stations de chargement, et 6 ports d'hivernage.

A Dresde, les travaux du port de König-Albert terminés en 1896 ont coûté 7.450.000 marks. Le port a une longueur de 1.200 mètres et a 150 mètres de largeur. En 1898, 250 bateaux y ont hiverné ; il pourrait en recevoir 320. Les grues sont à $0^m,30$ au-dessus des plus hautes eaux de l'Elbe. Ils sont pourvus de grues électriques et d'élévateurs.

En Prusse, 73 ports ou stations de chargement sont échelonnés, en dehors de 25 ports d'hivernage.

Les ports de Klein-Wittenberg, Schönebeck, Aken, Tangermünde, Wittenberge, Lauenburg, Harburg sont reliés au réseau ferré et possèdent des grues hydrauliques et à vapeur. Magdebourg, qui est à la fois port de commerce et port de transbordement, a un outillage très perfectionné. La superficie de ce port accessible à 327 bateaux a une superficie de $15^h,05$.

On ne parlera que pour mémoire des ports qui se trouvent dans le duché d'Anhalt et dans le grand-duché de Mecklembourg, et qui ont une importance secondaire.

On arrivera à l'embouchure du fleuve, à Hambourg, qui est avant tout un port maritime, mais qui a aussi une très grande importance au point de vue de la navigation intérieure.

Le nombre des bateaux de rivière arrivés à Hambourg en 1897, venant de l'Elbe supérieure, était de 19.699, dont

10.265 chargés, portant 2.487.06 tonnes de marchandises.

Le nombre des bateaux de rivière, partis de Hambourg la même année était de 16.670, dont 13.869 chargés, portant 3.402.179 tonnes. Pour faciliter un mouvement aussi considérable, on a aménagé une série de bassins disposés autour des ports réservés aux bateaux de mer, avec lesquels ils communiquent librement. Les principaux d'entre eux portent le nom significatif de port de la Moldau, port de la Saale, port de la Sprée. Leur superficie totale est de 48 hectares.

Il est intéressant de remarquer que la surface respective réservée aux bateaux de rivière et aux bateaux de mer est de 112 et de 133 hectares. Si l'on tient compte des bras de rivière et des canaux, on trouve 211,9 contre 163 hectares.

Ces chiffres mettent en lumière le rôle qu'a joué la batellerie dans le développement du port de Hambourg. Le premier port maritime de l'Allemagne et de l'Europe est l'un des principaux ports fluviaux du monde.

Depuis la frontière de Bohême jusqu'à Hambourg, on trouve plus de 160 bassins de commerce, stations de chargement ou ports abris.

On peut donc dire de l'Elbe qu'elle est un long port.

Gares d'eau et ports de transbordement. — Il est malheureux de constater qu'il n'existe aucune gare d'eau ni aucun port de transbordement sur les rivières à courant libre, telles que le Rhône et la Loire. Sur le Rhône cependant on trouve deux gares d'eau qui fonctionnaient avant l'établissement des chemins de fer et qui permettaient des opérations de transbordement. Les gares d'eau existaient à Lyon-Perrache sur la Saône, et à Givors; elles étaient propriétés privées et étaient gérées par les sociétés qui les détenaient. La Compagnie Paris-Lyon-Méditerranée, sous le prétexte de mieux faire, a racheté les actions de ces sociétés, et a en fait fermé les gares d'eau, qu'elle avait reliées à la voie ferrée. Il serait oiseux d'expliquer comment la chose s'est passée, mais ce que l'on peut affirmer, c'est qu'il n'existe aucune communication possible entre ces gares et la voie ferrée, celle-ci craignant une concurrence, qui ne pourrait s'exercer qu'au profit de l'intérêt général.

Il n'en est pas de même en Allemagne, on est obligé de le constater.

Les ports du Rhin, du Main, de l'Ems et de la Weser sont rattachés aux lignes de chemins de fer. Cette préoccupation est encore plus vive dans les régions de la haute Elbe et du haut Oder, dans la Silésie supérieure, la Bohême et la Haute-Saxe, si riches en produits minéraux et industriels.

Pour ces pays, desservis à la fois par les chemins de fer et par deux grands fleuves, aujourd'hui navigables, qui les rapprochent de la mer, les transports par eau et par fer se complètent et se prêtent un mutuel secours, comme le feraient deux fonctions d'un même organisme.

La voie ferrée se soude à la voie fluviale dans des sortes de gares d'eau, dites places de transbordement, où la marchandise quitte, dans des conditions de manutention rendues aussi simples et aussi peu coûteuses que possible, un véhicule pour un autre mieux approprié à sa destination finale.

Les places de l'Elbe bohémienne : Aussig, Tetschen ; celles de l'Elbe allemande : Dresde, Magdebourg, rentrent dans cette catégorie. Mais le type du genre, c'est Riesa.

Riesa. — Situé un peu en aval de Meissen, au lieu de croisement des voies ferrées venant de Leipzig, Chemnitz, Freiberg, Dresde-Bautzen, Kottbus, Berlin, ou y conduisant, Riesa est le centre d'où se dispersent par chemins de fer tous les produits que transportent les chalands de l'Elbe. Sa position géographique, son rôle économique, la rapidité de son développement font songer à Mannheim. Il est possible que Riesa, la troisième place commerciale de la Saxe, gagne bientôt le premier rang.

Voici quelle a été de 1880 à 1896 la progression suivie par le trafic à Riesa :

1880				
1887	4.042.500 tonnes		1892	7.924.959 tonnes
1888	4.301.447 —		1893	6.611.986 —
1889	5.511.128 —		1894	9.362.179 —
1890	6.462.115 —		1895	9.222.892 —
1891	7.796.353 —		1896	11.995.767 [1] —
.....	8.450.652 —			

1. Du fait de la guerre, on n'a pas pu se procurer de renseignements sur les années qui suivent.

La cause de cette prospérité est dans le concours du chemin de fer et de la batellerie. Aussi voit-on les projets de construction de ports de transbordement et les constructions elles-mêmes se multiplier. Dresde fait tous ses efforts pour conserver le rôle de port transbordeur que tend à lui enlever Riesa. A Pirna, les bateliers et les entrepreneurs carriers ont obtenu la construction de quais munis de voies ferrées, afin de pousser jusqu'à la basse Elbe et même jusqu'en Danemark et en Scandinavie, les limites de leur zone commerciale. A Schonpriesen, à Strohla, à Melnick en Bohême, on a installé des ports de transbordement.

C'est là une situation normale en Allemagne, où l'on rencontre la concurrence harmonieuse et combinée des deux principaux modes de transport.

KOSEL. — Le gouvernement prussien a reconnu la valeur de ce principe, et il a construit sur l'Oder supérieur, au point initial de la navigation régulière, un port de transbordement à Kosel.

Ce port, situé un peu en aval de la ville, près de l'embouchure du canal de Klodnitz, comprend 3 bassins, des quais avec 6 culbuteurs à charbon et 3 grues à vapeur.

Le mouvement de la navigation à Kosel s'élevait déjà, pour l'année 1897, à 945.000 tonnes.

Sur l'Oder moyen, entre Breslau et Francfort, deux autres ports de transbordement, Neusalz et Maltsch, ont été ouverts au trafic, à une année d'intervalle.

NEUSALZ. — Le port de Neusalz, un peu en aval de Glogau, a 400 mètres de long, 100 mètres de large, 35.000 mètres carrés de superficie. Il est accessible aux bateaux de 500 tonnes et doit être pourvu de grues perfectionnées et de hangars.

Ce port a, pour la Silésie inférieure, la même importance que Cosel pour la Silésie supérieure, et dessert avantageusement les districts industriels de Freystadt, Grunberg, Sprottau et Sagan.

MALTSCH. — Maltsch, en aval de Breslau, s'est développé également d'une manière remarquable. Les charbons de la Silésie inférieure, les granits, les pierres des régions montagneuses l'argile, les produits des industries sucrières et céramiques, s'écoulent désormais vers le bas Oder, sans passer par Breslau. Maltsch possède un bassin long de 400 mètres, large de 15 mètres au fond et de 32 mètres à la surface, en eaux moyennes; sa profondeur est de 2^{m},40 en basses eaux. On a installé sur les quais des voies ferrées, des grues, des culbuteurs à charbon. Le trafic de Maltsch est uniquement un trafic de transit.

Ainsi, sur un parcours où l'on trouvait déjà Oppeln, Brieg, Ohlau, Breslau, Glogau, on a jugé utile de construire des ports nouveaux, où tout est disposé en vue d'un grand trafic immédiat et d'un futur développement considérable, et cela dans le but de favoriser le passage des marchandises du wagon au bateau, ou du fleuve sur la voie ferrée.

On considère donc en Allemagne la voie fluviale comme le complément nécessaire du chemin de fer, et celui-ci doit terminer sa course sur la rive d'un fleuve ou sur la berge d'un canal.

Outillage mécanique des ports. — Il ne suffit pas d'établir des ports, de creuser des bassins; il faut encore les outiller d'une façon convenable, afin de les utiliser efficacement. L'outillage mécanique utilisé au chargement et au déchargement des bateaux peut être décomposé en deux catégories, l'une comprenant les appareils servant à la manutention des marchandises générales ou colis, l'autre ceux destinés aux marchandises générales en vrac, telles que les céréales, le charbon et le minerai.

Outillage pour la manutention des marchandises générales. — En Europe, les bateaux sont généralement amarrés le long des murs de quai ou de bassin, reposant sur des fondations solides, et sur lesquels sont établis des hangars ou entrepôts, desservis des deux côtés par des voies ferrées. Depuis près de quatre siècles, on a fait usage de grues à quais, actionnées à la main ou à la vapeur, ou plus tard par des moteurs hydrauliques et électriques. La bonne utilisation des quais, d'un prix d'établissement élevé, le long desquels on chargeait et déchargeait les embarcations, et la difficulté de déplacer des bâtiments de mer pour effectuer ces opérations, ont conduit à la construction de grues roulantes capables d'être placées au droit des écoutilles des bateaux. Ces grues ont été établies d'une manière spéciale pour servir à l'exploitation le long des quais. Elles ont continué néanmoins à n'être employées qu'au levage des poids lourds. Les charges légères étaient portées à bras, descendues sur des glissières ou transportées par brouettes. Mais il fallait, au fur et à mesure de l'augmentation croissante des dimensions des vapeurs, pourvoir aussi rapidement que possible au chargement et au déchargement des navires de fort tonnage et de grande valeur. On devait d'abord activer autant que possible la manutention des produits pondéreux, et le transbordement des charges de faible importance. On est arrivé à transporter des charges de 1 à 1,5 tonne avec une vitesse de levage d'environ 1 mètre et déplacées avec une vitesse de rotation de 2 mètres par seconde. La limite atteinte a été de 10 à 12 mètres pour la portée, de 15 mètres pour la hauteur de la volée, et 20 mètres pour la hauteur du levage. Les grues devaient toujours être prêtes à être mises en action, pour que le déchargement des bateaux pût être opéré aussitôt après leur accostage. La grue à vapeur était peu appropriée à cet effet, parce que son mécanisme était trop compliqué pour le transbordement des produits pondéreux.

GRUES ÉLECTRIQUES. — On a donc dû recourir à des grues électriques pour les raisons suivantes :

Utilisation d'une usine centrale unique renfermant les mêmes machines produisant l'énergie pour le travail des grues ainsi que pour les autres récepteurs de force motrice et pour l'éclairage, fonctionnement instantané des grues électriques ; simplicité de la construction, exploitation plus facile, et rendement élevé ;

Réglage automatique du nombre de tours de rotation pour des charges différentes sans diminution du rendement économique de l'installation ;

Transmission plus simple, plus sûre et peu dispendieuse de force motrice, absence de l'influence des intempéries sur les canalisations, adaptation plus commode des canalisations aux distances, aux différentes hauteurs, contacts simples par collecteurs pour la transmission du courant, entretien, réparation et renouvellement commode de la canalisation ;

Possibilité de placer aisément des branchements, et de prolonger et modifier la canalisation ;

Suppression des inconvénients pouvant résulter, pour les conduites souterraines, du tassement du terrain, en établissant la canalisation électrique suivant des lignes qui serpentent.

Le courant continu est le mieux approprié à l'exploitation des grues de quai. Une batterie d'accumulateurs, qui sert en même temps de réserve temporaire, est installée dans la centrale pour amortir les à-coups intenses auxquels donne lieu le fonctionnement intermittent des grues ; elle peut alimenter également quelques grues et quelques lampes, lorsque l'exploitation est peu active.

GRUES EN ALLEMAGNE. — Le type de grues qui s'est montré le mieux approprié à l'exploitation du port de Hambourg, est celui de la grue à semi-portique[1] représentée plus loin (*fig.* 220), d'une puissance normale de 3.000 kilogrammes. Dans le cas de charges plus lourdes, on utilise deux grues juxtaposées, en les faisant agir ensemble aux extrémités d'une traverse, qui soulève la charge en son milieu.

Les vitesses de travail de la grue sont les suivantes : vitesse de levage pour des charges de 3.000 kilogrammes, $0^m,6$ par seconde ; vitesse de rotation, 2 mètres par seconde.

La hauteur de la volée a augmenté au fur et à mesure que progressaient les dimensions des bateaux.

La portée ordinaire de la volée est de 11 mètres ; elle peut être réduite à 8 mètres par le relevage partiel de la volée. Une portée plus grande aurait pour conséquence de trop réduire le rayon d'action de deux grues travaillant l'une à côté de l'autre, et la translation de la charge par rotation prendrait trop de temps. Il ne serait pas opportun d'y

1. La grue à semi-portique est celle dont les galets arrière roulent sur la pente de rive du hangar contigu.

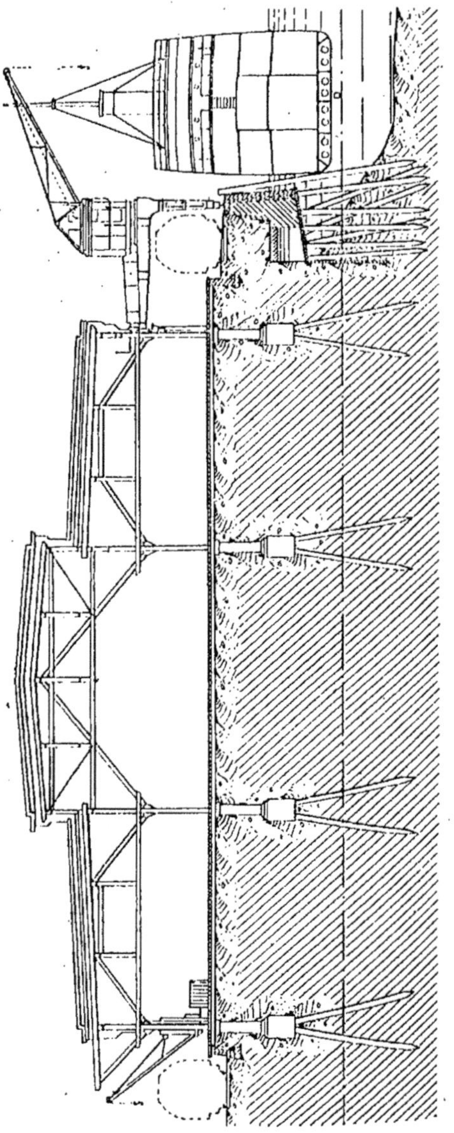

Fig. 220.

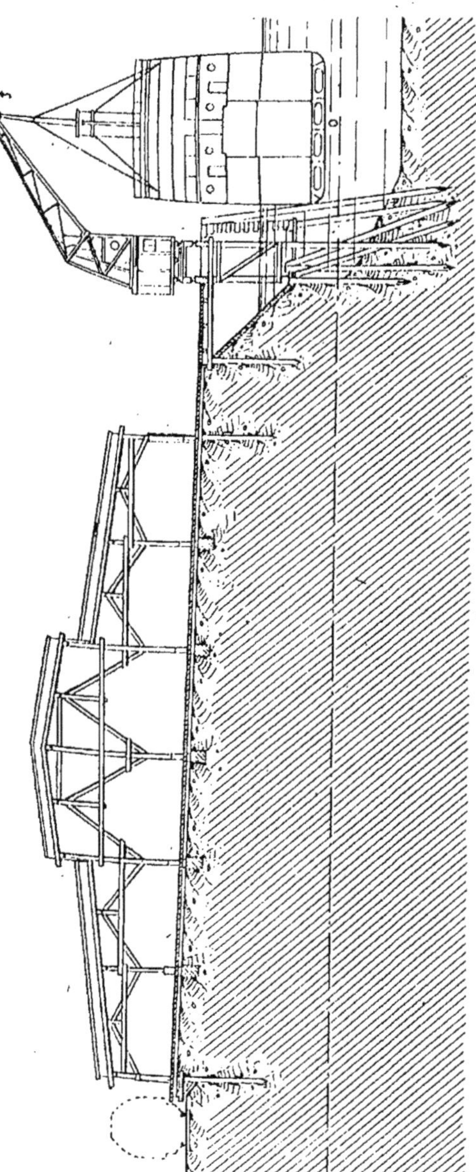

Fig. 221.

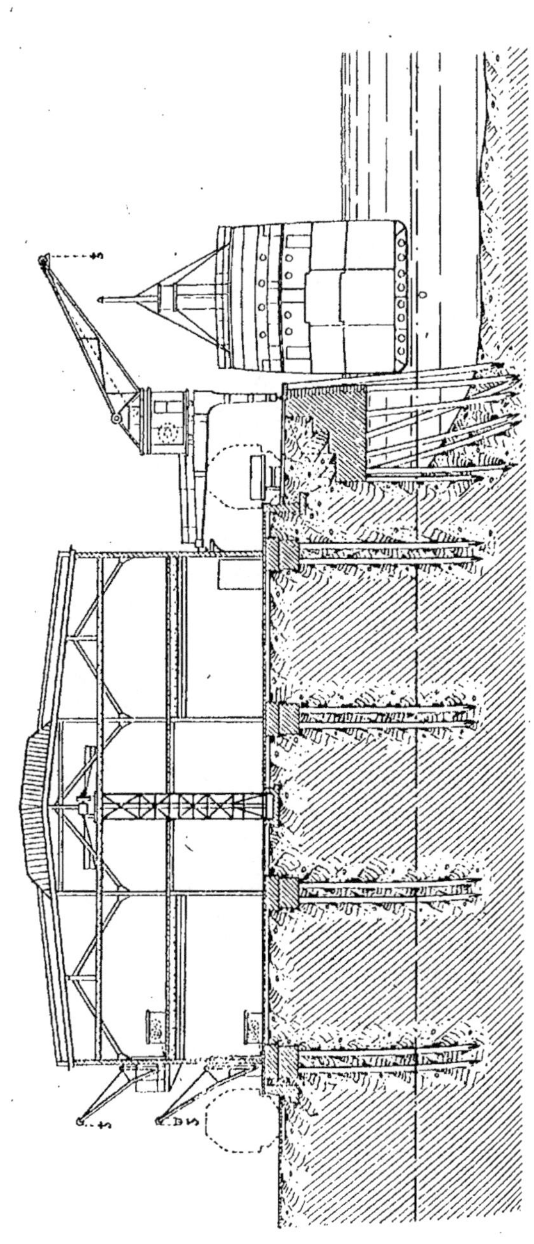

Fig. 222.

Fig. 223.

remédier en augmentant la vitesse de rotation, car on aggraverait de ce fait le mouvement d'oscillation de la charge suspendue, mouvement déjà inévitable en exploitation normale.

Les grands navires coopèrent toujours aux opérations de chargement et de déchargement à l'aide des treuils installés sur leur pont, tout d'abord pour augmenter la production des grues, en divisant le travail et le chemin à parcourir, et ensuite parce que la portée de la flèche des grues ne suffirait plus dans le cas des grands bateaux pour atteindre les écoutilles. La faculté de pouvoir réduire la portée de la volée a été reconnue indispensable pour l'exploitation le long des quais.

Une mise au point convenablement faite des volées de trois grues permet à celles-ci de travailler simultanément pour reprendre les marchandises sorties d'une écoutille de bateau à l'aide des treuils installés sur le pont du bateau et pour les déposer sur le quai.

Dans les grues à portique, les grandes parois latérales et les longerons principaux du portique sont constitués par des poutres à âme pleine. Les grues à semi-portique sont déplacées à bras sur leur voie de roulement.

Le treuil de manœuvre est actionné par des électro-moteurs tétraphasés à marche lente de 26 chevaux de force pour 3.000 kilogrammes de marche.

La poulie sur laquelle passe le câble de traction a 600 millimètres de diamètre. Le câble est en fils plats d'acier de 20 millimètres de diamètre.

Le moteur de levage et le moteur d'orientation sont commandés chacun par un controller à renversement de marche. Dans les grues les plus récentes, les deux controllers sont commandés par un dispositif commun. Le mécanicien qui actionne les controllers a une main libre pour agir sur le frein. Celui-ci est réalisé presque dans toutes les grues sous forme de simple frein à lame avec électro-aimant.

Pour imprimer à la grue son mouvement d'orientation, on fait usage d'un mécanisme de rotation, actionné, dans le cas des grues de puissance normale, par un électromoteur de

5 chevaux faisant environ 500 tours à la minute. La vitesse de rotation est de 2 mètres par seconde [1].

La manœuvre complète de la grue en travail exige environ 90 secondes. L'accrochage et le décrochage de la charge se font en 40 secondes environ. Dans ces conditions, on compte généralement sur 30 opérations de levage par heure en pleine exploitation, ce qui donne un rendement horaire de 45 tonnes environ.

La consommation du courant a atteint, lors des essais de grues (15 mètres de hauteur de levage et rotation de 140°, dépôt de la charge et retour du crochet à vide à sa position initiale), pour des charges de 1.500 kilogrammes à 0^m,80 de vitesse de levage par seconde, environ 120 watts-heure; pour des charges de 3.000 kilogrammes à 0^m,60 de vitesse de levage par seconde, environ 200 watts-heure.

GRUES EN FRANCE. — On a vu plus haut qu'en Allemagne on avait une tendance très marquée à substituer aux grues à vapeur les grues électriques. La même tendance s'est manifestée en France, depuis une vingtaine d'années.

Le port du Havre possédait en 1912 51 grues électriques, dont 40 acquises depuis 1900. A Marseille, on en comptait 25 en service; à Nice, 4 depuis 1906; à Bordeaux, 6; à Calais, 4; à Dunkerque, 2; et à Rouen, 4.

Indépendamment des avantages d'insensibilité des engins à la gelée et de la facilité de déplacement, le choix de l'électricité est justifié par la possibilité d'acquérir cette forme de l'énergie. Aussi des centrales électriques n'ont-elles pas été construites en général pour l'usage exclusif de l'outillage des ports; la centrale établie pour le port du Havre en 1901 pour desservir 20 grues était même considérée aujourd'hui comme une simple machinerie de secours en cas d'absence du courant acheté normalement pour les 51 grues à une entreprise de distribution.

Le courant est donc aujourd'hui exclusivement fourni aux outillages publics par des sociétés privées de distribution et

---

1. Il serait hors de propos de décrire tout le mécanisme en détail; on en trouvera la description dans le rapport de M. Bubendey au Congrès de navigation de Philadelphie, 1912.

généralement à l'état de courant triphasé à haute tension. Le prix du kilowatt-heure peut descendre en cas de concurrence à 0 fr.07 pendant le jour; il est en moyenne de 0 fr.15 à 0 fr. 20 et varie pour un même outillage public avec la consommation annuelle et parfois avec les heures d'utilisation (avant et après la tombée du jour).

Le courant ainsi fourni est transformé dans des sous-stations spéciales aux services d'outillage, lesquelles ont pour but soit d'abaisser simplement sa tension (200 ou 440 volts), soit de transformer le courant triphasé en courant continu à 500 ou 550 volts.

En France, un seul moteur avait été installé ; les divers mouvements étaient alors obtenus en embrayant et débrayant successivement les mécanismes correspondants sur ce moteur unique. Cette manière d'utiliser l'énergie électrique a paru bien peu rationnelle, et on s'est proposé d'affecter un moteur spécial à chacun des mouvements à produire. La construction des grues électriques à deux moteurs a marqué un premier pas dans cette voie. Un moteur principal assure le levage, et un moteur de faible puissance sert à la fois à l'orientation et à la translation : un débrayage permet le passage de l'un de ces mouvements à l'autre.

De l'emploi d'un seul moteur pour les deux mouvements de rotation et de translation résulte une certaine économie dans le prix d'acquisition des grues électriques.

Cependant, au fur et à mesure des progrès de la construction des grues électriques, on constate une tendance à l'augmentation du nombre des moteurs; les grues à 3 ou 4 moteurs paraissent appelées à prévaloir, au moins pour le déchargement de la marchandise pondéreuse.

Type des moteurs. — Pour les grues à courant continu, les moteurs excités en série ont été adoptés presque universellement; les grues établies à Nantes en 1903 sur le quai des Antilles ont été cependant pourvues de moteurs shunt, mais ce type de moteur a été abandonné dans les dernières grues électriques commandées par le même port. L'avantage de pouvoir, grâce au moteur shunt, restituer du courant au réseau pendant la descente des charges sans manœuvre

spéciale a été ainsi reconnue faible en présence de l'inconvénient que présentent ces moteurs d'avoir une force de
démarrage faible et un réglage de la vitesse avec la charge
insuffisant.

On adopte, pour la vitesse de rotations des induits, des
vitesses relativement faibles, et en général d'un nombre de
tours par minute voisin de 400.

Cette lenteur du moteur est en effet très avantageuse au

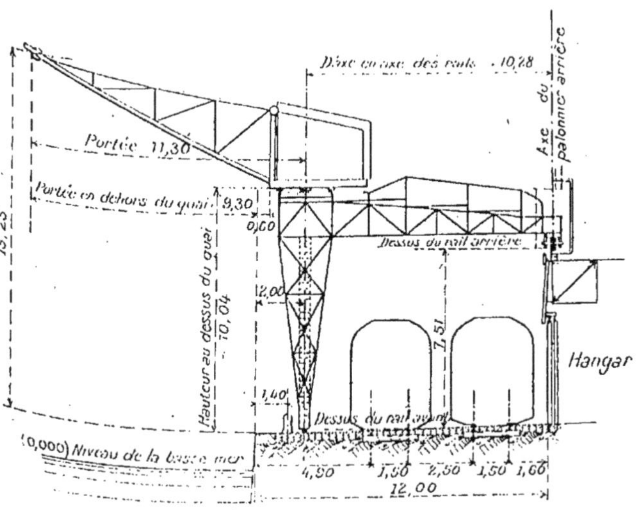

Fig. 224. — Le Havre. Grue électrique de 1.500 kilogrammes.

point de vue de la manœuvre comme à celui de la consommation ; un moteur lent peut seul permettre une manœuvre
rapide et précise ainsi qu'une consommation limitée.

Parmi les moteurs à courant triphasé, le moteur généralement employé est le moteur triphasé asynchrone ou moteur
d'induction. Ce moteur présente, il est vrai, l'inconvénient
d'avoir sensiblement la même vitesse en charge qu'à vide, et
par suite, le conducteur ne peut profiter des moments où le
crochet est vide pour augmenter la vitesse ; il a de plus un
facteur de puissance particulièrement faible au moment des

démarrages, ce qui pourrait présenter un inconvénient pour la reprise d'une charge abandonnée en cours de levage ; desserrés par le passage du courant, les freins électro-magnétiques pourraient en effet abandonner la charge avant que le couple soit suffisant pour le levage. En regard de ces inconvénients le moteur triphasé d'induction présente l'avantage de la simplicité et de l'absence de collecteur.

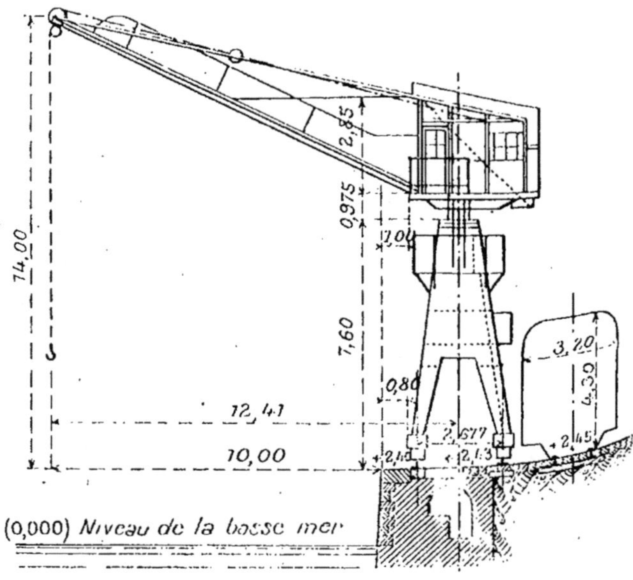

Fig. 225. — Marseille. Grue électrique de 1.500 kilogrammes.

Pour profiter des qualités que présentent les moteurs continus série pour l'équipement des grues et des facilités qu'offre le triphasé pour le transport du courant à distance et l'abaissement de sa tension, on a essayé d'utiliser comme moteur de levage des moteurs à courant triphasé à collecteur. Les résultats obtenus semblent être satisfaisants.

Les figures 224 et 225 ci-dessus indiquent le schéma des grues installées au Havre et à Marseille.

Grues hydrauliques. — En Angleterre, les grues à flèche, qui sont utilisées jusqu'à présent presque unique-

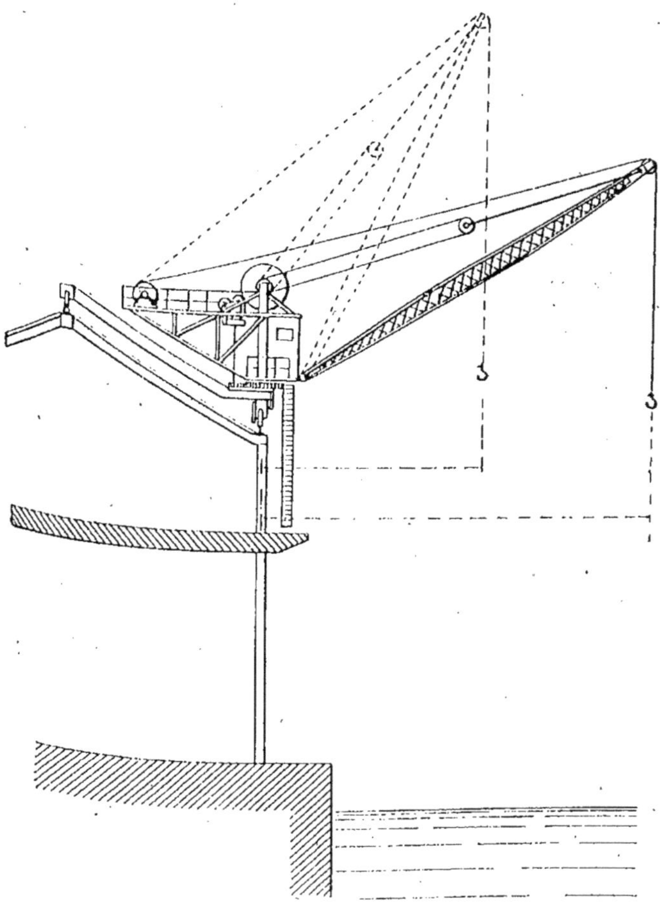

Fig. 226. — Liverpool.

ment pour charger et décharger les marchandises générales sont généralement à transmission hydraulique de préfé-rence à l'électricité. On a une tendance à augmenter gra-

duellement leur puissance, bien qu'à Liverpool le type
de 3.000 kilogrammes soit toujours admis. On peut diviser les
docks, en Angleterre, en deux grandes catégories, selon que
les voies de chemins de fer se trouvent derrière ou devant les
hangars et les types de grues nécessaires dans chacun de ces
cas sont entièrement différents. A Liverpool, les voies de chemin de fer ne sont jamais devant les hangars, et, comme

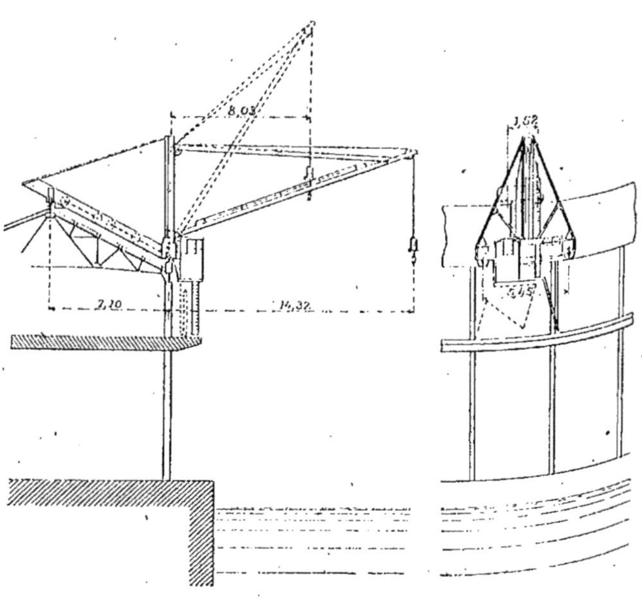

Fig. 227.

par suite, la largeur libre entre le bord du mur de quai et
la ligne d'avant des hangars est faible (environ 2^m,40),
il est impossible d'y trouver la place pour y établir les
grues. On a donc imaginé un type de grue, qui se meut le
long du toit des hangars, un des rails étant placé sur le bord
du toit et l'autre sur le faîte; les hangars sont naturellement
consolidés sur ces points, de manière à pouvoir résister à la
charge. Un grand nombre de ces grues sont utilisées à
Liverpool, ensemble ordinairement, avec des hangars à

double étage ; on a ainsi réalisé une plus grande utilisation des surfaces de dépôt par mètre courant de quai, en permettant d'éviter un élargissement inutile du hangar, qui aurait

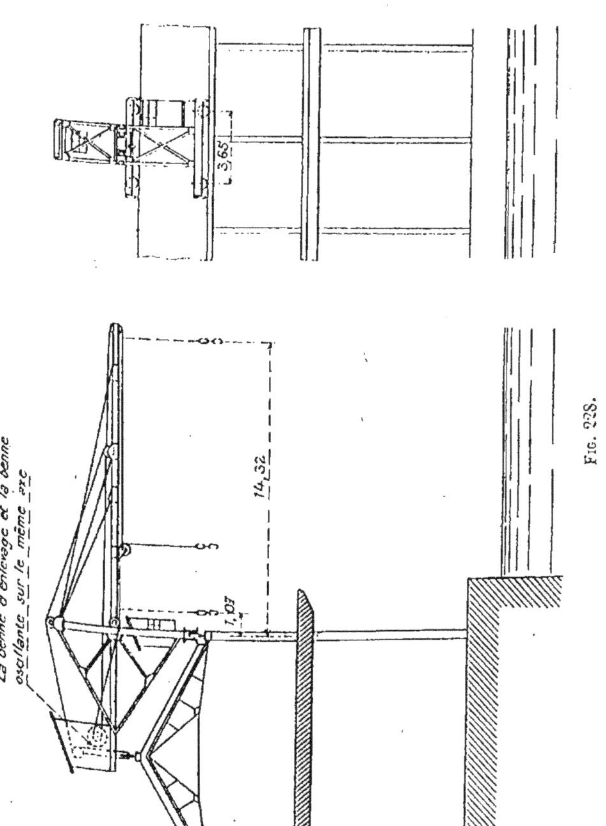

entraîné des transports supplémentaires. Les figures 226 et 227 montrent les dispositions qui ont été adoptées.

La figure 228 montre un type de transporteur de 3.000 kilogrammes, qui se meut aussi sur le toit d'un hangar.

Dans les grues hydrauliques sur toit, les cylindres de

levage sont placés suivant le même angle que le toit, et ne forment pas corps avec le pivot. L'orientation est commandée aussi par des moteurs hydrauliques, et le pivot est ordinairement guidé à la partie supérieure par un collier fixé par des supports au chariot roulant sur le toit.

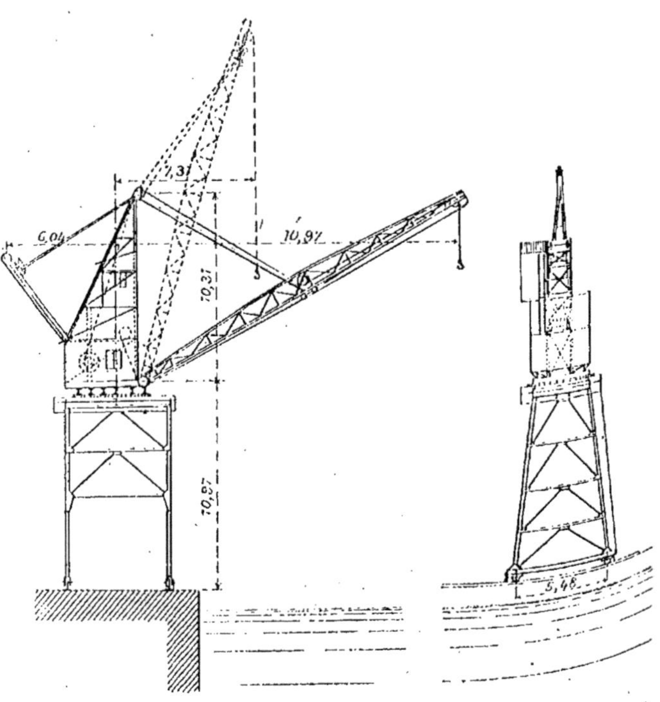

Fig. 229.

Si l'on compare les grues à flèche avec les transporteurs, on remarque qu'avec les premières la charge, pendant sa translation du bateau au hangar, décrit un chemin de longueur plus grande que celui suivi par la même charge si l'on utilise un des transporteurs. Ces appareils paraissent avoir encore d'autres avantages, par exemple celui d'éviter plus aisément le gréement des navires, néanmoins ces transporteurs ne semblent pas se multiplier beaucoup dans le pays.

Les transporteurs lèvent 3 tonnes et leur charge moyenne est d'environ une tonne, avec un nombre de levées par heure de 34 environ.

La grue sur toit n'est guère usitée qu'à Liverpool ; lorsque le chariot roule entre le mur de quai et le hangar, on trouve

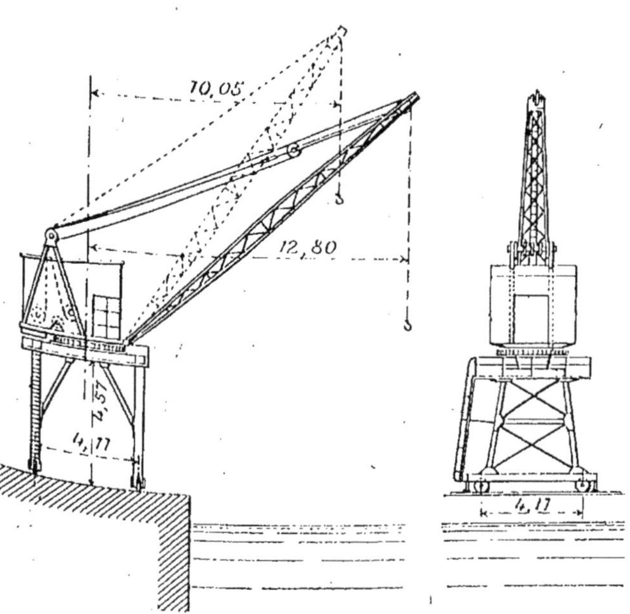

Fig. 230.

un type de grue équipée électriquement, dont la figure 230 montre les dispositions principales.

Au début de l'utilisation de la grue hydraulique on ne fit aucune tentative pour la rendre mobile, et pendant la manutention des marchandises, il fallait déplacer le bateau de manière à amener l'écoutille dans le champ d'action de la grue ; cependant par suite de l'obligation d'accélérer le rendement, on ne se contente plus de travailler par une seule écoutille, et comme deux bateaux qui se succèdent ne sont jamais exactement semblables, on s'est trouvé bientôt dans l'obligation de rendre les grues mobiles le long du quai, de manière à pouvoir les fixer à des intervalles correspondant à la distance entre les écoutilles du bateau à charger ou à décharger. On a donc dû, malgré les préjugés contraires, recourir à l'électricité, la transmission de la force qu'elle produit permettant de réaliser plus aisément cette faculté de locomotion qui devient essentielle.

Quoi qu'il en soit, il convient de mentionner une difficulté très réelle et d'indiquer une méthode qu'on a préconisée pour y remédier. Lorsqu'il s'agit de cales très profondes, il est impossible au conducteur de la grue d'apercevoir le crochet, et le conducteur dépend de l'homme placé à l'écoutille pour les signaux. Il y a là une cause de retard et dans une certaine mesure de danger. On a introduit, pour éviter cet inconvénient, un dispositif de commande à distance, consistant en des interrupteurs que le conducteur porte attachés autour du cou. Ces interrupteurs sont reliés au moyen de câbles flexibles à des électro-aimants, placés dans la cabine de travail et actionnant les leviers. De cette manière le conducteur de la grue peut se tenir à l'écoutille pendant qu'il manœuvre son appareil.

En France on est arrivé pour les grues hydrauliques à un type très satisfaisant. Dans ce type, l'ensemble des appareils de la grue est ramassé sur une poutre verticale conique, qui comprend intérieurement la presse de levage, latéralement les presses de rotation, à l'arrière enfin le piston du relevage de flèche et qui reçoit le pied de la flèche et ses tirants. Cette poutre tourne sur une crapaudine inférieure recevant la double canalisation pour l'arrivée de l'eau sous pression et l'évacuation ; sa partie supérieure peut être abritée dans la cabine qui contient aussi les organes de distribution ; sa partie inférieure peut être logée dans le pied côté quai du portique (Bordeaux), mais ce long pivot peut aussi être central et renfermé dans une chambre utilement chauffée, le contrepoids est logé dans la boîte.

Des grues hydrauliques à plate-forme tournant sur galets ont été également établies, et le contrepoids constitué par une masse portée à l'extrémité d'un bras opposé à la flèche. Si la grue est à portée variable, on peut alors faire varier le bras de levier de ce contrepoids, la presse de relevage écartant ce contrepoids en même temps qu'elle largue le tirant de flèche pour augmenter la portée : l'action de l'eau comprimée produit alors l'abaissement de la flèche, tandis

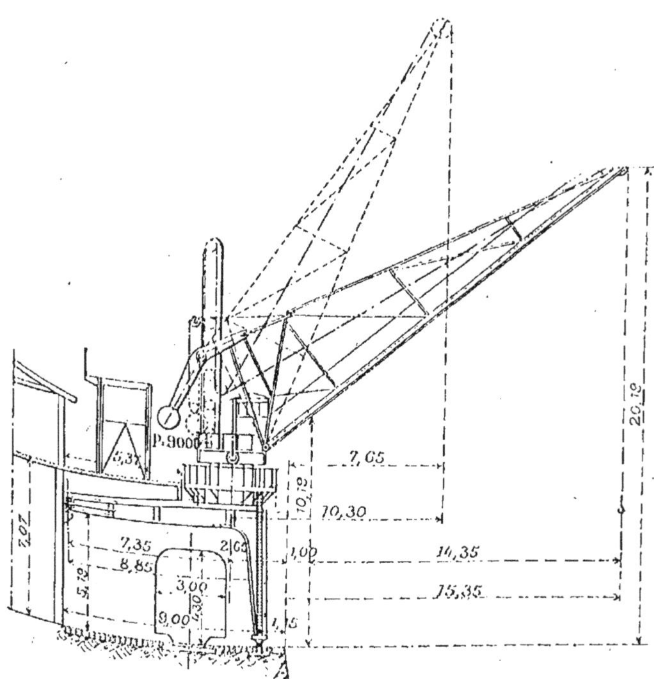

Fig. 231.

qu'une chute de pression dans le cylindre en provoque le relevage (Marseille, Docks, *fig.* 231).

L'appareil de levage doit être établi pour que la descente du crochet à vide puisse être faite rapidement à 2 mètres par seconde par exemple (Bordeaux), malgré la pression qui peut exister dans les conduites de retour.

La manœuvre d'une grue hydraulique n'exige aucun frein ; la fermeture de l'organe de distribution suffit pour arrêter le mouvement du piston correspondant. Par suite les organes de commande sont réduits au minimum, ils sont souvent constitués par 2 chaînes commandant l'une la rotation, l'autre le levage.

La précision de la manœuvre des grues hydrauliques égale leur facilité de commande ; une charge de 1.500 kilogrammes peut être arrêtée instantanément au commandement ou exactement en un point désigné d'avance.

Le déplacement des grues hydrauliques est assuré à la main ou au moyen de cabestans ; dans le premier cas, la dépense de main-d'œuvre pour ce déplacement peut être assez élevée et atteindre 15 0/0 de la main-d'œuvre de conduite ; dans le second cas, les cabestans peuvent servir également à la manœuvre des wagons.

La consommation en eau comprimée d'une grue de 1.500 kilogrammes en exploitation normale atteint 125 à 150 litres par coup de grue ; la consommation horaire d'une grue de même puissance travaillant aux marchandises diverses est en moyenne de 3.600 mètres cubes sur le quai d'un port à marée (Bordeaux). La consommation horaire d'une grue de 3.000 kilogrammes est naturellement beaucoup plus élevée, et pour une grue de puissance donnée la consommation d'eau comprimée nécessaire pour une opération est constante, quel que soit le poids élevé : elle est la même pour le crochet à vide que pour la charge maxima.

Grues avec chariot roulant. — Lorsque les emplacements réservés aux dépôts ont une grande largeur et une grande longueur, les exigences à remplir sont tout autres que celles auxquelles doivent satisfaire les grues établies le long des quais. Des dépôts de 50 à 1.000 mètres de largeur et de plusieurs centaines de mètres de longueur doivent pouvoir être desservis en tous leurs points par les engins de levage. La grue tournante ne peut plus alors trouver d'emploi. Les ponts de chargement, dont on fait usage dans ce cas, reçoivent le plus souvent du côté des bassins une volée susceptible d'être relevée par basculement, et qui permet au chariot électrique porté par ces engins et à la charge qu'il soulève d'être transportés jusqu'au delà de l'axe des bateaux à quai.

Le rendement des ponts de chargement de cette espèce, munis d'un chariot se déplaçant à grande vitesse, est considérable. Il existe des grues avec chariot roulant pour l'exploitation des hangars du port de Hambourg; on en trouve sur certains emplacements, où sont remisées des marchandises d'une même nature, et où les charges qui ont des dimensions modérées et un poids minime, peuvent passer rapidement et sans difficulté dans l'espace compris entre les jambages des portiques de l'engin sans le heurter.

Comparés aux grues tournantes, les ponts de chargement présentent cet avantage, que les charges parcourent à une faible hauteur de levage le trajet le plus direct et le plus court, alors que les grues tournantes leur font décrire un arc de cercle d'assez grandes dimensions, et que, par suite des constructions qui surmontent le pont des bateaux autour de leurs écoutilles, pour pouvoir accomplir ce mouvement de rotation, les charges doivent être levées à une hauteur beaucoup plus grande. Ensuite le pont de chargement muni de sa volée peut souvent mieux s'adapter aux espaces vides qui existent entre les agrès des navires, qu'une grue tournante exigeant plus d'espace libre pour exécuter ses mouvements. D'un autre côté toutefois, il est possible, lors d'une exploitation intense, d'installer trois grues tournantes au droit de chaque écoutille de bateau, de telle manière qu'en donnant à leur volée mobile la position voulue, elles puissent travailler simultanément leurs divers champs d'action s'entre croisant sans gêne ni interruption aucune pour l'exploitation. Enfin la grue tournante a un plus grand rayon d'action que le pont de chargement, ce qui à son importance, notamment pour la mise en dépôt des marchandises, et elle est en état, sans en être empêchée par les jambages de son portique, de tourner avec des charges de toutes dimensions; il est indispensable que l'engin de chargement puisse remplir cette condition lors du transbordement de marchandises de nature variée, et en principe la grue tournante ne pourra donc jamais sans doute être remplacée par un autre appareil de déchargement.

Grues à vapeur. — Grues flottantes. — Les grues à vapeur comprennent une chaudière verticale et une machine à vapeur qui peut, par une série d'embrayages, commander le levage, la rotation, la translation et le relevage de la flèche.

Pour obtenir une grande rapidité de descente, le tambour est utilement fou sur l'arbre ; il porte une poulie de frein et la partie mâle d'un cône d'embrayage ; pour le levage, ce tambour, aussitôt après le lâchage du frein, est poussé contre la partie femelle du cône d'embrayage portant l'engrenage de commande ; la prise de vapeur étant ouverte en même temps, le levage commence aussitôt.

L'embrayage subsiste grâce à la compression axiale que produit un levier pendant tout le levage ; dans une grue bien construite, la force verticale à exercer à l'extrémité de celui-ci n'est pas inférieure à 8 kilogrammes pour une charge de 1.500 kilogrammes et atteint 20 kilogrammes pour 3.000 kilogrammes.

L'amenage se fait normalement sans vapeur avec descente au frein : celui-ci n'exige pas en général un effort vertical excessif à son extrémité même pour la charge de 3.000 kilogrammes. La rotation, la translation et le relevage de flèche, les changements de vitesse et le changement de marche sont actionnés par d'autres leviers.

Le conducteur de ces grues à vapeur doit donc manœuvrer au total 6 leviers ou pédales dont 4 normalement et 2 souvent au pied (frein, embrayage) ; c'est pourquoi il a pu paraître difficile en pratique d'imposer aux conducteurs de ces grues la manœuvre d'un levier supplémentaire pour l'ouverture d'une benne piocheuse non automatique.

Sur toutes les grues à vapeur à terre, les services d'outillage public n'emploient jamais qu'un seul homme ; celui-ci est chargé à la fois de la manœuvre de la grue et de la conduite du feu. La consommation d'une grue de 3.000 kilogrammes atteignant 500 à 600 kilogrammes par jour, ne représente d'ailleurs qu'un seul chargement par heure.

Les grues flottantes sont des grues à vapeur montées sur des pontons ; en France elles sont outillées pour manutentionner de 1.250 à 3.000 kilogrammes, et leur service est assuré généralement par un seul homme. Les pontons de

5 tonnes reçoivent un conducteur et un chauffeur. A Marseille, toutes les grues flottantes à vapeur ont deux hommes à bord.

A Hambourg une grue flottante à vapeur a une puissance de 30.000 kilogrammes ; elle peut tourner et accomplir des révolutions de 360 degrés. La distance, à l'axe de rotation de la grue, du crochet de suspension de l'engin, peut être réduite de $17^m,50$ à 6 mètres ; il est possible dans ces conditions, sans déplacement du ponton, de passer avec le crochet de suspension entre les mâts et les cabines, qui surmontent le pont de l'embarcation et d'entasser une partie des charges à manutentionner sur l'arrière-pont et sur l'avant-pont du ponton même dans une proportion compatible avec la charge maxima que peut porter ce bateau. Pour amener autant que possible dans une position horizontale le ponton, qui peut être chargé non uniformément, la grue est pourvue d'un contrepoids mobile, dont le déplacement est réglé par le mécanicien suivant les indications d'un niveau. Mais la complète stabilité se trouve assurée même si, par suite d'une fausse manœuvre, le mécanicien déplaçait le contrepoids en sens contraire du mouvement voulu. Les divers mouvements sont assurés par l'intermédiaire de deux machines à vapeur jumelées, installées symétriquement de part et d'autre du bâti de la grue.

Le levage et la descente des charges sont assurés par une machine réversible à coulisse. La deuxième machine, de mêmes dimensions que la première, actionne trois mécanismes commandant la portée de la volée, le déplacement du contrepoids et le mouvement de rotation de la grue.

Le mécanisme du levage est conditionné pour deux régimes de vitesses; des charges de 15 à 30 tonnes sont déplacées à la vitesse de 3 mètres à la minute et des charges plus faibles sont soulevées à une vitesse double.

La grue peut accomplir une rotation complète en deux minutes.

La portée de la flèche est modifiée à l'aide d'une tige filetée en acier forgé de fortes dimensions, ce qui simplifie le dispositif et donne une grande rigidité à la volée et au bâti de la grue. Le ponton portant la grue a 30 mètres de longueur, 14 mètres de largeur, et $2^m,70$ de hauteur.

En outre, on trouve à Hambourg une grue flottante de 50 tonnes actionnée à la vapeur, et dont la volée a une portée de 10^m,50. Le caisson, qui porte la grue a 22 mètres de largeur et 27 mètres de longueur. Mais cet engin ne permet de déplacer les charges que dans le sens vertical.

Outillage pour la manutention des céréales. — L'outillage que l'on a décrit plus haut, s'applique plus spécialement aux ports maritimes, ou aux ports fluviaux en rapport avec la voie maritime, comme Bordeaux, Rouen, Nantes, Hambourg, etc., etc. C'est pour cette dernière raison que nous avons cru devoir insister sur cette question si importante pour l'exploitation d'un port quel qu'il soit.

On s'étendra moins longuement sur l'outillage qui est employé pour la manutention des céréales. On utilise des élévateurs flottants, types à godets et pneumatiques, pour le transfert des céréales d'un bateau à un autre ou du bateau aux silos, aux chambres d'emmagasinage et aux lieux de dépôts.

Pour le déplacement des matières sur la terre ferme, on emploie d'une manière générale des élévateurs à godets et des transporteurs à toile. Les opérations sont beaucoup simplifiées en Amérique par l'adoption d'un système grâce auquel tous les grains sont classés dès leur arrivée au lieu d'emmagasinage, et placés dans les mêmes chambres, moyennant la remise au propriétaire de certificats de dépôt donnant les quantités et les qualités.

Outillage pour la manutention du charbon et du minerai. — C'est en Amérique que l'outillage pour la manutention du charbon s'est le plus développé. Les principaux dispositifs sont les suivants. Le wagon chargé de charbon était amené sur une voie surélevée dans un grand cylindre; celui-ci subissait alors une rotation, qui avait pour résultat de décharger son contenu dans un couloir conduisant au bateau. On imagina aussi de recevoir le charbon déchargé du wagon par cylindre tournant dans une série de bacs. Ceux-ci étaient soulevés ensuite par une forte grue, amenés au-dessus de la cale du navire et descendus dans celle-ci ; on ouvrait des clapets formant le fond des bacs, et le charbon sortait facilement sans tomber d'une certaine hauteur.

On signalera aussi les bennes dragueuses, qui peuvent être manœuvrées au moyen des mécanismes des grues ordinaires, qui se déclanchent automatiquement et à hauteur fixe.

Résumé et conclusion. — Un outillage mécanique important est en général indispensable pour l'utilisation intensive des quais; le perfectionnement de l'outillage peut être équivalent au développement des ouvrages; il est souvent obtenu plus rapidement.

Le nombre des grues par poste à quai de 120 à 150 mètres est pour les marchandises diverses souvent de 3, quelquefois de 4, rarement de 5.

Les dernières grues sur quai sont le plus souvent à portique ou à demi-portique dans les ports principaux ; une partie utile de 9 à 10 mètres est nécessaire pour les grues ordinaires.

Les grues-pontons rendent les plus grands services pour le transbordement direct de navires de mer sur bateaux de navigation intérieure.

La puissance très généralement adoptée pour les grues à marchandises diverses est de 1.500 kilogrammes.

Les grues à charbon doivent employer la benne ordinaire de 1.500 kilogrammes, et la benne dragueuse de 3.000 kilogrammes.

Les vitesses de levage sont de $1^m,20$ pour 1.500 kilogrammes, de $0^m,80$ pour 3.000 kilogrammes, la vitesse d'orientation peut atteindre 2 tours à 2 tours et demi à la minute.

Les grues à vapeur constituent la plus grande partie de l'outillage des ports.

Les grues hydrauliques rendent les meilleurs services et sont établies sur un type absolument satisfaisant, au point de vue de la précision des manœuvres et de la facilité de la commande.

Les grues électriques sont équipées avec 3 ou même 4 moteurs.

Le moteur série continu est le plus généralement adopté,

mais le moteur triphasé d'induction convient, et le moteur triphasé à collecteur semble donc allier les avantages du moteur série avec facilité de transport et de transformation du courant triphasé.

Le prix des grues électriques est en général notablement supérieur à celui des grues hydrauliques de même puissance.

Pour le déchargement des marchandises diverses, le nombre de coups de grue à l'heure est souvent au plus égal à 25. Pour le charbon on peut compter en pratique sur 200, 400 et 600 tonnes par jour avec des grues de 1.500, 3.000 et 5.000 kilogrammes.

Le nombre moyen d'heures d'utilisation annuelle de toutes les grues d'un port ne peut guère dépasser 1.500 heures.

Il en résulte que le rendement possible d'une grue susceptible de débiter 30 mètres cubes par heure est de 45.000 tonnes par an, ce qui correspond à une utilisation moyenne de 900 tonnes par mètre-courant de quai.

Prix des transports par les voies navigables. — En Allemagne, l'organisation de la batellerie, la transformation du matériel fluvial, la construction des ports fluviaux et des grues d'eaux ont donné les résultats que l'on pouvait en attendre.

Les transports par eau qui, à l'apparition des chemins de fer, avaient été dépossédés d'une notable partie de leur trafic, se sont trouvés en état de faire aussi bien que les voies ferrées et de partager avec elles, non seulement le transport des marchandises pondéreuses, mais encore celui des marchandises de plus grande valeur ou marchandises en caisses. Les progrès qui ont été réalisés ont eu pour effet d'atténuer les différences qui distinguaient les transports par eau et les transports par voie ferrée au premier jour de leur rivalité, et de relever l'importance de la voie fluviale, à tel point qu'il est bien des cas où elle offre au commerce des avantages incontestables de régularité et même de rapidité. Le rôle nouveau de la batellerie a été mis pour la première fois en lumière au Congrès international de la Navigation intérieure de Paris en 1892.

« Les chemins de fer, y a-t-on dit, sont habituellement considérés comme le moyen de transport le plus rapide; mais en réalité, cette manière de voir est plus juste pour le mouvement des voyageurs que pour celui des marchandises. En effet, si pour ces dernières le transport sur rails s'effectue plus rapidement que sur la voie navigable, cet avantage est balancé par les grandes pertes de temps qu'entraînent la composition des trains, le chargement et le déchargement des wagons, les manœuvres de gares, l'arrêt aux stations, etc. Le batelier a intérêt à rester le moins de temps possible dans les ports; il accélère le chargement et le déchargement; il se hâte de se défaire de sa cargaison et de repartir avec une nouvelle charge. De plus, un bateau dont le chargement équivaut toujours à celui d'un certain nombre de wagons de 10 tonnes peut naturellement être chargé plus rapidement qu'un ou plusieurs trains. Si, par exemple, on peut charger 800 tonnes, dans un seul bateau du Rhin, il va de soi que ce chargement s'effectuera en moins de temps que s'il fallait le répartir sur 10 bateaux de petite capacité, et surtout que s'il fallait charger les 800 tonnes sur 80 wagons, c'est-à-dire sur trois ou quatre trains. »

Sans doute, le Rhin offrait des conditions particulièrement favorables pour la création d'un matériel de grandes dimensions. Mais ce matériel n'était pas, pour la batellerie, le seul instrument de concurrence. En général, dans les pays que traversent les grands fleuves de la plaine allemande, on a dû compléter par l'organisation de services rapides les avantages que les améliorations de toutes sortes assuraient aux transports fluviaux.

Les compagnies de navigation de l'Elbe, comme celles du Rhin, possèdent, en outre de leurs remorqueurs, des bateaux-porteurs à vapeur, spécialement affectés aux transports à grande vitesse. Ceux de l'Elbe remorquent même, au besoin, un ou plusieurs chalands d'acier d'une construction plus légère que celle des chalands ordinaires.

La Société la Kette possède un certain nombre de bateaux à roues pour transports rapides de marchandises dont la force varie entre 175 et 200 chevaux, et qui peuvent porter de 150 à 300 tonnes. Ils accomplissent le trajet de Hambourg à Magdebourg (293 kilomètres) en 50 ou 60 heures, et celui de Hambourg à Dresde (565 kilomètres) en 130 ou 150 heures.

La Société autrichienne de Navigation à vapeur du Nord-Ouest, qui s'occupe des transports entre Hambourg et les ports de la Bohême, a mis en service des vapeurs rapides, dont la force varie entre 200 et 250 chevaux, et qui portent de 200 à 300 tonnes.

Les départs de la Société la Kette ont lieu deux fois par semaine, à destination de Dresde, ceux de la Compagnie autrichienne trois fois par semaine pour Laube, Tetschen et Prague. Les vapeurs prennent charge dans le port franc de Hambourg, emportent les marchandises à travers toute l'Allemagne, sous panneaux plombés, jusqu'à la frontière autrichienne où se fait la première opération de douane.

Les vitesses de 2 à 5 kilomètres à l'heure, qui sont réalisées pour la plupart des trajets, semblent peut-être bien faibles, si on les compare à celles des chemins de fer. Mais il ne faut pas oublier que la lenteur relative du bateau est rachetée par la continuité de sa marche et la rareté des arrêts. D'ailleurs, la rapidité des transports n'est pas ce qui importe le plus au commerce. La régularité dans la livraison que le destinataire exige, afin de pouvoir tenir ses engagements de fabrication ou de vente, est une condition plus essentielle encore que celle de la vitesse. Or, la ponctualité des expéditions et celle des arrivages paraît, sur les fleuves allemands, très satisfaisante. C'est peut-être l'une des raisons qui permettent d'expliquer la faveur dont la batellerie jouit auprès du commerçant, même pour le transport des marchandises de valeur.

Cette faveur est encore justifiée par la modération des prix du fret, soit qu'il s'agisse de transports par services réguliers, pour les marchandises de cueillette, ou par chalands, pour les chargements complets.

L'amélioration des mouillages et l'emploi de bateaux plus grands ont rendu la navigation plus facile et plus rémunératrice, si bien que les prix du fret n'ont pas cessé de baisser.

Le tarif des transports accélérés sur l'Elbe par les vapeurs de la Société la Kette, de Hambourg à Dresde et *vice versa*, fait ressortir le prix moyen de la tonne kilométrique à 0 fr. 0318. Le prix moyen qui, pour le trafic accéléré est d'environ 3 centimes, tant à la montée qu'à la descente, s'abaisse encore lorsqu'il s'agit de marchandises voyageant à petite vitesse, par chargements complets ou par quantités importantes.

D'après les économistes allemands, et notamment M. Sympher, le prix du fret dépend de plusieurs facteurs, dont les plus importants sont : la nature de la voie (fleuve ou canal), la dimension du bateau, la vitesse de la traction, le nombre de jours utiles de navigation, la durée de la journée de travail, le nombre des hommes d'équipage.

Il serait trop long de donner une analyse des études qui ont été faites à ce sujet. Il suffit d'en donner les résultats. Pour un trajet de 350 kilomètres, le prix du fret, y compris les frais d'administration et l'amortissement du capital engagé ressort de 0 fr. 0085 pour un bateau chargé de 600 tonnes utilisé pendant 270 jours, à 0 fr. 0235 pour un bateau chargé de 150 tonnes utilisé pendant 230 jours.

Des horloges d'étiage, d'apparence monumentale, en rapport avec un flotteur, indiquent en mètres et en centimètres la hauteur du plan d'eau au-dessus ou au-dessous du zéro. De cette façon, le marinier peut, sans consulter l'échelle, savoir l'importance du chargement qu'il peut transporter.

Les Compagnies d'assurances des transports par eau. — Les tarifs que l'on a indiqués plus haut ne comprennent pas l'assurance de la cargaison.

De nombreuses Compagnies, une vingtaine au moins, pour ne compter que les principales, s'occupent d'assurer les marchandises confiées aux transports fluviaux.

Ces compagnies sont groupées en deux puissants syndicats : le Rheinschiffs, Register-Verband pour le Rhin, et le Comité der Vereinigten-Transport Versicherungs-Gesellshaften pour l'Elbe, l'Oder, la Vistule et le Memel. Elles publient chacune un registre, dans lequel tous les bateaux dont les propriétaires se sont soumis à l'inspection des experts, figurent répartis en trois classes, suivant les conditions de sécurité que présente leur construction. Après la visite, le patron reçoit un certificat valable pour un an, et constatant la cote donnée à son chaland. Cette cote intervient ensuite, comme facteur important, dans l'établissement de la prime d'assurance de la cargaison que le bateau transporte.

La prime est, en Allemagne, calculée pour la navigation intérieure avec beaucoup de soin et de méthode. On considère tout ce qui peut augmenter ou diminuer le risque. Le Comité des Compagnies d'assurances de transports réunies répartit tous les fleuves de l'Allemagne, à l'exception du Rhin dont le régime est spécial, en deux grandes régions hydrographiques : la première comprend l'Elbe, la Saale, les cours d'eau du Mecklembourg, la Sprée, la Havel, les cours d'eau côtiers de la Poméranie, l'Oder ; à la deuxième appartiennent la Vistule, le Nogat, le Pregel, la Memel. On tient compte des saisons dans lesquelles s'effectue le voyage, de la nature des marchandises transportées, de leur mode d'emballage, et enfin de la cote du bateau. On a donc à faire, pour déterminer le taux de la prime, une série de corrections.

En France, l'organisation batelière est encore dans l'enfance. Aucune organisation particulière n'existe. Sur le Rhône, le seul fleuve à fond mobile réellement exploité, il existait un monopole de fait, comme on l'a exposé plus haut, monopole qui est entre les mains de la Compagnie générale de navigation. Celle-ci a certainement fait de grands efforts, notamment par l'établissement de remorqueurs puissants et de chalands, par la pose d'une chaîne dans la région des rapides 0^m,70 de pente par kilomètre). Mais il semble qu'une ère nouvelle vient de se lever, et que la concurrence soit en train de s'établir. La Compagnie lyonnaise a mis en service un remorqueur capable de remonter la région des rapides avec un convoi de trois barques chargées de 1.420 tonnes, alors que les remorqueurs jusqu'à présent en service sur le Rhône remorquent seulement 330 tonnes dans une seule barque, et les toueurs une seule barque avec un bateau vide, soit 460 en tout. Mais ces efforts sont isolés ; et la concurrence entre compagnies n'a pas encore pu s'établir. Il y a, il est vrai, le long de la voie navigable, deux voies ferrées, l'une sur la rive droite, l'autre sur la rive gauche, qui peuvent limiter les prix du fret dans une certaine mesure. Néanmoins ces prix sont encore fort élevés.

Pour les transports par les bateaux à vapeur porteurs ou par les chalands en tôle toués et remorqués de la Compagnie générale de navigation, on paye 0 fr. 028 à 0 fr. 060 par tonne et par kilomètre. Par bateaux ordinaires descendant à gré d'eau et remontés vides ou à moitié chargés par le touage et le remorquage, les prix varient de 0 fr. 029 à 0 fr. 044.

Exploitation technique et commerciale. — La manœuvre des ouvrages de navigation (écluses, barrages, ponts mobiles, etc.) qui, sur les autres voies navigables constitue une branche importante de l'exploitation technique et ressortit, en France, au service des Ponts et Chaussées, ne se réduit à presque rien sur les fleuves et rivières à courant libre. On n'y rencontre, en effet, en fait d'ouvrages à manœuvrer que quelques ponts mobiles. Il n'y a pas à s'arrêter sur ce point.

Police de la navigation. — En ce qui concerne les autres branches de l'exploitation technique qui sont du domaine de l'industrie privée, et sur lesquelles les ingénieurs de l'État n'exercent qu'un droit de contrôle, on peut dire que les règles relatives à la police de la navigation en forment la base essentielle.

Ces règles se trouvent, pour une bonne part dans les règlements antérieurs à la Révolution, mais confirmés par l'article 29 de la loi des 19-22 juillet 1791.

On peut citer, postérieurement à ces règlements, divers actes qui régissent notamment :

1° *Le jaugeage des bateaux et les pièces dont les conducteurs de bateaux doivent être porteurs* (loi du 19 février 1880 et décret du 17 novembre de la même année) ;

2° *Le transport des matières dangereuses* (loi du 17 juin 1870, décrets des 31 juillet 1875 et 30 décembre 1887) ;

3° *Les bateaux à vapeur* (loi du 21 juillet 1856 et décret du 9 avril 1883) ;

4° *L'éclairage des bateaux et des écueils ou obstacles à la navigation pendant la nuit* (décret du 30 novembre 1893) ;

5° *La navigation de plaisance* (circulaire ministérielle du 13 novembre 1880 portant envoi d'un modèle d'arrêté préfectoral réglementaire).

Règlement de police type. — C'est, en dehors des règlements généraux, aux préfets des départements traversés par des voies navigables qu'il appartient de prendre des arrêtés portant règlement de police pour la conservation et l'usage de ces voies, naturelles ou artificielles. Pour éviter des divergences fâcheuses, le ministre des Travaux publics a envoyé, à différentes reprises, aux autorités départementales un modèle de règlement.

Le dernier règlement de police type remonte au 24 mars 1914. Il comprend dix titres, ainsi dénommés :

TITRE I. — Classement des bateaux. — Conditions à remplir pour naviguer.

TITRE II. — Trématage en route et priorité de passage aux écluses et ponts mobiles.

TITRE III. — Canots, bateaux, trains de bois ou radeaux en marche.

TITRE IV. — Passages aux ouvrages de navigation.

TITRE V. — Stationnement des bateaux ; mesures d'ordre dans les ports et dans les garages.

TITRE VI. — Transport en commun des voyageurs par bateaux à vapeur et assimilés.

TITRE VII. — Bateaux de plaisance, bateaux particuliers, bateaux de pêche et de marine.

TITRE VIII. — Obstacles éventuels à la navigation.

TITRE IX. — Interdictions et autorisations.

TITRE X. — Dispositions générales.

L'article premier de ce règlement étend l'application des dispositions édictées aux dépendances des voies navigables, ce qui assure une base aux arrêtés pris pour la réglementation des ports.

L'article 4 prévoit la fixation générale des dimensions des bateaux, par des règlements particuliers, mais porte au maximum à 16 mètres la hauteur des mâts, de manière que l'Administration ait un point de départ pour déterminer les conditions à imposer aux canalisations électriques traversant les cours d'eau.

L'article 9 renferme des dispositions nouvelles en ce qui concerne la traction. On se bornait auparavant à définir éventuellement les moyens de traction dont les bateaux devaient disposer ; d'après ces nouvelles dispositions, l'Administration a non seulement le pouvoir de déterminer les procédés de traction autorisés sur chaque voie navigable, mais aussi de définir les conditions auxquelles est soumis leur emploi. Ainsi l'Administration est suffisamment armée pour réglementer d'une manière efficace la traction des bateaux en vue d'assurer le bon ordre, la sécurité et la régularité de la navigation et en même temps de sauvegarder, le cas échéant, les intérêts des mariniers qui ont pu avoir à souffrir de l'irrégularité ou de l'exagération des prix demandés par certains entrepreneurs de traction. Les mariniers, qui n'effectuent pas la traction de leurs bateaux par leurs propres moyens, sont tenus de faire connaître aux agents de la navigation, à toute réquisition, les noms et domiciles des entrepreneurs de traction avec lesquels ils ont traité.

L'article 11, entièrement nouveau, est relatif aux remorqueurs ; il impose aux entrepreneurs de remorquage l'obligation de faire au ministre des Travaux publics une déclaration qui est déposée à l'Office national de la navigation [1]. L'exercice du remorquage sera soumis tant aux conditions générales fixées par un arrêté du ministre des Travaux publics qu'à des conditions spéciales édictées pour certaines voies ou sections de voies par les règlements particuliers.

L'arrêté ministériel déterminera notamment : 1° les conditions d'aménagement spécial, auxquelles devront satisfaire les remorqueurs, ainsi que le matériel, les apparaux et les agrès dont ils seront obligatoirement munis ; 2° les certificats de capacité dont devront justifier les patrons, mariniers ou autres agents employés à bord des remorqueurs ; 3° les formes dans lesquelles lesdits certificats de capacité pourront être retirés, etc. ; 4° les conditions dans lesquelles

1. L'Office national de la navigation, créé par décret du 23 septembre 1912, est un nouvel organe dépendant du ministère des Travaux publics, ayant la personnalité civile et l'autonomie financière et s'occupant des questions intéressant l'exploitation des voies navigables.

seront délivrées, et s'il y a lieu, retirées les permissions d'occupation de parcelles dépendant du domaine public fluvial puis les opérations de remorquage.

L'article 12 définit ce qu'on doit entendre par un convoi, qui est constitué par un groupe formé par deux ou plusieurs bateaux réunis par des remorques.

L'article 24 permet d'interdire à titre permanent d'une manière exceptionnelle la navigation de nuit sur certaines voies navigables ou sections de voie.

L'article 31 prescrit le maintien pendant la nuit de l'ordre des bateaux arrêtés.

Les dispositions des articles 33 § 2 et 35 § 2 ont pour but d'assurer la meilleure utilisation des écluses.

L'article 39 assigne autant que possible un lieu de stationnement spécial pour les bateaux à vapeur.

L'article 58 précise les dispositions relatives à la signalisation des bateaux coulés et édicte les obligations des propriétaires ou patrons pour le renflouement des bateaux et le repêchage de la cargaison. Indépendamment de la perte des marchandises et même des accidents de personnes, un sinistre de ce genre peut avoir comme conséquence l'obstruction partielle ou totale du chenal navigable.

L'article 58 du titre VIII est ainsi libellé :

« Lorsqu'un bateau, train de bois, radeau ou établissement flottant vient à couler à fond, le propriétaire ou patron est tenu de prendre d'urgence les dispositions nécessaires pour éviter tout accident et pour assurer le maintien de la circulation.

« Le propriétaire ou patron est en outre tenu, sans préjudice de responsabilités éventuellement encourues par tous autres, de prendre sans aucun retard et, en tous cas, dans le délai qui lui sera prescrit par les agents de la navigation, les dispositions nécessaires pour relever ou remettre à flot le bateau, train de bois, radeau ou établissement flottant, et puis opérer le repêchage des marchandises, des agrès et tous autres objets qui seraient restés au fond de l'eau.

« Faute par le propriétaire ou patron d'avoir satisfait aux obligations énoncées par le présent article, il est dressé procès-verbal de la contravention, et les mesures nécessaires sont prises, à ses frais, risques et périls, par l'Administration, qui peut, en cas d'urgence, procéder par voie de destruction. »

Il faut dans tous les cas opérer régulièrement, lorsqu'il faut avoir recours à l'exécution d'office, car les dépenses, souvent élevées, restent à la charge de l'État. On procédera donc avec beaucoup de circonspection, après une mise en demeure adressée au propriétaire ou patron du bateau coulé sous forme d'un arrêté préfectoral régulièrement notifié, et après expiration du nouveau délai, que cet arrêté ne manquera jamais d'impartir à l'intéressé.

Application des règlements pour la police de la navigation. — L'application des règlements doit être faite dans l'esprit le plus favorable aux intérêts de la batellerie. Les Ingénieurs des voies navigables doivent se considérer comme les meilleurs collaborateurs des entrepreneurs de transports par eau.

Fret. — L'exploitation commerciale des voies de navigation est du domaine de l'industrie privée. Les prix de transport, les frets sont librement débattus entre l'expéditeur de la marchandise et le transporteur. Les tarifs que publient certaines Compagnies de navigation sont de simples renseignements et n'ont en aucune façon le caractère des tarifs de chemin de fer. Il est généralement facile de s'entendre avec ces compagnies.

Quand il s'agit de la petite batellerie, on doit s'adresser aux marchés d'affrètement[1] qui se tiennent dans certaines localités. Il y a grand intérêt à ce que des relations directes s'établissent entre les intéressés, pour supprimer le rôle des intermédiaires, qui est toujours coûteux.

Rôle respectif des voies navigables et des voies ferrées.

— On ne peut pas terminer cette étude, qui porte sur l'amélioration des voies navigables, sans examiner le rôle respectif des voies navigables et des voies ferrées dans l'activité économique d'un pays, pour savoir s'il est vraiment intéressant d'exécuter les travaux d'amélioration dont il s'agit.

1. Un projet de loi du 16 juin 1914 a été déposé sur le bureau de la Chambre au sujet de la création des bourses d'affrètement.

La question a été posée depuis longtemps en France, et n'a jamais été résolue d'une manière complète, car il n'y a pas sur ce sujet une solution qui puisse s'imposer sans contestation aucune.

M. l'ingénieur en chef Girardon, une des personnalités les plus marquantes du corps des Ponts et Chaussées a posé le problème dans les termes suivants : « En supposant même (hypothèse contredite par l'expérience), que le chemin de fer fût légèrement atteint dans son trafic sur les voies parallèles à la rivière généralement encombrées, il trouverait une très large compensation dans l'activité nouvelle que recevraient, de cet échange, des voies transversales généralement improductives.

« Avec les exigences constantes du public en matière de vitesse et le développement des voyages, un jour viendra où il sera impossible de faire circuler sur les voies ferrées des trains lourds et lents, et alors les peuples, qui auront su se préparer à cette éventualité en utilisant les voies naturelles et en rendant faciles l'accès et l'usage, auront pris sur leurs rivaux une avance définitive; et, en réalité, il est fâcheux de voir qu'ils sont en train de conquérir cette avance ! »

« Ces paroles sont à méditer. Elles engagent non seulement à admettre que les chemins de fer n'ont rien à redouter de la concurrence des voies navigables, mais encore qu'ils seront impuissants, dans un délai relativement court, à assurer le trafic des marchandises, qui se développe aussi rapidement que le goût des voyages chez nos contemporains [1]. »

Ces appréciations, pour ainsi dire prophétiques, tirent une valeur d'autant plus grande des événements douloureux que la France traverse en ce moment. Les chemins de fer sont surchargés, et font presque faillite; il y a crise de matériel et embouteillage des gares les plus vastes et les mieux conçues. La navigation n'a pas pu rendre les services qu'on était en droit d'en attendre, parce que on l'a trop négligée, et

---

1. Le commentaire de l'avis de M. l'ingénieur en chef Girardon est dû à M. Marius Richard, secrétaire général de l'Association française pour le développement de l'outillage national.

qu'on ne s'est aperçu qu'au dernier moment seulement qu'elle pourrait être un auxiliaire très précieux.

Les Allemands se sont préoccupés de la question depuis très longtemps; on lit dans la *Gazette de Voss* l'article suivant cité dans la *Revue de la Batellerie* du 1er avril 1913.

« En cas de guerre avec la France, l'Allemagne disposerait comme voies de transport, à côté des chemins de fer, des canaux de la Moselle et de la Sarre. Sans doute celles-ci auraient-elles besoin d'être d'abord rendues complètement navigables. La Moselle est, du reste, déjà canalisée, en amont de Metz, et comme elle est raccordée au réseau existant de canaux français, il serait aisé de transporter de la sorte des marchandises de l'intérieur de l'Allemagne jusqu'au cœur même de la France.

« Il convient de remarquer en outre que la ville de Metz se propose de construire un port de commerce qui serait d'une très grande importance pour la défense nationale. Enfin la Moselle semble un moyen de communication naturel entre le Rhin et la frontière de l'Ouest. Si la Meuse et la Sarre étaient complètement navigables, on pourrait en cas de guerre facilement organiser sur ces fleuves des trains de bateaux pour le transport des munitions et des vivres. »

En France il semble qu'on n'ait pas envisagé la question au même point de vue utilitaire; on a simplement examiné la possibilité de se servir des voies navigables pour transporter les blessés dans les hôpitaux de l'intérieur avec le moins de risque possible [1].

Malgré tous les arguments qui militent en faveur du développement des voies navigables, sans nuire en quoi que ce soit au trafic des chemins de fer la question a toujours été controversée dans les dernières années qui ont précédé la guerre effroyable à laquelle la France a dû faire face. Deux ingénieurs éminents, MM. Colson et Renaud ont résumé dans la *Revue politique et parlementaire* tous les arguments qui militent en faveur de l'une et l'autre thèse.

M. Colson, dans un rapport présenté au Congrès interna-

---

1. Discours du ministre de la Guerre au banquet du Syndicat de la batellerie (25 mars 1908).

tional des chemins de fer de 1910 [1] conclut formellement à la condamnation du canal ou de la voie navigable comme moyen de transport.

Les principaux arguments invoqués par l'éminent économiste sont les suivants :

1° L'existence d'une voie d'eau à côté d'un chemin de fer a ce résultat que le budget supporte des dépenses pour la voie navigable et perd en outre, par le détournement de trafic, la part que les conventions attribuent à l'État dans les bénéfices faits par le chemin de fer. Si la concurrence du canal fait baisser les prix du chemin de fer, l'État procurerait les mêmes prix réduits au commerce et à l'industrie, avec plus d'économie pour lui-même, en subventionnant le chemin de fer pour obtenir des abaissements de tarif.

2° L'intervention de l'État, telle qu'elle s'est exercée, a créé à la batellerie une situation privilégiée, en mettant les voies d'eau gratuitement à sa disposition, alors que les Compagnies de chemin de fer ont à pourvoir aux charges de leur capital.

3° Le chemin de fer est toujours là pour suppléer à la défaillance de la navigation, par suite du chômage qui a lieu tous les trois ans pour assurer le bon entretien des voies.

4° Les lieux communs sur l'infériorité du prix de revient des transports par eau, peut-être vrais en partie au temps où les chemins de fer n'avaient pas les puissantes machines, qui réduisent si notablement le prix de revient des transports effectués en grande masse, ont gagné à leur thèse quelques apôtres désintéressés ; tandis que les chefs d'industrie suivent sans grand enthousiasme se rendant compte que, dès qu'il faudra payer une part quelconque des charges du capital d'établissement, la batellerie sera absolument hors d'état de leur offrir des prix aussi avantageux que ceux du chemin de fer.

Les canalistes ou riviéristes répondent à ces arguments de la manière suivante :

---

1. Article dans la *Revue politique et parlementaire*, en date du 7 février 1913.

1° On demande à l'État de faire le calcul arithmétique d'un négociant qui, mis en présence d'une opération immédiate qu'il juge fructueuse, se préoccupe uniquement de s'en assurer le bénéfice actuel avec le minimum de déboursés. Le rôle de l'État est plus large. Il lui incombe d'assurer le développement de la fortune publique. Les vues ne doivent pas se limiter aux intérêts du moment, mais s'étendre à l'avenir; il doit, avant tout, examiner la répercussion de ses actes sur le développement de la prospérité économique du pays, sachant d'ailleurs que son budget en recueillera les fruits.

Le point de vue, auquel se place M. Colson, est celui de l'intérêt immédiat de la caisse publique. Mais l'État n'est pas un entrepreneur de transports et la construction des voies ferrées ou navigables n'est pas entreprise au profit de sa caisse.

Ces voies sont créées pour le profit du commerce et de l'industrie et pour le développement de la richesse du pays. Cette doctrine justifie la jurisprudence actuelle de l'Administration des travaux publics, qui admet comme nécessaire un partage de dépenses entre l'État et les intéressés.

M. Alfred Picard, l'éminent ingénieur, l'a exposée dans les termes suivants [1] :

« Par les facilités qu'ils offrent au transport des marchandises pondéreuses, les canaux contribuent puissamment à développer le mouvement industriel et la richesse du pays. Les exemples de leur influence abondent; l'un des plus frappants est celui du canal de la Marne au Rhin. Cette belle voie de navigation, juxtaposée sur une grande partie de sa longueur au chemin de fer de Paris à Strasbourg, a donné un essor vraiment prodigieux à l'industrie minérale, salicole et sidérurgique dans notre beau pays de Lorraine. Les minerais, qui dormaient sous terre, depuis des siècles, ont été arrachés à leur sommeil séculaire; les usines sont comme sorties de terre, s'amoncelant les unes sur les autres, entre le canal qui apporte les matières premières et le chemin de fer qui emporte leurs produits. Ce ne sont que

---

1. *Traité des Chemins de fer*, tome 1, page 350.

mines, hauts fourneaux, salines et carrières se succédant presque sans interruption dans la banlieue de Nancy. A elle seule, la voie ferrée eût difficilement engendré cette situation merveilleuse. Il y a eu là, comme il y en a eu sur d'autres points du territoire, une transformation radicale de la face du pays, un développement d'activité, et, par suite, de richesse, dont la France profite largement, dont le Trésor recueille lui-même les bénéfices sous mille formes diverses, et qui doit fournir une ample compensation des charges de premier établissement et d'entretien.

« Les mêmes faits et les mêmes résultats doivent se produire ailleurs. »

M. Dolleur [1], dans son opuscule très documenté sur la navigation intérieure en Belgique, résume la même manière de voir dans cette phrase concise :

« Le canal fait la grosse besogne ; son rôle est plus étendu, il crée le client que réclame le chemin de fer en amenant la prospérité industrielle dans la contrée traversée par la voie navigable. »

En dehors des avantages directs qu'elle procure à l'industrie, la voie d'eau revêt, en sa faveur, le rôle essentiel d'un régulateur du prix, en assurant le jeu de l'offre et de la demande, base fondamentale du progrès économique ; et, sans elle, les industriels n'auraient pas connu ces tarifs bas qui sont pour eux une source de prospérité. D'après M. Colson au contraire, l'intérêt qu'ont les Compagnies de chemins de fer d'abaisser les tarifs pour développer le trafic est une garantie suffisante, pour les intéressés, d'obtenir les abaissements nécessaires.

Cette conception ne répond cependant pas à la réalité des faits. Ainsi le résultat de la concurrence a été en particulier l'institution, par les Compagnies du Nord et de l'Est, des tarifs communs 113 et 107, qui régissent les transports de minerais et de combustibles entre le Nord et la Lorraine, et le maintien par la Compagnie P.-L.-M., d'un tarif excessif pour le transport des houilles entre le bassin de la Loire et Lyon.

1. *Notre navigation intérieure*, par M. J.-H. Dolleur, Bruxelles 1911.

Il est intéressant de préciser :

Le tarif 113 (minerai) a été institué en 1901, alors que le département des travaux publics reprenait la question du canal du Nord-Est avec la pensée de la faire aboutir devant le parlement.

Le tarif 107 (combustibles) est du mois de juillet 1903, et se place ainsi entre le vote de la chambre des députés, qui maintenait le canal du Nord-Est dans le programme des travaux de navigation soumis au parlement, et le vote du sénat qui a statué sur ce même programme à la fin de décembre 1903.

M. Colson présente ces tarifs comme une preuve que les compagnies savent abaisser un tarif, quand un abaissement est vraiment intéressant pour le développement du trafic. Les intéressés au contraire ont vu dans ces nouveaux tarifs une arme de guerre contre le projet du canal du Nord-Est.

En ce qui concerne le prix de transport des charbons entre le bassin de la Loire et Lyon, M. Colson confirme la résistance de la compagnie P.-L.-M. à une réduction de tarif, et cela parce que la construction d'un canal reliant ce bassin au Rhône est presque impossible.

Et, en effet, le prix de la tonne kilométrique, qui se tenait normalement pour les combustibles entre 0 fr.034 et 0 fr. 040 sur les réseaux français, a été abaissé par le tarif 107 à 0 fr. 027 pour les transports entre le Pas-de-Calais et Meurthe-et-Moselle. Le tarif 113 a descendu le prix à 0 fr. 0156 pour les minerais sur le même parcours. Par contre la houille continuait à payer 0 fr. 0487 à 0 fr. 0561 et jusqu'à 0 fr. 0722 par tonne et par kilomètre de Saint-Étienne à Roanne, Lyon et Givors.

2° Le reproche fait à l'État de créer à la batellerie une situation privilégiée en mettant les voies d'eau gratuitement à sa disposition, alors que les chemins de fer ont à pourvoir aux charges de leur capital n'est pas fondé le moins du monde. Il résulte, en effet, d'une étude publiée en 1902 dans la *Revue politique et parlementaire* [1], que si on relève les

---

1. Cet article émane de M. Chargnéraud, actuellement directeur des routes et de la navigation.

dépenses faites de 1848 à 1902 sur les canaux et les voies ferrées français, la charge des contribuables ressort sur les canaux à 0 fr. 0144 et sur les chemins de fer à 0 fr.0142 par tonne kilométrique transportée annuellement à l'époque. Les subsides de l'État avaient donc apporté une aide égale à l'un et à l'autre mode de transport.

Dans ces dernières années, l'État, modifiant sa manière de faire antérieure, a réclamé des subsides des collectivités intéressées à la création des voies navigables nouvelles et a autorisé ces collectivités à percevoir des taxes sur la batellerie pour rémunérer le capital fourni par elles. Il a été fait ainsi notamment pour la Loire navigable, pour le canal du Nord. La Chambre de commerce de Douai, ayant derrière elle les houillères, a fourni un concours égal à la moitié de l'estimation des dépenses; elle a reçu en échange la concession du monopole de la traction électrique et le droit de percevoir des taxes sur la marchandise.

L'exposé des motifs joint au décret du 12 septembre 1912, prévoit éventuellement le concours de sociétés privées, aux lieu et place de collectivités intéressées, les taxes continuant à intervenir, mais au profit des sociétés.

La batellerie peut trouver une compensation à cette charge additionnelle dans les améliorations au mode d'exploitation.

L'existence des deux modes de transport assurée par son aide, l'État intervient encore entre eux, en vertu de son pouvoir d'homologation des tarifs de chemins de fer. Les conditions, dans lesquelles jouent la fixation des tarifs et l'établissement des prix de fret, étant fixées par le jeu de l'offre et de la demande, la batellerie se trouve limitée dans ses abaissements de fret par la question de son prix de revient; un chemin de fer au contraire a la possibilité matérielle, pour concurrencer une voie d'eau sur un point déterminé, d'instituer un tarif extrêmement bas, à la seule condition de récupérer les insuffisances de ce trafic spécial sur l'ensemble de sa clientèle, ou éventuellement en faisant jouer la garantie d'intérêt.

Le comité consultatif des chemins de fer, duquel relèvent ces questions, a institué une jurisprudence consacrée par de nombreux précédents, en vue de sauvegarder les intérêts vitaux de la navigation [1].

3° M. Colson, constatant sur les voies navigables de la région du Nord-Est un recul de quelque importance (1.246.000 tonnes), dû, en grande partie à la sécheresse de l'été de 1911 qui a retardé, à deux reprises différentes, le remplissage des biefs de plusieurs canaux, à la suite du chômage officiel, conclut que le chemin de fer était là pour suppléer à la défaillance de la navigation.

Les chiffres produits ne sont pas absolument exacts, car dans l'ensemble de la région, qui comprend les voies de l'Oise, de la Seine et du canal de Saint-Quentin, omises par erreur sans doute, il y aurait un gain de 578.000 tonnes en 1911. Le chemin de fer n'aurait guère bénéficié que de 300.000 tonnes.

Mais ce sont là des arguments sans portée, et que l'on peut retourner. Ainsi, pendant les périodes néfastes pour les chemins de fer, où les grèves et l'encombrement des gares de l'Ouest et du Nord ont acculé les Compagnies à une crise lamentable pour le pays, la navigation n'a pas non plus marchandé son aide pour venir au secours de son concurrent, momentanément embarrassé.

4° Il semble que M. Colson ignore le véritable prix de revient des transports par eau, qu'il ne faut pas confondre avec les cours du fret [2].

Lorsqu'on aura organisé rationnellement l'exploitation des voies navigables, on sera certainement surpris du bas prix de revient des transports par eau.

1. Tous ces renseignements extrêmement intéressants sont extraits de l'article de M. G. Renaud, inspecteur général des Ponts et Chaussées, dans le numéro du 10 avril 1913 de la *Revue politique et parlementaire*.

2. Le prix de revient de la tonne kilométrique varie suivant le type et le tonnage des bateaux et l'importance du fret de retour. Les cours du fret sont réglés par le jeu de l'offre et de la demande; les tarifs de chemins de fer interviennent pour maintenir les prix au-dessous de certaines limites déterminées. Ces cours sont affectés par la rareté ou l'abondance du matériel, l'importance des marchés passés, les conditions de fonctionnement des services de la traction, du chargement et du déchargement aux quais et par de nombreuses contingences extérieures.

Ces prix seront alors, en ce qui concerne les canaux surtout, très sensiblement inférieurs à ceux des compagnies de chemins de fer, malgré leurs puissantes locomotives et leurs wagons de 40 tonnes.

On a vu qu'en Allemagne, le prix moyen du fret oscillait entre 0 fr. 019 et 0 fr. 008 pour des bateaux de 600 à 2.500 tonnes parcourant de 200 à 350 kilomètres.

M. l'inspecteur général Renaud a montré, dans une étude très documentée sur le prix de revient des transports par canaux, et qui a été reproduite dans la *Revue de la Batellerie* (1er novembre 1913), que les prix du fret, dérivés des prix de revient avec 20 0/0 de majoration, variaient entre 8 millimes et 5mm,5 pour des péniches de 280 et de 600 tonnes, faisant partie d'une flottille commerciale organisée spécialement en vue d'un service régulier de transports sur un canal. Il estime que pour des péniches naviguant individuellement pour le compte de leur patron en faisant des transports pour des clients accidentels, le prix du fret serait de 10 millimes par tonne kilométrique.

Ces tarifs ne peuvent certainement pas être atteints par les chemins de fer, quel que soit le matériel perfectionné qui soit en usage.

Les chefs d'industrie, les plus intéressés au développement économique du pays, semblent au contraire envisager le versement d'une contribution élevée pour l'établissement des nouvelles voies navigables, se rendant compte qu'à ce prix seulement les nouvelles entreprises pourront être réalisées.

Les objections soulevées par les partisans des chemins de fer contre le développement des voies navigables ne semblent donc pas décisives. La vérité est que les deux modes de transport sont indispensables à la vie économique et générale du pays, et que faute d'avoir compris cette vérité en France, on n'a pas tiré de nos richesses naturelles tout le parti que l'on pouvait espérer.

M. l'inspecteur général Renaud, dans son article du 10 mai 1913, inséré dans la *Revue politique et parlementaire*, donne la juste mesure en écrivant : « Je considère que les chemins de fer sont et resteront les facteurs principaux des transports. Je ne puis pas suivre les promoteurs des projets de canaux dans l'étendue excessive de leurs programmes. Mais je demande que, dans ces programmes, dont l'ensemble est incontestablement très exagéré, on retienne certaines questions d'espèces qui répondent à des besoins bien constatés, et qu'on n'oppose pas une fin de non-recevoir préalable à ces questions réservées, sous le prétexte que le canal n'a plus de raison d'être, le chemin de fer lui étant toujours supérieur. »

On ne peut pas suivre le journal *le Temps*, dont la bonne foi a été évidemment surprise par l'autorité, qui s'attache au nom de M. Colson, dans un article intitulé : « Un magnifique programme de travaux inutiles. »

Il se demandait si on devait chercher à améliorer la navigation intérieure en élaborant un semblable programme au moment où la commission du budget, par l'urgence de son rapporteur général, se décide à avouer que le budget de 1913 est en déficit de 300 millions ; au moment où la sécurité nationale exige l'ouverture immédiate d'un crédit de 500 millions à répartir sur un petit nombre d'exercices ; et en outre, pour assurer l'augmentation indispensable des effectifs, une dépense supplémentaire annuelle d'environ 200 millions, etc.

Il était facile de répondre que plus que jamais il était indispensable de donner au commerce et à l'industrie française le moyen de faire face aux nouvelles charges qui vont lui incomber.

Les chefs d'industrie, auxquels M. Colson faisait allusion dans son article, étaient disposés à faire leur devoir et à accepter les charges nouvelles qui pouvaient résulter pour eux du vote d'une nouvelle loi militaire ; mais ils ne voulaient pas être seuls à faire leur devoir.

Il ne faut pas oublier qu'avant de développer leur armée, nos voisins de l'Est ont développé leur outillage économique et leurs voies de navigation intérieure. Loin d'ignorer les bateliers, ils les ont écoutés, défendus et protégés ; des lois en leur faveur ont été votées, telles que celles concernant l'hypothèque fluviale et les délais de chargement et de déchargement ; des écoles professionnelles ont été créées.

En France, malheureusement, en cette matière comme en beaucoup d'autres, rien de tout cela n'a été fait. On ne s'est pas occupé des bateliers[1].

Par contre, on a racheté les chemins de fer de l'Ouest et on a dépensé sur les chemins de fer de l'État assez de millions pour gager un emprunt d'un milliard et demi.

On a construit une grande quantité de chemins de fer, soit d'intérêt général, soit d'intérêt local, à la charge des collectivités intéressés, État, Département, et dont l'exploitation est nettement déficitaire. Le capital de premier établissement est perdu, comme s'il s'agissait d'un vulgaire canal, et les déficits d'exploitation viennent sous une forme ou sous une autre frapper tous les contribuables.

Le commerce fluvial allemand de 1872 à 1897. — Puisque malheureusement en France le développement de la navigation a été si lent, si contrarié par les raisons exposées plus haut, l'on est obligé, pour se rendre compte des résultats obtenus dans cet ordre d'idées, de recourir aux renseignements qui sont donnés par l'Allemagne. Ceux-ci montrent que tout en fortifiant leur réseau ferré dans un but que l'on connaît trop, les Allemands ont tiré un parti excellent des fleuves et rivières qui traversent leur territoire.

Tout ce qui va suivre est extrait de l'étude magistrale de M. Louis Laffitte sur la navigation intérieure en Allemagne, étude publiée en 1899, et que l'on ne méditera jamais assez. L'enquête faite s'arrête malheureusement en 1897, mais donne une idée très nette des progrès accomplis, et qui n'ont fait que s'accentuer.

Sur l'Oder supérieur, le trafic total relevé à Breslau a passé de 478.611 tonnes en 1885, à 1.934.207 tonnes en 1897.

Sur l'Elbe supérieure, à Schandau, le trafic, qui était de 31.000 tonnes en 1875, est monté en 1897 à 3.153.000 tonnes.

Sur l'Elbe inférieure à Hambourg, le trafic qui était de 208.000 tonnes, en a atteint, en 1897, 5.572.000.

1. *Revue de la batellerie*, 1er avril 1913, article de M. Morillon : Les idées de M. Colson.

Sur la Sprée, en 1875, le trafic, qui était de 2.008.000 tonnes est monté à 4.784.000 tonnes en 1897.

Sur la Weser, on trouve 23.000 tonnes en 1875, et 785.008 tonnes en 1897.

Sur le Rhin, le développement de la navigation est prodigieux.

A Mannheim, en 1872, on trouve 430.000 tonnes, et en 1897, on arrive à 4.001.000 tonnes.

Le trafic du port de Strasbourg a atteint pour la navigation rhénane, pendant l'année 1913, un total de 1.988.310 tonnes, soit 1.655.530 à la montée, et 332.780 à la descente [1]. Alors qu'il y a vingt ans, avec son trafic insignifiant de 38.139 tonnes, la navigation rhénane n'existait pour ainsi dire pas, Strasbourg est aujourd'hui un des principaux ports du Rhin, et peut rivaliser avec Mannheim.

Ce résultat est dû presque exclusivement à l'esprit d'entreprise de l'industrie et du commerce alsaciens, énergiquement soutenu par l'Administration municipale. Malgré la sourde opposition du grand-duché de Bade, malgré la médiocrité du concours que lui a apporté le Gouvernement, Strasbourg est parvenu à reconquérir la place que la ville n'avait cessé d'occuper jadis, grâce à sa situation géographique exceptionnellement favorable.

Ouvert en 1902, le port du Rhin, dit « port de l'île des Épis », s'est substitué au petit port de la porte d'Austerlitz, qui ne sert plus guère maintenant qu'au trafic local. Dès l'année suivante, le trafic s'élevait à 573.801 tonnes, bien qu'il n'y ait eu que 191 jours de navigation. Grâce aux travaux de régularisation entre Sondernheim et Strasbourg, commencés en 1906, et qui ne sont pas encore terminés, le Rhin a pu être utilisé par des bateaux chargés de 1.200 tonnes pendant toute l'année, depuis 1912. L'augmentation du trafic a été, en 1912, de 53 0/0, en 1913, de 20 0/0.

Le port de Strasbourg reçoit surtout des charbons (934.687 tonnes), du blé (409.926) et de la farine (31.202 tonnes).

La navigation à la descente a toujours souffert de cet inconvénient que l'Alsace ne disposant depuis son annexion à

---

1. Extrait du journal des *Débats*.

l'Allemagne, que d'un arrière pays très réduit, ne peut guère utiliser sa voie fluviale pour ses exportations au dehors. Cependant, l'essor pris par l'industrie de la potasse en Haute-Alsace lui a permis d'utiliser les bateaux à la descente pour le transport de ce produit. Aussi, le trafic en aval a-t-il plus que doublé d'une année à l'autre, s'élevant à 71.131 tonnes rien que pour la potasse.

La navigation sur le Rhin à Bâle et en amont de Bâle, s'est également développée d'une manière surprenante. En 1904, le trafic sur le Rhin à Bâle ne dépassait pas 300 tonnes; en 1905, il s'éleva à plus de 3.000 tonnes, en 1907, à plus de 4.000 tonnes, etc., enfin, en 1912, à plus de 71.000 tonnes.

C'est à la montée que le tonnage est le plus fort; les trois quarts du trafic s'opèrent dans ce sens. C'est, en effet, d'Allemagne que viennent à la Saxe les produits lourds et qui peuvent, sans subir de dépréciation, rester longtemps en route : céréales importées par Rotterdam, houilles westphaliennes, etc.

Comme le fret des céréales russes ou roumaines est sensiblement le même pour Gênes ou Marseille et pour Rotterdam, l'approvisionnement de la Suisse en blés étrangers se fait de plus en plus par ce dernier port, surtout depuis que les tarifs de navigation sur le Rhin ont été diminués.

Les exportations de la Suisse s'opèrent aussi de plus en plus par la voie du Rhin à partir de Rheinfelden ou de Bâle.

Les principaux produits exportés ainsi sont le ciment, l'aluminium, le carbure de calcium, l'asphalte, le lait condensé. L'économie réalisée de ce fait est évaluée à 40 ou 50 francs par wagon de 10 tonnes.

Encouragés par ces résultats, les Suisses poursuivent activement les travaux de régularisation du Rhin en amont de Rheinfelden, et d'abord jusqu'à Schaffhouse. En 1914, les rapides de Laufenbourg ont été tournés, en même temps que sera terminée la station hydro-électrique, permettant d'utiliser la force du courant.

Il résulte de tout ceci que la navigation, qui se développait de plus en plus intense sur le haut Rhin, concurrençait de plus en plus sérieusement les canaux de la Marne au Rhin et de l'Est[1].

C'est ainsi que le port de Strasbourg attirait au profit de Rotterdam et au préjudice d'Anvers, plus encore que de Dunkerque, le transport des produits industriels de la région de l'Est destinés à l'exportation, et qui s'expédiaient jusqu'en ces derniers temps par la voie dè la Meuse.

C'est ainsi que la Société des Hauts Fourneaux et Fonderies de Pont-à-Mousson a commencé l'essai d'expédition par la voie du Rhin de ses tuyaux pour l'exportation.

Les usines Solway ont traité également avec une société de navigation pour l'expédition, par canal de la Marne au Rhin avec transbordement à Strasbourg, sur bateaux du Rhin, de leurs soudes à destination d'Amsterdam.

Sur le Main dans la section, qui s'étend entre Francfort et Mayence, il se faisait, antérieurement à 1882, un trafic d'environ 9.100 tonnes, donnant en moyenne 310.000 tonnes kilométriques. Lorsque les travaux de régularisation ont été terminés, le trafic s'est élevé en 1896 à 57.044.000 tonnes. Il n'y a pas d'autre exemple d'un si rapide accroissement du trafic fluvial.

Pour terminer et conclure, il suffit de dire que, sur l'ensemble des six fleuves allemands (Rhin, Weser, Elbe, Vistule et Memel) le tonnage en 1875 était de 1.750.000.000 tonnes kilométriques; en 1912 il s'est élevé, comme on l'a vu plus haut, à 19.000.000.000 de tonnes kilométriques, à peu près celui des chemins de fer français, 21.000.000.000 tonnes kilométriques. Tout commentaire est superflu.

Du rôle respectif de la batellerie et du chemin de fer dans le développement de quelques places de l'Allemagne. — On a montré que les dépenses effectuées pour l'amélioration des cours d'eau avaient provoqué un mouvement rapide et très important du trafic fluvial. Il est intéressant de chercher dans quelle mesure ce trafic a pu contribuer au développement de certaines villes de commerce allemandes.

1. *Journal de la navigation.*

TABLEAU COMPARATIF ET ANALYTIQUE DU PROGRÈS DU TRAFIC TOTAL DANS CHACUNE DES NEUF VILLES ALLEMANDES CI-DESSOUS, DE 1880 A 1893, EN DISTINGUANT LA PART DU CHEMIN DE FER ET CELLE DE LA VOIE FLUVIALE.

VILLES ET ANNÉES	TRAFIC TOTAL	PART DE LA VOIE FLUVIALE		PART DU CHEMIN DE FER	
	tonnes	tonnes	0/0	tonnes	0/0
Königsberg ‹ en 1880	788.166	264.765	33.6	523.401	66.4
‹ — 1893	1.164.800	248.750	21.3	913.350	78.7
	+ 373.634	— 16.015	— 12.3	+ 390.949	+ 12.3
Breslau ‹ en 1880	1.521.002	145.902	9.6	1.375.100	90.4
‹ — 1893	2.259.900	1.355.300	59.9	904.600	40.1
	+ 738.898	+ 1.209.398	+ 50.3	— 470.500	— 50.3
Berlin ‹ en 1878	8.126.879	3.086.332	38	5.040.547	62
‹ — 1893	9.123.006	4.348.293	47.7	4.774.713	52.3
	+ 996.127	+ 1.261.961	+ 9.7	— 265.834	— 9.7
Hambourg ‹ en 1880	3.531.327	1.576.529	44.6	1.954.798	55.4
‹ — 1893	6.109.961	3.409.722	56	2.700.729	44
	+ 2.578.634	+ 1.833.193	+ 12.6	+ 745.930	— 0.3
Cologne ‹ en 1880	1.366.425	214.369	15.7	1.152.080	84.3
‹ — 1893	2.882.250	595.500	20.7	2.286.750	77.3
	+ 1.515.825	+ 381.131	+ 5	— 1.134.700	— 7 »
Duisburg ‹ en 1879	6.600.612	1.553.470	33.8	5.047.142	66.2
‹ — 1893	7.764.800	3.276.200	42	4.488.600	58
	+ 1.164.188	+ 1.722.730	+ 8.2	— 558.542	— 8.2
Mannheim ‹ en 1880	1.878.924	1.073.169	57.1	805.455	42.9
‹ — 1893	2.807.350	1.619.700	57.7	1.187.650	42.3
	+ 928.426	+ 546.231	— 0.6	+ 382.205	— 0.6
Ludwigshafen ‹ en 1880	1.023.373	239.658	23.4	783.715	76.6
‹ — 1893	2.220.450	898.550	40.4	1.321.900	59.6
	+ 1.197.083	+ 658.892	+ 17.0	+ 538.185	— 17.0
Francfort a. M. ‹ en 1880	884.701	93.822	10.7	790.879	89.4
‹ — 1893	3.081.950	1.208.400	39.2	1.873.550	60.8
	+ 2.197.249	+ 1.114.578	+ 28.5	— 1.082.671	— 28.6

Le tableau comparatif dressé avec des documents empruntés, en grande partie, aux archives du Central Verein de
Berlin, permet de voir avec exactitude, en distinguant la
part du chemin de fer et celle de la voie fluviale, le progrès
du trafic pendant une période de treize ans, dans chacune
des neuf villes suivantes :

Kœnigsberg.	Hambourg.	Mannheim.
Breslau.	Cologne.	Ludwigshafen.
Berlin.	Duisburg.	Francfort-sur-le-Main.

Le fait économique que ce tableau révèle sera rendu plus
sensible encore par le graphique suivant, qui le totalise.

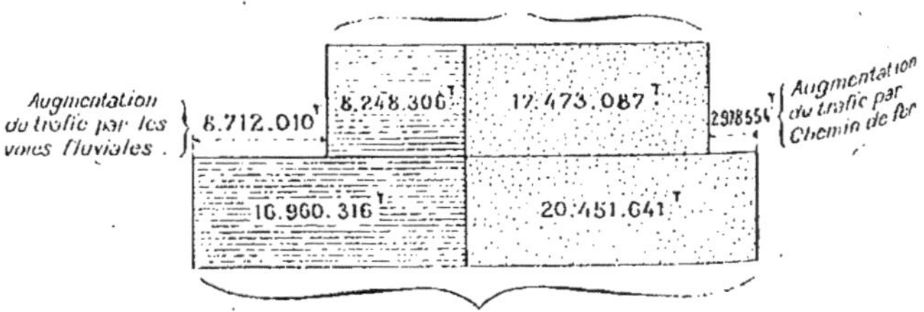

Fig. 232.

Dans une période de treize ans, dans l'ensemble des neuf
villes considérées, l'accroissement du trafic a donc plus que
doublé par la voie fluviale, tandis qu'il n'augmentait que
de 16,6 0/0 par la voie ferrée.

Dans trois de ces villes (Breslau, Hambourg, Mannheim),
le trafic par eau alimente près de 60 0/0 du trafic total.

Pour quatre autres (Berlin, Duisburg, Ludwigshafen,
Francfort-sur-le-Main), il se tient entre 40 et 50 0/0.

Hambourg, Kœnisberg et Cologne doivent assurément une
part de leur importance à leur qualité de port maritime ;
mais Duisburg, Ludwigshafen, Mannheim, Francfort, Breslau
et Berlin sont exclusivement des pla es de commerce intérieur.

Il existe donc, en Allemagne, des villes dont la prospérité
industrielle et commerciale paraît étroitement liée au développement de la navigation fluviale.

Pour les places, que dessert la magnifique route d'eau, longue de plus de 700 kilomètres, et praticable pour des bateaux de plus de 400 tonnes, que l'on a créée en soudant au moyen des rivières et des canaux de la Marche, l'Elbe inférieure à l'Oder canalisés, l'accroissement a été paticulièrement rapide : la part du commerce fluvial a passé de 44 à 56 0/0 à Hambourg, de 38 à 47 0/0 à Berlin, de 9,6 à 59,50 0/0 à Breslau.

Après l'exemple de Breslau, le plus topique est celui que donne Francfort-sur-le-Main.

Le commerce, total de cette ville atteignait, en 1880 884.701 tonnes, qui se répartissaient ainsi :

Par la voie d'eau	93.822 t.	soit	10,6 0/0
— ferrée.........	720.879		89,4
TOTAL............	814.701 t.		100 0/0

Durant les années 1884-1886 il a été annuellement en moyenne de 1.050.136 tonnes, dont :

Par la voie d'eau	152.425 t.	soit	14,4 0/0
— ferrée.......	892.712		85,6
TOTAL........	1.045.137 t.		100 0/0

Mais quand la canalisation des 36 kilomètres qui séparent Francfort de Mayence eut été terminée, la part relative de la batellerie prit un accroissement prodigieux et les 3.081.950 tonnes du trafic total, en 1893, se répartirent comme suit :

Par la voie d'eau	1.208.400 t.	soit	39,2 0/0
— ferrée......	1.873.550		60,3
TOTAL...........	3.081.950 t.		100 0/0

Il est donc de toute évidence que le Main, rendu navigable, a absolument transformé Francfort au point de vue commercial ; et le chemin de fer n'a pas eu à en souffrir, puisque son trafic a plus que doublé en sept ans[1].

1. Gesammt Schiffarts und Eisenbahnsverker in Francfurt-sur-

L'activité des transports par les chemins de fer allemands est d'ailleurs énorme (60.000.000.000 tonnes kilométriques en 1912). Si l'on en veut un indice, il suffit de constater qu'il y a en Allemagne au moins 800.000 tonnes à distance entière, au lieu de moins de 300.000 en France, et de se rappeler que dans les deux exercices 1896-1897, les chemins de fer y ont donné en moyenne 111 millions de recettes, contre 36 millions en France. Quant à la part relative qu'ils prennent dans le mouvement total des marchandises, elle a dépassé 75 0/0.

Cependant il est certain que la circulation, à longueur kilométrique égale, augmente beaucoup plus vite sur les voies fluviales que sur les chemins de fer [1].

TABLEAU COMPARATIF DE L'INTENSITÉ DE LA CIRCULATION SUR LES VOIES D'EAU ET SUR LES VOIES FERRÉES, EN ALLEMAGNE, DE 1875 A 1895.

ANNÉES	LONGUEUR EXPLOITÉE des voies kilomètres	AUGMENTATION par rapport à l'année 1875 0/0	TONNAGE RAMENÉ au parcours total de la voie tonnes	AUGMENTATION par rapport à l'année 1875 0/0	PARCOURS MOYEN d'une tonne kilomètres
Navigation intérieure					
1875	10.000	..	290.000	—	280
1885	10.000	0	480.000	66 .	350
1895	10.000	0	750.000	159	320
Chemins de fer					
1875	26.500	—	410.000	—	125
1885	37.000	40	450.000	10	166
1895	44.800	69	590.000	44	160

le-Main und in den wichtigsten Reinhäfen. von prof. Arth. Oelwein, Mittheilungen des Central-Vereins. décembre 1893, p. 308.

1. Le progrès des voies navigables a beaucoup moins consisté dans l'augmentation de leur longueur kilométrique navigable,

Le parcours moyen d'une tonne transportée par wagon
est de 160 kilomètres, transportée par la batellerie, elle est
de 320 kilomètres; le tonnage ramené au parcours total a
augmenté, en vingt ans, de 44 0/0 sur la voie ferrée, et de
159 0/0 sur la voie d'eau.

Le tableau suivant donne comparativement l'intensité de
la circulation sur les voies d'eau et sur les voies ferrées en
France de 1875 à 1895.

TABLEAU COMPARATIF DE L'INTENSITÉ DE LA CIRCULATION
SUR LES VOIES D'EAU ET SUR LES VOIES FERRÉES, EN
FRANCE, DE 1875 A 1895.

ANNÉES	LONGUEUR EXPLOITÉE des voies kilomètres	AUGMENTATION PAR RAPPORT à l'année 1875 0/0	TONNAGE RAMENÉ au parcours total de la voie tonnes	AUGMENTATION ou DIMINUTION par rapport à l'année 1875 0/0	PARCOURS MOYEN d'une tonne kilomètres
Navigation intérieure					
1875	12.000	3	163.000	—	125
1885	12.400	3	198.000	+ 21	126
1895	12.300	—	307.000	+ 88	139
Chemins de fer					
1875	19.000	—	372.000	—	125
1885	29.400	54	328.000	— 12	127
1895	36.300	83	356.000	— 4	124

Ces tableaux comparatifs montrent les grandes différences,
qui existent pendant les mêmes périodes, dans l'intensité
de la circulation sur les voies d'eau et sur les voies ferrées

que dans l'amélioration des *profondeurs*. Il y a eu cependant un
certain accroissement dans la longueur utilisable, mais M. Symphe
le néglige, parce qu'il est compensé par l'abandon de petits cours
d'eau d'une navigation difficile avec le nouveau matériel, et que
la batellerie exploitait autrefois.

en France et en Allemagne. Il a été impossible, au milieu des événements douloureux qui se déroulent en ce moment, d'avoir des renseignements subséquents, qui ne pourraient que confirmer l'importance de la navigation intérieure pour le développement de l'activité économique d'un pays, et qui justifieraient les dépenses qui ont été exposées dans ce but. Qu'il suffise de rappeler qu'en 1912 le trafic s'est élevé : sur les voies navigables :

En France .... 6.000.000.000 tonnes kilométriques
En Allemagne .... 19.000.000.000 —

sur les chemins de fer :

En France .... 24.000.000.000 tonnes kilométriques
En Allemagne .... 60.000.000.000 —

Le tableau suivant naturellement limité à la période dont il s'agit donne encore des résultats très intéressants :

France 1896.

Longueur du réseau fluvial fréquenté .... 12.364 km., dont { 4.244 km. ayant au minimum 2 mètres de mouillage.

Tonnage kilométrique. 4.191.122.912 tonnes
Tonnage ramené à la distance entière ..... 338.775 tonnes
Parcours moyen d'une tonne .... 140 km.

Allemagne 1895.

mouillage minimum

Longueur du réseau fluvial fréquenté. 10.000 km. dont { 1.901 km. avec 1m,75 { 3.012 — 1m,50

Tonnage kilométrique .... 7.500.000.000 tonnes
Tonnage ramené à la distance entière 750.000 tonnes
Parcours moyen d'une tonne ...... 320 km.

Rôle de la batellerie dans le développement industriel de l'Allemagne. — Les chiffres, qui ont été donnés plus haut, montrent que la batellerie est pour l'industrie allemande un puissant auxiliaire. L'Oder, l'Elbe et le Rhin coulent à proximité des régions où les richesses naturelles abondent. Les gisements de houille jalonnent le cours de l'Oder, de Kosel à Custrin ; ils sont nombreux entre l'Elbe et la Weser et particulièrement riches dans les provinces westphalo-rhénanes [1].

Le développement de l'industrie houillère a été favorisé en Silésie et en Wesphalie par la canalisation du haut Oder et par la construction du canal de l'Oder à la Sprée, par l'amélioration du Rhin et par le creusement du canal de Dortmund aux ports de l'Ems.

Tout le pays compris entre la frontière austro-saxonne et le cours de la Weser à Minden, est un vaste champ d'exploitation où l'extraction de la pierre, l'industrie du sucre de betterave et des produits minéraux se sont d'autant mieux développés que l'Elbe, la Saale et la Weser, desservis par une batellerie parfaitement organisée, ont permis l'arrivée de la houille à pied d'œuvre et l'écoulement des produits transformés par des moyens de transport très économiques.

Rien ne donne une meilleure idée des services que rend la navigation fluviale aux industries diverses du règne minéral que le spectacle de l'exploitation de quelques carrières de la Haute-Saxe. Quand on remonte l'Elbe, de Pirna vers Aussig, les hautes falaises calcaires qui bordent le fleuve apparaissent striées verticalement de longues lignes blanches. Ce sont les « conduits » par lesquels les ouvriers font glisser, du haut de la rive vers les chalands, les pierres qu'ils ont extraites. Dans les pays forestiers des bords de l'Elbe, l'embarquement du bois s'effectue d'une manière analogue. Le bois passe, à l'aide de glissières du magasin dans le chaland. Ici, on assiste au départ des matières premières vers les régions industrielles et peuplées de l'Elbe et de la Marche. L'opération inverse se fait à Dresde, Magdebourg,

1. En 1897, le bassin rhénan-westphalien produisait 48.423.987 t. contre 990.352 tonnes en 1840 ; le bassin de la Silésie supérieure donnait 20.636.653 tonnes contre 558.189 tonnes en 1840.

Hambourg ou Berlin. Dans ces ports, les chalands chargés de matières premières viennent se ranger le long des nombreuses fabriques, qui bordent les fleuves ou les bassins. On les décharge dans le voisinage même des machines qui doivent utiliser ou transformer leur cargaison. Les appareils perfectionnés dont sont munis les ports fluviaux : élévateurs, grues à portiques roulantes, reliées au premier étage des magasins par des passerelles, etc., permettent une manutention simple et rapide.

D'après une statistique impériale dressée en 1895, les industries qui utilisent le plus les transports par eau, se rapportent :

Au groupe de la pierre et des terrassements
   qui comprend........................... 114 industries
Au groupe de la construction.............. 37 —
     —   des machines.................. 32 —
     —   des produits alimentaires....... 24 —
     —   des métaux.................... 12 —
     —   des industries chimiques........ 9 —
     —   —   du bois.......... 8 —
     —   —   du mines........ 7 —

Or toutes ces industries sont en progrès marqué. L'augmentation du personnel ouvrier qu'ils occupent (2.262.609 en plus), en est le meilleur indice.

Or, comme l'augmentation totale du personnel employé dans toute l'industrie allemande a été dans la même période (1882-1895) de 3.000.000 d'ouvriers, il en ressort que plus de 73 0/0 de cette augmentation s'est produit dans les industries qui ont le plus utilisé les améliorations fluviales et cependant le personnel employé par ces industries ne représentait que 44 0/0 du personnel total des travailleurs allemands (3.26 millions sur 7.38 millions, en 1882). Grâce à cette augmentation, il représente 51 0/0 (5.36 millions sur 10. 3 millions) du personnel total ouvrier de l'Empire.

L'amélioration des transports par eau a donc été la cause d'un très important essor industriel.

Rôle de la batellerie dans le développement du commerce maritime. — Les progrès accomplis par la navigation intérieure en Allemagne doivent être comptés au nombre des facteurs importants de la prospérité industrielle de l'Empire. Ils ont aussi contribué très largement au développement du commerce maritime.

Le tableau suivant permet de voir d'un coup d'œil la part que prend la batellerie dans le trafic d'entrée et de sortie des principaux ports allemands.

Si l'on excepte Memel, où le rôle prépondérant de la batellerie, à l'entrée, s'explique par le faible développement des voies ferrées et le caractère agricole et forestier des provinces de l'Est, on voit que Hambourg, le grand port de l'Europe, est celui qui reçoit par la voie fluviale la plus grande proportion de marchandises venant de l'intérieur.

On voit aussi que la proportion des objets de consommation dans les marchandises venues par bateaux d'intérieur est toujours considérable. Elle atteint même à Hambourg 82,4 0/0 (en poids des marchandises qui y arrivent par cette voie). Presque toutes sont destinées à l'exportation par mer. Or ces articles dits de consommation sont des produits agricoles : sucres de betterave, mélasse, alcool, farine, orge, seigle, anine, malt, pommes de terre, légumes secs et frais, etc.

Les voies fluviales favorisent donc l'agriculture.

Cette vérité devient plus évidente encore, lorsqu'on songe que les fleuves sont le chemin que prennent, de préférence les engrais d'importation. Des guanos, du noir animal, des superphosphates, et surtout des nitrates, pour une valeur totale de 35 millions de marks, sortent annuellement de Hambourg par chalands, à destination de la haute Elbe.

Il serait évidemment très intéressant d'examiner en détail le commerce fluvial de ce port, et de rechercher dans quelle mesure son immense trafic est alimenté par l'Elbe, qui constitue son artère nourricière. Mais cela serait sortir du cadre de cette étude, et l'on trouvera à ce sujet tous les renseignements dans l'étude si complète de M. Louis Laffitte sur la navigation intérieure en Allemagne.

TABLEAU DONNANT, EN POURCENTAGES, LA PARTICIPATION DE LA BATELLERIE AU TRAFIC
DES PRINCIPAUX PORTS DE MER DE L'ALLEMAGNE.

DÉSIGNATION des COURS D'EAU	DÉSIGNATION des PORTS	COOPÉRATION DE LA BATELLERIE A LA DISTRIBUTION des marchandises importées par mer				COOPÉRATION DE LA BATELLERIE A LA CONCENTRATION des marchandises destinées à l'exportation par mer			
		0/0 de l'importation totale		dont 0/0 sont des objets de consommation		0/0 de l'importation totale		dont 0/0 sont des objets de consommation	
		en poids	en valeur	en poids	en valeur	en poids	en valeur	en poids	en valeur
Memel	Memel	45.1	16.4	24.7	8.5	86.6	82.3	36.8	36.5
Pregel	Kœnigsberg	13.1	2.7	4.1	2.4	26.7	12.5	7.0	10.8
	Pillau								
Vistule	Dantzig	34.3	31.5	20.25	20.25	50.3	39.3	35.40	25.30
Swine	Swinemünde	96.0	44.6	16.2	6.8	62.8	56.3	54.9	54.7
Oder	Stettin	43.6	27.0	30.7	22.2	48.9	30.7	48.9	36.3
Elbe supérieure	Hambourg	40.5	40.8	56.2	39.5	66.7	42.3	82.4	75.3
Weser supérieure	Brême	13.4	5.0	23.2	14.1	21.4	6.1	48.2	38.9
Weser inférieure	Brake	45.9	42.8	40.2	40.4	28.1	57.0	92.9	95.0

On ne retiendra que les résultats qui résument la question.

Les marchandises entrées à Hambourg en 1895 et 1896 se sont élevées à 13.472.838 tonnes, dont :

48 0/0 restent à Hambourg.

39   sont réexpédiées pour l'intérieur par chaland.

13   par chemin de fer.

____

TOTAL..... 100 0/0

Quant aux marchandises exportées, les quantités arrivées à Hambourg par chalands et par chemin de fer sont sensiblement les mêmes.

On peut donc en conclure que la voie fluviale est, pour le fret maritime, dans le port de Hambourg, un auxiliaire plus puissant que la voie ferrée elle-même.

Ce phénomène, on a pu le voir par le tableau donné plus haut, n'est point spécial à Hambourg.

Dans tous les ports situés à l'embouchure d'une voie navigable, la batellerie prend une part considérable à la distribution, dans l'intérieur du pays, des marchandises d'importation et à la concentration, dans le port, des marchandises destinées à l'exportation.

On pourrait répéter la même démonstration pour Dunkerque et pour Anvers et Rotterdam.

Il semble donc qu'un grand port maritime se développe d'autant plus rapidement qu'il est à la tête d'un réseau fluvial, et que le trafic d'un port est en raison directe de l'importance de la voie navigable sur laquelle il est situé, de l'étendue de l'arrière-pays commercial que cette voie draine et du *degré de perfectionnement du matériel que l'on emploie*.

Lyon, Marseille, Nantes, Bordeaux se trouvent dans des conditions exceptionnelles pour devenir de grands ports comparables à ceux que l'on a étudiés plus haut. Les installations de ces ports, leur outillage doivent être aussi complets que possible, mais il ne faut pas oublier, quelles que soient les améliorations aux fleuves qui les desservent, que l'on doit créer un matériel approprié à la voie navigable, et qu'on doit bien se garder d'uniformiser ce matériel, sous le prétexte qu'il doit pouvoir circuler sur tout le réseau navigable.

C'est là une erreur qui a causé les plus grandes déceptions, et qui a empêché de tirer de nos voies navigables tout le parti possible. On ne peut que souhaiter qu'on revienne de cette erreur, et qu'on pratique dorénavant la seule politique possible, celle de la meilleure utilisation de nos fleuves et rivières, sans aucun parti préconçu.

Valeur économique du réseau navigable allemand. — Les dépenses que l'on a faites pour mettre le réseau fluvial allemand en état d'être sérieusement exploité sont de celles qui caractérisent la politique financière la plus sage, car elles ont servi à doter l'Empire d'un instrument économique de premier ordre.

M. Sympher dans une étude publiée en 1899 en apprécie la valeur de la manière suivante.

En 1885, le tonnage ramené au parcours d'un kilomètre sur l'ensemble des fleuves et canaux allemands était de 4.800.000.000 tonnes kilométriques. L'économie moyenne des transports par eau par rapport aux tarifs de la voie ferrée était à cette époque de 1,4 pf. par tonne kilométrique; les dépenses annuelles de l'État pour construction, entretien, sont de 0,4 pf. par tonne kilométrique.

C'était donc, pour le pays, une économie nette annuelle de :

$$\frac{(1,4 - 0,4)\ 4.800.000.000}{100} \quad 48 \text{ millions de marks,}$$

et la valeur économique de son réseau fluvial pouvait être estimée en capital (à 5 0/0), à 960 millions.

soit en chiffres ronds à..... 1.000.000.000 de marks.

Dix ans plus tard, en 1895, le tonnage kilométrique augmentait de 27 millions de tonnes, s'élevant à 7.500.000.000 de tonnes kilométriques. Mais les tarifs de chemin de fer ayant été réduits, l'économie de la voie d'eau n'était plus

que 1,3 pf., les dépenses annuelles de l'État restant sensiblement les mêmes pour la même unité.

En conséquence, l'économie nette annuelle pouvait s'exprimer par :

$$\frac{(1,3 - 0,4)\ 7.500.000.000}{100}\ 67.500.000\ \text{de marks,}$$

et la valeur économique du réseau navigable représentait pour la nation un capital à 65 0/0 de.......................................

	marks
et la valeur économique du réseau navigable représentait pour la nation un capital à 65 0/0 de....................	1.350.000.000
Augmentation....................	350.000.000
C'est donc en dix ans une plus-value de...	350.000.000
Or comme l'État n'a pas, dans ces dix années, dépensé plus de....................	200.000.000
il y a plus-value de....................	150.000.000

Si l'on se reporte à l'année 1912, où le tonnage s'est élevé à 19.000.000.000 de tonnes kilométriques, on arrive aux résultats suivants, en admettant que la différence entre les tarifs du chemin de fer et des voies navigables, ne soit que de 1 pf.

Économie nette annuelle,

$$\frac{(1 - 0,4)\ 19.000.000.000}{100}\ 114.000.000\ \text{de marks ;}$$

	marks
la valeur économique du réseau navigable représentait donc pour la nation un capital (à 5 0/0) de....................	2.280.000.000
En supposant que dans la dernière période l'État ait dépensé....................	500.000.000
et dans la période précédente....................	200.000.000
soit....................	700.000.000
La plus-value nette est de....................	580.000.000

Les calculs ne sont pas, sans doute, d'une exactitude absolue, et il n'y faudrait pas chercher une rigueur mathématique, à laquelle leur auteur n'a pas voulu prétendre, mais on peut les considérer comme des estimations raisonnables.

Si l'on tient compte, en outre, de l'activité commerciale et industrielle énorme que le perfectionnement des transports par eau a développée, et que l'on a mis en évidence dans le cours de cette étude, on conviendra que l'argent dépensé en améliorations du réseau fluvial a été bien employé.

TABLE DES MATIÈRES

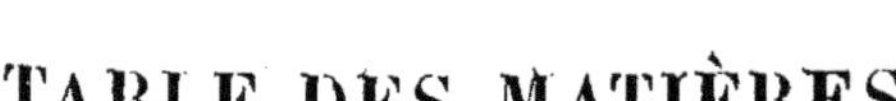

CHAPITRE PREMIER

DES VOIES NAVIGABLES EN GÉNÉRAL

CHAPITRE II

ÉTAT NATUREL DES COURS D'EAU

CHAPITRE III

OPÉRATIONS ET OBSERVATIONS POUR L'ÉTUDE
DES COURS D'EAU ET DE LEUR RÉGIME

CHAPITRE IV

PREMIERS TRAVAUX D'AMÉLIORATION

CHAPITRE V

INONDATIONS ET MOYENS EMPLOYÉS POUR LES COMBATTRE LEURS EFFETS

CHAPITRE VI

RÉGULARISATION DES FLEUVES ET DES RIVIÈRES

CHAPITRE VII

MATÉRIEL ET PROCÉDÉS DE LA NAVIGATION FLUVIALE

CHAPITRE VIII

EXPLOITATION

PROGRAMME DES VOLUMES
DE LA COLLECTION

La table complète des matières de chacun des volumes ainsi que l'indication des prix est envoyée franco sur demande.

GÉNÉRALITÉS (24 vol.)

1 Mathématiques (2e édition).
2 Mécanique, hydraulique et thermodynamique (2e édition).
3 Chimie et physique appliquées.
4 Résistance des matériaux T. I.
5 Résistance des matériaux T. II.
5 bis T. III.
   Topographie. Études et opérations sur le terrain :
6 1er vol. : Instruments.
7 2e vol. : Méthodes.
8 Travaux graphiques.
9 Maçonneries.
10 Bois et métaux.
11 Tracé et terrassements.
12 Fouilles et fondations.

13 *Droit civil.*
14 *Droit administratif général.*
15 *Économie politique et statistique.*
16 *Droit commercial et industriel.*
17 *Procédure civile et droit pénal.*
18 *Exécution des travaux publics.*
19 *Organisation des services de travaux publics.*
20 *Comptabilité des travaux publics et tenue des bureaux.*
21 *Comptabilité départementale, vicinale, communale et commerciale.*
22 *Rôle social et économique des voies de communication.*
23 *Rapports de service.*
24 Hygiène.

SPÉCIALITÉS

Section I. — Chaussées et ponts (4 vol.)

25 Ponts en maçonnerie.
26 Ponts en bois et en métal.

27 Routes et chemins vicinaux.
28 *Législation de la voirie et du roulage.*

Section II. — Service municipal (5 vol.)

29 Voie publique.
30 Distribution des eaux.
31 Égouts. — Assainissement.

32 Plantations, jardins et promenades.
33 Éclairage (2e édition).

Section III. — Navigation (7 vol.)

34 Fleuves et rivières navigables.
35 Rivières canalisées et canaux.
36 Ports maritimes, 1er volume.
37 Ports maritimes, 2e volume.

38 Exploitation des ports.
39 Zoologie. Pisciculture.
40 *Législation des eaux.*

Section IV. — Chemins de fer et tramways (7 vol.)

41 Construction et voie.
42 Locomotive et matériel roulant.
43 Exploitation technique.
44 Exploitation commerciale.

45 Tramways et automobiles (2e édit.).
46 *Législation des chemins de fer et tramways.*
47 *Contrôle des chemins de fer.*

Section V. — Mines. — Machines (7 vol.)

48 Géologie et minéralogie appliquées.
49 Exploitation des mines (2e édit.).
50 Chaudières à vapeur.
51 Machines à vapeur.

52 Machines hydrauliques.
53 *Législation et contrôle des mines.*
54 *Législation et contrôle des appareils à vapeur.*

Section VI. — Constructions civiles, administratives et militaires (7 vol.)

55 Architecture.
56 Charpente et couverture.
57 Menuiserie, serrurerie, plomberie, peinture, vitrerie.

58 Fumisterie, chauffage et ventilation
59 Devis et évaluations.
60 Édifices publics pour villes et villages.

61 *Législation du bâtiment.*

SECTION VII. — **Agriculture** (6 vol.)

62 Agriculture.
63 Hydraulique agricole.
  1re et 2e parties (2e édition).
64 Id. 3e partie.

65 Hydraulique agricole.
  4e à 8e partie.
66 Génie rural.
67 *Code rural.*

SECTION VIII. — **Électricité. — Photographie** (3 vol.)

68 Théorie et production de l'électricité.

69 Applications industrielles de l'électricité.

70 Photographie. Reproduction des dessins.

SECTION IX. — **Sciences militaires** (2 vol.)

71 Génie.

72 Sciences et arts militaires.

CONDITIONS DE SOUSCRIPTION

Le tarif des prix de souscription est envoyé franco sur demande.

Tous les volumes de la Bibliothèque du Conducteur de travaux publics, *dont chaque page contient la matière des livres grand in-8°*, sont de format in-16 (12 × 18) de lecture facile, imprimés sur beau papier, pourvus d'une solide et élégante reliure ; ils peuvent être aisément portés sur les travaux.

Souscription complète. — *J'accepte des souscriptions à la collection entière (73 volumes) payables 1/4 en souscrivant, 1/4 quatre mois après, 1/4 à 8 mois, le solde à 1 an.* (Escompte de 5 0/0 pour paiement total au comptant). Les conditions de souscription correspondent à une réduction d'environ 30 0/0 sur le prix des volumes achetés séparément.

Souscription à la partie technique. — Certains clients moins intéressés aux 19 volumes traitant des questions de droit et d'administration (indiqués en italiques sur le programme), peuvent souscrire à la partie technique seule (54 volumes) en payant 1/4 en souscrivant, 1/4 quatre mois après, 1/4 à 8 mois, le solde à 1 an. (Escompte de 5 0/0 pour paiement total au comptant.)

Souscription à 10 volumes et au-dessus. — Une réduction est accordée aux clients faisant une commande de 10 volumes et au-dessus. Pour une commande de 10 à 19 volumes la réduction est de 10 0/0 ; à partir de 20 volumes elle est de 15 0/0 Le montant de la souscription est payable en 4 fois comme pour la collection. (Escompte de 5 0/0 pour paiement total au comptant.)

Souscription à une section. — Les prix de souscription de chacune des sections sont payables 1/2 comptant et 1/2 à 4 mois lorsqu'ils dépassent 50 francs.

Paiements. — Les souscripteurs sont priés de joindre à leur commande le montant approximatif de leur premier versement. (*Escompte de 5 0/0 pour paiement total au comptant.*)

Expédition. — Les volumes sont expédiés dans le plus bref délai. Pour la France et les Colonies françaises l'envoi est fait fradco de port si le montant de la commande dépasse 25 francs. Dans les autres cas le port est à la charge du client (environ 10 0/0 du prix de vente).

.c-

ont
8)
ite

xo-
m.
ip-
ie-

ux
la-
os)
m.

its
19.
Le
fés-

ons

ant
otal

la
e la
ient

www.ingramcontent.com/pod-product-compliance
Ingram Content Group UK Ltd.
Pitfield, Milton Keynes, MK11 3LW, UK
UKHW021254180726
13837UKWH00007B/4